"世論調査ドキュメンタリー"は面白い!?

「ドキュメンタリー」はおよそ100年前に生まれた言葉であ〔　　　　　　　　〕ある種の主題を設定して，映像や音声で事実を記録したコンテンツ〔　　　　　　〕を生み出し，さまざまなメッセージを伝える。

一方，「世論調査」は，ある主題に関する人々の考えを調〔　　　　　　タリー」と「世論調査」，映像音声によるウエットなものを含んだ世界と〔　　　　〕－は対極の存在のように思える。しかし，意外と「世論調査」のデータそのものか〔　〕ドキュメンタリー」になる可能性があることが今回の論考を通して見えてきた。

論考のテーマは「東京オリンピック・パラリンピック」と「沖縄の本土復帰50年」。どちらも長期間にわたって何度も行った世論調査を，時代の背景の中で丁寧に再構成して，考察を加えていった。すると，それは我々の想定を超えて，ドキュメンタリーのようにさまざまなメッセージを発する内容に生まれ変わった。まさに「世論調査ドキュメンタリー」と名付けてもいいと感じた。もちろん，この言葉は一般に使われているわけではなく私の造語である。

▶「人々と東京五輪・パラ　－東京オリンピック・パラリンピックに関する世論調査－」

▶「本土復帰から50年，沖縄はどのような道を歩んできたのか　－NHKの世論調査からみる沖縄の50年－」

「人々と東京五輪・パラ」では，2016年から7回の世論調査を実施，その内容をまとめた。開催までの日々を追体験するかのような読後感で，コロナに翻弄された日本社会の姿も見えてきた。国家イベントのあり方についても考えさせられる。

「本土復帰から50年」では，半世紀にわたって何度も行われた世論調査から沖縄の人々の考えを見つめた。まさに激動の現代史を追走し，ひとりひとりのうちなーんちゅ（沖縄の人）のインタビューを聞いているかのようだ。沖縄の人々の苦悩の本質や，国と地域の関係という普遍的な課題も深く見えてくる。どちらの論考も，ドキュメンタリーのように，さまざまな思考や感情とともに読まずにはいられない。

それから，今回掲載するもう一つの論考も長期にわたってある分野を見つめた内容だ。

▶「雑誌『放送教育』52年からみるメディアでの学び」

52年間にわたって発行されてきた雑誌『放送教育』。その内容を詳しく分析することで，教育とメディアの関わりについて考えた。そこからは，ラジオからインターネットまで，メディアの急速な変化が社会に及ぼす影響や教育の本質が浮かび上がってくる。

NHK放送文化研究所は開設から77年，過去の調査のデータや資料が膨大に蓄積されているが，それは社会の大切な財産である。それを丁寧に紐解き，時間軸に並べて分析していくと，今という時代を見つめる新しい視座が生まれてくる。今回は，そのような三つの論考がそろった。

映像ドキュメンタリーのように，ドキドキして見られるようなものではないかもしれないが，私たちの脳を刺激してくれる内容になっているはずである。ぜひ目を通していただき，その上で「世論調査ドキュメンタリー」という言葉に値するものかどうか，みなさんにご判断いただければ幸いである。

2023年1月

NHK放送文化研究所
所長　千葉聡史

＜目　次＞

人々と東京五輪・パラ

―東京オリンピック・パラリンピックに関する世論調査―

計画管理部　斉藤 孝信

要　約

　NHK放送文化研究所（文研）が2016年から6年にわたって実施した世論調査の結果から，東京2020オリンピック・パラリンピック（五輪・パラ）が，人々の意識や社会にどのような変化をもたらしたのかを考える。

　東京は，東日本大震災の発生した2011年に開催都市に立候補し，2013年に招致に成功した。2016年の初回調査では多くの人が開催決定を前向きに評価した。一方で，1964年の前回大会時のように，開催を“国家的栄誉”だと感じる人や，被災地復興を後押しする“復興五輪”であると考える人は少なく，大会歓迎の熱量は低めだった。

　新型コロナウイルスの感染拡大を受け，大会は1年延期された。人々は延期を冷静に受け止めたものの，感染収束が見通せぬ中，翌年の開催が感染状況悪化につながることを大多数が危惧した。一方で，中止によって選手の努力を台無しにしたくないと考える人も多かった。

　東京五輪・パラは2021年夏，東京に緊急事態宣言が出された状況で開催され，自分たちは自粛を強いられているのに大会が敢行されたことに，半数を超える人々が不満を抱いた。また，政府が掲げた“復興五輪”や“コロナに打ち勝った証”という位置づけに対しても，多くの人々が否定的な評価を下し，当初半数以上の人が抱いた経済効果への期待も，コロナ禍によって肩透かしに終わった。そうした点では，今大会は，戦後復興の象徴となった1964年大会とは別物であり，人々が思い描いていたような大会にもならなかったと言える。

　一方で，五輪・パラは人々の意識に前向きな変化ももたらした。大多数の人がテレビを通じて五輪・パラを“純粋なスポーツ大会”として楽しみ，若者たちのスポーツへの関心も高まった。また東京パラ開催によって，若い年代や女性では，障害者スポーツをもっと見たい，自分も挑戦したいと感じた人も多い。さらに，大会を機に“多様性と調和”の大切さに多くの人が気づいたことも大会の成果である。ただし，“多様性と調和”に対する自身の理解や日本の現状については不十分だと感じている人が多く，障害者に対する理解が，若者や，障害者と関わりのない人にまでは広がらなかったという課題も残った。その点では大会後も粘り強い啓発が必要であり，その役割をメディアが果たすことに多くの人が期待している。

目　次

はじめに

東京オリンピック・パラリンピックは，新型コロナウイルス（以下，コロナ）の感染拡大による約1年の延期を経て，2021年夏に開催された。NHK放送文化研究所（以下，文研）では，開催決定から3年が経った2016年10月に「東京オリンピック・パラリンピックに関する世論調査」[1]を開始し，大会後の2021年9月まで通算7回の調査を重ねた（**表1**）。

本調査を開始するにあたり，我々が目指したのは，以下の2点である。

①オリンピック・パラリンピック（以下，五輪・パラ）の招致が決まり，開催に向けた準備が進み，実際に開催されるまでの，大会をめぐる長期的な展開過程において，人々の意見や行動がどのような軌跡をたどるのかを社会学的に記録すること。

②文研がNHKという公共メディアの中の研究機関であることから，人々が大会でどのようなテレビ放送やインターネットなどのサービスを求めているのかを把握し，実際の放送・サービスに生かすこと。

上記の目的で，各回60問程度の質問を人々に投げかけた。最大の目的が，人々の意識の推移を時系列で把握することにある以上，質問項目は変更せずに調査を行う必要があるため，初回調査の質問を作成するにあたっては，その後，大会後まで一貫して同じ問いを継続できるものであることを優先した。たとえば，「開催についての評価」や「五輪・パラに期待すること」「五輪・パラをどのようなものだと考えているか」「障害者スポーツに対して抱いている印象」などの質問を用意したのである。そのため，その時々で話題になったできごとや新たに持ち上がった問題を随時質問に取り込んでいくことは難しかったが，コロナ禍など，調査開始当時には想像もつかず，しかもそれを度外視して大会への意見を問うことが不可能と判断した場合には，当初の質問とは別に，問いを新設することにした。

なお，当初の質問の作成にあたっては，前回1964年大会の際に文研が実施した世論調査を参考にした。64年調査では，人々の多くが大会開催を"国家的栄誉"ととらえ，"戦後復興"の象徴として成功を希求し，実際の大会では大多数の人々がテレビを通じて，開会式や体操競技，バレーボールなどに夢中になったさまが記録されている。そのときとできるだけ似た文言で尋ねる質問を設けることで，64年

表1 「東京オリンピック・パラリンピックに関する世論調査」概要

	第1回	第2回	第3回	第4回	第5回	第6回	第7回
調査期間	2016年10月8日（土）〜16日（日）	2017年10月7日（土）〜15日（日）	2018年3月17日（土）〜25日（日）	2018年10月6日（土）〜10月14日（日）	2019年6月29日（土）〜7月7日（日）	2021年3月17日（水）〜4月19日（月）	2021年9月8日（水）〜10月15日（金）
	当初開催予定の4年前（リオデジャネイロ大会後）	当初開催予定の3年前（ピョンチャン大会前）	当初開催予定の2年半前（ピョンチャン大会後）	当初開催予定の2年前	当初開催予定の1年前	開催4か月前（コロナ禍）	大会後
調査方法	配付回収法					郵送法	
調査相手	全国20歳以上　3,600人						
有効数（率）	2,524人（70.1%）	2,479人（68.9%）	2,459人（68.3%）	2,516人（69.9%）	2,442人（67.8%）	2,374人（65.9%）	2,217人（61.6%）

大会との対比の中で，現在の人々が今大会に感じた意義や，実際の関わり方がどうであったのかを浮き彫りにしようと考えたのである。たとえば，オリンピックに対する意見を尋ねる質問の1つとして，「開催国になることは，その国にとって大きな名誉である」「開催地だけでなく国民全体が協力して成功させなければならない」「オリンピックは国と国とが実力を競い合う，国際的な競争の舞台である」といった項目を組み込んだが，これらはいずれも64年調査でもほぼ同一の文言で尋ねていたものである。

本稿では，このような調査開始時の意図や分析上のねらいを土台にして，改めて，招致決定以降の大会をめぐる社会の動きを振り返りながら，調査で明らかとなった人々の意識の変遷を時系列で整理していく。

なお，東京で約半世紀ぶりに開催された五輪・パラについては，国内外の多くの研究者や識者が，開催決定前からさまざまな研究成果や意見を発表しており，我々が分析を進めるうえで大変参考になった。具体的には，

・政府の掲げた"復興五輪"や"コロナに打ち勝った証"などのスローガンは，人々にどう評価されたのか
・大会が日本に遺した"レガシー"とはいったい何だったのか
・多メディア化が進んだ現在の日本で，大会はどのように視聴されるのか。テレビが主役であった64年大会とはどう違うのか

といった問題意識である。

調査開始後に世の中で新たに議論されることになった問題意識については，先に述べた時系列性の維持の観点から，すべてを質問に加えることはできなかったが，少なくとも，調査後に分析を深め，本稿を執筆するにあたっては，先行研究が大いに参考になった。そうし

た先行研究については本稿でも折々に紹介していく。

一方で，今大会に際して，これだけ長期間にわたり，全国規模の世論調査を重ねたのは，文研のこの調査のみであり，その結果を詳細に記録することが，6年間にわたりのべ2万5,000人余りに調査協力をあおいできた我々の使命である。本稿執筆の最大の目的も，東京五輪・パラの成否に対する意見を述べることではなく，あくまで調査結果を正確に保存し，後世に引き継ぐことにあると考えている。

なお，表1で示したとおり，この調査は第1回から第5回までは配付回収法で実施したが，コロナ禍を受け，第6回と第7回は郵送法に切り替えざるを得なかった。そのため本稿における時系列分析は，原則として，同じ調査方法で比較が可能な調査回同士で行う。ただし，今大会の意義を考察する際などに，コロナ禍以前にそもそも人々がどのような意見を持っていたのかを引き合いに出す必要がある場合は，参考として，第5回以前の配付回収法の結果と，大会後の第7回調査（郵送法）の結果を見比べることとしたい。

また本稿では，1964年東京大会との意義の違いを語るために，文研が当時実施した世論調査（個人面接法）の結果を紹介したり，コロナ禍による大会延期を受けて臨時に実施した電話世論調査の結果にも触れたりするが，いずれも調査方法や質問文などが異なるため，あらかじめご留意されたい。

なお，第1回から第7回までの単純集計表は，本稿末尾に記載するとともに，文研のホームページにも掲載している（https://www.nhk.or.jp/bunken/research/yoron/index.html）。

ぼんやりとした歓迎ムードと準備への不安
〜第1回調査〜

　この章では，2016年10月に実施した第1回調査の結果を中心に，人々が当初，大会に対してどのような意見を持っていたのかをみていく。

　分析に先立って，まずは招致から第1回調査までの，大会をめぐる主な動きを簡単に振り返っておく（表2）。

　2009年のIOC総会で2016年大会開催都市に落選した東京で，再び招致に向けた動きが本格化したのは，3月に東日本大震災と東京電力福島第一原子力発電所の事故が発生した2011年のことである。東京は同年8月に立候補を決め，9月には大会招致委員会（以下，招致委）が発足した。

　政府や招致委は，当初からこの大会開催を，被災地の復興を後押しするためのものと位置づけ，2012年2月に招致委がIOCに提出した開催計画では，大会ビジョンに"震災復興"を掲げたほか，復興の象徴として，五輪のサッカー予選を宮城県で開催するプランも盛り込んだ。また，2013年9月に開催都市に決定したあと，2015年2月にIOCに提出した開催基本計画には，被災地での聖火リレー実施も盛り込まれた。

　大会費用や競技会場の整備などをめぐっては，招致段階から次々と問題が起こった。メイン会場となる国立競技場は大会に向けて新たに建て直すことになり，2012年11月にはイラク

人建築家ザハ・ハディド氏のデザイン採用が決まった。しかし，デザインどおりに建築した場合，当初予算を大幅に上回ってしまうことが明らかとなり，そのほかの競技会場も含めた整備費の圧縮や，政府や東京都（以下，都），大会組織委員会（以下，組織委），そのほか関係する自治体などによる費用分担の交渉などが繰り返された。しかし，国立競技場の建設費増大に対する批判はなかなか収まらず，結局，2015年7月，当時の安倍首相が計画見直しを表明。8月に，総工費の上限を1,550億円とする新たな計画が決定し，12月に，建築家の隈研吾氏のデザイン案でようやく落ち着いた。

　会場整備以外にも，いったん決定した大会エンブレムが白紙撤回されたり，大会招致をめぐる贈収賄疑惑が持ち上がったりと，準備をめぐる問題が相次いで起こったのが，この時期であった。

　一方で，前向きな動きもあった。2015年12月には，日銀が「2014年から2020年までの累積で25兆から30兆円」という大会の経済効果の試算を出した。大会のために来日する選手や観客との交流事業を地方創生につなげることを目的とした「ホストタウン」も続々と決定。2016年7月には，組織委が，大会ボランティアを8万人募集する方針を決めた。

　競技関連では，2016年6月に，東京五輪の追加種目として，野球・ソフトボール，空手，スケートボード，スポーツクライミング，サーフィンの5競技が承認された。同年8月のリオデジャネイロ五輪で，日本勢は過去最多となる41個のメダルを獲得。メダリストたちの凱旋パレードには主催者発表でおよそ80万人もの市民が詰めかけた。

表2　東京五輪・パラ関連のできごと（2009年〜2016年10月）

		大会運営や，関連する政治・社会のできごと	競技関連のできごと
2009年	10月	東京，2016年夏季大会開催都市落選	
2011年	3月	東日本大震災，原発事故発生	
	8月	東京，2020年夏季大会に立候補	
	9月	招致委発足	
2012年	1月	競技施設の基本計画まとまる。国立競技場は改修，主要施設は都心から半径8キロ以内	
	2月	招致委，開催計画概要を公表。大会ビジョンに「震災復興」，宮城県でのサッカー予選開催盛り込む	
	5月	東京，イスタンブール，マドリードが書類選考通過	
	6月	招致委，大会の経済波及効果発表「全国でおよそ3兆円」	
	7〜8月		ロンドン五輪開催。日本のメダル獲得数は38個，金メダルは7個
	8〜9月		ロンドンパラ開催。日本のメダルは16個
	11月	国立競技場，イラク人建築家ザハ・ハディドさんのデザインに決定	
2013年	9月	東京，開催都市に決定	
	11月	国立競技場改築についての有識者会議，工事費を1,800億円余りに圧縮する案まとめる	
2014年	1月	東京大会の準備・運営にあたる「組織委」発足。会長に森喜朗氏	
	6月	舛添都知事，競技会場の計画見直しを表明	
	9月	都，バレーボール，競泳，ボートやカヌーの各会場について，整備費が計画を大幅に上回るが，代替施設がないため予定どおり建設する決定	
	11月	舛添都知事，都議会で，バスケットボールやバドミントンなど3施設の建設をとりやめるなどして全体の整備費を2,500億円余りに圧縮する見直しの概要を説明	
2015年	2月	組織委，IOCに開催基本計画を提出。東日本大震災の被災地での聖火リレーの実施などを盛り込む	
	5月	下村五輪相，舛添知事と会談。国立競技場整備費用1,700億円のうち500億円程度負担要請	
	6月	都の観光ボランティア「おもてなし東京」活動開始。初日に1,300人登録	
	7月	安倍首相，国立競技場の建設費に対する批判を踏まえ，計画見直し表明	
		大会エンブレム発表	
	8月	政府，国立競技場の新たな整備計画決定。総工費上限は1,550億円	
	9月	組織委，大会エンブレムを白紙撤回	
	12月	国立競技場整備費のうち約395億円を都が負担で合意	
		国立競技場，隈研吾氏がデザインした案に決定	
		日銀，大会の経済効果試算「2014〜2020年の累積で25兆から30兆円」	
2016年	1月	訪日選手や観客との交流事業などを地方創生につなげる「ホストタウン」44件決定	
	3月	国土地理院，大会に向け，外国人向けの地図などに使う新記号を決定	
	4月	JR東日本，大会に向け，外国人が利用しやすいよう，首都圏で「駅番号」導入発表	
		新エンブレム決定。東京都在住のアーティスト，野老朝雄さんが制作	
	5月	仏検察当局，日本の銀行口座から国際陸連に五輪招致名目で2億2,000万円が振り込まれた可能性があるとして贈収賄などの疑いで捜査	
		JOC，大会招致めぐる贈収賄疑惑について，調査チーム設置	
	6月	IOC理事会，東京五輪の追加種目として，野球・ソフトボール，空手，スケートボード，スポーツクライミング，サーフィンの5競技承認	
		ホストタウン，新たに47件が決定	
		舛添都知事，政治資金などをめぐる問題で辞職	
	7月	組織委，8万人のボランティア募集決定	
	8月		リオデジャネイロ五輪開催。日本のメダル獲得数41個で過去最多。金メダルは12個
	9月	JOC，招致めぐる贈収賄疑惑について調査結果報告「金銭支払いに違法性ない一方で，手続きの透明性に問題があった」	
			リオデジャネイロパラ開催。日本は1964年の東京大会以降，初の金メダル獲得なし
		大会予算などを検証する都の調査チームが調査結果公表「開催費用は3兆円」	
	10月		リオデジャネイロ大会メダリストが都心パレード。沿道に主催者発表でおよそ80万人
		第1回世論調査　10月8日〜16日	

11

① ぼんやりとした歓迎ムード

こうした状況で、人々は、東京五輪・パラの開催決定をどのように評価し、準備状況についてはどのような見方をしていたのだろうか。第1回調査の結果をみてみよう。

東京開催への賛否と大会への関心

東京五輪・パラ開催決定への評価を尋ねたところ、『よい（「まあよい」を含む）』が86％であった（図1）。ただし、その内訳をみると、最も好意的な評価である「よい」と答えた人は50％で、残りの36％は「まあよい」程度の評価であった。

つまり、まずは大多数の人が開催決定を歓迎したものの、約4割の人々の歓迎ぶりは、決して熱烈なものではなく、比較的ぼんやりとした気分だったのである。

「よい」「まあよい」と答えた人の割合を男女

図1 【第1回】東京開催の評価

```
■ よい  ■ まあよい  ■ あまりよくない  ■ よくない
■ 東京で開催されることを知らなかった  □ 無回答
```

50	36	9　5

『よい』
86％　　　　　　　　　　　　　　『よくない』
13％

図2 【第1回】東京開催の評価
「よい」「まあよい」と答えた人の割合（男女年層別）

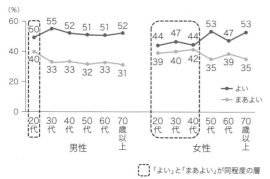

年層別にみると（図2）、男性20代と女性40代以下では、「よい」と「まあよい」がそれぞれ4割から5割ほどで同程度であった。つまり、若い年代ほど、「まあよい」程度にぼんやりと歓迎していた人が多かったのである。

東京五輪と東京パラ、それぞれの大会に対する関心についても、同様の傾向がみられた。『関心あり（大変＋まあ）』は、東京五輪（81％）、東京パラ（64％）とも半数を大きく超えてはいたが、いずれも「まあ関心がある」が5割程度で、「大変関心がある」と答えた人を上回っていたのである（図3）。

図3 【第1回】東京五輪・パラ　関心の有無と度合い

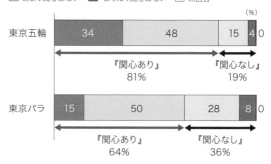

```
■ 大変関心がある  ■ まあ関心がある
□ あまり関心はない  ■ まったく関心はない  □ 無回答
```

東京五輪	34	48	15　4　0
東京パラ	15	50	28　8　0

東京五輪：『関心あり』81％　『関心なし』19％
東京パラ：『関心あり』64％　『関心なし』36％

このうち、東京五輪について、「大変関心がある」「まあ関心がある」と答えた人の割合を男女年層別にみると（図4）、男性70歳以上を除くすべての年代で、「まあ関心がある」が「大変関心がある」を大きく上回った。そして、その傾向は、特に若い年代で顕著であった。

大会への関心の相対的な位置づけ

では、世の中のさまざまなニュースや課題も含めて相対的にみると、人々の東京五輪・パラに対する関心はどのような位置づけにあったのだろうか。図5は、東京五輪・パラを含む8つのことがらを示し、関心があるものをいくつで

も答えてもらった結果である。

東京五輪・パラは56％で，8項目中3番目であった。「地震や台風などの自然災害」（78％）と「介護や子育て環境の整備」（64％）よりは低く，「国際的なテロ事件」（56％）と同程度

で，「憲法改正問題など国内政治の動向」（44％），「地域紛争や難民問題など国際政治の動向」（32％），「為替市場や株式市場など経済の動向」（24％），「2018年ピョンチャン五輪・パラ」（11％）よりは高いというのが，この時点での東京五輪・パラへの関心の位置づけだったのである。

第1回調査を実施した2016年は，東日本大震災からまだ5年であったことに加え，熊本県で地震や豪雨災害が発生し，相次ぐ台風上陸で東北や北海道でも被害が出た。人々は，まだ4年も先の話である五輪・パラよりも，こうした自然災害や，介護や子育ての問題など，より身近で切迫した課題のほうに関心を寄せていたのだろう。

この回答結果を，前述した東京五輪への関心度合いで「大変関心がある」と答えた人と「まあ関心がある」と答えた人に分けてみてみる（表3）。

すると，東京五輪・パラは，「大変関心がある」人ではトップになったが，「まあ関心がある」人では，全体と同様に，「地震や台風などの自然災害」と「介護や子育て環境の整備」に及ばなかった。なお，表には示さなかったが，「あまり関心がない（375人）」人と「まったく関心がない（95人）」人では，東京五輪・パラ

図4 【第1回】東京五輪　関心の度合い
「大変関心がある」「まあ関心がある」と
答えた人の割合（男女年層別）

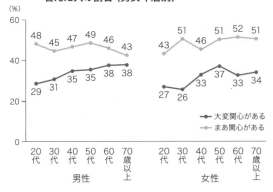

図5 【第1回】現在の関心事（複数回答，回答の多い順）

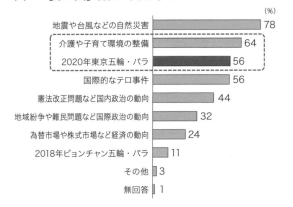

表3 【第1回】現在の関心事（複数回答，東京五輪関心度別，各層で回答の多い順）　　（％）

大変関心がある（846人）		まあ関心がある（1,202人）	
2020年東京五輪・パラ	84	地震や台風などの自然災害	79
地震や台風などの自然災害	80	介護や子育て環境の整備	65
介護や子育て環境の整備	68	2020年東京五輪・パラ	54
国際的なテロ事件	63	国際的なテロ事件	54
憲法改正問題など国内政治の動向	47	憲法改正問題など国内政治の動向	44
地域紛争や難民問題など国際政治の動向	37	地域紛争や難民問題など国際政治の動向	30
為替市場や株式市場など経済の動向	27	為替市場や株式市場など経済の動向	23
2018年ピョンチャン五輪・パラ	20	2018年ピョンチャン五輪・パラ	9
その他	3	その他	2

は8項目中7番目で、「2018年ピョンチャン五輪・パラ」の次に低い位置づけであった。つまり、世の中の多くのできごとや課題よりも東京五輪・パラへの関心がまさっていたのは、そもそも五輪に「大変関心がある」人たちだけだったのである。

このように、開催決定の評価や大会への関心については、若い人を中心に「まあよい」「まあ関心がある」程度の人が多く、そうした人たちでは、世の中のできごとや課題との相対的な位置づけにおいても、東京五輪・パラはそれほど上位にならなかったのであるから、東京大会への当初の歓迎ムードは、かなりぼんやりとしたものだったと言える。

会場での大会観戦意向

当初の歓迎ムードがそれほどの熱を帯びていなかったことを象徴するデータをお示ししたい。会場での観戦意向を尋ねた質問の結果である。

東京五輪の競技を会場で見たいと思うかどうかを尋ねたところ(図6)、『会場で見たい(ぜひ+まあ)』は約6割と、一応は半数を超えた。ただし、最も積極的な意向である「ぜひ見たいと思う」は25%にとどまり、「まあ見たいと思う」の32%より低かった。

東京五輪・パラは、コロナ禍によって結果的にほとんどの競技が無観客で開催されたが、この調査の時点ではもちろんそのような事態は予測できず、人々にとっては、久々に国内で五輪・パラを目の当たりにできるチャンスであったはずである。しかし意外にも、会場観戦を熱望していたのは少数派で、"見られるのであれば、まあ見ておくか"程度の人のほうが多かったのである。

また、「特に見たいとは思わない」と冷めたスタンスの人も42%と、かなりの割合を占めていた。

『会場で見たい(ぜひ+まあ)』と「特に見たいとは思わない」と答えた人の割合を、男女年層別、東京都民か否か別にみる(図7)。

男女年層別では、男女とも40〜60代の中年層を中心に『会場で見たい』が「特に見たいとは思わない」を上回り、特に男性40代(65%)と女性50代(66%)では7割近くに達し、全体よりも高かった。

一方で、男性30代(53%)と女性20代(54%)、男女70歳以上(いずれも49%)では、『会場で見たい』が5割程度にとどまり、「特に見たいとは思わない」と同程度であった。70歳以上の高年層については、実際に会場まで足を運ぶことの大変さを憂えた人も多かったのかもしれないと推察できるが、若い年代で意欲が低調であったのは、さきほど東京開催の評価や大会への関心が若い人でぼんやりしていたことと重なる。

なお、都民では、『会場で見たい』(68%)が7割近くにのぼり、都民以外(56%)よりも大幅に高かった。第1回の時点では、多くの都民が、地元開催の五輪を間近で観戦できることを楽しみにしていたのである。

会場観戦意向について、今度は、東京五輪への関心度別にみてみる(図8)。

まず、『会場で見たい(ぜひ+まあ)』の割合でみると、五輪に「大変関心がある」人で83%、「まあ関心がある」人で56%、「あまり関心はな

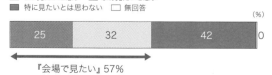

図6 【第1回】東京五輪 会場観戦意向

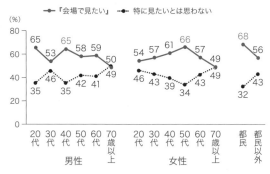

図7 【第1回】東京五輪　会場観戦意向
（男女年層別, 都民か否か別）

※赤数字:『会場で見たい』が全体より高い層

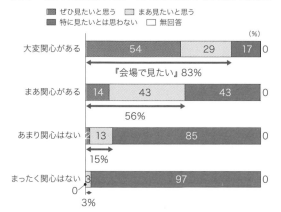

図8 【第1回】東京五輪　会場観戦意向 (五輪関心度別)

い」人で15％，「まったく関心はない」人で3％
であった。すなわち，五輪への関心の度合い
が高い人ほど会場観戦意欲も高く，関心の度
合いが下がるにつれて会場観戦意欲も低くなっ
ていくということであり，当然の結果と言える。

次に，最も積極的な意向である「ぜひ見た
いと思う」の割合をみると，五輪に「大変関心
がある」人では，半数以上（54％）にのぼった。
一方で，「あまり関心はない」人や「まったく関
心はない」人では，ほとんどいなかった。

ここで注目したいのは，「まあ関心がある」
人，言い換えれば，関心がぼんやりとしていた
人たちの回答である。この人たちの中で，「ぜ
ひ見たい」とまで思っていたのはわずか14％で，

大部分は「まあ見たいと思う」（43％）程度で
あった。つまり，関心がぼんやりとしていた人
は，会場観戦意欲も，やはり，ぼんやりしてい
たのである。

このように，世の中の諸課題における大会へ
の関心の相対的な位置づけと同様に，会場観
戦意向も，五輪に「大変関心がある」人たちと，
「まあ関心がある」以下の関心度の人たちのあ
いだには，その熱量に少なからぬ差があったの
である。

メディアでの大会視聴意向

では，テレビの放送やインターネット動画な
ど，メディアを通じての観戦意向はどうだった
のだろうか。

第1回調査では，テレビやインターネットな
どで，東京五輪の競技をどの程度視聴するつ
もりかを尋ねた。選択肢は，頻度の高い順に，
「可能な限り，多くの競技を毎日視聴する」「夜
の時間帯を中心に，毎日視聴する」「関心のあ
る競技にしぼって，視聴する」「結果がわかれ
ばよいので，少しだけ視聴する」とし，「関心
が無いので，視聴するつもりはない」も含めた
5つの中から，1つだけ選んでもらった。ただし，
当初の開催予定の4年前にあたるこの時点で
は，当然，競技の放送やインターネット動画配
信が，どのような時間帯に，どの程度行われ
るのか，まだわからなかったのであるから，こ
こでは，具体的な頻度についてはあまり深入り
せず，あくまで，人々が視聴意欲を持っていた
かどうか程度の視点でみていきたい。

図9に示したとおり，全体の95％と大多数
の人が，東京五輪をテレビやインターネットで
『視聴するつもり』であった。

頻度についても大ぐくりにみておくと，『毎日
視聴するつもり』の人（48％）と，自分の関心

のある競技の中継や結果だけを『選んで視聴するつもり』の人（46％）が，ちょうど同じぐらいのボリュームであった。

この視聴意向を，東京五輪への関心度別にみると（図10），「大変関心がある」人では100％，「まあ関心がある」人では99％と，関心のある人のほぼ全員が『視聴するつもり』であった。

「あまり関心はない」人は，会場観戦意向では，『会場で見たい』が15％と少なかったが，メディア視聴に関しては，『視聴するつもり』が86％と大多数を占めた。ただし，その大部分が『選んで視聴するつもり』（「関心のある競技にしぼって，視聴する」34％＋「結果がわかればよいので，少しだけ視聴する」42％）と回答している。言い換えれば，"わざわざ会場まで行って観戦したいとは思わないし，メディアで，自分の興味のある競技の結果さえわかれば十分だ"と割りきっていたふしがある。

なお，大会後の調査結果を紹介する第IV章では，コロナ禍で直接の観戦ができなかった今大会を，多くの人がテレビで視聴したという結果を述べることになるが，じつはもともと大多数の人がメディアで観戦しようと思っていたのであり，コロナ禍だけを理由に，突然，メディアでの視聴を思い立った人が多かったわけではないということを，少々先出しの解説にはなるが，ここで述べておきたい。

1964年大会との"意義"の違い

ここまでで述べてきたように，第1回調査の時点では，大会に対する人々の歓迎ぶりや関心は，おおむねポジティブではあったものの，どこかしら熱気に欠けるものであった。では，人々がなぜそのような気分であったのだろうか，ということを少し考えてみたい。

その考察のために，前回1964年の東京大会の際に実施した世論調査の結果を紹介する。64年調査は，大会4か月前，大会直前，開催期間中，大会直後，大会2か月後の5回にわたり，東京23区の都民1,500人を対象に個人面接法で実施された[2]。今回とは調査方法も質問文も異なるので比較はできないが，当時と今の人々の意識の違いをみることで，なぜ今回の大会への歓迎や関心がぼんやりしたものになったのかを考えるヒントとしたい。なお，上記のような比較の限界を承知しつつも，できるだけ条件をそろえるために，ここでは

**図9 【第1回】東京五輪
メディア（放送や映像）での視聴意向**

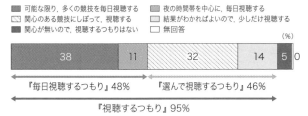

**図10 【第1回】東京五輪　メディア（放送や映像）での
視聴意向（五輪関心度別）**

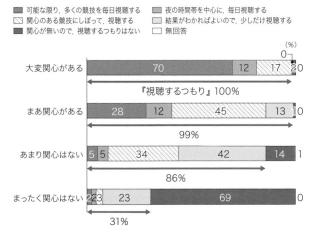

今回の調査についても，東京都民の回答結果を用いることにする。

開催国になることは"国の名誉"
64年大会は9割弱，今大会は6割

　図11は，64年の初回調査で尋ねた「オリンピックの開催国となることは，その国にとって最大の名誉である」と，今回の第1回で尋ねた「オリンピックの開催国になることは，その国にとって，大きな名誉である」という意見に対する回答である。

　64年は「賛成」，すなわち最大の名誉だと思う人が85％と大多数であった。苦しい戦後復興を乗り越えた当時の人々は，国内初，アジア初となる五輪の開催によって，いよいよ国際社会で存在感を示せるまでになった自国を誇らしく思ったのであろう。

　一方の今回は，招致成功（2013年）の記憶も新しい第1回の時点でも，「そう思う」は62％であった。

　同じ初回調査といっても，64年は大会が4か月後に迫った時期の実施であったのに対し，今回は当初開催予定の4年も前の調査結果であるから，今回はまだ実感が湧かないせいで低かったようにみえるかもしれないが，実際にはそうではない。今回の調査ではその後も同じ質問をし続けたが，第5回までは60％前後で推移し，コロナ禍となった第6回は56％，大

図11　開催は日本の名誉か（都民）

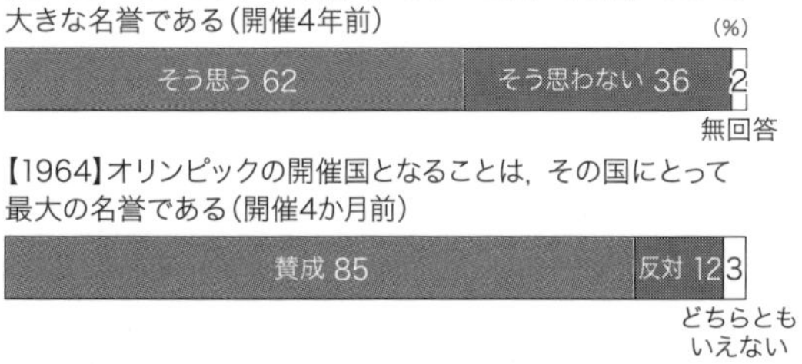

【2020】オリンピックの開催国になることは，その国にとって，大きな名誉である（開催4年前）　　(%)

| そう思う 62 | そう思わない 36 | 2 |

無回答

【1964】オリンピックの開催国となることは，その国にとって最大の名誉である（開催4か月前）

| 賛成 85 | 反対 12 | 3 |

どちらともいえない

会直後の第7回では48％と半数を割り込むことになる。

　つまり，今回の大会開催を"国家的栄誉"だと感じた人は，64年大会の時ほどには多くなかったのである。

　なお，64年調査では，「オリンピックが開かれるのは東京だが，日本国民全体が協力して成功させなければならない」という意見に対し，97％が「賛成」と答えており，国の威信にかけて是が非でも成功させようという気概を感じさせる。また，「オリンピック成功のためには，わたしとしてもできるだけの協力をしたいと思う」という意見にも92％が賛同していた。たんなる"べき論"にとどまらず，自分自身も大会の成功に寄与したいという意欲に満ちていたのである。

　この"国家的栄誉"に関連して，64年調査に興味深いデータがあったので紹介しておきたい。

　同調査では，「オリンピックに関心を持っている」と答えた1,037人に対して，最も関心があることを6つの選択肢から1つだけ選んでもらっていた（図12）。回答が最も多かったのは「外国に対して恥ずかしくないオリンピックの運営ができるかどうか」（39％）であった。また，「オリンピックまでに道路や施設が充実完備するかどうか」（23％）も2割超であった。

　一方で，現在の感覚では五輪観戦の一番の醍醐味のようにも思える「日本選手がよい成績をあげるかどうか」は25％と案外少なく，「新記録がどのくらい出るか」（7％）や「自分の知っている選手が活躍してくれるかどうか」（2％）は1割にも満たなかった。

　このように，64年当時の人々の関心は，競技そのものよりも，大会をつつがなく運営できるかどうかに強く向けられていたのであり，裏を返せば，"せっかく世界の晴れ舞台に立つ機

会を得たからには，恥をかかぬよう，何として
も成功させなければならぬ"という，人々の差
し迫った決意も感じさせるのである。

図12 【64年】最も関心のあること（開催4か月前）
（分母：五輪に関心のある都民1,037人）

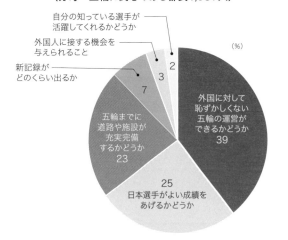

64年大会は"戦後復興を示す"9割超
今大会は"震災復興を示す"半数以下

　64年大会は終戦から約20年というタイミン
グで開催された。一方の今大会は，東日本大
震災と原発事故の起きた2011年に開催都市に
立候補し，政府や招致委，組織委などは招致
段階から"復興五輪"を前面に押し出し，大会
ビジョンにも据えた。

　では人々は，大会を通じて"復興を世界に
示す"という意義をどの程度感じていたのだろ
うか（図13）。

図13 "復興"を世界に示す（都民）

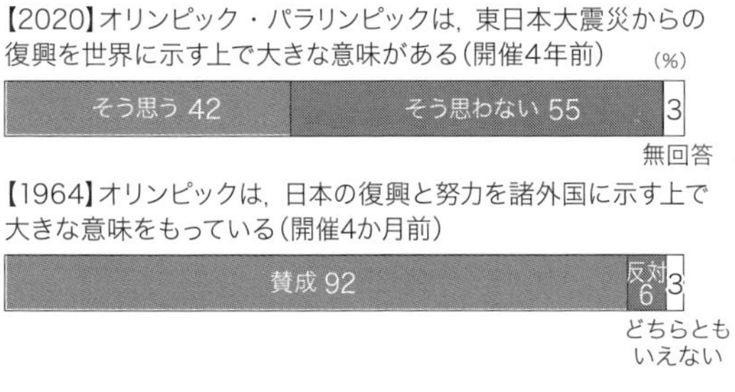

【2020】オリンピック・パラリンピックは，東日本大震災からの
復興を世界に示す上で大きな意味がある（開催4年前） （%）

そう思う 42	そう思わない 55	3

無回答

【1964】オリンピックは，日本の復興と努力を諸外国に示す上で
大きな意味をもっている（開催4か月前）

賛成 92	反対 6	3

どちらとも
いえない

　64年調査では，「オリンピックは，日本の復
興と努力を諸外国に示す上で大きな意味をもっ
ている」という意見への賛否を尋ね，「賛成」
が92％にのぼった。

　一方，今回の第1回調査では，「オリンピッ
ク・パラリンピックは，東日本大震災からの復
興を世界に示す上で大きな意味がある」と感じ
ていた都民は42％と半数に届かなかった。

　このように，64年当時，ほとんどの人が"国
家的栄誉"や"復興を世界に示す意義"を感
じ，国を挙げて大会成功を目指そうという気分
であったのに対し，今大会は，多くの人が一致
して夢中になれる明確な開催意義が見当たら
ず，その結果，開催評価や大会への関心もぼ
んやりとしていたのかもしれない。

五輪は"国際スポーツ大会"と思う人は
64年大会より今大会のほうが多い

　ただし，今大会について，人々が何の意義
も感じなかったのかというと，そうではない。
ぼんやりとした歓迎ムードの理由を探るという
論旨からは少々逸脱するが，のちのち，今大会
の開催意義を考えるうえで重要なポイントにな
るので，ここで述べておきたい。

　図14は，64年と今回，それぞれの初回調
査で，「オリンピックは国と国とが実力を競い
合う国際的な競争の舞台である」という意見に
ついて，そう思うかどうかを尋ねた結果である。
64年は「賛成」（59％）が6割ほどであった
が，今回は「そう思う」（66％）が7割近くにの
ぼった。両者を単純に比較することはできない
が，今大会のほうが，五輪を"純粋なスポーツ
の国際大会"としてとらえている人が多かった
のである。

図14　国際的な競争の舞台である（都民）

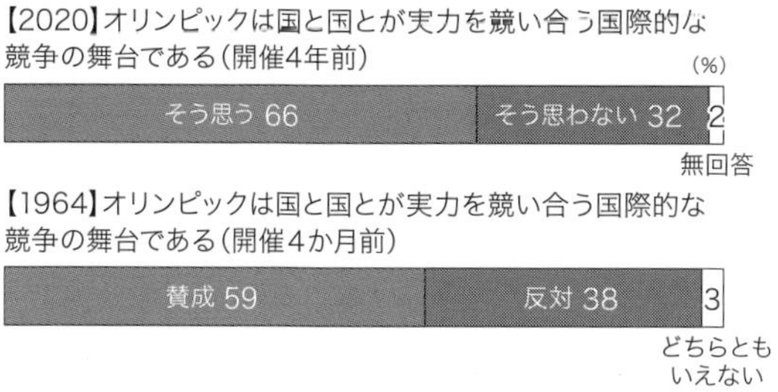

【2020】オリンピックは国と国とが実力を競い合う国際的な
競争の舞台である（開催4年前）
(%)

そう思う 66	そう思わない 32	2

無回答

【1964】オリンピックは国と国とが実力を競い合う国際的な
競争の舞台である（開催4か月前）

賛成 59	反対 38	3

どちらとも
いえない

　ここまで，64年の調査結果と見比べることで，今大会に対する人々の歓迎ムードがぼんやりとしていた理由を考察し，64年大会に比べて"国家的栄誉"を感じる人が少なかったことが一因にあったのではないかと述べた。

　しかし，それは決して，自国に対する愛着や誇りの乏しさによるものではないと筆者は考える。というのも，第1回調査で「日本は，他の国々とくらべて，すぐれた国だと思うか」と尋ねた結果，じつに78％が『すぐれていると思う』と回答しているのである。

　そもそもこの半世紀で日本は経済的に発展して先進国となり，五輪についても，64年大会のあと，札幌と長野の冬季大会も開催できたのだから，今回，"国家的栄誉"を感じる人が多くなかったのは，むしろ，今さら，外国に対して恥をかかぬよう国を挙げて成功させねばならぬと思い詰める必要がなかったというだけのことなのかもしれない。

　また，この半世紀で，日本勢の競技レベルが上がり，五輪・パラでもさまざまな競技でメダル獲得が期待できるようになったし，サッカーや野球，テニス，ゴルフなど多くのプロスポーツでも世界的な活躍をする日本人選手が増え，人々もそうした選手たちを通して"世界レベル"の戦いに触れることが日常化した。スポーツに目の肥えた現在の人々が，"国家的栄誉"だと肩ひじ張らず，久しぶりに国内で開催

される五輪の観戦そのものを，主にメディアを通じて楽しもうとしていたことこそが，人々が当初感じていた今大会の開催意義だったのかもしれない。

　ただし，"復興五輪"の意義を感じる人の少なさは，"半世紀の時の流れ"ではまったく説明がつかない。震災発生からそれほどの時間も経っておらず，大会ビジョンにも"復興五輪"が掲げられているにもかかわらず，開催によって震災復興を後押しするという意義にすんなりとうなずける人が少なかった事実は，果たしてこれが何のための大会なのかを考えるうえで非常に重要なポイントである。

　なお，本稿と同じように1964年大会との対比の中で今大会の意義の考察を展開している論文や著述は少なからずある。たとえば，浜田幸絵氏は『〈東京オリンピック〉の誕生』（2018年吉川弘文館）の中で，「（1964年当時は）国内において，アジア初や世界史上の意義を強調することによって東京オリンピックがナショナリズムを高揚させていったことも確かである。東京オリンピックがナショナリズムの高揚に結びつくうえで，『競技』そのものが果たした役割は，実はそれほど大きくはなかったかもしれない」と指摘している。また同氏は「東京大会決定直後には，1964年東京オリンピックを直接知らない世代も，2020年に対する希望や期待を表明する様子が，メディアではよく伝えられていた。2020年を，1964年東京オリンピック──経済的に右肩上がりであり，日本中が夢や希望をもっていた時代──の再来としてとらえるような言説である」「しかし冷静に考えれば，1964年東京オリンピックと2020年東京オリンピックは，同じではない。日本や東京のおかれた状況もオリンピックのあり方も，大きく変化している」「2020年東京大会を，1964

年東京大会の再現として手放しには喜べない状況があることは間違いない」とも述べている。

このように，64年的な開催意義を今大会にそのままあてはめることに無理があり，逆を言えば，今大会の開催意義が何であるのかが模糊としていたのは，大会前からの懸念だったのであり，文研における調査分析や本稿の執筆においても，果たして大会後に人々がどのような意義を感じたのかに注目すべきだと感じていた。特に，招致段階の大義名分であったにもかかわらず，初回調査の時点では人々の共感や評価が弱々しかった“復興五輪”については，このあとの調査でどのような推移をたどったのかを丁寧にみていきたいと思う。

東京五輪に期待すること

人々は当初，今回の東京五輪に何を期待していたのだろうか。第1回調査では，図15に示したように，9つの項目を示し，期待することをいくつでも挙げてもらった。

「日本経済への貢献」（63％）が最も高く，「日本全体の再生・活性化」（52％）も5割を超えた。そのほかの項目はいずれも4割未満

であるので，当初，半数以上の人々が期待したのは“経済的恩恵”だけであったと読み取るべきかもしれない。

今大会の開催に“国家的栄誉”を感じた人がそれほど多くなかったことは前述したとおりだが，この質問においても，「国際社会での日本の地位向上」（22％）を期待した人はわずかであった。

なお，今大会は結果的にはコロナ禍によって，観戦のために海外から多くの人々が日本を訪れることは残念ながら実現されなかったが，第1回の時点では，「国際交流の推進」（35％）や「観光の振興」（27％）についても3〜4割ほどの人が期待を寄せていた。

一方で，五輪を“スポーツ大会”であると考えている人が多かったわりには，「スポーツの振興」（33％）や「スポーツ施設の整備」（21％）への期待は，“経済的恩恵”ほどには高くなかった。

大会に期待することについては第2回以降も尋ね，大会後の第7回ではほぼ同じ選択肢で，大会が役に立ったことを尋ねた。人々の期待がコロナ禍によってどのように変わり，当初人々が抱いた期待が実際の大会でどの程度叶えられたのかについては，第Ⅳ章で分析する。

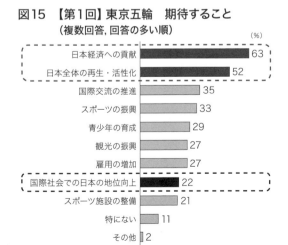

図15 【第1回】東京五輪 期待すること
（複数回答，回答の多い順）

	(%)
日本経済への貢献	63
日本全体の再生・活性化	52
国際交流の推進	35
スポーツの振興	33
青少年の育成	29
観光の振興	27
雇用の増加	27
国際社会での日本の地位向上	22
スポーツ施設の整備	21
特にない	11
その他	2

② 準備への不安を募らせる人々

開催決定から第1回調査までの期間には，大会経費や競技会場の整備などをめぐる問題が次々と起こった。また，大会エンブレムの問題や招致をめぐる贈収賄疑惑に関する問題も相次いだ。こうした状況を，人々はどのように感じていたのだろうか。

準備状況の評価

まずは，ストレートに「準備状況が順調だと思うかどうか」尋ねた結果を，**図16**に示す。結果は一目瞭然で，『順調ではない（あまり＋まったく）』が80％と大多数を占めた。

男女年層別，都民か否か別にみても（**図17**），すべての層で『順調ではない』が圧倒的多数であった。特に女性30代（88％），40代（90％），50代（86％）では，ほとんどの人が

準備の進捗状況に否定的であった。

準備に関して不安に思うこと

人々は準備に関するどのような点に不安を抱いていたのか。8つの項目を示し，不安に思うことをすべて挙げてもらった（**図18**）。

不安に感じる人が最も多かったのは「大会の開催費用」（77％）で，約8割にのぼった。この時期は特に会場整備費をめぐって，政府や都，組織委のあいだで費用負担に関する議論がなかなか決着しなかったことや，招致段階では7,340億円と説明されていたはずの大会経費について，第1回調査直前に，都の調査チームが「大会経費が3兆円にのぼる」という分析結果を示したこともあり，大多数の人が，果たして費用がどこまで膨れ上がり，いったい誰が負担することになるのかと心配していたのであろう。

次いで，「日本の組織委員会の体制」（56％）と「メインスタジアム（新国立競技場）など会場の整備」（54％）についても，半数以上の人が不安に感じていた。

図16 【第1回】東京五輪・パラ　準備状況の評価

図17 【第1回】東京五輪・パラ　準備状況の評価
（男女年層別，都民か否か別）

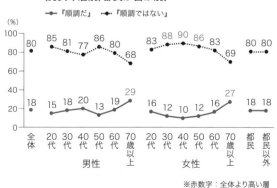

※赤数字：全体より高い層

図18 【第1回】東京五輪・パラ
準備に関して不安なこと（複数回答，回答の多い順）

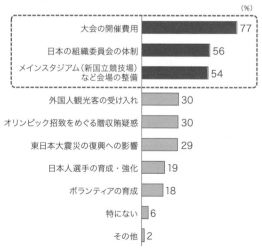

表4 【第1回】東京五輪・パラ　準備に関して不安なこと（男女年層別）
（複数回答，全体の回答の多い順）

(%)

	全体	男 性						女 性					
		20代	30代	40代	50代	60代	70歳以上	20代	30代	40代	50代	60代	70歳以上
大会の開催費用	77	67	70	71	82	80	79	75	81	84	85	80	69
日本の組織委員会の体制	56	51	43	52	57	65	63	44	51	56	61	66	46
メインスタジアム（新国立競技場）など会場の整備	54	61	59	51	52	51	47	60	63	65	64	56	37
外国人観光客の受け入れ	30	36	33	27	28	25	25	33	33	33	34	33	29
オリンピック招致をめぐる贈収賄疑惑	30	25	25	23	30	37	43	23	24	26	26	34	28
東日本大震災の復興への影響	29	31	22	23	25	28	30	29	28	25	30	37	37
日本人選手の育成・強化	19	16	17	20	21	27	24	5	12	14	13	22	24
ボランティアの育成	18	21	15	15	17	16	19	11	16	17	17	20	23
特にない	6	6	5	10	2	2	4	6	6	4	2	5	12
その他	2	4	4	3	2	1	2	2	2	4	3	2	1

□ 全体より高い層（以下，同様）

　男女年層別にみると（**表4**），「大会の開催経費」はどの年代も7〜8割ほどが不安に感じていたが，中でも女性40代（84％），50代（85％）で高かった。また，「メインスタジアム（新国立競技場）などの会場の整備」は女性30代（63％），40代（65％），50代（64％）で全体より高かった。準備の進捗を厳しく評価していた女性の30〜50代では，開催経費と会場整備に不安を抱いていた人がほかの年代に比べて特に多かったのである。

第1章のまとめ

　第1回調査の結果から，人々が当初，今回の東京五輪・パラに対してどのような意識を持っていたのかをみてきた。

　一見すると大多数の人々に歓迎された大会のようであったが，実際には，歓迎の熱量も関心の度合いも，若い年代を中心にぼんやりとしたものであった。

　64年大会のときのような“国家的栄誉”に向かって一丸となってひた走ろうというモチベーションは持てず，“復興五輪”であるとも思えず，せいぜい“経済的恩恵”ぐらいしか期待できないのに，準備のもたつきばかりが目につくという状況で，多くの人々は，この大会によって自身にいったいどんな果実がもたらされるのかを明確にイメージできず，熱烈な歓迎や関心などは到底示しようもなかったのだろう。“国際的なスポーツ大会”自体は楽しみだし，きっと自分もテレビで観戦することになるのだろうと何となくイメージしていたというのが，この時点の人々の“ぼんやりとした歓迎ムード”の正体だったのではないだろうか。

"盛り上がらぬ機運，運営面の不安高まる"
～第2回から第5回～

この章では，2017年10月に実施した第2回から，当初の開催予定の1年前にあたる2019年7月の第5回調査にかけての，人々の意識の推移をみていく。

まずは前章と同様に，大会をめぐる主な動きを簡単に振り返るが，本章では取り扱う期間が長いので，以下の年表は各調査から次の調査までで区切ることにする。

まず，第1回から第2回のあいだの期間（表5）には，さまざまな競技で会場が決定し，2016年12月にはようやく国立競技場の起工式も執り行われた。また2017年3月には，野球・ソフトボールの会場として福島県のあづま球場がIOCに承認された。

会場の整備費用についても，負担額をめぐってなかなか折り合いのつかなかった都，政府，

表5 東京五輪・パラ関連のできごと（2016年10月～2017年10月）

		大会運営や，関連する政治・社会のできごと	競技関連のできごと
2016年	10月	IOCバッハ会長，安倍首相と会談。五輪競技の一部を被災地で開催する考え表明	
			リオデジャネイロ五輪で4連覇を達成したレスリング伊調馨選手に国民栄誉賞授与
	11月	有明体操競技場設計・建設，205億円で落札。招致段階で示された額の倍以上	
		ボート・カヌーは「海の森水上競技場」，水泳は「東京アクアティクスセンター」に決定	
	12月	IOC総会で東京大会の追加5種目の競技会場決定	
		政府，五輪ホストタウンを新たに47件追加登録	
		新国立競技場の起工式（11日）	
		小池都知事，バレーボール会場「有明アリーナ」新設を表明	
		都・政府・組織委・IOCの4者協議「大会経費は最大1兆8,000億円にのぼる」	
2017年	3月	都，大会の経済波及効果「招致決定の2013年からの17年間で全国で32兆円余り」	
		東京大会を見据え，テロ対策強化で都内の地下鉄の全車両へのカメラ設置を発表	
		IOC理事会，野球・ソフトボールの会場として，福島県営あづま球場を承認	
	4月		日本陸連，マラソンの代表選考方法発表
	5月	小池都知事，都以外の仮設施設の整備費用約500億円を都が全額負担する意向	
		組織委，仮設整備費や運営費の一部約600億円分を受け持つ考えを示す	
		都・組織委・政府・関係自治体協議「大会経費総額1兆3,850億円」で合意	
	6月		IOC理事会，柔道「団体」やバスケットボール「3×3」などを新種目に決定
		テロ等準備罪を新設する改正組織犯罪処罰法が可決・成立	
	7月	大会に向けた再開発や外国人観光客増加で大都市圏やリゾート地で「路線価」上昇	
		JOCの強化本部長に，ロサンゼルス五輪の柔道金メダリスト山下泰裕氏が就任	
		IOC，五輪サッカー会場に茨城県のカシマスタジアムを追加承認	
			東京五輪に向けた野球の日本代表監督に稲葉篤紀氏が就任
	8月	第3次安倍改造内閣発足。鈴木五輪相「大会のコンセプトに『復興』がある。国際社会から支援をいただいて復興が進んだので，大会を通じてアピールする」	
	9月		IPC理事会，東京パラの種目数を23競技537種目と決定
		都外の競技場運営費に，宝くじの売り上げをあてることで関係自治体が合意	
			FIFA，東京五輪のサッカーの出場枠を発表。男子16，女子12
	10月		東京五輪のサッカー日本代表監督に森保一氏の就任
		第2回世論調査 10月7日～15日	

組織委，関係自治体などのあいだで合意がみられた。

また，五輪・パラでの実施競技や種目が決定し，五輪マラソンの選考方法も定まり，野球やサッカーでは代表監督が決まるなど，競技そのものに関する動きも加速し始めた。

第2回から第3回のあいだの時期（**表6**）には，大会記念硬貨のデザインや大会マスコットも決定した。また，大会中の選手たちの移動に活用する目的で整備が進められた首都高10号晴海線の晴海・豊洲間1.2キロが開通するなど，大会に向けた準備が目に見える形で進捗した。

さらに，共生社会の実現に向け，東京五輪・パラが開催される2020年をめどに，都内のタクシーの4分の1を，車いすに乗ったまま利用できるようにするという目標が関係閣僚会議で定められたほか，共生社会実現への取り組みを地域振興にも結びつけることを目指す「共生

社会ホストタウン」に，青森県三沢市など6自治体が登録された。

競技関連では，五輪における柔道のルールや空手の階級などが相次いで決定されたほか，卓球では，五輪に向けた人気拡大や選手強化を目的に，国内リーグ「Tリーグ」が2018年2月に発足し，同年10月に開幕することになった。

表6　東京五輪・パラ関連のできごと（2017年10月～2018年3月）

		大会運営や，関連する政治・社会のできごと	競技関連のできごと
2017年	10月	東京五輪まで「1,000日」となり，各地で催し	
	11月	都，新設8会場の整備費について，「当初比413億円削減見込み」	
			国際柔道連盟，「合わせ技一本」復活決定。「指導3回」で反則負けの新ルールも
			世界空手連盟，東京五輪での「組み手」の階級を男女各3階級に集約する決定
		政府関係閣僚会議「大会後の国立競技場は球技専用とする」	
		政府，大会の「復興ありがとうホストタウン」に岩手・宮城・福島から11市町村選定	
		都が351億円かけて新設した調布市の「武蔵野の森総合スポーツプラザ」が完成	
	12月	バスケットボール3X3とBMXの会場が江東区青海地区と有明地区に決定。青海地区の仮設会場を予定していたスケートボードは，コスト低減のため有明地区に	
		政府，東京パラの「共生社会ホストタウン」に青森県三沢市など6自治体登録	
		組織委など，大会経費をこれまでより350億円少ない1兆3,500億円とすると発表。負担は，組織委と都が6,000億円ずつ，政府が1,500億円	
2018年	1月	共生社会の実現に向けた関係閣僚会議。東京パラが開催される2020年をめどに，都内のタクシーの4分の1を車いすのまま利用できるものにすることなどを目標にする	
	2月		卓球「Tリーグ」が会見。五輪に向け人気拡大や選手強化を目指し，10月開幕
		国交省，災害時の緊急道路や東京大会会場周辺を重点地域とし「無電柱化」計画	
		東京大会の記念貨幣5種類のデザイン発表	
		東京大会のマスコット決定	
	3月	首都高「10号晴海線」のうち，晴海と豊洲を結ぶ1.2キロの区間が開通	
		第3回世論調査　3月17日～25日	

表7　東京五輪・パラ関連のできごと（2018年4月〜10月）

2018年		大会運営や，関連する政治・社会のできごと	競技関連のできごと
2018年	4月		日本レスリング協会の栄和人強化本部長，パワハラ問題で辞任
		大会「フラッグツアー」スペシャルアンバサダーのTOKIOの山口メンバー書類送検	
	5月	IOC理事会，東京大会の全43会場を承認	
		大会ボランティアの検討委員会初会合で，宿泊費用自己負担への批判について，「やりがいをわかりやすくPRする必要がある」などの意見が出る	
	6月	車いすで利用できる専用体育館が東京の品川にオープン	
			JOC山下選手強化本部長，強化担当者を集めた会議で「五輪金メダル目標30個」
		開会式前後が4連休，閉会式前後が3連休となる法律が可決・成立	
			東京パラ，自転車競技の種目が1つ増え，22競技540種目に
	7月	組織委，子どもや高齢者，障害者のグループ向け五輪チケット1枚2,020円と決定	
		東京五輪の聖火リレーが，2020年3月26日に福島県からスタートと決定	
		五輪の大会スケジュールの大枠決定。暑さを考慮しマラソン午前7時開始に	
		五輪開幕まで2年。東京スカイツリーでカウントダウンイベント	
		五輪・パラ開閉会式演出の統括責任者が狂言師の野村萬斎さんに決定	
	8月	リオデジャネイロ大会での助成金分配問題で，日本ボクシング連盟山根明会長が辞任	
			インドネシアのジャカルタでアジア大会。日本は史上2番目の75個の金メダル
		組織委，東京パラのチケット価格発表。若者の観戦を増やそうと最低価格は900円に	
	9月		テニス全米オープンで大坂なおみ選手が優勝
			東京五輪最初のテスト大会，セーリングの「ワールドカップ江の島大会」開催
		組織委，大会中にボランティアに交通費に相当する額として，1日1,000円の支給決定	
	10月		米シカゴマラソンで，大迫傑選手が2時間5分50秒の日本新記録で，3位に
		IOC総会，東京大会での「難民選手団」結成を決定。費用はすべてIOCが負担	
			レスリング伊調馨選手が2年2か月ぶりに実戦復帰，国内大会で優勝
		第4回世論調査　10月6日〜14日	

　第3回から第4回のあいだには（表7），大会に向けた準備がさらに加速し，チケット販売価格が発表されたほか，五輪の聖火リレーのスタート地点を福島県とすることも決まった。

　競技関連でも，JOCの山下選手強化本部長が，各競技の強化担当者を集めた会議で，五輪で30個の金メダル獲得を目指す意気込みを表明。この時期に世界各地で開かれた各競技の国際大会では日本勢の好調さが際立ち，2018年8月にインドネシアのジャカルタで開催されたアジア大会で，日本は史上2番目の多さとなる75個の金メダルを獲得した。また，テニスでは，4大大会の1つである全米オープンで，大坂なおみ選手が日本選手として初めての

優勝を飾り，マラソンでは，米シカゴマラソンで大迫傑選手が日本新記録で3位に入った。

　第4回から第5回のあいだの主な動きは**表8**のとおりである。

　当初の開催予定が1年後に迫る中，2019年5月にはいよいよ五輪の観戦チケットの申し込みが始まり，6月に1回目の抽選結果が発表された。また，五輪の詳細な大会スケジュールが発表されたほか，大会期間中の「終電」時刻の延長も決まった。

　一方で，開会式と閉会式の予算上限が招致段階よりも約40億円引き上げられたり，"復興五輪"を牽引する立場であるはずの桜田五輪・パラ担当大臣「復興以上に大事なのが議員

表8　東京五輪・パラ関連のできごと（2018年11月〜2019年7月）

		大会運営や，関連する政治・社会のできごと	競技関連のできごと
2018年	11月	IOCバッハ会長，安倍首相と福島県内の競技会場を視察	
		IOC，マラソンの開始時間の前倒しを検討する考え表明。午前5時半〜6時を念頭に	
	12月	スポーツなどの不正チケット転売を禁止する法律が成立	
			世界短水路選手権で男子200mバタフライ瀬戸大也選手が世界新記録
		組織委と都，大会経費の予算総額「1兆3,500億円で維持」と公表	
2019年	2月		競泳の池江璃花子選手が自身のTwitterで「白血病」と診断されたと明らかに
		組織委，開閉会式の予算上限を，招致段階から約40億円増の130億円とする決定	
		IOC，韓国，北朝鮮が会談。4競技で「南北合同チーム」を結成し予選出場を目指す合意	
		組織委，競技会場の敷地内を全面禁煙とすることを決定。夏の五輪では初	
	3月	五輪期間中，終電最大1時間半程度延長で，都や組織委が鉄道事業者と合意	
		JOC竹田会長，6月の任期いっぱいでの退任をJOC理事会で表明	
		五輪聖火トーチ発表。聖火リレー公式アンバサダーに女優の石原さとみさんなど	
			日本のバスケットボール男子，東京五輪出場決定。五輪出場は44年ぶり
	4月	桜田五輪相辞任。自民党衆院議員のパーティーで「復興以上に大事なのが議員だ」	
		五輪の大会スケジュール詳細決定。開会式は午後8時から午後11時まで	
	5月	五輪チケットの申し込みがスタート	
			サニブラウン選手，アメリカで行われた大会の男子100mで日本人選手2人目の9秒台
			スケートボード日本選手権パーク男子で，スノーボードの五輪メダリスト平野歩夢選手が優勝。パーク女子は小学5年生の開心那選手が優勝
	6月		サニブラウン選手，全米大学選手権男子100m決勝で9秒97の日本新記録で3位
		ボートとカヌーの会場となる「海の森水上競技場」が完成。総工費は308億円	
		五輪チケットの抽選販売の1回目の結果発表	
		JOC新会長に山下泰裕氏が就任決定	
	7月	組織委，ボランティアのマイカー利用原則認めず。朝早い活動でも鉄道などで夜中に移動，必要に応じ休憩をとってもらう方針	
		組織委，チケット抽選で落選した人を対象に，再抽選する方針を明らかに	
		第5回世論調査　6月29日〜7月7日	

だ」などと発言した問題で辞任したりと，開催に向けた盛り上がりに水を差すようなニュースもあった。

　競技関連では引き続き，世界を舞台にした日本勢の活躍が続き，競泳男子200mバタフライでは瀬戸大也選手が世界新記録，また，陸上男子100mではサニブラウン選手が日本新記録を，それぞれマークし，五輪に向けた順調な仕上がりを印象づけた。さらに，バスケットボール男子は44年ぶりの五輪出場を決めた。また，東京大会から採用された新競技のスケートボードでは，日本選手権のパーク男子で，冬季五輪のスノーボードのメダリストである平野歩夢選手が，パーク女子では当時小学5年生の開心那選手がそれぞれ優勝した。実際の東京五輪では，スケートボードにおける若い選手の躍動が多くの人に鮮烈な印象を残すことになるが，この時期すでに，その感動の萌芽があったのである。

① 盛り上がらぬ機運

このように，大会に向けた準備が進み，各競技でも五輪・パラでの日本勢の活躍を期待させるニュースが多く聞かれるようになった中で，大会に対する人々の意識はどのように推移したのだろうか。

東京五輪への関心

図19は，第1回から第5回で，それぞれ東京五輪にどの程度関心があるかを尋ねた結果である。

『関心あり（大変＋まあ）』は第1回以降，一貫して8割前後でいっこうに増えず，内訳をみても，相変わらず「まあ関心がある」程度の人が5割ほどを占めていた。

第1回と第5回の『関心あり』の割合を，男女年層別と東京都民か否か別に示したのが図20である。『関心あり』は第1回の時点から若年層で低めであったが，第5回ではその傾向がより顕著になった。もともと70％と全体より低かった女性20代は，第5回では64％となったほか，第1回では80％前後が『関心あり』だっ

図20 【第1回と第5回】東京五輪
『関心あり』の割合（男女年層別，都民か否か別）

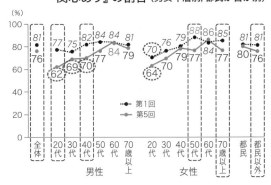

◖╌╌◗ 第1回よりも第5回のほうが『関心あり』が減少した層

◖╌╌◗ 全体より低い層　※赤数字：全体より高い層

た男性の20〜40代も70％以下となった。

第Ⅰ章では，第1回の時点で，若年層の関心の度合いがぼんやりしていたと述べたが，第5回では，関心の度合い云々以前に，関心を持つ人自体が，男性20代（第1回77％→第5回62％），40代（第1回82％→第5回70％）など男性の若年層を中心に減ったのである。

大会が"1年後"に迫り，大会関連のニュースを耳にする機会も増えたはずの第5回になっても，なぜ関心が高まらなかったのか。その原因は，人々と大会との"距離感"にあったのかもしれない。

図21は，五輪・パラについて，「私の暮らしにまったく関係がない」と思うかどうかを尋ねた結果について，第1回と第5回を比較した

図19 【第1回〜第5回】東京五輪
関心の有無と度合い

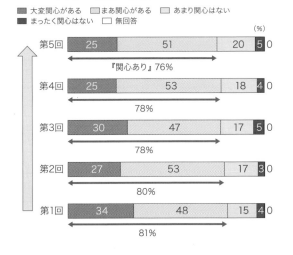

図21 【第1回と第5回】
「五輪・パラは私の暮らしにまったく関係がない」

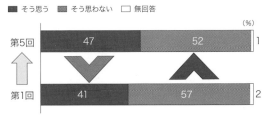

ものである。「そう思う」，すなわち，大会は自分には関係がないものだと考える人の割合は，第1回（41％）から第5回（47％）のあいだで増加していたのである。

人々と大会の"距離感"について，もう少し具体的にみてみる。第5回調査では，チケット購入やイベントへの参加など，「大会に関連して どんなことをしたか」（表9）や，仕事やボランティアなどを通じ，「大会にどう関わっているか」（表10）を，いずれも複数回答で尋ねた。

大会に関連してどんなことをしたのかについては，「特にない」が全体の80％を占め，女性の20代では90％にのぼった。項目別では，「大会観戦チケットの購入・申し込み」がかろう

表9 【第5回】東京五輪・パラ　大会に関連してどんなことをしたか
（複数回答，全体の回答の多い順）（男女年層別，東京五輪関心度別）　(%)

	全体	男性						女性						東京五輪関心度			
		20代	30代	40代	50代	60代	70歳以上	20代	30代	40代	50代	60代	70歳以上	大変関心がある	まあ関心がある	あまり関心はない	まったく関心はない
人数	2,442	108	156	220	167	216	265	115	163	261	228	226	317	612	1,240	475	111
特にない	80	82	79	80	75	76	80	90	83	81	75	82	84	62	82	95	95
大会観戦チケットの購入・申し込み	12	11	15	13	19	14	7	9	16	15	17	8	5	25	11	3	0
大会関連の記念品やグッズの購入	4	3	5	3	4	5	7	1	1	3	6	3	7	10	3	1	0
大会に向けたテレビの買い替え	2	0	1	2	2	2	6	1	1	1	3	2	3	5	2	0	1
大会関連イベントへの参加	1	3	1	1	2	2	1	1	0	2	2	1	0	3	1	0	0
大会に向けた外国語の勉強	1	2	1	1	1	2	1	0	1	1	1	0	2	3	1	0	0
その他	1	1	1	1	0	2	0	1	1	1	1	2	1	2	1	1	1
大会ボランティアの登録	1	0	1	1	1	1	0	0	0	0	0	0	0	1	0	0	0

表10 【第5回】東京五輪パラ　大会にどう関わっているか
（複数回答，全体の回答の多い順）（男女年層別，東京五輪関心度別）　(%)

	全体	男性						女性						東京五輪関心度			
		20代	30代	40代	50代	60代	70歳以上	20代	30代	40代	50代	60代	70歳以上	大変関心がある	まあ関心がある	あまり関心はない	まったく関心はない
特に関わりはない	92	85	88	86	90	92	95	90	98	96	93	96	91	86	93	97	95
仕事で関わる	3	7	6	8	2	4	1	6	2	2	3	0	1	5	3	2	1
地域や学校のイベントで関わる	2	5	5	3	4	3	3	2	0	1	2	1	3	5	2	0	0
その他	1	1	2	2	2	1	0	2	0	1	1	1	2	2	1	0	0
ボランティアで関わる	1	3	1	1	1	1	0	1	0	0	0	0	1	2	1	0	1
競技に出場する（出場を目指している）	0	0	0	0	0	0	0	0	0	0	0	0	0	0	0	0	0

じて1割を超えたものの，そのほかの項目はいずれもほとんどいなかった。

　東京五輪への関心度別にみると，「大変関心がある」人たちでは，25％と4人に1人がチケットの購入や申し込みをしたほか，グッズを購入した人も10％となるなど，すべての行動において全体を上回ったが，裏を返せば，大会に関して何らかの行動をした人は，そもそも大会に強い関心を持っている層に偏り，「まあ関心がある」程度以下の関心度合いの人たちには広がりを持たなかったとみるべきであろう。

　大会への関わりについても同様に，「特に関わりはない」が92％にのぼり，女性30・40・60代では95％超と大多数が，どのような形でも大会に関わっていない状況であった。男性20〜40代では「仕事で関わる」人が1割弱存在したが，あくまで全体と比べれば多めだったというだけで，実際にはごく少数派であった。また，さきほどの大会に関連した行動と同様に，大会への関わりについても，五輪に「大変関心がある」人に偏っていた。

　次に，"復興五輪"の意義を感じる人の割合はどのように推移したのだろうか。

　東京五輪・パラには「震災復興を世界に示す上で大きな意味がある」と思うかどうかを尋ねた結果をみると**（図22）**，「そう思う」は，第1回から第5回まで5割前後のままで，増加しなかった。

　第1回から第2回のあいだには野球・ソフトボールを福島県で開催することが決まり，第2回と第3回のあいだには復興の取り組みの発信や地域の発展を目的にした「復興ありがとうホストタウン」に被災地域の市町村が指定され，第3回から第4回のあいだには五輪の聖火リレーを福島でスタートすることが決まるなど，一

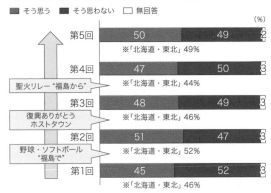

図22　【第1回〜第5回】東京五輪・パラ「震災復興を世界に示す上で大きな意味がある」

見，"復興五輪"に関する取り組みが進んでいるようでもあったが，人々の大多数が一致して"今大会は復興五輪なのだ"という認識を抱くほどの契機にはならなかったのである。

　何より，東日本大震災で大きな被害を受けた岩手，宮城，福島を含む「北海道・東北」でも，「そう思う」は一貫して5割前後のまま増えず，全体と同程度であった。つまり，肝心の被災地を含む地域でも，今大会が"復興五輪"であると思えた人は，特段多くもなく，増えもしなかったのである。

　こうした状況については，浜田幸絵氏も先に紹介した2018年の著書の中で「2020年の組織委員会は，聖火リレーの出発地を福島とし，東日本大震災の被災地を重視する姿勢をみせているが，『復興五輪』としての意味づけが今後どこまで浸透していくかは定かではない」と指摘している。

　このように，大会に関心を持つ人や"震災復興"の意義を感じている人は，調査を5回重ねても，いっこうに増えなかった。第Ⅰ章では，第1回の時点で，人々が今大会に対して，64年大会のときのような"国家的栄誉"に向かってひた走るモチベーションを持てず，"復興五輪"であるとも思えず，大会によってどんな果

実がもたらされるのかを明確にイメージできなかったと述べたが，当初の開催予定の1年前になっても，人々は，運営側から高らかにアナウンスされる理念や意義に対して，いまひとつ乗りきれず，冷ややかな意識を保ったままだったのである。それどころか，開催"1年前"になっても，半数近い人が，大会を自分とは関わりのないものであるように感じ，実際に，ほとんどの人が大会にどのような関わりも持っていなかったのである。

②東京五輪・パラは楽しみか

第Ⅰ章では，大会への関心がぼんやりとする一方で，多くの人が五輪を"国際的なスポーツ大会"だととらえ，メディアを通じて観戦するつもりでいたことを紹介した。その結果をみて，分析担当者としては，大会の意義や運営・準備に対する「関心」とは異なる次元で，大会を「楽しみ」にしている人がいるのではないかという仮説を立てた。そこで，第5回調査から新たに，東京五輪・パラを楽しみにしているかどうかを尋ねる質問を新設した。その回答結果を，同じ第5回の東京五輪への「関心」と比較したのが図23である。

図23 【第5回】東京五輪・パラ「楽しみか」と東京五輪「関心」

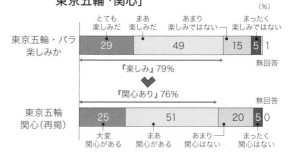

『楽しみ（とても＋まあ）』は79％で，東京五輪に『関心あり』（76％）と答えた人の割合を，若干ではあるが上回った。つまり仮説のとおり，"関心はないが，楽しみである"人がいたわけである。実際に，東京五輪への関心有無別に回答結果をみると，『関心あり』の人（第5回は1,852人）の大多数が『楽しみ』（93％）にしていたのはある意味当然かもしれないが，『関心なし』（586人）の人でも35％が『楽しみ』だと答えたのである。

『関心あり』と答えた人と『楽しみ』と答えた人の割合を男女年層別にみると（図24），女

図24 【第5回】東京五輪・パラ『楽しみ』と
東京五輪『関心あり』（男女年層別）

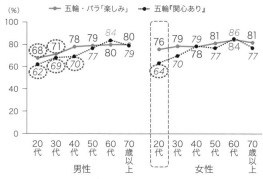

図25 【第5回】東京五輪・パラ　チケット購入意向
（男女年層別, 都民か否か別）

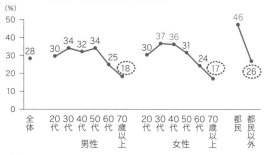

性20代では，『楽しみ』が76％で，『関心あり』の64％を上回った。

第5回における五輪への関心については，さきほど，男女ともに若年層で低めであったと紹介した。『楽しみ』についても，男性の若年層では，20代で68％，30代で71％と全体より低い。一方で，女性では，20代は前述のとおり76％，30代でも79％と，『楽しみ』については全体と同程度に高かった。実際に，女性20・30代では，五輪に『関心なし』と答えた91人のうち，約4割が，五輪・パラを『楽しみ』（41％）にしていたのである。

この『楽しみ』だという気持ちが，具体的な行動として発露したと思われるのが，大会チケットの購入意向である。

図25は，第5回調査で，東京五輪・パラのチケットを「購入したい」と答えた人の割合を，全体，男女年層別，都民か否か別で示したものである。なお，調査は，最初のチケット抽選・販売が行われた直後のタイミングで実施した。最初の抽選で当選した人たちも，ここでは「購入したい」に含まれている。

全体では28％がチケットを「購入したい」という意向を持っていた。男女年層別にみると，

五輪への関心とは対照的に，若い人のほうが高めであった。中でも女性30代（37％）と40代（36％）では約4割に達し，全体よりも高かった。

70歳以上での購入意向の低さについては，第Ⅰ章の「会場での観戦意向（第1回）」でも述べたように，実際に会場まで足を運ぶことの大変さを憂えた人が多かったのかもしれないとも推察できる。一方で，第1回では高年層と同じく『会場で見たい』人が全体より少なかった男性30代（第1回『会場で見たい』53％）と女性20代（同54％）では，第5回の「チケット購入意向」はいずれも30％以上と，全体と同程度に高かった。

ここで，女性の40代以下に注目し，大会への関心と，当初の会場観戦意向，今回のチケット購入意向を整理すると以下のようになる。

○**大会への関心は低め**

女性20代は第1回（70％）から全体より低く，第5回（64％）ではさらに低下した。

○**会場での観戦意向も高くはない**

第1回の『会場で見たい』は，女性20代（54％），30代（57％），40代（61％）では5〜6割程度と，全体と比べて高くはなく，20代では「特に見たいとは思わない」（46

%）と拮抗していた。

○**大会を『楽しみ』にしている人は多い**

女性20代（76％），30代（79％），40代（78
％）とも，『楽しみ』にしている人は全体と同
じくらいに多かった。

○**チケット購入の意欲は高め**

女性20代（30％）は全体と同程度で，30
代（37％）と40代（36％）では全体よりも
高かった。

なお，少々先の話になるが，じつはこの女性
の20〜40代は，コロナ禍における開催賛否
や，大会を『楽しみ』にする気持ちにおいて，
その時々の状況に非常に敏感に反応し，気分
の揺らぎを顕著にあらわすことになる。彼女た
ちの意識の変遷については，本稿の最後に改
めてまとめるつもりであるが，そうした観点で
第5回の彼女たちの回答結果をみると，大会
の理念や運営に関しては依然として心が動かな
かったが，調査前にさまざまな競技大会で日
本選手が活躍したり，チケット販売に関する
ニュースが連日報じられたりしたことに敏感に
反応し，大会を楽しみに思い，"私もチケット
を買ってみたい"という気持ちになったのは想
像に難くない。

③ 準備状況への評価

続いて，準備状況に対する人々の評価の変
化をみる。大会への関心がいっこうに高まらな
い状況とは対照的に，準備への評価は，調査
を重ねるごとに改善した。第1回ではわずか
18％であった『順調だ』は，第5回には67％
にまで増えた（図26）。

準備に関して不安に思うことがらについても，
第1回と第5回では変化があった（表11）。

第1回では「大会の開催費用」（77％），「日
本の組織委員会の体制」（56％），「メインス
タジアム（新国立競技場）など会場の整備」
（54％）に対して，それぞれ半数以上の人が不
安を抱いていたが，第5回では，この3項目へ
の不安は軒並み減少し，「大会の開催費用」は
43％と半数を下回り，「メインスタジアム（新国

**図26 【第1回〜第5回】東京五輪・パラ
準備状況の評価**

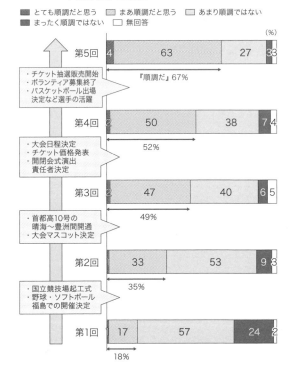

表11 【第1回と第5回】東京五輪・パラ　準備に関して不安に思うこと
（複数回答，各回の回答の多い順）

(%)

	第1回		第5回	
70％台	大会の開催費用	77		
60％台				
50％台	日本の組織委員会の体制	56	選手や観客の暑さ対策	52
	メインスタジアム（新国立競技場）など会場の整備	54		
40％台			外国人観光客の受け入れ	45
			大会の開催費用	43
30％台	外国人観光客の受け入れ	30	道路や鉄道などのインフラ整備	38
	オリンピック招致をめぐる贈収賄疑惑	30		
20％台			メインスタジアム（新国立競技場）など会場の整備	26
	東日本大震災の復興への影響	29	公共施設などのバリアフリー化	25
			日本の組織委員会の体制	25
			ボランティアの育成	24
			東日本大震災の復興への影響	21
19％以下	日本人選手の育成・強化	19	特にない	15
	ボランティアの育成	18	日本人選手の育成・強化	12
	特にない	6	その他	2
	その他	2		

▨ 第1回より不安が減少した項目，■ 第1回より不安が増加した項目。

立競技場）など会場の整備」（26％）と「日本の組織委員会の体制」（25％）は3割以下となった。

　かわって，第5回で半数以上の人が不安を抱いたのは，「選手や観客の暑さ対策」（52％）であった。この項目は第3回から選択肢に加えたため第1回からの推移を述べることができないが，少なくとも第3回（38％）からは大幅に増加した。

　この増加の背景には，この時期に，真夏の暑さの中でいかに選手や観客の安全を確保するかについて，競技日程の見直しや医療スタッフの確保などの点でさまざまな検討が行われたこともあると考えられる。

　中でも五輪のマラソンの競技日程については，第3回調査後の18年7月に大会スケジュールが発表された際に，スタート時刻が午前7時半から7時に早められたが，第4回調査後の同年11月には，IOCが午前5時半から6時を念頭にさらなる前倒しを検討すると発表した。五輪のマラソン会場が東京から札幌に移されるのは第5回調査が終わってからの話ではあるが，この時点でも多くの人々が，果たして夏の東京の猛暑の中で競技をつつがなく実施できるのかどうかを危惧していたのであろう。

　そのほかに，準備に関して不安に思う人が第1回よりも増えたのは「外国人観光客の受け入れ」（30％→45％）と「ボランティアの育成」（18％→24％）である。また，東京五輪の開催で不安に思うことを尋ねた別の質問では，「東京の交通渋滞がひどくなる」ことを案ずる人が増えた（41％→49％）。

　このように，国立競技場の建設も始まり，関係する組織間で費用負担の折衝もある程度ま

とまりつつあったこの時期，準備全般に対する人々の評価は大きく改善したが，その一方で，大会が"1年後"に迫る中で，人々の懸念は，暑さや交通渋滞，外国人の受け入れ，ボランティアの育成など，実際に大会を運営するうえでの具体的な諸課題を克服できるか否かにシフトしていたのである。

④ パラへの関心，障害者スポーツへの理解

「東京オリンピック・パラリンピックに関する世論調査」を，当初の開催予定の4年も前に開始したねらいは，大会が近づくにつれ，あるいは開催の前後で，人々の意識や社会がどのように変化していくのかを長いスパンで把握することにあった。

中でも，東京パラをきっかけに，障害者や障害者スポーツに対する人々の理解は進むのか，多様性を尊重し合う"共生社会"を目指す機運が国内で高まるのかという点には，特に注目していた。東京パラの開催によって実際にどのような変化がもたらされたのかについては第Ⅳ章で分析することになるが，この節では，その変化を語るための起点として，大会前の段階での，人々の意識のありかをまとめておきたい。

まずは，東京パラへの関心の有無と，その度合いをみる（図27）。

第5回調査で，東京パラに『関心あり（大変＋まあ）』と答えた人は61％で，東京五輪（76％）には及ばなかった。とはいえ，ふだん五輪競技ほどには，障害者スポーツを見聞きす

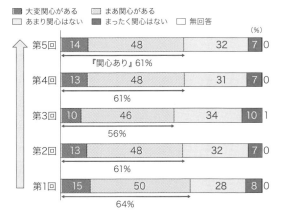

図27 【第1回～第5回】東京パラ関心の有無と度合い

る機会がないことを思えば，大会前の時点で6割の人が関心を持っていたというのは，決して低い数字とも言いきれない。

ただし，東京パラについても，五輪と同様に，関心の伸びはみられなかった。『関心あり』は第1回から第5回までつねに60％前後で，その内訳も，「大変関心がある」が10～15％程度で，「まあ関心がある」程度の人が50％程度と大部分を占める構図のまま，変化がなかった。

では，第5回の時点で東京パラに関心を持っていたのは，どのような人たちだったのか。**表12**には，『関心あり』の割合を，男女年層別と，この調査の別の質問で複数回答で尋ねた，障害のある人との関係別に示した。

まずは，すべての層で，東京パラに『関心あり』が5割を超えていた。ただし，その割合には，年代や障害者との関係性の違いによって大きな差があった。

男女年層別では，『関心あり』は女性の60代（74％）と70歳以上（70％）で7割以上と高かった。一方で，男性の20代（52％），30代（51％），40代（54％）と，女性の20代（50％）では5割程度にとどまった。

また障害のある人との関係別では，障害のある人の「友人・知人」と，障害のある人をサポートしたりボランティアに参加したりした経験のある人（「サポート経験あり」）で，それぞれ74％と高かった。一方で，ふだん障害のある人と関わりのない人（「関係なし」）では55％と低かった。

このように，東京パラへの関心は，若年層や，障害者とふだん関わりのない人で低めだったのである。

次に，東京パラを会場で『見たい（ぜひ＋まあ）』と答えた人の割合を，同じように男女年層別と，障害のある人との関係別にみる（**表13**）。

全体では『見たい』が43％で，男女年層別ではどの年代も5割を超えなかった。障害者との関係別では，さきほどの関心の有無と同様に，「友人・知人」（57％）と「サポート経験あり」（53％）で5割を超えて高かったのに対し，ふだん障害者と関わりのない人では38％と低

表12　【第5回】東京パラ　『関心あり』と答えた人の割合（男女年層別，障害者との関係別）

（％）

全体	男性						女性						障害者との関係（複数回答）				
	20代	30代	40代	50代	60代	70歳以上	20代	30代	40代	50代	60代	70歳以上	本人	家族	友人・知人	サポート経験あり	関係なし
2,442人	*108*	*156*	*220*	*167*	*216*	*265*	*115*	*163*	*261*	*228*	*226*	*317*	*107*	*282*	*479*	*337*	*1,413*
61	52	51	54	55	63	66	50	64	59	58	74	70	69	66	74	74	55

□ 全体より『関心あり』が高い層，■ 全体より『関心あり』が低い層。

表13　【第5回】東京パラ　会場で『見たい』と答えた人の割合（男女年層別，障害者との関係別）

（％）

全体	男性						女性						障害者との関係（複数回答）				
	20代	30代	40代	50代	60代	70歳以上	20代	30代	40代	50代	60代	70歳以上	本人	家族	友人・知人	サポート経験あり	関係なし
43	40	45	45	36	40	46	36	49	47	41	43	46	48	44	57	53	38

□ 全体より『会場で見たい』が高い層，■ 全体より『会場で見たい』が低い層。

かった。

さらに，「最近1年間で障害者スポーツの情報にどのように触れたか」を複数回答で尋ねた結果も紹介しておく（**表14**）。

全体では「テレビで競技や番組を見た」が60％と多く，「実際に会場で見た」（2％）や「テレビ以外で情報に接した」（10％）はほとんどいなかった。つまり第5回の時点では，テレビの競技中継やパラ関連番組が，人々と障害者スポーツをつなぐほとんど唯一の手段であったのである。

「テレビで競技や番組を見た」の割合を，男女年層別と障害者との関係別でみると，全体より高いのは男性70歳以上（69％），女性60代（73％）と70歳以上（69％）や，障害者の「友人・知人」（71％）と「サポート経験あり」（70％）であり，逆に低いのは男性20代（44％），30代（44％），40代（52％）と女性30代（52％）や，障害者と関わりのない人（55％）である。

すなわち，東京パラへの関心や，テレビを通じた障害者スポーツ関連情報への接触実態は，ともに高年層や，障害者の友人・知人やサポート経験のある人に偏り，若い人や，ふだん障害者と関わることのない人への広がりを欠いていたのである。

なお，「テレビで競技や番組を見た」の割合

は，東京パラに『関心あり』の人（1,493人）では73％であったのに対し，『関心なし』の人（944人）では39％と，その差が歴然としていた。関心があるから視聴したのか，視聴したから関心を持ったのか，因果がいずれであるのかは"鶏が先か卵が先か"的な話になるかもしれないが，テレビでの視聴が大会への関心の有無と密接な関係にあったことは確かである。

表14 【第5回】 最近1年間の障害者スポーツへの接触 （複数回答，男女年層別，障害者との関係別） (%)

	全体	男性						女性						障害者との関係（複数回答）				
		20代	30代	40代	50代	60代	70歳以上	20代	30代	40代	50代	60代	70歳以上	本人	家族	友人・知人	サポート経験あり	関係なし
実際に会場で見た	2	5	4	4	2	3	2	1	1	3	2	1	1	8	5	4	7	1
テレビで競技や番組を見た	60	44	44	52	55	66	69	58	52	56	58	73	69	52	62	71	70	55
テレビ以外で情報に接した	10	13	11	16	11	12	8	6	9	13	12	9	6	12	11	17	20	8

▢ 全体より高い層，■ 全体より低い層。

第II章のまとめ

　この章では，2017年の第2回調査から，当初の開催予定の1年前にあたる2019年の第5回調査までを振り返った。

　会場整備やその費用負担の調整をめぐるもたつきが徐々に解消され，目に見える形で準備が進捗したことを受けて，準備に関する評価は大きく改善した。

　しかし，"1年前"になっても，五輪への関心は伸びず，今大会が"復興五輪"であるという意義に賛同する人も増えなかった。

　一方で，女性の20・30代を中心に，"大会に関心はないが，楽しみだ"という人が少なからずいた，という発見があった。「関心」と「楽しみ」のあいだにある隔たりの背景には，政府や組織委などから高らかに宣言される理念や，運営側の目指す大会成功を，自分自身に関わりのあるものとは感じられず，ただただ"純粋な国際スポーツ大会"として楽しもうという気分だけが高まってきたという，この時期の人々の率直な感情があったように思える。

　パラリンピックへの関心にも伸びはみられず，会場での観戦意欲や障害者スポーツに関する情報への接触は，若者や，障害者と関わりのない人への広がりを欠いていた。分析者としては，果たして，開催によって，そうした人々にも関心や理解が広がっていくのかどうかに注目すべきだと感じていた。

III

"コロナ禍による延期と，割れる開催賛否"

　東京五輪・パラは，2020年夏の開催が予定されていたが，いよいよ半年前という段になって，コロナの感染拡大に見舞われ，結局，1年延期されることとなった。

　ここまで5回の調査を重ねてきた「東京オリンピック・パラリンピックに関する世論調査」も，当初の予定では，大会4か月前にあたる2020年3月に第6回調査を，大会後の2020年9月に第7回調査を実施することにしていたが，大会延期に合わせて，第6回調査は2021年3月へ，第7回調査は2021年9月へと，それぞれ1年ずつ，後ろ倒しせざるを得なくなった。なお，第6回と第7回の調査は，これまでの質問項目をできる限り踏襲した内容で実施することにしたものの，コロナ感染拡大防止の観点から，第5回までのように調査相手のもとを訪ねる形式の配付回収法で継続することは難しく，同じ調査方法による長期的な時系列比較を想定していた分析者としては痛恨ではあったが，郵送法に切り替えざるを得なかった。

　一方で，五輪史上初めての大会延期に際し，人々がどのような意見を持ったのかを記録することも大事であると考え，延期決定直後の2020年3月と，仕切り直しの"1年前"となった2020年7月には，臨時に，電話による世論調査を実施（**表15**）することにした。ただし，質問内容は，延期決定の評価や，延期後の開催賛否に的を絞ったため，前後7回の世論調

表15　電話での世論調査の概要

	電話調査①	電話調査②
調査時期	2020年3月27日（金）〜29日（日）	2020年7月17日（金）〜19日（日）
調査対象	全国の18歳以上の男女2,200人	全国の18歳以上の男女2,192人
	固定電話973人・携帯電話1,227人	固定電話965人・携帯電話1,227人
調査方法	電話法（固定・携帯RDD）	電話法（固定・携帯RDD）
有効数（率）	1,321人（60.0％）	1,298人（59.2％）

査とは大きく異なる。

　こうした事情から，本章で扱う，2度の電話調査と第6回（郵送法）の結果は，前章まで紹介してきた第5回以前の調査結果とは単純に比較できるものではないが，コロナ禍の状況下で，人々が五輪・パラに対してどのような意識を持っていたのかを，以下の順で時の経過を追いつつ，詳しくみていきたい。

第1節　コロナの感染拡大と，史上初の大会延期（2020年3月電話調査①）

第2節　収まらぬ感染拡大の中で迎えた仕切り直し"1年前"（2020年7月電話調査②）

第3節　進む準備と感染拡大のはざまで迎えた"大会4か月前"（第6回世論調査）

① コロナの感染拡大と，史上初の大会延期（2020年3月電話調査①）

　この節では，コロナ禍と大会延期を受けて実施した電話調査①の結果を紹介する。

　まずは，第5回調査が終了した2019年7月から，電話調査①を行った2020年3月までの大会関連の主な動きをまとめる（表16）。

　2019年の下半期，五輪マラソン会場の札幌への変更をめぐる混乱はあったものの，準備はおおむね順調に進んでいた。多くの人が案じていた暑さ対策についても，組織委が，観客の熱中症などに対応する医療スタッフ約1万人を確保した。交通渋滞対策についても，首都高の入口閉鎖や一般道の信号調整などの実証実験が行われた。1万人の予定で募集された五輪の聖火ランナーには，のべ53万件の応募があり，大会のパブリック・ビューイングについても，自治体や学校だけではなく，商店街など幅広い団体が実施できることになった。そして2019年11月には，ついに新しい国立競技場も完成した。

　競技関連でも，さまざまな競技で代表選手が決まり，女子ゴルフや新体操，陸上，スケートボードなどの世界大会では，日本勢がめざましい成績をあげていた。

　しかし，2020年に入るとすぐにコロナの感染が拡大し，3月には全国すべての小中学校

表16　東京五輪・パラ関連のできごと（2019年7月〜2020年3月）

		大会運営や，関連する政治・社会のできごと	競技関連のできごと
2019年	7月		水泳飛び込み男子シンクロ板飛び込み寺内健・坂井丞選手のペアが五輪代表内定
		東京大会でボランティアや大会スタッフなどが着用するユニフォームのデザイン発表	
		組織委，天皇陛下が東京五輪・パラの名誉総裁に就任されることになったと発表	
			水泳世界選手権，競泳男子200m自由形で松元克央選手が日本新記録で銀メダル
		道路混雑対策のため，交通規制の実証実験。周辺の道路では一部で渋滞発生	
		東京五輪のメダルのデザイン発表	
			水球，男女とも五輪出場決定。女子は初出場
		組織委，観客の熱中症や選手のけがなどの対応にあたる医療スタッフ1万人以上を確保	
		大会パブリック・ビューイング，自治体や学校のほか商店街などでも実施可能に	
	8月		ゴルフの全英女子オープンで渋野日向子選手が優勝
	9月	五輪相に橋本聖子氏	
			五輪マラソンの代表選考レース開催。男女4選手が内定
			スケートボードのパークの世界選手権で，13歳の岡本碧優選手が優勝
			新体操の世界選手権団体決勝で，日本が44年ぶりの銀メダル
		五輪の聖火リレーランナー，約1万人の予定に対し，のべ53万件超の応募	
			陸上の世界選手権で，鈴木雄介選手が男子50キロ競歩で，日本人として初の優勝
	10月		テニスの大坂なおみ選手が東京五輪に日本代表で出場する考えを固める
			テニスの元世界王者フェデラー選手が東京五輪出場の意向を明らかに
		IOC，マラソンと競歩の会場を札幌に移すことを検討していると発表	
		全日本テコンドー協会理事全員の辞任が決まる。強化方針をめぐり選手側と対立	
	11月	IOC，都，組織委，国のトップ級4者協議で，マラソンと競歩の札幌移転決定	
		パラ聖火リレーの行程決定。全国700超の市区町村で採火	
		国立競技場が完成。工事費は上限としていた1,550億円に収まる1,529億円	
	12月	WADA，ドーピング問題で，ロシアに対し，東京大会を含む国際大会参加を4年間禁止	
		パラのマラソンは，計画どおり東京での実施が決定	
2020年	1月		新しい国立競技場の最初の大会として，サッカー天皇杯の決勝
		中国の武漢でコロナ感染確認	
		中国国内で実施されるスポーツイベントの会場変更や延期，中止が相次ぐ	
		東京大会で日本選手団が着用する公式ウエア発表	
		東京お台場で東京五輪半年前記念イベント	
		WHO「国際的な緊急事態」を宣言	
	2月	乗客の感染が確認されたクルーズ船「ダイヤモンド・プリンセス号」横浜港入港	
		組織委，コロナ感染拡大を受け，対策本部設置	
		コロナで，国内初の感染者死亡	
		コロナで，東京マラソンの大会規模大幅縮小決定	
		IOCバッハ会長が緊急電話会見。予定どおりの開催に向けて準備を進めていくことを強調	
	3月		東京マラソンで大迫傑選手が2時間5分29秒の日本新記録で4位。五輪代表入りに前進
		全国すべての小中高校で臨時休校	
			名古屋ウィメンズマラソンで一山麻緒選手が優勝。男女6人の五輪代表が内定
		プロ野球，シーズン開幕延期	
		Jリーグ，公式戦再開延期	
		センバツ高校野球，初の中止決定	
		ギリシャで聖火の採火式。一般客を入れず無観客	
		米トランプ大統領，東京大会について「無観客など想像できない。1年間延期したほうがよいかもしれない」と発言	
		安倍首相，G7首脳による緊急テレビ会議。「人類が新型コロナウイルス感染症に打ち勝つ証しとして完全な形で実現するということについてG7の完全な支持を得た」	
		IOC臨時理事会，予定どおりの開催に向け準備することを確認	
		聖火が日本到着。宮城県の航空自衛隊松島基地で式典	
		米水泳連盟や英陸上競技連盟など各国の競技団体関係者，延期を求める発言が相次ぐ	
		カナダの五輪委「大会が2020年に開催される場合は選手団派遣しない」	
		IOC臨時理事会，大会延期を含め組織委などと検討，4週間以内に結論を出すと発表	
		安倍首相「仮に完全な形での実施が困難な場合には，延期の判断も行わざるを得ない」	
		IOCと放送権料契約を結ぶ米テレビ局NBCが，IOCの大会延期決定支持表明	
		東京五輪・パラ「1年程度延期」で決定。延期は史上初	
		電話調査① 3月27日〜29日	

が臨時休校となった。東京マラソンは規模縮小，プロ野球開幕とJリーグ再開は延期，春のセンバツ高校野球は史上初の中止となった。それでも，IOCや政府，都，組織委などは，予定どおりの開催の可能性を模索し，安倍首相は先進7か国（G7）首脳による緊急テレビ会議のあと，「人類が新型コロナウイルス感染症に打ち勝つ証として完全な形で実現するということについてG7の支持を得た」と述べるなど意気込みを示した。しかし，世界的なパンデミックには歯止めがきかず，各国の競技団体などから，選手団派遣に難色を示したり，延期を求めたりする声が相次いだ。結局，関係者の協議の末，大会は「1年程度延期」されることとなったのである。

延期決定の評価

電話調査①では，まず，大会が1年程度延期されることが決まったことについて，どう思うかを尋ねた（図28）。

「大いに評価する」が57%と半数を超え，「ある程度評価する」（35%）と合わせた『評価する』は92%にのぼり，ほとんどの人が延期決定を肯定的に受け止めていた。

図28 【電話調査①】東京五輪・パラ
延期決定の評価

■ 大いに評価する　□ ある程度評価する
□ あまり評価しない　■ まったく評価しない　□ わからない，無回答

| 57 | 35 | 4 2 2 |

（%）

『評価する』92%

延期で懸念すること

大会が延期されたことで，どんな懸念を抱いているのか，「特に懸念はない」も含めた6つの選択肢の中から1つだけ選んでもらった。表17は，全体と都民の回答結果を，それぞれ回答の多い順に示したものである。

全体では「大会の経費が増えて，国や自治体の財政が悪化する」が28%と最も多く，次いで「経済効果が見込めなくなり，景気が悪化する」（22%）も2割を超えた。大会経費については，延期前の時点ですでに，招致段階で人々に知らされていた金額を大幅に上回っていたのであるから，延期によってさらに増額するであろうことを，多くの人が心配したのだろう。また，第Ⅰ章で述べたとおり，今大会に対して当初，半数以上の人が期待したのは"経済的恩恵"だけだったのであるから，延期によって，その経済効果が見込めなくなり，逆に景気悪化につながりはしないかと憂慮した人が多かったことにもうなずける。

都民でも，上位の2項目は全体と同じで，財政や景気の悪化を懸念する人が多かった。特に「大会の経費が増えて，国や自治体の財政が悪化する」を最も危惧する人は，都民の約4割（37%）にのぼり，

表17 【電話調査①】東京五輪・パラ　延期で懸念していること
（全体と都民，それぞれ回答の多い順）

（%）

全体（1,321人）		都民（140人）	
大会の経費が増えて，国や自治体の財政が悪化する	28	大会の経費が増えて，国や自治体の財政が悪化する	37
経済効果が見込めなくなり，景気が悪化する	22	経済効果が見込めなくなり，景気が悪化する	21
他のイベントや予定に，しわよせが出る	18	新型コロナウイルスの影響で，来年も開催できなくなる	20
新型コロナウイルスの影響で，来年も開催できなくなる	16	他のイベントや予定に，しわよせが出る	14
楽しみが先送りになり，社会全体に活気がなくなる	8	楽しみが先送りになり，社会全体に活気がなくなる	2
特に懸念はない	1	特に懸念はない	1
わからない，無回答	7	わからない，無回答	6

□ 全体より都民のほうが低い（懸念する人が少ない），■ 全体より都民のほうが高い（懸念する人が多い）。

全体（28％）よりも高かった。まさに都の財政を支えている市民としての率直な心境だろう。

一方で，最大の懸念として「楽しみが先送りになり，社会全体に活気がなくなる」ことを挙げた人は，全体では8％にとどまり，都民にいたっては2％とほとんどいなかった。第5回の時点では約8割の人が大会を『楽しみ』にしていたのだから，"楽しみが先送りになった"ことも事実であるはずだが，そうした気分的な落胆よりも，財政悪化や経済効果の減少といった，社会全体への悪影響が生じることへの不安のほうがまさったのである。

翌年の開催に向けた不安

次に，翌年に開催されることになった大会そのものについて，どんな不安があるかを尋ねた（表18）。

「特に心配はない」を含む6つの選択肢の中から1つだけ選んでもらった結果，「代表選手の決め方」（41％）と回答した人が4割を超え，ほかの項目を引き離した。なお，各競技団体が，延期された大会に向けた代表選考の方針を明らかにしだしたのは2020年の5月に入ってからであったので，3月に実施したこの調査の時点では，すでに代表に決まっていた選手たちがそのまま出場できるのか，それとも選考が仕切り直しとなるのか，はっきりしない状況

であった。また，この時点でまだ代表が決まっていなかった競技もあり，コロナ禍で多くの競技大会が中止や延期を余儀なくされる中で，果たして選考自体が間に合うのか，多くの人が心配したのだろう。

一方で，最大の不安として「競技会場の確保」（16％），「チケットの取り扱い」（11％），「ボランティアの確保」（10％），「宿泊施設の確保」（9％）を選んだ人は，いずれも1割から2割程度にとどまった。

つまり，人々の不安は，大会運営や観客に関することがらよりも，大会を目指して努力してきた選手たちが報われなくなるのではないかという点に集中していたのであり，いわば"アスリート・ファースト"の心配であったことがわかる。

別の見方をすれば，当初から"純粋なスポーツ大会"を楽しみにしていた人々が，開催延期という予期せぬ事態に直面してもなお，納得のいく形で選ばれた世界最高峰のアスリートたちによる競技大会の実現を望み続けていたのだとも言える。

表18 【電話調査①】 東京五輪・パラ
翌年の開催に向けた不安（回答の多い順）

（%）

代表選手の決め方	41
競技会場の確保	16
チケットの取り扱い	11
ボランティアの確保	10
宿泊施設の確保	9
特に心配はない	4
わからない，無回答	10

② 収まらぬ感染拡大の中で迎えた仕切り直し"1年前"
（2020年7月電話調査②）

続いては，延期された大会の開催"1年前"ということになった2020年7月の電話調査②の結果である。

電話調査①と②のあいだの4か月間に起きた大会をめぐる主な動きは，表19のとおりである。

コロナの感染拡大は続き，4月7日に東京を含む7都府県に緊急事態宣言が出され，その後，宣言の範囲は全国に広がった。宣言は5月下旬になっていったん全国で解除され，遅れていたプロ野球開幕やJリーグ再開も発表されたが，その後も感染者数は増減を繰り返し，

6月に入ると，都が初めての「東京アラート」を出して，都民に警戒を呼びかけた。

組織委は，3月のうちに，延期となった五輪を2021年7月23日から17日間，パラを8月24日から13日間の日程で開催することを発表し，6月には，選手や観客にとって安全・安心な環境を提供することを最優先課題として，簡素な大会にする新たな基本原則を決定した。

電話調査①で多くの人が心配していた代表選手の選考については，この時期にいくつかの競技団体が方針を明らかにしたが，柔道ではすでに内定している選手を変更しないことになった一方で，空手の「組手」2階級では再選考が行われることになるなど，決定内容は競技によってまちまちであった。なお，2020年6月にIOCが各国の選手や関係者約4,000人に

表19　東京五輪・パラ関連のできごと（2020年3月〜7月）

		大会運営や，関連する政治・社会のできごと	競技関連のできごと
2020年	3月	延期後の日程発表。五輪は2021年7月23日から17日間，パラは8月24日から13日間	
	4月	7日，東京，神奈川，埼玉，千葉，大阪，兵庫，福岡の7都府県に「緊急事態宣言」	
		16日，緊急事態宣言が全国に拡大。13都道府県は「特定警戒都道府県」に	
	5月		全日本柔道連盟，すでに代表内定の13階級の選手を変更しないことを決定
		夏の全国高校野球，戦後初の中止決定	
		25日，約1か月半ぶりに全国で「緊急事態宣言」解除	
		プロ野球，6月19日開幕を決定。当面は無観客試合	
		サッカーJ1，7月4日再開を決定。当面は無観客試合	
	6月	2日，初の「東京アラート」。都民に警戒呼びかけ	
			世界陸連，出場資格発表。世界ランキングに基づいて資格が得られる原則維持。感染拡大の影響を考慮して2020年11月30日までの成績は選考対象から除外
			自転車トラック種目の代表が内定
		組織委，選手や観客にとって安全・安心な環境を提供することを最優先課題とし，簡素な大会にする新たな基本原則を決定	
		IOC，約4,000人の選手や関係者にアンケート調査。選手の約半数が「やる気の維持が困難」と回答	
		19日，WHO「パンデミックが加速し，危険な新局面」	
			全日本空手道連盟，五輪の空手の「組手」の2階級で再選考することに
	7月	組織委，延期された五輪の競技スケジュール発表	
		電話調査②　7月17日〜19日	

行ったアンケート調査で，選手の約半数が「やる気の維持が困難」と回答したと報じられたのもこの時期であった。

開催への賛否

　電話調査②では，1年後に開催することへの賛否を尋ねた（図29）。その結果，「開催すべき」が26％，「さらに延期すべき」が35％，「中止すべき」が31％と，それぞれ3割前後となり，意見が分かれた。

図29 【電話調査②】東京五輪・パラ　開催の賛否

『中止すべきではない』61％

　このうち「中止すべき」と答えた人に，そう思う一番の理由を尋ねたところ（表20），半数以上が「新型コロナウイルスの世界的な流行が続きそうだから」（54％）と答えた。調査1か月前の6月19日には，世界保健機関（WHO）が「パンデミックが加速し，危険な新局面を迎えている」と発表するなど，世界的な感染拡大が続き，1年後に感染が収束している保証はどこにもなかったのであるから，世界中の選手や観客が一堂に会する五輪・パラを開催すること自体が無理だと思う人が多かったのであろう。

表20 【電話調査②】「中止すべき」と思う理由
（「中止すべき」と答えた406人）　　(%)

新型コロナウイルスの世界的な流行が続きそうだから	54
新型コロナウイルスの国内での感染拡大が心配だから	14
大会の予算を新型コロナウイルス対策に使ってほしいから	14
大会の経費が増えて国や自治体の財政が悪化するから	12
代表選考などの準備が間に合いそうにないから	2
その他	1
わからない，無回答	3

表21 【電話調査②】『中止すべきではない』と思う理由
（「開催すべき」「さらに延期すべき」と答えた787人）　　(%)

選手たちの努力が報われないから	39
日本での開催を楽しみにしているから	25
これまでに投じた予算や準備がむだになるから	15
経済の回復が期待できるから	12
新型コロナウイルスによる危機を乗り越えた象徴となるから	6
その他	1
わからない，無回答	2

　これに対して，『中止すべきではない（「開催すべき」＋「さらに延期すべき」）』と答えた人に，同じくその理由を尋ねると（表21），約4割が「選手たちの努力が報われないから」（39％）と回答した。"アスリート・ファースト"の観点で，ここまで頑張ってきた選手のために，中止だけは避けたいというのが最大の理由だったのである。次いで「日本での開催を楽しみにしているから」も25％と多い。一方で，「これまでに投じた予算や準備がむだになるから」（15％）や「経済の回復が期待できるから」（12％）などを最大の理由として挙げた人は，それぞれ1割強にとどまった。すなわち，コロナ禍の厳しい状況でも何とか中止だけは避けたいという人々が拠って立っていたモチベーションは，運営や経済の問題よりも，選手へのリスペクトと，観客としての愉楽だったのであり，ここまでも再三，人々が五輪を"純粋なスポーツ大会"として楽しみにしていたと述べてきたことと符合するのである。

大会の簡素化と無観客開催への賛否

　1年後に延期された大会に向けて，組織委が2020年6月に新たに決定した基本原則では，選手や観客にとって安全・安心な環境を提供することを最優先課題として，簡素な大会にするという方針が示された。電話調査②の

実施は，その決定の1か月後にあたり，この時点ではまだ，海外からの観客を迎え入れるかどうか，競技会場に観客を入れるかどうかなど，開催方法の詳細は決まっていない状況ではあったが，人々が大会の簡素化や無観客開催についてどう感じているのか，尋ねることにした（図30）。

まず，大会の簡素化については，『賛成（どちらかといえばを含む）』が70％と多数を占めた。

一方で，無観客開催については，『賛成』が42％と半数未満で，積極的に「賛成」と答えたのはわずか14％であった。

無観客開催に『反対（どちらかといえばを含む）』と答えた人に理由を尋ねたところ（表22），「声援がないと選手の意欲や成績に影響しそうだから」（29％）と「観客がいないと大会が盛り上がらないから」（27％）が，ともに約3割で多く，「海外から訪れる人が減って経済効果が見込めなくなるから」（22％）などを上回っ

た。つまり，選手のモチベーションやパフォーマンスを低下させたくないという"アスリート・ファースト"の視点と，"スポーツ大会"として盛り上がるためには観客の存在が必要であろうというのが，主な反対理由だったのである。

一方で，「日本で大会を見られるメリットがなくなるから」（12％）は1割程度にとどまった。無観客開催に反対する人々が危惧したのは，"自分自身が観戦できるせっかくのチャンスを逃す"ことよりも，観客不在によって，選手が主役である"スポーツ大会が盛り上がりに欠けてしまうこと"だったのである。

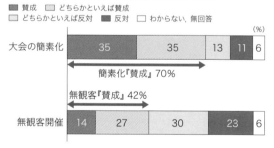

図30 【電話調査②】東京五輪・パラ
　　　大会簡素化と無観客開催の賛否

■ 賛成　□ どちらかといえば賛成
□ どちらかといえば反対　■ 反対　□ わからない，無回答
（％）

大会の簡素化	35	35	13	11	6

簡素化『賛成』70％

無観客『賛成』42％

無観客開催	14	27	30	23	6

表22　無観客開催『反対』理由
　　　（『反対』と答えた687人）
　　　　　　　　　　　　　　　　　　（％）

声援がないと選手の意欲や成績に影響しそうだから	29
観客がいないと大会が盛り上がらないから	27
海外から訪れる人が減って経済効果が見込めなくなるから	22
日本で大会を見られるメリットがなくなるから	12
その他	4
わからない，無回答	5

③ 進む準備と感染拡大のはざまで迎えた"大会4か月前"
（第6回世論調査）

続いて，2021年3月の第6回世論調査の結果をみる。電話調査②以降，第6回調査までのあいだの主なできごとは**表23**のとおりである。2020年8月には東京パラの新たな日程が発表され，10月にはボランティアの研修もオンラインで再開した。12月には，政府，都，組織委の代表者会議で，延期による追加費用が2,940億円となり，全体の大会経費が1兆6,440億円になる見通しが決定された。

2021年に入ると，選手や競技団体向けに，大会中の感染防止対策などをまとめた「プレーブック」が発表されたほか，医療従事者を対象にワクチンの先行接種なども始まった。

一方で，イギリスで確認された変異ウイルスが世界的に拡大するなど，収束の兆しはいっこうに見えず，感染への恐れや延期によるモチベーション低下などを理由に，出場辞退や現役引退を表明する選手も出た。

開催への賛否

2021年7月からの開催についての賛否を尋ねたところ（**図31**），「開催すべき」が32％，「さらに延期すべき」が34％，「中止すべき」が33％と，3つの意見がほとんど同程度となった。

『中止すべきではない（「開催すべき」＋「さらに延期すべき」）』と答えた人と，「中止すべき」と答えた人たちが挙げたそれぞれの回答理由は，電話調査②とほぼ同じ傾向で，『中止す

図31 【第6回】東京五輪・パラ 開催の賛否

■開催すべき	□さらに延期すべき	■中止すべき	□無回答

(%)

| 32 | 34 | 33 | 1 |

べきではない』では「選手たちの努力が報われないから」（46％）が，「中止すべき」では「新型コロナウイルスの国内での感染拡大が心配だから」（41％）と「新型コロナウイルスの世界的な流行が続きそうだから」（40％）が多数を占めた。

コロナ禍での開催についての意見

コロナ禍で大会を開催することについて，人々がどのような意見を持っているのかを把握するために，7つの意見を示し，「そう思う」かどうかを答えてもらった（**表24**）。

まず全体の結果をみると，「海外から大勢の人が訪れて国内で感染が広がるおそれがある」（92％）ことを大多数の人が危惧していたほか，「観客数の制限や日本を訪れる外国人の減少などで期待していた経済効果が見込めない」（83％），「感染者が多い国の選手は練習が思うようにできず実力を発揮できない」（75％）ことについても，8割前後の人が案じていた。また，「感染が気になって大会を心から楽しめない」（66％），「今は感染拡大を防ぐことに力を注ぐべきで，大会を開催している場合ではない」（51％）も半数を超えた。

このように，感染拡大の収束が見通せない中で，多くの人が，大会開催によるさらなる感染拡大や，経済効果の低減，選手のパフォーマンスの低下，楽しみな気持ちの減少など，さまざまな点で，ネガティブな意見を持っていたのである。

一方で，「新型コロナウイルスの困難を乗り越えるためにも，大会を成功させるべきである」という意見に賛同した人は45％と半数以下にとどまった。この調査の1か月前にあたる2021年2月には，当時の菅首相が，G7首脳とのオンライン会議で「人類が新型コロナウイルスに

表23　東京五輪・パラ関連のできごと（2020年7月〜2021年3月）

		大会運営や，関連する政治・社会のできごと	競技関連のできごと
2020年	7月	「Go Toトラベル」キャンペーン開始	
		五輪まで1年。国立競技場で競泳の池江璃花子選手が世界に向けメッセージを発信	
		WHO「パンデミックは加速し続けている」	
	8月	東京パラの新たな日程発表	
			リオ大会のバドミントン女子ダブルス金メダル高橋礼華選手，現役引退表明。「あと1年気持ちを持ち続けられるのか不安だった」
	9月	菅内閣が発足。五輪相には橋本聖子氏が再任	
		聖火リレーのスケジュール決定。当初計画の枠組み維持。五輪は3月25日に福島県から。パラは8月17日に静岡県から	
			競泳の瀬戸大也選手が競泳の日本代表チームのキャプテンを辞退
	10月	東京大会のボランティア研修がオンラインで再開	
	11月		体操の国際大会が代々木第一体育館で開催
			卓球の国際大会が中国で無観客開催
		大会延期を理由としたチケットの払い戻し開始	
	12月	大会延期に伴う追加費用は総額2,940億円（政府，都，組織委の代表者の会議で決定）。大会経費は1兆6,440億円となる見通しに	
			柔道男子66キロ級で，阿部一二三選手が代表内定
		WHO「英ほか3か国で変異ウイルス確認」	
		政府，24日以降，日本人以外イギリスからの入国停止へ	
		開閉会式について野村萬斎さんらのチームによる検討体制終了。クリエーティブディレクター佐々木宏氏1人が責任者を務め，簡素な式典を目指す	
		組織委，東京パラのチケットの払い戻し結果公表。販売済み約97万枚のうち約20万枚で払い戻しの申請	
		政府，全世界からの外国人の新規入国を28日から1月末まで停止	
2021年	1月	東京，埼玉，千葉，神奈川の1都3県に「緊急事態宣言」。その後11都府県に拡大	
		外国人の入国を全面停止	
		ロシア選手団の東京大会除外が確定	
		WHO「英で最初に確認の変異ウイルス，69の国・地域で確認」	
		EU，日本からの渡航を再び原則禁止に	
	2月	選手村を改修して分譲されるマンションの引き渡しが遅れることについて，購入者の一部が売主側に対し費用の補償を求める調停を裁判所に申し立て	
		組織委の森会長，「女性がたくさん入っている理事会は時間がかかる」などと発言。その後約1,000人のボランティアが辞退。森氏は発言撤回，謝罪し，のちに辞任	
		新型コロナ感染対策をまとめた国際競技団体向けの「プレーブック」発表	
		選手向け「プレーブック」公表。選手は少なくとも4日に1回は選手村でPCR検査	
		厚労省，新型コロナワクチンを国内初の正式承認。米ファイザー製	
		ワクチン先行接種開始。医療従事者約4万人対象	
		島根県丸山知事，5月に予定されている聖火リレーを中止したいとの考えを示す	
		橋本五輪相が組織委会長に就任。後任の五輪相には丸川珠代氏	
		菅首相，G7首脳オンライン会議で「人類が新型コロナウイルスに打ち勝った証しとして開催する決意だ。安全・安心な大会を実現するためIOCとも協力し準備を進めていく」	
		WHO，新型コロナ変異ウイルスは「100超の国や地域に拡大」	
	3月	組織委，新たに女性理事を12人選任。女子マラソンの高橋尚子さんなど	
			男子ゴルフ世界ランキング1位のダスティン・ジョンソン選手が東京五輪の出場辞退発表
		第6回世論調査（郵送法）　3月17日〜4月19日	

表24 【第6回】東京五輪・パラ　コロナ禍での開催についての意見
（男女年層別・都民か否か別，全体の回答の多い順）　　　　　　　　　　　　　　　　　　　　　　　　　　　（%）

	全体	男性						女性						都民	都民以外
		20代	30代	40代	50代	60代	70歳以上	20代	30代	40代	50代	60代	70歳以上		
人数	2,374	70	100	183	181	204	320	110	159	225	230	201	391	229	2,145
海外から大勢の人が訪れて国内で感染が広がるおそれがある	92	97	95	94	90	91	86	98	96	96	95	95	84	92	92
観客数の制限や日本を訪れる外国人の減少などで期待していた経済効果が見込めない	83	86	94	83	86	77	76	86	87	85	88	90	76	88	82
感染者が多い国の選手は練習が思うようにできず実力を発揮できない	75	71	81	72	75	78	72	75	76	79	80	84	67	75	75
感染が気になって大会を心から楽しめない	66	64	64	72	62	61	59	81	75	75	64	72	58	67	66
今は感染拡大を防ぐことに力を注ぐべきで，大会を開催している場合ではない	51	59	60	52	56	52	43	63	59	55	53	48	43	50	51
新型コロナウイルスの困難を乗り越えるためにも，大会を成功させるべきである	45	41	48	43	45	43	51	37	42	38	39	50	49	38	45
マスクの着用など感染対策の徹底で大会が盛り上がらない	30	33	33	36	32	30	36	30	25	27	21	29	29	28	30

打ち勝った証しとして開催する決意だ。安全・安心な大会を実現するためIOCとも協力し準備を進めていく」と述べたが，そのような意気込みを抱いた人は，それほど多くなかったのである。

　男女年層別にみると，「海外から大勢の人が訪れて国内で感染が広がるおそれがある」は，女性の20代（98％）と40代（96％）で9割を大きく超え，「感染が気になって大会を心から楽しめない」は，女性の20代（81％），30代（75％），40代（75％）で約8割，「今は感染拡大を防ぐことに力を注ぐべきで，大会を開催している場合ではない」も女性20代（63％）で6割超と，女性の20～40代では，ネガティブな意見を持つ人が特に多かった。

"楽しみな気持ち"はコロナ禍で変化したか

　コロナ禍によって，大会を楽しみにする気持ちにはどのような変化があったのだろうか。図32は，第6回調査で，東京五輪・パラ開催が『楽しみ（とても＋まあ）』だと答えた人の割合を，男女年層別と都民か否か別に示したもので

図32 【第6回】東京五輪パラ 『楽しみ』と答えた人の割合
（男女年層別，都民か否か別，参考として第5回（配付回収法）の結果も示す）

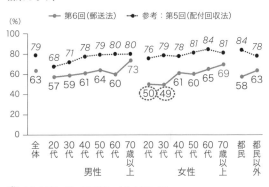

○━ 第6回（郵送法）　●‥ 参考：第5回（配付回収法）

⬭ 全体より低い層　※赤字：全体より高い層

ある。なお調査方法の異なる第5回とは単純に比較できないが，ここでは，コロナ禍前後での気分の変化をみる目的で，参考までに示す。

　第5回では，全体の約8割の人が大会を『楽しみ』にし，女性の20・30代でも，大会への関心が低いわりには，『楽しみ』にする人は多かったのがポイントであった。

　第6回での『楽しみ』は，全体では63％であった。低めになったのは事実だが，逆に，このような厳しい状況で，開催賛否も割れていた

にもかかわらず，6割超が『楽しみ』にしていたこと自体が，まずは驚くべき点かもしれない。

ただし，層別にみると，女性の20代（50％）と30代（49％）では5割ほどしかおらず，全体の中で際立って低くなった。また，第5回では都民のほうが都民以外よりも『楽しみ』にする人が多かったが，第6回では逆転している。

この結果だけでも，女性の20・30代が，コロナ禍のせいで大会を楽しみにする気持ちを削がれたのだろうと推測できるが，調査ではさらにストレートに，「感染が起きる前より，楽しみではなくなった」と思うかどうかを尋ねた（図33）。

図33 【第6回】東京五輪・パラ
「感染が起きる前より，楽しみではなくなった」
（男女年層別，都民か否か別）

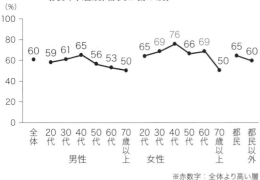

※赤数字：全体より高い層

その結果，全体の6割が「感染が起きる前より，楽しみではなくなった」（60％）と答えた。さきほど，このような状況でも6割が『楽しみ』にしていたと述べたばかりだが，いずれも6割であったこの2つの結果を合わせて解釈すると，"引き続き楽しみではあるが，その度合いはコロナ禍前よりもしぼんでしまった"ということなのかもしれない。

男女年層別にみると，「感染が起きる前より，楽しみではなくなった」人の割合は，女性30代（69％）と40代（76％）で全体より高かっ

た。

40代以下の女性に関しては，第Ⅱ章における第5回調査の分析で，各競技で代表選手が決定したり，チケット販売に関するニュースが連日報じられたりしたことで，大会を楽しみに思う気持ちが高まったのだろうと述べたが，コロナ禍が深刻化し，開催賛否の議論が活発に交わされていた時期に実施した第6回では，一転して，開催による感染拡大を危惧し，「開催している場合ではない」という意見を持つ人も全体よりも多く，高まっていたはずの楽しみな気分まで削がれてしまったのである。

このように，女性の20〜40代は，その時々の状況に特に敏感に反応し，気分の揺らぎを顕著にあらわす年代なのかもしれず，分析者としては，果たして実際の大会のあとで彼女たちがどのような感想を表明することになるのかに注視する必要があると，この時点で感じたのである。

大会での感染対策に対する意見

大会におけるコロナの感染対策について，第6回調査では，海外から観戦に訪れる外国人を制限すべきか，観客数の制限を行うべきか，競技を無観客で開催すべきかの3点について，それぞれ賛否を問うた（図34）。

海外からの来場者制限については『制限すべき』が94％，観客数制限についても同じく94％が『賛成』と答えた。一方で，無観客開催については『賛成』が66％にとどまり，上記2項目と比べると低めであった。内訳をみても，最も強い賛同を示す「賛成」を選んだのは34％の人だけであった。

調査方法が違うので単純に見比べることはできないが，電話調査②でも，大会の簡素化自体には大多数が賛成した一方で，無観客開

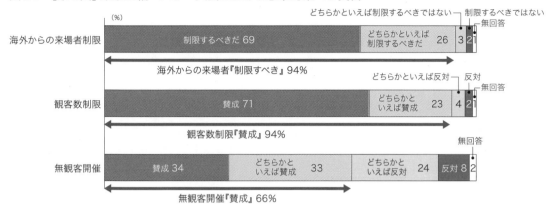

図34 【第6回】東京五輪・パラ　大会における感染対策への賛否

催に賛成する人はそこまで多くなかったのであるから，傾向としては同じと言える。

　感染拡大を防ぐために，大会の規模を縮小することは"やむなし"と多くの人が受け入れたものの，選手のパフォーマンスや"スポーツ大会"そのものの盛り上がりに影響しそうな無観客開催だけは何とか避けられまいか，というのが，まだ開催方法の詳細が決定していなかった4か月前の時点での，人々の切実な思いだったのである。

第III章のまとめ

　コロナ禍による大会延期を，多くの人が冷静に受け止めた。その後も感染状況が改善しない中，延期後の2021年夏に開催すべきか否かについては意見が割れ続けたが，多くの人々は一貫して，選手たちの努力が報われることを第一に求め，そのために納得のいく代表選考が全うされるかどうかを心配し，中止だけは避けたいと考えた。また，無観客開催に賛成する人がそのほかの感染対策より少なかったのも，選手のパフォーマンスに悪影響が出かねないことを案じてのことだったのである。一方で，巨大な大会を国内に迎える日本の生活者として

は，ほとんどの人が，海外から多くの観客が訪れることで感染状況が悪化することを危惧し，"スポーツ大会"として楽しみにしていた気持ちまでもが削がれてしまった人も半数を超えた。

　このように，選手のために開催を願う気持ちと，開催によるさらなる感染拡大への不安とが多くの人の心の中で複雑に交錯したまま，結果的には，開催地である東京都に緊急事態宣言が出されたままの状況で，五輪・パラの開会を迎えることになるのである。

　なお，第6回調査から開会までの主な動きは，参考として次ページに掲載する（表25）。

表25　東京五輪・パラ関連のできごと（2021年3月〜開会）

		大会運営や，関連する政治・社会のできごと	競技関連のできごと
2021年	3月	開閉会式責任者・佐々木宏氏辞任。女性タレントの容姿を侮辱するような演出案を提案	
		IOCや組織委などの5者会談，東京大会の海外観客の受け入れ断念を決定	
		東京五輪聖火リレー，福島県の「Jヴィレッジ」からスタート	
	4月		競泳の池江璃花子選手，五輪メドレーリレーと女子400mリレーで代表内定
		北朝鮮，五輪不参加を表明	
		島根県の丸山知事，中止を検討していた県内の聖火リレーを，一転，実施する考え	
		大阪府で公道での聖火リレー実施中止。その後も各地で公道での中止決定相次ぐ	
			競泳男子ウィン・テット・ウー選手，ミャンマー情勢への抗議の意思を示すため不参加表明
		およそ8万人のボランティアを対象にした役割別の研修会スタート	
			男子ゴルフの松山英樹選手が米マスターズ・トーナメントで初優勝
		12日，東京，京都に「まん延防止等重点措置」	
		25日，東京，大阪，兵庫，京都に，3回目の「緊急事態宣言」	
		JOC，五輪でジェンダー平等を推進するため，選手団に男女1人ずつの副主将を新設	
		選手向けの「プレーブック」更新版を公表	
	5月	4月の鹿児島での聖火リレーで交通整理にあたった関係者6人の新型コロナ感染確認	
		柔道男子の五輪内定選手などの強化合宿に参加予定だった選手1人の感染がわかる	
		IOC，米ファイザーと独ビオンテックから選手などに向けたワクチン提供の覚書を交わす	
		7日，東京，大阪，兵庫，愛知の4都府県の「緊急事態宣言」を31日まで延長	
		全日本柔道連盟，露の国際大会から帰国した1人が新型コロナ陽性と発表	
		東京五輪の陸上のテスト大会が，国立競技場で無観客で開かれる	
		広島での聖火リレーに合わせて調整されていたIOCバッハ会長の来日延期	
		佐賀県で行われた聖火リレーで，隊列を組む車両の運転手の新型コロナ感染確認	
		東京大会の中止を求めるオンライン上の署名が35万を超える	
		組織委，選手団とは別に海外から訪れる大会関係者の内訳を公表。IOC関係者3,000人，IPC関係者2,000人。延期前計画から削減していないことが判明	
		28日，9都道府県の「緊急事態宣言」を沖縄同様，6月20日まで延長することを決定	
		小池都知事，記者会見で「大会の再延期は難しい」という認識を示す	
		政府分科会尾身会長，開催に伴い都道府県をまたぐ人の流れが増えることで感染拡大のリスクがあるとして，対策検討を急ぐ必要があるという認識を示す	
	6月		東京五輪の事前合宿のため，ソフトボールのオーストラリア代表が来日
		五輪の選手や指導者約1,600人へのワクチン接種が本格的に開始	
		東京大会のボランティア約8万人のうち，辞退者がおよそ1万人にのぼる	
			鳥取市で行われた陸上競技大会で山縣亮太選手が男子100mで9秒95の日本新記録
			体操の内村航平選手，五輪種目別の鉄棒に出場内定。4大会連続
		復興五輪の理念を語り継ぐために，有明アリーナに岩手，宮城，福島，熊本の苗木植樹	
			ゴルフ全米女子オープンで笹生優花選手初優勝。五輪にはフィリピン代表として出場
		組織委橋本会長，海外から訪れるメディアについて，入国後14日間を念頭に「GPSなどにより厳格に行動管理する」	
		丸川五輪相，会場や宿泊先の確保の問題で，延期は困難だという認識を示す	
		会場準備のため，国立競技場周辺や神宮外苑のいちょう並木で交通規制がスタート	
		組織委，「大会期間中，選手や関係者に1日に7人程度の感染が確認される」と試算	
		菅首相，G7サミットで「感染対策徹底と安全安心の大会について説明し，全首脳から大変力強い支持をいただいた。しっかりと開会し，成功させなければならないという決意を新たにした」	
		組織委，五輪参加選手などを対象にした「プレーブック」最新版を公表	
			五輪野球の日本代表24人発表
		東京パラに参加する国内選手やコーチなど約600人のワクチン接種開始	
		組織委，海外から日本を訪れる選手以外の関係者の人数を発表。IOCやIPCの関係者はいずれも5月の発表分から減少	
		政府分科会の尾身会長など専門家有志，感染拡大リスク評価について提言をまとめ，組織委の橋本会長や西村経済再生相などに提出。「無観客開催が最も感染拡大リスクが少なく，望ましい」	
		来日したウガンダ選手団のうち1人の感染を空港で確認。その後さらに1人の感染確認	
		都，都内で計画していたパブリック・ビューイング中止決定。一部はワクチン接種会場に	
		20日，沖縄を除く10都道府県の「緊急事態宣言」解除	
	7月	8日，東京都に「緊急事態宣言」。その後期間が延長され，“宣言下の五輪”に	
		開会式の作曲担当の小山田氏辞任。過去のいじめ告白インタビュー問題で	
		18日，選手村でコロナの陽性確認	
		18日，IOCバッハ会長の歓迎パーティー実施。批判相次ぐ	
		19日，首都圏で大規模な交通規制開始	
		19日，トヨタが五輪スポンサーCMの放送見送り，開会式への社長出席も取りやめ	
		22日，開閉会式のショーディレクター小林賢太郎氏解任。過去のホロコースト揶揄問題で	
		7月23日，東京五輪開会	
	8月	1日，JOC，プレーブック違反で大会関係者28人を処分	
		20日，京都，福岡，兵庫，静岡，北関東3県にも「緊急事態宣言」。東京や大阪など従来の宣言地域を含めて来月12日まで。“宣言下のパラ”に	
		8月24日，東京パラ開会	

"スポーツとして楽しまれ，多様性への理解を深めた大会"
～大会の評価（第7回：最終回）～

　東京五輪・パラは，コロナ禍による延期を経て，2021年夏に開催された。文研では，大会終了直後の9月上旬から10月中旬にかけて，最終回となる第7回調査を郵送法で実施した。

　本章は，その結果を中心に，以下の構成で論じる。

第1節　人々は，今回の東京五輪・パラをどのように楽しんだのか

第2節　人々は，コロナ禍での開催をどう評価したのか

第3節　人々は，今回の東京五輪・パラの意義をどう感じたのか

第4節　東京パラリンピックと障害者スポーツへの理解

第5節　東京五輪・パラは，日本に何を遺したのか～大会のレガシー～

　第1節と第2節では，コロナ禍での開催となった今大会に対する人々の評価を，必要に応じて大会前の第6回調査の結果と比較しながら分析する。感染拡大が収束せず，日常生活でさまざまな自粛を求められる中で大会が開催されたというジレンマや，感染対策への意識の緩みに，人々はどの程度不満を持っていたのか，また，そうした状況で大会をどのように楽しんだのか，などについてみていく。

　第3節以降は，今回の東京五輪・パラが人々にとってどのような意義を持ち，意識にどのような変化をもたらし，日本に何を遺したのかを考察したい。開催前の時点では，今大会を，東日本大震災からの"復興五輪"だととらえていた人が少なかったが，実際の大会を経て，その評価は変わったのか。また，人種や性別，性的指向，宗教，障害の有無などあらゆる面での違いを肯定し，互いに認め合う"多様性と調和"も大会ビジョンに掲げられていたが，これが実現されたと感じた人はどれくらいいるのか，その成果を日本の社会に浸透させるうえでどのような課題があるのか，を考えたい。

　なお，再三述べているとおり，郵送法で実施した第7回の結果と，配付回収法で実施した第5回までの結果は単純に比較できるものではないが，コロナ禍以前に人々がそもそも大会に対してどのような意見を持っていたのかを知る必要がある場合は，参考として，第5回以前の結果も示すことにする。

第1節　人々は，今回の東京五輪・パラをどのように楽しんだのか

① 東京五輪・パラを楽しめたか

まずは，人々が東京五輪・パラをどのように楽しんだのかについてみていく。

第7回調査で大会をどのくらい「楽しめたか」を尋ねた結果と，開催4か月前の第6回調査で大会がどのくらい「楽しみか」を尋ねた結果とを合わせて図35に示す。

第6回で『楽しみ』と回答した人が63%だったのに対し，大会後の第7回では，それよりも多い72%が『楽しめた』と回答した。前章で述べたとおり，第6回の時点ではコロナの感染拡大で大会の先行きが見通せず，多くの会場が無観客になるなどの開催方法が確定したのも五輪開幕2週間前のことであったのだから，第6回では手放しに『楽しみ』だと思えなかったが，終わってみれば多くの人が"思ったよりも楽しめた"というのが実状であろう。

ただし，当初の開幕1年前の19年夏に行った第5回では，『楽しみ』が79%だったのであるから，コロナ禍前に『楽しみ』にしていた人の多さには及ばなかったという見方もできる。

『楽しめた』（第6回は『楽しみ』）と答えた

人の割合を，男女年層別と都民か否か別に詳しくみてみる（図36）。

男女ともに，どの年代も『楽しめた』が7割前後から8割近くで多数を占めた。

女性の20代と30代は，第6回では『楽しみ』が5割にとどまったが（20代50%，30代49%），第7回では『楽しめた』が7割以上にのぼった（20代73%，30代71%）。なお，コロナ禍前の第5回で，この年代の女性の8割近く（20代76%，30代79%）が大会を『楽しみ』にしていたことはすでに述べたとおりである。すなわち，彼女たちの気分の動きをまとめるとすれば，コロナ禍の影響で一時的に『楽しみ』にしている人が減ったものの，もともとは『楽しみ』にしていた人が多かったし，実際の大会を『楽しめた』人も多かったとみるべきであろう。

都民は『楽しめた』が64%で，かろうじて第6回の『楽しみ』（58%）を上回りはしたものの，都民以外（『楽しめた』73%）には及ばなかった。第5回では都民のほうが『楽しみ』の割合が高かったが，第6回で逆転し，結局，実際の大会も，都民のほうが『楽しめた』人が少ないまま終わってしまったのである。この逆転の背景にはコロナ禍の影響があると推察されるが，具体的になぜ都民が楽しめなかったのかについては，第2節で詳しく述べる。

図35　【第7回】東京五輪・パラ　「楽しめたか」
（第6回「楽しみか」との比較）

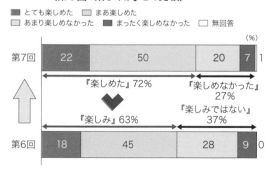

図36　【第7回】東京五輪・パラ
『楽しめた』と答えた人の割合
（第6回『楽しみ』との比較，男女年層別・都民か否か別）

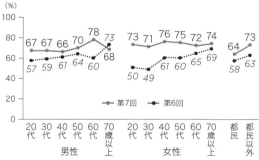

②楽しみ方

　まずは，多くの人が楽しめたことがわかったが，具体的にどのように楽しんだのだろうか。楽しみ方に関する12の項目を示して複数回答で尋ねた（図37）。

　「テレビやインターネットなどで競技や式典を見ること」が80％と群を抜いて多い。また「テレビやインターネットなどで聖火リレーを見るこ

と」を挙げた人も13％おり，テレビやインターネットでの視聴が，今大会の楽しみ方の中心となっていたことがわかる。

　2番目に多いのは「（電話やメール，SNSでのやりとりも含めて）家族や友人などと話題にすること」（29％）である。

　一方で，「会場に行って直接，競技や式典を見ること」（1％）や「沿道などで直接，聖火リレーを見ること」（2％），「関連イベントに参加すること」（1％）を楽しめた人はほとんどいなかった。なお，第6回では，すでにコロナ禍にあったにもかかわらず，「会場に行って直接，競技や式典を見ること」を楽しみにする人が少ないながらも存在したが（7％），実際にはそうした直接参加の楽しみは叶えられなかったのである。

　テレビやインターネットでの視聴や，会話やSNSに関する4つの項目について，男女年層別にみると（表26），「テレビやインターネットなどで競技や式典を見ること」は，どの年代でも8割前後から9割近くと高い割合になっているが，特に女性の50代（89％）で全体より高かった。また，「テレビやインターネットなどで聖火リレーを見ること」は，男女の70歳以上（男19％，女23％）が全体よりも高い。つまり，

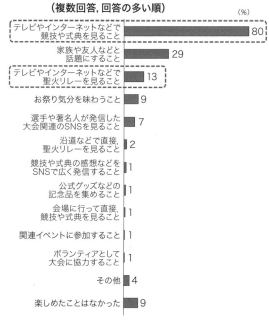

図37　【第7回】東京五輪・パラ　楽しみ方
（複数回答，回答の多い順）

表26　【第7回】東京五輪・パラ　楽しみ方
（複数回答，テレビ・インターネット・会話・SNS関連4項目，男女年層別）　　　　　　　　（％）

		全体	男性						女性					
			20代	30代	40代	50代	60代	70歳以上	20代	30代	40代	50代	60代	70歳以上
	人数	2,217	85	101	155	183	183	292	118	123	226	203	198	350
テレビ・インターネット視聴関連	テレビやインターネットなどで競技や式典を見ること	80	78	84	81	80	82	74	78	77	85	89	83	77
	テレビやインターネットなどで聖火リレーを見ること	13	5	6	8	9	9	19	6	7	10	10	16	23
会話・SNS関連	家族や友人などと話題にすること	29	31	29	24	25	21	24	37	35	31	38	29	29
	選手や著名人が発信した大会関連のSNSを見ること	7	11	9	8	9	8	3	13	7	9	6	7	4

テレビやインターネットでの視聴を楽しんだ人は，中高年層で特に多かった。

一方，「家族や友人などと話題にすること」では，女性の20代（37％）と50代（38％），「選手や著名人が発信した大会関連のSNSを見ること」では，女性の20代（13％）が全体よりも高く，大会の話題で周囲の人とのコミュニケーションを楽しんだ人は，男性よりも女性で多い傾向がみられた。

③ メディア利用

楽しみ方に関連して，東京五輪を視聴する際のメディア利用に関する回答結果も紹介したい。

第7回調査では，NHKと民放の放送・サービスを，それぞれテレビの「リアルタイム（放送と同時に）」と「録画」，インターネット向けのサービスであるNHKプラスやTVerなどの「動画」に分けたうえで，「YouTube」「YouTube以外の動画」「LINE」「Twitter」「Instagram」「その他のSNS」も加えた12のメディアを示して，五輪を視聴する際に利用したものを複数回答で尋ねた（図38）。

結果は，テレビの「リアルタイム」で視聴した人が圧倒的に多く，NHKが83％，民放が78％であった。そのほかのサービスは，いずれも1〜2割程度であった。

東京五輪におけるメディア利用について，調査ではさらに詳細に，さきほどの12の各メディアで，それぞれどのような内容を視聴したのか

図38 【第7回】東京五輪　メディア利用
（複数回答，回答の多い順）

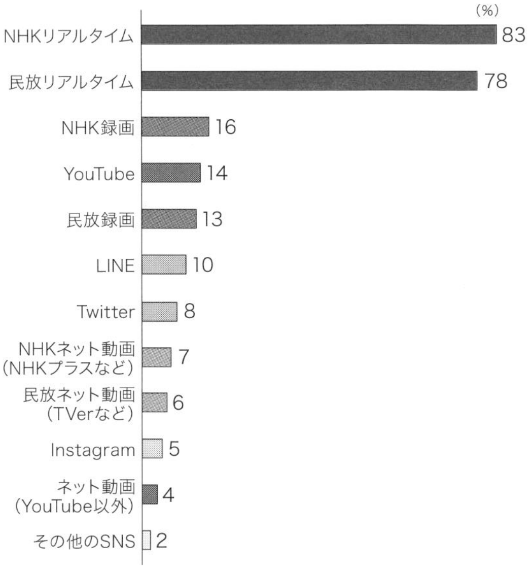

メディア	（％）
NHKリアルタイム	83
民放リアルタイム	78
NHK録画	16
YouTube	14
民放録画	13
LINE	10
Twitter	8
NHKネット動画（NHKプラスなど）	7
民放ネット動画（TVerなど）	6
Instagram	5
ネット動画（YouTube以外）	4
その他のSNS	2

も尋ねた。内容としては，「競技や式典の生中継・ライブ配信」「競技や式典の録画放送・動画」「ハイライト番組・動画」「競技の見どころ紹介」「選手や競技の情報」「競技以外の大会の話題」に分け，それぞれを視聴するために利用したメディアをいくつでも選んでもらった（表27）。

そもそも内容によって，視聴した人の割合自体が大きく異なるが，どの内容でもNHKと民放の「リアルタイム」がトップ2を占めている。まさにリアルタイム性が求められる競技の生中継はもちろんだが，事前の見どころ紹介や，事後のハイライト，さらに競技とは直接関係のない大会まわりの話題にいたるまで，人々がテレビ局の放送した時間帯に番組を視聴することで，さまざまな情報を入手していた様子がわかる。

もちろん，テレビ番組そのものが，比較的短い時間で的を絞った内容を伝えることの多いYouTubeなどの動画やSNSなどよりも，長い放送時間の中に広範な要素を取り込んで構成されているという特性も前提として踏まえなければならない。ただし，それにしても，たとえば「競技や式典の録画放送・動画」「ハイライト番組・動画」などは，そもそも競技が行われているタイミングを逸しているわけだから，同じテレビ番組でも，自分で録画しておいてあとから視聴しても事足りそうなものだが，いずれもリアルタイムでの視聴が圧倒的に多いのである。その点では，五輪のメディア利用において，人々は，内容としての"競技のリアルタイム性"だけでなく，多くの人と同じタイミングで視聴するという，いわば"視聴のリアルタイム性"も重視していたと言えるのではないだろうか。

このように，まずはNHKと民放の「リアルタイム」が，どの内容を視聴する際にもよく使われたが，3番目以下のメディアの並びには，内容ごとに特色がある。

たとえば，「ハイライト番組・動画」では，「YouTube」が7％で，NHKの「録画」（5％）と同程度で，民放の「録画」（5％）よりもよく利用された。また，「競技や式典の録画放送・動画」でも，「YouTube」（5％）は民放の「録画」（5％）と同程度利用されていた。つまり，終わった競技をあとから視聴する際，まずはテレビの「リアルタイム」を利用する人が圧倒的

表27 【第7回】東京五輪　メディア利用（どのような内容をどのメディアで見たのか，複数回答） (%)

競技や式典の生中継・ライブ配信		競技や式典の録画放送・動画		ハイライト番組・動画		競技の見どころ紹介		選手や競技の情報		競技以外の大会の話題	
NHKリアルタイム	72	NHKリアルタイム	30	NHKリアルタイム	45	NHKリアルタイム	22	NHKリアルタイム	23	民放リアルタイム	13
民放リアルタイム	57	民放リアルタイム	26	民放リアルタイム	43	民放リアルタイム	19	民放リアルタイム	21	NHKリアルタイム	13
NHK録画	8	NHK録画	8	YouTube	7	NHK録画	2	LINE	6	Twitter	3
民放録画	6	民放録画	5	NHK録画	5	LINE	2	Twitter	5	LINE	3
NHK動画（NHKプラスなど）	3	YouTube	5	民放録画	5	民放録画	1	Instagram	3	YouTube	2
YouTube	3	NHK動画（NHKプラスなど）	2	NHK動画（NHKプラスなど）	3	YouTube	1	YouTube	3	Instagram	1
民放動画（TVerなど）	2	民放動画（TVerなど）	1	民放動画（TVerなど）	2	Twitter	1	NHK録画	2	NHK録画	1
LINE	1	YouTube以外動画	1	LINE	2	NHK動画（NHKプラスなど）	1	民放録画	2	民放録画	1
YouTube以外動画	1	Twitter	1	YouTube以外動画	2	民放動画（TVerなど）	1	NHK動画（NHKプラスなど）	1	YouTube以外動画	1
Twitter	1	LINE	0	Twitter	2	Instagram	1	民放動画（TVerなど）	1	NHK動画（NHKプラスなど）	1
Instagram	0	Instagram	0	Instagram	1	YouTube以外動画	1	その他SNS	1	その他SNS	1
その他SNS	0	その他SNS	0	その他SNS	0	その他SNS	0	YouTube以外動画	1	民放動画（TVerなど）	0

に多かったが，「YouTube」も，テレビの「録画」に匹敵するような存在感を持っていたのである。

一方，「選手や競技の情報」や「競技以外の大会の話題」においては，各種SNSの相対的な位置づけが上がる。SNSは，競技や式典そのものの映像を視聴する目的ではほとんど利用されなかったが，情報や話題を収集する目的においては，重宝していた人がいたのである。

次に，12のメディアが，それぞれどのような年代によく利用されたかという視点で回答結果をみる（表28）。

まず，テレビの「リアルタイム」は，NHK，民放ともに，どの年代でも7〜9割と非常に多くの人に利用された。特にNHKは男女の60代が91％，民放は男女の50代と女性の20代が86％で全体を上回った。さきほど，中高年層ではテレビやインターネットで楽しんだ人が特に多いと述べたが，中でもリアルタイムのテレビ放送をよく視聴して楽しんだのである。

一方，インターネットの動画やSNSは，テレビと比べれば割合は低いものの，若い年代を中心に，全体より多く利用されていた。

「YouTube」は男性の20〜50代と女性の20・30代で，2割以上の人が利用した。特にこの年代の男性は，NHKや民放の動画サービスも，全体よりよく使っており，テレビのリアルタイム視聴に加えて，大会をインターネット動画でも視聴した人が，ほかの年代に比べて多かった。

一方で，SNSは，女性の20〜40代によく利用された。「LINE」（全体は10％）は，女性20代（31％）で3割，30代（21％）と40代（17％）でも2割ほどが用い，「Twitter」（全体は8％）は，女性20代（39％）で4割，30代（20％）で2割，また，「Instagram」（全体は5％）も，女性の20代（19％），30代（9％），40代（8％）で，利用率が全体より高かった。これは，大会の話題で周囲の人とのコミュニケーションを楽しんだ人が20代などの女性で多い傾向がみられたこととも一致している。

このように，動画は男性，SNSは女性の，それぞれ若・中年層がメインユーザーであった。ここからは，そのメインユーザーにしぼって，もう少し詳しく分析したい。

まずは動画について，男性50代以下（524人）にしぼって，コンテンツの内容別に，「NHK（NHKプラスなど）」「民放（TVerな

表28 【第7回】東京五輪 メディア利用（男女年層別） (%)

				全体	男性						女性					
					20代	30代	40代	50代	60代	70歳以上	20代	30代	40代	50代	60代	70歳以上
放送局	テレビ	リアルタイム	NHK	83	71	74	79	80	91	85	77	73	83	81	91	85
			民放	78	79	77	80	83	86	69	86	77	82	86	82	67
		録画	NHK	16	7	14	15	19	16	19	14	11	13	18	19	14
			民放	13	9	16	14	18	14	14	10	10	12	14	12	9
放送局以外	インターネット	動画	NHK	7	12	12	10	11	7	3	5	7	8	6	7	3
			民放	6	11	12	10	11	7	1	7	7	6	5	3	2
			YouTube	14	24	25	23	20	15	5	25	20	17	10	10	2
			YouTube以外	4	6	5	8	6	4	2	3	5	4	3	3	1
		SNS	LINE	10	15	15	10	8	5	3	31	21	17	13	6	3
			Twitter	8	26	20	10	8	0	1	39	20	8	5	2	0
			Instagram	5	9	7	4	6	2	0	19	9	8	7	1	1
			その他のSNS	2	1	2	1	4	1	0	6	4	1	3	1	1

ど）」「YouTube」がそれぞれどのように用いられたのかをみてみる。ひとくちに動画といっても，目的によってサービスを使い分けているのではないかという問題意識である。

表29をみると，まずはほとんどの内容で，「NHK」「民放」「YouTube」ともに，男性50代以下での利用の割合が全体よりも高い。高いといっても，せいぜい1割程度であるから，テレビのように大多数が利用したというわけではないが，少なくともほかの年代よりは，さまざまなコンテンツを視聴するために，動画を活用していたのは事実である。

このうち「YouTube」に注目してみると，「競技や式典の生中継・ライブ配信」と「競技の見どころ紹介」は「YouTube」「NHK」「民放」が同程度であったが，そのほかの「ハイライト番組・動画」「選手や競技の情報」「競技や式典の録画放送・動画」「競技以外の大会の話題」は，いずれも「YouTube」が，そもそもの割合は低いという前提ではあるが，テレビ局の動画サービスを上回った。

つまり，動画サービスをよく利用した50代以下の男性には，「YouTube」が，さまざまな情報を入手する際に重宝されたのである。

次に，SNSをよく使った女性40代以下（467人）について，各SNSの使い方を詳しくみてみる（表30）。まず，女性40代以下では，内容別のほとんどのカテゴリーで「LINE」「Twitter」「Instagram」がそれぞれ全体よりもよく使われていた。そもそもの割合自体が高くても2割弱であるという前提ではあるが，その中で比較的高かったのは，競技そのものの動画ではなく，その周辺情報や大会関連の話題であり，「選手や競技の情報」と「競技以外の大会の話題」では「LINE」と「Twitter」がそれぞれ1〜2割程度の人に利用された。一方で，競技そのものの動画については，「ハイライト番組・動画」「競技や式典の生中継・ライブ配信」「競技や式典の録画放送・動画」のいずれも，どのSNSも3％以下と少数であった。

ここまではメディア・サービス別に分析してきたが，少し見方を変えて，機器（デバイス）別に，五輪の大会視聴の実態をみてみたい。図39は，五輪の期間中，どの機器で，どの程度の頻度で，大会に関する放送や動画を視聴したのかを尋ねた結果である。

まず利用の有無でみると，「テレビ」は『利用あり』が93％である。メディア別にみても，

表29 【第7回】東京五輪　動画サービスで何を見たか（男性50代以下524人） (%)

競技や式典の生中継・ライブ配信		競技や式典の録画放送・動画		ハイライト番組・動画		選手や競技の情報		競技の見どころ紹介		競技以外の大会の話題	
NHK	6	YouTube	7	YouTube	12	YouTube	4	YouTube	2	YouTube	3
民放	5	NHK	3	民放	4	民放	2	民放	1	NHK	1
YouTube	5	民放	3	NHK	4	NHK	2	NHK	1	民放	1

※赤数字は全体より高い。

表30 【第7回】東京五輪　SNSで何を見たか（女性40代以下467人） (%)

選手や競技の情報		競技以外の大会の話題		ハイライト番組・動画		競技の見どころ紹介		競技や式典の生中継・ライブ配信		競技や式典の録画放送・動画	
LINE	15	Twitter	8	Twitter	3	LINE	3	Twitter	3	Twitter	2
Twitter	11	LINE	6	LINE	3	Twitter	2	LINE	2	LINE	1
Instagram	7	Instagram	3	Instagram	2	Instagram	2	Instagram	1	Instagram	0

※赤数字は全体より高い。

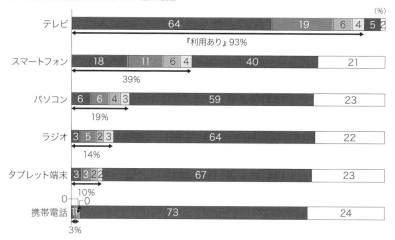

図39 【第7回】東京五輪　大会視聴に利用した機器

■ ほぼ毎日　■ 週に2～3回程度　■ 週に1回程度　□ 期間中に1回程度
■ まったく見たり聞いたりしなかった　□ 無回答

（%）

テレビ　64　19　6　4　5　2
　　　　『利用あり』93%

スマートフォン　18　11　6　4　40　21
　　　　39%

パソコン　6　6　4　3　59　23
　　　　19%

ラジオ　3　5　2　3　64　22
　　　　14%

タブレット端末　3　3　2　2　67　23
　　　　10%

携帯電話　1　1　73　24
　　　　3%　0　0

大多数の人がNHKや民放の番組を視聴していたのだから，機器としての「テレビ」がほとんどの人に使われたのも当然と言える。そのほかの機器はいずれも『利用あり』が4割未満であったのだから，まずは「テレビ」が五輪視聴のメイン・デバイスであったことは疑う余地がない。

　また利用頻度でも，「テレビ」は，「ほぼ毎日」が64%にのぼり，半数を大きく超える人々が，連日のようにテレビを使って観戦していた

様子がうかがえる。

　各機器の『利用あり』の割合を男女年層別にみる（図40）。

　「テレビ」はほとんどの年代で9割以上となり，老若男女を問わず，よく使われた。「スマートフォン」は，全体では39%であったが，年代によって差が大きく，男女とも40代以下では5～7割と，若い人でよく使われていた。特に女性の20代（69%）と30代（65%）では約7

図40 【第7回】東京五輪　大会視聴に利用した機器（男女年層別）

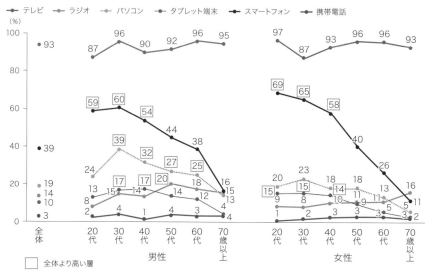

→ テレビ　→ ラジオ　‥‥ パソコン　→ タブレット端末　→ スマートフォン　→ 携帯電話

□ 全体より高い層

割に達し，大多数に用いられた。また，「タブレット端末」も，割合としては「スマートフォン」ほどには高くはないが，やはり男女とも40代以下の若い人たちで全体よりも高かった。一方，「パソコン」の利用率には，性別による差があり，男性の30～60代で3～4割と多くの人に利用された。

なお，第7回で「ふだんのインターネット利用機器」について尋ねた別の質問でも，「スマートフォン」と「タブレット端末」は若い人で，「パソコン」は男性で，それぞれ利用率が高かった。つまり，"ふだんからよく使っている機器で五輪も視聴した"ということであろう。また，さきほどのメディア別の分析結果と合わせて考えれば，動画をよく視聴していた男性の若・中年層では，動画を手軽に視聴できる「スマートフォン」や「パソコン」がよく使われ，SNSをよく利用していた女性の若・中年層では，SNSを手軽に利用できる「スマートフォン」がそれぞれよく使われていたという読み解きも可能である。

次に，東京五輪・パラを誰と見たり聞いたり

したのかをみてみよう（表31）。

複数回答で尋ねたところ，「配偶者やパートナーと」が53％で最も多く，次いで「ひとりで」が41％，「子どもや孫と」が28％，「親や祖父母と」が14％であった。

男女年層別にみると，回答が全体よりも多いのは，「配偶者やパートナーと」では男性の50代～70歳以上と女性の40代だった。また，「子どもや孫と」は男女ともに40・50代で多く，「親や祖父母と」では男性が20・30代，女性が20～40代でほかの年代に比べて多い。ただし，家族構成はそもそも年代によって異なるので，ここでは大くくりに，多くの人が"家族と一緒に視聴した"ととらえておきたい。

これに対して，"家族以外の人と一緒に視聴した"人は少ないが，「友人と」見たという人は男女ともに20代（男性12％，女性14％）が，また，「知人と」見たという人は女性の20代（8％）が，いずれも全体より多い。

なお，「ひとりで」視聴した人は全体の4割（41％）にのぼり2番目に多いが，「ひとりで」だけを選んだ人は2割程度（19％）で，大会を終

表31 【第7回】東京五輪・パラ　誰と見聞きしたか（複数回答，男女年層別） (%)

	全体	男性						女性					
		20代	30代	40代	50代	60代	70歳以上	20代	30代	40代	50代	60代	70歳以上
ひとりで	41	42	41	42	44	48	43	31	26	27	43	40	51
配偶者やパートナーと	53	27	53	54	61	61	65	26	46	63	54	59	43
子どもや孫と	28	12	34	40	35	21	14	3	29	51	40	27	23
親や祖父母と	14	34	24	12	10	4	2	55	33	23	17	7	2
友人と	5	12	5	4	3	2	3	14	2	5	5	3	3
知人と	3	1	4	3	3	3	4	8	5	4	5	3	2
その他	2	4	3	3	1	2	1	5	4	3	3	2	2
見たり聞いたりしなかった	6	9	7	8	8	5	6	9	11	5	3	4	7

まとめ

	全体	20代	30代	40代	50代	60代	70歳以上	20代	30代	40代	50代	60代	70歳以上
「ひとりで」だけ	19	22	16	19	20	24	19	11	9	6	15	23	30
必ず誰かと一緒に見た	52	47	53	49	49	47	50	59	63	68	53	55	40
ひとりでも複数でも見た	22	20	25	23	24	24	23	20	17	21	28	17	21

始1人で見た人は多くない。特に，女性の30・40代は「ひとりで」だけで見た人は10％未満（30代9％，40代6％）と少なく，家族や友人など“必ず誰かと一緒に見た”人が6割を超えて多かった（30代63％，40代68％）。

大会の話題で周囲とのコミュニケーションを楽しんだ女性の20～40代は，メディアの視聴も周囲の人たちと一緒に楽しんでいたのである。

④ 大会の楽しみは“刹那的”

このように，多くの人がメディアでの視聴を通じて楽しんだ大会ではあるが，その盛り上がりは刹那的なものであったようだという点にも言及しておきたい。

表32は，東京五輪・パラの「盛り上がりは一時的なことに過ぎなかった」という意見に対して，「そう思う」か「そう思わない」かを尋ねた結果である。

全体の65％が「そう思う」と答え，60代以下では男女ともに70％前後にのぼった。

今大会を多くの人が楽しめたのは事実だが，その盛り上がりは長くは続かなかったようである。

⑤ 印象に残った五輪の競技・式典

東京五輪では，どんな競技や式典が人々の印象に残ったのだろうか。複数回答で尋ねた結果を，回答の多い順に図41に示す。

「卓球」（64％）が最も多く，以下，「柔道」（51％），「ソフトボール」（47％），「体操競技」（43％），「野球」（43％），「開会式」（42％）の順に続く。これら回答が多かった競技は，すべて日本が金メダルを獲得したものである。

この調査では第2回から毎回，どんな競技や式典を見たいと思うかを尋ねてきた。そこで，第7回の「印象に残った競技・式典」と，第6回の「見たい競技・式典」のトップ10を見比べてみる（表33）。

第6回では，「陸上競技」「体操競技」「開会式」「競泳」が上位を占めていた。なお，配付回収法で実施した第2～5回でも，この上位4つは変わらなかった。

表33 【第7回】東京五輪 「印象に残った競技・式典」（第6回「見たい競技・式典」との比較）（複数回答，各回で回答の多かった10項目）(%)

第6回「見たい競技・式典」		第7回「印象に残った競技・式典」	
陸上競技	57	卓球	64
体操競技	55	柔道	51
開会式	52	ソフトボール	47
競泳	49	体操競技	43
野球・ソフトボール	40	野球	43
閉会式	40	開会式	42
卓球	40	競泳	39
柔道	38	スケートボード	37
バレーボール	38	陸上競技	34
バドミントン	34	バスケットボール	30

表32 【第7回】東京五輪・パラ 「盛り上がりは一時的なことに過ぎなかった」（男女年層別） (%)

全体	男性						女性					
	20代	30代	40代	50代	60代	70歳以上	20代	30代	40代	50代	60代	70歳以上
65	66	69	74	72	70	59	71	69	67	65	69	55

しかし，終わってみれば，「卓球」「柔道」「ソフトボール」が，それらにかわって，多くの人の印象に残ったのである。

さらに，日本の若い選手が活躍して多くのメダルを獲得した「スケートボード」は，第6回では13％とあまり注目されていなかったが，第7

図41 【第7回】東京五輪 「印象に残った競技・式典」(複数回答，回答の多い順)

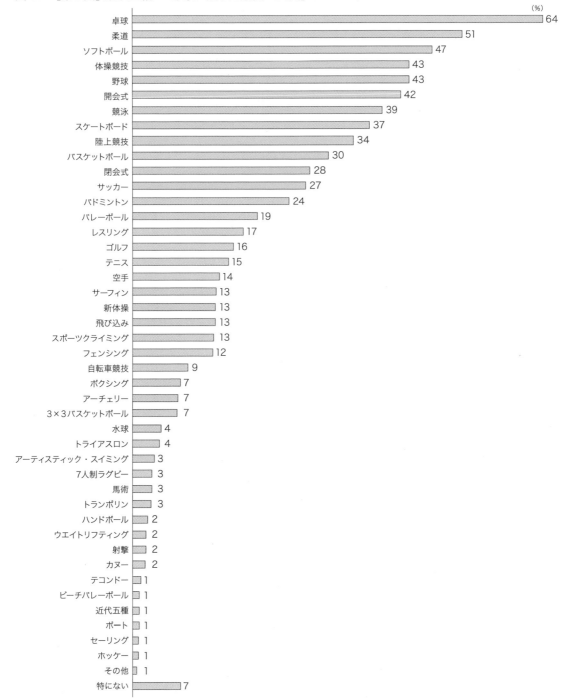

	(%)
卓球	64
柔道	51
ソフトボール	47
体操競技	43
野球	43
開会式	42
競泳	39
スケートボード	37
陸上競技	34
バスケットボール	30
閉会式	28
サッカー	27
バドミントン	24
バレーボール	19
レスリング	17
ゴルフ	16
テニス	15
空手	14
サーフィン	13
新体操	13
飛び込み	13
スポーツクライミング	13
フェンシング	12
自転車競技	9
ボクシング	7
アーチェリー	7
3×3バスケットボール	7
水球	4
トライアスロン	4
アーティスティック・スイミング	3
7人制ラグビー	3
馬術	3
トランポリン	3
ハンドボール	2
ウエイトリフティング	2
射撃	2
カヌー	2
テコンドー	1
ビーチバレーボール	1
近代五種	1
ボート	1
セーリング	1
ホッケー	1
その他	1
特にない	7

回では37％と飛躍的に増えて，9位の「陸上競技」を抑えて8位にランクインした。大会前にはあまり知られていなかった競技が日本勢の活躍によって一躍注目を浴びたのは，ピョンチャン冬季五輪について，見たい競技と実際に見た競技を尋ねた第2回と第3回の「カーリング」の結果（第2回25％，第3回70％）とよく似ている。

「印象に残った競技・式典」は，性別や年代によって順位が入れ替わる。**表34**は，男女年層別に，上位5競技をまとめたものである。

「卓球」はすべての年代でトップだが，男女とも若・中年層では，全体のトップ5には入らなかった「スケートボード」や「バスケットボール」が上位に入ってくる。前提として，この2競技はどの年代でも3割前後から4割ほどの人が「印象に残った」と答えているが，それを承知のうえで，あえて順位だけに注目すると，男性20代では5位に「バスケットボール」，男性30・40代と女性20・50代ではいずれも4位に「スケートボード」が入る。さらに女性30代では

「スケートボード」が「卓球」に次ぐ2位，女性40代では「スケートボード」（3位）と「バスケットボール」（4位）がどちらも上位に入るのである。

なお，印象に残った人の割合でみても，「スケートボード」は，女性の40代（46％）と50代（45％）で全体より高かった。

大会全体を通して最も印象に残ったシーンやできごとについての自由回答でも，特に20〜40代を中心に，

「スケートボードで13歳の女の子が金メダルを獲得した。嬉しかった！」（女性30代）
「女子バスケットボールの準々決勝。残り時間わずかの時に3ポイントシュートを決めて，逆転。銀メダル，すごい」（女性40代）

といった回答が多かった。

調査ではさらに，競技名ではなく，「東京五輪の競技で最も印象に残ったこと」という尋ね方でも質問した（**表35**）。

全体では「日本が過去最多の金メダルを獲得したこと」（30％）と並んで，「10代など若

表34　【第7回】東京五輪「印象に残った競技・式典」　男女年層別トップ5
（複数回答，各層の回答の多い順）

(%)

男　　性											
20代		30代		40代		50代		60代		70歳以上	
卓球	48	卓球	55	卓球	60	卓球	62	卓球	70	卓球	65
野球	38	柔道	40	柔道	50	柔道	56	柔道	68	野球	63
開会式	34	野球	38	野球	47	ソフトボール	50	ソフトボール	61	柔道	62
サッカー	34	スケートボード	38	スケートボード	41	野球	44	野球	55	ソフトボール	59
バスケットボール，柔道，体操，ソフト	29	ソフトボール	36	ソフトボール	41	体操競技	36	体操競技	54	体操競技	51

女　　性											
20代		30代		40代		50代		60代		70歳以上	
卓球	49	卓球	53	卓球	64	卓球	68	卓球	71	卓球	72
野球	36	スケートボード	42	柔道	48	柔道	54	ソフトボール	54	体操競技	59
柔道	36	柔道	36	スケートボード	46	ソフトボール	49	体操競技	54	開会式	55
スケートボード	36	開会式	35	バスケットボール	39	スケートボード	45	柔道	54	競泳	50
開会式	36	ソフトボール	34	ソフトボール	38	開会式	44	競泳	49	柔道	49

い選手たちの活躍ぶり」（29％）が3割を占めた。また「今まで見たことのなかった競技の面白さ」を選んだ人は，女性の30代（22％）と40代（19％）で，全体（13％）よりも多かった。

その点では，まさにスケートボードは，ふだんテレビなどで見る機会があまりなく，メダリストたちの大会当時の年齢をみても，男子ストリート金メダルの堀米雄斗選手が22歳，女子ストリート金メダルの西矢椛選手が13歳（日本史上最年少の金メダル），銅メダルの中山楓奈選手が16歳，女子パーク金メダルの四十住さくら選手が19歳，銀メダルの開心那選手が12歳と，若い選手たちがめざましい活躍を見せたのであるから，競技として印象に残った人が多いことも大いにうなずける。

また，女子パークで15歳の岡本碧優選手が逆転優勝をかけて挑んだ最後の滑走で着地に失敗したあと，先に演技を終えていた多くの選手たちが駆け寄って健闘をたたえたシーンに感動を覚えた人も多かったようで，自由回答でも，
「スケートボードの決勝で，優勝候補の選手が最後までチャレンジし続けた勇気。結果的に表彰台を逃したものの，そのチャレンジを選手同士がたたえ合う姿を見て，メダルを勝ち取るのとは異なる，スポーツの新しい価値観や可能性を感じた」（男性40代）
「負けても人を思う気持ち。勝つだけではない。若い人のこれからの生き方が楽しみだ」
（女性20代）
といった記述が多くみられた。

勝ち負けだけではなく，これまであまり知らなかったスケートボードの"競技文化"にも初めて触れ，感銘を受けた人が多かったのである。

表35 【第7回】東京五輪「最も印象に残ったこと」（男女年層別，全体の回答の多い順）　　　（％）

	全体	男 性						女 性					
		20代	30代	40代	50代	60代	70歳以上	20代	30代	40代	50代	60代	70歳以上
日本が過去最多の金メダルを獲得したこと	30	31	28	31	34	26	30	33	28	30	37	26	27
10代など若い選手たちの活躍ぶり	29	32	29	29	30	31	27	36	25	27	31	26	30
国や地域を越えて，選手同士がたたえあう姿	14	9	19	12	10	16	16	11	15	12	13	17	16
今まで見たことのなかった競技の面白さ	13	15	15	16	15	12	10	9	22	19	9	12	8
世界記録の達成や演技のすばらしさ	11	9	10	10	7	12	13	9	7	10	10	17	12

第2節　人々は，コロナ禍での開催をどう評価したのか

① 2021年夏に開催したことの評価

東京五輪・パラは，コロナの感染拡大を受けて，当初の予定よりも約1年延期されたが，21年夏になっても感染拡大は収まらず，開催地の東京都に緊急事態宣言が出されている中で開催されることになった。

21年7月から開催されたことについてどう思うかを尋ねたところ（**図42**），「開催してよかった」は52％であった。

大会4か月前の第6回調査で，「開催すべき」と答えた人が32％にとどまっていたことを思えば，大会後に，開催を前向きに評価した人が半数にのぼったのは，思ったよりも多かったとみるべきかもしれない。さしずめ，"さんざん気を揉んだが，何とか開催できてよかった"というところであろうか。

ただし，大会を終えたあとにも，やはり『延期（25％）や中止（22％）をしたほうがよかった』と思った人が47％と半数近くいた事実も，決して看過できない。

なお，「開催してよかった」と答えた人に，そう思う理由を5つの選択肢から1つだけ選んでもらったところ，やはり"アスリート・ファースト"の気持ちである「選手たちの努力が報われたから」が約6割（59％）で最も多かった。一方で，「新型コロナウイルスの感染が収まるのを待っていたらいつ開催できるかわからないから」という消極的な理由を挙げた人も約1割（12％）いた。

コロナ禍での開催に対する評価を男女年層別と，東京をはじめ札幌や横浜など競技が開催された地域と，競技が開催されなかった地域に分けてみてみる（**表36**）。

男女年層別では，どの年代でも，「開催してよかった」が，「さらに延期したほうがよかった」と「中止したほうがよかった」をそれぞれ上回り，特に男性60代は60％，女性70歳以上は59％で，全体（52％）よりも多い。

一方で，「さらに延期したほうがよかった」は，男性40代（32％）と女性30代（36％）で3割を超え，全体を上回った。

女性の20・30代については，さきほど，もともと大会を『楽しみ』にしていたし，結果的にも『楽しめた』人が多かったと述べたが，実

図42　【第7回】東京五輪・パラ
**　　　コロナ禍での開催評価**

■ 開催してよかった　□ さらに延期したほうがよかった
■ 中止したほうがよかった　□ 無回答

『延期・中止したほうがよかった』
47％

表36　【第7回】東京五輪・パラ　コロナ禍での開催評価（男女年層別・競技開催有無別）

(%)

	全体	男　性						女　性						競技開催	
		20代	30代	40代	50代	60代	70歳以上	20代	30代	40代	50代	60代	70歳以上	あり	なし
人数	2,217	85	101	155	183	183	292	118	123	226	203	198	350	378	1,839
開催してよかった	52	51	45	47	48	60	57	53	43	49	53	48	59	45	54
さらに延期したほうがよかった	25	29	28	32	30	15	17	24	36	30	28	26	17	28	24
中止したほうがよかった	22	20	28	21	21	25	24	23	21	21	19	25	21	27	21

のところは，「延期」（20代24％，30代36％）や，「中止」（20代23％，30代21％）のほうがよかったと考える人が，合わせて5割から6割近くもおり，この時期の開催に否定的な人が多かったのである。

そこで，女性の20・30代について，今大会を『楽しめた』人と『楽しめなかった』人にわけて，コロナ禍での開催に対する意見がどのようなものだったのかをみてみたところ（表37），まず，『楽しめなかった』と答えた67人で，『延期や中止をしたほうがよかった』が72％と多数を占めたのは当然の結果だと言えるが，『楽しめた』と答えていた173人でも，『延期や中止をしたほうがよかった』は45％と，半数近くに達していた。

大会を『楽しめた』人の多かった女性20・30代だが，本音を言えば，"メディアを通じた競技観戦で，思ったよりは楽しめたけれど，で

きれば，コロナ禍での大会敢行は避けてほしかった"と思っていたのである。

表36に戻って，競技の開催地かどうか別にみると，競技が開催された地域では「開催してよかった」が45％で，開催されなかった地域の54％を大きく下回った。また，「中止したほうがよかった」は，開催地域では27％で，開催されなかった地域の21％よりも多い。最も多くの競技が開催された東京都では，大会期間中ずっと緊急事態宣言が出されたままの状態で，人々は生活上さまざまな自粛に耐えたり，大会による感染拡大におびえたりしていたのだから，この時期の開催に否定的な人が，開催地以外よりも多かったのは当然であろう。

では，コロナ禍で開催された大会について，人々はどのような意見を持ったのだろうか。調査では，あえてネガティブな意見を6つ示して，「そう思う」か「そう思わない」かで答えてもらった（図43）。

「そう思う」，すなわちネガティブな意見が半数を超えて多かったのは，「観客数の制限や日本を訪れる外国人の減少などで経済効果が見込めなくなった」（79％），「海外から大勢の人が訪れて国内で感染が広がらないか不安だった」（79％），「感染者が多い国の選手は練習が思うようにできず実力を発揮できなかった」（66％）の3つである。

「感染が気になって大会を心から楽しめなかった」は，「そう思う」（49％）と「そう思わない」（48％）が同程度であった。

一方で，「そう思う」という人が

表37 【第7回】東京五輪・パラ　コロナ禍での開催評価
（女性20・30代，大会を『楽しめた』か否か別）(%)

	女性20・30代	
	『楽しめた』 （173人）	楽しめなかった』 （67人）
開催してよかった	55	28
『延期・中止したほうがよかった』	45	72

図43 【第7回】東京五輪・パラ　コロナ禍での開催についての意見（「そう思う」の多い順）

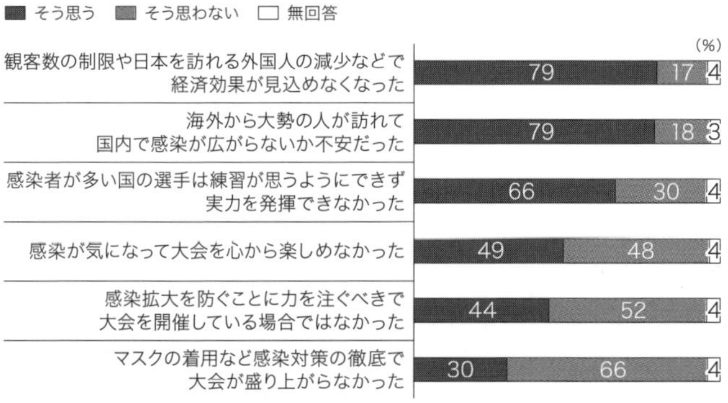

■ そう思う　■ そう思わない　□ 無回答

	(%)
観客数の制限や日本を訪れる外国人の減少などで経済効果が見込めなくなった	79　17　4
海外から大勢の人が訪れて国内で感染が広がらないか不安だった	79　18　3
感染者が多い国の選手は練習が思うようにできず実力を発揮できなかった	66　30　4
感染が気になって大会を心から楽しめなかった	49　48　4
感染拡大を防ぐことに力を注ぐべきで大会を開催している場合ではなかった	44　52　4
マスクの着用など感染対策の徹底で大会が盛り上がらなかった	30　66　4

半数を下回り少なかったのは，「感染拡大を防ぐことに力を注ぐべきで大会を開催している場合ではなかった」（44％）と「マスクの着用など感染対策の徹底で大会が盛り上がらなかった」（30％）の2つである。

感染が収束しない状況で開催されたことによって，期待外れに終わった経済効果や，さらなる感染の拡大，選手のパフォーマンスの低下など，実際的な面で負の影響を感じた人が多かった一方で，“コロナのせいで大会の盛り上がりが台無しになった”とまで感じた人はそれほど多くはなかったようだ。この点は，大多数の人が，メディアを通じて大会を楽しめたことも影響しているのであろう。

男女年層別にみると（表38），「経済効果が見込めなくなった」は，男性の40代（86％）と50代（85％），女性の60代（86％）が全体よりも多かった。

一方で，「国内で感染が広がらないか不安だった」は女性の30代（89％）と60代（86％）で多く，「選手が実力を発揮できなかった」は女性の30代（75％）と50代（73％）で多い。また「感染が気になって楽しめなかった」は女性

の40代（58％），「大会を開催している場合ではなかった」は女性の30代（55％）と40代（50％）で全体を上回った。

このように特に女性の30・40代では，今大会を全体としては『楽しめた』人が多かったが，コロナと絡めて尋ねると，感染拡大に不安を抱き，選手の練習不足を心配し，大会を開催している場合ではないのではないかと憂慮していた人が多かったのである。

② 開催と自粛のジレンマ

さらに，別の質問から，コロナ禍での開催に関する意見を抜粋して**図44**に示す。

「そう思う」と回答した人が5割を超えて多かったのは，「オリンピック・パラリンピックを開催しながら国民に自粛を求めた政府の対応には納得がいかなかった」（55％）と「オリンピック・パラリンピックを開催したことで，人々の新型コロナウイルス対策への意識が緩んだ」（54％）である。

また，「オリンピック・パラリンピックを大々的に放送しながら新型コロナウイルスの感染防止を呼び掛けたメディアの姿勢には納得がいか

表38 【第7回】東京五輪・パラ　コロナ禍での開催についての意見
（「そう思う」と答えた人の割合，男女年層別）

(%)

	全体	男性						女性					
		20代	30代	40代	50代	60代	70歳以上	20代	30代	40代	50代	60代	70歳以上
観客数の制限や日本を訪れる外国人の減少などで経済効果が見込めなくなった	79	79	86	86	85	83	76	78	80	80	83	86	67
海外から大勢の人が訪れて国内で感染が広がらないか不安だった	79	71	75	74	74	72	78	80	89	82	80	86	79
感染者が多い国の選手は練習が思うようにできず実力を発揮できなかった	66	73	73	62	67	71	59	65	75	67	73	72	55
感染が気になって大会を心から楽しめなかった	49	52	53	50	49	39	45	56	57	58	50	52	40
感染拡大を防ぐことに力を注ぐべきで大会を開催している場合ではなかった	44	44	49	46	45	36	37	49	55	50	46	48	38
マスクの着用など感染対策の徹底で大会が盛り上がらなかった	30	28	33	30	31	32	34	25	29	25	30	33	31

なかった」（42％），「オリンピック・パラリンピック開催への賛成と反対で，国民が分断されてしまった」（37％），「メディアがオリンピック・パラリンピック一色になり，新型コロナウイルスなどの重要なニュースが埋もれてしまった」（34％）についても，3〜4割が「そう思う」と答えた。

　これを男女年層別と，都民か否か別でみてみる（表39）。

　「開催しながら自粛を求めた政府の対応には納得がいかなかった」は女性の30代（68％）や都民（63％），「対策への意識が緩んだ」は男性の30代（64％）と女性の20代（67％），30代（68％）が6割を超えて全体よりも高い。また全体では4割弱（37％）であった「開催への賛否で国民が分断されてしまった」も男性の20代（51％），30代（54％）と女性の30代（52％）では5割を超えた。さらに都民では「大々的に放送しながら感染防止を呼び掛けたメディアの姿勢には納得がいかなかった」

図44 【第7回】東京五輪・パラ 「意見」（開催とコロナ対策関連項目のみ抜粋）

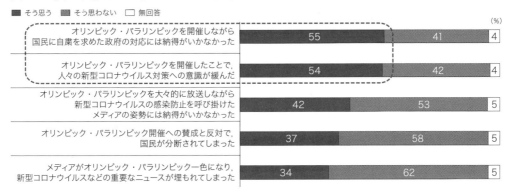

表39 【第7回】東京五輪・パラ「意見」
（開催とコロナ対策関連の項目のみ抜粋，男女年層別・都民か否か別） (%)

	全体	男性						女性						都民	都民以外
		20代	30代	40代	50代	60代	70歳以上	20代	30代	40代	50代	60代	70歳以上		
オリンピック・パラリンピックを開催しながら国民に自粛を求めた政府の対応には納得がいかなかった	55	58	60	57	61	50	49	51	68	56	60	56	49	63	54
オリンピック・パラリンピックを開催したことで，人々の新型コロナウイルス対策への意識が緩んだ	54	54	64	56	54	56	46	67	68	58	54	55	44	55	54
オリンピック・パラリンピックを大々的に放送しながら新型コロナウイルスの感染防止を呼び掛けたメディアの姿勢には納得がいかなかった	42	48	49	43	49	40	36	43	46	43	45	42	36	51	41
オリンピック・パラリンピック開催への賛成と反対で，国民が分断されてしまった	37	51	54	39	40	39	30	44	52	37	39	35	26	38	37
メディアがオリンピック・パラリンピック一色になり，新型コロナウイルスなどの重要なニュースが埋もれてしまった	34	39	40	36	35	36	34	37	42	34	27	33	27	34	34

（51％）も5割に達した。

　このように，30代以下の人たちや都民では，開催と自粛のジレンマに不満を感じていた人が多い。都民がほかの地域の人よりも大会を楽しめなかったのは，コロナ禍で無観客開催になったため，地元だから競技が見られる，地元だから盛り上がれるといった"地の利"が実感できず，ほかの地域の人々と同様にテレビなどのメディアを通じて楽しむしかなかったばかりか，地元で大会が開催されているのに，ほかの地域の人以上にさまざまな自粛を求められるという矛盾した状況に，やりきれなさを感じていたからであろう。

③ "人類が新型コロナに打ち勝った証"

　今大会について，政府は「人類が新型コロナウイルスに打ち勝った証として，世界に希望と勇気を届ける」としていたが，人々はそのように思えたのだろうか（図45）。

　結果は，『証にならなかった』が73％（「あまり」43％＋「まったく」30％）で，『証になった』の27％（「とても」3％＋「ある程度」23％）を大きく上回った。

　男女年層別や都民か否か別にみても（図46），すべての層で『証にならなかった』のほうが圧倒的に多く，特に男性の40代（81％）と女性の30代（85％），40代（80％），それに，都民（83％）では8割にのぼった。

図45　【第7回】東京五輪・パラ
"新型コロナウイルスに打ち勝った証"になったか

図46　【第7回】東京五輪・パラ
**　　　"新型コロナに打ち勝った証"になったか**
**　　　（男女年層別・都民か否か別）**

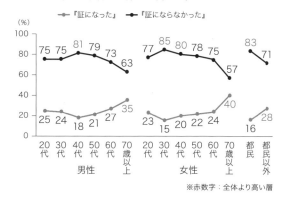

④ 大会中の感染対策への評価

東京五輪・パラでは，感染拡大を防ぐために，観戦を目的に海外から日本を訪れる人たちの入国が制限されたり，ほとんどの競技が無観客で開催されたりした。こうした対策についての評価を尋ねたところ（**図47**），「入国制限」「無観客開催」ともに，9割以上の人が『適切（どちらかといえばを含む）』だったと評価した。

「無観客開催」については，第Ⅲ章で，延期決定以降，開催4か月前の段階にいたるまで，主に"アスリート・ファースト"の観点で，できれば避けたいと思っていた人が多く，ほかの対策に比べて賛成する人が少なかったことに触れたが，終わってみれば，大多数の人が前向きに評価したのである。

「無観客開催」については，さらに詳しく，4

つのネガティブな意見に対し，「そう思う」か「そう思わない」かで答えてもらった結果を紹介したい（**図48**）。

「そう思う」と答えた人が半数を超えたのは，「収益が減って国や自治体の財政負担が増えた」（79％）だけで，そのほかの「オリンピックやパラリンピックを身近に感じられなかった」（39％），「日本で開催した意味がなかった」（28％），「選手たちが力を発揮できなかった」（26％）は，いずれも半数を下回った。つまり，「無観客開催」のせいで，日本で大会を開催した意味や魅力までもが失われたと感じた人は少なかったし，何より，大会前に最も危惧していた，選手のパフォーマンスへの悪影響があったと感じた人が少なかったのである。

ほとんどの人が「無観客開催」を前向きに評価したという調査結果には，実際の大会で生き生きとプレーする選手の姿をテレビで視聴し，"無観客は残念ではあるが，選手が力を発揮できてよかった"という，人々の安堵の気持ちがにじみ出ているように思える。

なお，調査では，大会運営の中で，コロナ対策がどのように評価されていたかを把握するため，そのほかの課題とともに，それぞれ対策が「十分だった」と思うか「不十分だった」と思うかを尋ねた（**図49**）。

「新型コロナウイルスの感染対策」は，「十分だった」と「不十分だった」がともに48％で，評価が分かれた。

「十分だった」が多かったのは，「治安の悪化を防ぐ対策」（75％）と「交通の混雑を防ぐ対策」（69％），それに「ボランティアの確保や活用」（54％）で，「新型コロナウイルスの感染対策」はこれらに次いで7項目中4番目に評価が高かったという見方もできる。

なお，開催直前になって担当者の辞任や解

図47　【第7回】東京五輪・パラ「入国制限」「無観客開催」の評価

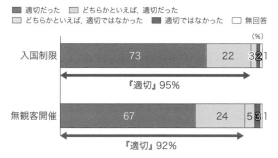

図48　【第7回】東京五輪・パラ「無観客開催」についての意見抜粋（「そう思う」の多い順）

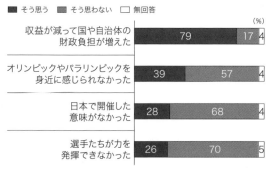

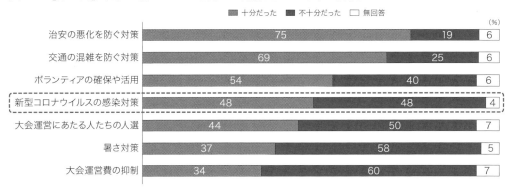

図49 【第7回】東京五輪・パラ 運営上の諸課題への対策の評価（「十分だった」の多い順）

凡例: ■ 十分だった ■ 不十分だった □ 無回答 (%)

	十分だった	不十分だった	無回答
治安の悪化を防ぐ対策	75	19	6
交通の混雑を防ぐ対策	69	25	6
ボランティアの確保や活用	54	40	6
新型コロナウイルスの感染対策	48	48	4
大会運営にあたる人たちの人選	44	50	7
暑さ対策	37	58	5
大会運営費の抑制	34	60	7

任が相次いだ「大会運営にあたる人たちの人選」（44％）や，「暑さ対策」（37％），結果的に招致段階に知らされていたよりもかなりの高額となった「大会運営費の抑制」（34％）は，いずれも「不十分だった」と厳しく評価した人のほうが多く，コロナ対策は，これらの諸課題よりは人々に評価されたようだ。

第1節・第2節のまとめ

　日本勢のメダルラッシュや，スケートボードに象徴される若い選手たちの活躍を，テレビで，家族などと一緒に観戦し，コロナ禍の先行きが見えない開催前に想像していたよりは，『楽しめた』人が多い大会であった。

　大会前には，選手のパフォーマンス低下や，"スポーツ大会"としての盛り上がりの欠如を危惧して，「無観客開催」に賛成することのできない人も多かったが，結果的には，大多数が前向きに評価した。コロナ禍という厳しい状況で，果たして本当にこの時期に開催すべきだったかどうかの評価は真っ二つに割れたが，それでも，選手が実力を発揮し，大会が一応の盛り上がりを見せたことにはひとまずほっとしたというのが，多くの人々が抱いた感想だったのだろう。

　ただし，コロナ禍で，自分たちはさまざまな自粛を強いられていたのに大会が開催されたことや，開催によって感染対策に対する意識が緩んだことに，それぞれ約半数もの人が不満を持っていたことは忘れてはなるまい。そうした人たちは，若い年代や，まさに緊急事態宣言下で自粛生活を送っていた都民で多かった。また，延期決定前後に政府から再三発信された"コロナに打ち勝った証"という美辞に対しては，7割以上の人々が，この大会はそのようなものではなかったと，冷ややかな評価を下した。

第3節　人々は，今回の東京五輪・パラの意義をどう感じたのか

① 開催の効果

　この節では，今回の東京五輪・パラが，人々にとってどんな意義を持つものだったのかを考察したい。

　はじめに，第7回で尋ねた，大会が「役に立ったと思うこと」と，ほぼ同じ選択肢で第1回から第6回までの調査で尋ねた，大会に「期待すること」の結果から，人々が大会に何を期待し，それがどの程度叶えられたのかをみてみる。なお，本来であれば，同じ郵送法で実施した第6回と第7回の比較にとどめるべきだが，第6回はすでにコロナ禍にあり，人々がもともと何を期待していたのかを知ることが難しいた

め，招致決定の3年後の16年10月に配付回収法で実施した第1回の結果も参考に示すことにする（表40）。

　第Ⅰ章でも述べたとおり，第1回の時点では「日本経済への貢献」が6割（63％）で最も多く，「日本全体の再生・活性化」（52％）も5割を超えていた。第2回から第5回も，この2つがつねに上位で，その傾向はコロナ禍によって大会が延期されたあとに実施した第6回でも変わらなかった。つまり，大会前は一貫して"経済的恩恵"を期待する人が多かったのである。

　一方で，第1回では「国際交流の推進」（35％）や「観光の振興」（27％）を期待する人も少なくなかったが，これらは，コロナ禍となった第6回の時点でトーンダウンした（「国際交流の推進」26％，「観光の振興」18％）。なお，コロナ禍を受けて選択肢に加えた「新型コロナウ

表40　【第7回】東京五輪・パラ　「役に立ったこと」
　　　（第1・6回「期待すること」との比較）（複数回答，各回の回答の多い順）　　　　　　　　（％）

	期待すること				役に立ったこと	
	第1回（16年10月配付回収法）		第6回（21年3月郵送法）		第7回（21年9月郵送法）	
60％台	日本経済への貢献	63				
50％台	日本全体の再生・活性化	52	日本経済への貢献	50	スポーツの振興	58
40％台			日本全体の再生・活性化	42		
30％台	国際交流の推進	35	スポーツの振興	35	スポーツ施設の整備	36
	スポーツの振興	33	新型コロナウイルス対策の強化	35	国際交流の推進	32
20％台	青少年の育成	29	国際交流の推進	26	日本全体の再生・活性化	20
	観光の振興	27				
	雇用の増加	27				
	国際社会での日本の地位向上	22				
	スポーツ施設の整備	21				
10％台	特にない	11	観光の振興	18	青少年の育成	19
			雇用の増加	17	国際社会での日本の地位向上	17
			国際社会での日本の地位向上	16	特にない	16
			青少年の育成	16	日本経済への貢献	15
			特にない	15	新型コロナウイルス対策の強化	11
			スポーツ施設の整備	14		
9％以下					雇用の増加	5
					観光の振興	5
	その他	2	その他	1	その他	2

イルス対策の強化」は，第6回は35％であった。

大会後の第7回で尋ねた「役に立ったこと」のトップは「スポーツの振興」（58％）で，半数を超えたのはこの項目だけである。また2番目もスポーツ関連の項目で「スポーツ施設の整備」（36％）であった。一方で，大会前に多くの人が期待を寄せた「日本経済への貢献」は15％，「日本全体の再生・活性化」は20％にとどまった。

このように，"経済的恩恵"は期待外れに終わり，多くの人が実感できた大会の効果は，スポーツの範疇にとどまったのである。

同様に，大会前の調査で尋ねた「アピールすべきこと」と，第7回で尋ねた「アピールできたこと」についてもみてみる（表41）。

第1回では「日本の伝統文化」（65％）や「日本人の勤勉さや礼儀正しさ」（54％），「日本の食文化」（51％）といった，日本の良さを世界に向けてアピールすべきだと考える人が多かった。また「東京の治安のよさや清潔さ」（58％）も含め，半数以上の人がアピールすべきだと思っていた項目が複数あった。

第6回では，新たに選択肢に加えた「新型コロナウイルスの感染を防いで大会を安全に開催できること」（51％）がトップになったが，「日本の伝統文化」（42％）も依然として上位にあった。

表41 【第7回】東京五輪・パラ 「アピールできたこと」
（第1・6回「アピールすべきこと」との比較）（複数回答，各回の回答の多い順） (%)

	アピールすべきこと				アピールできたこと	
	第1回（16年10月配付回収法）		第6回（21年3月郵送法）		第7回（21年9月郵送法）	
70％台						
60％台	日本の伝統文化	65				
50％台	東京の治安のよさや清潔さ	58	新型コロナウイルスの感染を防いで大会を安全に開催できること	51		
	日本人の勤勉さや礼儀正しさ	54				
	日本の食文化	51				
40％台	海外から訪れた人たちへの手厚い対応やサービス	44	日本の伝統文化	42	東京の治安のよさや清潔さ	44
			東京の治安のよさや清潔さ	40	海外から訪れた人たちへの手厚い対応やサービス	41
30％台	東日本大震災からの復興	39	東日本大震災からの復興	38	日本人の勤勉さや礼儀正しさ	39
			日本人の勤勉さや礼儀正しさ	37		
			日本の食文化	31		
20％台			国際大会を円滑に運営できること	27	新型コロナウイルスの感染を防いで大会を安全に開催できること	28
			海外から訪れた人たちへの手厚い対応やサービス	25	競技場など大会施設のすばらしさ	26
					日本の食文化	25
					国際大会を円滑に運営できること	25
10％台	競技場など大会施設のすばらしさ	19	競技場など大会施設のすばらしさ	18	日本の伝統文化	19
					東日本大震災からの復興	19
			特にない	12	特にない	17
9％以下	特にない	7				
	その他	1	その他	1	その他	1

しかし，第7回の「アピールできたこと」では，「日本の伝統文化」は19％で9項目中8番目となり，「日本人の勤勉さや礼儀正しさ」（39％）や「日本の食文化」（25％）も半数には届かなかった。人々は，当初意気込んでいたようには，日本の良さをアピールできなかったと感じたのである。

そもそも第7回では，「アピールできた」という回答が半数を超えた項目が1つもない。いくぶん寂しい結果に思えるが，肝心のアピールする相手である外国人の競技観戦者や観光客が来日できなかったのだから致し方ないだろう。

「東日本大震災からの復興」については，第7回で「アピールできた」と回答した人は19％と，9項目の中で最も少なかったが，そもそも大会前の調査でも「アピールすべきだ」と回答した人は4割前後で，半数を超えたことは一度もなかった。すなわち，東京五輪・パラが震災復興をアピールする機会になることへの期待は，一貫して低調であったし，そのことを大会の成果として実感できた人はさらに少なかったのである。

② 震災復興への貢献

東京五輪・パラについて，政府は招致段階から“復興五輪”として位置づけ，東日本大震災の被災地の復興を後押しするとしていた。これについては個別に質問を設けて，第6回では，被災地の復興に「役立つ」と思うかどうか，第7回では，復興に「役立った」と思うかどうかを尋ねた。

なお，“復興五輪”について，第1回から第5回までは，東京五輪・パラには「震災復興を世界に示す上で大きな意味がある」と思うかどうかを尋ねてきた。最初の質問を作成する時

点では，大会を被災地の復興に結びつけるためにどのような具体策が講じられるかがまだはっきりしておらず，その段階で「役に立つ」かどうかを尋ねるのは少々無理があると考えてのことである。むしろ，大会によって「インフラの整備が進む」「日本経済によい影響を与える」「世界との友好を深める」など，さまざまな意義と横並びの形にして，それぞれ「そう思う」かを尋ね，その回答の多寡から，初期の段階で人々が大会に対して，相対的にどのような意義を感じていたかを知ろうというのがねらいであった。“復興五輪”については，第5回まで「そう思う」人が5割前後のままで増えず，被災地でも同様であったことは，第II章で述べたとおりである。

第6回から質問を切り替えたことには，大きく2つの理由がある。

まず，ほかの意義との横並びではなく，“復興五輪”だけを切り分けて単体の質問としたのは，前述のように第5回まで“復興五輪”の意義を感じる人が増えなかった事実を踏まえ，これまでのように“いくつかある意義の中における復興五輪の相対的な位置づけを把握する”のではなく，この問題に対する人々の意見を，「賛否」という形ではっきりとさせたいと考えた。

また，コロナ禍を受け，当初は“復興五輪”が開催の最大の大義名分であったのに，“コロナに打ち勝った証”という新たなスローガンが政府から発信されるようになった。たとえばそうした新たな“意義らしきもの”と“復興五輪”とを横並びで質問した場合，どちらが人々に評価されているのかを相対的に把握することはできるだろうが，逆を言えば，相対化してしまうことによって，“復興五輪”に対する人々の評価がどうであったのかが判然としなくなるおそれも感じたのである。

次に，「役に立つ」という切り口に転じたの
は，第6回調査までに，被災地での競技開催
や，聖火リレーのスタート，「復興ありがとうホ
ストタウン」などさまざまな具体的な施策が明
らかになったことによる。もはや人々が，漠然
とした印象論ではなく，そうした施策が被災地
復興に寄与すると思うかどうか，現実に展開し
ている事象をもとに判断できる段階にいたった
と考えたためである。

そうした意図を踏まえたうえで，第6回で尋
ねた被災地の復興に「役立つ」と思うかどうか，
第7回で尋ねた復興に「役立った」と思うかど
うか尋ねた結果を紹介する（図50）。

第6回時点から，『役立たない』（52％）と
思う人が，『役立つ』（45％）と思う人よりも多
かったが，大会が終わったあとの第7回では，
『役立った』と評価した人は26％にとどまり，
『役立たなかった』（73％）と感じた人のほうが
圧倒的に多くなった。つまり，前述の「世界に
アピールすべきかどうか」ということ以前に，そ

もそも今大会の開催が被災地復興の後押しに
なるということ自体に懐疑的な人が大会前から
多かったし，実際の大会を見て，さらに，否定
的な評価が増えたのである。

この件については，被災地の人々の評価が
重要なので，地方別の結果も示す（表42）。

東日本大震災で被害が大きかった岩手，宮
城，福島を含む「北海道・東北」では，『役立っ
た』が27％，『役立たなかった』が72％で，い
ずれも全体と同程度であった。また，一部で
被害が出た「関東・甲信越」では『役立たな
かった』が78％で全体よりも多かった。

つまり，肝心の被災地を含む地域でも，多
くの人が，大会による復興の後押しを実感でき
なかったのである。

なお，"復興五輪"について，文部科学省編
の『令和3年文部科学白書』の「特集1東京オ
リンピック・パラリンピック競技大会の軌跡と
レガシーの継承・発展」（2022年）では「東
京2020大会の理念のひとつとして位置づけら
れていた『復興オリンピック・パラリンピック』
については，大会が延期になった際もその重
要性が変わることはなく，大会開催により，世
界各国からアスリート，大会関係者等が日本に
集まり，海外メディアにより広く報道されまし
た。世界の注目が日本に集まるこの機会を国
全体で最大限に生かして，被災地が復興を成
し遂げつつある姿を世界に発信し，東日本大
震災からの復興の後押しとなるような，被災地

図50 【第7回】東京五輪・パラ 被災地の復興に役立ったか （第6回「役立つか」との比較）

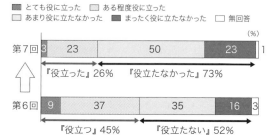

■ とても役に立った　□ ある程度役に立った
□ あまり役に立たなかった　■ まったく役に立たなかった　□ 無回答

表42 【第7回】東京五輪・パラ　被災地の復興に役立ったか（地方別）(%)

	全体	地方別					
		北海道・東北	関東・甲信越	東海・北陸	近畿	中国・四国	九州沖縄
人数	2,217	256	859	329	337	212	224
『役立った』	26	27	21	31	30	28	25
『役立たなかった』	73	72	78	68	68	70	73

と連携した取組を進めてきました」と総括されている。実際，コロナ禍の厳しい状況でも，可能な範囲で復興アピールの取り組みが行われたのは事実であるし，それに関わった被災地を含む人々の献身を否定するつもりはまったくないが，それでも，人々が『役立った』と実感するには至らない大会であったと述べざるを得ない。

③ "国際スポーツ大会"という認識

コロナ禍のせいで，多くの人が期待した"経済的恩恵"はもたらされず，せめてもの大義名分であった"復興五輪"も実体を伴わなかったと人々が評価したのだから，今大会は，名実ともに戦後復興の象徴となった1964年大会とは，まったく意義の異なるものだったし，64年大会的な物差しを使ってみれば，意義の希薄な大会であったと片づけられかねない。

しかし，次の問いへの回答結果をみると，今回の五輪開催に，人々が64年とは別の意義を見いだしていた様子がみえてくる。

図51は，64年と今回のそれぞれの調査で，「オリンピックは国と国とが実力を競い合う，国際的な競争の舞台である」という意見について，そう思うかどうかを尋ねた質問への，東京

都民の回答結果である。今回の第1回と64年の開催4か月前の結果については，第Ⅰ章で今大会の意義を考える際に用いたものの再掲であるので，ここでは今回の第7回と64年の大会後の調査結果に注目してほしい。

64年は，「賛成」が4か月前の59％から大会後は48％に減少し，「反対」（47％）と拮抗する結果となった。一方の今大会は，「そう思う」が第1回（66％）から若干減りはしたものの，61％と，「そう思わない」の37％を大きく上回ったのである。

つまり，大会前から終了後まで一貫して，今大会のほうが，五輪を"純粋な国際スポーツ大会"としてとらえている人が多かったのである。

図51　国際的な競争の舞台である（都民）

【2020】オリンピックは国と国とが実力を競い合う，国際的な競争の舞台である

【64】オリンピックは国と国が実力を競い合う，国際的な競争の舞台である

第3節のまとめ

今回の東京五輪・パラで，大会前に多くの人が抱いた経済効果への期待や，外国人観光客に日本の良さをアピールしようという意気込みは，コロナ禍によって叶えられず，人々が実感できた効果はスポーツの範疇にとどまるものとなった。

また，東日本大震災からの"復興五輪"であると思えた人は，大会前は半数以下で，大会後，復興に役に立ったと実感できた人は3割に満たなかった。ほとんどの人が一致して，日本の戦後復興を世界に示す意義を感じていた64年大会のようには，人々は"復興五輪"の意義を感じられなかった。むしろ人々は，今回の大会を，"国家的栄誉"や"復興の象徴"としてではなく，"純粋な国際スポーツ大会"として受け止め続けていたのである。

久しぶりに国内で開催された五輪を，スポーツとして思う存分に楽しもうとしていたことこそが，今大会の開催意義なのかもしれないし，制約の多いコロナ禍での開催にもかかわらず，実際に多くの人がそれぞれ可能な範囲で観戦を楽しみ，感動も味わったのであるから，その意義はある程度達成されたとみることもできるのではないだろうか。

第4節　東京パラリンピックと障害者スポーツへの理解

① 印象に残ったパラ競技

この節では，人々が東京パラリンピックをどのように視聴して，どんな感想を持ったのか，また，それが障害者スポーツへの理解をどの程度進めたのか，を考える。

表43は，東京パラで印象に残った競技や式典を複数回答で尋ねた結果である。トップは日本が13個のメダルを獲得した「競泳」（46%）であった。また，国枝慎吾選手の金メダルをはじめ日本勢が3つのメダルを手にした「車いすテニス」（41%）や，男子が銀メダルに輝いた「車いすバスケットボール」（40%）も4割に達して，五輪同様，日本勢のメダル獲得競技が多くの人の印象に残った。

大会前の第6回調査で尋ねた「見たい競技や式典」と，第7回の「印象に残った競技や式典」の上位10項目を**表44**で見比べる。

第6回では，最も高い「陸上競技」でも34%で，4割に届いた競技は1つもなかったが，

表43 【第7回】東京パラ「印象に残った競技・式典」（複数回答，回答の多い順）　　　(%)

1	競泳	46	14	自転車競技		8
2	車いすテニス	41	15	トライアスロン		6
3	車いすバスケットボール	40	16	アーチェリー		5
4	陸上競技	31	17	シッティングバレーボール		2
5	開会式	29		車いすフェンシング		2
6	ボッチャ	27		射撃		2
7	閉会式	26		馬術		2
8	車いすラグビー	20	21	カヌー		1
9	卓球	16		テコンドー		1
10	バドミントン	12		ボート		1
11	5人制サッカー(ブラインドサッカー)	9		パワーリフティング		1
	ゴールボール	9		特にない		19
	柔道	9				

表44 東京パラ 「見たい競技・式典（第6回）」と「印象に残った競技・式典（第7回）」 (%)

第6回「見たい競技・式典」		第7回「印象に残った競技・式典」		メダル
陸上競技	34	競泳	46	金
車いすテニス	33	車いすテニス	41	金
車いすバスケットボール	30	車いすバスケットボール	40	銀
特にない	29	陸上競技	31	金
競泳	24	開会式	29	
開会式	23	ボッチャ	27	金
閉会式	19	閉会式	26	
卓球	11	車いすラグビー	20	銅
バドミントン	11	特にない	19	
車いすラグビー	11	卓球	16	銅
ボッチャ	11			

※複数のメダルを獲得した競技は、最高位を表示。
※赤数字：第6回の「見たい」よりも、第7回の「印象に残った」の割合が高い競技・式典。

第7回では、前述のとおり「競泳」「車いすテニス」「車いすバスケットボール」の3競技が4割を超えた。東京五輪で4割以上の人が印象に残った競技が5つであったことを考えると、五輪競技ほどには見慣れていないパラ競技で4割以上の人が印象に残った競技が3つもあったこと自体が特筆すべきことである。

そのほかの競技も軒並み、大会前に「見たい」と答えた人の割合よりも、大会後に「印象に残った」と答えた人の割合が高くなった。特に、大会前には「見たい」人が11％しかいなかった「ボッチャ」が27％に、同じく11％であった「車いすラグビー」が20％になるなど、メダル獲得競技で伸びが著しい。世界を相手に闘う日本のパラアスリートの活躍を目の当たりにして、人々がいかに心を動かされたかがわかる。

また、第6回では、見たい競技が「特にない」人が29％いたが、第7回で、印象に残った競技が「特にない」人は19％と大きく減ったことも嬉しい結果である。

② パラリンピックでのメディア利用

次に、東京パラでのメディア利用をみてみる（表45）。

東京パラを、テレビの「リアルタイム」で視聴した人は、NHKが73％、民放が63％で、ほかのメディアに比べて圧倒的に多い。それ以外のメディアはいずれも1割未満であるから、多くの人が主にテレビの競技中継や番組を通じて、東京パラに接していたことがわかる。

また、東京五輪でのテレビの「リアルタイム」視聴は、NHKが83％、民放が78％だったので、NHKでは10ポイント、民放では15ポイントほどパラのほうが低いが、それでも、録画やNHKプラスなどのインターネット向けのサービスも含めると、81％（五輪は91％）と非常に多くの人が、東京パラでも放送局のサービスを利用したことがわかる。

東京パラを視聴するために最も多くの人が利用したNHKのテレビの「リアルタイム」について、男女年層別に、東京五輪での利用率や"ふだん"の視聴状況と比較してみる（図52）。なお、"ふだん"の視聴状況については、本調査

表45 【第7回】 東京パラ メディア利用（五輪との比較） (%)

		パラリンピック			オリンピック		
NHK	リアルタイム	73					83
	録画	9	74			84	16
	ネット（NHKプラスなど）	3		81	91		7
民放	リアルタイム	63					78
	録画	7	64			80	13
	ネット（TVerなど）	2					6
動画	YouTube	5				15	14
	YouTube以外	2	6				4
SNS	LINE	6		13	25		10
	Twitter	5	10			17	8
	Instagram	2					5
	その他のSNS	1					2

図52 【第7回】東京パラ「NHKテレビ（リアルタイム）」利用率（男女年層別）
（東京五輪,2022年全国個人視聴率「NHKテレビ総計」接触者率との比較）

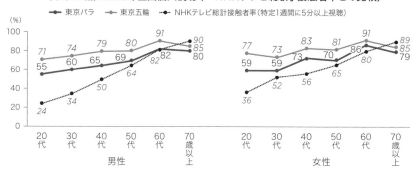

③ 東京パラを視聴した効果

とは尋ね方が違うので単純には比較できないと断ったうえで，文研の「全国個人視聴率調査」[3]から，最新の2022年6月のNHKテレビ総計の週間接触者率（地上波・BSを合わせたNHKのテレビを，特定の1週間にリアルタイムで5分以上視聴した人の割合）を参考として示す。

東京パラは，男女ともに最も低い20代でも5割を超え，多くの人に視聴された。特に60代では，男性が82％，女性が86％と，視聴した人がきわめて多かった。

また，20代や30代の若い人たちでも，男女とも6割前後が東京パラをNHKの「リアルタイム」で視聴し，"ふだん"よりも格段に多かった。このように，東京パラは，東京五輪と同様に，NHKのテレビで，若年層を含む幅広い年代の人たちに「リアルタイム」で視聴されたのである。

人々は東京パラを視聴して，どのような感想を持ったのか。9つの感想を示し，それぞれについて「そう思う」かを尋ねた（表46）。

全体で「そう思う」が最も多かったのは，「選手が競技にチャレンジする姿や出場するまでの努力に感動した」（72％）と「想像していた以上の高度なテクニックや迫力のあるプレーに驚いた」（71％）で，7割を占めた。次いで「記録や競技結果など純粋なスポーツとして楽しめた」（64％）も6割と多かった。多くの人がパラリンピックをスポーツ競技として観戦し，楽しんでいた様子がうかがえる。

「競技のルールがわかりにくかった」は30％にとどまった。パラ競技は，選手の障害の種類や程度などによって，競技のクラス分けやルールが細かく設定されており，リオデジャネイロ大会のあとの第1回調査では53％，ピョンチャン大会のあとの第3回調査でも48％が"ルールがわかりづらい"という感想を持っていたので，東京パラでは大きく改善したことになる。多くの人が視聴したNHKや民放の競技中継や番組で，今大会では，画面上のテロップや実況，解説者のコメントによって詳しくルールを説明していたことが，わかりにくさを減らし，

表46 【第7回】東京パラ 視聴した感想（「そう思う」人の割合，男女年層別） (%)

	全体	男性						女性					
		20代	30代	40代	50代	60代	70歳以上	20代	30代	40代	50代	60代	70歳以上
選手が競技にチャレンジする姿や出場するまでの努力に感動した	72	55	60	62	70	78	73	66	65	74	73	84	77
想像していた以上の高度なテクニックや迫力のあるプレーに驚いた	71	60	62	62	66	78	72	64	65	76	72	81	75
記録や競技結果など純粋なスポーツとして楽しめた	64	59	58	58	59	71	59	64	64	68	63	74	62
オリンピックとは違う魅力を感じた	58	49	52	54	53	65	55	57	60	62	58	68	59
これからもっと障害者スポーツを見たいと思った	49	42	43	45	47	51	45	48	54	56	54	58	41
オリンピックと比べるとマスメディアの扱いが小さいと思った	46	44	49	51	48	50	37	52	55	53	49	52	33
オリンピックの楽しみ方とパラリンピックの楽しみ方はまったく違うと思った	38	32	39	35	44	45	38	40	34	36	34	36	37
競技のルールがわかりにくかった	30	22	31	29	28	31	30	26	28	37	31	36	28
自分も障害者スポーツをやってみたいと思った	15	26	19	17	17	13	10	25	20	14	13	15	11

スポーツ競技として楽しめた人を増やした可能性もある。

次に，男女年層別にみると，「記録や競技結果など純粋なスポーツとして楽しめた」は，男女ともに60代が7割を超えて（男性71%，女性74%）全体よりも多い。また，女性60代で「選手が競技にチャレンジする姿や出場するまでの努力に感動した」（84%）や「想像していた以上の高度なテクニックや迫力のあるプレーに驚いた」（81%）という感想を持った人が8割以上を占めるなど，東京パラをスポーツとして楽しんだ人は高齢層で特に多い。

これに対し若年層では，「自分も障害者スポーツをやってみたい」と思った人がほかの年代に比べて多く，20代（男性26%，女性25%）では4人に1人にのぼっている。

また，「これからもっと障害者スポーツを見たいと思った」は，男性よりも女性で多く，東京パラを視聴した感動や驚きが"もっと見たい"というモチベーションにつながったようである。

今回の調査では，第1回から，障害者スポーツについて"選手の頑張りに感動する"という印象を持つ人が多かったが，東京パラの視聴を経て，"もっと見たい""自分もやってみたい"という意欲までかきたてられた人が少なからずいたことは注目に値する。

④ 障害者スポーツへの理解促進

東京パラをきっかけに，自身の障害者スポーツに対する理解が進んだかどうかを尋ねたところ，『進んだ』は70％（「かなり」17％＋「ある程度」53％）で，『進んでいない』の25％（「あまり」19％＋「まったく」6％）を大幅に上回った。まずは，東京パラの開催が，人々の障害者スポーツへの理解を促進したと言える。

『進んだ』と答えた人の割合を，男女年層別や，東京パラでNHKの放送・サービス（テレビやインターネット動画）を利用したかどうか別で示したのが**表47**である。

男女年層別では，女性の60代が77％で，全体を上回って特に多かった。一方で，男性の20代（59％）や女性の30代（62％）は6割前後で，半数を超えてはいるものの，ほかの年代と比べると少なかった。

次に，東京パラにおけるNHKの放送・サービスの利用有無別にみると，NHKでパラを視聴した人では，理解が『進んだ』という人は80％で，視聴しなかった人の41％を大幅に上回った。つまり，大会の視聴が，障害者スポーツへの理解を促進することにつながったのである。

大会視聴が障害者スポーツへの理解促進に役立ったことを具体的に示すデータを紹介したい。「あなたは，『障害者スポーツ』と聞いて，どのような言葉を思い浮かべますか」という質問への回答結果である（**表48**）。

東京パラをNHKで視聴した人と視聴しなかった人別に集計したところ，トップはどちらも「感動する」だが，視聴した人では68％，視聴しなかった人では36％と，割合に大きな差がある。また，視聴した人では，「すごい技が見られる」（36％），「明るい」（24％）など，ポジ

表48　【第7回】障害者スポーツのイメージ
（NHKでパラ視聴したか否か別）　(%)

	東京パラリンピックをNHKで……			
	視聴した人		視聴しなかった人	
60％台	感動する	68		
50％台				
40％台				
30％台	すごい技が見られる	36	感動する	36
20％台	明るい	24		
	迫力のある	24		
	はつらつとした	22		
10％台	共感を覚える	16	すごい技が見られる	16
	面白い	15	難しい	15
	エキサイティングな	14	明るい	11
	さわやかな	12	痛々しい	11
			迫力のある	10
			はつらつとした	10
9％以下	難しい	8	親しみのない	7
	痛々しい	8	共感を覚える	6
	一流の	7	エキサイティングな	5
	親しみのない	4	さわやかな	5
	静かな	2	面白い	4
	暗い	1	一流の	3
	退屈な	1	暗い	2
			静かな	1
			退屈な	1

□ ポジティブなイメージ，□ ネガティブなイメージ。
※赤数字：見た人での回答が，見なかった人の回答よりも多い。

表47　【第7回】「東京パラをきっかけに，自身の障害者スポーツへの理解は進んだか」
『進んだ（かなり＋ある程度）』と答えた人の割合（男女年層別・東京パラNHK視聴有無別）　(%)

	全体	男性						女性						東京パラNHK利用	
		20代	30代	40代	50代	60代	70歳以上	20代	30代	40代	50代	60代	70歳以上	あり	なし
人数	2,217	85	101	155	183	183	292	118	123	226	203	198	350	1,647	570
	70	59	68	65	67	73	73	70	62	71	69	77	73	80	41

ティブなイメージを持つ人が，視聴しなかった人よりも軒並み多く，「迫力のある」（24％），「面白い」（15％），「エキサイティングな」（14％）など，"スポーツ"ならではのイメージを持つ人も，視聴しなかった人より多い。一方で，視聴した人では，「難しい」「痛々しい」「親しみのない」というネガティブなイメージを持つ人の割合は，視聴しなかった人よりも少ない。そもそも，視聴しなかった人では「感動する」以外はどの項目も20％未満であるから，「障害者スポーツ」と聞いても，思い浮かぶイメージがあまりないということなのかもしれない。

第4節のまとめ

　ふだんはあまりテレビを見ない若者たちを含め，多くの人が，主にテレビのリアルタイムで東京パラリンピックを視聴した。

　選手の努力に感動したり，思っていた以上のハイレベルな競技に驚いたりした人が多かったほか，女性では"もっと見たい"と思った人，若い人では"自分もやってみたい"と思った人も多かった。パラリンピックを，自分とは関わりのない特別な人たちの大会ではなく，自分も楽しめるし，挑戦したいとまで思える"スポーツ"としてとらえた人が多かったのは，障害者スポーツへの理解を深めるうえで非常に大きな一歩になった。その点で，東京での開催と，それを伝えたメディアは，障害者スポーツを人々にとっての身近な存在とすることに大きく寄与したと言える。

第5節　東京五輪・パラは，日本に何を遺したのか〜大会のレガシー〜

① スポーツへの意識の変化

　この節では，東京五輪・パラが日本に遺したもの，いわゆる"レガシー"とは何だったのかを考えてみたい。

　第7回調査では，大会終了後の日本の状況について8つの意見を示し，それぞれについて，どう思うかを尋ねた（図53）。

　「そう思う」と回答した人が最も多かったのは，「大会の感動は，国民の記憶に残り続ける」（68％）と「スポーツに取り組む人が増える」（67％）で，いずれも7割近くにのぼった。多くの人が，"記憶に残り続ける"と思うほどに感動し，スポーツに取り組む人が増えると予想している点は，第3節で，今大会の意義が，日本で開かれた国際スポーツ大会を楽しむことにあったと述べたことにも通じるように思う。

　一方で，新しい国立競技場をはじめ，今大会のために整備された競技施設の今後については，「競技施設の維持管理費がかさみ，市民の新たな負担になる」（65％）というネガティブな意見と，「競技施設が，市民スポーツや地域イベントの拠点として活用される」（63％）というポジティブな意見が，ともに6割超で拮抗した。

　なお文部科学省は，先に紹介した白書の中で，国立競技場の今後について「日本におけるスポーツ振興の中核拠点として，サッカーやラグビー等の国際大会や全国大会の決勝戦が開催される予定であり，トップアスリートの活躍の場とするとともに，広く国民がトップレベルスポーツに触れ，スポーツへの関心を高める機会を提供していきます」と述べている。

図53 【第7回】東京五輪・パラ 大会後の状況
（「そう思う」人の割合，回答の多い順）

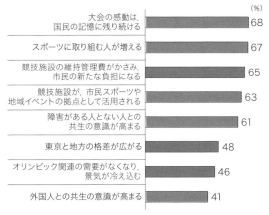

	(%)
大会の感動は，国民の記憶に残り続ける	68
スポーツに取り組む人が増える	67
競技施設の維持管理費がかさみ，市民の新たな負担になる	65
競技施設が，市民スポーツや地域イベントの拠点として活用される	63
障害がある人とない人との共生の意識が高まる	61
東京と地方の格差が広がる	48
オリンピック関連の需要がなくなり，景気が冷え込む	46
外国人との共生の意識が高まる	41

　共生意識の高まりに関しては，「障害がある人とない人との共生の意識が高まる」が61％と多かったのに対し，「外国人との共生の意識が高まる」は41％にとどまった。コロナ禍で海外から日本を訪れる人たちの入国が制限され，各地で予定された交流イベントなどが中止になったことなどが影響したのであろう。

　さらに，大会後の日本の経済や景気については，「東京と地方の格差が広がる」（48％）ことや「オリンピック関連の需要がなくなり，景気が冷え込む」（46％）ことを危惧する人が半数近くいた。

　東京五輪・パラが，人々のスポーツに対する意識にどのような変化をもたらしたのか，もう少し掘り下げてみてみたい。そう考えたきっかけとして，谷口源太郎氏の『日の丸とオリンピック』（1997年文藝春秋）での指摘と提言を紹介しておきたい。同氏は「オリンピックを中心とするエリートスポーツは国家間の競争の道具として利用され，勝利至上主義に陥った。そればかりか市場原理に拘束され，より高い商品価値を求められ，選手は人間としての極限にまで追い込まれている。行き着くところまで行き着いたエリートスポーツは，見せ物の世界で生き延びるしかないとさえいえるのではなかろうか。見せ物となったエリートスポーツを消費することから，自らスポーツをすることの喜びや楽しさを実感することへ，価値転換を図るべきときであろう。『いつでも，どこでも，だれでも』できるスポーツをこそ追求しなければならないのではないか」と記している。

　ここでは前段の五輪に対する批評については脇に置くとして，果たして今大会が人々とスポーツとの関係に変化を与えたのか，谷口氏の表現を借りれば，「自らスポーツをすることの喜びや楽しさを実感することへの価値転換」が起きたのかどうかを分析したい。

　表49は，東京五輪・パラを通じて起きたスポーツへの意識の変化を，選択肢の中から複数回答で尋ねた結果である。

　全体で最も多かったのは「スポーツへの関心が高まった」であるが，46％と半数に届かず，2番目以下の「健康への関心が高まった」（32％），「競技場でスポーツを観戦したくなった」（24％），「スポーツ中継が見たくなった」（21％），「自分も運動がしたくなった」（17％）はいずれも2〜3割程度とそれほど多くない。

　しかし，男女年層別にみると，回答には年代によって大きな差がある。

　「スポーツへの関心が高まった」は，女性の20代では60％で，全体（46％）を大きく上回った。また，「競技場でスポーツを観戦したくなった」も，女性の40代が31％で全体（24％）よりも多く，女性の20代（28％）と30代（27％）も3割近くであった。さらに，「自分も運動がしたくなった」も，女性の20代（29％）と男性の30代（27％）では約3割にのぼり，2割に満たない全体（17％）を大きく上回った。

　このように，女性20〜40代を中心に，東

表49 【第7回】東京五輪・パラ　スポーツへの意識の変化（複数回答，全体の回答の多い順）　　(%)

	全体	男性						女性					
		20代	30代	40代	50代	60代	70歳以上	20代	30代	40代	50代	60代	70歳以上
スポーツへの関心が高まった	46	46	49	48	44	50	45	60	49	51	44	41	41
健康への意識が高まった	32	18	24	25	21	36	47	12	17	22	27	37	49
競技場でスポーツを観戦したくなった	24	27	24	28	26	27	17	28	27	31	24	20	21
スポーツ中継が見たくなった	21	20	16	23	19	21	28	20	15	19	23	21	22
自分も運動がしたくなった	17	22	27	19	14	13	11	29	24	20	17	15	14
あてはまるものはない	24	32	25	23	27	19	22	24	33	25	24	22	21

京五輪・パラを契機として，スポーツへの関心や観戦意欲，自身の運動意欲を高めた人が多い。彼女たちが今大会を楽しみ，若い選手たちの活躍に夢中になったことは，すでに述べてきたとおりだが，そうした感動や興奮が，自身のスポーツ意識の向上にも結びついたようだ。

② “多様性と調和”の実現

　東京五輪・パラでは，人種や性別，性的指向，宗教，障害の有無など，あらゆる面での違いを肯定し，互いに認め合う“多様性と調和”が大会ビジョンに掲げられていた。大会でこれが実現できたと思うかどうかを尋ねたところ，『実現できた』が61％（「かなり」8％＋「ある程度」53％）と多数を占めた（図54）。

　また，“多様性と調和”に関連して，①陸上や競泳，柔道，卓球などで初めて「男女混合種目」が実施されたこと，②生まれたときの性別と自分で認識している性別が異なるトランスジェンダーの選手の五輪出場が初めて認められたこと，③オリンピック憲章の規定が一部緩和され，選手たちが競技場で試合の前などに人種差別への抗議の意思を示す行動などが認められたこと，の3つについて，どう思うかを

図54 【第7回】東京五輪・パラ
「“多様性と調和”は実現できたか」

■ かなり実現できた　■ ある程度実現できた
□ あまり実現できなかった　■ まったく実現できなかった　□ 無回答

（%）

| 8 | 53 | 29 | 8 | 2 |

『実現できた』61%　　『実現できなかった』37%

尋ねた（図55）。

いずれも『よかった（とても＋まあ）』が圧倒的に多く、「男女混合種目」は93％、「トランスジェンダー選手の出場」は81％、「人種差別への抗議行動容認」は77％にのぼり、大多数の人が好意的に評価した。

このように、"多様性と調和"という大会ビジョンの実現や、それに関連した大会中の具体的な取り組みに対する評価は総じて高かったが、大切なのは、そうした考え方や行動が、大会後も"レガシー"として、日本の社会に根づくかどうかである。

図56は、大会を通じて多様性についてどのようなことを感じたか、3つの項目を示して、「そう思う」かどうかを尋ねた結果である。

「多様性に富んだ社会を作るための取り組みを進めるべきだと思った」については、『そう思う（どちらかといえばを含む）』が84％で圧倒的多数である。前述のとおり、多くの人が大会のビジョンや取り組みを好意的に評価していたのだから、大会後も社会全体で取り組みを進めるべきだと思う人が多いのは当然と言えよう。

一方で、「自分の多様性への理解が深まった」では『そう思う』が56％、「日本は多様性に理解がある国だと思った」では『そう思う』が45％で5割前後にとどまった。

このように、"多様性と調和"の実現に関しては、理想と現実のあいだに、まだまだ大きなギャップがあるようだ。

図55 【第7回】東京五輪・パラ
**　　　"多様性と調和"関連の取り組みへの評価**

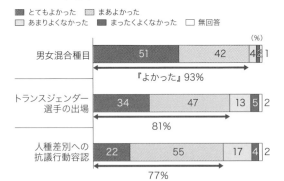

図56 【第7回】東京五輪・パラ
**　　　大会を通じて"多様性"について感じたこと**

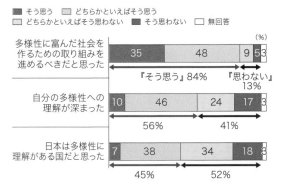

③ 障害者への理解

　ここからは，障害者との共生について考える。東京パラをきっかけに，自身の障害者に対する理解が進んだと思うかどうかを尋ねた（**表50**）。

　『進んだ』が68％（「かなり」14％＋「ある程度」55％）で，『進んでいない』の28％（「あまり」23％＋「まったく」5％）を大きく上回った。すなわち，東京パラは，障害者スポーツだけでなく，障害のある人たちへの理解自体も促進したのである。

　男女年層別にみると，どの年代も『進んだ』が『進んでいない』を大きく上回り，特に女性の60代は75％で全体（68％）よりも多い。

　ただし，『進んでいない』は，男性の20～50代と女性の30代で約4割と，全体を上回った。また，障害者との関係別にみると，ふだん障害のある人と関わりがない人では『進んでいない』が31％と全体より多かった。

　大会前の人々の意識をまとめた第Ⅲ章では，東京パラへの関心や，会場での観戦意欲，障害者スポーツに関する情報への接触などが，若者や，障害者と関わりのない人への広がりを欠いていた点を指摘したが，実際の東京パラを終えたあとでも，残念ながら，同じく若い人と，障害者に関わりのない人で，障害者に対する理解の広がりが弱かったのである。

④ バリアフリー化の進捗

　東京パラには，社会からさまざまなバリア（障壁）を取り除く"バリアフリー"の必要性に気づいてもらうという意義もあった。

　東京大会の開催が決まってからバリアフリー化は進んだと思うかどうかを尋ねたところ，『進んだ』は46％（「かなり」6％＋「ある程度」40％），『進んでいない』は49％（「あまり」42％＋「まったく」7％）と，意見がわかれた（**図57**）。

　では，人々が考える，バリアフリー化が『進んだ』ものと『進んでいない』ものとは，どのようなものなのだろうか。調査では，バリアフリー化に関する10の具体的な取り組みを示し，それぞれについて，対策が進んだと思うかどうかを尋ねた（**図58**）。

　『進んだ（かなり＋ある程度）』が『進んでいない（あまり＋まったく』を上回ったのは，「多機能（多目的）トイレの設置」（65％）と「エレベーターやスロープなどの設置」（61％），それに「外国人向けの案内表示や多言語対応窓

図57 【第7回】東京パラ「バリアフリー化は進んだか」

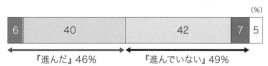

| かなり進んだ | ある程度進んだ | あまり進んでいない | まったく進んでいない | 無回答 |

（%）

| 6 | 40 | 42 | 7 | 5 |

『進んだ』46％　　　　　　『進んでいない』49％

表50 【第7回】東京パラ「自身の障害者への理解は進んだか」（男女年層別・障害のある人との関係別）

（%）

	全体	男 性						女 性						障害のある人との関係（複数回答）				
		20代	30代	40代	50代	60代	70歳以上	20代	30代	40代	50代	60代	70歳以上	本人	家族	友人・知人	サポート経験あり	関係なし
人数	2,217	85	101	155	183	183	292	118	123	226	203	198	350	128	250	339	202	1,406
『進んだ』	68	58	60	63	63	73	72	71	60	67	68	75	73	70	68	74	72	67
『進んでいない』	28	40	39	36	36	26	22	27	37	30	28	23	18	23	28	22	26	31

図58 【第7回】「バリアフリー化の取り組みは進んだか」（『進んだ』の割合の高い順）

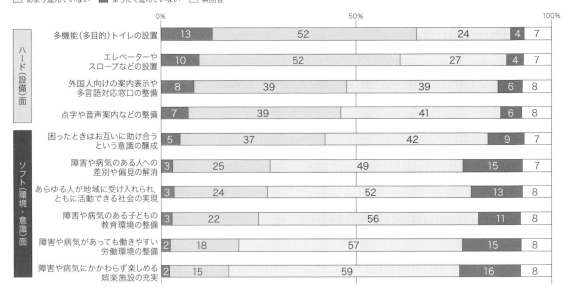

<table>
<tr><td>■ かなり進んだ</td><td>■ ある程度進んだ</td></tr>
<tr><td>□ あまり進んでいない</td><td>■ まったく進んでいない</td><td>□ 無回答</td></tr>
</table>

	0%	50%	100%
ハード（設備）面	多機能（多目的）トイレの設置	13 / 52 / 24 / 4 / 7
	エレベーターやスロープなどの設置	10 / 52 / 27 / 4 / 7
	外国人向けの案内表示や多言語対応窓口の整備	8 / 39 / 39 / 6 / 8
	点字や音声案内などの整備	7 / 39 / 41 / 6 / 8
ソフト（環境・意識）面	困ったときはお互いに助け合うという意識の醸成	5 / 37 / 42 / 9 / 7
	障害や病気のある人への差別や偏見の解消	3 / 25 / 49 / 15 / 7
	あらゆる人が地域に受け入れられ，ともに活動できる社会の実現	3 / 24 / 52 / 13 / 8
	障害や病気のある子どもの教育環境の整備	3 / 22 / 56 / 11 / 8
	障害や病気があっても働きやすい労働環境の整備	2 / 18 / 57 / 15 / 8
	障害や病気にかかわらず楽しめる娯楽施設の充実	2 / 15 / 59 / 16 / 8

口の整備」（48％）の，いずれもハード（設備）面の3つだけである。また，「点字や音声案内などの整備」は，『進んだ』と『進んでいない』がともに46％であった。

これに対して，ソフト（環境・意識）面のバリアフリー化については，『進んでいない』と思う人が多い。

『進んでいない』と回答した人の割合は，環境面に関する「障害や病気にかかわらず楽しめる娯楽施設の充実」で75％，「障害や病気があっても働きやすい労働環境の整備」で72％，「障害や病気のある子どもの教育環境の整備」で67％と，いずれも7割前後にのぼる。また，意識面に関する項目では，「あらゆる人が地域に受け入れられ，ともに活動できる社会の実現」で65％，「障害や病気のある人への差別や偏見の解消」も同じく65％と，多くの人が『進んでいない』と回答した。

表51は，環境面・意識面の各項目について『進んでいない』と答えた人を，障害者との関係別に示したものである。

「障害や病気にかかわらず楽しめる娯楽施設」と「障害や病気があっても働きやすい労働環境」といった環境面に関する項目では，友人や知人に障害者がいる人や，障害がある人のサポートやボランティアの経験のある人で，『進んでいない』が多い。

また，「あらゆる人が地域に受け入れられ，ともに活動できる社会の実現」や「障害や病気のある人への差別や偏見の解消」，「困ったときにはお互いに助け合うという意識の醸成」といった意識面の項目は，家族に障害がある人がいる人で，『進んでいない』が多い。

このように，障害者と身近で接している人ほど，環境面や意識面のバリアフリー化の進捗に不十分さを感じているのである。

表51 【第7回】環境・意識面のバリアフリー化の取り組み
『進んでいない』（障害のある人との関係別）
(%)

		全体	障害のある人との関係（複数回答）				
			本人	家族	友人・知人	サポート経験あり	関係なし
環境面	障害や病気にかかわらず楽しめる娯楽施設の充実	75	69	78	83	82	74
	障害や病気があっても働きやすい労働環境の整備	72	70	73	79	80	73
	障害や病気のある子どもの教育環境の整備	67	61	72	71	70	67
意識面	あらゆる人が地域に受け入れられ，ともに活動できる社会の実現	65	62	73	68	71	65
	障害や病気のある人への差別や偏見の解消	65	64	72	65	67	65
	困ったときはお互いに助け合うという意識の醸成	51	48	63	52	55	51

第5節のまとめ

東京五輪・パラの"レガシー"として，まずは，特に40代以下の女性を中心に，大会で味わった感動や興奮を，自分もスポーツに取り組んでみたいという意欲にまで発展させた人が多い点が挙げられる。また，開催をきっかけに，人々のあいだで「多様性に富んだ社会を作るための取り組みを進めるべきだ」という意識や，障害者への理解が高まったことは，今大会の果実と言える。

一方で，"多様性と調和"に対する自身の理解の進み具合や日本の現状については，十分ではないと感じている人が多い。さらに，身近で障害者に接している人ほど，環境面や意識面でのバリアフリー化が不十分だと感じている人が多いことを考えると，これらが"大会のレガシーになった"と評価することは早計であろう。また，これだけ大規模な大会を開催し，若者を含めて多くの人がテレビで東京パラを視聴したにもかかわらず，障害者への理解が，若い人や，障害者と関わりのない人にまで十分に広がったとは言えない点も残念であった。

こうした課題を克服するためには，大会の盛り上がりが過ぎ去ったあとにも粘り強い啓発が求められるし，その点では，今回の東京パラで多くの人が興味を持った障害者スポーツが，今後も大切な"気づきの場"の役割を果たすことを望まずにはいられない。

図59は，障害者スポーツが理解されるためにどうすればいいと思うかを尋ねた結果である。

「テレビや新聞などのメディアで障害者スポーツをもっと取り上げる」が65％と群を抜いて多かった。東京パラで質・量ともに情報を充実させたメディアには，大会後も引き続き積極的に

図59 【第7回】障害者スポーツが理解されるために必要だと思うこと
（複数回答，回答の多い順）

	(%)
テレビや新聞などのメディアで障害者スポーツをもっと取り上げる	65
障害者スポーツの大会をもっと開催する	34
障害者スポーツの競技団体などがもっと広報活動を行う	30
障害者スポーツの体験イベントをもっと開催する	27
その他	2
特に何もしなくてもよい	8

障害者スポーツの情報を伝えていくことが求められている。

また，「障害者スポーツの大会をもっと開催する」（34％），「障害者スポーツの体験イベントをもっと開催する」（27％）ことを挙げた人も，それぞれ3割程度いた。若年層や女性では，東京パラをきっかけに，障害者スポーツを「今後もっと観戦したい」「自分も挑戦したい」と思った人も少なからずいたのだから，今後そのような人たちを障害者スポーツの"当事者"として巻き込んでいくための大会やイベントを積極的に開くといった仕掛けも必要であろう。そのためには，今大会のために整備された競技施設を，多くの人が障害者スポーツに触れる場として活用することも積極的に考えるべきではないだろうか。

Ⅴ （終章として）

人々にとって「東京五輪・パラ」とは何だったのか
～まとめと考察～

本稿では，NHK放送文化研究所が2016年からの6年間，通算7回にわたって実施した「東京オリンピック・パラリンピックに関する世論調査」の結果を振り返り，今大会が人々の意識や社会にどのような変化をもたらしたのか，また，人々にとってどのような意義を持つ大会であったのかを考えてきた。

その「終章」として，本稿で述べてきたことをまとめつつ，調査結果分析や本稿執筆の中で新たに浮かんだいくつかの疑問や課題については筆者なりの考察を，以下の順に述べたい。

①大会前の人々の意識の変遷のまとめ
②"メディア五輪・パラ"であった大会
③今大会の意義とは何だったのか
  ・"復興五輪"への冷ややかな評価
  ・"多様性と調和"は道半ば
  ・"純粋なスポーツ大会"としての愉楽
④女性20～40代についての考察
⑤人々と五輪・パラの"これから"

① 大会前の人々の意識の変遷のまとめ

東日本大震災の発生した2011年に開催都市に立候補し，2013年に招致に成功したあと，2016年に最初の調査を行ったが，大会は当

初，大多数の人々に歓迎されたようにみえて，実際には，歓迎の熱量も関心の度合いも，若い年代を中心にぼんやりとしていた。人々は，1964年大会のときのようには"国家的栄誉"を感じず，大会ビジョンに掲げられた"復興五輪"にもすんなりとうなずけず，せいぜい"経済的恩恵"ぐらいしか期待できないのに，準備のもたつきばかりが目につくという状況で，この大会によって，自身にいったいどんな果実がもたらされるのかを明確にイメージできなかったのである。当時，人々がかすかに想像できたのは，"国際的なスポーツ大会"のテレビ観戦を楽しんでいる4年後の自身の姿ぐらいであった。

その後，当初開催予定の1年前にあたる2019年になっても大会への関心は伸びず，"復興五輪"の意義に賛同する人も増えなかった。そんな中で，女性20〜40代を中心に，"大会に関心はないが，楽しみではある"人が少なからずいるという発見もあった。大会運営の成否については，さほど自分自身に関わりのあるものとは感じられないが，"純粋な国際スポーツ大会"を楽しみたいという気分だけは高まりをみせていたのである。

また，大会前には，パラリンピックに対する関心も伸びず，特に若者や，障害者と関わりのない人では，東京パラの観戦意欲も障害者スポーツ自体への興味も低めであった。

当初多くの人が不安を抱いた準備もようやく軌道に乗り，いよいよ開催の年を迎えようというタイミングで，コロナ禍に見舞われ，結局，大会は1年延期されることとなった。多くの人が延期決定を冷静に受け止めたが，感染収束の兆しがいっこうに見えぬ中で，多くの人が，果たして1年だけの延期で，開催による感染状況悪化を免れるのだろうかと案じ，"スポーツ大会"として楽しみにしていた気持ちまでもが一時的に削がれてしまった。一方で，ここまで努力を重ねてきた選手の研鑽の日々を台無しにしたくないという"アスリート・ファースト"の気持ちから，中止だけは避けたいと考える人が多かった。

② "メディア五輪・パラ"であった大会

東京五輪・パラは，結果的に，開催地である東京都に緊急事態宣言が出されたままの状況で開会の日を迎えた。

ふたを開けてみれば，大多数の人が，テレビでの観戦を通じて"思ったよりも楽しめた"大会となった。

テレビ観戦の意向は大会前から高かったので，必ずしもコロナ禍のせいでテレビ視聴を急に思い立ったわけではなく，多くの人が視聴するであろうことは事前に察しがついていたのであるが，ほとんどの競技が無観客開催となり，パブリック・ビューイングを含むさまざまな関連イベントも軒並みとりやめになったことで，結果的に，テレビで観戦するしかない状況になり，"テレビ五輪・パラ"と評しても差し支えないような結果となった。

1964年の世論調査後に文研がまとめた『東京オリンピック』（1967年）では，64年大会について，「人びとは，テレビ中継によってオリンピック競技をみ，そして一喜一憂した。人びとにとっては，東京オリンピックは，テレビが報ずるオリンピックにほかならなかった」と述べている。今回の大会も，8割前後の人がNHKや民放の番組でリアルタイム視聴したのであるから，半世紀の時を隔てた2度の五輪・パラは，同じように"テレビで楽しまれた大会"だったの

である。

また，文研の『テレビ視聴の50年』（2003年日本放送出版協会）では，64年大会について，「本格的なテレビ時代の初めてのオリンピックであり，戦後日本を国際的にアピールする場でもあった。晴天のもとに行われた10月10日の開会式は，全国民の85％がテレビに見入った。その後の大会期間中もふだんより高い視聴率が続き，人々はテレビで体操，バレーボールをはじめ日本選手の活躍に熱中したのである」と振り返っている。

もちろん64年が"テレビ時代初の五輪"であったから，多くの人を視聴に駆り立てたという側面もあるだろうが，もはやテレビが物珍しくとも何ともないどころか，若者を中心に"テレビ離れ"さえ進んでいる2021年においても，大多数の人々がテレビで観戦を楽しんだという調査結果を踏まえて考えると，五輪・パラにおける，人々の"いま行われている競技をいま見たい，多くの人と一緒に盛り上がりたい"という欲求と，"いま起きている事柄をリアルタイムで，多くの人に届けられる"というテレビの特性とのあいだに，高い親和性があるとみるべきだろう。

ただし，若い年代を中心に，男性ではインターネットの動画サービスで大会を視聴した人も多く，女性では多くの人がSNSを通じて大会の情報を収集したり，身近な人と大会の話題で盛り上がったりしていた点は注目に値する。そうした人たちは，日常的に動画やSNSといったサービスや，スマートフォンやパソコンといった機器を利用しており，五輪・パラ視聴もその延長線上で，慣れ親しんだサービスや機器を用いていた。ただし，それらがテレビに"取って代わった"というわけではなく，あくまで視聴の主役はテレビであり，それに加えて，インターネット系のさまざまなサービスも"併用した"の

である。その点では，今大会は，"テレビ五輪・パラ"から"ポスト・マスメディア五輪・パラ"への転換が起きたわけではなく，従来のテレビから新たなインターネット系サービスまでメディア環境が多様化した時代ならではの"メディア五輪・パラ"であった，と言えるかもしれない。

ともかく，このように，非常に厳しい状況での開催ではあったが，厳しい状況なりに，人々がテレビを中心としたメディアを通じて可能な範囲で大会を楽しんだというのが，行動・実態面での今大会である。

③ 今大会の意義とは何だったのか

では，意義の面ではどうだったのか。

政府が掲げた"復興五輪"や"コロナに打ち勝った証"という位置づけに対して，多くの人々がきわめて冷ややかな評価を下した。また，当初は多くの人が抱いた経済効果への期待も肩透かしに終わった。そうした点では，今大会は，戦後復興の象徴となった1964年大会とはまったくの別物であったし，人々がもともと思い描いていたような大会にもならなかった。

もちろん，コロナ禍という異例中の異例の事態であったのだから，コロナ禍前の想定や期待どおりにならなかったことは，致し方ない部分もある。たとえば，経済的恩恵の期待が叶えられなかったことや，大会を機に日本の良さをアピールしたり観光を盛り上げたりすることができなかったのは，コロナ禍で大会規模が縮小され，外国人観光客も来日できなかったのだから，残念ではあるが，仕方がない。

"復興五輪"への冷ややかな評価

ただし，コロナ禍とは別の次元で，そもそもうまくいっていなかったこともある。

"復興五輪"についての人々の冷ややかな評価は，コロナ禍前から一貫していたのであり，決してコロナ禍のせいで致し方がなかったわけではない。すなわち，そもそもの「大会ビジョン」が，人々の支持・共感を得られなかったということなのである。

また，コロナ禍を受けてにわかに持ち上がった"コロナに打ち勝った証"という新たな"意義らしきもの"に対しても，まさにコロナ禍でさまざまな困難や不便，恐怖を感じていた人々の大多数が共感できなかったし，半数以上の人が，自分たちは自粛を強いられているのに，開催は敢行されたというジレンマに不満を抱いていた。

こうした点では，7回の調査からみえた今大会の特徴として，政府や組織委の掲げる華々しいスローガンと人々の実感とのあいだには浅からぬ溝があり，終始埋まることがなかったのである。

"多様性と調和"は道半ば

しかし，決して開催自体が無意味であったと言いたいのではない。むしろ，やはり五輪・パラという大イベントだからこそ，人々のあいだに，日常生活ではなかなか生まれ得ないような意識の変化がもたらされたと思わされる点も多かった。

特に，東京パラの開催とその放送によって，日ごろなかなか目にすることのなかった障害者スポーツに多くの人が触れ，予想以上の感動や興奮を味わえたし，特に若い年代や女性では，その感動や興奮を，障害者スポーツをもっ

と見てみたい，自分も挑戦してみたいという意欲にまで発展させた人も多い。これは，明らかに今大会のもたらしたプラスの影響である。

また，大会をきっかけに，人々が"多様性と調和"の大切さに気づき，大会期間中の一過性の取り組みに終わらせずに，今後そうした取り組みを社会全体で進めるべきだという意識を持てたことも，今大会の成果である。

ただし，"多様性と調和"に対する自身の理解や日本の現状については，十分ではないと感じている人が多いし，身近で障害者に接している人ほど環境面や意識面でのバリアフリー化が不十分だと感じている。また，これだけ大規模な大会を開催し，若者を含めて多くの人が東京パラをテレビ観戦したにもかかわらず，若い人や，障害者と関わりのない人にまでは，障害者に対する理解が十分に広がらなかった。

まずは多くの人に"多様性と調和"の大切さに気づく機会をもたらしたのが今大会であることは間違いないが，むしろ大事なのは大会後の，意識の継続的な改善や，そのための取り組みの推進なのであり，メディアを中心に粘り強い啓発を続けていくことが求められている。

そのあかつきに，多くの人が"多様性と調和"に対する自身の理解や日本の現状が理想に追いついたと実感し，障害者本人や身近で障害者に接している人が不便さや不快さを感じずに済むほどに，ハード面だけではなくソフト面でのバリアフリー化も進み，障害者に対する理解が，若い人や，障害者と関わりのない人にも広がって初めて，これが東京五輪・パラの"レガシー"であったと評価されるべきなのだろう。

"純粋なスポーツ大会"としての愉楽

"多様性と調和"とともに，もう1つの意義と言えるのが，今大会が人々にとって"純粋なスポーツ大会"としての楽しみをもたらしたことである。

せっかくの国内開催だったのに，ほとんどの人が競技を会場で直接観戦できなかったことは残念ではあるが，救いは，大多数の人がテレビなどのメディアを通じて観戦し，思ったよりも楽しめたことである。その結果，スポーツに対する関心を高めた人も，若い年代を中心に多かったのだから，"純粋なスポーツ大会"としての開催意義はある程度達成されたと言えるだろう。

そもそも五輪・パラは"スポーツの大会"であるのだから，当然と言えば当然の話だが，"復興五輪"や"コロナに打ち勝った証"ではなく，その当たり前の意義に共鳴したというのが，1964年ではなく，2021年という時代を生きる人々の，無理のない五輪・パラ観だったのであろう。

④ 女性20〜40代についての考察

本稿において，「その時々の状況に特に敏感に反応し，気分の揺らぎを顕著にあらわす年代なのかもしれず，注視する必要がある」と問題提起した女性の20〜40代に関して，ここで考察を短く述べておきたい。

彼女たちの意識の変遷を簡単に振り返ると，第1回の時点では，開催決定を歓迎する熱量がぼんやりとしていたし，五輪・パラへの関心自体が全体の中で特に低かった。また，彼女たちの多くが準備の遅れを厳しく評価し，特に開催経費と会場整備に不安を抱いていた。

当初の開催1年前の時点では，五輪への関心がさらに低下し，この年代の女性のほとんどが，大会への関わりも，関連した行動も，「特にない」状態だった。しかし，大会を前にさまざまな競技で世界的な活躍が相次いだり，チケット販売が開始したりする中で，大会を楽しみにする気持ちは高まり，チケット購入意向は女性30・40代で特に高かった。

しかし，コロナ禍による延期が決まると，この年代の女性では，大会を楽しみにする人が際立って少なくなり，「感染が起きる前よりも，楽しみではなくなった」人も全体より多かった。また，開催によって「海外から大勢の人が訪れて国内で感染が広がる」ことを，女性20〜40代の9割超が恐れ，「今は感染拡大を防ぐことに力を注ぐべきで，大会を開催している場合ではない」と考えた人も6割前後と多かった。

ところが，実際に大会が開催されたあとでは，この年代の女性の大多数が『楽しめた』と答え，ほかの年代の人たちよりも，「今まで見たことのなかった競技の面白さ」に夢中になった。彼女たちは大会期間中，家族や友人たちと一緒に競技を視聴しただけでなく，大会を話題にして会話を楽しんだり，SNSを使って選手や競技の情報を収集したり，競技以外の大会の話題で盛り上がったりもした。

一方で，女性30・40代では「国内で感染が広がらないか不安だった」「感染が気になって楽しめなかった」などと思っていた人も多く，じつは，さらなる延期や中止をしたほうがよかったと考える人も全体より多かった。また，自粛と開催のジレンマや，コロナ対策の意識の緩みにも，半数以上が不満を持ったし，大多数が『コロナに打ち勝った証にならなかった』と感じていた。

もちろん，東京五輪・パラに対する当初の関心がぼんやりしていたり，大会が迫って楽しみな気分が高まったり，実際の大会を楽しめたものの，コロナの感染に対しては不安を抱いたままだったというのは，全体の意識の動きと同じではあるのだが，この年代の女性でそうした意識が全体よりも鮮明に示されたのは，彼女たちが敏感に，その時々の世の中の空気を察知していたことのあらわれなのではないだろうか。

ではなぜ，女性20〜40代は，このように，その時々の状況や世の中の雰囲気の変化に呼応するように，気分の揺らぎを表したのか。追加で分析を行った結果や，文研の別の調査結果をもとに，以下に2つの考察を述べる。

＜考察Ⅰ　コミュニケーション重視の傾向＞

まずは，彼女たちが周囲とのコミュニケーションや調和を大切にする年代であるということが，こうした気分の揺らぎに影響しているのではないかという点である。

参考までに，文研が2020年秋に行った「全国メディア意識世論調査・2020」[4]の結果を紹介すると，女性の40代以下では，7割から8割の人が「自分の考えが正しいと思っていても，その場の雰囲気によっては，他の人に合わせることがある」と答え，全体（約6割）よりも多かった。これは，同調査で，メディア行動の背景にある意識を探るためにあえて極端な質問をしたわけだが，彼女たちがいかに周囲の雰囲気に敏感であるのかがわかる。

また同調査では，40代以下の女性が，ほかの年代よりもよくテレビやインターネット動画で見た内容について家族や友人と話をしたり，視聴する番組や動画を決める際にも，SNSで得られる情報や，家族や友人との会話を参考にしたりしていて，「SNSを頻繁にチェックしていないと落ち着かない」という人も全体（約1割）より多く，20代では4割ほど，30・40代でも2割ほどにのぼっていた。今回の東京五輪・パラで，この年代の女性たちは家族や友人と一緒にテレビ観戦したり，SNSでのやりとりを楽しんだりしていたが，これは何も，五輪・パラを機に急に思い立った行動なのではなく，むしろ，周囲との豊かなコミュニケーションを実現するためにふだんから行っているメディア利用の，延長線上での行動であったと考えたほうがいいかもしれない。

＜考察Ⅱ　"母親"としての思い＞

女性20〜40代の意識を分析するにあたっては，「子ども」の存在を無視できない。第7回調査で尋ねた家族構成をみると，女性20〜40代の42％が「未成年の子どもがいる」と回答しており，全体（21％）よりも多い。大会やコロナ禍について考える際，回答のためにペンを握ってくれた彼女たちの頭の中には，自分自身が何を楽しみ，何を不安に思うか，というレベルの話だけではなく，"母親"としての意識もあったであろう。

たとえば，コロナ禍での開催について，「海外から大勢の人が訪れて，国内で感染が広がらないか不安だった」という意見を持った人が，女性20〜40代では83％にのぼり，全体（79％）よりも多かったことはすでに述べたとおりだが，さらに未成年の子どものいる女性20〜40代（198人）にしぼってみると，86％と，その割合が高くなるのである。すなわち，"母親"として，自分の子どもの健康や安全にも悪影響を及ぼしかねないコロナの感染拡大に危惧を抱いた人が特に多かったのである。

一方で，女性40代では，東京五輪・パラを

「子どもや孫と見た」人が51％と，すべての年代で唯一5割を超えた。また，大会前の第6回では，東京五輪で「見たい競技や式典がある」と答えた人（全体2,035人，女性20代78人，30代129人，40代198人）に，なぜ見たいと思うのかを複数回答で尋ねたところ，「家族や友人に見せてあげたいから」という理由を挙げた人が，女性30・40代では7％と，全体（4％）よりも多かった。つまり，すでにコロナ禍であった4か月前の段階でも，"母親"である人も多いこの年代の女性は，"せっかく東京で開催される五輪・パラを，何とかして，子どもに見せてあげたい"と，願っていたし，実際に多くの人が，テレビで観戦するしかなかったとはいえ，子どもと一緒に楽しんだのである。

このように，女性20〜40代の意識が大きく揺れ動いた背景には，自分自身の楽しみや不安だけではなく，"母親"としての切実な危惧や期待も影響しているように思える。

⑤ 人々と五輪・パラの"これから"

最後に，大会終了後の第7回調査で「今後も，五輪・パラを日本で開催してほしいと思うか」と尋ねた結果をご紹介したい（**表52**）。

『開催してほしい』が68％（「開催してほしい」32％＋「どちらかといえば，開催してほし

い」36％）で圧倒的に多い。

特に男性の20〜40代と女性の20・30代では，積極的に「開催してほしい」と答えた人が4割を超えている。これらの年代の人たちは，ふだんよりも熱心にテレビで今大会を視聴し，動画やSNSでも大会を楽しみ，これまで知らなかった競技に魅了され，さらには，大会後も競技を観戦したい，自分もプレーしたいとまで思えた人がほかの年代よりも多かった。すなわち，"スポーツ大会"としての五輪・パラを特に楽しんだ人たちなのである。

一方で，この年代は，64年大会を経験していない。人生で初めて国内で開催される夏の五輪・パラを直接観戦することはできなかったのである。さらに，この年代こそが，今大会の開催と自粛のジレンマに特に不満を抱いていた。

こうした点を踏まえて，彼ら，彼女たちの思いを察するとすれば，"次は，平穏なときに五輪・パラを迎え，思う存分，スポーツの醍醐味を味わいたい"ということなのではないだろうか。

本稿を執筆している2022年秋の段階では，札幌市が2030年の冬の五輪・パラの招致を目指している。もし実現すれば，若者たちの願いが数年後に叶う可能性もある。その場合は，今回の東京と同じく，札幌で2度目の開催とな

表52 【第7回】今後も五輪・パラを日本で開催してほしいと思うか（男女年層別）
(%)

	全体	男　性						女　性					
		20代	30代	40代	50代	60代	70歳以上	20代	30代	40代	50代	60代	70歳以上
開催してほしい	32	42	44	43	33	34	28	42	41	33	30	18	25
どちらかといえば，開催してほしい	36	33	28	23	34	33	37	31	36	40	40	42	39
どちらかといえば，開催してほしくない	16	12	15	14	15	13	18	14	12	13	16	22	19
開催してほしくない	14	12	14	20	18	18	14	13	11	13	13	16	10

るわけだが，そのとき，前回大会の意義の"焼き直し"や"二番煎じ"ではなく，現在の多くの人が心から共感できるような意義を示すことができるのかが大切であろう。

また，今回の調査では当初から，大会費用に対して不安を感じる人が多かった。組織委は2022年6月の理事会で最終的な大会経費を報告したが，総額は1兆4,000億円余りとなった。コロナ禍による延期で費用がかさんだり，無観客開催になったことでチケット収入が得られなかったりと，想定外の事態が相次いだとはいえ，招致段階の7,340億円という説明とは，文字どおり，けた違いである。

多くの費用をかけて整備された競技施設については，今後，さまざまな活動の拠点として価値ある遺産になるか，あるいは維持費を浪費するだけの負の遺産になってしまうかについて，大会が終わったばかりの第7回調査の時点では，まだ人々の評価ははっきりと示されていない。今後，人々が今大会の"費用対効果"をどう評価するかは，会場の活用や"多様性と調和"の実現などが最終的にどの程度"レガシー"として人々を潤すことになるかがわかるまで，もう少し時を待つべきなのかもしれない。

また，2022年秋の段階では，五輪のスポンサー契約をめぐる汚職事件に関するニュースが連日のように報じられており，後味の悪さを感じている人も多かろう。

札幌市が2021年11月に公表した試算では，招致を目指す大会の費用が最大3,000億円とされている。仮に開催するとなった場合，その費用をかけ，どのような"レガシー"を追求するのか。また，運営面での透明性を高め，大多数の人々の納得感のもとに準備にとりかかることができるのか。今回の東京五輪・パラの成果と課題を踏まえて，議論が尽くされること

を期待したい。

（さいとう　たかのぶ）

注：

1）「東京オリンピック・パラリンピックに関する世論調査」過去の論考掲載号（いずれも『放送研究と調査』）

　　第1回　2017年11月号　（鶴島瑞穂・斉藤孝信）
　　第2回　2018年 4月号　（鶴島瑞穂・斉藤孝信）
　　第3回　2018年11月号　（原美和子・斉藤孝信）
　　第4回　2019年 4月号　（斉藤孝信）
　　第5回　2020年 1月号　（斉藤孝信）
　　第6回　（『放送研究と調査』への掲載はなし）
　　第7回　2022年 6月号　（斉藤孝信）

2）1964年の世論調査は，東京都23区と金沢市全域を調査対象地として選び，個人面接法で実施された。下記①調査の調査相手は，基本選挙人名簿から抽出された20歳以上の男女で，東京は1,500人，金沢は1,000人。有効者は東京1,131人，金沢762人だった。

　　②以降は①の有効者に対して，複数回の追跡調査をして意識の変化を捕捉した。本稿では東京での調査結果のみ紹介している。

　　①事前調査…1964年6月初旬
　　②直前調査…1964年10月初旬
　　③期間中調査…1964年10月（五輪開催期間中）
　　④直後調査…1964年11月初旬
　　⑤事後調査…1964年12月中旬

3）「2022年全国個人視聴率調査」は，2022年6月6日（月）〜12日（日）の1週間，郵送法で実施した。調査相手は層化無作為2段抽出法で住民基本台帳から抽出した全国7歳以上4,500人で，有効数（率）は2,581人（57.4％）だった。調査は，5分刻みのマークシートに，自身がリアルタイムで視聴したテレビとラジオを記入してもらう方式で行った。結果は『放送研究と調査』2022年10月号に「テレビ・ラジオ視聴（リアルタイム）の現況」（斉藤孝信・山下洋子・行木麻衣）として掲載している。

4）「全国メディア意識世論調査・2020」は，2020年10月28日（水）〜12月7日（月）に，郵送法で実施した。調査相手は層化無作為2段抽出法で住民基本台帳から抽出した全国16歳以上3,600人で，有効数（率）は2,055人（57.1％）だった。結果は『放送研究と調査』2021年9月号に「多メディア時代における人々のメディア利用と意識」（斉藤孝信・平田明裕・内堀諒太）として掲載している。

参考文献：

浜田幸絵『日本におけるメディア・オリンピックの誕生』（2016年）ミネルヴァ書房

浜田幸絵『〈東京オリンピック〉の誕生』（2018年）吉川弘文館

文部科学省編『令和3年文部科学白書』「特集1東京オリンピック・パラリンピック競技大会の軌跡とレガシーの継承・発展」（2022年）日経印刷株式会社）

間野義之『オリンピック・レガシー』（2013年）ポプラ社）

谷口源太郎『日の丸とオリンピック』（1997年）文藝春秋

『文藝春秋』2021年7月号より「東京五輪と日本人」と題した池上彰氏と保阪正康氏との対談記事

NHK放送文化研究所編『テレビ視聴の50年』（2003年）日本放送出版協会

NHK放送世論研究所『東京オリンピック』（1967年）

NHK放送文化研究所監修『放送の20世紀』（2002年）日本放送出版協会

以下は文研の『放送研究と調査』

2017年9月号臨時増刊「パラリンピック研究」

「パラリンピック放送に対する身体障害者の声」2018年11月号（山田清・大野敏明）

「コロナ禍の五輪　ニュースはどう伝えたか」2022年2月号（上杉慎一・東山一郎）

「共生社会への一歩　東京2020パラリンピック放送の伝える力」2022年10月号（渡辺誓司・中村美子）

「2016年10月 東京オリンピック・パラリンピックに関する世論調査（第1回）」
単純集計結果

1．調査時期：2016年10月8日（土）〜16日（日）
2．調査方法：配付回収法
3．調査対象：全国20歳以上
4．調査相手：住民基本台帳から層化無作為2段抽出した3,600人（12人×300地点）
5．調査有効数（率）：2,524人（70.1％）

《サンプル構成》

	全体	性		男の年層						女の年層					
		男	女	20代	30代	40代	50代	60代	70歳以上	20代	30代	40代	50代	60代	70歳以上
実数	2,524	1,209	1,315	129	150	237	184	253	256	141	180	224	204	270	296
構成比	100.0	47.9	52.1	5.1	5.9	9.4	7.3	10.0	10.1	5.6	7.1	8.9	8.1	10.7	11.7

	全体	職　業											
		農林漁業者	自営業者	販売・サービス職	技能・作業職	事務・技術職	経営者管理職	専門職自由業他	主婦	無職	生徒学生	無回答	
実数	2,524	58	197	263	313	400	95	91	582	443	56	26	
構成比	100.0	2.3	7.8	10.4	12.4	15.8	3.8	3.6	23.1	17.6	2.2	1.0	

	全体	都市圏					
		東京圏	大阪圏	30万以上の市	10万以上の市	5万以上の市町村	5万未満の市町村
実数	2,524	559	274	514	464	313	400
構成比	100.0	22.1	10.9	20.4	18.4	12.4	15.8

＊東京圏・大阪圏は，旧都庁，大阪市役所から50キロ圏内，かつ，第3次産業人口構成比50％以上の市区町村，およびそれに囲まれた地域

−リオオリンピック 視聴頻度−

第1問　あなたは，8月6日（土）〜22日（月）のオリンピック期間中，オリンピックの放送や映像を，テレビやラジオ，インターネットでどのくらい見聞きしましたか。次の中からあてはまるものをお答えください。ただし，定時のニュースは除きます。

1．ほぼ毎日 ・・・・・・・・・・・・・・・・・・・・・49.4％
2．週に3，4日 ・・・・・・・・・・・・・・・・・・18.1
3．週に1，2日 ・・・・・・・・・・・・・・・・・・8.5
4．期間中数回程度 ・・・・・・・・・・・・・・・16.3
5．ほとんど・まったく見聞きしなかった ・・・・・・7.3
6．無回答 ・・・・・・・・・・・・・・・・・・・・・0.3

−リオオリンピック メディアごとの視聴頻度−

第2問　では，オリンピックの放送や映像を見聞きするのに，次のA〜Dのメディアをどのくらい利用されましたか。それぞれについて，あてはまるものをお答えください。

（％）

	ほぼ毎日	週に3，4日	週に1，2日	期間中数回程度	見聞きしなかった・ほとんど・まったく	無回答
A．テレビ	50.3	17.8	7.8	15.4	7.5	1.2
B．パソコン	6.3	4.2	3.2	7.1	64.0	15.1
C．スマートフォン・携帯電話	13.9	5.9	3.1	9.5	53.4	14.3
D．ラジオ	4.3	1.9	2.7	5.9	70.2	14.9

―リオオリンピック 視聴番組―

第3問　あなたは，テレビやインターネットで，次のような
　　　　オリンピックの放送や映像をどのくらいご覧になりましたか。
　　　　それぞれについて，あてはまるものをお答えください。

(%)

	よく見た	ときどき見た	見なかったほとんど・まったく	無回答
テレビ				
A．競技の生中継放送	26.0	42.3	26.4	5.3
B．競技の録画放送	26.3	38.0	29.8	5.9
C．競技のハイライト番組	33.2	44.1	17.4	5.4
D．競技以外の関連番組	7.4	37.9	45.1	9.5

	よく見た	ときどき見た	見なかったほとんど・まったく	無回答
インターネット				
A．競技の生中継映像	0.9	4.2	83.8	11.1
B．競技の録画映像	1.8	8.0	79.1	11.1
C．競技のハイライト映像	3.9	11.5	74.1	10.5
D．競技以外の映像	1.7	6.5	80.5	11.3

―リオオリンピック 視聴場所（複数回答）―

第4問　あなたは，どのようなところでオリンピックの放送や
　　　　映像をご覧になりましたか。あてはまるものをすべてお答
　　　　えください。

1．自宅 ・・・・・・・・・・・・・・・・・・・・・・・・・・・・・・・・・・・92.6 %
2．通勤・通学の途中 ・・・・・・・・・・・・・・・・・・・・・・6.9
3．外出先 ・・・・・・・・・・・・・・・・・・・・・・・・・・・・・・・・・8.9
4．パブリックビューイング会場 ・・・・・・・・・・・・0.2
5．職場 ・・・・・・・・・・・・・・・・・・・・・・・・・・・・・・・・・14.3
6．その他 ・・・・・・・・・・・・・・・・・・・・・・・・・・・・・・・・1.2
7．放送や映像は見なかった ・・・・・・・・・・・・・・・3.8
8．無回答 ・・・・・・・・・・・・・・・・・・・・・・・・・・・・・・・・0.3

―リオオリンピック 印象―

第5問　リオデジャネイロオリンピックで，最も印象に残った
　　　　ことを，次の中から1つ選んでお答えください。

1．日本選手の活躍 ・・・・・・・・・・・・・・・・・・・・・・81.8 %
2．世界記録の達成や，演技の素晴らしさ ・・・・・・7.2
3．大会準備の遅れや，運営の不備 ・・・・・・・・・・1.4
4．治安の問題など現地の混乱 ・・・・・・・・・・・・・・3.7
5．ドーピング問題 ・・・・・・・・・・・・・・・・・・・・・・・・2.2
6．その他 ・・・・・・・・・・・・・・・・・・・・・・・・・・・・・・・・2.5
7．無回答 ・・・・・・・・・・・・・・・・・・・・・・・・・・・・・・・・1.3

―リオオリンピック 視聴感想（複数回答）―

第6問　それでは，テレビやインターネットでオリンピック
　　　　の放送や映像をご覧になった感想はいかがでしたか。それ
　　　　ぞれについて，次のうち，あてはまるものをいくつでもお
　　　　答えください。ご覧になっていない方は「見ていない」に
　　　　○をつけてください。

A．テレビ

1．自分の好きな時間に見ることができた ・・・・・・・・46.0 %
2．見たいものだけを見ることができた ・・・・・・・44.7
3．どんな場所でも見ることができた ・・・・・・・・・・・3.2
4．迫力ある映像を楽しめた ・・・・・・・・・・・・・・・・24.6
5．他の人と一緒に楽しめた ・・・・・・・・・・・・・・・・16.3
6．競技の臨場感を楽しめた ・・・・・・・・・・・・・・・・17.3
7．毎日同じような時間に競技を見ることで，
　　気分が盛り上がった ・・・・・・・・・・・・・・・・・・11.6
8．競技のルールなどの補足情報があり，
　　競技をより楽しむことができた ・・・・・・・・・・15.6
9．この中にはない ・・・・・・・・・・・・・・・・・・・・・・・・5.1
10．見ていない ・・・・・・・・・・・・・・・・・・・・・・・・・・・8.1
11．無回答 ・・・・・・・・・・・・・・・・・・・・・・・・・・・・・・・・0.3

B．インターネット

1．自分の好きな時間に見ることができた ・・・・・・・・13.6 %
2．見たいものだけを見ることができた ・・・・・・・12.9
3．どんな場所でも見ることができた ・・・・・・・・・・・5.8
4．迫力ある映像を楽しめた ・・・・・・・・・・・・・・・・・0.9
5．他の人と一緒に楽しめた ・・・・・・・・・・・・・・・・・1.1
6．競技の臨場感を楽しめた ・・・・・・・・・・・・・・・・・0.8
7．毎日同じような時間に競技を見ることで，
　　気分が盛り上がった ・・・・・・・・・・・・・・・・・・・0.6
8．競技のルールなどの補足情報があり，
　　競技をより楽しむことができた ・・・・・・・・・・・1.6
9．この中にはない ・・・・・・・・・・・・・・・・・・・・・・・・2.7
10．見ていない ・・・・・・・・・・・・・・・・・・・・・・・・・・65.7
11．無回答 ・・・・・・・・・・・・・・・・・・・・・・・・・・・・・・・・8.8

―リオパラリンピック 視聴頻度―

第7問　あなたは，9月8日（木）～19日（月）のパラリンピック
　　　　期間中，パラリンピックの放送や映像をテレビやラジオ，
　　　　インターネットでどのくらい見聞きしましたか。次の中か
　　　　らあてはまるものをお答えください。ただし，定時のニュ
　　　　ースは除きます。

1．ほぼ毎日 ・・・・・・・・・・・・・・・・・・・・・・・・・・・・17.1 %
2．週に3，4日 ・・・・・・・・・・・・・・・・・・・・・・・・・・13.2
3．週に1，2日 ・・・・・・・・・・・・・・・・・・・・・・・・・・11.1
4．期間中数回程度 ・・・・・・・・・・・・・・・・・・・・・・・29.6
5．ほとんど・まったく見聞きしなかった ・・・・・・28.8
6．無回答 ・・・・・・・・・・・・・・・・・・・・・・・・・・・・・・・・0.2

ーリオパラリンピック メディアごとの視聴頻度ー

第8問 では，パラリンピックの放送や映像を見聞きするのに，次のA〜Dのメディアをどのくらい利用されましたか。それぞれについて，あてはまるものをお答えください。

(%)

	ほぼ毎日	週に3，4日	週に1，2日	期間中数回程度	見聞きしなかったほとんど・まったく	無回答
A．テレビ	17.6	13.8	9.7	30.7	27.0	1.2
B．パソコン	1.1	1.5	1.9	3.9	79.9	11.7
C．スマートフォン・携帯電話	2.1	2.6	2.3	5.9	75.4	11.8
D．ラジオ	1.9	1.5	1.5	4.1	79.8	11.3

ーリオパラリンピック 視聴番組ー

第9問 それではあなたは，テレビやインターネットで，次のようなパラリンピックの放送や映像を，どのくらいご覧になりましたか。それぞれについて，あてはまるものをお答えください。

(%)

	よく見た	ときどき見た	見なかったほとんど・まったく	無回答
テレビ				
A．競技の生中継放送	8.1	28.9	56.6	6.3
B．競技の録画放送	9.4	32.0	51.9	6.7
C．競技のハイライト番組	11.7	43.9	39.1	5.3
D．競技以外の関連番組	2.5	20.3	66.9	10.3

	よく見た	ときどき見た	見なかったほとんど・まったく	無回答
インターネット				
A．競技の生中継映像	0.6	2.6	85.7	11.1
B．競技の録画映像	0.7	3.5	84.5	11.3
C．競技のハイライト映像	1.1	6.9	81.2	10.8
D．競技以外の映像	0.5	2.7	85.5	11.3

ーパラリンピック全般に関する意見ー

第10問 それではあなたは，パラリンピックについて，どのように思われますか。以下のそれぞれについて，あなたの気持ちに「あてはまる」か「あてはまらない」でお答えください。

(%)

	あてはまる	あてはまらない	無回答
A．競技結果より，選手が競技にチャレンジすることが大切だ	81.8	14.1	4.1
B．選手がパラリンピックに出場するまでの努力など，競技とは別の面に関心がある	69.8	25.4	4.8
C．迫力ある競技や高度なテクニックに驚く	72.0	22.8	5.2
D．競技のルールがわかりにくい	53.1	40.9	6.1
E．オリンピックとは違った魅力がある	62.1	31.8	6.1
F．自分も障害者スポーツに参加してみたいと思う	7.1	86.4	6.5
G．これから障害者スポーツを見たいと思う	46.6	47.0	6.3
H．オリンピックの楽しみ方と，パラリンピックの楽しみ方はまったく違う	47.6	46.3	6.1
I．オリンピックと比べると，マスメディアの扱いが小さすぎる	66.8	27.6	5.5

ーリオパラリンピック 視聴感想（複数回答）ー

第11問 それでは，テレビやインターネットでパラリンピックの放送や映像をご覧になった感想はいかがでしたか。それぞれについて，次のうち，あてはまるものをいくつでもお答えください。ご覧になっていない方は「見ていない」に○をつけてください。

A．テレビ

1. 自分の好きな時間に見ることができた ‥‥‥‥31.5 %
2. 見たいものだけを見ることができた ‥‥‥‥‥30.6
3. どんな場所でも見ることができた ‥‥‥‥‥‥‥2.3
4. 迫力ある映像を楽しめた ‥‥‥‥‥‥‥‥‥‥16.9
5. 他の人と一緒に楽しめた ‥‥‥‥‥‥‥‥‥‥‥8.9
6. 予想以上に楽しめた ‥‥‥‥‥‥‥‥‥‥‥‥15.7
7. 競技の臨場感を楽しめた ‥‥‥‥‥‥‥‥‥‥11.3
8. 毎日同じような時間に競技を見ることで，気分が盛り上がった ‥‥‥‥‥‥‥‥‥‥‥‥‥5.4
9. 競技のルールなどの補足情報があり，競技をより楽しむことができた ‥‥‥‥‥‥‥‥14.5
10. この中にはない ‥‥‥‥‥‥‥‥‥‥‥‥‥‥6.6
11. 見ていない ‥‥‥‥‥‥‥‥‥‥‥‥‥‥‥27.9
12. 無回答 ‥‥‥‥‥‥‥‥‥‥‥‥‥‥‥‥‥‥0.5

B．インターネット

1. 自分の好きな時間に見ることができた ‥‥‥‥‥6.9 %
2. 見たいものだけを見ることができた ‥‥‥‥‥‥6.2

3. どんな場所でも見ることができた ・・・・・・・・2.9
4. 迫力ある映像を楽しめた ・・・・・・・・・・0.4
5. 他の人と一緒に楽しめた ・・・・・・・・・・・0.6
6. 予想以上に楽しめた ・・・・・・・・・・・・・1.1
7. 競技の臨場感を楽しめた ・・・・・・・・・・・0.5
8. 毎日同じような時間に競技を見ることで,
   気分が盛り上がった ・・・・・・・・・・・・・0.2
9. 競技のルールなどの補足情報があり,
   競技をより楽しむことができた ・・・・・・1.1
10. この中にはない ・・・・・・・・・・・・・・・3.3
11. 見ていない ・・・・・・・・・・・・・・・・76.3
12. 無回答 ・・・・・・・・・・・・・・・・・・8.5

ーリオオリンピック・パラリンピック 全般的感想（複数回答）ー
第12問　それでは今度は，リオデジャネイロオリンピック・
　　　パラリンピック全般についてお尋ねします。次の1から5の
　　　うち，あなたにあてはまるものをいくつでもお答えください。
1. 日本のメダルの獲得数が気になった ・・・・・・・・46.1 %
2. 日本人や日本チームが
   よい成績をとると嬉しかった ・・・・・・・・・・76.9
3. これまでよく知らなかった国や
   外国の選手について関心を持つようになった ・・23.4
4. 種目や競技によって，様々な国を応援した ・・・・16.4
5. あてはまるものはない ・・・・・・・・・・・・11.4
6. 無回答 ・・・・・・・・・・・・・・・・・・0.5

ーリオオリンピック・パラリンピック インターネット利用ー
第13問　あなたは，今回のオリンピック・パラリンピックの
　　　映像を，NHKや民放のインターネットサービスでご覧にな
　　　りましたか。1つ選んでお答えください。
1. NHKのインターネットサービスを利用した ・・・・・・3.1 %
2. 民放のインターネットサービスを利用した ・・・・・7.1
3. NHK・民放のインターネットサービスを
   どちらも利用した ・・・・・・・・・・・・・・6.1
4. NHK・民放のインターネットサービスを
   どちらも利用しなかった ・・・・・・・・・・・79.8
5. 無回答 ・・・・・・・・・・・・・・・・・・・4.0

ー東京オリンピック 開催都市になることへの評価ー
第14問　あなたは東京で，日本国内2度目となる夏のオリンピ
　　　ックが開催されることについてどう思われますか。この中
　　　から1つだけ選んでください。
1. よい ・・・・・・・・・・・・・・・・・・・50.1 %
2. まあよい ・・・・・・・・・・・・・・・・・35.6
3. あまりよくない ・・・・・・・・・・・・・・・8.7
4. よくない ・・・・・・・・・・・・・・・・・・4.7
5. 東京でオリンピックが開催されることを
   知らなかった ・・・・・・・・・・・・・・・・0.4
6. 無回答 ・・・・・・・・・・・・・・・・・・・0.5

ー東京オリンピック 関心度ー
第15問　あなたは東京オリンピックにどのくらい関心があり
　　　ますか。この中から1つだけ選んでください。
1. 大変関心がある ・・・・・・・・・・・・・・33.5 %
2. まあ関心がある ・・・・・・・・・・・・・・47.6
3. あまり関心はない ・・・・・・・・・・・・・14.9
4. まったく関心はない ・・・・・・・・・・・・・3.8
5. 無回答 ・・・・・・・・・・・・・・・・・・・0.2

ー東京オリンピック 会場での観戦意向ー
第16問　あなたは，東京オリンピックの競技や開会式などを,
　　　直接会場で見たいと思いますか。この中から1つだけ選んで
　　　ください。
1. ぜひ見たいと思う ・・・・・・・・・・・・・25.0 %
2. まあ見たいと思う ・・・・・・・・・・・・・32.1
3. 特に見たいとは思わない ・・・・・・・・・・42.4
4. 無回答 ・・・・・・・・・・・・・・・・・・・0.4

ー東京オリンピック 視聴意向（毎日・選択）ー
第17問　東京オリンピック開催中，あなたは大会の放送や映
　　　像をどのくらい視聴すると思いますか。この中から1つだけ
　　　選んでください。
1. 可能な限り，多くの競技を毎日視聴する ・・・・・37.7 %
2. 夜の時間帯を中心に，毎日視聴する ・・・・・・10.7
3. 関心のある競技にしぼって，視聴する ・・・・・・32.3
4. 結果がわかればよいので，少しだけ視聴する ・・13.9
5. 関心が無いので，視聴するつもりはない ・・・・・・5.0
6. 無回答 ・・・・・・・・・・・・・・・・・・・0.4

ー東京オリンピック 視聴意向（生・録画）ー
第18問　東京オリンピックの大会の放送や映像について，生
　　　中継か中継録画か，どちらを視聴しますか。この中から1つ
　　　だけ選んでください。
1. 生中継にこだわって視聴したい ・・・・・・・・・9.9 %
2. なるべく生中継で視聴したい ・・・・・・・・・55.5
3. 中継録画を見ることができれば十分である ・・・27.7
4. 視聴するつもりはない ・・・・・・・・・・・・6.3
5. 無回答 ・・・・・・・・・・・・・・・・・・・0.6

ー東京オリンピック 望ましい映像発信程度ー
第19問　あなたは，東京オリンピックの大会で，映像をどの
　　　程度伝えてほしいと考えますか。この中から1つだけ選んで
　　　ください。
1. すべての競技の映像を
   見られるようにすべきだ ・・・・・・・・・・・27.3 %
2. 日本人選手の出場する全種目を
   見られるようにすべきだ ・・・・・・・・・・・37.1
3. 日本人選手が活躍しそうな種目を
   見ることができればいい ・・・・・・・・・・・14.9
4. 1日のまとめや日本人選手のメダル獲得等を
   ダイジェストで見ることができればいい ・・・・・19.2
5. 無回答 ・・・・・・・・・・・・・・・・・・・1.5

―東京オリンピック 期待する放送サービス（複数回答）―

第20問　あなたは東京オリンピックで，どのような放送サービスを期待していますか。この中からあてはまるものをすべてお答えください。

1. 今よりも，高画質・高臨場感のテレビ中継が
　見られる　‥‥‥‥‥‥‥‥‥‥‥‥‥‥‥‥‥　42.7 %
2. 様々な端末で，いつでもどこでも競技映像が
　見られる　‥‥‥‥‥‥‥‥‥‥‥‥‥‥‥‥‥　29.3
3. 選手のデータや競技に関する情報が
　手元の端末に表示される　‥‥‥‥‥‥‥‥‥　25.4
4. 会場の好きな位置を選んで自分だけの
　アングルで競技を見られる　‥‥‥‥‥‥‥‥　15.3
5. 終了した競技を，様々な端末で，
　後からいつでも見ることができる　‥‥‥‥‥　40.4
6. 自分も競技に参加しているかのような，
　仮想体験ができる　‥‥‥‥‥‥‥‥‥‥‥‥‥　6.0
7. その他　‥‥‥‥‥‥‥‥‥‥‥‥‥‥‥‥‥‥　6.0
8. 無回答　‥‥‥‥‥‥‥‥‥‥‥‥‥‥‥‥‥‥　3.5

―東京オリンピック 期待すること（複数回答）―

第21問　次の中で，あなたが東京オリンピックに期待していることはありますか。あてはまるものをすべてお答えください。

1. 日本経済への貢献　‥‥‥‥‥‥‥‥‥‥‥‥　62.7 %
2. 雇用の増加　‥‥‥‥‥‥‥‥‥‥‥‥‥‥‥‥　27.1
3. 日本全体の再生・活性化　‥‥‥‥‥‥‥‥‥　51.5
4. スポーツ施設の整備　‥‥‥‥‥‥‥‥‥‥‥　21.4
5. スポーツの振興　‥‥‥‥‥‥‥‥‥‥‥‥‥　32.8
6. 観光の振興　‥‥‥‥‥‥‥‥‥‥‥‥‥‥‥　27.3
7. 国際交流の推進　‥‥‥‥‥‥‥‥‥‥‥‥‥　34.5
8. 国際社会での日本の地位向上　‥‥‥‥‥‥‥　22.2
9. 青少年の育成　‥‥‥‥‥‥‥‥‥‥‥‥‥‥　28.7
10. その他　‥‥‥‥‥‥‥‥‥‥‥‥‥‥‥‥‥‥　1.6
11. 特にない　‥‥‥‥‥‥‥‥‥‥‥‥‥‥‥‥‥　10.5
12. 無回答　‥‥‥‥‥‥‥‥‥‥‥‥‥‥‥‥‥‥　0.4

―東京オリンピック 不安に思うこと（複数回答）―

第22問　それでは，東京でオリンピックが開かれることで，不安なことはありますか。あてはまるものをすべてお答えください。

1. 開催中に国内でテロなどの大事件が起きる　‥‥　61.3 %
2. 東京の治安が悪くなる　‥‥‥‥‥‥‥‥‥‥　32.3
3. 東京の土地の値段が上がる　‥‥‥‥‥‥‥‥　9.4
4. 東京の交通渋滞がひどくなる　‥‥‥‥‥‥‥　40.6
5. 物価が上がる　‥‥‥‥‥‥‥‥‥‥‥‥‥‥　25.2
6. 東京とそれ以外の地域の格差が広がる　‥‥‥　29.6
7. 東京の生活環境が悪くなる　‥‥‥‥‥‥‥‥　8.9
8. その他　‥‥‥‥‥‥‥‥‥‥‥‥‥‥‥‥‥‥　4.6
9. 特にない　‥‥‥‥‥‥‥‥‥‥‥‥‥‥‥‥‥　11.2
10. 無回答　‥‥‥‥‥‥‥‥‥‥‥‥‥‥‥‥‥‥　0.4

―東京パラリンピック 関心度―

第23問　2020年はオリンピックに引き続いて，東京でパラリンピックが開催されます。あなたは東京パラリンピックにどのくらい関心がありますか。この中から1つだけ選んでください。

1. 大変関心がある　‥‥‥‥‥‥‥‥‥‥‥‥‥　14.7 %
2. まあ関心がある　‥‥‥‥‥‥‥‥‥‥‥‥‥　49.5
3. あまり関心はない　‥‥‥‥‥‥‥‥‥‥‥‥　27.5
4. まったく関心はない　‥‥‥‥‥‥‥‥‥‥‥　8.0
5. 無回答　‥‥‥‥‥‥‥‥‥‥‥‥‥‥‥‥‥‥　0.2

―東京パラリンピック 会場での観戦意向―

第24問　あなたは東京パラリンピックの競技や開会式などを，直接会場で見たいと思いますか。この中から1つだけ選んでください。

1. ぜひ見たいと思う　‥‥‥‥‥‥‥‥‥‥‥‥　10.5 %
2. まあ見たいと思う　‥‥‥‥‥‥‥‥‥‥‥‥　32.7
3. 特に見たいとは思わない　‥‥‥‥‥‥‥‥‥　56.5
4. 無回答　‥‥‥‥‥‥‥‥‥‥‥‥‥‥‥‥‥‥　0.3

―東京パラリンピック 視聴意向（毎日・選択）―

第25問　東京パラリンピック開催中，あなたは大会の放送や映像をどのくらい視聴すると思いますか。この中から1つだけ選んでください。

1. 可能な限り，多くの競技を毎日視聴する　‥‥‥　18.0 %
2. 夜の時間帯を中心に，毎日視聴する　‥‥‥‥　10.4
3. 関心のある競技にしぼって，視聴する　‥‥‥‥　31.7
4. 結果がわかればよいので，少しだけ視聴する　‥　26.8
5. 関心が無いので，視聴するつもりはない　‥‥‥　12.9
6. 無回答　‥‥‥‥‥‥‥‥‥‥‥‥‥‥‥‥‥‥　0.2

―東京パラリンピック 視聴意向（生・録画）―

第26問　東京パラリンピックの大会の放送や映像について，生中継か中継録画か，どちらを視聴しますか。この中から1つだけ選んでください。

1. 生中継にこだわって視聴したい　‥‥‥‥‥‥　5.0 %
2. なるべく生中継で視聴したい　‥‥‥‥‥‥‥　37.9
3. 中継録画を見ることができれば十分である　‥‥　42.7
4. 視聴するつもりはない　‥‥‥‥‥‥‥‥‥‥　14.1
5. 無回答　‥‥‥‥‥‥‥‥‥‥‥‥‥‥‥‥‥‥　0.3

―東京パラリンピック 望ましい映像発信程度―

第27問　あなたは，東京パラリンピックの大会で，映像をどの程度伝えてほしいと考えますか。この中から1つだけ選んでください。

1. すべての競技の映像を見られるようにすべきだ　‥‥　19.4 %
2. 日本人選手の出場する全種目を
　見られるようにすべきだ　‥‥‥‥‥‥‥‥‥　33.6
3. 日本人選手が活躍しそうな種目を
　見ることができればいい　‥‥‥‥‥‥‥‥‥　16.8
4. 1日のまとめや日本人選手のメダル獲得等を
　ダイジェストで見ることができればいい　‥‥‥　28.8
5. 無回答　‥‥‥‥‥‥‥‥‥‥‥‥‥‥‥‥‥‥　1.4

－東京パラリンピック 解説の必要度－

第28問　パラリンピック競技の放送で，障害の種類や程度による競技のクラス分けや，ルールについて，図などを用いて解説することは，どのくらい必要だと思いますか。この中から1つだけ選んでください。

1. とても必要だ ······························ 34.8 %
2. まあ必要だ ································· 45.5
3. あまり必要ではない ···················· 15.1
4. まったく必要ではない ··················· 4.0
5. 無回答 ······································ 0.6

－東京パラリンピック 放送の取り組みへの意義－

第29問　NHK が2020年の東京パラリンピックの放送に取り組むことの意義について，あなたはどのように思われますか。この中から1つだけ選んでください。

1. 大いに意義がある ······················ 41.6 %
2. ある程度意義がある ···················· 43.6
3. あまり意義はない ······················· 10.1
4. まったく意義はない ······················ 4.0
5. 無回答 ······································ 0.8

－パラリンピックの伝えるべき側面－

第30問　パラリンピックには，スポーツとしての側面と，福祉としての側面がありますが，どのように伝えるべきだと考えますか。あなたのお考えに近いものを1つだけ選んでください。

1. オリンピックと同様に，
　 純粋なスポーツとして扱うべき ············· 36.5 %
2. なるべくスポーツとしての魅力を
　 前面に伝えるべき ························· 27.3
3. 競技性と障害者福祉の視点を
　 同じ程度伝えるべき ······················ 28.0
4. 競技性より，障害者福祉の視点を
　 重視して伝えるべき ······················· 5.2
5. その他 ······································ 1.9
6. 無回答 ······································ 1.1

－最近1年間の障害者スポーツの視聴頻度（複数回答）－

第31問　あなたは，最近1年間に障害者スポーツを見たことがありますか。あてはまるものをすべてお答えください。

1. テレビのニュースで見たことがある ········· 64.8 %
2. ニュース以外のテレビの番組で
　 見たことがある ·························· 26.7
3. 動画サイトなどテレビ以外のメディアで
　 見たことがある ··························· 4.0
4. 実際に会場で見たことがある ··············· 1.3
5. その他 ······································ 0.4
6. 見たことはない ·························· 21.5
7. 無回答 ······································ 0.5

－障害者スポーツについて感じること（複数回答）－

第32問　あなたは，障害者スポーツについてどうお感じですか。あてはまるものをすべてお答えください。

1. 競技として楽しめる ···················· 24.8 %
2. 選手の頑張りに感動する ················· 72.5
3. 障害者への理解が深まる ················· 40.7
4. 競技のルールがわかりにくい ············· 27.5
5. 面白さがわからない ······················· 4.6
6. 見ていて楽しめない ······················· 5.3
7. その他 ······································ 2.2
8. 無回答 ······································ 1.1

－自身にあてはまること（複数回答）－

第33問　あなたご自身は，次にあげることについてあてはまることはありますか。あてはまるものをすべてお答えください。

1. ご自身や家族，友人・知人に
　 障害がある人がいる ···················· 23.6 %
2. 障害者のサポートやボランティアの
　 経験がある ······························ 12.2
3. スポーツ観戦が好きだ ··················· 39.9
4. どれもあてはまらない ··················· 36.7
5. 無回答 ······································ 1.3

－現代社会の障害者スポーツに対する理解度－

第34問　あなたは，現代の社会において，障害者スポーツは，どのくらい理解されていると思われますか。この中から1つだけ選んでください。

1. よく理解されている ······················· 2.6 %
2. まあ理解されている ···················· 25.1
3. あまり理解されていない ················· 65.3
4. まったく理解されていない ················· 5.6
5. 無回答 ······································ 1.4

－障害者スポーツが理解されるための方法（複数回答）－

【第34問で，「3」「4」と答えた方にうかがいます】

第35問　それでは，現代の社会において，障害者スポーツが理解されるためにはどうすればいいと思いますか。この中であてはまるものをすべてお答えください。

1. 障害者スポーツの競技団体などが
　 もっと広報活動を行う ··················· 31.5 %
2. テレビや新聞などのメディアで
　 障害者スポーツをもっと取り上げる ········· 70.3
3. 障害者スポーツの大会をもっと開催する ······ 24.6
4. その他 ······································ 3.9
5. 特に何もしなくてよい ···················· 7.5
6. 無回答 ······································ 3.9

（分母＝1,789人）

ー東京オリンピック・パラリンピック 準備状況について思うことー

第36問　現在の東京オリンピック・パラリンピックの準備状況についてうかがいます。今の準備状況について，あなたはどう思いますか。この中から1つだけ選んでください。

1. とても順調だと思う ･･････････････････････1.1 %
2. まあ順調だと思う ･････････････････････ 16.7
3. あまり順調ではない ･･･････････････････ 56.8
4. まったく順調ではない ････････････････ 23.6
5. 無回答 ･･･････････････････････････････1.8

ー東京オリンピック・パラリンピック
**　準備状況で不安だと感じること（複数回答）ー**

第37問　現在の東京オリンピック・パラリンピックの準備状況に関連して，あなたが不安だと感じることはありますか。次の中から，あてはまるものをすべてお答えください。

1. メインスタジアム（新国立競技場）など
　会場の整備 ････････････････････････ 54.2 %
2. 大会の開催費用 ･････････････････････ 77.1
3. 日本の組織委員会の体制 ･･･････････ 55.5
4. オリンピック招致をめぐる贈収賄疑惑 ･･････ 29.6
5. 外国人観光客の受け入れ ･･･････････ 30.1
6. 東日本大震災の復興への影響 ･･･････ 29.3
7. 日本人選手の育成・強化 ･･･････････ 18.9
8. ボランティアの育成 ･････････････････ 17.5
9. その他 ･････････････････････････････2.3
10. 特にない ･･････････････････････････5.5
11. 無回答 ･･･････････････････････････0.6

ー東京オリンピック・パラリンピック
**　開催にともなう東京の街の変化（複数回答）ー**

第38問　東京オリンピック・パラリンピックをきっかけに，東京の街はどのように変わっていくと思いますか。あてはまるものをいくつでもお答えください。

1. 古い建物が取り壊され，
　新しい建物や施設が建設される ･･･････････ 27.7 %
2. 日本の伝統を生かした建物や施設，
　景観が増える ･････････････････････ 18.5
3. バリアフリーなど，障害がある人や
　高齢者に配慮した街づくりが進む ･･････････ 51.5
4. 道路や鉄道などの整備が進み，
　交通の利便性が高まる ･･･････････････ 47.6
5. 道路や施設のわかりやすい表示など，
　外国人に配慮した街づくりが進む ･･･････ 57.4
6. その他 ･･･････････････････････････1.7
7. 特にない ･･･････････････････････ 10.4
8. 無回答 ･･･････････････････････････0.8

ー東京オリンピック・パラリンピックについての意見ー

第39問　あなたは，東京オリンピック・パラリンピックについての次のような意見に対してどう思いますか。A〜Kのそれぞれについて，あてはまるものをお答えください。

（%）

		そう思う	そう思わない	無回答
A.	オリンピック・パラリンピックは私の暮らしにまったく関係がない	41.4	57.0	1.6
B.	オリンピック・パラリンピック開催にお金を使うより，育児や介護支援など，一般の人たちへの施策を充実させるべきだ	54.2	43.5	2.3
C.	オリンピック・パラリンピックの開催を契機に公共施設や，インフラの整備が進む	67.9	28.8	3.2
D.	オリンピック・パラリンピックの開催は，日本経済によい影響を与える	63.1	34.5	2.4
E.	オリンピック・パラリンピックは世界の国や地域の友好を深める	81.8	15.9	2.3
F.	オリンピック・パラリンピックは自分の国について改めて考えるよい機会である	72.7	24.4	2.9
G.	オリンピック・パラリンピックは，東日本大震災からの復興を世界に示す上で大きな意味がある	45.2	51.8	3.0
H.	オリンピック・パラリンピックの開催準備で，東日本大震災からの復興が遅れる	52.7	44.5	2.8
I.	オリンピック・パラリンピックが開かれることで，何となく楽しい気持ちになる	67.4	30.1	2.5
J.	オリンピック・パラリンピックの盛り上がりは，一時的なことにすぎない	69.5	28.2	2.3
K.	オリンピック・パラリンピックの開催に向けて，テレビがより高画質になるなど，放送技術が向上する	66.1	31.0	2.9

ー東京オリンピック・パラリンピックで
**　アピールすべきこと（複数回答）ー**

第40問　オリンピック・パラリンピックを通じて，日本は，世界にどのようなことをアピールすべきだと思いますか。あてはまるものをいくつでもお答えください。

1. 東日本大震災からの復興 ･･･････････････ 39.1 %
2. 外国人観光客への手厚い対応やサービス ･････ 44.0
3. 競技場など大会施設のすばらしさ ･･････ 19.4
4. 日本の伝統文化 ･･･････････････････ 65.3
5. 日本の食文化 ･･･････････････････ 50.6
6. 東京の治安のよさや清潔さ ･････････ 57.5
7. 日本人の勤勉さや礼儀正しさ ･･･････ 54.0
8. その他 ･･････････････････････････1.2
9. 特にない ･･････････････････････････7.0
10. 無回答 ･･･････････････････････････0.9

―東京オリンピック・パラリンピック ボランティア参加意向―

第41問　あなたは，2020年の東京オリンピック・パラリンピックで，ボランティアとして大会に参加したいと思いますか。1つ選んでお答えください。

1. 参加したいと思う ･･････････････････････ 14.6 %
2. 参加したいと思わない ･･････････････････ 84.1
3. 無回答 ･･･････････････････････････････････1.3

―東京オリンピック・パラリンピック
　前回大会の記憶（複数回答）―

第42問　あなたは，前回（1964年）の東京オリンピックのことについて覚えていることはありますか。あてはまるものをいくつでもお答えください。

1. 競技や開会式，閉会式，聖火リレーを
　実際に見た ･･････････････････････････････7.2 %
2. 競技や開会式，閉会式を
　テレビやラジオで見たり聞いたりした ･･････ 38.7
3. 開催までに，東京の街の様子が大きく変わった 15.8
4. 大会期間中，街がとても盛り上がった 10.0
5. 記念硬貨などの記念品を買った 15.6
6. まだ生まれていなかった ･･････････････････ 44.7
7. この中にはない ･･････････････････････････ 12.1
8. 無回答 ･･･････････････････････････････････1.0

―オリンピックについての価値観―

第43問　あなたは，オリンピックそのものについての次のような意見に対して，どう思いますか。A〜Iについて，あてはまると思うものをお答えください。

(%)

	そう思う	そう思わない	無回答
A. オリンピックは国と国とが実力を競い合う，国際的な競争の舞台である	65.8	31.8	2.4
B. オリンピックの開催国になることは，その国にとって，大きな名誉である	62.5	35.2	2.3
C. オリンピックは国や人種を超えて人々が交流する平和の祭典である	90.6	7.8	1.5
D. オリンピックはそれぞれの国の国民としての自覚を深め，誇りを高める	77.7	19.4	2.9
E. オリンピックで国中がさわぐのは，ばかばかしいことだ	17.0	80.3	2.7
F. オリンピックが商売や金もうけに利用されるのは不愉快だ	59.1	38.2	2.8
G. オリンピックは開催国の国民に負担をかけて犠牲を払わせている	44.5	51.9	3.6
H. オリンピックは国内の重要な問題から国民の目をそらせるからよくない	26.9	69.3	3.8
I. 過剰なメダル獲得競争やドーピング問題などによって，オリンピック本来のあり方が見失われている	67.0	29.6	3.4

―日本の社会観―

第44問　現在の日本社会について，あなたはどのように思いますか。次のA〜Eについて，あてはまるものをお答えください。

(%)

	そう思う	まあそう思う	あまりそう思わない	そう思わない	無回答
A. 伝統や文化が豊かな社会	26.3	55.7	13.6	2.8	1.5
B. 弱者にやさしい社会	5.5	22.6	50.0	20.0	1.7
C. 収入や生活水準の格差が小さい社会	6.8	20.9	40.7	29.7	1.9
D. 自然環境に恵まれた社会	14.3	49.4	26.4	8.2	1.7
E. 人々が助けあう社会	9.4	42.7	36.3	9.9	1.7

―日本の社会観 他国との比較―

第45問　では他の国々とくらべた場合，いかがでしょうか。次のA〜Eについて，あてはまるものをお答えください。

(%)

	そう思う	まあそう思う	あまりそう思わない	そう思わない	無回答
A. 伝統や文化が豊かな社会	32.7	50.5	11.8	3.2	1.8
B. 弱者にやさしい社会	9.1	34.7	40.2	13.9	2.1
C. 収入や生活水準の格差が小さい社会	9.2	36.2	35.3	17.0	2.3
D. 自然環境に恵まれた社会	17.3	50.0	23.1	7.6	2.1
E. 人々が助けあう社会	13.2	46.3	30.5	8.2	1.8

―日本は他国よりすぐれているか 全般的な評価―

第46問　あなたは，日本が他の国々とくらべて，全体としてすぐれた国だと思いますか。1つだけ選んでお答えください。

1. そう思う ･････････････････････････････ 21.7 %
2. まあそう思う ･････････････････････････ 56.6
3. あまりそう思わない ･････････････････････ 17.8
4. そう思わない ･･････････････････････････････3.2
5. 無回答 ･･････････････････････････････････ 0.7

―日本の今後の見通し―

第47問　日本は，これから先，どうなっていくと思いますか。次のA〜Eについて，あてはまるものをお答えください。

（%）

	よくなる	悪くなる	変わらない	無回答
A．政治	8.4	25.5	64.3	1.8
B．経済状況	10.9	40.7	46.8	1.7
C．治安	8.6	41.8	47.5	2.1
D．人びとの思いやりの心	13.4	26.4	58.7	1.5
E．公共心	10.4	25.7	61.7	2.2

―日本の今後の見通し　全般的な評価―

第48問　それでは全体的に見て，日本は，これから先，どうなっていくと思いますか。1つだけ選んでお答えください。

1. よくなる ・・・・・・・・・・・・・・・・・11.4 %
2. 悪くなる ・・・・・・・・・・・・・・・・・32.7
3. 変わらない ・・・・・・・・・・・・・・・55.1
4. 無回答 ・・・・・・・・・・・・・・・・・・0.8

―世界への関心度―

第49問　あなたは，日本以外の，世界の国や地域についてどのくらい関心がありますか。以下にあげたA〜Hの地域について，あてはまるものをお答えください。

（%）

	非常に関心がある	ある程度関心がある	あまり関心がない	まったく関心がない	無回答
A．ヨーロッパ	10.7	48.3	28.6	10.1	2.3
B．ロシア	7.7	32.5	41.8	15.4	2.6
C．アジア	15.6	47.8	24.2	9.8	2.5
D．中東	7.0	33.0	42.2	14.7	3.0
E．北アメリカ	9.7	38.4	36.7	12.1	3.1
F．中央・南アメリカ	4.6	30.2	47.4	14.5	3.3
G．オセアニア	3.7	24.8	50.4	17.9	3.3
H．アフリカ	4.6	24.6	48.7	19.0	3.1

―現在の関心事（複数回答）―

第50問　それでは，次のうち，あなたが関心を持っているものをいくつでもお答えください。

1. 2018年ピョンチャン（平昌）オリンピック・パラリンピック ・・・・・・・・・・11.1 %
2. 2020年東京オリンピック・パラリンピック ・・56.1
3. 地震や台風などの自然災害 ・・・・・・・・・・78.2
4. 国際的なテロ事件 ・・・・・・・・・・・・・・55.5
5. 地域紛争や難民問題など国際政治の動向 ・・・・32.1
6. 憲法改正問題など国内政治の動向 ・・・・・・・44.1

7. 為替市場や株式市場など経済の動向 ・・・・・・・・23.6
8. 介護や子育て環境の整備 ・・・・・・・・・・・・・64.1
9. その他 ・・・・・・・・・・・・・・・・・・・・・・2.9
10. 無回答 ・・・・・・・・・・・・・・・・・・・・・・1.2

―市民意識―

第51問　あなたの今の生き方について，次の中から，最も近いものを1つ選んで○をつけてください。

1. 社会のために必要なことを考え，
   みんなと力を合わせ，
   世の中をよくするように心がけている ・・・・・・・・・6.0 %
2. 自分の生活とのかかわりの範囲で
   自分なりに考え，身近なところから
   世の中をよくするよう心がけている ・・・・・・・40.8
3. 決められたことには従い，
   世間に迷惑をかけないように心がけている ・・・・43.6
4. 自分や家族の生活を充実させることを
   第一に考え，世間のことには
   かかわらないように心がけている ・・・・・・・・・・8.3
5. 無回答 ・・・・・・・・・・・・・・・・・・・・・・1.3

―インターネット利用機器（複数回答）―

第52問　あなたは，ふだん，どのような機器をお使いになっていますか。次の中から，あてはまるものをいくつでもお答えください。

1. パソコン ・・・・・・・・・・・・・・・・・・・45.3 %
2. タブレット端末 ・・・・・・・・・・・・・・・14.9
3. スマートフォン ・・・・・・・・・・・・・・・52.8
4. 携帯電話（スマートフォン以外）・・・・・・・・・37.4
5. いずれも使用していない ・・・・・・・・・・・10.2
6. 無回答 ・・・・・・・・・・・・・・・・・・・・0.4

―メディア利用頻度―

第53問　あなたは，次にあげるものをどのくらい使っていますか。A〜Dそれぞれについて，1つだけ○をつけてください。（ここでの「インターネット」には，パソコン以外の携帯電話などによるものや，メールも含みます。）

（%）

	よく使っている	ある程度使っている	あまり使っていない	まったく使っていない	無回答
A．テレビ	67.6	21.0	5.9	3.7	1.8
B．ラジオ	9.9	17.2	24.8	43.1	5.0
C．新聞	35.6	22.3	15.1	23.3	3.7
D．インターネット	36.6	21.7	8.7	28.2	4.8

－スポーツ視聴頻度－

第54問　あなたはふだん，テレビやラジオ，インターネット
　　　　などでスポーツをどのくらいご覧になりますか。1つ選んで
　　　　お答えください。

　1．よく見る（聞く）ほう ・・・・・・・・・・・・・・・・・・・・・ 21.3 ％
　2．まあよく見る（聞く）ほう ・・・・・・・・・・・・・・・・・ 42.0
　3．ほとんど見ない（聞かない）ほう ・・・・・・・・・・ 28.9
　4．まったく見ない（聞かない）ほう ・・・・・・・・・・・ 7.3
　5．無回答 ・・・・・・・・・・・・・・・・・・・・・・・・・・・・・・・・・・・・ 0.6

－性別－

第55問（省略）

－生年－

第56問（省略）

－職業－

第57問（省略）

「2017年10月 東京オリンピック・パラリンピックに関する世論調査（第2回）」
単純集計結果

1. 調査時期：2017年10月7日（土）～15日（日）
2. 調査方法：配付回収法
3. 調査対象：全国20歳以上
4. 調査相手：住民基本台帳から層化無作為2段抽出した3,600人（12人×300地点）
5. 調査有効数（率）：2,479人（68.9%）

《サンプル構成》

	全体	性		男の年層						女の年層					
		男	女	20代	30代	40代	50代	60代	70歳以上	20代	30代	40代	50代	60代	70歳以上
実数	2,479	1,164	1,315	110	173	242	190	204	245	114	179	272	246	232	272
構成比	100.0	47.0	53.0	4.4	7.0	9.8	7.7	8.2	9.9	4.6	7.2	11.0	9.9	9.4	11.0

	全体	職業										
		農林漁業者	自営業者	販売・サービス職	技能・作業職	事務・技術職	経営者管理職	専門職自由業他	主婦	無職	生徒学生	無回答
実数	2,479	44	179	245	306	508	113	79	548	381	47	29
構成比	100.0	1.8	7.2	9.9	12.3	20.5	4.6	3.2	22.1	15.4	1.9	1.2

	全体	都市圏					
		東京圏	大阪圏	30万以上の市	10万以上の市	5万以上の市町村	5万未満の市町村
実数	2,479	611	253	491	437	292	395
構成比	100.0	24.6	10.2	19.8	17.6	11.8	15.9

＊東京圏・大阪圏は，旧都庁，大阪市役所から50キロ圏内，かつ，第3次産業人口構成比50%以上の市区町村，およびそれに囲まれた地域

－東京オリンピック 開催都市になることへの評価－
第1問 あなたは東京で，日本国内2度目となる夏のオリンピックが開催されることについてどう思われますか。この中から1つだけ選んでください。

1. よい ･･････････････････････････ 53.6 %
2. まあよい ････････････････････････ 33.6
3. あまりよくない ･･････････････････ 8.2
4. よくない ････････････････････････ 4.0
5. 東京でオリンピックが開催されることを
   知らなかった ････････････････････ 0.3
6. 無回答 ･･････････････････････････ 0.3

－東京オリンピック 関心度－
第2問 あなたは東京オリンピックにどのくらい関心がありますか。この中から1つだけ選んでください。

1. 大変関心がある ････････････････ 26.7 %
2. まあ関心がある ････････････････ 52.8
3. あまり関心はない ･･････････････ 17.2
4. まったく関心はない ････････････ 3.2
5. 無回答 ････････････････････････ 0.1

－東京オリンピック 会場での観戦意向－
第3問 あなたは，東京オリンピックの競技や開会式などを，直接会場で見たいと思いますか。この中から1つだけ選んでください。

1. ぜひ見たいと思う ････････････････ 25.6 %
2. まあ見たいと思う ････････････････ 32.0
3. 特に見たいとは思わない ････････････ 42.4
4. 無回答 ････････････････････････ 0.1

－東京オリンピック 関心事（複数回答）－
第4問 あなたは，東京オリンピックの，どのような点に関心がありますか。あてはまるものをすべて選んでください。

1. 日本人や日本チームの活躍 ･･････････ 77.5 %
2. 各国のメダル獲得数 ･･････････････ 17.1
3. 世界最高水準の競技 ･･････････････ 42.0
4. これまでよく知らなかった競技や選手 ･･ 19.8
5. 世界の様々な国や地域の話題 ････････ 23.1
6. その他 ････････････････････････ 3.4
7. 特にない ･･････････････････････ 8.6
8. 無回答 ････････････････････････ 0.0

－東京オリンピック 視聴頻度－
第5問 東京オリンピック開催中，あなたは大会の放送や映像をどのくらい視聴すると思いますか。この中から1つだけ選んでください。

1. 可能な限り，多くの競技を毎日視聴する ･････ 24.9 %
2. 夜の時間帯を中心に，毎日視聴する ･････ 12.9
3. 関心のある競技にしぼって，視聴する ･････ 40.5
4. 結果がわかればよいので，少しだけ視聴する ･･ 16.5
5. 関心が無いので，視聴するつもりはない ････････ 4.9
6. 無回答 ･･････････････････････ 0.3

－東京オリンピック 視聴意向（生・録画）－
第6問 東京オリンピックの大会の放送や映像について，生中継か中継録画か，どちらを視聴しますか。この中から1つだけ選んでください。

1. 生中継にこだわって視聴したい ･････････ 7.1 %
2. なるべく生中継で視聴したい ･････････ 59.1

3. 中継録画を見ることができれば十分である ···· 27.5
4. 視聴するつもりはない ···························6.0
5. 無回答 ···································0.4

ー東京オリンピック 望ましい映像発信程度ー
第7問　あなたは，東京オリンピックの大会で，映像をどの程
　　　度伝えてほしいと考えますか。この中から1つだけ選んでく
　　　ださい。
1. すべての競技の映像を見られるようにすべきだ ·· 23.0 %
2. 日本人選手の出場する全種目を
　　見られるようにすべきだ ····················· 36.8
3. 日本人選手が活躍しそうな種目を
　　見ることができればいい ····················· 17.9
4. 1日のまとめや日本人選手のメダル獲得等を
　　ダイジェストで見ることができればいい ······ 21.6
5. 無回答 ···································0.7

ー東京オリンピック 期待する放送サービス（複数回答）ー
第8問　あなたは東京オリンピックで，どのような放送サービ
　　　スを期待していますか。この中からあてはまるものをすべ
　　　てお答えください。
1. 今よりも，高画質・高臨場感の
　　テレビ中継が見られる ····················· 34.2 %
2. 様々な端末で，いつでもどこでも
　　競技映像が見られる ······················· 37.9
3. 選手のデータや競技に関する情報が手元の
　　端末に表示される ························· 30.3
4. 会場の好きな位置を選んで自分だけのアングルで
　　競技を見られる ··························· 15.5
5. 終了した競技を，様々な端末で，後からいつでも
　　見ることができる ························· 44.2
6. 自分も競技に参加しているかのような，
　　仮想体験ができる ·························6.9
7. その他 ···································5.2
8. 無回答 ···································2.1

ー東京オリンピック 見たい競技（複数回答）ー
第9問　次の中で，あなたが東京オリンピックで見たいと思う
　　　競技や式典はどれですか。あてはまるものをすべてお答え
　　　ください。
1. 体操 ···································· 71.3 %
2. 陸上競技 ································· 65.8
3. 柔道 ···································· 47.7
4. レスリング ······························ 34.9
5. サッカー ································· 43.0
6. 競泳 ···································· 55.5
7. アーティスティック・スイミング＊ ········· 24.1
8. バレーボール ····························· 43.9
9. テニス ································· 30.2
10. 卓球 ·································· 50.0
11. ウエイトリフティング ···················· 10.3
12. バドミントン ·························· 32.6
13. 野球・ソフトボール ···················· 45.9
14. ラグビー ····························· 16.1
15. サーフィン ··························· 12.5
16. スポーツクライミング ·················· 15.3
17. ボクシング ··························· 13.9
18. カヌー ······························9.1
19. フェンシング ··························· 11.0
20. 空手 ································· 14.7
21. スケートボード ······················· 14.2

22. 開会式 ·································· 61.0
23. 閉会式 ·································· 47.5
24. その他 ···································2.7
25. 特にない ·································6.4
26. 無回答 ···································0.0

＊ 国際水泳連盟が，2017 年 7 月に「シンクロナイズド・スイミング」
　　から名称変更を決定した

ー東京オリンピック 期待すること（複数回答）ー
第10問　次の中で，あなたが東京オリンピックに期待してい
　　　ることはありますか。あてはまるものをすべてお答えくだ
　　　さい。
1. 日本経済への貢献 ····················· 67.5 %
2. 雇用の増加 ··························· 28.4
3. 日本全体の再生・活性化 ·················· 52.4
4. スポーツ施設の整備 ···················· 23.1
5. スポーツの振興 ······················· 30.4
6. 観光の振興 ··························· 29.3
7. 国際交流の推進 ······················· 34.3
8. 国際社会での日本の地位向上 ·············· 22.1
9. 青少年の育成 ························· 27.4
10. その他 ································· 1.1
11. 特にない ····························· 10.6
12. 無回答 ·······························0.3

ー東京オリンピック 不安に思うこと（複数回答）ー
第11問　それでは，東京でオリンピックが開かれることで，
　　　不安なことはありますか。あてはまるものをすべてお答え
　　　ください。
1. 開催中に国内でテロなどの大事件が起きる ···· 68.7 %
2. 東京の治安が悪くなる ·················· 36.7
3. 東京の土地の値段が上がる ················9.3
4. 東京の交通渋滞がひどくなる ·············· 41.1
5. 物価が上がる ························· 24.8
6. 東京とそれ以外の地域の格差が広がる ········ 25.8
7. 東京の生活環境が悪くなる ················9.6
8. その他 ·································3.7
9. 特にない ·······························9.1
10. 無回答 ·······························0.6

ー東京パラリンピック 関心度ー
第12問　2020年はオリンピックに引き続いて，東京でパラリ
　　　ンピックが開催されます。あなたは東京パラリンピックに
　　　どのくらい関心がありますか。この中から1つだけ選んでく
　　　ださい。
1. 大変関心がある ····················· 13.0 %
2. まあ関心がある ······················· 47.7
3. あまり関心はない ····················· 32.3
4. まったく関心はない ·····················6.6
5. 無回答 ·······························0.4

ー東京パラリンピック 会場での観戦意向ー
第13問　あなたは東京パラリンピックの競技や開会式などを，
　　　直接会場で見たいと思いますか。この中から1つだけ選んで
　　　ください。
1. ぜひ見たいと思う ·····················9.6 %
2. まあ見たいと思う ····················· 34.7
3. 特に見たいとは思わない ·················· 55.3
4. 無回答 ·······························0.4

―東京パラリンピック 視聴頻度―

第14問　東京パラリンピック開催中，あなたは大会の放送や映像をどのくらい視聴すると思いますか。この中から1つだけ選んでください。
1. 可能な限り，多くの競技を毎日視聴する ・・・・・ 12.3 %
2. 夜の時間帯を中心に，毎日視聴する ・・・・・・・・・・9.1
3. 関心のある競技にしぼって，視聴する ・・・・・・・34.6
4. 結果がわかればよいので，少しだけ視聴する ・・31.7
5. 関心が無いので，視聴するつもりはない ・・・・・12.0
6. 無回答 ・・・・・・・・・・・・・・・・・・・・・・・・・・・・・・・・0.4

―東京パラリンピック 視聴意向（生・録画）―

第15問　東京パラリンピックの大会の放送や映像について，生中継か中継録画か，どちらを視聴しますか。この中から1つだけ選んでください。
1. 生中継にこだわって視聴したい ・・・・・・・・・・・4.0 %
2. なるべく生中継で視聴したい ・・・・・・・・・・・・・35.1
3. 中継録画を見ることができれば十分である ・・・46.6
4. 視聴するつもりはない ・・・・・・・・・・・・・・・・・・13.8
5. 無回答 ・・・・・・・・・・・・・・・・・・・・・・・・・・・・・・・・0.4

―東京パラリンピック 望ましい映像発信程度―

第16問　あなたは，東京パラリンピックの大会で，映像をどの程度伝えてほしいと考えますか。この中から1つだけ選んでください。
1. すべての競技の映像を見られるようにすべきだ ・・ 16.7 %
2. 日本人選手の出場する全種目を見られるようにすべきだ ・・・・・・・・・・・・・・・・・ 28.8
3. 日本人選手が活躍しそうな種目を見ることができればいい ・・・・・・・・・・・・・ 19.4
4. 1日のまとめや日本人選手のメダル獲得等をダイジェストで見ることができればいい ・・・・・ 34.0
5. 無回答 ・・・・・・・・・・・・・・・・・・・・・・・・・・・・・・・・1.0

―東京パラリンピック 見たい競技（複数回答）―

第17問　次の中で，あなたが東京パラリンピックで見たいと思う競技や式典はどれですか。あてはまるものをすべてお答えください。
1. 競泳 ・・・・・・・・・・・・・・・・・・・・・・・・・・・・・ 38.2 %
2. 陸上競技 ・・・・・・・・・・・・・・・・・・・・・・・・・・ 49.0
3. 車いすバスケットボール ・・・・・・・・・・・・・・ 42.3
4. 車いすテニス ・・・・・・・・・・・・・・・・・・・・・・ 35.6
5. バドミントン ・・・・・・・・・・・・・・・・・・・・・・ 13.2
6. 卓球 ・・・・・・・・・・・・・・・・・・・・・・・・・・・・・ 17.5
7. 柔道 ・・・・・・・・・・・・・・・・・・・・・・・・・・・・・ 13.8
8. 5人制サッカー ・・・・・・・・・・・・・・・・・・・・ 13.1
9. ボッチャ ・・・・・・・・・・・・・・・・・・・・・・・・・・ 7.5
10. 自転車競技 ・・・・・・・・・・・・・・・・・・・・・・・ 10.7
11. 馬術 ・・・・・・・・・・・・・・・・・・・・・・・・・・・・・ 8.3
12. 射撃 ・・・・・・・・・・・・・・・・・・・・・・・・・・・・・ 8.6
13. 車いすラグビー ・・・・・・・・・・・・・・・・・・・・ 11.9
14. トライアスロン ・・・・・・・・・・・・・・・・・・・・ 14.1
15. アーチェリー ・・・・・・・・・・・・・・・・・・・・・・ 8.5
16. 車いすフェンシング ・・・・・・・・・・・・・・・・・ 7.1
17. カヌー ・・・・・・・・・・・・・・・・・・・・・・・・・・・・ 5.6
18. ゴールボール ・・・・・・・・・・・・・・・・・・・・・・ 5.0
19. パワーリフティング ・・・・・・・・・・・・・・・・・ 4.1
20. ボート ・・・・・・・・・・・・・・・・・・・・・・・・・・・ 4.9
21. シッティングバレーボール ・・・・・・・・・・・・ 7.2
22. テコンドー ・・・・・・・・・・・・・・・・・・・・・・・・ 5.2

23. 開会式 ・・・・・・・・・・・・・・・・・・・・・・・・・・ 34.1
24. 閉会式 ・・・・・・・・・・・・・・・・・・・・・・・・・・ 27.0
25. 特にない ・・・・・・・・・・・・・・・・・・・・・・・・ 20.7
26. 無回答 ・・・・・・・・・・・・・・・・・・・・・・・・・・・0.6

―東京パラリンピック 解説必要度―

第18問　パラリンピック競技の放送で，障害の種類や程度による競技のクラス分けや，ルールについて，図などを用いて解説することは，どのくらい必要だと思いますか。この中から1つだけ選んでください。
1. とても必要だ ・・・・・・・・・・・・・・・・・・・・ 36.6 %
2. まあ必要だ ・・・・・・・・・・・・・・・・・・・・・・ 45.7
3. あまり必要ではない ・・・・・・・・・・・・・・・・ 13.2
4. まったく必要ではない ・・・・・・・・・・・・・・・3.5
5. 無回答 ・・・・・・・・・・・・・・・・・・・・・・・・・・・1.0

―パラリンピック ユニバーサル放送の必要性―

第19問　あなたは，パラリンピックの競技中継や関連番組で，手話，字幕，音声による解説などをおこなう「ユニバーサル放送」は，どのくらい必要だと思いますか。この中から1つだけ選んでください。
1. とても必要だ ・・・・・・・・・・・・・・・・・・・・ 44.1 %
2. まあ必要だ ・・・・・・・・・・・・・・・・・・・・・・ 43.5
3. あまり必要ではない ・・・・・・・・・・・・・・・・・ 8.6
4. まったく必要ではない ・・・・・・・・・・・・・・・2.9
5. 無回答 ・・・・・・・・・・・・・・・・・・・・・・・・・・・0.9

―東京パラリンピック 放送取り組みへの意義―

第20問　NHKが2020年の東京パラリンピックの放送に取り組むことの意義について，あなたはどのように思われますか。この中から1つだけ選んでください。
1. 大いに意義がある ・・・・・・・・・・・・・・・・ 43.9 %
2. ある程度意義がある ・・・・・・・・・・・・・・・ 43.3
3. あまり意義はない ・・・・・・・・・・・・・・・・・・ 8.7
4. まったく意義はない ・・・・・・・・・・・・・・・・・3.1
5. 無回答 ・・・・・・・・・・・・・・・・・・・・・・・・・・・0.9

―パラリンピックの伝えるべき側面―

第21問　パラリンピックには，スポーツとしての側面と，福祉としての側面がありますが，どのように伝えるべきだと考えますか。あなたのお考えに近いものを1つだけ選んでください。
1. オリンピックと同様に，純粋なスポーツとして扱うべき ・・・・・・・・ 39.2 %
2. なるべくスポーツとしての魅力を前面に伝えるべき ・・・・・・・・・・・・・・ 25.5
3. 競技性と障害者福祉の視点を同じ程度伝えるべき ・・・・・・・・・・・・・・ 28.2
4. 競技性より，障害者福祉の視点を重視して伝えるべき ・・・・・・・・・・・・・5.4
5. その他 ・・・・・・・・・・・・・・・・・・・・・・・・・・・0.9
6. 無回答 ・・・・・・・・・・・・・・・・・・・・・・・・・・・0.8

―リオパラリンピック 視聴頻度―

第22問　あなたは，2016年9月におこなわれたリオデジャネイロ・パラリンピックの放送や映像を，テレビやラジオ，インターネットでどのくらい見聞きしましたか。次の中からあてはまるものを1つだけ選んでお答えください。
1. ほぼ毎日 ・・・・・・・・・・・・・・・・・・・・・・ 17.7 %
2. 週に3，4日 ・・・・・・・・・・・・・・・・・・・・・ 15.7

ーリオパラリンピック後の障害者スポーツ視聴経験（複数回答）ー
第23問　それでは，あなたは，リオデジャネイロ・パラリンピック終了後に，障害者スポーツを見たことがありますか。あてはまるものをすべてお答えください。
　1. テレビのニュースで見たことがある ・・・・・・・・・ 54.8 %
　2. テレビの競技中継を見たことがある ・・・・・・・・・ 21.1
　3. ニュースや競技中継以外の
　　　テレビの番組で見たことがある ・・・・・・・・・・ 23.1
　4. 動画サイトなどテレビ以外の
　　　メディアで見たことがある ・・・・・・・・・・・・ 3.6
　5. 実際に会場で見たことがある ・・・・・・・・・・・・ 0.8
　6. その他 ・・・・・・・・・・・・・・・・・・・・・・・・・・ 0.3
　7. 見たことはない ・・・・・・・・・・・・・・・・・・・・ 23.3
　8. 無回答 ・・・・・・・・・・・・・・・・・・・・・・・・・・ 0.3

ー障害者スポーツについて感じること（複数回答）ー
第24問　あなたは，障害者スポーツについてどうお感じですか。あてはまるものをすべてお答えください。
　1. 競技として楽しめる ・・・・・・・・・・・・・・・・・・ 24.5 %
　2. 選手の頑張りに感動する ・・・・・・・・・・・・・・・ 69.5
　3. 障害のある人への理解が深まる ・・・・・・・・・ 44.8
　4. 競技のルールがわかりにくい ・・・・・・・・・・ 20.0
　5. 面白さがわからない ・・・・・・・・・・・・・・・・ 4.4
　6. 見ていて楽しめない ・・・・・・・・・・・・・・・・ 5.2
　7. その他 ・・・・・・・・・・・・・・・・・・・・・・・・・・ 2.2
　8. 無回答 ・・・・・・・・・・・・・・・・・・・・・・・・・・ 0.4

ー障害者スポーツのイメージ（複数回答）ー
第25問　では，あなたは，「障害者スポーツ」と聞いて，どのような言葉を思い浮かべますか。あてはまるものをすべてお答えください。
　1. エキサイティングな ・・・・・・・・・・・・・・・・・・ 12.4 %
　2. 面白い ・・・・・・・・・・・・・・・・・・・・・・・・・・7.1
　3. 迫力のある ・・・・・・・・・・・・・・・・・・・・・・ 20.3
　4. 感動する ・・・・・・・・・・・・・・・・・・・・・・・・ 62.8
　5. 共感を覚える ・・・・・・・・・・・・・・・・・・・・・・ 16.6
　6. すごい技が見られる ・・・・・・・・・・・・・・・・・ 23.4
　7. 一流の ・・・・・・・・・・・・・・・・・・・・・・・・・・5.8
　8. さわやかな ・・・・・・・・・・・・・・・・・・・・・・ 14.6
　9. 明るい ・・・・・・・・・・・・・・・・・・・・・・・・・・ 21.9
　10. はつらつとした ・・・・・・・・・・・・・・・・・・ 23.2
　11. 静かな ・・・・・・・・・・・・・・・・・・・・・・・・・・1.6
　12. 親しみのない ・・・・・・・・・・・・・・・・・・・・・・3.3
　13. 退屈な ・・・・・・・・・・・・・・・・・・・・・・・・・・0.6
　14. 痛々しい ・・・・・・・・・・・・・・・・・・・・・・・・6.9
　15. 暗い ・・・・・・・・・・・・・・・・・・・・・・・・・・0.8
　16. 難しい ・・・・・・・・・・・・・・・・・・・・・・・・・・6.5
　17. この中にあてはまるものはない ・・・・・・・・・8.6
　18. 無回答 ・・・・・・・・・・・・・・・・・・・・・・・・・・0.5

ー障害者に対する意見ー
第26問　あなたは，障害のある人についての次のような意見に対して，どう思いますか。A〜Fのそれぞれについて，あてはまるものをお答えください。

（%）

	そう思う	そう思わない	無回答
A. 障害のある人への手助けは，慣れた人に任せるほうがいい	41.6	55.7	2.7
B. 障害のある人と話すときは，障害のことに触れるべきではない	34.0	63.1	2.9
C. 障害のある人も，障害のない人も，対等に暮らすべきだ	77.5	19.7	2.8
D. 支援や保護を手厚くするべきだ	79.3	17.5	3.1
E. 自分とは関わりのないことだ	6.3	90.2	3.6
F. パラリンピックをきっかけに，障害のある人と障害のない人との共生の意識が高まる	76.1	21.3	2.7

ー自身にあてはまること（複数回答）ー
第27問　あなたご自身は，次にあげることについてあてはまることはありますか。あてはまるものをすべてお答えください。
　1. ご自身に障害がある ・・・・・・・・・・・・・・・・・・4.7 %
　2. 家族に障害がある人がいる ・・・・・・・・・・・・・ 12.8
　3. 友人・知人に障害がある人がいる ・・・・・・・・・・ 23.4
　4. 障害のある人のサポートや
　　　ボランティアの経験がある ・・・・・・・・・・・・ 13.7
　5. どれもあてはまらない ・・・・・・・・・・・・・・・・ 54.9
　6. 無回答 ・・・・・・・・・・・・・・・・・・・・・・・・・・0.6

ー現代社会での障害者スポーツの理解度ー
第28問　あなたは，現代の社会において，障害者スポーツは，どのくらい理解されていると思われますか。この中から1つだけ選んでください。
　1. よく理解されている ・・・・・・・・・・・・・・・・・・2.5 %
　2. まあ理解されている ・・・・・・・・・・・・・・・・ 28.8
　3. あまり理解されていない ・・・・・・・・・・・・・・ 63.5
　4. まったく理解されていない ・・・・・・・・・・・・・・4.4
　5. 無回答 ・・・・・・・・・・・・・・・・・・・・・・・・・・0.8

ー障害者スポーツが理解されるためには（複数回答）ー
【第28問で，「3」「4」と答えた方にうかがいます】
第29問　それでは，現代の社会において，障害者スポーツが理解されるためにはどうすればよいと思いますか。この中であてはまるものをすべてお答えください。
　1. 障害者スポーツの競技団体などが
　　　もっと広報活動を行う ・・・・・・・・・・・・・・・ 33.7 %
　2. テレビや新聞などのメディアで
　　　障害者スポーツをもっと取り上げる ・・・・・・・・ 72.3
　3. 障害者スポーツの大会をもっと開催する ・・・・・ 26.8
　4. その他 ・・・・・・・・・・・・・・・・・・・・・・・・・・4.5
　5. 特に何もしなくてよい ・・・・・・・・・・・・・・・・・・7.4
　6. 無回答 ・・・・・・・・・・・・・・・・・・・・・・・・・・2.1

（分母＝ 1,683 人）

―東京オリンピック・パラリンピック 準備状況について思うこと―

第30問　現在の東京オリンピック・パラリンピックの準備状況についてうかがいます。今の準備状況について，あなたはどう思いますか。この中から1つだけ選んでください。
1. とても順調だと思う ・・・・・・・・・・・・・・・・・・・・1.3 %
2. まあ順調だと思う ・・・・・・・・・・・・・・・・・・・・33.4
3. あまり順調ではない ・・・・・・・・・・・・・・・・・・53.4
4. まったく順調ではない ・・・・・・・・・・・・・・・・8.8
5. 無回答 ・・・・・・・・・・・・・・・・・・・・・・・・・・・・・3.1

**―東京オリンピック・パラリンピック
準備状況で不安だと感じること（複数回答）―**

第31問　現在の東京オリンピック・パラリンピックの準備状況に関連して，あなたが不安だと感じることはありますか。次の中から，あてはまるものをすべてお答えください。
1. メインスタジアム（新国立競技場）など
　会場の整備 ・・・・・・・・・・・・・・・・・・・・・・・50.0 %
2. 大会の開催費用 ・・・・・・・・・・・・・・・・・・・・58.7
3. 日本の組織委員会の体制 ・・・・・・・・・・・・37.3
4. 公共施設などのバリアフリー化 ・・・・・・・・31.9
5. 道路や鉄道などのインフラ整備 ・・・・・・・40.7
6. 外国人観光客の受け入れ ・・・・・・・・・・・・42.2
7. 東日本大震災の復興への影響 ・・・・・・・・27.9
8. 日本人選手の育成・強化 ・・・・・・・・・・・・・15.2
9. ボランティアの育成 ・・・・・・・・・・・・・・・・・・26.0
10. その他 ・・・・・・・・・・・・・・・・・・・・・・・・・・・・・2.1
11. 特にない ・・・・・・・・・・・・・・・・・・・・・・・・・・・8.1
12. 無回答 ・・・・・・・・・・・・・・・・・・・・・・・・・・・・0.8

**―東京オリンピック・パラリンピック
施設の整備費用についての考え方―**

第32問　東京オリンピック・パラリンピックの競技施設を整備するうえで，あなたは，次のどちらの考え方に近いと思いますか。この中から1つだけ選んでください。
1. じゅうぶんな費用をかけるべきだ ・・・・・・・23.7 %
2. できるだけ費用を抑えるべきだ ・・・・・・・・75.1
3. 無回答 ・・・・・・・・・・・・・・・・・・・・・・・・・・・・1.2

**―東京オリンピック・パラリンピック
東京の街の変化（複数回答）―**

第33問　東京オリンピック・パラリンピックをきっかけに，東京の街はどのように変わっていくと思いますか。あてはまるものをいくつでもお答えください。
1. 古い建物が取り壊され，新しい建物や
　施設が建設される ・・・・・・・・・・・・・・・・・・26.9 %
2. 日本の伝統を生かした建物や施設，
　景観が増える ・・・・・・・・・・・・・・・・・・・・・・20.8
3. バリアフリーなど，障害がある人や高齢者に
　配慮した街づくりが進む ・・・・・・・・・・・・・50.9
4. 道路や鉄道などの整備が進み，
　交通の利便性が高まる ・・・・・・・・・・・・・・47.4
5. 道路や施設のわかりやすい表示など，
　外国人に配慮した街づくりが進む ・・・・・・・59.8
6. その他 ・・・・・・・・・・・・・・・・・・・・・・・・・・・・・1.4
7. 特にない ・・・・・・・・・・・・・・・・・・・・・・・・・・・9.1
8. 無回答 ・・・・・・・・・・・・・・・・・・・・・・・・・・・・0.8

―東京オリンピック・パラリンピック 終了後の状況―

第34問　あなたは，東京オリンピック・パラリンピック終了後の状況についての次のような意見に対して，どう思いますか。A〜Gのそれぞれについて，あてはまるものをお答えください。

（%）

	そう思う	そう思わない	無回答
A. スポーツに取り組む人が増える	63.1	34.5	2.4
B. 外国人や障害のある人との共生の意識が高まる	62.1	35.2	2.7
C. 大会の感動は，国民の記憶に残り続ける	78.1	19.5	2.4
D. 競技施設が，市民スポーツや地域イベントの拠点として活用される	72.1	25.1	2.8
E. 競技施設の維持管理費がかさみ，市民の新たな負担になる	75.5	21.5	3.0
F. オリンピック関連の需要がなくなり，景気が冷え込む	55.4	40.6	4.0
G. 東京と地方の格差が広がる	58.2	38.3	3.5

―東京オリンピック・パラリンピックについての意見―

第35問　あなたは，東京オリンピック・パラリンピックについての次のような意見に対してどう思いますか。A〜Kのそれぞれについて，あてはまるものをお答えください。

（%）

	そう思う	そう思わない	無回答
A. オリンピック・パラリンピックは私の暮らしにまったく関係がない	45.1	52.6	2.3
B. オリンピック・パラリンピック開催にお金を使うより，育児や介護支援など，一般の人たちへの施策を充実させるべきだ	54.2	42.5	3.3
C. オリンピック・パラリンピックの開催を契機に公共施設や，インフラの整備が進む	70.3	26.5	3.2
D. オリンピック・パラリンピックの開催は，日本経済によい影響を与える	66.8	30.4	2.8
E. オリンピック・パラリンピックは世界の国や地域の友好を深める	82.0	15.5	2.5
F. オリンピック・パラリンピックは自分の国について改めて考えるよい機会である	72.4	24.7	2.9
G. オリンピック・パラリンピックは，東日本大震災からの復興を世界に示す上で大きな意味がある	50.5	46.7	2.7
H. オリンピック・パラリンピックの開催準備で，東日本大震災からの復興が遅れる	50.9	46.1	3.0
I. オリンピック・パラリンピックが開かれることで，何となく楽しい気持ちになる	71.5	25.8	2.7
J. オリンピック・パラリンピックの盛り上がりは，一時的なことにすぎない	70.4	27.1	2.5
K. オリンピック・パラリンピックの開催に向けて，テレビがより高画質になるなど，放送技術が向上する	70.5	26.4	3.1

―東京オリンピック・パラリンピックでアピールすべきこと
（複数回答）―

第36問　オリンピック・パラリンピックを通じて，日本は，世界にどのようなことをアピールすべきだと思いますか。あてはまるものをいくつでもお答えください。

1. 東日本大震災からの復興 ……………… 42.5 %
2. 外国人観光客への手厚い対応やサービス …… 43.6
3. 競技場など大会施設のすばらしさ ………… 21.0
4. 日本の伝統文化 ………………………… 69.5
5. 日本の食文化 …………………………… 59.1
6. 東京の治安のよさや清潔さ ……………… 58.1
7. 日本人の勤勉さや礼儀正しさ …………… 51.3
8. 国際大会を円滑に運営できること ……… 35.8
9. その他 …………………………………… 1.0
10. 特にない ………………………………… 5.2
11. 無回答 …………………………………… 0.7

―東京オリンピック・パラリンピック ボランティア参加意欲―

第37問　あなたは，2020年の東京オリンピック・パラリンピックで，ボランティアとして大会に参加したいと思いますか。1つ選んでお答えください。

1. 参加したいと思う ……………………… 17.6 %
2. 参加したいと思わない ………………… 81.4
3. 無回答 …………………………………… 1.0

―東京オリンピック・パラリンピック
前回大会の記憶（複数回答）―

第38問　あなたは，前回（1964年）の東京オリンピックのことについて覚えていることはありますか。あてはまるものをいくつでもお答えください。

1. 競技や開会式，閉会式，
聖火リレーを実際に見た …………………… 6.4 %
2. 競技や開会式，閉会式をテレビやラジオで
見たり聞いたりした ……………………… 35.3
3. 開催までに，東京の街の様子が大きく変わった ‥ 14.6
4. 大会期間中，街がとても盛り上がった ……… 10.5
5. 記念硬貨などの記念品を買った ………… 14.6
6. まだ生まれていなかった ………………… 49.0
7. この中にはない …………………………… 11.3
8. 無回答 …………………………………… 1.1

―オリンピックについての価値観―

第39問　あなたは，オリンピックそのものについての次のような意見に対して，どう思いますか。A〜Jについて，あてはまると思うものをお答えください。

(%)

	そう思う	そう思わない	無回答
A．オリンピックは国と国とが実力を競い合う，国際的な競争の舞台である	70.6	27.3	2.1
B．オリンピックの開催国になることは，その国にとって，大きな名誉である	66.2	31.8	2.0
C．オリンピックは国や人種を超えて人々が交流する平和の祭典である	90.4	7.9	1.7
D．オリンピックはそれぞれの国の国民としての自覚を深め，誇りを高める	79.5	18.1	2.4
E．オリンピックが開かれるのは東京だが，国民全体が協力して成功させなければならない	72.0	25.6	2.4
F．オリンピックで国中がさわぐのは，ばかばかしいことだ	17.7	79.8	2.5
G．オリンピックが商売や金もうけに利用されるのは不愉快だ	49.9	47.6	2.5
H．オリンピックは開催国の国民に負担をかけて犠牲を払わせている	45.4	51.6	3.0
I．オリンピックは国内の重要な問題から国民の目をそらせるからよくない	25.1	72.0	2.9
J．過剰なメダル獲得競争やドーピング問題などによって，オリンピック本来のあり方が見失われている	60.3	37.4	2.3

―日本の社会観 他国との比較―

第40問　現在の日本は，他の国々とくらべて，どのような社会だと思いますか。次のA〜Eについて，あてはまるものをお答えください。

(%)

	そう思う	まあそう思う	あまりそう思わない	そう思わない	無回答
A．伝統や文化が豊かな社会	40.9	48.2	7.9	1.6	1.4
B．弱者にやさしい社会	6.2	30.1	48.1	14.1	1.5
C．収入や生活水準の格差が小さい社会	6.3	27.5	42.2	22.2	1.7
D．自然環境に恵まれた社会	17.3	52.3	24.2	4.7	1.5
E．人々が助けあう社会	8.9	46.8	35.6	7.3	1.5

―日本の国民性 他国との比較―

第41問　日本は，次のA〜Jのような点で，他の国々とくらべて，すぐれていると思いますか，劣っていると思いますか。あてはまるものをお答えください。

(%)

	すぐれている	どちらともいえない	劣っている	わからない	無回答
A．国民の勤勉さ	57.6	32.2	4.3	4.8	1.0
B．道徳心	44.0	42.8	7.3	4.8	1.1
C．経済力	25.4	54.5	12.7	6.3	1.2
D．愛国心	16.5	46.1	27.4	8.7	1.3
E．公共心	29.2	49.0	12.1	7.9	1.8
F．知的能力	28.0	54.8	7.5	8.0	1.7
G．教育の普及程度	41.0	40.1	11.6	5.6	1.7
H．国際的指導力	7.2	39.1	41.7	10.5	1.5
I．技術力	65.3	26.1	3.5	3.8	1.4
J．おもてなしの心	62.9	29.3	2.4	4.2	1.2

―日本は他国よりすぐれているか 全般的な評価―

第42問　あなたは，日本が他の国々とくらべて，全体としてすぐれた国だと思いますか。1つだけ選んでお答えください。

1. そう思う ………………………………… 20.8 %
2. まあそう思う …………………………… 57.8
3. あまりそう思わない …………………… 17.7

4. そう思わない ・・・・・・・・・・・・・・・・・・・・・・・・2.9

5. 無回答 ・・・・・・・・・・・・・・・・・・・・・・・・・・・0.8

─日本の今後の見通し─

第43問　日本は，これから先，どうなっていくと思いますか。次のA～Eについて，あてはまるものをお答えください。

(%)

	よくなる	悪くなる	変わらない	無回答
A.　政治	7.8	28.9	61.9	1.4
B.　経済状況	11.1	36.1	51.6	1.3
C.　治安	9.3	42.2	47.0	1.5
D.　人びとの思いやりの心	15.4	25.9	57.2	1.5
E.　公共心	12.4	23.0	63.0	1.6

─日本の今後の見通し 全般的な評価─

第44問　それでは全体的に見て，日本は，これから先，どうなっていくと思いますか。1つだけ選んでお答えください。

1. よくなる ・・・・・・・・・・・・・・・・・・・・・・・・11.9 %

2. 悪くなる ・・・・・・・・・・・・・・・・・・・・・・・・31.0

3. 変わらない ・・・・・・・・・・・・・・・・・・・・・・56.0

4. 無回答 ・・・・・・・・・・・・・・・・・・・・・・・・・1.0

─世界への関心度─

第45問　あなたは，日本以外の，世界の国や地域についてどのくらい関心がありますか。以下にあげたA～Hの地域について，あてはまるものをお答えください。

(%)

	非常に関心がある	ある程度関心がある	あまり関心がない	まったく関心がない	無回答
A.　ヨーロッパ	13.1	51.6	26.7	6.6	2.0
B.　ロシア	7.4	33.6	45.7	11.5	1.8
C.　アジア	18.2	49.9	23.8	6.5	1.6
D.　中東	5.9	34.4	45.2	12.3	2.2
E.　北アメリカ	11.9	42.5	35.2	8.3	2.1
F.　中央・南アメリカ	6.2	33.7	47.3	10.7	2.2
G.　オセアニア	4.3	28.5	50.8	14.3	2.1
H.　アフリカ	4.0	24.8	53.7	15.9	1.7

─現在の関心事（複数回答）─

第46問　それでは，次のうち，あなたが関心を持っているものをいくつでもお答えください。

1. 2018年ピョンチャンオリンピック・パラリンピック ・・・・・・・・・・・・・・・・・・25.6 %

2. 2020年東京オリンピック・パラリンピック ・・58.5

3. 地震や台風などの自然災害 ・・・・・・・・・・・75.0

4. 国際的なテロ事件 ・・・・・・・・・・・・・・・・60.5

5. 地域紛争や難民問題など国際政治の動向 ・・・・・32.7

6. 憲法改正問題など国内政治の動向 ・・・・・・・・46.1

7. 為替市場や株式市場など経済の動向 ・・・・・・20.8

8. 介護や子育て環境の整備 ・・・・・・・・・・・・60.5

9. その他 ・・・・・・・・・・・・・・・・・・・・・・・・3.1

10. 無回答 ・・・・・・・・・・・・・・・・・・・・・・・・1.2

─ピョンチャンオリンピック 関心度─

第47問　あなたはピョンチャン・オリンピックにどのくらい関心がありますか。この中から1つだけ選んでください。

1. 大変関心がある ・・・・・・・・・・・・・・・・・・7.8 %

2. まあ関心がある ・・・・・・・・・・・・・・・・・・43.4

3. あまり関心はない ・・・・・・・・・・・・・・・・34.7

4. まったく関心はない ・・・・・・・・・・・・・・・13.4

5. 無回答 ・・・・・・・・・・・・・・・・・・・・・・・・0.6

─ピョンチャンオリンピック 望ましい映像発信程度─

第48問　あなたは，ピョンチャン・オリンピックの大会で，映像をどの程度伝えてほしいと考えますか。この中から1つだけ選んでください。

1. すべての競技の映像を見られるようにすべきだ ・・12.1 %

2. 日本人選手の出場する全種目を見られるようにすべきだ ・・・・・・・・・・・・・34.0

3. 日本人選手が活躍しそうな種目を見ることができればいい ・・・・・・・・・・・25.1

4. 1日のまとめや日本人選手のメダル獲得等をダイジェストで見ることができればいい ・・・・・27.6

5. 無回答 ・・・・・・・・・・・・・・・・・・・・・・・・1.1

─ピョンチャンオリンピック 見たい競技（複数回答）─

第49問　次の中で，あなたがピョンチャン・オリンピックで見たいと思う競技や式典はどれですか。あてはまるものをすべてお答えください。

1. アルペンスキー ・・・・・・・・・・・・・・・・24.4 %

2. スキージャンプ ・・・・・・・・・・・・・・・・62.6

3. ノルディック複合 ・・・・・・・・・・・・・・・20.8

4. クロスカントリースキー ・・・・・・・・・・・・11.9

5. フリースタイルスキー ・・・・・・・・・・・・・11.7

6. バイアスロン ・・・・・・・・・・・・・・・・・・5.7

7. スノーボード ・・・・・・・・・・・・・・・・・・28.7

8. フィギュアスケート ・・・・・・・・・・・・・・67.8

9. スピードスケート ・・・・・・・・・・・・・・・37.0

10. ショートトラックスピードスケート ・・・・・・・14.4

11. アイスホッケー ・・・・・・・・・・・・・・・・10.2

12. カーリング ・・・・・・・・・・・・・・・・・・25.3

13. リュージュ ・・・・・・・・・・・・・・・・・・4.3

14. ボブスレー ・・・・・・・・・・・・・・・・・・9.0

15. スケルトン ・・・・・・・・・・・・・・・・・・4.0

16. 開会式 ・・・・・・・・・・・・・・・・・・・・40.6

17. 閉会式 ・・・・・・・・・・・・・・・・・・・・28.6

18. その他 ・・・・・・・・・・・・・・・・・・・・・0.2

19. 特にない ・・・・・・・・・・・・・・・・・・・15.3

20. 無回答 ・・・・・・・・・・・・・・・・・・・・・0.6

─ピョンチャンパラリンピック 関心度─

第50問　あなたはピョンチャン・パラリンピックにどのくらい関心がありますか。この中から1つだけ選んでください。

1. 大変関心がある ・・・・・・・・・・・・・・・・・4.1 %

2. まあ関心がある ・・・・・・・・・・・・・・・・39.2

3. あまり関心はない ・・・・・・・・・・・・・・・41.3

4. まったく関心はない ・・・・・・・・・・・・・・14.8

5. 無回答 ・・・・・・・・・・・・・・・・・・・・・・0.6

－ピョンチャンパラリンピック 望ましい映像発信程度－

第51問　あなたは，ピョンチャン・パラリンピックの大会で，映像をどの程度伝えてほしいと考えますか。この中から1つだけ選んでください。

1. すべての競技の映像を
   見られるようにすべきだ ・・・・・・・・・・・・・・・ 10.0 %
2. 日本人選手の出場する全種目を
   見られるようにすべきだ ・・・・・・・・・・・・・・・ 28.2
3. 日本人選手が活躍しそうな種目を
   見ることができればいい ・・・・・・・・・・・・・・・ 23.7
4. 1日のまとめや日本人選手のメダル獲得等を
   ダイジェストで見ることができればいい ・・・・・・ 37.1
5. 無回答 ・・・・・・・・・・・・・・・・・・・・・・・・・・・0.9

－ピョンチャンパラリンピック　見たい競技（複数回答）－

第52問　次の中で，あなたがピョンチャン・パラリンピックで見たいと思う競技はどれですか。あてはまるものをすべてお答えください。

1. アルペンスキー ・・・・・・・・・・・・・・・・・・・ 28.4 %
2. クロスカントリースキー ・・・・・・・・・・・・・・ 15.7
3. バイアスロン ・・・・・・・・・・・・・・・・・・・・・・・7.0
4. スノーボード ・・・・・・・・・・・・・・・・・・・・・ 25.0
5. パラアイスホッケー ・・・・・・・・・・・・・・・・・・9.3
6. 車いすカーリング ・・・・・・・・・・・・・・・・・・ 16.1
7. 開会式 ・・・・・・・・・・・・・・・・・・・・・・・・・ 28.4
8. 閉会式 ・・・・・・・・・・・・・・・・・・・・・・・・・ 20.7
9. 特にない ・・・・・・・・・・・・・・・・・・・・・・・・ 39.5
10. 無回答 ・・・・・・・・・・・・・・・・・・・・・・・・・・0.9

－市民意識－

第53問　あなたの今の生き方について，次の中から，最も近いものを1つ選んで○をつけてください。

1. 社会のために必要なことを考え，
   みんなと力を合わせ，世の中をよくするように
   心がけている ・・・・・・・・・・・・・・・・・・・・・・6.8 %
2. 自分の生活とのかかわりの範囲で自分なりに考え，
   身近なところから世の中をよくするよう
   心がけている ・・・・・・・・・・・・・・・・・・・・ 41.3
3. 決められたことには従い，世間に迷惑を
   かけないように心がけている ・・・・・・・・・・・・ 43.5
4. 自分や家族の生活を充実させることを第一に考え，
   世間のことにはかかわらないように
   心がけている ・・・・・・・・・・・・・・・・・・・・・・7.2
5. 無回答 ・・・・・・・・・・・・・・・・・・・・・・・・・・1.1

－インターネット利用機器（複数回答）－

第54問　あなたは，ふだん，どのような機器をお使いになっていますか。次の中から，あてはまるものをいくつでもお答えください。

1. パソコン ・・・・・・・・・・・・・・・・・・・・・・ 50.7 %
2. タブレット端末 ・・・・・・・・・・・・・・・・・・ 20.1
3. スマートフォン ・・・・・・・・・・・・・・・・・・ 63.1
4. 携帯電話（スマートフォン以外）・・・・・・・・・・ 31.4
5. いずれも使用していない ・・・・・・・・・・・・・・・7.8
6. 無回答 ・・・・・・・・・・・・・・・・・・・・・・・・・・0.5

－メディア利用頻度－

第55問　あなたは，次にあげるものをどのくらい使っていますか。A〜Dそれぞれについて，1つだけ○をつけてください。（ここでの「インターネット」には，パソコン以外の携帯電話などによるものや，メールも含みます。）

(%)

	よく使っている	ある程度使っている	あまり使っていない	まったく使っていない	無回答
A．テレビ	65.9	21.7	7.3	3.6	1.5
B．ラジオ	9.7	18.2	27.8	40.5	3.8
C．新聞	33.8	22.6	17.3	23.6	2.7
D．インターネット	45.7	20.7	7.8	22.0	3.8

－スポーツ視聴頻度－

第56問　あなたはふだん，テレビやラジオ，インターネットなどでスポーツをどのくらいご覧になりますか。1つ選んでお答えください。

1. よく見る（聞く）ほう ・・・・・・・・・・・・・・・ 21.3 %
2. まあよく見る（聞く）ほう ・・・・・・・・・・・・ 43.5
3. ほとんど見ない（聞かない）ほう ・・・・・・・・・ 28.1
4. まったく見ない（聞かない）ほう ・・・・・・・・・・6.7
5. 無回答 ・・・・・・・・・・・・・・・・・・・・・・・・・・0.5

－性別－

第57問（省略）

－生年－

第58問（省略）

－職業－

第59問（省略）

「2018年3月東京オリンピック・パラリンピックに関する世論調査（第3回）」
単純集計結果

1. 調査時期：2018年3月17日（土）～25日（日）
2. 調査方法：配付回収法
3. 調査対象：全国20歳以上
4. 調査相手：住民基本台帳から層化無作為2段抽出した3,600人（12人×300地点）
5. 調査有効数（率）：2,459人（68.3%）

《サンプル構成》

	全体	男の年層						女の年層					
		20代	30代	40代	50代	60代	70歳以上	20代	30代	40代	50代	60代	70歳以上
実数（人）	2,459	105	146	205	185	213	284	127	169	255	202	222	346
構成比（%）	100.0	4.3	5.9	8.3	7.5	8.7	11.5	5.2	6.9	10.4	8.2	9.0	14.1

	全体	職業										
		農林漁業	自営業	販売・サービス職	技能・作業職	事務・技術職	経営者管理職	専門職自由業他	主婦	学生	無職	無回答
実数（人）	2,459	49	132	254	322	420	105	79	569	61	445	23
構成比（%）	100.0	2.0	5.4	10.3	13.1	17.1	4.3	3.2	23.1	2.5	18.1	0.9

	全体	地域ブロック										東京都民	東京都民以外
		北海道	東北	関東	甲信越	東海	北陸	近畿	中国	四国	九州		
実数（人）	2,459	101	192	785	118	302	73	370	159	77	282	209	2,250
構成比（%）	100.0	4.1	7.8	31.9	4.8	12.3	3.0	15.0	6.5	3.1	11.5	8.5	91.5

ーピョンチャンオリンピック　視聴頻度ー

第1問　あなたは、2月9日（金）～25日（日）のピョンチャンオリンピック期間中、オリンピックの放送や映像を、テレビやラジオ、インターネットでどのくらい見聞きしましたか。次の中からあてはまるものをお答えください。ただし、定時のニュースは除きます。

1. ほぼ毎日 ・・・・・・・・・・・・・・・・・・・・・・・・・47.7 %
2. 週に3、4日 ・・・・・・・・・・・・・・・・・・・・・18.1
3. 週に1、2日 ・・・・・・・・・・・・・・・・・・・・・9.8
4. 期間中数回程度 ・・・・・・・・・・・・・・・・・16.4
5. ほとんど・まったく見聞きしなかった ・・・・・・・・7.8
6. 無回答 ・・・・・・・・・・・・・・・・・・・・・・・・・0.3

ーピョンチャンオリンピック　視聴メディアー

第2問　では、オリンピックの放送や映像を見聞きするのに、次のA～Dのメディアをどのくらい利用されましたか。それぞれについて、あてはまるものをお答えください。

(%)	ほぼ毎日	週に3、4日	週に1、2日	期間中数回程度	見聞きしなかったほとんど・まったく	無回答
A．テレビ	48.3	17.8	9.9	14.8	8.0	1.2
B．パソコン	5.0	3.5	3.3	6.3	64.8	17.1
C．スマートフォン・携帯電話	16.4	6.3	4.7	9.2	47.8	15.7
D．ラジオ	3.2	2.1	1.9	5.7	69.9	17.2

ーピョンチャンオリンピック　視聴番組ー

第3問　あなたは、テレビやインターネットで、次のようなオリンピックの放送や映像をどのくらいご覧になりましたか。それぞれについて、あてはまるものをお答えください。

	よく見た	ときどき見た	見なかったほとんど・まったく	無回答
テレビ　　　　　　　　（%）				
A．競技の生中継放送	28.3	41.7	25.5	4.5
B．競技の録画放送	22.4	39.2	31.2	7.1
C．競技のハイライト番組	29.9	42.6	21.3	6.2
D．競技以外の関連番組	7.0	33.6	49.5	10.0
インターネット				
A．競技の生中継映像	0.8	4.7	82.5	12.0
B．競技の録画映像	2.0	8.7	77.5	11.9
C．競技のハイライト映像	3.8	12.9	71.8	11.6
D．競技以外の映像	1.5	6.6	79.7	12.1

－ピョンチャンオリンピック　視聴場所（複数回答）－

第4問　あなたは，どのようなところでオリンピックの放送や
　　　　映像をご覧になりましたか。あてはまるものをすべてお答
　　　　えください。

1. 自宅 ・・ 91.0 %
2. 通勤・通学の途中 ・・・・・・・・・・・・・・・・・・・・・・・・・・・ 7.5
3. 外出先 ・・・・・・・・・・・・・・・・・・・・・・・・・・・・・・・・・・・ 10.3
4. パブリックビューイング会場 ・・・・・・・・・・・・・・・・・ 0.2
5. 職場 ・・・・・・・・・・・・・・・・・・・・・・・・・・・・・・・・・・・・・ 16.8
6. その他 ・・・・・・・・・・・・・・・・・・・・・・・・・・・・・・・・・・・・ 1.3
7. 放送や映像は見なかった ・・・・・・・・・・・・・・・・・・・・ 4.4
8. 無回答 ・・・・・・・・・・・・・・・・・・・・・・・・・・・・・・・・・・・・ 0.4

－ピョンチャンオリンピック　印象－

第5問　ピョンチャンオリンピックで，最も印象に残ったことを，
　　　　次の中から1つ選んでお答えください。

1. 日本選手の活躍 ・・・・・・・・・・・・・・・・・・・・・・・・・・・ 84.5 %
2. 世界記録の達成や，演技の素晴らしさ ・・・・・・・ 6.5
3. 大会準備の遅れや，運営の不備 ・・・・・・・・・・・・・ 1.1
4. 治安の問題など現地の混乱 ・・・・・・・・・・・・・・・・・ 0.3
5. ドーピング問題 ・・・・・・・・・・・・・・・・・・・・・・・・・・・・ 0.8
6. 韓国と北朝鮮の合同での入場行進や競技参加 ・・・2.0
7. その他 ・・・・・・・・・・・・・・・・・・・・・・・・・・・・・・・・・・・・ 3.3
8. 無回答 ・・・・・・・・・・・・・・・・・・・・・・・・・・・・・・・・・・・・ 1.5

－ピョンチャンオリンピック　視聴感想（複数回答）－

第6問　それでは，テレビやインターネットでオリンピックの
　　　　放送や映像をご覧になった感想はいかがでしたか。それぞ
　　　　れについて，次のうち，あてはまるものをいくつでもお答
　　　　えください。ご覧になっていない方は「見ていない」に○
　　　　をつけてください。

A. テレビ

1. 自分の好きな時間に見ることができた ・・・・・・ 40.5 %
2. 見たいものだけを見ることができた ・・・・・・・・ 44.1
3. どんな場所でも見ることができた ・・・・・・・・・・ 2.4
4. 迫力ある映像を楽しめた ・・・・・・・・・・・・・・・・・・ 25.6
5. 他の人と一緒に楽しめた ・・・・・・・・・・・・・・・・・・ 16.8
6. 競技の臨場感を楽しめた ・・・・・・・・・・・・・・・・・・ 17.1
7. 毎日同じような時間に競技を見ることで，
　　気分が盛り上がった ・・・・・・・・・・・・・・・・・・・・・・ 10.4
8. 競技のルールなどの補足情報があり，
　　競技をより楽しむことができた ・・・・・・・・・・・・ 25.9
9. この中にはない ・・・・・・・・・・・・・・・・・・・・・・・・・・ 5.6
10. 見ていない ・・・・・・・・・・・・・・・・・・・・・・・・・・・・・・ 8.5
11. 無回答 ・・・・・・・・・・・・・・・・・・・・・・・・・・・・・・・・・・ 0.3

B. インターネット

1. 自分の好きな時間に見ることができた ・・・・・・ 14.9 %
2. 見たいものだけを見ることができた ・・・・・・・・ 13.9
3. どんな場所でも見ることができた ・・・・・・・・・・ 6.8
4. 迫力ある映像を楽しめた ・・・・・・・・・・・・・・・・・・ 0.9
5. 他の人と一緒に楽しめた ・・・・・・・・・・・・・・・・・・ 1.7
6. 競技の臨場感を楽しめた ・・・・・・・・・・・・・・・・・・ 0.4
7. 毎日同じような時間に競技を見ることで，
　　気分が盛り上がった ・・・・・・・・・・・・・・・・・・・・・・ 0.7

8. 競技のルールなどの補足情報があり，
　　競技をより楽しむことができた ・・・・・・・・・・・・・ 2.0
9. この中にはない ・・・・・・・・・・・・・・・・・・・・・・・・・・・ 2.9
10. 見ていない ・・・・・・・・・・・・・・・・・・・・・・・・・・・・・・ 62.2
11. 無回答 ・・・・・・・・・・・・・・・・・・・・・・・・・・・・・・・・・・ 10.2

－ピョンチャンオリンピック　見た競技・式典（複数回答）－

第7問　次の中で，あなたがピョンチャンオリンピックで見た
　　　　競技や式典はどれですか。あてはまるものをすべてお答え
　　　　ください。

1. アルペンスキー ・・・・・・・・・・・・・・・・・・・・・・・・・ 20.4 %
2. スキージャンプ ・・・・・・・・・・・・・・・・・・・・・・・・・ 58.6
3. ノルディック複合 ・・・・・・・・・・・・・・・・・・・・・・・・ 29.1
4. クロスカントリースキー ・・・・・・・・・・・・・・・・・ 12.9
5. フリースタイルスキー ・・・・・・・・・・・・・・・・・・・ 11.0
6. バイアスロン ・・・・・・・・・・・・・・・・・・・・・・・・・・・・ 3.7
7. スノーボード ・・・・・・・・・・・・・・・・・・・・・・・・・・・ 50.0
8. フィギュアスケート ・・・・・・・・・・・・・・・・・・・・・ 78.8
9. スピードスケート ・・・・・・・・・・・・・・・・・・・・・・・ 69.9
10. ショートトラックスピードスケート ・・・・・・・ 39.0
11. アイスホッケー ・・・・・・・・・・・・・・・・・・・・・・・・・ 12.0
12. カーリング ・・・・・・・・・・・・・・・・・・・・・・・・・・・・・ 69.8
13. リュージュ ・・・・・・・・・・・・・・・・・・・・・・・・・・・・・ 1.5
14. ボブスレー ・・・・・・・・・・・・・・・・・・・・・・・・・・・・・ 2.4
15. スケルトン ・・・・・・・・・・・・・・・・・・・・・・・・・・・・・ 1.9
16. 開会式 ・・・・・・・・・・・・・・・・・・・・・・・・・・・・・・・・・ 36.9
17. 閉会式 ・・・・・・・・・・・・・・・・・・・・・・・・・・・・・・・・・ 21.5
18. その他 ・・・・・・・・・・・・・・・・・・・・・・・・・・・・・・・・・ 0.2
19. 見なかった ・・・・・・・・・・・・・・・・・・・・・・・・・・・・・ 7.2
20. 無回答 ・・・・・・・・・・・・・・・・・・・・・・・・・・・・・・・・・ 0.3

－ピョンチャンオリンピック　事前関心度－

第8問　あなたは，ピョンチャンオリンピックが始まる前，大
　　　　会にどのくらい関心がありましたか。この中から1つだけ選
　　　　んでください。

1. 大変関心があった ・・・・・・・・・・・・・・・・・・・・・・・ 11.5 %
2. まあ関心があった ・・・・・・・・・・・・・・・・・・・・・・・ 45.5
3. あまり関心はなかった ・・・・・・・・・・・・・・・・・・・ 32.8
4. まったく関心はなかった ・・・・・・・・・・・・・・・・・ 10.0
5. 無回答 ・・・・・・・・・・・・・・・・・・・・・・・・・・・・・・・・・ 0.2

－ピョンチャンパラリンピック　視聴頻度－

第9問　あなたは，3月9日（金）～18日（日）のピョンチャ
　　　　ンパラリンピック期間中，パラリンピックの放送や映像を
　　　　テレビやラジオ，インターネットで，どのくらい見聞きし
　　　　ましたか。次の中からあてはまるものをお答えください。
　　　　ただし，定時のニュースは除きます。

1. ほぼ毎日 ・・・・・・・・・・・・・・・・・・・・・・・・・・・・・・・ 18.8 %
2. 週に3，4日 ・・・・・・・・・・・・・・・・・・・・・・・・・・・・・ 13.5
3. 週に1，2日 ・・・・・・・・・・・・・・・・・・・・・・・・・・・・・ 10.8
4. 期間中数回程度 ・・・・・・・・・・・・・・・・・・・・・・・・・ 25.7
5. ほとんど・まったく見聞きしなかった ・・・・・・ 30.9
6. 無回答 ・・・・・・・・・・・・・・・・・・・・・・・・・・・・・・・・・ 0.3

ーピョンチャンパラリンピック　視聴メディアー

第10問　では，パラリンピックの放送や映像を見聞きするのに，次のA〜Dのメディアをどのくらい利用されましたか。それぞれについて，あてはまるものをお答えください。

(%)	ほぼ毎日	週に3，4日	週に1，2日	期間中数回程度	見聞きしなかった ほとんど・まったく	無回答
A．テレビ	17.9	12.6	10.2	28.4	29.9	0.9
B．パソコン	1.1	1.3	1.1	4.2	79.5	12.8
C．スマートフォン・携帯電話	2.9	2.7	3.2	7.3	71.2	12.6
D．ラジオ	1.5	1.0	1.3	3.6	80.1	12.4

ーピョンチャンパラリンピック　視聴番組ー

第11問　それではあなたは，テレビやインターネットで，次のようなパラリンピックの放送や映像を，どのくらいご覧になりましたか。それぞれについて，あてはまるものをお答えください。

テレビ (%)	よく見た	ときどき見た	見なかった ほとんど・まったく	無回答
A．競技の生中継放送	8.1	23.6	61.7	6.5
B．競技の録画放送	7.2	29.0	56.5	7.3
C．競技のハイライト番組	10.9	38.7	44.2	6.2
D．競技以外の関連番組	2.0	16.0	71.8	10.2

インターネット	よく見た	ときどき見た	見なかった ほとんど・まったく	無回答
A．競技の生中継映像	0.7	2.2	85.9	11.2
B．競技の録画映像	0.6	4.6	83.6	11.3
C．競技のハイライト映像	1.6	6.8	80.7	10.9
D．競技以外の映像	0.2	2.6	85.8	11.3

ーピョンチャンパラリンピック　視聴感想（複数回答）ー

第12問　それでは，テレビやインターネットでパラリンピックの放送や映像をご覧になった感想はいかがでしたか。それぞれについて，次のうち，あてはまるものをいくつでもお答えください。ご覧になっていない方は「見ていない」に○をつけてください。

A．テレビ
1．自分の好きな時間に見ることができた ・・・・・・・・ 24.4 %
2．見たいものだけを見ることができた ・・・・・・・ 28.7
3．どんな場所でも見ることができた ・・・・・・・・・・・ 1.6
4．迫力ある映像を楽しめた ・・・・・・・・・・・・・ 14.1
5．他の人と一緒に楽しめた ・・・・・・・・・・・・・・ 6.3

6．予想以上に楽しめた ・・・・・・・・・・・・・・・ 11.1
7．競技の臨場感を楽しめた ・・・・・・・・・・・・ 8.5
8．毎日同じような時間に競技を見ることで，気分が盛り上がった ・・・・・・・・・・・・・・ 3.9
9．競技のルールなどの補足情報があり，競技をより楽しむことができた ・・・・・・・・ 11.8
10．この中にはない ・・・・・・・・・・・・・・・・・・ 8.6
11．見ていない ・・・・・・・・・・・・・・・・・・・・・・ 33.1
12．無回答 ・・・・・・・・・・・・・・・・・・・・・・・・・・ 0.4

B．インターネット
1．自分の好きな時間に見ることができた ・・・・・・・・ 7.2 %
2．見たいものだけを見ることができた ・・・・・・6.6
3．どんな場所でも見ることができた ・・・・・・・・・・・ 2.4
4．迫力ある映像を楽しめた ・・・・・・・・・・・・・ 0.7
5．他の人と一緒に楽しめた ・・・・・・・・・・・・・・ 0.5
6．予想以上に楽しめた ・・・・・・・・・・・・・・・ 1.1
7．競技の臨場感を楽しめた ・・・・・・・・・・・・ 0.3
8．毎日同じような時間に競技を見ることで，気分が盛り上がった ・・・・・・・・・・・・・・ 0.3
9．競技のルールなどの補足情報があり，競技をより楽しむことができた ・・・・・・・・ 0.9
10．この中にはない ・・・・・・・・・・・・・・・・・・ 2.7
11．見ていない ・・・・・・・・・・・・・・・・・・・・・・ 75.5
12．無回答 ・・・・・・・・・・・・・・・・・・・・・・・・・・ 9.2

ーピョンチャンパラリンピック　見た競技・式典（複数回答）ー

第13問　次の中で，あなたがピョンチャンパラリンピックで見た競技や式典はどれですか。あてはまるものをすべてお答えください。

1．アルペンスキー ・・・・・・・・・・・・・・・・・・ 39.7 %
2．クロスカントリースキー ・・・・・・・・・・ 19.6
3．バイアスロン ・・・・・・・・・・・・・・・・・・・・ 4.6
4．スノーボード ・・・・・・・・・・・・・・・・・・・・ 34.3
5．パラアイスホッケー ・・・・・・・・・・・・・・ 6.6
6．車いすカーリング ・・・・・・・・・・・・・・・・ 5.1
7．開会式 ・・・・・・・・・・・・・・・・・・・・・・・・ 14.1
8．閉会式 ・・・・・・・・・・・・・・・・・・・・・・・・ 6.5
9．見なかった ・・・・・・・・・・・・・・・・・・・・ 37.3
10．無回答 ・・・・・・・・・・・・・・・・・・・・・・・・ 0.7

ーピョンチャンパラリンピック　事前関心度ー

第14問　あなたは，ピョンチャンパラリンピックが始まる前，大会にどのくらい関心がありましたか。この中から1つだけ選んでください。

1．大変関心があった ・・・・・・・・・・・・・・・・ 4.4 %
2．まあ関心があった ・・・・・・・・・・・・・・・・ 28.3
3．あまり関心はなかった ・・・・・・・・・・・・ 45.9
4．まったく関心はなかった ・・・・・・・・・・・・ 21.0
5．無回答 ・・・・・・・・・・・・・・・・・・・・・・・・ 0.4

―ピョンチャンパラリンピック　意見―

第15問　あなたは，パラリンピックについて，どのように思われますか。以下のそれぞれについて，あなたの気持ちに「あてはまる」か「あてはまらない」でお答えください。

		あてはまる	あてはまらない	無回答
	(%)			
A.	競技結果より，選手が競技にチャレンジすることが大切だ	81.0	14.0	5.0
B.	選手がパラリンピックに出場するまでの努力など，競技とは別の面に関心がある	67.8	27.1	5.1
C.	迫力ある競技や高度なテクニックに驚く	72.0	22.8	5.2
D.	競技のルールがわかりにくい	48.4	43.7	7.9
E.	オリンピックとは違った魅力がある	57.4	36.1	6.5
F.	自分も障害者スポーツに参加してみたいと思う	6.8	85.9	7.3
G.	これから障害者スポーツを見たいと思う	43.7	49.3	7.0
H.	オリンピックの楽しみ方と，パラリンピックの楽しみ方はまったく違う	46.6	47.3	6.1
I.	オリンピックと比べると，マスメディアの扱いが小さすぎる	67.5	26.4	6.0

―ピョンチャンオリンピック・パラリンピック
全般的感想（複数回答）―

第16問　ピョンチャンオリンピック・パラリンピック全般について，あなたにあてはまるものを，次の1から5のうち，いくつでもお答えください。
1. 日本のメダルの獲得数が気になった ・・・・・・・・ 42.9 %
2. 日本人や日本チームがよい成績をとると
　　嬉しかった ・・・・・・・・・・・・・・・・・・・・・・・・・・・・・・ 77.2
3. これまでよく知らなかった国や
　　外国の選手について関心を持つようになった ・・ 21.1
4. 種目や競技によって，様々な国を応援した ・・・・ 11.9
5. あてはまるものはない ・・・・・・・・・・・・・・・・・・・・・ 12.4
6. 無回答 ・・・・・・・・・・・・・・・・・・・・・・・・・・・・・・・・・・0.7

―ピョンチャンオリンピック・パラリンピック インターネット利用―

第17問　あなたは，今回のオリンピック・パラリンピックの映像を，NHKや民放のインターネットサービスでご覧になりましたか。1つ選んでお答えください。
1. NHKのインターネットサービスを利用した ・・・・・・4.1 %
2. 民放のインターネットサービスを利用した ・・・・・・7.8
3. NHK・民放のインターネットサービスを
　　どちらも利用した ・・・・・・・・・・・・・・・・・・・・・・・・7.4
4. NHK・民放のインターネットサービスを
　　どちらも利用しなかった ・・・・・・・・・・・・・・・・・・ 76.4
5. 無回答 ・・・・・・・・・・・・・・・・・・・・・・・・・・・・・・・・・・4.3

―ピョンチャンオリンピック・パラリンピック　ネット情報入手―

第18問　あなたは，ピョンチャンオリンピック・パラリンピック期間中，放送や映像以外で，競技の途中経過や結果に関する情報を，インターネットでどのくらいご覧になりましたか。次の中からあてはまるものをお答えください。
1. ほぼ毎日 ・・・・・・・・・・・・・・・・・・・・・・・・・・・・・・ 12.6 %
2. 週に3，4日 ・・・・・・・・・・・・・・・・・・・・・・・・・・・・・7.5
3. 週に1，2日 ・・・・・・・・・・・・・・・・・・・・・・・・・・・・・5.1
4. 期間中数回程度 ・・・・・・・・・・・・・・・・・・・・・・・・ 13.3
5. ほとんど・まったく見なかった ・・・・・・・・・・・・ 58.8
6. 無回答 ・・・・・・・・・・・・・・・・・・・・・・・・・・・・・・・・・・2.7

―東京オリンピック　開催都市になることへの評価―

第19問　あなたは東京で，日本国内2度目となる夏のオリンピックが開催されることについてどう思われますか。この中から1つだけ選んでください。
1. よい ・・・・・・・・・・・・・・・・・・・・・・・・・・・・・・・・・・ 47.7 %
2. まあよい ・・・・・・・・・・・・・・・・・・・・・・・・・・・・・・ 36.3
3. あまりよくない ・・・・・・・・・・・・・・・・・・・・・・・・ 10.2
4. よくない ・・・・・・・・・・・・・・・・・・・・・・・・・・・・・・・4.5
5. 東京でオリンピックが開催されることを
　　知らなかった ・・・・・・・・・・・・・・・・・・・・・・・・・・0.8
6. 無回答 ・・・・・・・・・・・・・・・・・・・・・・・・・・・・・・・・・・0.5

―東京オリンピック　関心度―

第20問　あなたは東京オリンピックにどのくらい関心がありますか。この中から1つだけ選んでください。
1. 大変関心がある ・・・・・・・・・・・・・・・・・・・・・・・・ 30.3 %
2. まあ関心がある ・・・・・・・・・・・・・・・・・・・・・・・・ 47.4
3. あまり関心はない ・・・・・・・・・・・・・・・・・・・・・・ 16.6
4. まったく関心はない ・・・・・・・・・・・・・・・・・・・・・5.4
5. 無回答 ・・・・・・・・・・・・・・・・・・・・・・・・・・・・・・・・・・0.3

―東京オリンピック　会場観戦意向―

第21問　あなたは，東京オリンピックの競技や開会式などを，直接会場で見たいと思いますか。この中から1つだけ選んでください。
1. ぜひ見たいと思う ・・・・・・・・・・・・・・・・・・・・・・ 24.8 %
2. まあ見たいと思う ・・・・・・・・・・・・・・・・・・・・・・ 30.3
3. 特に見たいとは思わない ・・・・・・・・・・・・・・・・ 44.4
4. 無回答 ・・・・・・・・・・・・・・・・・・・・・・・・・・・・・・・・・・0.4

―東京オリンピック　関心事（複数回答）―

第22問　あなたは，東京でオリンピックの，どのような点に関心がありますか。あてはまるものをすべて選んでください。
1. 日本人や日本チームの活躍 ・・・・・・・・・・・・・・・ 77.7 %
2. 各国のメダル獲得数 ・・・・・・・・・・・・・・・・・・・・ 15.4
3. 世界最高水準の競技 ・・・・・・・・・・・・・・・・・・・・ 39.0
4. これまでよく知らなかった競技や選手 ・・・・・・ 20.0
5. 世界の様々な国や地域の話題 ・・・・・・・・・・・・ 20.1
6. その他 ・・・・・・・・・・・・・・・・・・・・・・・・・・・・・・・・・3.1
7. 特にない ・・・・・・・・・・・・・・・・・・・・・・・・・・・・・・ 12.0
8. 無回答 ・・・・・・・・・・・・・・・・・・・・・・・・・・・・・・・・・・0.2

－東京オリンピック　視聴頻度－

第23問　東京オリンピック開催中，あなたは大会の放送や映像をどのくらい視聴すると思いますか。この中から1つだけ選んでください。
1. 可能な限り，多くの競技を毎日視聴する ・・・・・・ 33.5 %
2. 夜の時間帯を中心に，毎日視聴する ・・・・・・・・ 10.8
3. 関心のある競技にしぼって，視聴する ・・・・・・・ 33.8
4. 結果がわかればよいので，少しだけ視聴する ・・ 15.8
5. 関心が無いので，視聴するつもりはない ・・・・・・5.7
6. 無回答 ・・・・・・・・・・・・・・・・・・・・・・・・・・・・・・0.4

－東京オリンピック　視聴意向（生・録画）－

第24問　東京オリンピックの大会の放送や映像について，生中継か中継録画か，どちらを視聴しますか。この中から1つだけ選んでください。
1. 生中継にこだわって視聴したい ・・・・・・・・・・・8.3 %
2. なるべく生中継で視聴したい ・・・・・・・・・・・・ 55.5
3. 中継録画を見ることができれば十分である ・・・ 28.5
4. 視聴するつもりはない ・・・・・・・・・・・・・・・・・7.2
5. 無回答 ・・・・・・・・・・・・・・・・・・・・・・・・・・・・・0.5

－東京オリンピック　望ましい映像発信程度－

第25問　あなたは，東京オリンピックの大会で，映像をどの程度伝えてほしいと考えますか。この中から1つだけ選んでください。
1. すべての競技の映像を
　　見られるようにすべきだ ・・・・・・・・・・・・・・ 26.9 %
2. 日本人選手の出場する全種目を
　　見られるようにすべきだ ・・・・・・・・・・・・・・ 34.8
3. 日本人選手が活躍しそうな種目を
　　見ることができればいい ・・・・・・・・・・・・・ 16.2
4. 1日のまとめや日本人選手のメダル獲得等を
　　ダイジェストで見ることができればいい ・・・・・ 20.5
5. 無回答 ・・・・・・・・・・・・・・・・・・・・・・・・・・・・・1.5

－東京オリンピック　期待する放送サービス（複数回答）－

第26問　あなたは東京オリンピックで，どのような放送サービスを期待していますか。この中からあてはまるものをすべてお答えください。
1. 今よりも，高画質・高臨場感の
　　テレビ中継が見られる ・・・・・・・・・・・・・・ 44.2 %
2. 様々な端末で，いつでもどこでも
　　競技映像が見られる ・・・・・・・・・・・・・・・・ 33.3
3. 選手のデータや競技に関する情報が
　　手元の端末に表示される ・・・・・・・・・・・・ 26.1
4. 会場の好きな位置を選んで
　　自分だけのアングルで競技を見られる ・・・・・ 16.6
5. 終了した競技を，様々な端末で，
　　後からいつでも見ることができる ・・・・・・・・・・ 42.3
6. 自分も競技に参加しているかのような，
　　仮想体験ができる ・・・・・・・・・・・・・・・・・・ 7.1
7. その他 ・・・・・・・・・・・・・・・・・・・・・・・・・・・・6.2
8. 無回答 ・・・・・・・・・・・・・・・・・・・・・・・・・・・・3.1

－東京オリンピック　見たい競技・式典（複数回答）－

第27問　次の中で，あなたが東京オリンピックで見たいと思う競技や式典はどれですか。あてはまるものをすべてお答えください。
1. 体操 ・・・・・・・・・・・・・・・・・・・・・・・・・・・ 69.1 %
2. 陸上競技 ・・・・・・・・・・・・・・・・・・・・・・・・ 61.8
3. 柔道 ・・・・・・・・・・・・・・・・・・・・・・・・・・・ 44.3
4. レスリング ・・・・・・・・・・・・・・・・・・・・・・・ 34.2
5. サッカー ・・・・・・・・・・・・・・・・・・・・・・・・ 36.5
6. 競泳 ・・・・・・・・・・・・・・・・・・・・・・・・・・・ 55.0
7. アーティスティック・スイミング ・・・・・・・・・ 22.8
8. バレーボール ・・・・・・・・・・・・・・・・・・・・・ 43.8
9. テニス ・・・・・・・・・・・・・・・・・・・・・・・・・ 33.2
10. 卓球 ・・・・・・・・・・・・・・・・・・・・・・・・・・・ 50.1
11. ウエイトリフティング ・・・・・・・・・・・・・・・・ 11.1
12. バドミントン ・・・・・・・・・・・・・・・・・・・・・ 33.2
13. 野球・ソフトボール ・・・・・・・・・・・・・・・・・ 44.8
14. ラグビー ・・・・・・・・・・・・・・・・・・・・・・・・ 14.3
15. サーフィン ・・・・・・・・・・・・・・・・・・・・・・・ 11.9
16. スポーツクライミング ・・・・・・・・・・・・・・・ 13.9
17. ボクシング ・・・・・・・・・・・・・・・・・・・・・・・ 14.4
18. カヌー ・・・・・・・・・・・・・・・・・・・・・・・・・・9.8
19. フェンシング ・・・・・・・・・・・・・・・・・・・・・ 11.5
20. 空手 ・・・・・・・・・・・・・・・・・・・・・・・・・・・ 13.5
21. スケートボード ・・・・・・・・・・・・・・・・・・・ 16.3
22. バスケットボール ・・・・・・・・・・・・・・・・・・ 18.7
23. ゴルフ ・・・・・・・・・・・・・・・・・・・・・・・・・ 15.1
24. 開会式 ・・・・・・・・・・・・・・・・・・・・・・・・・ 54.9
25. 閉会式 ・・・・・・・・・・・・・・・・・・・・・・・・・ 42.0
26. その他 ・・・・・・・・・・・・・・・・・・・・・・・・・・1.2
27. 特にない ・・・・・・・・・・・・・・・・・・・・・・・・8.6
28. 無回答 ・・・・・・・・・・・・・・・・・・・・・・・・・・0.4

－東京オリンピック　期待すること（複数回答）－

第28問　次の中で，あなたが東京オリンピックに期待していることはありますか。あてはまるものをすべてお答えください。
1. 日本経済への貢献 ・・・・・・・・・・・・・・・・・ 62.0 %
2. 雇用の増加 ・・・・・・・・・・・・・・・・・・・・・・ 26.1
3. 日本全体の再生・活性化 ・・・・・・・・・・・・・ 51.7
4. スポーツ施設の整備 ・・・・・・・・・・・・・・・・ 26.6
5. スポーツの振興 ・・・・・・・・・・・・・・・・・・・ 30.1
6. 観光の振興 ・・・・・・・・・・・・・・・・・・・・・・ 28.6
7. 国際交流の推進 ・・・・・・・・・・・・・・・・・・・ 32.1
8. 国際社会での日本の地位向上 ・・・・・・・・・・ 23.6
9. 青少年の育成 ・・・・・・・・・・・・・・・・・・・・ 25.0
10. その他 ・・・・・・・・・・・・・・・・・・・・・・・・・・1.2
11. 特にない ・・・・・・・・・・・・・・・・・・・・・・・ 14.4
12. 無回答 ・・・・・・・・・・・・・・・・・・・・・・・・・・0.5

－東京オリンピック　不安に思うこと（複数回答）－

第29問　それでは，東京でオリンピックが開かれることで，不安なことはありますか。あてはまるものをすべてお答えください。
1. 開催中に国内でテロなどの大事件が起きる ・・・・ 56.0 %
2. 東京の治安が悪くなる ・・・・・・・・・・・・・・・・ 39.7
3. 東京の土地の値段が上がる ・・・・・・・・・・・・・ 10.0

4. 東京の交通渋滞がひどくなる ・・・・・・・・・・・・・ 46.2
5. 物価が上がる ・・・・・・・・・・・・・・・・・・・・・・・・・・ 28.8
6. 東京とそれ以外の地域の格差が広がる ・・・・・・・ 27.6
7. 東京の生活環境が悪くなる ・・・・・・・・・・・・・・ 12.0
8. その他 ・・・・・・・・・・・・・・・・・・・・・・・・・・・・・・・3.2
9. 特にない ・・・・・・・・・・・・・・・・・・・・・・・・・・・・ 13.1
10. 無回答 ・・・・・・・・・・・・・・・・・・・・・・・・・・・・・・・0.7

ー東京パラリンピック　関心度ー

第30問　2020年はオリンピックに引き続いて，東京でパラ
　　リンピックが開催されます。あなたは東京パラリンピックに
　　どのくらい関心がありますか。この中から1つだけ選んでく
　　ださい。
　　1. 大変関心がある ・・・・・・・・・・・・・・・・・・・ 10.2 %
　　2. まあ関心がある ・・・・・・・・・・・・・・・・・・・・ 46.0
　　3. あまり関心はない ・・・・・・・・・・・・・・・・・・ 33.6
　　4. まったく関心はない ・・・・・・・・・・・・・・・・・・9.6
　　5. 無回答 ・・・・・・・・・・・・・・・・・・・・・・・・・・・・・0.5

ー東京パラリンピック　会場観戦意向ー

第31問　あなたは東京パラリンピックの競技や開会式などを，
　　直接会場で見たいと思いますか。この中から1つだけ選んで
　　ください。
　　1. ぜひ見たいと思う ・・・・・・・・・・・・・・・・・・・8.6 %
　　2. まあ見たいと思う ・・・・・・・・・・・・・・・・・・ 31.4
　　3. 特に見たいとは思わない ・・・・・・・・・・・・・ 59.4
　　4. 無回答 ・・・・・・・・・・・・・・・・・・・・・・・・・・・・・0.5

ー東京パラリンピック　視聴頻度ー

第32問　東京パラリンピック開催中，あなたは大会の放送や
　　映像をどのくらい視聴すると思いますか。この中から1つだ
　　け選んでください。
　　1. 可能な限り，多くの競技を毎日視聴する ・・・・・ 15.1 %
　　2. 夜の時間帯を中心に，毎日視聴する ・・・・・・・・・8.7
　　3. 関心のある競技にしぼって，視聴する ・・・・・ 30.1
　　4. 結果がわかればよいので，少しだけ視聴する ・・ 31.3
　　5. 関心が無いので，視聴するつもりはない ・・・・・ 14.2
　　6. 無回答 ・・・・・・・・・・・・・・・・・・・・・・・・・・・・・0.7

ー東京パラリンピック　視聴意向（生・録画）ー

第33問　東京パラリンピックの大会の放送や映像について，
　　生中継か中継録画か，どちらを視聴しますか。この中から1
　　つだけ選んでください。
　　1. 生中継にこだわって視聴したい ・・・・・・・・・・4.7 %
　　2. なるべく生中継で視聴したい ・・・・・・・・・・・ 32.8
　　3. 中継録画を見ることができれば十分である ・・・・ 46.6
　　4. 視聴するつもりはない ・・・・・・・・・・・・・・・・ 15.5
　　5. 無回答 ・・・・・・・・・・・・・・・・・・・・・・・・・・・・・0.4

ー東京パラリンピック　望ましい映像発信程度ー

第34問　あなたは，東京パラリンピックの大会で，映像をど
　　の程度伝えてほしいと考えますか。この中から1つだけ選ん
　　でください。
　　1. すべての競技の映像を
　　　見られるようにすべきだ ・・・・・・・・・・・・・・・ 18.7 %
　　2. 日本人選手の出場する全種目を

　　　見られるようにすべきだ ・・・・・・・・・・・・・・・ 28.9
　　3. 日本人選手が活躍しそうな種目を
　　　見ることができればいい ・・・・・・・・・・・・・・・ 17.9
　　4. 1日のまとめや日本人選手のメダル獲得等を
　　　ダイジェストで見ることができればいい ・・・・・ 32.7
　　5. 無回答 ・・・・・・・・・・・・・・・・・・・・・・・・・・・・・1.8

ー東京パラリンピック　見たい競技・式典（複数回答）ー

第35問　次の中で，あなたが東京パラリンピックで見たいと
　　思う競技や式典はどれですか。あてはまるものをすべてお
　　答えください。
　　1. 競泳 ・・・・・・・・・・・・・・・・・・・・・・・・・・ 35.3 %
　　2. 陸上競技 ・・・・・・・・・・・・・・・・・・・・・・・・ 45.2
　　3. 車いすバスケットボール ・・・・・・・・・・・・・ 30.0
　　4. 車いすテニス ・・・・・・・・・・・・・・・・・・・・ 31.9
　　5. バドミントン ・・・・・・・・・・・・・・・・・・・・ 14.4
　　6. 卓球 ・・・・・・・・・・・・・・・・・・・・・・・・・・・ 19.2
　　7. 柔道 ・・・・・・・・・・・・・・・・・・・・・・・・・・・ 15.1
　　8. 5人制サッカー ・・・・・・・・・・・・・・・・・・・ 12.1
　　9. ボッチャ ・・・・・・・・・・・・・・・・・・・・・・・・・6.7
　　10. 自転車競技 ・・・・・・・・・・・・・・・・・・・・・・・9.4
　　11. 馬術 ・・・・・・・・・・・・・・・・・・・・・・・・・・・・8.2
　　12. 射撃 ・・・・・・・・・・・・・・・・・・・・・・・・・・・・8.5
　　13. 車いすラグビー ・・・・・・・・・・・・・・・・・・・・8.7
　　14. トライアスロン ・・・・・・・・・・・・・・・・・・・ 12.4
　　15. アーチェリー ・・・・・・・・・・・・・・・・・・・・・8.6
　　16. 車いすフェンシング ・・・・・・・・・・・・・・・・・6.6
　　17. カヌー ・・・・・・・・・・・・・・・・・・・・・・・・・・5.7
　　18. ゴールボール ・・・・・・・・・・・・・・・・・・・・・4.4
　　19. パワーリフティング ・・・・・・・・・・・・・・・・・3.9
　　20. ボート ・・・・・・・・・・・・・・・・・・・・・・・・・・4.9
　　21. シッティングバレーボール ・・・・・・・・・・・・7.0
　　22. テコンドー ・・・・・・・・・・・・・・・・・・・・・・・4.7
　　23. 開会式 ・・・・・・・・・・・・・・・・・・・・・・・・・ 29.9
　　24. 閉会式 ・・・・・・・・・・・・・・・・・・・・・・・・・ 22.7
　　25. 特にない ・・・・・・・・・・・・・・・・・・・・・・・・ 27.5
　　26. 無回答 ・・・・・・・・・・・・・・・・・・・・・・・・・・・0.7

ー東京パラリンピック　解説必要度ー

第36問　パラリンピック競技の放送で，障害の種類や程度に
　　よる競技のクラス分けや，ルールについて，図などを用い
　　て解説することは，どのくらい必要だと思いますか。この
　　中から1つだけ選んでください。
　　1. とても必要だ ・・・・・・・・・・・・・・・・・・・ 34.3 %
　　2. まあ必要だ ・・・・・・・・・・・・・・・・・・・・・・ 44.9
　　3. あまり必要ではない ・・・・・・・・・・・・・・・・ 14.5
　　4. まったく必要ではない ・・・・・・・・・・・・・・・・4.8
　　5. 無回答 ・・・・・・・・・・・・・・・・・・・・・・・・・・・1.4

ー東京パラリンピック　ユニバーサル放送必要度ー

第37問　あなたは，パラリンピック競技中継や関連番組で，
　　手話，字幕，音声による解説などをおこなう「ユニバーサ
　　ル放送」は，どのくらい必要だと思いますか。この中から1
　　つだけ選んでください。
　　1. とても必要だ ・・・・・・・・・・・・・・・・・・・ 40.8 %
　　2. まあ必要だ ・・・・・・・・・・・・・・・・・・・・・・ 44.7

3. あまり必要ではない ・・・・・・・・・・・・・・・・・8.8
4. まったく必要ではない ・・・・・・・・・・・・・・・4.4
5. 無回答 ・・・・・・・・・・・・・・・・・・・・・・・・・・・1.3

ー東京パラリンピック　放送取り組みへの意義ー

第38問　NHK が 2020年の東京パラリンピックの放送に取り
　　　組むことの意義について，あなたはどのように思われますか。
　　　この中から1つだけ選んでください。

1. 大いに意義がある ・・・・・・・・・・・・・・・42.1 %
2. ある程度意義がある ・・・・・・・・・・・・・41.4
3. あまり意義はない ・・・・・・・・・・・・・・・9.6
4. まったく意義はない ・・・・・・・・・・・・・5.4
5. 無回答 ・・・・・・・・・・・・・・・・・・・・・・・・・1.4

ー東京パラリンピック　伝えるべきパラリンピックの側面ー

第39問　パラリンピックには，スポーツとしての側面と，福
　　　祉としての側面がありますが，どのように伝えるべきだと
　　　考えますか。あなたのお考えに近いものを1つだけ選んでく
　　　ださい。

1. オリンピックと同様に，
　　純粋なスポーツとして扱うべき ・・・・・・・・・39.4 %
2. なるべくスポーツとしての魅力を
　　前面に伝えるべき ・・・・・・・・・25.4
3. 競技性と障害者福祉の視点を
　　同じ程度伝えるべき ・・・・・・・・・26.1
4. 競技性より，障害者福祉の視点を
　　重視して伝えるべき ・・・・・・・・・5.0
5. その他 ・・・・・・・・・・・・・・・・・・・・・・・2.1
6. 無回答 ・・・・・・・・・・・・・・・・・・・・・・・2.1

ー障害者スポーツについて感じること（複数回答）ー

第40問　あなたは，障害者スポーツについてどうお感じですか。
　　　あてはまるものをすべてお答えください。

1. 競技として楽しめる ・・・・・・・・・・・・・28.0 %
2. 選手の頑張りに感動する ・・・・・・・・70.2
3. 障害者への理解が深まる ・・・・・・・・43.4
4. 競技のルールがわかりにくい ・・・・・・23.5
5. 面白さがわからない ・・・・・・・・・・・・・5.7
6. 見ていて楽しめない ・・・・・・・・・・・・・5.7
7. その他 ・・・・・・・・・・・・・・・・・・・・・・・2.6
8. 無回答 ・・・・・・・・・・・・・・・・・・・・・・・1.6

ー自身に当てはまること（複数回答）ー

第41問　あなたご自身は，次にあげることについてあてはま
　　　ることはありますか。あてはまるものをすべてお答えくだ
　　　さい。

1. ご自身に障害がある ・・・・・・・・・・・・・3.9 %
2. 家族に障害がある人がいる ・・・・・・・・9.2
3. 友人・知人に障害がある人がいる ・・・・13.1
4. 障害のある人のサポートや
　　ボランティアの経験がある ・・・・・・・・11.6
5. どれもあてはまらない ・・・・・・・・・・・・66.8
6. 無回答 ・・・・・・・・・・・・・・・・・・・・・・・1.3

ー現代社会の障害者スポーツに対する理解度ー

第42問　あなたは，現代の社会において，障害者スポーツは，
　　　どのくらい理解されていると思われますか。この中から1つ
　　　だけ選んでください。

1. よく理解されている ・・・・・・・・・・・・・2.3 %
2. まあ理解されている ・・・・・・・・・・・・・28.9
3. あまり理解されていない ・・・・・・・・・・61.2
4. まったく理解されていない ・・・・・・・・・5.7
5. 無回答 ・・・・・・・・・・・・・・・・・・・・・・・2.0

ー障害者スポーツが理解されるための方法（複数回答）ー

【第42問で，「3」「4」と答えた方にうかがいます】

第43問　それでは，現代の社会において，障害者スポーツが
　　　理解されるためにはどうすればいいと思いますか。この中
　　　であてはまるものをすべてお答えください。

1. 障害者スポーツの競技団体などが
　　もっと広報活動を行う ・・・・・・・・・・・33.5 %
2. テレビや新聞などのメディアで
　　障害者スポーツをもっと取り上げる ・・・・・・・72.1
3. 障害者スポーツの大会をもっと開催する ・・・・25.1
4. 障害者スポーツの体験イベントを開催する ・・・22.8
5. その他 ・・・・・・・・・・・・・・・・・・・・・・・2.5
6. 特に何もしなくてよい ・・・・・・・・・・・・・7.8
7. 無回答 ・・・・・・・・・・・・・・・・・・・・・・・1.1

（分母＝ 1,644 人）

ー東京オリンピック・パラリンピック　準備状況について思うことー

第44問　現在の東京オリンピック・パラリンピックの準備状
　　　況についてうかがいます。今の準備状況について，あなた
　　　はどう思いますか。この中から1つだけ選んでください。

1. とても順調だと思う ・・・・・・・・・・・・・2.1 %
2. まあ順調だと思う ・・・・・・・・・・・・・・・46.6
3. あまり順調ではない ・・・・・・・・・・・・・40.3
4. まったく順調ではない ・・・・・・・・・・・・5.7
5. 無回答 ・・・・・・・・・・・・・・・・・・・・・・・5.4

ー東京オリンピック・パラリンピック
　　　　　　　　　　準備状況で不安だと感じること（複数回答）ー

第45問　現在の東京オリンピック・パラリンピックの準備状
　　　況に関連して，あなたが不安だと感じることはありますか。
　　　次の中から，あてはまるものをすべてお答えください。

1. メインスタジアム（新国立競技場）など
　　会場の整備 ・・・・・・・・・・・・・41.1 %
2. 大会の開催費用 ・・・・・・・・・・・・・・・48.4
3. 日本の組織委員会の体制 ・・・・・・・・・30.4
4. 公共施設などのバリアフリー化 ・・・・・・28.3
5. 道路や鉄道などのインフラ整備 ・・・・・・38.6
6. 外国人観光客の受け入れ ・・・・・・・・・43.7
7. 東日本大震災の復興への影響 ・・・・・・26.1
8. 日本人選手の育成・強化 ・・・・・・・・・16.9
9. ボランティアの育成 ・・・・・・・・・・・・・25.3
10. 選手や観客の暑さ対策 ・・・・・・・・・・38.2
11. その他 ・・・・・・・・・・・・・・・・・・・・・・2.0
12. 特にない ・・・・・・・・・・・・・・・・・・・・11.4
13. 無回答 ・・・・・・・・・・・・・・・・・・・・・・0.9

ー東京オリンピック・パラリンピック
東京の街の変化（複数回答）ー
第46問　東京オリンピック・パラリンピックをきっかけに，
　　　　東京の街はどのように変わっていくと思いますか。あては
　　　　まるものをいくつでもお答えください。
　　1. 古い建物が取り壊され，
　　　　新しい建物や施設が建設される ‥‥‥‥‥ 26.3 %
　　2. 日本の伝統を生かした建物や施設，
　　　　景観が増える ‥‥‥‥‥‥‥‥‥‥‥‥ 19.0
　　3. バリアフリーなど，障害がある人や
　　　　高齢者に配慮した街づくりが進む ‥‥‥‥ 47.7
　　4. 道路や鉄道などの整備が進み，
　　　　交通の利便性が高まる ‥‥‥‥‥‥‥‥ 45.5
　　5. 道路や施設のわかりやすい表示など，
　　　　外国人に配慮した街づくりが進む ‥‥‥‥ 58.3
　　6. その他 ‥‥‥‥‥‥‥‥‥‥‥‥‥‥‥‥1.5
　　7. 特にない ‥‥‥‥‥‥‥‥‥‥‥‥‥‥ 12.2
　　8. 無回答 ‥‥‥‥‥‥‥‥‥‥‥‥‥‥‥‥1.0

ー東京オリンピック・パラリンピック　意見ー
第47問　あなたは，東京オリンピック・パラリンピックにつ
　　　　いての次のような意見に対してどう思いますか。A～Kの
　　　　それぞれについて，あてはまるものをお答えください。

	そう思う	そう思わない	無回答
（%）			
A．オリンピック・パラリンピックは私の暮らしにまったく関係ない	40.7	57.5	1.8
B．オリンピック・パラリンピック開催にお金を使うより，育児や介護支援など，一般の人たちへの施策を充実させるべきだ	49.3	47.8	2.9
C．オリンピック・パラリンピックの開催を契機に公共施設や，インフラの整備が進む	74.7	22.3	3.0
D．オリンピック・パラリンピックの開催は，日本経済によい影響を与える	66.8	29.8	3.4
E．オリンピック・パラリンピックは世界の国や地域の友好を深める	81.7	15.4	2.9
F．オリンピック・パラリンピックは自分の国について改めて考えるよい機会である	68.9	27.5	3.6
G．オリンピック・パラリンピックは，東日本大震災からの復興を世界に示す上で大きな意味がある	47.8	48.9	3.3
H．オリンピック・パラリンピックの開催準備で，東日本大震災からの復興が遅れる	48.2	48.8	3.0
I．オリンピック・パラリンピックが開かれることで，何となく楽しい気持ちになる	68.0	28.8	3.2
J．オリンピック・パラリンピックの盛り上がりは，一時的なことにすぎない	70.4	26.8	2.8
K．オリンピック・パラリンピックの開催に向けて，テレビがより高画質になるなど，放送技術が向上する	66.7	30.3	3.1

ー東京オリンピック・パラリンピック
アピールすべきこと（複数回答）ー
第48問　オリンピック・パラリンピックを通じて，日本は，
　　　　世界にどのようなことをアピールすべきだと思いますか。
　　　　あてはまるものをいくつでもお答えください。
　　1. 東日本大震災からの復興 ‥‥‥‥‥‥‥‥ 41.4 %
　　2. 外国人観光客への手厚い対応やサービス ‥‥‥ 43.8
　　3. 競技場など大会施設のすばらしさ ‥‥‥‥‥ 22.9
　　4. 日本の伝統文化 ‥‥‥‥‥‥‥‥‥‥‥‥ 64.3
　　5. 日本の食文化 ‥‥‥‥‥‥‥‥‥‥‥‥‥ 52.2
　　6. 東京の治安のよさや清潔さ ‥‥‥‥‥‥‥ 53.8
　　7. 日本人の勤勉さや礼儀正しさ ‥‥‥‥‥‥ 46.8
　　8. 国際大会を円滑に運営できること ‥‥‥‥ 36.4
　　9. その他 ‥‥‥‥‥‥‥‥‥‥‥‥‥‥‥‥1.1
　　10. 特にない ‥‥‥‥‥‥‥‥‥‥‥‥‥‥‥8.0
　　11. 無回答 ‥‥‥‥‥‥‥‥‥‥‥‥‥‥‥‥0.8

ー東京オリンピック・パラリンピック　ボランティア参加意欲ー
第49問　あなたは，2020年の東京オリンピック・パラリンピッ
　　　　クで，ボランティアとして大会に参加したいと思いますか。
　　　　1つ選んでお答えください。
　　1. 参加したいと思う ‥‥‥‥‥‥‥‥‥‥ 15.4 %
　　2. 参加したいと思わない ‥‥‥‥‥‥‥‥‥ 83.2
　　3. 無回答 ‥‥‥‥‥‥‥‥‥‥‥‥‥‥‥‥1.5

ー東京オリンピック・パラリンピック
前回大会の記憶（複数回答）ー
第50問　あなたは，前回（1964年）の東京オリンピックのこ
　　　　とについて覚えていることはありますか。あてはまるもの
　　　　をいくつでもお答えください。
　　1. 競技や開会式，閉会式，聖火リレーを
　　　　実際に見た ‥‥‥‥‥‥‥‥‥‥‥‥‥7.4 %
　　2. 競技や開会式，閉会式をテレビやラジオで
　　　　見たり聞いたりした ‥‥‥‥‥‥‥‥‥ 35.2
　　3. 開催までに，東京の街の様子が
　　　　大きく変わった ‥‥‥‥‥‥‥‥‥‥‥ 14.1
　　4. 大会期間中，街がとても盛り上がった ‥‥‥‥9.3
　　5. 記念硬貨などの記念品を買った ‥‥‥‥‥ 14.0
　　6. まだ生まれていなかった ‥‥‥‥‥‥‥‥ 48.1
　　7. この中にはない ‥‥‥‥‥‥‥‥‥‥‥ 10.8
　　8. 無回答 ‥‥‥‥‥‥‥‥‥‥‥‥‥‥‥‥1.3

―東京オリンピック・パラリンピック　価値観―

第51問　あなたは，オリンピックそのものについての次のような意見に対して，どう思いますか。A～Jについて，あてはまると思うものをお答えください。

	そう思う	そう思わない	無回答
（％）			
A．オリンピックは国と国とが実力を競い合う，国際的な競争の舞台である	61.0	35.7	3.3
B．オリンピックの開催国になることは，その国にとって，大きな名誉である	61.8	35.2	3.1
C．オリンピックは国や人種を超えて人々が交流する平和の祭典である	88.9	8.6	2.5
D．オリンピックはそれぞれの国の国民としての自覚を深め，誇りを高める	77.1	19.7	3.2
E．オリンピックが開かれるのは東京だが，国民全体が協力して成功させなければならない	70.9	25.9	3.1
F．オリンピックで国中がさわぐのは，ばかばかしいことだ	19.7	76.9	3.5
G．オリンピックが商売や金もうけに利用されるのは不愉快だ	54.5	42.0	3.4
H．オリンピックは開催国の国民に負担をかけて犠牲を払わせている	39.3	56.7	4.0
I．オリンピックは国内の重要な問題から国民の目をそらせるからよくない	25.9	69.6	4.4
J．過剰なメダル獲得競争やドーピング問題などによって，オリンピック本来のあり方が見失われている	59.3	37.0	3.7

―日本の社会観（他国との比較）―

第52問　現在の日本は，他の国々とくらべて，どのような社会だと思いますか。次のA～Eについて，あてはまるものをお答えください。

	そう思う	まあそう思う	あまりそう思わない	そう思わない	無回答
（％）					
A．伝統や文化が豊かな社会	34.6	52.2	8.9	2.2	2.0
B．弱者にやさしい社会	6.3	27.9	47.4	15.9	2.4
C．収入や生活水準の格差が小さい社会	6.8	25.2	42.0	23.5	2.4
D．自然環境に恵まれた社会	15.9	50.1	25.9	5.9	2.2
E．人々が助けあう社会	10.3	46.4	32.7	8.4	2.2

―日本の国民性（他国との比較）―

第53問　日本は，次のA～Jのような点で，他の国々とくらべて，すぐれていると思いますか，劣っていると思いますか。あてはまるものをお答えください。

	すぐれている	まあすぐれている	やや劣っている	劣っている	無回答
（％）					
A．国民の勤勉さ	31.1	55.6	8.9	1.8	2.5
B．道徳心	21.5	59.1	14.1	2.4	3.0
C．経済力	10.0	58.6	24.8	3.6	2.9
D．愛国心	8.8	37.8	39.7	10.7	3.1
E．公共心	12.0	57.7	23.1	4.0	3.3
F．知的能力	11.1	64.5	18.2	2.5	3.7
G．教育の普及程度	17.5	57.2	18.4	3.8	3.1
H．国際的指導力	3.4	29.3	47.6	16.5	3.2
I．技術力	39.0	49.3	7.4	1.3	2.9
J．おもてなしの心	38.5	51.0	6.6	1.4	2.5

―日本の今後の見通し―

第54問　日本は，これから先，どうなっていくと思いますか。次のA～Fについて，あてはまるものをお答えください。

	よくなる	悪くなる	変わらない	無回答
（％）				
A．政治	7.2	31.2	59.3	2.3
B．経済状況	13.3	35.3	49.4	2.0
C．治安	9.2	39.8	48.6	2.5
D．人々の思いやりの心	17.1	24.6	55.8	2.5
E．公共心	13.3	23.0	60.6	3.0
F．国際関係	18.1	21.2	58.1	2.6

―世界への関心度―

第55問　あなたは，日本以外の，世界の国や地域についてどのくらい関心がありますか。以下にあげたA～Hの地域について，あてはまるものをお答えください。

(%)	非常に関心がある	ある程度関心がある	あまり関心がない	まったく関心がない	無回答
A．ヨーロッパ	10.9	49.2	27.3	9.6	3.0
B．ロシア	7.7	36.2	39.2	14.3	2.7
C．アジア	15.8	49.5	22.7	9.4	2.5
D．中東	4.9	32.2	44.3	15.5	3.1
E．北アメリカ	10.5	40.6	33.9	11.9	3.1
F．中央・南アメリカ	4.8	31.4	45.8	14.8	3.3
G．オセアニア	3.7	29.4	46.8	16.9	3.3
H．アフリカ	3.2	25.4	49.9	18.5	3.0

―現在の関心事（複数回答）―

第56問　次のうち，あなたが関心を持っているものをいくつでもお答えください。

1. 2020年東京オリンピック・パラリンピック ‥59.3 %
2. 2022年北京オリンピック・パラリンピック ‥13.2
3. 地震や台風などの自然災害 ‥‥‥‥‥‥‥75.2
4. 国際的なテロ事件 ‥‥‥‥‥‥‥‥‥‥43.8
5. 地域紛争や難民問題など国際政治の動向 ‥‥‥28.2
6. 憲法改正問題など国内政治の動向 ‥‥‥‥44.0
7. 為替市場や株式市場など経済の動向 ‥‥‥‥22.0
8. 介護や子育て環境の整備 ‥‥‥‥‥‥‥‥62.6
9. その他 ‥‥‥‥‥‥‥‥‥‥‥‥‥‥‥3.3
10. 無回答 ‥‥‥‥‥‥‥‥‥‥‥‥‥‥1.7

―市民意識―

第57問　あなたの今の生き方について，次の中から，最も近いものを1つ選んで○をつけてください。

1. 社会のために必要なことを考え，
   みんなと力を合わせ，
   世の中をよくするように心がけている ‥‥‥‥7.1 %
2. 自分の生活とのかかわりの範囲で
   自分なりに考え，身近なところから
   世の中をよくするよう心がけている ‥‥‥‥ 42.0
3. 決められたことには従い，
   世間に迷惑をかけないように心がけている ‥‥ 41.3
4. 自分や家族の生活を充実させることを
   第一に考え，世間のことには
   かかわらないように心がけている ‥‥‥‥‥‥7.8
5. 無回答 ‥‥‥‥‥‥‥‥‥‥‥‥‥‥‥1.8

―インターネット利用機器（複数回答）―

第58問　あなたは，ふだん，どのような機器をお使いになっていますか。次の中から，あてはまるものをいくつでもお答えください。

1. パソコン ‥‥‥‥‥‥‥‥‥‥‥‥‥42.9 %
2. タブレット端末 ‥‥‥‥‥‥‥‥‥‥‥18.6
3. スマートフォン ‥‥‥‥‥‥‥‥‥‥‥60.1
4. 携帯電話（スマートフォン以外）‥‥‥‥‥30.2
5. いずれも使用していない ‥‥‥‥‥‥‥‥9.0
6. 無回答 ‥‥‥‥‥‥‥‥‥‥‥‥‥‥0.7

―メディア利用頻度―

第59問　あなたは，次にあげるものをどのくらい使っていますか。A～Dそれぞれについて，1つだけ○をつけてください。（ここでの「インターネット」には，パソコン以外の携帯電話などによるものや，メールも含みます。）

(%)	よく使っている	ある程度使っている	あまり使っていない	まったく使っていない	無回答
A．テレビ	66.9	19.5	7.4	4.1	2.0
B．ラジオ	9.4	16.1	24.6	44.8	5.0
C．新聞	32.1	19.2	16.0	28.3	4.3
D．インターネット	37.3	21.4	9.4	26.6	5.3

―スポーツ視聴頻度―

第60問　あなたはふだん，テレビやラジオ，インターネットなどでスポーツをどのくらい見たり聞いたりしていますか。1つ選んでお答えください。

1. よく見る（聞く）ほう ‥‥‥‥‥‥‥‥25.7 %
2. まあ見る（聞く）ほう ‥‥‥‥‥‥‥‥36.4
3. あまり見ない（聞かない）ほう ‥‥‥‥‥26.5
4. ほとんど・まったく見ない（聞かない）ほう ‥ 10.9
5. 無回答 ‥‥‥‥‥‥‥‥‥‥‥‥‥‥0.6

―性別―
省略

―元号―
省略

―生年―
省略

―職業―
省略

「2018年10月東京オリンピック・パラリンピックに関する世論調査（第4回）」 単純集計結果

1. 調査時期：2018年10月6日（土）〜10月14日（日）
2. 調査方法：配付回収法
3. 調査対象：全国20歳以上
4. 調査相手：住民基本台帳から層化無作為2段抽出した3,600人（12人×300地点）
5. 調査有効数（率）：2,516人（69.9％）

《サンプル構成》

	全体	男	女	男の年層						女の年層					
				20代	30代	40代	50代	60代	70歳以上	20代	30代	40代	50代	60代	70歳以上
実数（人）	2,516	1,177	1,339	116	149	236	176	211	289	116	168	270	236	223	326
構成比（％）	100.0	46.8	53.2	4.6	5.9	9.4	7.0	8.4	11.5	4.6	6.7	10.7	9.4	8.9	13.0

	全体	職業										
		農林漁業	自営業	販売・サービス職	技能・作業職	事務・技術職	経営者管理職	専門職自由業他	主婦	学生	無職	無回答
実数（人）	2,516	62	199	267	310	459	109	89	545	51	417	8
構成比（％）	100.0	2.5	7.9	10.6	12.3	18.2	4.3	3.5	21.7	2.0	16.6	0.3

	全体	地域ブロック										東京都民	東京都民以外
		北海道	東北	関東	甲信越	東海	北陸	近畿	中国	四国	九州		
実数（人）	2,516	110	190	807	123	324	64	377	153	80	288	230	2,286
構成比（％）	100.0	4.4	7.6	32.1	4.9	12.9	2.5	15.0	6.1	3.2	11.4	9.1	90.9

ー東京オリンピック　開催都市になることへの評価ー

第1問　あなたは東京で，日本国内2度目となる夏のオリンピックが開催されることについてどう思われますか。この中から1つだけ選んでください。

1. よい ・・・・・・・・・・・・・・・・・・・・・・・・・ 50.9 ％
2. まあよい ・・・・・・・・・・・・・・・・・・・・・・ 34.1
3. あまりよくない ・・・・・・・・・・・・・・・・・ 10.0
4. よくない ・・・・・・・・・・・・・・・・・・・・・・・4.5
5. 東京でオリンピックが開催されることを
　知らなかった ・・・・・・・・・・・・・・・・・・・0.2
6. 無回答 ・・・・・・・・・・・・・・・・・・・・・・・・・0.3

ー東京オリンピック　関心度ー

第2問　あなたは東京オリンピックにどのくらい関心がありますか。この中から1つだけ選んでください。

1. 大変関心がある ・・・・・・・・・・・・・・・・ 24.6 ％
2. まあ関心がある ・・・・・・・・・・・・・・・・ 53.3
3. あまり関心はない・・・・・・・・・・・・・・・ 18.3
4. まったく関心はない ・・・・・・・・・・・・・3.8
5. 無回答 ・・・・・・・・・・・・・・・・・・・・・・・・・0.0

ー東京オリンピック　会場観戦意向ー

第3問　あなたは，東京オリンピックの競技や開会式などを，直接会場で見たいと思いますか。この中から1つだけ選んでください。

1. ぜひ見たいと思う・・・・・・・・・・・・・・・ 22.3 ％
2. まあ見たいと思う・・・・・・・・・・・・・・・ 33.2

3. あまり見たいとは思わない ・・・・・・・・・・・・・・・・・・ 30.2
4. まったく見たいとは思わない ・・・・・・・・・・・・・・・ 14.2
5. 無回答 ・・・・・・・・・・・・・・・・・・・・・・・・・・・・・・・・・0.0

ー東京オリンピック　関心事（複数回答）ー

第4問　あなたは，東京オリンピックの，どのような点に関心がありますか。あてはまるものをすべてお答えください。

1. 日本人や日本チームの活躍 ・・・・・・・・・・・・・・・ 74.8 ％
2. 各国のメダル獲得数・・・・・・・・・・・・・・・・・・・・・ 16.3
3. 世界最高水準の競技 ・・・・・・・・・・・・・・・・・・・・ 37.0
4. これまでよく知らなかった競技や選手 ・・・・・・・・ 20.2
5. 世界の様々な国や地域の話題 ・・・・・・・・・・・・・・ 21.4
6. その他 ・・・・・・・・・・・・・・・・・・・・・・・・・・・・・・・・・2.8
7. 特にない ・・・・・・・・・・・・・・・・・・・・・・・・・・・・・ 10.1
8. 無回答 ・・・・・・・・・・・・・・・・・・・・・・・・・・・・・・・・・0.0

ー東京オリンピック　視聴頻度（毎日・選択）ー

第5問　東京オリンピック開催中，あなたは大会の放送や映像をどのくらい視聴すると思いますか。この中から1つだけ選んでください。

1. 可能な限り，多くの競技を毎日視聴する ・・・・・・・ 23.8 ％
2. 夜の時間帯を中心に，毎日視聴する ・・・・・ 13.0
3. 関心のある競技にしぼって，視聴する ・・・・・・ 40.9
4. 結果がわかればよいので，少しだけ視聴する ・・・・ 16.8
5. 関心が無いので，視聴するつもりはない ・・・・・・・・5.3
6. 無回答 ・・・・・・・・・・・・・・・・・・・・・・・・・・・・・・・・・0.3

－東京オリンピック　視聴意向（生・録画）－

第6問　東京オリンピックの大会の放送や映像について，生中継か中継録画か，どちらを視聴しますか。この中から1つだけ選んでください。

1. 生中継にこだわって視聴したい ・・・・・・・・・・・・・・6.8 %
2. なるべく生中継で視聴したい ・・・・・・・・・・・・・ 57.3
3. 中継録画を見ることができれば十分である ・・・・・ 28.9
4. 視聴するつもりはない ・・・・・・・・・・・・・・・・・・・・6.7
5. 無回答 ・・・・・・・・・・・・・・・・・・・・・・・・・・・・・・・・0.2

－東京オリンピック　望ましい映像発信程度－

第7問　あなたは，東京オリンピックの大会で，映像をどの程度伝えてほしいと考えますか。この中から1つだけ選んでください。

1. すべての競技の映像を見られるようにすべきだ ・・ 21.3 %
2. 日本人選手の出場する全種目を見られるようにすべきだ ・・・・・・・・・・・・・・・・・・・・・・・・・・ 35.5
3. 日本人選手が活躍しそうな種目を見ることができればいい ・・・・・・・・・・・・・・・・・・・・ 18.7
4. 1日のまとめや日本人選手のメダル獲得などをダイジェストで見ることができればいい ・・・・・・・・・ 23.8
5. 無回答 ・・・・・・・・・・・・・・・・・・・・・・・・・・・・・・・・0.7

－東京オリンピック　視聴機器（複数回答）－

第8問　あなたは，東京オリンピックの放送や映像を，どのような機器で見聞きしたいと思っていますか。あてはまるものをすべてお答えください。

1. テレビ ・・・・・・・・・・・・・・・・・・・・・・・・・・・・・ 92.1 %
2. ラジオ ・・・・・・・・・・・・・・・・・・・・・・・・・・・・・ 12.7
3. パソコン ・・・・・・・・・・・・・・・・・・・・・・・・・・・・ 11.4
4. タブレット端末 ・・・・・・・・・・・・・・・・・・・・・・・・・7.5
5. スマートフォン ・・・・・・・・・・・・・・・・・・・・・・・ 26.5
6. 携帯電話（スマートフォン以外） ・・・・・・・・・・・・・1.6
7. 見聞きするつもりはない ・・・・・・・・・・・・・・・・・・・3.9
8. 無回答 ・・・・・・・・・・・・・・・・・・・・・・・・・・・・・・・・0.0

－東京オリンピック　期待する放送サービス（複数回答）－

第9問　あなたは東京オリンピックで，どのような放送サービスを期待していますか。この中からあてはまるものをすべてお答えください。

1. 今よりも，高画質・高臨場感のテレビ中継が見られる ・・・・・・・・・・・・・・・・・・・・・・・・・・・ 40.7 %
2. 様々な端末で，いつでもどこでも競技映像が見られる ・・・・・・・・・・・・・・・・・・・・・・・・・・・ 33.0
3. 選手のデータや競技に関する情報が手元の端末に表示される ・・・・・・・・・・・・・・・・・・・・ 26.7
4. 会場の好きな位置を選んで自分だけのアングルで競技を見られる ・・・・・・・・・・・・・・・・・・・・ 15.1
5. 終了した競技を，様々な端末で，後からいつでも見ることができる ・・・・・・・・・・・・・・・・・・・・ 41.3
6. 自分も競技に参加しているかのような，仮想体験ができる ・・・・・・・・・・・・・・・・・・・・・・・・5.0
7. その他 ・・・・・・・・・・・・・・・・・・・・・・・・・・・・・・・6.6
8. 無回答 ・・・・・・・・・・・・・・・・・・・・・・・・・・・・・・・・1.7

－東京オリンピック　見たい競技（複数回答）－

第10問　次の中で，あなたが東京オリンピックで見たいと思う競技や式典はどれですか。あてはまるものをすべてお答えください。

1. 体操 ・・・・・・・・・・・・・・・・・・・・・・・・・・・・・ 62.7 %
2. 陸上競技 ・・・・・・・・・・・・・・・・・・・・・・・・・ 64.3
3. 柔道 ・・・・・・・・・・・・・・・・・・・・・・・・・・・・・ 38.6
4. レスリング ・・・・・・・・・・・・・・・・・・・・・・・・ 22.8
5. サッカー ・・・・・・・・・・・・・・・・・・・・・・・・・・ 39.0
6. 競泳 ・・・・・・・・・・・・・・・・・・・・・・・・・・・・・ 55.1
7. アーティスティック・スイミング ・・・・・・・・・ 20.6
8. バレーボール ・・・・・・・・・・・・・・・・・・・・・・・ 43.9
9. テニス ・・・・・・・・・・・・・・・・・・・・・・・・・・・・ 41.3
10. 卓球 ・・・・・・・・・・・・・・・・・・・・・・・・・・・・・ 44.2
11. ウエイトリフティング ・・・・・・・・・・・・・・・・・・7.8
12. バドミントン ・・・・・・・・・・・・・・・・・・・・・・・ 35.7
13. 野球・ソフトボール ・・・・・・・・・・・・・・・・・・ 42.8
14. ラグビー ・・・・・・・・・・・・・・・・・・・・・・・・・・ 16.0
15. サーフィン ・・・・・・・・・・・・・・・・・・・・・・・・ 12.6
16. スポーツクライミング ・・・・・・・・・・・・・・・・ 13.5
17. ボクシング ・・・・・・・・・・・・・・・・・・・・・・・・ 12.5
18. カヌー ・・・・・・・・・・・・・・・・・・・・・・・・・・・・・8.4
19. フェンシング ・・・・・・・・・・・・・・・・・・・・・・・・9.5
20. 空手 ・・・・・・・・・・・・・・・・・・・・・・・・・・・・・ 12.3
21. スケートボード ・・・・・・・・・・・・・・・・・・・・・ 16.7
22. バスケットボール ・・・・・・・・・・・・・・・・・・・ 16.7
23. ゴルフ ・・・・・・・・・・・・・・・・・・・・・・・・・・・・ 14.2
24. 開会式 ・・・・・・・・・・・・・・・・・・・・・・・・・・・ 59.5
25. 閉会式 ・・・・・・・・・・・・・・・・・・・・・・・・・・・ 46.7
26. その他 ・・・・・・・・・・・・・・・・・・・・・・・・・・・・・2.1
27. 特にない ・・・・・・・・・・・・・・・・・・・・・・・・・・・7.9
28. 無回答 ・・・・・・・・・・・・・・・・・・・・・・・・・・・・・・0.2

－東京オリンピック　期待すること（複数回答）－

第11問　次の中で，あなたが東京オリンピックに期待していることはありますか。あてはまるものをすべてお答えください。

1. 日本経済への貢献 ・・・・・・・・・・・・・・・・・・ 59.7 %
2. 雇用の増加 ・・・・・・・・・・・・・・・・・・・・・・・ 24.0
3. 日本全体の再生・活性化 ・・・・・・・・・・・・・ 49.2
4. スポーツ施設の整備 ・・・・・・・・・・・・・・・・・ 23.3
5. スポーツの振興 ・・・・・・・・・・・・・・・・・・・・ 29.4
6. 観光の振興 ・・・・・・・・・・・・・・・・・・・・・・・ 28.9
7. 国際交流の推進 ・・・・・・・・・・・・・・・・・・・ 31.4
8. 国際社会での日本の地位向上 ・・・・・・・・・ 21.9
9. 青少年の育成 ・・・・・・・・・・・・・・・・・・・・・ 24.4
10. その他 ・・・・・・・・・・・・・・・・・・・・・・・・・・・・1.1
11. 特にない ・・・・・・・・・・・・・・・・・・・・・・・・・ 12.4
12. 無回答 ・・・・・・・・・・・・・・・・・・・・・・・・・・・・・0.4

－東京オリンピック　不安に思うこと（複数回答）－

第12問　それでは，東京でオリンピックが開かれることで，不安なことはありますか。あてはまるものをすべてお答えください。

1. 開催中に国内でテロなどの大事件が起きる ・・・・・ 53.4 %
2. 東京の治安が悪くなる ・・・・・・・・・・・・・・・・・・ 36.6
3. 東京の土地の値段が上がる ・・・・・・・・・・・・・・・9.0
4. 東京の交通渋滞がひどくなる ・・・・・・・・・・・・・ 47.6
5. 物価が上がる ・・・・・・・・・・・・・・・・・・・・・・・ 26.2
6. 東京とそれ以外の地域の格差が広がる ・・・・・・ 27.0
7. 東京の生活環境が悪くなる ・・・・・・・・・・・・・・ 11.3
8. その他 ・・・・・・・・・・・・・・・・・・・・・・・・・・・・・5.0
9. 特にない ・・・・・・・・・・・・・・・・・・・・・・・・・・ 11.0
10. 無回答 ・・・・・・・・・・・・・・・・・・・・・・・・・・・・・0.6

―東京オリンピック　価値観―

第13問　あなたは，オリンピックそのものについての次のような意見に対して，どう思いますか。A～Jについて，あてはまると思うものをお答えください。

(%)	そう思う	そう思わない	無回答
A. オリンピックは国と国とが実力を競い合う，国際的な競争の舞台である	63.8	34.3	1.9
B. オリンピックの開催国になることは，その国にとって，大きな名誉である	61.3	37.2	1.5
C. オリンピックは国や人種を超えて人々が交流する平和の祭典である	90.1	8.9	1.0
D. オリンピックはそれぞれの国の国民としての自覚を深め，誇りを高める	72.9	25.0	2.1
E. オリンピックが開かれるのは東京だが，国民全体が協力して成功させなければならない	66.9	31.3	1.9
F. オリンピックで国中がさわぐのは，ばかばかしいことだ	21.1	76.5	2.5
G. オリンピックが商売や金もうけに利用されるのは不愉快だ	52.9	45.0	2.1
H. オリンピックは開催国の国民に負担をかけて犠牲を払わせている	44.6	52.2	3.2
I. オリンピックは国内の重要な問題から国民の目をそらさせるからよくない	26.9	70.2	2.9
J. 過剰なメダル獲得競争やドーピング問題などによって，オリンピック本来のあり方が見失われている	60.9	36.2	2.8

―東京パラリンピック　関心度―

第14問　2020年はオリンピックに引き続いて，東京でパラリンピックが開催されます。あなたは東京パラリンピックにどのくらい関心がありますか。この中から1つだけ選んでください。

1. 大変関心がある ・・・・・・・・・・・・・・・・・・ 13.3 %
2. まあ関心がある ・・・・・・・・・・・・・・・・・・ 48.1
3. あまり関心はない ・・・・・・・・・・・・・・・・ 31.2
4. まったく関心はない ・・・・・・・・・・・・・・ 7.3
5. 無回答 ・・・・・・・・・・・・・・・・・・・・・・・・ 0.2

―東京パラリンピック　会場観戦意向―

第15問　あなたは東京パラリンピックの競技や開会式などを，直接会場で見たいと思いますか。この中から1つだけ選んでください。

1. ぜひ見たいと思う ・・・・・・・・・・・・・・・・ 9.1 %
2. まあ見たいと思う ・・・・・・・・・・・・・・・・ 32.5
3. あまり見たいとは思わない ・・・・・・・・ 42.6
4. まったく見たいとは思わない ・・・・・・ 15.5
5. 無回答 ・・・・・・・・・・・・・・・・・・・・・・・・ 0.2

―東京パラリンピック　視聴頻度（毎日・選択）―

第16問　東京パラリンピック開催中，あなたは大会の放送や映像をどのくらい視聴すると思いますか。この中から1つだけ選んでください。

1. 可能な限り，多くの競技を毎日視聴する ・・・・・・ 13.3 %
2. 夜の時間帯を中心に，毎日視聴する ・・・・・・・・ 10.1
3. 関心のある競技にしぼって，視聴する ・・・・・・・・ 33.3
4. 結果がわかればよいので，少しだけ視聴する ・・・ 30.3
5. 関心が無いので，視聴するつもりはない ・・・・・・ 12.6
6. 無回答 ・・・・・・・・・・・・・・・・・・・・・・・・・・・ 0.3

―東京パラリンピック　視聴意向（生・録画）―

第17問　東京パラリンピックの大会の放送や映像について，生中継か中継録画か，どちらを視聴しますか。この中から1つだけ選んでください。

1. 生中継にこだわって視聴したい ・・・・・・・・・・・・・・・ 4.5 %
2. なるべく生中継で視聴したい ・・・・・・・・・・ 35.1
3. 中継録画を見ることができれば十分である ・・・・・ 45.1
4. 視聴するつもりはない ・・・・・・・・・・・・・・・・ 14.9
5. 無回答 ・・・・・・・・・・・・・・・・・・・・・・・・・・・ 0.4

―東京パラリンピック　望ましい映像発信程度―

第18問　あなたは，東京パラリンピックの大会で，映像をどの程度伝えてほしいと考えますか。この中から1つだけ選んでください。

1. すべての競技の映像を見られるようにすべきだ ・・・・ 18.0 %
2. 日本人選手の出場する全種目を見られるようにすべきだ ・・・・・・・・・・・・・・・・ 27.3
3. 日本人選手が活躍しそうな種目を見ることができればいい ・・・・・・・・・・・・・・・・ 19.9
4. 1日のまとめや日本人選手のメダル獲得などをダイジェストで見ることができればいい ・・・・・・ 33.9
5. 無回答 ・・・・・・・・・・・・・・・・・・・・・・・・・・・ 0.9

―東京パラリンピック　見たい競技（複数回答）―

第19問　次の中で，あなたが東京パラリンピックで見たいと思う競技や式典はどれですか。あてはまるものをすべてお答えください。

1. 競泳 ・・・・・・・・・・・・・・・・・・・・・・・・・・・ 38.4 %
2. 陸上競技 ・・・・・・・・・・・・・・・・・・・・・・・・ 46.6
3. 車いすバスケットボール ・・・・・・・・・・・・ 39.9
4. 車いすテニス ・・・・・・・・・・・・・・・・・・・・ 40.3
5. バドミントン ・・・・・・・・・・・・・・・・・・・・ 15.1
6. 卓球 ・・・・・・・・・・・・・・・・・・・・・・・・・・・ 17.3
7. 柔道 ・・・・・・・・・・・・・・・・・・・・・・・・・・・ 13.8
8. 5人制サッカー ・・・・・・・・・・・・・・・・・・ 12.5
9. ボッチャ ・・・・・・・・・・・・・・・・・・・・・・・・ 8.5
10. 自転車競技 ・・・・・・・・・・・・・・・・・・・・・・ 10.8
11. 馬術 ・・・・・・・・・・・・・・・・・・・・・・・・・・・ 9.1
12. 射撃 ・・・・・・・・・・・・・・・・・・・・・・・・・・・ 9.3
13. 車いすラグビー ・・・・・・・・・・・・・・・・・・ 12.6
14. トライアスロン ・・・・・・・・・・・・・・・・・・ 13.4
15. アーチェリー ・・・・・・・・・・・・・・・・・・・・ 8.7
16. 車いすフェンシング ・・・・・・・・・・・・・・ 6.4
17. カヌー ・・・・・・・・・・・・・・・・・・・・・・・・・ 5.8
18. ゴールボール ・・・・・・・・・・・・・・・・・・・・ 4.6
19. パワーリフティング ・・・・・・・・・・・・・・ 4.3
20. ボート ・・・・・・・・・・・・・・・・・・・・・・・・・ 5.2
21. シッティングバレーボール ・・・・・・・・・・ 7.8
22. テコンドー ・・・・・・・・・・・・・・・・・・・・・・ 4.6
23. 開会式 ・・・・・・・・・・・・・・・・・・・・・・・・・ 34.4
24. 閉会式 ・・・・・・・・・・・・・・・・・・・・・・・・・ 27.3
25. 特にない ・・・・・・・・・・・・・・・・・・・・・・・・ 21.8
26. 無回答 ・・・・・・・・・・・・・・・・・・・・・・・・・ 0.5

第20問　パラリンピック競技の放送で，障害の種類や程度による競技のクラス分けや，ルールについて，図などを用いて解説することは，どのくらい必要だと思いますか。この中から1つだけ選んでください。

1. とても必要だ ・・・・・・・・・・・・・・・・・・・・・・・・39.2 %
2. まあ必要だ ・・・・・・・・・・・・・・・・・・・・・・・・・・43.2
3. あまり必要ではない ・・・・・・・・・・・・・・・・・・12.4
4. まったく必要ではない ・・・・・・・・・・・・・・・・4.5
5. 無回答 ・・・・・・・・・・・・・・・・・・・・・・・・・・・・・・・0.8

― 東京パラリンピック　放送取り組みへの意義 ―

第21問　NHKが2020年の東京パラリンピックの放送に取り組むことの意義について，あなたはどのように思われますか。この中から1つだけ選んでください。

1. 大いに意義がある ・・・・・・・・・・・・・・・・・・・・43.2 %
2. ある程度意義がある ・・・・・・・・・・・・・・・・・・43.1
3. あまり意義はない ・・・・・・・・・・・・・・・・・・・・・8.6
4. まったく意義はない ・・・・・・・・・・・・・・・・・・4.3
5. 無回答 ・・・・・・・・・・・・・・・・・・・・・・・・・・・・・・・0.8

― 東京パラリンピック　伝えるべきパラリンピックの側面 ―

第22問　パラリンピックには，スポーツとしての側面と，福祉としての側面がありますが，どのように伝えるべきだと考えますか。あなたのお考えに近いものを1つだけ選んでください。

1. オリンピックと同様に，
　純粋なスポーツとして扱うべき ・・・・・・・・・42.8 %
2. なるべくスポーツとしての魅力を
　前面に伝えるべき ・・・・・・・・・・・・・・・・・・・・23.8
3. 競技性と障害者福祉の視点を同じ程度
　伝えるべき ・・・・・・・・・・・・・・・・・・・・・・・・・26.1
4. 競技性より，障害者福祉の視点を重視して
　伝えるべき ・・・・・・・・・・・・・・・・・・・・・・・・・4.7
5. その他 ・・・・・・・・・・・・・・・・・・・・・・・・・・・・・・1.5
6. 無回答 ・・・・・・・・・・・・・・・・・・・・・・・・・・・・・・1.1

― 障害者スポーツ　情報への接触度（複数回答）―

第23問　あなたは，最近の3か月で，障害者スポーツや関連の情報を見聞きしたことがありますか。次のうち，あてはまるものをすべてお答えください。

1. 実際に会場で，障害者スポーツを見たことがある ・・・・2.0 %
2. テレビで，障害者スポーツの競技中継を
　見たことがある ・・・・・・・・・・・・・・・・・・・・28.1
3. テレビで，障害者スポーツに関する番組を
　見たことがある ・・・・・・・・・・・・・・・・・・・・54.3
4. テレビ以外で，障害者スポーツに関する情報に
　接したことがある ・・・・・・・・・・・・・・・・・・11.0
5. その他 ・・・・・・・・・・・・・・・・・・・・・・・・・・・・・・1.0
6. まったく見聞きしていない ・・・・・・・・・・・・24.4
7. 無回答 ・・・・・・・・・・・・・・・・・・・・・・・・・・・・・・0.3

― 障害者スポーツ　感じること（複数回答）―

第24問　あなたは，障害者スポーツについてどうお感じですか。あてはまるものをすべてお答えください。

1. 競技として楽しめる ・・・・・・・・・・・・・・・・・・26.2 %
2. 選手の頑張りに感動する ・・・・・・・・・・・・・・68.5
3. 障害のある人への理解が深まる ・・・・・・・・46.7
4. 競技のルールがわかりにくい ・・・・・・・・・・19.8

5. 面白さがわからない ・・・・・・・・・・・・・・・・・・4.5
6. 見ていて楽しめない ・・・・・・・・・・・・・・・・・・6.2
7. その他 ・・・・・・・・・・・・・・・・・・・・・・・・・・・・・・2.3
8. 無回答 ・・・・・・・・・・・・・・・・・・・・・・・・・・・・・・0.4

― 障害者スポーツ　イメージ（複数回答）―

第25問　では，あなたは，「障害者スポーツ」と聞いて，どのような言葉を思い浮かべますか。あてはまるものをすべてお答えください。

1. エキサイティングな ・・・・・・・・・・・・・・・・・・12.6 %
2. 面白い ・・・・・・・・・・・・・・・・・・・・・・・・・・・・・・7.5
3. 迫力のある ・・・・・・・・・・・・・・・・・・・・・・・・23.1
4. 感動する ・・・・・・・・・・・・・・・・・・・・・・・・・・61.1
5. 共感を覚える ・・・・・・・・・・・・・・・・・・・・・・16.4
6. すごい技が見られる ・・・・・・・・・・・・・・・・・・26.5
7. 一流の ・・・・・・・・・・・・・・・・・・・・・・・・・・・・・・6.8
8. さわやかな ・・・・・・・・・・・・・・・・・・・・・・・・15.5
9. 明るい ・・・・・・・・・・・・・・・・・・・・・・・・・・・・・・25.3
10. はつらつとした ・・・・・・・・・・・・・・・・・・・・24.9
11. 静かな ・・・・・・・・・・・・・・・・・・・・・・・・・・・・・・1.1
12. 親しみのない ・・・・・・・・・・・・・・・・・・・・・・3.2
13. 退屈な ・・・・・・・・・・・・・・・・・・・・・・・・・・・・・・0.6
14. 痛々しい ・・・・・・・・・・・・・・・・・・・・・・・・・・・・7.6
15. 暗い ・・・・・・・・・・・・・・・・・・・・・・・・・・・・・・・・1.3
16. 難しい ・・・・・・・・・・・・・・・・・・・・・・・・・・・・・・8.9
17. この中にあてはまるものはない ・・・・・・・・8.9
18. 無回答 ・・・・・・・・・・・・・・・・・・・・・・・・・・・・・・0.3

― 障害者スポーツ　現代社会における理解度 ―

第26問　あなたは，現代の社会において，障害者スポーツは，どのくらい理解されていると思われますか。この中から1つだけ選んでください。

1. よく理解されている ・・・・・・・・・・・・・・・・・・3.1 %
2. まあ理解されている ・・・・・・・・・・・・・・・・・・37.4
3. あまり理解されていない ・・・・・・・・・・・・・・53.9
4. まったく理解されていない ・・・・・・・・・・・・3.1
5. 無回答 ・・・・・・・・・・・・・・・・・・・・・・・・・・・・・・2.5

― 障害者スポーツ　理解されるための方法（複数回答）―

【第26問で，「3」「4」と答えた方にうかがいます】

第27問　それでは，現代の社会において，障害者スポーツが理解されるためにはどうすればいいと思いますか。この中であてはまるものをすべてお答えください。

1. 障害者スポーツの競技団体などが
　もっと広報活動を行う ・・・・・・・・・・・・・・・・29.8 %
2. テレビや新聞などのメディアで障害者スポーツを
　もっと取り上げる ・・・・・・・・・・・・・・・・・・・・70.3
3. 障害者スポーツの大会をもっと開催する ・・・・・・・・23.2
4. 障害者スポーツの体験イベントを開催する ・・・・・・24.1
5. その他 ・・・・・・・・・・・・・・・・・・・・・・・・・・・・・・4.1
6. 特に何もしなくてよい ・・・・・・・・・・・・・・・・9.0
7. 無回答 ・・・・・・・・・・・・・・・・・・・・・・・・・・・・・・1.2

（分母＝1,434人）

― 障害者についての意見 ―

第28問　あなたは，障害がある人についての次のような意見に対して，どう思いますか。A ～ Eのそれぞれについて，あてはまるものをお答えください。

(%)	そう思う	思わない	無回答
A. 障害がある人への手助けは，慣れた人に任せるほうがいい	38.2	56.8	5.0
B. 障害がある人と話すときは，障害のことに触れるべきではない	28.7	66.2	5.1
C. 障害がある人も，障害がない人も，対等に暮らすべきだ	77.4	17.9	4.7
D. 支援や保護を手厚くするべきだ	73.7	20.7	5.6
E. 自分とは関わりのないことだ	6.4	87.0	6.6

―自身に当てはまること（複数回答）―
第29問　あなたご自身は，次にあげることについてあてはまることはありますか。あてはまるものをすべてお答えください。
　1. ご自身に障害がある ・・・・・・・・・・・・・・・5.5 %
　2. 家族に障害がある人がいる ・・・・・・・・・ 13.7
　3. 友人・知人に障害がある人がいる ・・・・・・ 22.7
　4. 障害がある人のサポートやボランティアの経験がある・・ 14.6
　5. どれもあてはまらない ・・・・・・・・・・・・・ 54.2
　6. 無回答 ・・・・・・・・・・・・・・・・・・・・ 1.1

―東京大会　準備状況について思うこと―
第30問　現在の東京オリンピック・パラリンピックの準備状況についてうかがいます。今の準備状況について，あなたはどう思いますか。この中から1つだけ選んでください。
　1. とても順調だと思う・・・・・・・・・・・・・・・2.1 %
　2. まあ順調だと思う・・・・・・・・・・・・・・・ 49.8
　3. あまり順調ではない・・・・・・・・・・・・・・ 37.5
　4. まったく順調ではない・・・・・・・・・・・・・6.9
　5. 無回答 ・・・・・・・・・・・・・・・・・・・・3.6

―東京大会　準備状況で不安だと感じること（複数回答）―
第31問　現在の東京オリンピック・パラリンピックの準備状況に関連して，あなたが不安だと感じることはありますか。次の中から，あてはまるものをすべてお答えください。
　1. メインスタジアム（新国立競技場）など会場の整備・・ 31.3 %
　2. 大会の開催費用 ・・・・・・・・・・・・・・・ 54.0
　3. 日本の組織委員会の体制 ・・・・・・・・・・・ 32.0
　4. 公共施設などのバリアフリー化 ・・・・・・・・ 27.3
　5. 道路や鉄道などのインフラ整備 ・・・・・・・・ 37.6
　6. 外国人観光客の受け入れ ・・・・・・・・・・・ 40.9
　7. 東日本大震災の復興への影響 ・・・・・・・・・ 25.8
　8. 日本人選手の育成・強化 ・・・・・・・・・・・ 14.1
　9. ボランティアの育成 ・・・・・・・・・・・・・ 34.2
　10. 選手や観客の暑さ対策 ・・・・・・・・・・・・ 54.7
　11. その他 ・・・・・・・・・・・・・・・・・・・・2.5
　12. 特にない ・・・・・・・・・・・・・・・・・・・9.7
　13. 無回答 ・・・・・・・・・・・・・・・・・・・・1.1

―東京大会　東京の街の変化（複数回答）―
第32問　東京オリンピック・パラリンピックをきっかけに，東京の街はどのように変わっていくと思いますか。あてはまるものをいくつでもお答えください。
　1. 古い建物が取り壊され，新しい建物や施設が建設される ・・・・・・・・・・・・・・・・・ 24.5 %
　2. 日本の伝統を生かした建物や施設，景観が増える ・・・・・・・・・・・・・・・・・ 16.3
　3. バリアフリーなど，障害がある人や高齢者に配慮した街づくりが進む ・・・・・・・・・・・・・・ 47.0
　4. 道路や鉄道などの整備が進み，交通の利便性が高まる ・・・・・・・・・・・・・・・・・・・・ 44.9
　5. 道路や施設のわかりやすい表示など，外国人に配慮した街づくりが進む ・・・・・・・・・・・・ 57.7
　6. その他 ・・・・・・・・・・・・・・・・・・・・1.8
　7. 特にない ・・・・・・・・・・・・・・・・・・ 13.3
　8. 無回答 ・・・・・・・・・・・・・・・・・・・・0.7

―東京大会　終了後の状況―
第33問　あなたは，東京オリンピック・パラリンピック終了後の状況についての次のような意見に対して，どう思いますか。A～Hのそれぞれについて，あてはまるものをお答えください。

(%)	そう思う	思わない	無回答
A. スポーツに取り組む人が増える	59.7	37.7	2.6
B. 外国人との共生の意識が高まる	49.9	46.8	3.3
C. 障害がある人とない人との共生の意識が高まる	54.7	42.4	3.0
D. 大会の感動は，国民の記憶に残り続ける	78.2	19.6	2.3
E. 競技施設が，市民スポーツや地域イベントの拠点として活用される	72.1	25.0	2.9
F. 競技施設の維持管理費がかさみ，市民の新たな負担になる	75.3	21.7	3.0
G. オリンピック関連の需要がなくなり，景気が冷え込む	55.9	40.3	3.8
H. 東京と地方の格差が広がる	57.9	38.8	3.3

―東京大会　意見―
第34問　あなたは，東京オリンピック・パラリンピックについての次のような意見に対して，どう思いますか。A～Kのそれぞれについて，あてはまるものをお答えください。

(%)	そう思う	思わない	無回答
A. オリンピック・パラリンピックは私の暮らしにまったく関係がない	42.4	56.0	1.6
B. オリンピック・パラリンピック開催にお金を使うより，育児や介護支援など，一般の人たちへの施策を充実させるべきだ	53.4	43.8	2.7
C. オリンピック・パラリンピックの開催を契機に公共施設や，インフラの整備が進む	68.3	28.8	2.9
D. オリンピック・パラリンピックの開催は日本経済によい影響を与える	61.8	35.8	2.4
E. オリンピック・パラリンピックは世界の国や地域の友好を深める	78.1	19.8	2.2
F. オリンピック・パラリンピックは自分の国について改めて考えるよい機会である	69.3	28.1	2.6
G. オリンピック・パラリンピックは，東日本大震災からの復興を世界に示す上で大きな意味がある	47.4	50.1	2.5
H. オリンピック・パラリンピックの開催準備で，東日本大震災からの復興が遅れる	49.3	47.8	2.9
I. オリンピック・パラリンピックが開かれることで，何となく楽しい気持ちになる	67.2	30.8	2.1
J. オリンピック・パラリンピックの盛り上がりは，一時的なことにすぎない	73.2	24.8	2.0
K. オリンピック・パラリンピックの開催に向けて，テレビがより高画質になるなど，放送技術が向上する	67.8	29.6	2.6

―東京大会　アピールすべきこと（複数回答）―

第35問　オリンピック・パラリンピックを通じて，日本は，世界にどのようなことをアピールすべきだと思いますか。あてはまるものをいくつでもお答えください。

1. 東日本大震災からの復興　・・・・・・・・・・・・・・・38.2 %
2. 外国人観光客への手厚い対応やサービス　・・・・・・42.2
3. 競技場など大会施設のすばらしさ　・・・・・・・・・・22.9
4. 日本の伝統文化　・・・・・・・・・・・・・・・・・・・63.3
5. 日本の食文化　・・・・・・・・・・・・・・・・・・・・54.4
6. 東京の治安のよさや清潔さ　・・・・・・・・・・・・・55.5
7. 日本人の勤勉さや礼儀正しさ　・・・・・・・・・・・・50.0
8. 国際大会を円滑に運営できること　・・・・・・・・・・37.9
9. その他　・・・・・・・・・・・・・・・・・・・・・・・・0.9
10. 特にない　・・・・・・・・・・・・・・・・・・・・・・・7.7
11. 無回答　・・・・・・・・・・・・・・・・・・・・・・・・1.2

―東京大会　ボランティア参加意欲―

第36問　あなたは，2020年の東京オリンピック・パラリンピックで，ボランティアとして大会に参加したいと思いますか。1つ選んでお答えください。

1. 参加したいと思う・・・・・・・・・・・・・・・・・・・10.4 %
2. 参加したいと思わない・・・・・・・・・・・・・・・・・88.4
3. 無回答　・・・・・・・・・・・・・・・・・・・・・・・・1.2

―東京大会　ボランティア不参加理由（複数回答）―

【第36問で，「2」と答えた方にうかがいます】

第37問　あなたが，ボランティアとして大会に参加したいと思わないのはなぜですか。あてはまるものをすべてお答えください。

1. 大変そうだから・・・・・・・・・・・・・・・・・・・・29.5 %
2. 暑そうだから　・・・・・・・・・・・・・・・・・・・・20.1
3. 観客として競技を楽しみたいから　・・・・・・・・・・14.7
4. やりがいを感じられないから　・・・・・・・・・・・・・5.4
5. 移動や滞在の費用がないから　・・・・・・・・・・・・37.4
6. 仕事や家事，学校などで忙しいから　・・・・・・・・・57.7
7. 外国人への対応に自信がないから　・・・・・・・・・・25.9
8. 大会運営にボランティアの力を借りることに
　 賛同できないから　・・・・・・・・・・・・・・・・・・6.9
9. 大会そのものに関心がないから　・・・・・・・・・・・・9.7
10. ボランティア自体に興味がないから　・・・・・・・・・10.4
11. その他　・・・・・・・・・・・・・・・・・・・・・・・13.0
12. 無回答　・・・・・・・・・・・・・・・・・・・・・・・・0.5

（分母＝2,223人）

―東京大会　サービス要望（複数回答）―

第38問　あなた自身が，オリンピック・パラリンピックの競技中継や関連番組を楽しむためには，どのようなサービスが望ましいと思いますか。あてはまるものをすべてお答えください。

1. 音声がなくても理解できるような字幕つきの
　 競技中継　・・・・・・・・・・・・・・・・・・・・・30.4 %
2. 音声だけでも理解できるような実況解説つきの
　 競技中継　・・・・・・・・・・・・・・・・・・・・・29.8
3. 競技への関心につながるような，
　 選手やルールの紹介　・・・・・・・・・・・・・・・・55.9
4. 競技の見どころをまとめたハイライト番組　・・・・・58.4
5. 後からでも競技をノーカットで見られる
　 サービス　・・・・・・・・・・・・・・・・・・・・・33.7
6. 多くの人と同じ会場で盛り上がれる
　 パブリック・ビューイング　・・・・・・・・・・・・・10.8

7. 外出先でも気軽に見られる，街頭の
　 大型モニター・・・・・・・・・・・・・・・・・・・・18.3
8. 競技の結果や放送予定を，スマートフォンや
　 携帯電話に通知するサービス・・・・・・・・・・・・23.6
9. 大会に関連したドラマやアニメ，バラエティ番組　・・・7.2
10. その他　・・・・・・・・・・・・・・・・・・・・・・・・3.5
11. 無回答　・・・・・・・・・・・・・・・・・・・・・・・・3.0

―東京大会　ユニバーサル放送必要度―

第39問　あなたは，オリンピック・パラリンピックの競技中継や関連番組で，手話，字幕，音声による解説などをおこなう「ユニバーサル放送」は，どのくらい必要だと思いますか。この中から1つだけ選んでください。

1. とても必要だ　・・・・・・・・・・・・・・・・・・・・44.8 %
2. まあ必要だ　・・・・・・・・・・・・・・・・・・・・・44.8
3. あまり必要ではない　・・・・・・・・・・・・・・・・・7.0
4. まったく必要ではない　・・・・・・・・・・・・・・・・2.3
5. 無回答　・・・・・・・・・・・・・・・・・・・・・・・・1.2

―日本社会観　他国との比較―

第40問　現在の日本は，他の国々とくらべて，どのような社会だと思いますか。次のA～Eについて，あてはまるものをお答えください。

	そう思う	まあ　そう思う	あまり　そう思わない	そう思わない	無回答
（%）					
A. 伝統や文化が豊かな社会	38.9	48.9	9.0	1.9	1.2
B. 弱者にやさしい社会	7.3	26.8	48.8	15.5	1.6
C. 収入や生活水準の格差が小さい社会	6.6	26.0	41.7	24.3	1.5
D. 自然環境に恵まれた社会	15.8	52.1	24.2	6.4	1.4
E. 人々が助けあう社会	10.2	44.8	35.2	8.3	1.4

―日本の国民性―

第41問　日本は，次のA～Jのような点で，他の国々とくらべて，すぐれていると思いますか，劣っていると思いますか。あてはまるものをお答えください。

	すぐれている	まあ　すぐれている	やや　劣っている	劣っている	無回答
（%）					
A. 国民の勤勉さ	34.8	53.7	8.4	1.5	1.6
B. 道徳心	22.8	58.8	13.4	3.1	1.9
C. 経済力	8.8	59.8	24.8	4.7	1.9
D. 愛国心	7.6	37.8	41.0	11.2	2.4
E. 公共心	11.5	57.6	23.9	4.1	2.9
F. 知的能力	11.0	64.3	19.6	2.3	2.8
G. 教育の普及程度	21.7	53.6	19.4	2.9	2.4
H. 国際的指導力	3.7	26.3	50.0	17.5	2.5
I. 技術力	39.6	49.6	7.8	1.0	2.0
J. おもてなしの心	38.4	51.6	7.2	1.1	1.6

ー日本はすぐれた国かー

第42問　あなたは，日本が他の国々とくらべて，全体としてすぐれた国だと思いますか。1つだけ選んでお答えください。

1. そう思う ･･････････････････････････････ 19.2 %
2. まあそう思う ･･･････････････････････････ 57.8
3. あまりそう思わない ･････････････････････ 19.8
4. そう思わない ･･･････････････････････････ 2.6
5. 無回答 ･･･････････････････････････････ 0.7

ー日本の今後の見通しー

第43問　日本は，これから先，どうなっていくと思いますか。次のA〜Fについて，あてはまるものをお答えください。

(%)	よくなる	悪くなる	変わらない	無回答
A．政治	6.5	27.9	63.9	1.6
B．経済状況	10.0	41.7	46.7	1.7
C．治安	9.9	39.1	49.1	1.9
D．人びとの思いやりの心	15.7	22.9	59.9	1.6
E．公共心	12.4	21.1	64.1	2.4
F．国際関係	18.0	18.7	61.5	1.9

ー現在の関心事（複数回答）ー

第44問　それでは，次のうち，あなたが関心を持っているものをいくつでもお答えください。

1. 2020年東京オリンピック・パラリンピック ･････ 55.2 %
2. 2022年北京オリンピック・パラリンピック ･･････ 9.7
3. 地震や台風などの自然災害 ･･･････････････ 83.1
4. 国際的なテロ事件 ･･･････････････････････ 34.1
5. 地域紛争や難民問題など国際政治の動向 ･････ 24.9
6. 憲法改正問題など国内政治の動向 ･･･････････ 39.9
7. 為替市場や株式市場など経済の動向 ･･･････ 22.8
8. 介護や子育て環境の整備 ･･･････････････ 65.6
9. その他 ･････････････････････････････ 2.9
10. 無回答 ･････････････････････････････ 0.9

ー市民意識ー

第45問　あなたの今の生き方について，次の中から，最も近いものを1つ選んで○をつけてください。

1. 社会のために必要なことを考え，みんなと力を合わせ，世の中をよくするように心がけている ･･･ 6.4 %
2. 自分の生活とのかかわりの範囲で自分なりに考え，身近なところから世の中をよくするよう心がけている ････････････････････････ 42.0
3. 決められたことには従い，世間に迷惑をかけないように心がけている ･････････････････ 42.6
4. 自分や家族の生活を充実させることを第一に考え，世間のことにはかかわらないように心がけている ････ 7.5
5. 無回答 ･･･････････････････････････ 1.6

ーインターネット利用機器（複数回答）ー

第46問　あなたは，ふだん，どのような機器をお使いになっていますか。次の中から，あてはまるものをいくつでもお答えください。

1. パソコン ･･････････････････････････ 45.8 %
2. タブレット端末 ･････････････････････ 20.0

3. スマートフォン ･･････････････････････ 64.7
4. 携帯電話（スマートフォン以外） ･･････････ 27.9
5. いずれも使用していない ･･･････････････ 8.7
6. 無回答 ･････････････････････････････ 1.0

ーメディア利用頻度ー

第47問　あなたは，次にあげるものをどのくらい使っていますか。A〜Dそれぞれについて，1つだけ○をつけてください。
　（ここでの「インターネット」には，パソコン以外の携帯電話などによるものや，メールも含みます。）

(%)	よく使っている	ある程度使っている	あまり使っていない	まったく使っていない	無回答
A．テレビ	64.0	22.4	7.6	5.0	1.0
B．ラジオ	10.2	16.8	26.7	41.7	4.6
C．新聞	32.4	21.3	15.4	27.6	3.3
D．インターネット	44.9	20.4	8.5	21.3	4.8

ースポーツ視聴頻度ー

第48問　あなたはふだん，テレビやラジオ，インターネットなどでスポーツをどのくらい見たり聞いたりしていますか。1つ選んでお答えください。

1. よく見る（聞く）ほう ･･････････････････ 24.5 %
2. まあ見る（聞く）ほう ･･････････････････ 40.5
3. あまり見ない（聞かない）ほう ･･･････････ 25.5
4. ほとんど・まったく見ない（聞かない）ほう ･･･ 9.2
5. 無回答 ･････････････････････････････ 0.3

ー性別ー

第49問（省略）

ー生年ー

第50問（省略）

ー職業ー

第51問（省略）

「2019 年 7 月東京オリンピック・パラリンピックに関する世論調査（第 5 回）」
単純集計結果

1. 調査時期：2019年6月29日（土）〜7月7日（日）
2. 調査方法：配付回収法
3. 調査対象：全国の20歳以上の男女
4. 調査相手：住民基本台帳から層化無作為2段抽出した3,600人（12人×300地点）
5. 調査有効数（率）：2,442人（67.8%）

《サンプル構成》

	全体	男	女	男の年層						女の年層					
				20代	30代	40代	50代	60代	70歳以上	20代	30代	40代	50代	60代	70歳以上
実数（人）	2,442	1,132	1,310	108	156	220	167	216	265	115	163	261	228	226	317
構成比（%）	100.0	46.4	53.6	4.4	6.4	9.0	6.8	8.8	10.9	4.7	6.7	10.7	9.3	9.3	13.0

	全体	職業										
		農林漁業	自営業	販売・サービス職	技能・作業職	事務・技術職	経営者管理職	専門職自由業他	主婦	学生	無職	無回答
実数（人）	2,442	59	174	261	331	452	102	69	520	60	389	25
構成比（%）	100.0	2.4	7.1	10.7	13.6	18.5	4.2	2.8	21.3	2.5	15.9	1.0

	全体	地域ブロック										東京都民	東京都民以外	東京都民	競技開催地（都民除く）	競技開催地以外
		北海道	東北	関東	甲信越	東海	北陸	近畿	中国	四国	九州・沖縄					
実数（人）	2,442	116	198	758	110	303	66	383	166	76	266	202	2,240	202	157	2,083
構成比（%）	100.0	4.8	8.1	31.0	4.5	12.4	2.7	15.7	6.8	3.1	10.9	8.3	91.7	8.3	6.4	85.3

― 東京オリンピック　開催都市になることへの評価 ―

第1問　あなたは東京で，日本国内2度目となる夏のオリンピックが開催されることについてどう思われますか。この中から1つだけ選んでください。

1. よい ･･････････････････････････ 55.1 %
2. まあよい ･････････････････････････ 33.6
3. あまりよくない ･･･････････････････････ 7.5
4. よくない ･････････････････････････ 3.1
5. 東京でオリンピックが開催されることを知らなかった ･･････････････ 0.4
6. 無回答 ･･･････････････････････ 0.3

― 東京オリンピック　関心度 ―

第2問　あなたは東京オリンピックにどのくらい関心がありますか。この中から1つだけ選んでください。

1. 大変関心がある ･････････････････ 25.1 %
2. まあ関心がある ････････････････････ 50.8
3. あまり関心はない ･･････････････････ 19.5
4. まったく関心はない ･･･････････････ 4.5
5. 無回答 ･･･････････････････････ 0.2

― 東京オリンピック　会場観戦意向 ―

第3問　あなたは，東京オリンピックの競技や開会式などを，直接会場で見たいと思いますか。この中から1つだけ選んでください。

1. ぜひ見たいと思う ･･････････････････ 22.0 %
2. まあ見たいと思う ･･･････････････････ 31.9

3. あまり見たいとは思わない ･･････････････ 29.8
4. まったく見たいとは思わない ･･･････････ 16.2
5. 無回答 ･･････････････････････ 0.1

― 東京オリンピック　関心事（複数回答） ―

第4問　あなたは，東京オリンピックの，どのような点に関心がありますか。あてはまるものをすべてお答えください。

1. 日本人や日本チームの活躍 ･･････････ 74.0 %
2. 各国のメダル獲得数 ･････････････ 18.6
3. 世界最高水準の競技 ･････････････ 39.5
4. これまでよく知らなかった競技や選手 ･････ 23.3
5. 世界の様々な国や地域の話題 ･･････････ 21.5
6. その他 ･････････････････････ 2.4
7. 特にない ･･････････････････････ 10.5
8. 無回答 ･･･････････････････････ 0.3

― 東京オリンピック　視聴頻度（毎日・選択） ―

第5問　東京オリンピック開催中，あなたは大会の放送や映像をどのくらい視聴すると思いますか。この中から1つだけ選んでください。

1. 可能な限り，多くの競技を毎日視聴する ･･････ 23.1 %
2. 夜の時間帯を中心に，毎日視聴する ･･････ 10.8
3. 関心のある競技にしぼって，視聴する ･･･････ 42.8
4. 結果がわかればよいので，少しだけ視聴する ･･･ 17.0
5. 関心が無いので，視聴するつもりはない ･･････ 5.9
6. 無回答 ･･････････････････････ 0.4

―東京オリンピック　視聴意向（生・録画）―

第6問　東京オリンピックの大会の放送や映像について，生中継か中継録画か，どちらを視聴しますか。この中から1つだけ選んでください。

1. 生中継にこだわって視聴したい ・・・・・・・・・・・・・5.6 %
2. なるべく生中継で視聴したい ・・・・・・・・・ 56.2
3. 中継録画を見ることができれば十分である ・・・・・・ 30.8
4. 視聴するつもりはない ・・・・・・・・・・・・・・・・・7.0
5. 無回答 ・・・・・・・・・・・・・・・・・・・・・・・・0.3

―東京オリンピック　望ましい映像発信程度―

第7問　あなたは，東京オリンピックの大会で，映像をどの程度伝えてほしいと考えますか。この中から1つだけ選んでください。

1. すべての競技の映像を見られるようにすべきだ ・・ 23.2 %
2. 日本人選手の出場する全種目を見られるようにすべきだ ・・・・・・・・・・・・・ 32.1
3. 日本人選手が活躍しそうな種目を見ることができればいい ・・・・・・・・・・ 18.9
4. 1日のまとめや日本人選手のメダル獲得などをダイジェストで見ることができればいい ・・・・・・・ 24.8
5. 無回答 ・・・・・・・・・・・・・・・・・・・・・・・・1.1

―東京オリンピック　視聴機器（複数回答）―

第8問　あなたは，東京オリンピックの放送や映像を，どのような機器で見聞きしたいと思っていますか。あてはまるものをすべてお答えください。

1. テレビ ・・・・・・・・・・・・・・・・・・ 92.1 %
2. ラジオ ・・・・・・・・・・・・・・・・・・ 12.5
3. パソコン ・・・・・・・・・・・・・・・・・ 12.7
4. タブレット端末 ・・・・・・・・・・・・・・・8.4
5. スマートフォン ・・・・・・・・・・・・・・ 30.0
6. 携帯電話（スマートフォン以外）・・・・・・・・・・1.5
7. 見聞きするつもりはない ・・・・・・・・・・・・4.5
8. 無回答 ・・・・・・・・・・・・・・・・・・・・0.2

―東京オリンピック　期待する放送サービス（複数回答）―

第9問　あなたは東京オリンピックで，どのような放送サービスを期待していますか。この中からあてはまるものをすべてお答えください。

1. 今よりも，高画質・高臨場感のテレビ中継が見られる ・・・・・・・・・・・・・・・ 36.3 %
2. 様々な端末で，いつでもどこでも競技映像が見られる ・・・・・・・・・・・・・・・ 36.7
3. 選手のデータや競技に関する情報が手元の端末に表示される ・・・・・・・・・ 28.4
4. 会場の好きな位置を選んで自分だけのアングルで競技を見られる ・・・・・・・・ 15.2
5. 終了した競技を，様々な端末で，後からいつでも見ることができる ・・・・・・ 44.4
6. 自分も競技に参加しているかのような，仮想体験ができる ・・・・・・・・・・・・6.9
7. その他 ・・・・・・・・・・・・・・・・・・・・6.3
8. 無回答 ・・・・・・・・・・・・・・・・・・・・2.4

―東京オリンピック　見たい競技（複数回答）―

第10問　次の中で，あなたが東京オリンピックで見たいと思う競技や式典はどれですか。あてはまるものをすべてお答えください。

1. 体操 ・・・・・・・・・・・・・・・・・・・ 58.1 %
2. 陸上競技 ・・・・・・・・・・・・・・・・・ 67.0
3. 柔道 ・・・・・・・・・・・・・・・・・・・ 39.6
4. レスリング ・・・・・・・・・・・・・・・・ 24.0
5. サッカー ・・・・・・・・・・・・・・・・・ 41.6
6. 競泳 ・・・・・・・・・・・・・・・・・・・ 53.3
7. アーティスティック・スイミング ・・・・・・・ 19.9
8. バレーボール ・・・・・・・・・・・・・・・ 41.2
9. テニス ・・・・・・・・・・・・・・・・・・ 37.1
10. 卓球 ・・・・・・・・・・・・・・・・・・・ 44.5
11. ウエイトリフティング ・・・・・・・・・・・・7.3
12. バドミントン ・・・・・・・・・・・・・・・ 32.3
13. 野球・ソフトボール ・・・・・・・・・・・・ 41.4
14. ラグビー ・・・・・・・・・・・・・・・・・ 16.9
15. サーフィン ・・・・・・・・・・・・・・・・ 11.7
16. スポーツクライミング ・・・・・・・・・・・ 13.7
17. ボクシング ・・・・・・・・・・・・・・・・ 12.0
18. カヌー ・・・・・・・・・・・・・・・・・・・8.5
19. フェンシング ・・・・・・・・・・・・・・・ 10.4
20. 空手 ・・・・・・・・・・・・・・・・・・・ 12.0
21. スケートボード ・・・・・・・・・・・・・・ 18.5
22. バスケットボール ・・・・・・・・・・・・・ 24.3
23. ゴルフ ・・・・・・・・・・・・・・・・・・ 13.1
24. 開会式 ・・・・・・・・・・・・・・・・・・ 64.7
25. 閉会式 ・・・・・・・・・・・・・・・・・・ 51.7
26. その他 ・・・・・・・・・・・・・・・・・・・2.2
27. 特にない ・・・・・・・・・・・・・・・・・・7.5
28. 無回答 ・・・・・・・・・・・・・・・・・・・0.3

―東京オリンピック　期待すること（複数回答）―

第11問　次の中で，あなたが東京オリンピックに期待していることはありますか。あてはまるものをすべてお答えください。

1. 日本経済への貢献 ・・・・・・・・・・・・・ 60.3 %
2. 雇用の増加 ・・・・・・・・・・・・・・・・ 20.5
3. 日本全体の再生・活性化 ・・・・・・・・・・ 48.1
4. スポーツ施設の整備 ・・・・・・・・・・・・ 22.1
5. スポーツの振興 ・・・・・・・・・・・・・・ 30.9
6. 観光の振興 ・・・・・・・・・・・・・・・・ 24.5
7. 国際交流の推進 ・・・・・・・・・・・・・・ 34.4
8. 国際社会での日本の地位向上 ・・・・・・・・ 21.7
9. 青少年の育成 ・・・・・・・・・・・・・・・ 24.7
10. その他 ・・・・・・・・・・・・・・・・・・・0.9
11. 特にない ・・・・・・・・・・・・・・・・・ 13.3
12. 無回答 ・・・・・・・・・・・・・・・・・・・0.5

―東京オリンピック　不安に思うこと（複数回答）―

第12問　それでは，東京でオリンピックが開かれることで，不安なことはありますか。あてはまるものをすべてお答えください。

1. 開催中に国内でテロなどの大事件が起きる ・・・・ 52.9 %
2. 東京の治安が悪くなる ・・・・・・・・・・・ 32.4
3. 東京の土地の値段が上がる ・・・・・・・・・・7.2
4. 東京の交通渋滞がひどくなる ・・・・・・・・ 49.3
5. 物価が上がる ・・・・・・・・・・・・・・・ 24.7
6. 東京とそれ以外の地域の格差が広がる ・・・・ 26.2
7. 東京の生活環境が悪くなる ・・・・・・・・・ 10.4
8. その他 ・・・・・・・・・・・・・・・・・・・5.2
9. 特にない ・・・・・・・・・・・・・・・・・ 12.1
10. 無回答 ・・・・・・・・・・・・・・・・・・・0.2

第13問　あなたは，オリンピックそのものについての次のような意見に対して，どう思いますか。A～Jについて，あてはまると思うものをお答えください。

		そう思う	思わない	無回答
	（%）			
A．	オリンピックは国と国とが実力を競い合う，国際的な競争の舞台である	62.2	36.0	1.9
B．	オリンピックの開催国になることは，その国にとって，大きな名誉である	65.5	32.8	1.8
C．	オリンピックは国や人種を超えて人々が交流する平和の祭典である	90.9	7.5	1.6
D．	オリンピックはそれぞれの国の国民としての自覚を深め，誇りを高める	74.9	22.8	2.3
E．	オリンピックが開かれるのは東京だが，国民全体が協力して成功させなければならない	68.9	29.3	1.8
F．	オリンピックで国中がさわぐのは，ばかばかしいことだ	20.0	77.8	2.2
G．	オリンピックが商売や金もうけに利用されるのは不愉快だ	52.7	45.1	2.2
H．	オリンピックは開催国の国民に負担をかけて犠牲を払わせている	39.8	57.4	2.7
I．	オリンピックは国内の重要な問題から国民の目をそらせるからよくない	23.2	74.1	2.7
J．	過剰なメダル獲得競争やドーピング問題などによって，オリンピック本来のあり方が見失われている	58.1	39.7	2.2

－東京パラリンピック　関心度－

第14問　2020年はオリンピックに引き続いて，東京でパラリンピックが開催されます。あなたは東京パラリンピックにどのくらい関心がありますか。この中から1つだけ選んでください。

1. 大変関心がある ・・・・・・・・・・・・・・・13.7 %
2. まあ関心がある ・・・・・・・・・・・・・・・47.5
3. あまり関心はない ・・・・・・・・・・・・・・31.9
4. まったく関心はない ・・・・・・・・・・・・・6.8
5. 無回答 ・・・・・・・・・・・・・・・・・・・・・0.2

－東京パラリンピック　会場観戦意向－

第15問　あなたは東京パラリンピックの競技や開会式などを，直接会場で見たいと思いますか。この中から1つだけ選んでください。

1. ぜひ見たいと思う・・・・・・・・・・・・・・・9.6 %
2. まあ見たいと思う ・・・・・・・・・・・・・・33.7
3. あまり見たいとは思わない ・・・・・・・・・40.5
4. まったく見たいとは思わない ・・・・・・・15.8
5. 無回答 ・・・・・・・・・・・・・・・・・・・・・0.4

－東京パラリンピック　視聴頻度（毎日・選択）－

第16問　東京パラリンピック開催中，あなたは大会の放送や映像をどのくらい視聴すると思いますか。この中から1つだけ選んでください。

1. 可能な限り，多くの競技を毎日視聴する ・・・・・・・・12.7 %
2. 夜の時間帯を中心に，毎日視聴する ・・・・・・・・・・9.1
3. 関心のある競技にしぼって，視聴する ・・・・・・・・33.9
4. 結果がわかればよいので，少しだけ視聴する ・・・・32.4
5. 関心が無いので，視聴するつもりはない ・・・・・・・11.7
6. 無回答 ・・・・・・・・・・・・・・・・・・・・・・・・・0.3

－東京パラリンピック　視聴意向（生・録画）－

第17問　東京パラリンピックの大会の放送や映像について，生中継か中継録画か，どちらを視聴しますか。この中から1つだけ選んでください。

1. 生中継にこだわって視聴したい ・・・・・・・・・・・・・4.0 %
2. なるべく生中継で視聴したい ・・・・・・・・・・・・・34.9
3. 中継録画を見ることができれば十分である ・・・・47.0
4. 視聴するつもりはない ・・・・・・・・・・・・・・・・・13.7
5. 無回答 ・・・・・・・・・・・・・・・・・・・・・・・・・0.3

－東京パラリンピック　望ましい映像発信程度－

第18問　あなたは，東京パラリンピックの大会で，映像をどの程度伝えてほしいと考えますか。この中から1つだけ選んでください。

1. すべての競技の映像を見られるようにすべきだ ・・・・・・・・・・・・・・・・・・・・・・・18.6 %
2. 日本人選手の出場する全種目を見られるようにすべきだ ・・・・・・・・・・・・・・・・・・・・・・・26.7
3. 日本人選手が活躍しそうな種目を見ることができればいい ・・・・・・・・・・・・・・・・・・・19.7
4. 1日のまとめや日本人選手のメダル獲得などをダイジェストで見ることができればいい ・・・・・・・・34.1
5. 無回答 ・・・・・・・・・・・・・・・・・・・・・・・・・1.0

－東京パラリンピック　見たい競技（複数回答）－

第19問　次の中で，あなたが東京パラリンピックで見たいと思う競技や式典はどれですか。あてはまるものをすべてお答えください。

1. 競泳 ・・・・・・・・・・・・・・・・・・・・・・・36.8 %
2. 陸上競技 ・・・・・・・・・・・・・・・・・・・・45.5
3. 車いすバスケットボール ・・・・・・・・・・・39.7
4. 車いすテニス ・・・・・・・・・・・・・・・・・36.8
5. バドミントン ・・・・・・・・・・・・・・・・・13.7
6. 卓球 ・・・・・・・・・・・・・・・・・・・・・・・15.9
7. 柔道 ・・・・・・・・・・・・・・・・・・・・・・・11.8
8. 5人制サッカー・・・・・・・・・・・・・・・・・14.4
9. ボッチャ ・・・・・・・・・・・・・・・・・・・・8.6
10. 自転車競技 ・・・・・・・・・・・・・・・・・・11.0
11. 馬術 ・・・・・・・・・・・・・・・・・・・・・・・8.0
12. 射撃 ・・・・・・・・・・・・・・・・・・・・・・・9.5
13. 車いすラグビー ・・・・・・・・・・・・・・・・11.2
14. トライアスロン ・・・・・・・・・・・・・・・・13.9
15. アーチェリー ・・・・・・・・・・・・・・・・・8.0
16. 車いすフェンシング ・・・・・・・・・・・・・6.6
17. カヌー ・・・・・・・・・・・・・・・・・・・・・5.1
18. ゴールボール ・・・・・・・・・・・・・・・・・5.8
19. パワーリフティング ・・・・・・・・・・・・・3.4
20. ボート ・・・・・・・・・・・・・・・・・・・・・4.5
21. シッティングバレーボール ・・・・・・・・・7.1
22. テコンドー ・・・・・・・・・・・・・・・・・・5.4
23. 開会式 ・・・・・・・・・・・・・・・・・・・・・36.4
24. 閉会式 ・・・・・・・・・・・・・・・・・・・・・30.5

25. 特にない …………………………… 20.9
26. 無回答 ……………………………… 1.1

―東京パラリンピック　知っている選手の数―
第20問　あなたはパラリンピック選手を何人知っていますか。過去の大会に出場した選手も含め，思い浮かぶ選手の人数をお答えください。
1. 1人 …………………………………… 9.8 %
2. 2人 …………………………………… 16.0
3. 3人 …………………………………… 16.0
4. 4人 ……………………………………… 4.5
5. 5～9人 ……………………………… 12.7
6. 10～19人 ……………………………… 1.5
7. 20人以上 ……………………………… 0.4
8. 1人も知らない ……………………… 38.1
9. 無回答 ………………………………… 0.9

―東京パラリンピック　ルール解説必要度―
第21問　パラリンピック競技の放送で，障害の種類や程度による競技のクラス分けや，ルールについて，図などを用いて解説することは，どのくらい必要だと思いますか。この中から1つだけ選んでください。
1. とても必要だ ……………………… 41.3 %
2. まあ必要だ …………………………… 41.5
3. あまり必要ではない ………………… 12.0
4. まったく必要ではない ……………… 4.1
5. 無回答 ………………………………… 1.1

―東京パラリンピック　放送取り組みへの意義―
第22問　NHKが2020年の東京パラリンピックの放送に取り組むことの意義について，あなたはどのように思われますか。この中から1つだけ選んでください。
1. 大いに意義がある …………………… 43.7 %
2. ある程度意義がある ………………… 42.8
3. あまり意義はない …………………… 7.8
4. まったく意義はない ………………… 4.6
5. 無回答 ………………………………… 1.1

―東京パラリンピック　伝えるべきパラリンピックの側面―
第23問　パラリンピックには，スポーツとしての側面と，福祉としての側面がありますが，どのように伝えるべきだと考えますか。あなたのお考えに近いものを1つだけ選んでください。
1. オリンピックと同様に，純粋なスポーツとして扱うべき ………………………… 39.1 %
2. なるべくスポーツとしての魅力を前面に伝えるべき ………………………… 24.9
3. 競技性と障害者福祉の視点を同じ程度伝えるべき ………………………… 27.6
4. 競技性より，障害者福祉の視点を重視して伝えるべき ………………………… 5.1
5. その他 ………………………………… 1.7
6. 無回答 ………………………………… 1.5

―障害者スポーツ　情報への接触度（複数回答）―
第24問　あなたは，この1年で，障害者スポーツの情報に接したことがありますか。次のうち，あてはまるものをすべてお答えください。
1. 実際に会場で，障害者スポーツを見た ………… 2.3 %

2. テレビで，障害者スポーツの競技や番組を見た ‥ 59.5
3. テレビ以外で，障害者スポーツに関する情報に接した ……………………… 10.4
4. まったく接していない ……………… 31.6
5. 無回答 ………………………………… 0.9

―障害者スポーツ　感じること（複数回答）―
第25問　あなたは，障害者スポーツについてどうお感じですか。あてはまるものをすべてお答えください。
1. 競技として楽しめる ………………… 28.0 %
2. 選手の頑張りに感動する ………… 69.7
3. 障害のある人への理解が深まる ………… 51.4
4. 競技のルールがわかりにくい ……… 21.3
5. 面白さがわからない ………………… 4.0
6. 見ていて楽しめない ………………… 5.9
7. その他 ………………………………… 2.6
8. 無回答 ………………………………… 1.4

―障害者スポーツ　イメージ（複数回答）―
第26問　では，あなたは，「障害者スポーツ」と聞いて，どのような言葉を思い浮かべますか。あてはまるものをすべてお答えください。
1. エキサイティングな ………………… 11.5 %
2. 面白い ………………………………… 8.2
3. 迫力のある …………………………… 21.3
4. 感動する ……………………………… 62.4
5. 共感を覚える ………………………… 16.5
6. すごい技が見られる ………………… 24.6
7. 一流の ………………………………… 8.2
8. さわやかな …………………………… 14.2
9. 明るい ………………………………… 24.0
10. はつらつとした ……………………… 24.2
11. 静かな ………………………………… 1.1
12. 親しみのない ………………………… 3.2
13. 退屈な ………………………………… 0.6
14. 痛々しい ……………………………… 6.1
15. 暗い …………………………………… 1.1
16. 難しい ………………………………… 7.8
17. この中にあてはまるものはない ……… 9.6
18. 無回答 ………………………………… 0.9

―障害者スポーツ　現代社会における理解度―
第27問　あなたは，現代の社会において，障害者スポーツは，どのくらい理解されていると思われますか。この中から1つだけ選んでください。
1. よく理解されている ………………… 3.8 %
2. まあ理解されている ………………… 32.8
3. あまり理解されていない …………… 57.7
4. まったく理解されていない ………… 4.8
5. 無回答 ………………………………… 0.9

―自身にあてはまること（複数回答）―
第28問　あなたご自身は，次にあげることについてあてはまることはありますか。あてはまるものをすべてお答えください。
1. ご自身に障害がある ………………… 4.4 %
2. 家族に障害がある人がいる ………… 11.5
3. 友人・知人に障害がある人がいる ……… 19.6
4. 障害がある人のサポートやボランティアの経験がある ……………………… 13.8

5. どれもあてはまらない ‥‥‥‥‥‥‥‥ 57.9
　6. 無回答 ‥‥‥‥‥‥‥‥‥‥‥‥‥‥‥‥ 1.1

―東京大会　楽しみか―

第29問　あなたは，東京オリンピック・パラリンピックがどのくらい楽しみですか。この中から1つだけ選んでください。
　1. とても楽しみだ‥‥‥‥‥‥‥‥‥‥‥ 29.4 %
　2. まあ楽しみだ ‥‥‥‥‥‥‥‥‥‥‥‥ 49.2
　3. あまり楽しみではない‥‥‥‥‥‥‥‥ 15.4
　4. まったく楽しみではない ‥‥‥‥‥‥‥ 5.2
　5. 無回答 ‥‥‥‥‥‥‥‥‥‥‥‥‥‥‥ 0.9

―東京大会　チケット購入意向―

第30問　あなたは，東京オリンピック・パラリンピックの観戦チケットを購入したいですか。この中から1つだけ選んでください。
　1. 購入したい（購入した）‥‥‥‥‥‥‥ 27.8 %
　2. 購入したいとは思わない‥‥‥‥‥‥‥ 71.3
　3. 無回答 ‥‥‥‥‥‥‥‥‥‥‥‥‥‥‥ 0.9

―東京大会　準備状況について思うこと―

第31問　現在の東京オリンピック・パラリンピックの準備状況についてうかがいます。今の準備状況について，あなたはどう思いますか。この中から1つだけ選んでください。
　1. とても順調だと思う‥‥‥‥‥‥‥‥‥ 4.3 %
　2. まあ順調だと思う ‥‥‥‥‥‥‥‥‥‥ 62.6
　3. あまり順調ではない‥‥‥‥‥‥‥‥‥ 26.8
　4. まったく順調ではない ‥‥‥‥‥‥‥‥ 3.4
　5. 無回答 ‥‥‥‥‥‥‥‥‥‥‥‥‥‥‥ 2.8

―東京大会　準備状況で不安だと感じること（複数回答）―

第32問　現在の東京オリンピック・パラリンピックの準備状況に関連して，あなたが不安だと感じることはありますか。次の中から，あてはまるものをすべてお答えください。
　1. メインスタジアム（新国立競技場）など
　　会場の整備 ‥‥‥‥‥‥‥‥‥‥‥‥‥ 26.1 %
　2. 大会の開催費用 ‥‥‥‥‥‥‥‥‥‥‥ 42.6
　3. 日本の組織委員会の体制 ‥‥‥‥‥‥‥ 24.5
　4. 公共施設などのバリアフリー化 ‥‥‥‥ 24.9
　5. 道路や鉄道などのインフラ整備 ‥‥‥‥ 38.3
　6. 外国人観光客の受け入れ ‥‥‥‥‥‥‥ 45.2
　7. 東日本大震災の復興への影響 ‥‥‥‥‥ 20.7
　8. 日本人選手の育成・強化 ‥‥‥‥‥‥‥ 12.2
　9. ボランティアの育成 ‥‥‥‥‥‥‥‥‥ 23.8
　10. 選手や観客の暑さ対策 ‥‥‥‥‥‥‥‥ 52.3
　11. その他 ‥‥‥‥‥‥‥‥‥‥‥‥‥‥‥ 2.0
　12. 特にない ‥‥‥‥‥‥‥‥‥‥‥‥‥‥ 15.4
　13. 無回答 ‥‥‥‥‥‥‥‥‥‥‥‥‥‥‥ 1.0

―東京大会　準備状況で最も不安なこと―

【第32問で，「1〜11」のいずれかが○の方におたずねします】
第33問　あなたが第32問で○をつけた中で，もっとも不安だと感じていることは何ですか。上の選択肢の中から1つだけ選んで数字を記入してください。
　1. メインスタジアム（新国立競技場）など
　　会場の整備 ‥‥‥‥‥‥‥‥‥‥‥‥‥ 5.3 %
　2. 大会の開催費用 ‥‥‥‥‥‥‥‥‥‥‥ 19.3
　3. 日本の組織委員会の体制 ‥‥‥‥‥‥‥ 5.7

　4. 公共施設などのバリアフリー化 ‥‥‥‥ 4.0
　5. 道路や鉄道などのインフラ整備 ‥‥‥‥ 10.2
　6. 外国人観光客の受け入れ ‥‥‥‥‥‥‥ 13.2
　7. 東日本大震災の復興への影響 ‥‥‥‥‥ 7.7
　8. 日本人選手の育成・強化 ‥‥‥‥‥‥‥ 2.1
　9. ボランティアの育成 ‥‥‥‥‥‥‥‥‥ 3.2
　10. 選手や観客の暑さ対策 ‥‥‥‥‥‥‥‥ 27.8
　11. その他 ‥‥‥‥‥‥‥‥‥‥‥‥‥‥‥ 1.4
　12. 無回答 ‥‥‥‥‥‥‥‥‥‥‥‥‥‥‥ 0.0
（分母＝2,042人）

―東京大会　東京の街の変化（複数回答）―

第34問　東京オリンピック・パラリンピックをきっかけに，東京の街はどのように変わっていくと思いますか。あてはまるものをいくつでもお答えください。
　1. 古い建物が取り壊され，新しい建物や施設が
　　建設される ‥‥‥‥‥‥‥‥‥‥‥‥‥ 20.9 %
　2. 日本の伝統を生かした建物や施設，景観が
　　増える ‥‥‥‥‥‥‥‥‥‥‥‥‥‥‥ 13.8
　3. バリアフリーなど，障害がある人や高齢者に
　　配慮した街づくりが進む ‥‥‥‥‥‥‥ 46.2
　4. 道路や鉄道などの整備が進み，
　　交通の利便性が高まる ‥‥‥‥‥‥‥‥ 41.6
　5. 道路や施設のわかりやすい表示など，
　　外国人に配慮した街づくりが進む ‥‥‥ 57.8
　6. その他 ‥‥‥‥‥‥‥‥‥‥‥‥‥‥‥ 1.8
　7. 特にない ‥‥‥‥‥‥‥‥‥‥‥‥‥‥ 14.0
　8. 無回答 ‥‥‥‥‥‥‥‥‥‥‥‥‥‥‥ 0.9

―東京大会　終了後の状況―

第35問　あなたは，東京オリンピック・パラリンピック終了後の状況についての次のような意見に対して，どう思いますか。A〜Hのそれぞれについて，あてはまるものをお答えください。

（%）	そう思う	そう思わない	無回答
A. スポーツに取り組む人が増える	62.0	35.6	2.4
B. 外国人との共生の意識が高まる	53.8	43.0	3.2
C. 障害がある人とない人との共生の意識が高まる	59.0	38.3	2.7
D. 大会の感動は，国民の記憶に残り続ける	78.7	18.9	2.4
E. 競技施設が，市民スポーツや地域イベントの拠点として活用される	72.6	24.6	2.8
F. 競技施設の維持管理費がかさみ，市民の新たな負担になる	73.7	23.3	3.0
G. オリンピック関連の需要がなくなり，景気が冷え込む	57.4	39.2	3.4
H. 東京と地方の格差が広がる	56.8	40.0	3.2

－東京大会　意見－

第36問　あなたは，東京オリンピック・パラリンピックについての次のような意見に対して，どう思いますか。A～Kのそれぞれについて，あてはまるものをお答えください。

	そう思う	そう思わない	無回答
(%)			
A. オリンピック・パラリンピックは私の暮らしにまったく関係がない	46.9	51.8	1.2
B. オリンピック・パラリンピック開催にお金を使うより，育児や介護支援など，一般の人たちへの施策を充実させるべきだ	50.7	47.5	1.9
C. オリンピック・パラリンピックの開催を契機に公共施設や，インフラの整備が進む	68.1	29.4	2.5
D. オリンピック・パラリンピックの開催は日本経済によい影響を与える	64.2	33.5	2.3
E. オリンピック・パラリンピックは世界の国や地域の友好を深める	81.9	16.3	1.8
F. オリンピック・パラリンピックは自分の国について改めて考えるよい機会である	67.6	30.2	2.2
G. オリンピック・パラリンピックは，東日本大震災からの復興を世界に示す上で大きな意味がある	49.8	48.5	1.7
H. オリンピック・パラリンピックの開催準備で，東日本大震災からの復興が遅れる	47.7	50.0	2.3
I. オリンピック・パラリンピックが開かれることで，何となく楽しい気持ちになる	71.2	27.1	1.8
J. オリンピック・パラリンピックの盛り上がりは，一時的なことにすぎない	72.9	25.3	1.8
K. オリンピック・パラリンピックの開催に向けて，テレビがより高画質になるなど，放送技術が向上する	69.5	28.2	2.3

－東京大会　アピールすべきこと（複数回答）－

第37問　オリンピック・パラリンピックを通じて，日本は，世界にどのようなことをアピールすべきだと思いますか。あてはまるものをいくつでもお答えください。

1. 東日本大震災からの復興 ・・・・・・・・・・・・・・・・・・41.6 ％
2. 外国人観光客への手厚い対応やサービス ・・・・・・40.6
3. 競技場など大会施設のすばらしさ ・・・・・・・・・・26.0
4. 日本の伝統文化 ・・・・・・・・・・・・・・・・・・・・63.8
5. 日本の食文化 ・・・・・・・・・・・・・・・・・・・・・51.3
6. 東京の治安のよさや清潔さ ・・・・・・・・・・・・・51.5
7. 日本人の勤勉さや礼儀正しさ ・・・・・・・・・・・・49.5
8. 国際大会を円滑に運営できること ・・・・・・・・・36.7
9. その他 ・・・・・・・・・・・・・・・・・・・・・・・・・0.5
10. 特にない ・・・・・・・・・・・・・・・・・・・・・・・8.3
11. 無回答 ・・・・・・・・・・・・・・・・・・・・・・・・0.7

－東京大会　関連行動（複数回答）－

第38問　東京オリンピック・パラリンピックに関連して，あなたがなさったことはこの中にありますか。あてはまるものをすべてお答えください。

1. 大会観戦チケットの購入・申し込み ・・・・・・・・12.0 %
2. 大会ボランティアの登録 ・・・・・・・・・・・・・・0.5
3. 大会関連イベントへの参加 ・・・・・・・・・・・・・1.2
4. 大会関連の記念品やグッズの購入 ・・・・・・・・・4.2
5. 大会に向けたテレビの買い替え ・・・・・・・・・・2.3
6. 大会に向けた外国語の勉強 ・・・・・・・・・・・・・1.2
7. その他 ・・・・・・・・・・・・・・・・・・・・・・・1.1
8. 特にない ・・・・・・・・・・・・・・・・・・・・・・80.3
9. 無回答 ・・・・・・・・・・・・・・・・・・・・・・・1.1

－東京大会　大会への関わり（複数回答）－

第39問　あなたは，東京オリンピック・パラリンピックに向けて，どのような形で関わっていますか。あてはまるものをすべてお答えください。

1. 仕事で関わる ・・・・・・・・・・・・・・・・・・・・3.2 %
2. ボランティアで関わる ・・・・・・・・・・・・・・・0.7
3. 地域や学校のイベントで関わる ・・・・・・・・・・2.4
4. 競技に出場する（出場を目指している）・・・・・・・0.1
5. その他 ・・・・・・・・・・・・・・・・・・・・・・・1.1
6. 特に関わりはない ・・・・・・・・・・・・・・・・・92.0
7. 無回答 ・・・・・・・・・・・・・・・・・・・・・・・1.4

－東京大会　サービス要望（複数回答）－

第40問　あなた自身が，オリンピック・パラリンピックの競技中継や関連番組を楽しむためには，どのようなサービスが望ましいと思いますか。あてはまるものをすべてお答えください。

1. 音声がなくても理解できるような
　字幕つきの競技中継 ・・・・・・・・・・・・・・・・28.4 %
2. 音声だけでも理解できるような
　実況解説つきの競技中継 ・・・・・・・・・・・・・26.5
3. 競技への関心につながるような，
　選手やルールの紹介 ・・・・・・・・・・・・・・・・55.6
4. 競技の見どころをまとめたハイライト番組 ・・・・63.0
5. 後からでも競技をノーカットで見られるサービス ・35.9
6. 多くの人と同じ会場で盛り上がれる
　パブリック・ビューイング ・・・・・・・・・・・・12.7
7. 外出先でも気軽に見られる，
　街頭の大型モニター ・・・・・・・・・・・・・・・・16.5
8. 競技の結果や放送予定を，
　スマートフォンや携帯電話に通知するサービス ・・23.9
9. 大会に関連したドラマやアニメ，バラエティ番組 ・・7.5
10. その他 ・・・・・・・・・・・・・・・・・・・・・・・3.0
11. 無回答 ・・・・・・・・・・・・・・・・・・・・・・・2.2

－東京大会　ユニバーサル放送必要度－

第41問　あなたは，オリンピック・パラリンピックの競技中継や関連番組で，手話，字幕，音声による解説などをおこなう「ユニバーサル放送」は，どのくらい必要だと思いますか。この中から1つだけ選んでください。

1. とても必要だ ・・・・・・・・・・・・・・・・・・・・43.0 %
2. まあ必要だ ・・・・・・・・・・・・・・・・・・・・・46.8
3. あまり必要ではない ・・・・・・・・・・・・・・・・6.7
4. まったく必要ではない ・・・・・・・・・・・・・・・2.3
5. 無回答 ・・・・・・・・・・・・・・・・・・・・・・・1.1

―日本の国民性―

第42問　日本は，次のA～Jのような点で，他の国々とくらべて，すぐれていると思いますか，劣っていると思いますか。あてはまるものをお答えください。

(%)	すぐれている	まあすぐれている	やや劣っている	劣っている	無回答
A．国民の勤勉さ	35.5	53.4	7.8	1.5	1.7
B．道徳心	27.4	57.1	11.4	2.4	1.8
C．経済力	11.4	57.7	24.2	4.6	2.2
D．愛国心	10.6	42.3	36.3	8.6	2.1
E．公共心	15.3	60.0	19.5	2.7	2.5
F．知的能力	12.0	65.8	17.3	2.3	2.6
G．教育の普及程度	21.3	53.9	19.9	2.8	2.1
H．国際的指導力	3.6	32.2	49.1	12.4	2.6
I．技術力	37.7	49.1	9.5	1.5	2.1
J．おもてなしの心	44.7	48.2	4.7	0.8	1.6

―日本の今後の見通し―

第43問　日本は，これから先，どうなっていくと思いますか。次のA～Fについて，あてはまるものをお答えください。

(%)	よくなる	悪くなる	変わらない	無回答
A．政治	9.1	25.3	64.3	1.2
B．経済状況	12.4	43.4	42.9	1.4
C．治安	10.7	39.1	48.6	1.5
D．人びとの思いやりの心	18.9	22.0	57.9	1.2
E．公共心	15.8	19.9	62.5	1.7
F．国際関係	24.6	16.1	57.9	1.3

―現在の関心事（複数回答）―

第44問　それでは，次のうち，あなたが関心を持っているものをいくつでもお答えください。

1. 2020年東京オリンピック・パラリンピック‥‥58.1 %
2. 2022年北京オリンピック・パラリンピック‥‥‥9.2
3. 地震や台風などの自然災害 ‥‥‥‥‥‥‥‥‥77.8
4. 国際的なテロ事件 ‥‥‥‥‥‥‥‥‥‥‥‥36.0
5. 地域紛争や難民問題など国際政治の動向 ‥‥‥28.8
6. 憲法改正問題など国内政治の動向 ‥‥‥‥‥37.4
7. 為替市場や株式市場など経済の動向 ‥‥‥‥20.2
8. 介護や子育て環境の整備 ‥‥‥‥‥‥‥‥‥61.6
9. その他 ‥‥‥‥‥‥‥‥‥‥‥‥‥‥‥‥‥2.9
10. 無回答 ‥‥‥‥‥‥‥‥‥‥‥‥‥‥‥‥‥0.9

―ラグビーW杯　関心度―

第45問　あなたは，今年9月に日本で開催されるラグビーのワールドカップにどのくらい関心がありますか。

1. 大変関心がある ‥‥‥‥‥‥‥‥‥‥‥8.5 %
2. まあ関心がある ‥‥‥‥‥‥‥‥‥‥‥32.0
3. あまり関心はない‥‥‥‥‥‥‥‥‥‥‥36.8
4. まったく関心はない‥‥‥‥‥‥‥‥‥‥22.2
5. 無回答 ‥‥‥‥‥‥‥‥‥‥‥‥‥‥‥0.6

―インターネット利用機器（複数回答）―

第46問　あなたは，ふだん，どのような機器をお使いになっていますか。次の中から，あてはまるものをいくつでもお答えください。

1. パソコン ‥‥‥‥‥‥‥‥‥‥‥‥‥45.7 %
2. タブレット端末 ‥‥‥‥‥‥‥‥‥‥21.8
3. スマートフォン ‥‥‥‥‥‥‥‥‥‥69.8
4. 携帯電話（スマートフォン以外）‥‥‥‥‥24.1
5. いずれも使用していない ‥‥‥‥‥‥‥‥7.5
6. 無回答 ‥‥‥‥‥‥‥‥‥‥‥‥‥‥0.6

―メディア利用頻度―

第47問　あなたは，次にあげるものをどのくらい使っていますか。A～Dそれぞれについて，1つだけ○をつけてください。（ここでの「インターネット」には，パソコン以外の携帯電話などによるものや，メールも含みます。）

(%)	よく使っている	ある程度使っている	あまり使っていない	まったく使っていない	無回答
A．テレビ	65.8	20.4	8.3	4.1	1.4
B．ラジオ	10.5	17.4	26.4	41.1	4.5
C．新聞	31.5	21.5	16.4	27.4	3.2
D．インターネット	48.4	20.4	7.2	19.9	4.1

―スポーツ視聴頻度―

第48問　あなたはふだん，テレビやラジオ，インターネットなどでスポーツをどのくらい見たり聞いたりしていますか。1つ選んでお答えください。

1. よく見る（聞く）ほう ‥‥‥‥‥‥‥25.2 %
2. まあ見る（聞く）ほう ‥‥‥‥‥‥‥36.6
3. あまり見ない（聞かない）ほう ‥‥‥‥25.9
4. ほとんど・まったく見ない（聞かない）ほう ‥‥11.3
5. 無回答 ‥‥‥‥‥‥‥‥‥‥‥‥‥‥1.0

―性別―
第49問（省略）

―生年―
第50問（省略）

―職業―
第51問（省略）

「2021年3〜4月東京オリンピック・パラリンピックに関する世論調査（第6回）」単純集計結果

1. 調査時期：2021年3月17日（水）〜4月19日（月）
2. 調査方法：郵送法
3. 調査対象：全国20歳以上
4. 調査相手：住民基本台帳から層化無作為2段抽出した3,600人（12人×300地点）
5. 調査有効数（率）：2,374人（65.9％）

《サンプル構成》

	全体	男	女	男の年層						女の年層					
				20代	30代	40代	50代	60代	70歳以上	20代	30代	40代	50代	60代	70歳以上
実数（人）	2,374	1,058	1,316	70	100	183	181	204	320	110	159	225	230	201	391
構成比（％）	100.0	44.6	55.4	2.9	4.2	7.7	7.6	8.6	13.5	4.6	6.7	9.5	9.7	8.5	16.5

	全体	職業										
		農林漁業	自営業	販売・サービス職	技能・作業職	事務・技術職	経営者管理職	専門職自由業他	主婦	学生	無職	無回答
実数（人）	2,374	45	134	260	276	445	114	86	496	59	423	36
構成比（％）	100.0	1.9	5.6	11.0	11.6	18.7	4.8	3.6	20.9	2.5	17.8	1.5

	全体	地域ブロック									
		北海道	東北	関東	甲信越	東海	北陸	近畿	中国	四国	九州・沖縄
実数（人）	2,374	113	179	812	101	304	67	338	141	71	248
構成比（％）	100.0	4.8	7.5	34.2	4.3	12.8	2.8	14.2	5.9	3.0	10.4

	全体	東京都民	東京都民以外	東京都	競技開催地（東京都除く）*	競技開催地以外
実数（人）	2,374	229	2,145	229	189	1,956
構成比（％）	100.0	9.6	90.4	9.6	8.0	82.4

＊無作為に選んだ調査地点のうち、
東京都以外で競技が開催された都市
札幌市，さいたま市，川越市，千葉市，横浜市，藤沢市，伊豆市

ー東京オリンピック　関心度ー
第1問　あなたは，東京オリンピックにどのくらい関心がありますか。次の中から，1つだけ選んでください。

1. 大変関心がある ··································· 20.8 %
2. まあ関心がある ··································· 50.3
3. あまり関心はない ································· 23.3
4. まったく関心はない ······························4.7
5. 無回答 ··0.8

ー東京オリンピック　関心理由（複数回答）ー
【第1問で，「1」「2」と答えた方にうかがいます】
第2問　あなたが東京オリンピックに関心がある理由について，次の中から，あてはまるものをすべてお答えください。

1. 日本で開催されるから ······················ 80.8 %
2. オリンピックが好きだから ·················· 33.2
3. スポーツが好きだから ······················ 48.6
4. 好きな競技があるから ······················ 32.9
5. 応援したい選手がいるから ················· 15.3
6. メディアが取り上げているから ··············8.8
7. 周囲の人が話題にしているから ·············5.3
8. 自分の仕事に関係があるから ··············2.8
9. 自分の生活に影響が出そうだから ·········4.4
10. 新型コロナウイルスの影響で大会がどうなるか気になるから ·························· 51.1

11. 新型コロナウイルスの感染が拡大しないか気になるから ···························· 43.6
12. その他 ··3.7
13. 無回答 ··0.1

（分母＝1,688人）

ー東京パラリンピック　関心度ー
第3問　2021年はオリンピックに続いて，東京でパラリンピックが開催されます。あなたは，東京パラリンピックにどのくらい関心がありますか。次の中から，1つだけ選んでください。

1. 大変関心がある ····································9.9 %
2. まあ関心がある ··································· 45.0
3. あまり関心はない ································· 37.1
4. まったく関心はない ······························6.3
5. 無回答 ··1.8

ー東京パラリンピック　関心理由（複数回答）ー
【第3問で，「1」「2」と答えた方にうかがいます】
第4問　東京パラリンピックに関心がある理由について，次の中から，あてはまるものをすべてお答えください。

1. 日本で開催されるから ······················ 70.5 %
2. パラリンピックが好きだから ··············· 15.5
3. スポーツが好きだから ······················ 41.1
4. 好きな競技があるから ······················ 12.4

139

5．応援したい選手がいるから ・・・・・・・・・・・・・・・・・8.6
　6．メディアが取り上げているから ・・・・・・・・・・・・8.3
　7．周囲の人が話題にしているから ・・・・・・・・・・・3.1
　8．自分の仕事に関係があるから ・・・・・・・・・・・・・2.7
　9．自分の生活に影響が出そうだから ・・・・・・・・3.2
　10．自分自身や身近な人に障害があるから ・・・・・・・・8.7
　11．障害者スポーツがどのようなものか知りたいから ・・ 31.9
　12．新型コロナウイルスの影響で大会がどうなるか
　　　気になるから ・・・・・・・・・・・・・・・・・・・・・・・・・ 43.4
　13．新型コロナウイルスの感染が拡大しないか
　　　気になるから ・・・・・・・・・・・・・・・・・・・・・・・・・ 39.2
　14．その他・・・・・・・・・・・・・・・・・・・・・・・・・・・・・・5.1
　15．無回答 ・・・・・・・・・・・・・・・・・・・・・・・・・・・・・0.2
（分母＝1,303人）

　　ー東京オリンピック・パラリンピック　楽しみかー
第5問　あなたは，東京オリンピック・パラリンピックがどのくら
　　　い楽しみですか。次の中から，1つだけ選んでください。
　1．とても楽しみだ ・・・・・・・・・・・・・・・・・・・18.1 %
　2．まあ楽しみだ ・・・・・・・・・・・・・・・・・・・・・44.8
　3．あまり楽しみではない ・・・・・・・・・・・・・・28.4
　4．まったく楽しみではない ・・・・・・・・・・・・8.5
　5．無回答 ・・・・・・・・・・・・・・・・・・・・・・・・・・・・・0.2

　　ーコロナで楽しみな気持ちは変わったかー
第6問　あなたは，新型コロナウイルスの感染が起きたことで，
　　　東京オリンピック・パラリンピックに対する気持ちが変わりま
　　　したか。次の中から，1つだけ選んでください。
　1．感染が起きる前より，楽しみではなくなった ・・・・・ 60.2 %
　2．感染が起きる前より，楽しみになった ・・・・・・・・・・1.3
　3．気持ちは変わらない ・・・・・・・・・・・・・・・・38.2
　4．無回答 ・・・・・・・・・・・・・・・・・・・・・・・・・・・・・0.3

　　ーコロナの感染拡大への不安ー
第7問　あなたは，新型コロナウイルスの感染拡大について，ど
　　　のくらい不安を感じていますか。次の中から，1つだけ選んで
　　　ください。
　1．非常に不安だ・・・・・・・・・・・・・・・・・・・・・・51.9 %
　2．ある程度不安だ・・・・・・・・・・・・・・・・・・・43.1
　3．あまり不安ではない ・・・・・・・・・・・・・・・4.0
　4．まったく不安ではない ・・・・・・・・・・・・・・0.7
　5．無回答 ・・・・・・・・・・・・・・・・・・・・・・・・・・・・・0.2

　　ー大会で感染拡大の不安を感じるかー
第8問　東京オリンピック・パラリンピックが今年（2021年）7
　　　月から開催された場合，あなたは，国内で新型コロナウイル
　　　スの感染が拡大すると思いますか。それとも，思いませんか。
　　　次の中から，1つだけ選んでください。
　1．拡大すると思う ・・・・・・・・・・・・・・・・・・・51.6 %
　2．どちらかといえば，拡大すると思う ・・・・・・・・・40.4
　3．どちらかといえば，拡大するとは思わない ・・・・・・6.1
　4．拡大するとは思わない ・・・・・・・・・・・・・・1.5
　5．無回答 ・・・・・・・・・・・・・・・・・・・・・・・・・・・・・0.5

　　ー7月に開催すべきかー
第9問　新型コロナウイルスの感染拡大を受けて，大会は1年
　　　延期されました。あなたは，今年（2021年）7月からの開催
　　　について，どう思いますか。次の中から，1つだけ選んでくだ
　　　さい。
　1．開催すべき ・・・・・・・・・・・・・・・・・・・・・・31.7 %
　2．さらに延期すべき ・・・・・・・・・・・・・・・・・33.7
　3．中止すべき ・・・・・・・・・・・・・・・・・・・・・・33.4
　4．無回答 ・・・・・・・・・・・・・・・・・・・・・・・・・・・・・1.2

　　ー開催すべき理由（一番目）ー
【第9問で，「1」「2」と答えた方にうかがいます】
第10問　大会を中止せずに開催すべきだと思う，一番の理由は
　　　何ですか。次の中から，1つだけ選んでください。
　1．日本での開催を楽しみにしているから ・・・・・・・・21.2 %
　2．選手たちの努力が報われないから ・・・・・・・・・・45.6
　3．これまでに投じた予算や準備がむだになるから ・・ 18.6
　4．経済の回復が期待できるから ・・・・・・・・・・・5.9
　5．新型コロナの危機を乗り越えた象徴になるから ・・・5.7
　6．その他・・・・・・・・・・・・・・・・・・・・・・・・・・・・・・2.6
　7．無回答 ・・・・・・・・・・・・・・・・・・・・・・・・・・・・・0.5
（分母＝1,552人）

　　ー開催すべき理由（二番目）ー
【第9問で，「1」「2」と答えた方にうかがいます】
第11問　大会を中止せずに開催すべきだと思う，二番目の理由
　　　は何ですか。次の中から，1つだけ選んでください。
　1．日本での開催を楽しみにしているから ・・・・・・・・17.8 %
　2．選手たちの努力が報われないから ・・・・・・・・・・21.6
　3．これまでに投じた予算や準備がむだになるから ・・ 25.8
　4．経済の回復が期待できるから ・・・・・・・・・・・10.8
　5．新型コロナの危機を乗り越えた象徴になるから ・・・6.8
　6．その他・・・・・・・・・・・・・・・・・・・・・・・・・・・・・・2.6
　7．無回答 ・・・・・・・・・・・・・・・・・・・・・・・・・・・・・14.4
（分母＝1,552人）

　　ー中止すべき理由（一番目）ー
【第9問で，「3」と答えた方にうかがいます】
第12問　大会を中止すべきだと思う，一番の理由は何ですか。
　　　次の中から，1つだけ選んでください。
　1．新型コロナウイルスの世界的な流行が
　　　続きそうだから ・・・・・・・・・・・・・・・・・・・・・・・ 39.6 %
　2．新型コロナウイルスの国内での感染拡大が
　　　心配だから ・・・・・・・・・・・・・・・・・・・・・・・・・ 41.1
　3．代表選考などの準備が間に合いそうにないから ・・・1.0
　4．大会の予算を新型コロナ対策に
　　　使ってほしいから ・・・・・・・・・・・・・・・・・・・・・7.7
　5．大会の経費が増えて国や自治体の財政が
　　　悪化するから ・・・・・・・・・・・・・・・・・・・・・・・・7.7
　6．その他・・・・・・・・・・・・・・・・・・・・・・・・・・・・・・2.6
　7．無回答 ・・・・・・・・・・・・・・・・・・・・・・・・・・・・・0.3
（分母＝793人）

―中止すべき理由（二番目）―

【第9問で，「3」と答えた方にうかがいます】

第13問　大会を中止すべきだと思う，二番目の理由は何ですか。次の中から，1つだけ選んでください。

1. 新型コロナウイルスの世界的な流行が
続きそうだから ・・・・・・・・・・・・・・・・・・20.9 %
2. 新型コロナウイルスの国内での感染拡大が
心配だから ・・・・・・・・・・・・・・・・・・27.4
3. 代表選考などの準備が間に合いそうにないから ・・・・3.5
4. 大会の予算を新型コロナ対策に
使ってほしいから ・・・・・・・・・・・・・・・18.8
5. 大会の経費が増えて国や自治体の財政が
悪化するから ・・・・・・・・・・・・・・・・・15.3
6. その他・・・・・・・・・・・・・・・・・・・・・・・3.4
7. 無回答 ・・・・・・・・・・・・・・・・・・・・・10.7

（分母＝793人）

―海外からの来場者を制限するべきか―

第14問　あなたは，新型コロナウイルスの感染拡大を防ぐため，東京オリンピック・パラリンピックの観戦を目的に海外から日本を訪れる人たちの入国を制限するべきだと思いますか。それとも思いませんか。次の中から，1つだけ選んでください。

1. 制限するべきだ ・・・・・・・・・・・・・・・・68.6 %
2. どちらかといえば，制限するべきだ ・・・・・・・・25.8
3. どちらかといえば，制限するべきではない ・・・・・・・2.8
4. 制限するべきではない ・・・・・・・・・・・・・・1.6
5. 無回答 ・・・・・・・・・・・・・・・・・・・・・1.1

―観客数制限への意見―

第15問　大会の組織委員会などは，新型コロナウイルス対策として，競技会場の観客の数を制限することも検討しています。あなたは，観客を制限することに賛成ですか。それとも，反対ですか。次の中から，1つだけ選んでください。

1. 賛成 ・・・・・・・・・・・・・・・・・・・・・・71.1 %
2. どちらかといえば賛成 ・・・・・・・・・・・・・・22.5
3. どちらかといえば反対 ・・・・・・・・・・・・・・・3.5
4. 反対 ・・・・・・・・・・・・・・・・・・・・・・1.9
5. 無回答 ・・・・・・・・・・・・・・・・・・・・・1.1

―無観客開催への評価―

第16問　新型コロナウイルス対策として，スポーツ競技の試合や大会の中には，観客を入れずに，「無観客」で行っているものがあります。あなたは，東京オリンピック・パラリンピックの「無観客」での開催について，賛成ですか，それとも反対ですか。次の中から，1つだけ選んでください。

1. 賛成 ・・・・・・・・・・・・・・・・・・・・・・33.5 %
2. どちらかといえば賛成 ・・・・・・・・・・・・・・32.8
3. どちらかといえば反対 ・・・・・・・・・・・・・・23.5
4. 反対 ・・・・・・・・・・・・・・・・・・・・・・・8.3
5. 無回答 ・・・・・・・・・・・・・・・・・・・・・1.9

―無観客開催に賛成の理由―

【第16問で，「1」「2」と答えた方にうかがいます】

第17問　「無観客」での開催に「賛成」する一番の理由は何ですか。次の中から，1つだけ選んでください。

1. 無観客でも大会を開催できたほうがいいから ・・・・25.2 %
2. テレビなどで見られればいいから ・・・・・・・・・22.1
3. 新型コロナウイルスの感染が拡大すると困るから　46.9
4. 感染対策にかかる費用や手間を省けるから ・・・・・・・4.6

5. その他・・・・・・・・・・・・・・・・・・・・・・・0.9
6. 無回答 ・・・・・・・・・・・・・・・・・・・・・0.3

（分母＝1,574人）

―無観客開催に反対の理由―

【第16問で，「3」「4」と答えた方にうかがいます】

第18問　「無観客」での開催に「反対」する一番の理由は何ですか。次の中から，1つだけ選んでください。

1. 日本で大会を見られるメリットが少なくなるから ・・・9.0 %
2. 観客がいないと大会が盛り上がらないから ・・・・・・34.7
3. 観客がいないと選手の意欲や成績に
影響しそうだから ・・・・・・・・・・・・・・・38.7
4. 海外から訪れる人が減って経済効果が
見込めなくなるから ・・・・・・・・・・・・・・10.3
5. その他 ・・・・・・・・・・・・・・・・・・・・・6.1
6. 無回答 ・・・・・・・・・・・・・・・・・・・・・1.2

（分母＝755人）

―コロナ禍での開催への意見―

第19問　あなたは，新型コロナウイルスの影響下で大会を開催することに対する次のような意見について，どう思いますか。A～Gについて，あてはまると思うものを1つずつお答えください。

（%）	そう思う	そう思わない	無回答
A. 感染が気になって大会を心から楽しめない	65.8	31.3	3.0
B. マスクの着用など感染対策の徹底で大会が盛り上がらない	29.9	66.5	3.6
C. 海外から大勢の人が訪れて国内で感染が広がるおそれがある	91.6	5.6	2.8
D. 観客数の制限や日本を訪れる外国人の減少などで期待していた経済効果が見込めない	82.8	13.6	3.7
E. 感染者が多い国の選手は練習が思うようにできず実力を発揮できない	74.8	21.6	3.6
F. 新型コロナウイルスの困難を乗り越えるためにも，大会を成功させるべきである	44.7	52.1	3.2
G. 今は感染拡大を防ぐことに力を注ぐべきで，大会を開催している場合ではない	51.0	45.2	3.8

―期待すること（複数回答）―

第20問　次の中で，あなたが東京オリンピック・パラリンピックに期待していることはありますか。あてはまるものをすべてお答えください。

1. 日本経済への貢献 ・・・・・・・・・・・・・・・50.1 %
2. 雇用の増加 ・・・・・・・・・・・・・・・・・・17.4
3. 日本全体の再生・活性化・・・・・・・・・・・・・42.2
4. スポーツ施設の整備・・・・・・・・・・・・・・・14.0
5. スポーツの振興・・・・・・・・・・・・・・・・・34.9
6. 観光の振興・・・・・・・・・・・・・・・・・・・17.8
7. 国際交流の推進・・・・・・・・・・・・・・・・・25.5
8. 国際社会での日本の地位向上・・・・・・・・・・・16.0
9. 青少年の育成・・・・・・・・・・・・・・・・・・15.8
10. 新型コロナウイルス対策の強化・・・・・・・・・・34.7
11. その他・・・・・・・・・・・・・・・・・・・・・1.0
12. 特にない・・・・・・・・・・・・・・・・・・・・15.1
13. 無回答・・・・・・・・・・・・・・・・・・・・・1.5

―不安なこと（複数回答）―

第21問　東京でオリンピック・パラリンピックが開かれることで，不安なことはありますか。次の中から，あてはまるものをすべてお答えください。

1. 開催中に国内でテロなどの大事件が起きる ‥‥‥ 18.0 %
2. 東京の治安が悪くなる ‥‥‥‥‥‥‥‥‥‥ 15.5
3. 東京の土地の値段が上がる ‥‥‥‥‥‥‥‥‥‥2.4
4. 東京の交通渋滞がひどくなる ‥‥‥‥‥‥‥ 25.1
5. 物価が上がる ‥‥‥‥‥‥‥‥‥‥‥‥‥‥‥9.6
6. 東京とそれ以外の地域の格差が広がる ‥‥‥‥ 12.6
7. 東京の生活環境が悪くなる ‥‥‥‥‥‥‥‥‥5.4
8. 新型コロナウイルスの感染が拡大する ‥‥‥‥ 83.1
9. その他 ‥‥‥‥‥‥‥‥‥‥‥‥‥‥‥‥‥‥1.4
10. 特にない ‥‥‥‥‥‥‥‥‥‥‥‥‥‥‥‥‥7.7
11. 無回答 ‥‥‥‥‥‥‥‥‥‥‥‥‥‥‥‥‥‥1.9

―アピールすべきこと（複数回答）―

第22問　あなたは東京オリンピック・パラリンピックを通じて，日本は世界にどのようなことをアピールすべきだと思いますか。次の中から，あてはまるものをいくつでもお答えください。

1. 東日本大震災からの復興 ‥‥‥‥‥‥‥‥‥ 38.0 %
2. 外国人観光客への手厚い対応やサービス ‥‥‥ 25.2
3. 競技場など大会施設のすばらしさ ‥‥‥‥‥ 17.8
4. 日本の伝統文化 ‥‥‥‥‥‥‥‥‥‥‥‥‥ 41.9
5. 日本の食文化 ‥‥‥‥‥‥‥‥‥‥‥‥‥‥ 31.0
6. 東京の治安のよさや清潔さ ‥‥‥‥‥‥‥‥ 39.9
7. 日本人の勤勉さや礼儀正しさ ‥‥‥‥‥‥‥ 36.7
8. 国際大会を円滑に運営できること ‥‥‥‥‥ 27.1
9. 新型コロナウイルスの感染を防いで大会を成功させること ‥‥‥‥‥‥‥‥ 51.4
10. その他 ‥‥‥‥‥‥‥‥‥‥‥‥‥‥‥‥‥‥1.4
11. 特にない ‥‥‥‥‥‥‥‥‥‥‥‥‥‥‥‥ 11.5
12. 無回答 ‥‥‥‥‥‥‥‥‥‥‥‥‥‥‥‥‥‥2.0

―意見―

第23問　あなたは，東京オリンピック・パラリンピックについての次のような意見に対して，どう思いますか。A〜Kについて，あてはまると思うものを1つずつお答えください。

(%)	そう思う	思わ　ない	無回答
A. オリンピック・パラリンピックは私の暮らしにまったく関係がない	42.5	54.6	2.8
B. オリンピック・パラリンピック開催にお金を使うより，育児や介護支援など，一般の人たちへの施策を充実させるべきだ	48.5	47.4	4.0
C. オリンピック・パラリンピックの開催を契機に公共施設や，インフラの整備が進む	64.7	31.1	4.1
D. オリンピック・パラリンピックの開催は，日本経済によい影響を与える	61.2	34.9	3.9
E. オリンピック・パラリンピックは世界の国や地域の友好を深める	81.4	15.4	3.2
F. オリンピック・パラリンピックは自分の国について改めて考えるよい機会である	69.3	26.8	4.0
G. オリンピック・パラリンピックは，東日本大震災からの復興を世界に示す上で大きな意味がある	50.5	45.7	3.7

H. オリンピック・パラリンピックの開催準備で，東日本大震災からの復興が遅れる	33.8	62.3	3.8
I. オリンピック・パラリンピックが開かれることで，何となく楽しい気持ちになる	62.6	33.7	3.7
J. オリンピック・パラリンピックの盛り上がりは，一時的なことにすぎない	66.5	30.2	3.3
K. オリンピック・パラリンピックの開催に向けて，テレビがより高画質になるなど，放送技術が向上する	55.4	40.7	3.9

―価値観―

第24問　あなたは，オリンピックそのものについての次のような意見に対して，どう思いますか。A〜Jについて，あてはまると思うものを1つずつお答えください。

(%)	そう思う	思わ　ない	無回答
A. オリンピックは国と国とが実力を競い合う，国際的な競争の舞台である	57.6	38.9	3.5
B. オリンピックの開催国になることは，その国にとって，大きな名誉である	62.8	34.1	3.1
C. オリンピックは国や人種を超えて人々が交流する平和の祭典である	89.0	8.3	2.7
D. オリンピックはそれぞれの国の国民としての自覚を深め，誇りを高める	73.9	22.6	3.5
E. 開催地だけでなく，開催国の国民全体が協力して成功させなければならない	72.9	23.5	3.6
F. オリンピックで国中がさわぐのは，ばかばかしいことだ	19.1	77.4	3.5
G. オリンピックが商売や金もうけに利用されるのは不愉快だ	50.8	45.5	3.7
H. オリンピックは開催国の国民に負担をかけて犠牲を払わせている	40.8	55.1	4.0
I. オリンピックは国内の重要な問題から国民の目をそらせるからよくない	25.3	70.7	4.0
J. 過剰なメダル獲得競争やドーピング問題などによって，オリンピック本来のあり方が見失われている	56.2	40.1	3.7

―東京オリンピック　見たい競技・式典（複数回答）―

第25問　次の中で，あなたが東京オリンピックで見たいと思う競技や式典はどれですか。あてはまるものをすべてお答えください。

1. 体操 ‥‥‥‥‥‥‥‥‥‥‥‥‥‥‥‥‥ 55.3 %
2. 陸上競技 ‥‥‥‥‥‥‥‥‥‥‥‥‥‥‥ 57.3
3. 柔道 ‥‥‥‥‥‥‥‥‥‥‥‥‥‥‥‥‥ 38.0
4. レスリング ‥‥‥‥‥‥‥‥‥‥‥‥‥‥ 17.8
5. サッカー ‥‥‥‥‥‥‥‥‥‥‥‥‥‥‥ 32.1
6. 競泳 ‥‥‥‥‥‥‥‥‥‥‥‥‥‥‥‥‥ 49.0
7. アーティスティック・スイミング ‥‥‥‥ 17.9
8. バレーボール ‥‥‥‥‥‥‥‥‥‥‥‥‥ 38.0
9. テニス ‥‥‥‥‥‥‥‥‥‥‥‥‥‥‥‥ 31.3
10. 卓球 ‥‥‥‥‥‥‥‥‥‥‥‥‥‥‥‥‥ 39.6
11. ウエイトリフティング ‥‥‥‥‥‥‥‥‥7.0
12. バドミントン ‥‥‥‥‥‥‥‥‥‥‥‥‥ 33.9
13. 野球・ソフトボール ‥‥‥‥‥‥‥‥‥‥ 39.9
14. ラグビー ‥‥‥‥‥‥‥‥‥‥‥‥‥‥‥ 22.4

15. サーフィン ・・・・・・・・・・・・・・・・・・・・・・・9.1
16. スポーツクライミング ・・・・・・・・・・・・11.7
17. ボクシング ・・・・・・・・・・・・・・・・・・・・10.7
18. カヌー ・・・・・・・・・・・・・・・・・・・・・・・・・7.3
19. フェンシング ・・・・・・・・・・・・・・・・・・・8.1
20. 空手 ・・・・・・・・・・・・・・・・・・・・・・・・・11.3
21. スケートボード ・・・・・・・・・・・・・・・・13.1
22. バスケットボール ・・・・・・・・・・・・・・18.9
23. ゴルフ ・・・・・・・・・・・・・・・・・・・・・・・14.7
24. 開会式 ・・・・・・・・・・・・・・・・・・・・・・・52.1
25. 閉会式 ・・・・・・・・・・・・・・・・・・・・・・・39.7
26. その他・・・・・・・・・・・・・・・・・・・・・・・・・1.1
27. 特にない ・・・・・・・・・・・・・・・・・・・・・・9.7
28. 無回答 ・・・・・・・・・・・・・・・・・・・・・・・・1.8

―東京オリンピック　見たい理由（複数回答）―

【第25問で，「1～23」「26」と答えた方にうかがいます】
第26問　あなたが東京オリンピックの競技を見たいと思う理由について，次の中から，あてはまるものをすべてお答えください。

1. 日本がメダルを取れそうだから ・・・・・・・・・・36.5 %
2. トップレベルの試合や演技を見たいから ・・・57.9
3. その競技が好きだから ・・・・・・・・・・・・・・71.6
4. 好きな選手がいるから ・・・・・・・・・・・・・・24.2
5. 自分や身近な人がやっている競技だから ・・・・・・12.7
6. メディアで選手や競技を知って興味を持ったから・・ 17.0
7. 周囲で話題になっているから ・・・・・・・・・・・・3.9
8. SNS* で話題になっているから ・・・・・・・・・・0.7
9. おもしろそうだから ・・・・・・・・・・・・・・・・23.7
10. 感動したいから ・・・・・・・・・・・・・・・・・・28.2
11. 家族や友人に見せてあげたいから ・・・・・・・3.6
12. その他・・・・・・・・・・・・・・・・・・・・・・・・・1.2
13. 無回答 ・・・・・・・・・・・・・・・・・・・・・・・・1.5

（分母＝2,035人）

*LINE，Twitter，Instagram などのソーシャルネットワーキングサービス

―東京パラリンピック　見たい競技・式典（複数回答）―

第27問　次の中で，あなたが東京パラリンピックで見たいと思う競技や式典はどれですか。あてはまるものをすべてお答えください。

1. 競泳 ・・・・・・・・・・・・・・・・・・・・・・・・・24.1 %
2. 陸上競技 ・・・・・・・・・・・・・・・・・・・・・・34.0
3. 車いすバスケットボール ・・・・・・・・・・・30.3
4. 車いすテニス ・・・・・・・・・・・・・・・・・・・33.2
5. バドミントン ・・・・・・・・・・・・・・・・・・・10.9
6. 卓球 ・・・・・・・・・・・・・・・・・・・・・・・・・11.1
7. 柔道 ・・・・・・・・・・・・・・・・・・・・・・・・・・9.1
8. 5人制サッカー（ブラインドサッカー）・・・9.2
9. ボッチャ ・・・・・・・・・・・・・・・・・・・・・・10.7
10. 自転車競技 ・・・・・・・・・・・・・・・・・・・・7.2
11. 馬術 ・・・・・・・・・・・・・・・・・・・・・・・・・6.7
12. 射撃 ・・・・・・・・・・・・・・・・・・・・・・・・・7.1
13. 車いすラグビー ・・・・・・・・・・・・・・・・10.9
14. トライアスロン ・・・・・・・・・・・・・・・・・9.3
15. アーチェリー ・・・・・・・・・・・・・・・・・・6.5
16. 車いすフェンシング ・・・・・・・・・・・・・4.3
17. カヌー ・・・・・・・・・・・・・・・・・・・・・・・4.0
18. ゴールボール ・・・・・・・・・・・・・・・・・・4.5
19. パワーリフティング ・・・・・・・・・・・・・3.1
20. ボート ・・・・・・・・・・・・・・・・・・・・・・・3.5
21. シッティングバレーボール ・・・・・・・・4.6

22. テコンドー ・・・・・・・・・・・・・・・・・・・3.7
23. 開会式 ・・・・・・・・・・・・・・・・・・・・・・・23.4
24. 閉会式 ・・・・・・・・・・・・・・・・・・・・・・・19.3
25. 特にない ・・・・・・・・・・・・・・・・・・・・・28.9
26. 無回答 ・・・・・・・・・・・・・・・・・・・・・・・3.5

―東京パラリンピック　見たい理由（複数回答）―

【第27問で，「1～22」と答えた方にうかがいます】
第28問　あなたが東京オリンピックの競技を見たいと思う理由について，次の中から，あてはまるものをすべてお答えください。

1. 日本がメダルを取れそうだから ・・・・・・・・・・22.1 %
2. トップレベルの試合や演技を見たいから ・・・41.2
3. その競技が好きだから ・・・・・・・・・・・・・・38.8
4. 好きな選手がいるから ・・・・・・・・・・・・・・・7.0
5. 自分や身近な人がやっている競技だから ・・・・・・4.8
6. メディアで選手や競技を知って興味を持ったから・・ 26.0
7. 周囲で話題になっているから ・・・・・・・・・・・・2.8
8. SNS* で話題になっているから ・・・・・・・・・・1.1
9. おもしろそうだから ・・・・・・・・・・・・・・・・20.0
10. 感動したいから ・・・・・・・・・・・・・・・・・・28.9
11. 家族や友人に見せてあげたいから ・・・・・・・3.4
12. どのようなものか一度見てみたいから ・・・14.9
13. その他・・・・・・・・・・・・・・・・・・・・・・・・・1.7
14. 無回答 ・・・・・・・・・・・・・・・・・・・・・・・・0.7

（分母＝1,507人）

*LINE，Twitter，Instagram などのソーシャルネットワーキングサービス

―東京大会　楽しみ方（複数回答）―

第29問　あなたは，東京オリンピック・パラリンピックが開催された場合，どのようなことを楽しみたいですか。あてはまるものをすべてお答えください。

1. テレビなどで競技や式典を見ること ・・・・・・・・・81.2 %
2. 会場に行って競技や式典を見ること ・・・・・・・・7.2
3. パブリック・ビューイングで観戦すること ・・・・・・2.5
4. 聖火リレーを見ること ・・・・・・・・・・・・・・10.1
5. 家族や友人と話題にすること ・・・・・・・・・・29.1
6. 競技や式典の感想などをSNSで発信すること ・・・0.8
7. 関連イベントに参加すること ・・・・・・・・・・・・0.9
8. 公式グッズなど記念品を集めること ・・・・・・・1.2
9. ボランティアとして大会に協力すること ・・・・・・0.6
10. 海外から訪れた人たちと交流すること ・・・・・・1.6
11. お祭りムードを楽しむこと ・・・・・・・・・・・13.7
12. その他・・・・・・・・・・・・・・・・・・・・・・・・・0.8
13. 楽しみたいことはない ・・・・・・・・・・・・・12.2
14. 無回答 ・・・・・・・・・・・・・・・・・・・・・・・・1.4

―東京大会　誰と楽しみたいか（複数回答）―

【第29問で「1～4」と答えた方にうかがいます】
第30問　あなたは，競技や式典などを，どのように見たいですか。次の中から，あてはまるものをすべてお答えください。

1. ひとりで見たい ・・・・・・・・・・・・・・・・・34.4 %
2. 配偶者やパートナーと見たい ・・・・・・・・・・62.5
3. 子どもや孫と見たい ・・・・・・・・・・・・・・・39.2
4. 気の合う仲間と見たい ・・・・・・・・・・・・・・19.6
5. 職場の同僚と見たい ・・・・・・・・・・・・・・・・2.6
6. SNSを見たり，投稿したりしながら見たい ・・・・・・2.7
7. その他・・・・・・・・・・・・・・・・・・・・・・・・・3.0
8. 無回答 ・・・・・・・・・・・・・・・・・・・・・・・・0.6

（分母＝1,965人）

－東京大会　視聴意向－

第31問　東京オリンピック・パラリンピック開催中，あなたは，大会の放送や映像をどのくらい視聴すると思いますか。それぞれについて，次の中から，1つだけ選んでください。

a. オリンピック

1. 可能な限り，多くの競技を毎日視聴する ‥‥‥‥ 23.3 %
2. 夜の時間帯を中心に，毎日視聴する ‥‥‥‥‥‥9.6
3. 関心のある競技にしぼって，視聴する ‥‥‥‥ 44.9
4. 結果がわかればよいので，少しだけ視聴する ‥‥ 14.0
5. 関心が無いので，視聴するつもりはない ‥‥‥‥6.8
6. 無回答 ‥‥‥‥‥‥‥‥‥‥‥‥‥‥‥‥‥‥‥1.4

b. パラリンピック

1. 可能な限り，多くの競技を毎日視聴する ‥‥‥‥ 13.6 %
2. 夜の時間帯を中心に，毎日視聴する ‥‥‥‥‥‥6.7
3. 関心のある競技にしぼって，視聴する ‥‥‥‥ 37.0
4. 結果がわかればよいので，少しだけ視聴する ‥‥ 22.2
5. 関心が無いので，視聴するつもりはない ‥‥‥‥ 18.2
6. 無回答 ‥‥‥‥‥‥‥‥‥‥‥‥‥‥‥‥‥‥‥2.3

－東京大会　伝えるべき映像－

第32問　あなたは，東京オリンピック・パラリンピックで，映像をどの程度伝えてほしいと考えますか。それぞれについて，次の中から，1つだけ選んでください。

a. オリンピック

1. すべての競技の映像を
   見られるようにすべきだ ‥‥‥‥‥‥‥‥‥ 33.0 %
2. 日本人選手の出場する全種目を
   見られるようにすべきだ ‥‥‥‥‥‥‥‥‥ 28.5
3. 日本人選手が活躍しそうな種目を
   見ることができればいい ‥‥‥‥‥‥‥‥‥ 11.4
4. 1日のまとめや日本人選手のメダル獲得などを
   ダイジェストで見ることができればいい ‥‥‥‥ 24.9
5. 無回答 ‥‥‥‥‥‥‥‥‥‥‥‥‥‥‥‥‥‥‥2.2

b. パラリンピック

1. すべての競技の映像を
   見られるようにすべきだ ‥‥‥‥‥‥‥‥‥ 28.1 %
2. 日本人選手の出場する全種目を
   見られるようにすべきだ ‥‥‥‥‥‥‥‥‥ 24.4
3. 日本人選手が活躍しそうな種目を
   見ることができればいい ‥‥‥‥‥‥‥‥‥ 11.6
4. 1日のまとめや日本人選手のメダル獲得などを
   ダイジェストで見ることができればいい ‥‥‥‥ 32.8
5. 無回答 ‥‥‥‥‥‥‥‥‥‥‥‥‥‥‥‥‥‥‥3.1

－東京大会　視聴機器（複数回答）－

第33問　あなたは，東京オリンピック・パラリンピックの放送や映像を，どのような機器で見聞きしたいと思っていますか。次の中から，あてはまるものをすべてお答えください。

1. テレビ ‥‥‥‥‥‥‥‥‥‥‥‥‥‥‥‥‥ 91.3 %
2. ラジオ ‥‥‥‥‥‥‥‥‥‥‥‥‥‥‥‥‥ 11.0
3. パソコン ‥‥‥‥‥‥‥‥‥‥‥‥‥‥‥‥ 11.2
4. タブレット端末 ‥‥‥‥‥‥‥‥‥‥‥‥‥‥8.2
5. スマートフォン ‥‥‥‥‥‥‥‥‥‥‥‥‥ 26.8
6. 携帯電話（スマートフォン以外）‥‥‥‥‥‥‥1.4
7. 見聞きするつもりはない ‥‥‥‥‥‥‥‥‥‥4.5
8. 無回答 ‥‥‥‥‥‥‥‥‥‥‥‥‥‥‥‥‥‥‥1.1

－東京大会　期待する放送サービス（複数回答）－

第34問　あなたは，東京オリンピック・パラリンピックで，どのような放送サービスを期待していますか。次の中から，あてはまるものをすべてお答えください。

1. 今よりも，高画質・高臨場感の
   テレビ中継が見られる ‥‥‥‥‥‥‥‥‥‥ 45.9 %
2. 様々な端末で，いつでもどこでも
   競技映像が見られる ‥‥‥‥‥‥‥‥‥‥‥ 31.8
3. 選手のデータや競技に関する情報が
   手元の端末に表示される ‥‥‥‥‥‥‥‥‥ 20.7
4. 会場の好きな位置を選んで
   自分だけのアングルで競技を見られる ‥‥‥‥ 12.9
5. 終了した競技を，様々な端末で，
   後からいつでも見ることができる ‥‥‥‥‥ 38.0
6. 競技の見どころのハイライト動画を
   インターネットで見られる ‥‥‥‥‥‥‥‥ 27.1
7. 自分も競技に参加しているかのような，
   仮想体験ができる ‥‥‥‥‥‥‥‥‥‥‥‥‥5.0
8. その他‥‥‥‥‥‥‥‥‥‥‥‥‥‥‥‥‥‥‥4.6
9. 無回答 ‥‥‥‥‥‥‥‥‥‥‥‥‥‥‥‥‥‥‥4.6

－東京大会　望ましいサービス（複数回答）－

第35問　あなたご自身が，オリンピック・パラリンピックの競技中継や関連番組を楽しむためには，どのようなサービスが望ましいと思いますか。次の中から，あてはまるものをすべてお答えください。

1. 音声がなくても理解できるような
   字幕つきの競技中継 ‥‥‥‥‥‥‥‥‥‥‥ 22.7 %
2. 音声だけでも理解できるような
   実況解説つきの競技中継‥‥‥‥‥‥‥‥‥‥ 24.6
3. 競技への関心につながるような，
   選手やルールの紹介 ‥‥‥‥‥‥‥‥‥‥‥ 48.7
4. 競技の見どころをまとめたハイライト番組 ‥‥‥ 58.7
5. 後からでも競技を
   ノーカットで見られるサービス ‥‥‥‥‥‥ 35.4
6. 多くの人と同じ会場で盛り上がれる
   パブリック・ビューイング ‥‥‥‥‥‥‥‥‥3.7
7. 外出先でも気軽に見られる，
   街頭の大型モニター ‥‥‥‥‥‥‥‥‥‥‥‥8.6
8. 競技の結果や放送予定を，
   スマートフォンや携帯電話に通知するサービス ‥‥ 16.4
9. 大会に関連したドラマやアニメ，
   バラエティ番組 ‥‥‥‥‥‥‥‥‥‥‥‥‥‥4.4
10. その他‥‥‥‥‥‥‥‥‥‥‥‥‥‥‥‥‥‥‥2.2
11. 無回答 ‥‥‥‥‥‥‥‥‥‥‥‥‥‥‥‥‥‥‥3.0

－東京大会　ユニバーサル放送必要度－

第36問　あなたは，オリンピック・パラリンピックの競技中継や関連番組で，手話，字幕，音声による解説などをおこなう「ユニバーサル放送」は，どのくらい必要だと思いますか。次の中から，1つだけ選んでください。

1. とても必要だ ‥‥‥‥‥‥‥‥‥‥‥‥‥‥ 48.6 %
2. まあ必要だ ‥‥‥‥‥‥‥‥‥‥‥‥‥‥‥ 40.6
3. あまり必要ではない ‥‥‥‥‥‥‥‥‥‥‥‥6.8
4. まったく必要ではない ‥‥‥‥‥‥‥‥‥‥‥1.9
5. 無回答 ‥‥‥‥‥‥‥‥‥‥‥‥‥‥‥‥‥‥‥2.1

ーNHKプラス　認知と利用ー

第37問　NHKは，パソコンやスマートフォンなどでNHKの番組を無料で視聴できる「NHKプラス（NHK＋）」というインターネット動画サービスを2020年春から始めました。「NHKプラス」について，あなたご自身にあてはまるものを，次の中から，1つだけ選んでください。

1. 知っていて，利用したことがある　・・・・・・・・・・4.3 %
2. 知っているが，利用したことはない・・・・・・・・・・ 25.5
3. 知らない・・・・・・・・・・・・・・・・・・・・・・・・・・・・・・ 68.3
4. 無回答　・・・・・・・・・・・・・・・・・・・・・・・・・・・・・1.9

ー東京大会　NHKプラス利用意向ー

第38問　「NHKプラス」では，NHKの番組を「放送と同時」または「放送後1週間程度まで」視聴できます。あなたは，東京オリンピック・パラリンピックを視聴するにあたって，「NHKプラス」をどのように利用したいですか。 次の中から，1つだけ選んでください。

1. 「放送と同時」に見られるサービスと
　「放送後1週間程度まで」見られるサービスを，
　どちらも利用したい　・・・・・・・・・・・・・・・ 32.7 %
2. 「放送と同時」に見られるサービス
　だけを利用したい　・・・・・・・・・・・・・・・・・・ 7.5
3. 「放送後1週間程度まで」見られるサービス
　だけを利用したい　・・・・・・・・・・・・・・・・・・ 21.4
4. どちらのサービスも利用したいと思わない　・・・・・・ 36.2
5. 無回答　・・・・・・・・・・・・・・・・・・・・・・・・・・2.2

ー東京パラリンピック　ルール解説必要度ー

第39問　パラリンピック競技の放送で，障害の種類や程度による競技のクラス分けやルールについて，図などを用いて解説することは，どのくらい必要だと思いますか。次の中から，1つだけ選んでください。

1. とても必要だ・・・・・・・・・・・・・・・・・・・・・・ 34.8 %
2. まあ必要だ・・・・・・・・・・・・・・・・・・・・・・・・ 45.6
3. あまり必要ではない・・・・・・・・・・・・・・・・・ 14.4
4. まったく必要ではない・・・・・・・・・・・・・・・・・・3.5
5. 無回答　・・・・・・・・・・・・・・・・・・・・・・・・・・・・1.6

ー東京パラリンピック　NHKが放送する意義ー

第40問　NHKが東京パラリンピックの放送に取り組むことの意義について，あなたは，どのように思いますか。次の中から，1つだけ選んでください。

1. 大いに意義がある・・・・・・・・・・・・・・・・・・ 45.4 %
2. ある程度意義がある・・・・・・・・・・・・・・・・・ 41.9
3. あまり意義はない・・・・・・・・・・・・・・・・・・・・7.8
4. まったく意義はない・・・・・・・・・・・・・・・・・・・3.3
5. 無回答　・・・・・・・・・・・・・・・・・・・・・・・・・・・・1.6

ー東京パラリンピック　伝えるべき側面ー

第41問　パラリンピックには，スポーツとしての側面と，福祉としての側面がありますが，放送では，どのように伝えるべきだと考えますか。あなたのお考えに近いものを1つだけ選んでください。

1. オリンピックと同様に，
　純粋なスポーツとして扱うべき　・・・・・・・・・・ 43.1 %
2. なるべくスポーツとしての魅力を
　前面に伝えるべき　・・・・・・・・・・・・・・・・・ 23.4
3. 競技性と障害者福祉の視点を
　同じ程度伝えるべき　・・・・・・・・・・・・・・・・ 26.6

4. 競技性より，障害者福祉の視点を
　重視して伝えるべき　・・・・・・・・・・・・・・・・・3.9
5. その他・・・・・・・・・・・・・・・・・・・・・・・・・・・・0.6
6. 無回答　・・・・・・・・・・・・・・・・・・・・・・・・・・2.3

ー東京パラリンピック　知っている選手の数ー

第42問　あなたは，パラリンピック選手を何人知っていますか。過去の大会に出場した選手も含め，思い浮かぶ選手の人数をお答えください。

1. 1人・・・・・・・・・・・・・・・・・・・・・・・・・・・・ 12.0 %
2. 2人・・・・・・・・・・・・・・・・・・・・・・・・・・・・ 15.7
3. 3人・・・・・・・・・・・・・・・・・・・・・・・・・・・・ 16.0
4. 4人・・・・・・・・・・・・・・・・・・・・・・・・・・・・・5.4
5. 5〜9人・・・・・・・・・・・・・・・・・・・・・・・・ 12.8
6. 10〜19人・・・・・・・・・・・・・・・・・・・・・・・・1.0
7. 20人以上・・・・・・・・・・・・・・・・・・・・・・・・0.2
8. 1人も知らない・・・・・・・・・・・・・・・・・・・・ 34.9
9. 無回答　・・・・・・・・・・・・・・・・・・・・・・・・・・1.9

ー障害者スポーツ情報接触（最近1年間）（複数回答）ー

第43問　あなたは，この1年で，障害者スポーツ（パラスポーツ）の情報に接したことがありますか。次の中から，あてはまるものをすべてお答えください。

1. 実際に会場で，障害者スポーツを見た　・・・・・・・1.1 %
2. テレビで，障害者スポーツの
　競技や番組を見た・・・・・・・・・・・・・・・・・ 58.8
3. テレビ以外で，障害者スポーツに関する
　情報に接した・・・・・・・・・・・・・・・・・ 10.1
4. まったく接していない・・・・・・・・・・・・・・・ 32.8
5. 無回答　・・・・・・・・・・・・・・・・・・・・・・・・・・1.5

ー障害者スポーツ　意見（複数回答）ー

第44問　あなたは，障害者スポーツ（パラスポーツ）について，どのようにお考えですか。次の中から，あてはまるものをすべてお答えください。

1. 競技として楽しめる　・・・・・・・・・・・・・・・ 31.2 %
2. 選手の頑張りに感動する・・・・・・・・・・・・・ 64.1
3. 障害のある人への理解が深まる・・・・・・・・・ 45.7
4. 競技のルールがわかりにくい・・・・・・・・・・・ 16.1
5. 面白さがわからない・・・・・・・・・・・・・・・・・・4.8
6. 見ていて楽しめない・・・・・・・・・・・・・・・・・・5.3
7. その他・・・・・・・・・・・・・・・・・・・・・・・・・・・・1.7
8. 無回答　・・・・・・・・・・・・・・・・・・・・・・・・・・1.6

ー障害者スポーツ　現代社会における理解度ー

第45問　あなたは，現代の社会において，障害者スポーツ（パラスポーツ）は，どのくらい理解されていると思いますか。次の中から，1つだけ選んでください。

1. よく理解されている　・・・・・・・・・・・・・・・・3.7 %
2. まあ理解されている　・・・・・・・・・・・・・・・ 33.5
3. あまり理解されていない　・・・・・・・・・・・・・ 57.1
4. まったく理解されていない　・・・・・・・・・・・・・4.3
5. 無回答　・・・・・・・・・・・・・・・・・・・・・・・・・・1.5

―バリアフリー化　進捗の評価（全体）―

第46問　パラリンピックを開催する意義の1つに社会からさまざまなバリア（障壁）を取り除く「バリアフリー」の必要性に気づいてもらうことがあります。あなたは，東京大会の開催が決まってから，バリアフリー化は進んだと思いますか。次の中から，1つだけ選んでください。

1. かなり進んだ ・・・・・・・・・・・・・・・・・・・・・・・・・・・・・・・・4.1 %
2. ある程度進んだ ・・・・・・・・・・・・・・・・・・・・・・・・・・・・36.6
3. あまり進んでいない ・・・・・・・・・・・・・・・・・・・・・・・51.1
4. まったく進んでいない ・・・・・・・・・・・・・・・・・・・・・5.5
5. 無回答 ・・・・・・・・・・・・・・・・・・・・・・・・・・・・・・・・・・2.8

―バリアフリー化　進捗の評価（項目ごと）―

第47問　あなたは，次にあげるバリアフリー化の取り組みは進んだと思いますか。A～Jについて，あてはまると思うものを1つずつお答えください。

(%)	かなり進んだ	ある程度進んだ	あまり進んでいない	まったく進んでいない	無回答
A. エレベーターやスロープなどの設置	8.1	54.2	30.1	3.3	4.3
B. 多機能（多目的）トイレの設置	14.1	54.8	24.3	2.7	4.1
C. 点字や音声案内などの整備	6.2	40.2	44.3	4.8	4.4
D. 外国人向けの案内表示や多言語対応窓口の整備	7.8	39.1	41.9	6.5	4.8
E. 障害や病気のある子どもの教育環境の整備	2.2	23.6	59.6	9.9	4.7
F. 障害や病気があっても働きやすい労働環境の整備	2.1	17.6	60.4	15.3	4.6
G. 障害や病気にかかわらず楽しめる娯楽施設の充実	1.6	14.8	62.5	16.2	4.8
H. 障害や病気のある人への差別や偏見の解消	2.0	22.3	53.3	17.8	4.6
I. 困ったときはお互いに助け合うという意識の醸成（じょうせい）	2.8	34.1	48.1	10.7	4.3
J. あらゆる人が地域に受け入れられ，ともに活動できる社会の実現	1.9	21.1	57.7	14.7	4.6

―東京パラリンピック　障害者への理解は進んだか―

第48問　東京パラリンピックをきっかけに，あなたご自身の障害者に対する理解は進んだと思いますか。次の中から，1つだけ選んでください。

1. かなり進んだ ・・・・・・・・・・・・・・・・・・・・・・・・・・・・・・4.9 %
2. ある程度進んだ ・・・・・・・・・・・・・・・・・・・・・・・・・・43.2
3. あまり進んでいない ・・・・・・・・・・・・・・・・・・・・・・43.4
4. まったく進んでいない ・・・・・・・・・・・・・・・・・・・・5.8
5. 無回答 ・・・・・・・・・・・・・・・・・・・・・・・・・・・・・・・・・・2.7

―東京大会　受動喫煙防止の認知度―

第49問　WHO（世界保健機関）とIOC（国際オリンピック委員会）は，受動喫煙（他人が吸ったたばこの煙を吸い込む）による健康被害を防ぐため「たばこのないオリンピック・パラリンピック」を推進しています。あなたは，そのことを知っていま

したか。それとも，知りませんでしたか。次の中から，1つだけ選んでください。

1. 知っていた ・・・・・・・・・・・・・・・・・・・・・・・・・・・・・・19.6 %
2. 知らなかった ・・・・・・・・・・・・・・・・・・・・・・・・・・78.8
3. 無回答 ・・・・・・・・・・・・・・・・・・・・・・・・・・・・・・・・・・1.6

―東京大会　競技施設内禁煙化への賛否―

第50問　東京オリンピック・パラリンピックでは，競技施設の敷地内が全面禁煙になりますが，あなたは，こうした禁煙の措置に賛成ですか。それとも，反対ですか。次の中から，1つだけ選んでください。

1. 賛成 ・・・・・・・・・・・・・・・・・・・・・・・・・・・・・・・・・・・・89.6 %
2. 反対 ・・・・・・・・・・・・・・・・・・・・・・・・・・・・・・・・・・・・8.8
3. 無回答 ・・・・・・・・・・・・・・・・・・・・・・・・・・・・・・・・・・1.7

―大会後の競技施設内禁煙化への賛否―

第51問　あなたは，大会が終わった後も，スポーツ競技の施設内を全面禁煙にすべきだと思いますか。それとも，思いませんか。次の中から，1つだけ選んでください。

1. 全面禁煙にすべきだと思う ・・・・・・・・・・・・・・・・83.5 %
2. 全面禁煙にすべきだと思わない ・・・・・・・・・・・14.6
3. 無回答 ・・・・・・・・・・・・・・・・・・・・・・・・・・・・・・・・・・1.9

―大会後の状況（予想）―

第52問　あなたは，東京オリンピック・パラリンピック終了後の状況についての次のような意見に対して，どう思いますか。A～Hについて，あてはまると思うものを1つずつお答えください。

(%)	そう思う	そう思わない	無回答
A. スポーツに取り組む人が増える	62.1	33.8	4.1
B. 外国人との共生の意識が高まる	42.5	53.2	4.3
C. 障害がある人とない人との共生の意識が高まる	54.3	41.4	4.3
D. 大会の感動は，国民の記憶に残り続ける	78.0	18.2	3.8
E. 競技施設が，市民スポーツや地域イベントの拠点として活用される	76.7	19.3	4.0
F. 競技施設の維持管理費がかさみ，市民の新たな負担になる	67.7	27.8	4.4
G. オリンピック関連の需要がなくなり，景気が冷え込む	54.1	41.2	4.7
H. 東京と地方の格差が広がる	49.8	45.6	4.6

―東京大会　被災地復興に役立つか―

第53問　政府は，東京オリンピック・パラリンピックを「復興五輪」と位置づけ，東日本大震災の被災地の復興を後押しするとしています。あなたは，大会が，被災地の復興に役立つと思いますか。それとも，思いませんか。次の中から，1つだけ選んでください。

1. 役立つと思う ・・・・・・・・・・・・・・・・・・・・・・・・・・・・8.9 %
2. どちらかといえば，役立つと思う ・・・・・・・・・・・36.5
3. どちらかといえば，役立つと思わない ・・・・・・・・35.1
4. 役立つと思わない ・・・・・・・・・・・・・・・・・・・・・・・・16.4
5. 無回答 ・・・・・・・・・・・・・・・・・・・・・・・・・・・・・・・・・・3.1

－東京大会　コロナに打ち勝った証になるかー

第54問　政府は，東京オリンピック・パラリンピックについて，「人類が新型コロナウイルスに打ち勝った証（あかし）として，世界に希望と勇気を届ける」としています。あなたは，大会がそのような証になると思いますか。それとも，ならないと思いますか。次の中から，1つだけ選んでください。

1. なると思う ･････････････････････････8.1 %
2. どちらかといえば，なると思う ･･･････････29.1
3. どちらかといえば，ならないと思う･･･････34.8
4. ならないと思う ･･････････････････････25.9
5. 無回答 ････････････････････････････2.1

－コロナ禍での開催に対する意見（自由記述）ー

第55問　新型コロナウイルスの感染の影響下で，オリンピックやパラリンピックを開催することについて，あなたご自身は，どのようにお考えですか。大会のあり方や社会への影響など，ご自由にお書きください。

(自由記述，省略)

－東京大会　関連行動（複数回答）ー

第56問　東京オリンピック・パラリンピックに関連して，あなたがなさったことは，次の中にありますか。あてはまるものをすべてお答えください。

1. 大会観戦チケットの申し込みや購入
   （キャンセルを含む）････････････････10.5 %
2. 大会ボランティアの登録 ･････････････0.4
3. 大会関連イベントへの参加 ･･･････････0.8
4. 大会関連の記念品やグッズの購入 ･･････3.7
5. 大会に向けたテレビの買い替え ･･･････3.4
6. 大会に向けた外国語の勉強 ･････････1.3
7. その他 ････････････････････････0.9
8. 特にない ･･････････････････････80.0
9. 無回答 ････････････････････････2.8

－東京大会　関わり（複数回答）ー

第57問　あなたは，東京オリンピック・パラリンピックに，どのような形で関わっていますか。次の中から，あてはまるものをすべてお答えください。

1. 仕事で関わる ･･････････････････2.8 %
2. ボランティアで関わる ･･････････････0.5
3. 地域や学校のイベントで関わる ･･･････1.6
4. その他 ････････････････････････0.8
5. 特に関わりはない ････････････････92.2
6. 無回答 ････････････････････････2.5

－ふだんの利用機器（複数回答）ー

第58問　あなたは，ふだん，どのような機器をお使いになっていますか。次の中から，あてはまるものをいくつでもお答えください。

1. パソコン ･･････････････････････47.8 %
2. タブレット端末 ･･･････････････････22.9
3. スマートフォン ･･･････････････････73.9
4. 携帯電話（スマートフォン以外）･･･････16.5
5. いずれも使用していない ･･･････････8.1
6. 無回答 ････････････････････････2.2

－メディア利用頻度ー

第59問　あなたは，次にあげるものをどのくらい使っていますか。A～Dそれぞれについて，1つずつお答えください。（ここでの「インターネット」には，パソコン以外の携帯電話などによるものや，メールも含みます。）

(%)	よく使っている	ある程度使っている	あまり使っていない	まったく使っていない	無回答
A. テレビ	69.5	16.6	7.2	4.3	2.4
B. ラジオ	11.0	16.8	22.8	43.0	6.4
C. 新聞	33.2	16.8	14.6	30.9	4.5
D. インターネット	50.4	19.3	7.1	17.2	6.0

－東京大会関連の情報を最も見聞きするメディアー

第60問　あなたは，東京オリンピック・パラリンピックに関する情報を，どんなメディアで見聞きすることが多いですか。最も多いものを，次の中から，1つだけ選んでください。（「4.インターネット」には，Twitter，Facebook，LINEなどのソーシャルメディアやメールも含みます。）

1. テレビ ･････････････････････････72.0 %
2. ラジオ ･････････････････････････2.7
3. 新聞 ･･････････････････････････6.7
4. インターネット ･･･････････････････16.3
5. その他 ････････････････････････0.4
6. 無回答 ････････････････････････2.0

－ふだんのスポーツ視聴頻度ー

第61問　あなたは，ふだん，テレビやラジオ，インターネットなどでスポーツをどのくらい見たり，聞いたりしていますか。次の中から，1つだけ選んでください。

1. よく見る（聞く）ほう ･･･････････････24.5 %
2. まあ見る（聞く）ほう ･･･････････････36.7
3. あまり見ない（聞かない）ほう ･･･････26.2
4. ほとんど・まったく見ない（聞かない）ほう ･･10.8
5. 無回答 ････････････････････････1.8

－障害のある人との関わり（複数回答）ー

第62問　あなたご自身は，次にあげることについて，あてはまることはありますか。あてはまるものをすべてお答えください。

1. ご自身に障害がある ･･････････････5.5 %
2. 家族に障害がある人がいる ･････････12.1
3. 友人・知人に障害がある人がいる ･････15.3
4. 障害がある人のサポートや
   ボランティアの経験がある ･････････11.4
5. どれもあてはまらない ･････････････60.7
6. 無回答 ････････････････････････2.2

－生活満足度ー

第63問　あなたは，今の生活に，どの程度満足していますか。次の中から，1つだけ選んでください。

1. とても満足している ･･･････････････11.8 %
2. ある程度満足している ･････････････63.2
3. あまり満足していない ･････････････19.0
4. まったく満足していない ･･･････････3.7
5. 無回答 ････････････････････････2.3

－暮らしと志向－

第64問 次のA ～ Dについて，あなたご自身にあてはまるもの
を，それぞれ1つずつお答えください。

(%)	そう思う	どちらかといえばそう思う	どちらかといえばそう思わない	そう思わない	無回答
A. 時間的にゆとりがある	23.3	36.4	24.3	13.3	2.7
B. 経済的にゆとりがある	5.9	36.3	33.3	21.3	3.2
C. イベントやお祭りに参加することが好きだ	11.4	34.9	31.2	19.1	3.5
D. 流行には敏感なほうだ	6.3	26.3	40.4	23.5	3.6

－性別－
第65問（省略）

－生年－
第66問（省略）

－職業－
第67問（省略）

－家族構成－
第68問（省略）

－回答日－
第69問（省略）

「2021年9〜10月東京オリンピック・パラリンピックに関する世論調査（第7回）」
単純集計結果

1. 調査時期：2021年9月8日（水）〜10月15日（金）
2. 調査方法：郵送法
3. 調査対象：全国20歳以上
4. 調査相手：住民基本台帳から層化無作為2段抽出＊した3,600人（12人×300地点）
5. 調査有効数（率）：2,217人（61.6%）

＊調査相手抽出手順の詳細はNHK放送文化研究所のホームページ
（http://www.nhk.or.jp/bunken/yoron/nhk/process/sampling.html）を参照。

《サンプル構成》

	全体	男	女	男の年層						女の年層					
				20代	30代	40代	50代	60代	70歳以上	20代	30代	40代	50代	60代	70歳以上
実数（人）	2,217	999	1,218	85	101	155	183	183	292	118	123	226	203	198	350
構成比（%）	100.0	45.1	54.9	3.8	4.6	7.0	8.3	8.3	13.2	5.3	5.5	10.2	9.2	8.9	15.8

	全体	職業										
		農林漁業	自営業	販売・サービス職	技能・作業職	事務・技術職	経営者管理職	専門職自由業他	主婦	学生	無職	無回答
実数（人）	2,217	42	123	210	238	465	82	89	444	54	429	41
構成比（%）	100.0	1.9	5.5	9.5	10.7	21.0	3.7	4.0	20.0	2.4	19.4	1.8

	全体	地域ブロック									
		北海道	東北	関東	甲信越	東海	北陸	近畿	中国	四国	九州・沖縄
実数（人）	2,217	87	169	747	112	279	50	337	148	64	224
構成比（%）	100.0	3.9	7.6	33.7	5.1	12.6	2.3	15.2	6.7	2.9	10.1

	全体	東京都民	東京都民以外	東京都	競技開催地（東京都除く）＊	競技開催地以外
実数（人）	2,217	216	2,001	216	162	1,839
構成比（%）	100.0	9.7	90.3	9.7	7.3	82.9

＊無作為に選んだ調査地点のうち，
東京都以外で競技が開催された都市
札幌市，さいたま市，川越市，新座市，千葉市，横浜市，藤沢市

ー東京大会が開催されたことへの評価ー

第1問 あなたは，日本で，2度目となる夏のオリンピック・パラリンピックが開催されたことについてどう思いますか。次の中から，1つだけ選んでください。
1. とてもよかった ・・・・・・・・・・・・・・・・・・ 26.7 %
2. まあよかった ・・・・・・・・・・・・・・・・・・・・ 51.5
3. あまりよくなかった ・・・・・・・・・・・・・・ 15.7
4. まったくよくなかった ・・・・・・・・・・・・・5.6
5. 無回答 ・・・・・・・・・・・・・・・・・・・・・・・・・・0.6

ー東京大会 成功したかー

第2問 あなたは，東京オリンピック・パラリンピックは，全体として成功したと思いますか。それとも思いませんか。次の中から，1つだけ選んでください。
1. とても成功したと思う ・・・・・・・・・・・ 12.0 %
2. ある程度成功したと思う ・・・・・・・・・ 62.6
3. あまり成功したとは思わない ・・・・・・ 20.4
4. まったく成功したとは思わない ・・・・・4.5
5. 無回答 ・・・・・・・・・・・・・・・・・・・・・・・・・・0.5

ー東京大会 楽しめたかー

第3問 あなたは，東京オリンピック・パラリンピックを，どのくらい楽しめましたか。次の中から，1つだけ選んでください。
1. とても楽しめた ・・・・・・・・・・・・・・・・・ 21.9 %
2. まあ楽しめた ・・・・・・・・・・・・・・・・・・ 50.0
3. あまり楽しめなかった ・・・・・・・・・・・ 20.3
4. まったく楽しめなかった ・・・・・・・・・・7.0
5. 無回答 ・・・・・・・・・・・・・・・・・・・・・・・・・0.7

ー東京大会 楽しみ方（複数回答）ー

第4問 あなたは，東京オリンピック・パラリンピックで，どのようなことを楽しみましたか。あてはまるものをすべてお答えください。
1. テレビやインターネットなどで競技や式典を見ること ・・・・・・・・・・・・・・・・ 80.4 %
2. 会場に行って直接，競技や式典を見ること ・・・・・・・1.0
3. テレビやインターネットなどで聖火リレーを見ること ・・・・・・・・・・・・・・・・・ 12.6
4. 沿道などで直接，聖火リレーを見ること ・・・・・・・・・1.7
5. 家族や友人などと話題にすること（電話やメール，SNS＊でのやりとりを含む）・・・・・・ 28.9
6. 競技や式典の感想などをSNS＊で広く発信すること 1.4
7. 選手や著名人が発信した大会関連のSNS＊を見ること ・・・・・・・・・・・・・・・・・・・・・・6.9

8. 関連イベントに参加すること ・・・・・・・・・・・・・・・0.5
9. 公式グッズなどの記念品を集めること ・・・・・・・・1.3
10. ボランティアとして大会に協力すること ・・・・・・0.5
11. お祭り気分を味わうこと ・・・・・・・・・・・・・・・・・9.3
12. その他 ・・・・・・・・・・・・・・・・・・・・・・・・・・・・・3.7
13. 楽しめたことはなかった ・・・・・・・・・・・・・・・・・9.3
14. 無回答 ・・・・・・・・・・・・・・・・・・・・・・・・・・・・・2.3
*LINE，Twitter，Instagramなどのソーシャルネットワーキングサービス

ー東京オリンピック　関心度ー

第5問　あなたは，大会が開催される前に，東京オリンピック
に，どのくらい関心がありましたか。次の中から，1つだけ選
んでください。
1. 大変関心があった ・・・・・・・・・・・・・・・・・18.6 %
2. まあ関心があった ・・・・・・・・・・・・・・・・・45.3
3. あまり関心はなかった ・・・・・・・・・・・・・28.4
4. まったく関心はなかった ・・・・・・・・・・・・7.0
5. 無回答 ・・・・・・・・・・・・・・・・・・・・・・・・・・・0.7

ー東京オリンピック　関心理由（複数回答）ー

【第5問で，「1」「2」と答えた方にうかがいます】
第6問　あなたが東京オリンピックに関心があった理由につい
て，次の中から，あてはまるものをすべてお答えください。
1. 日本で開催されたから ・・・・・・・・・・・・・79.9 %
2. オリンピックが好きだから ・・・・・・・・・・・28.4
3. スポーツが好きだから ・・・・・・・・・・・・・52.0
4. 好きな競技があったから ・・・・・・・・・・・・36.9
5. 応援したい選手がいたから ・・・・・・・・・・・26.1
6. メディアが取り上げていたから ・・・・・・・11.4
7. 周囲の人が話題にしていたから ・・・・・・・5.2
8. 自分の仕事に関係があったから ・・・・・・・2.0
9. 自分の生活に影響が出そうだったから ・・・2.8
10. 新型コロナウイルスの影響で大会がどうなるか
気になったから ・・・・・・・・・・・・・・・・・56.8
11. 大会を開催することによって新型コロナウイルスの
感染が拡大しないか気になったから ・・・・45.8
12. その他 ・・・・・・・・・・・・・・・・・・・・・・・・・・2.0
13. 無回答 ・・・・・・・・・・・・・・・・・・・・・・・・・・0.0
（分母＝1,416人）

ー東京パラリンピック　関心度ー

第7問　あなたは，大会が開催される前に，東京パラリンピック
に，どのくらい関心がありましたか。次の中から，1つだけ選
んでください。
1. 大変関心があった ・・・・・・・・・・・・・・・・・9.7 %
2. まあ関心があった ・・・・・・・・・・・・・・・・・37.4
3. あまり関心はなかった ・・・・・・・・・・・・・41.3
4. まったく関心はなかった ・・・・・・・・・・・・10.6
5. 無回答 ・・・・・・・・・・・・・・・・・・・・・・・・・・・1.0

ー東京パラリンピック　関心理由（複数回答）ー

【第7問で，「1」「2」と答えた方にうかがいます】
第8問　あなたが東京パラリンピックに関心があった理由につい
て，次の中から，あてはまるものをすべてお答えください。
1. 日本で開催されたから ・・・・・・・・・・・・・72.0 %
2. パラリンピックが好きだから ・・・・・・・・・13.6
3. スポーツが好きだから ・・・・・・・・・・・・・41.6
4. 好きな競技があったから ・・・・・・・・・・・・16.9
5. 応援したい選手がいたから ・・・・・・・・・・・15.5
6. メディアが取り上げていたから ・・・・・・・15.4

7. 周囲の人が話題にしていたから ・・・・・・・5.6
8. 自分の仕事に関係があったから ・・・・・・・3.1
9. 自分の生活に影響が出そうだったから ・・・2.4
10. 自分自身や身近な人に障害があるから ・・・7.8
11. 障害者スポーツがどのようなものか
知りたかったから ・・・・・・・・・・・・・41.7
12. 新型コロナウイルスの影響で大会がどうなるか
気になったから ・・・・・・・・・・・・・・・・・44.1
13. 大会を開催することによって新型コロナウイルスの
感染が拡大しないか気になったから ・・・・36.9
14. その他・・・・・・・・・・・・・・・・・・・・・・・・・・3.3
15. 無回答 ・・・・・・・・・・・・・・・・・・・・・・・・・・0.2
（分母＝1,045人）

ーコロナ禍での開催をどう思うかー

第9問　新型コロナウイルスの感染拡大を受けて，大会は1年
延期されました。あなたは，今年（2021年）7月から開催さ
れたことについて，どう思いますか。次の中から，1つだけ選
んでください。
1. 開催してよかった ・・・・・・・・・・・・・・・・・52.2 %
2. さらに延期したほうがよかった ・・・・・・・24.5
3. 中止したほうがよかった ・・・・・・・・・・・・22.2
4. 無回答 ・・・・・・・・・・・・・・・・・・・・・・・・・・1.1

ー開催評価理由ー

【第9問で，「1」と答えた方にうかがいます】
第10問　大会を開催してよかったと思う，一番の理由は何です
か。次の中から，1つだけ選んでください。
1. 日本での開催を楽しみにしていたから ・・・・・・・・18.5 %
2. 選手たちの努力が報われたから ・・・・・・・・・・・59.2
3. これまでに投じた予算や準備が
むだにならずにすんだから ・・・・・・・・・・・・・・・6.7
4. 新型コロナウイルスの感染が収まるのを待っていたら
いつ開催できるかわからないから ・・・・・・・・・11.6
5. 新型コロナウイルスの危機を乗り越えた
象徴になるから ・・・・・・・・・・・・・・・・・・・・・・2.2
6. その他 ・・・・・・・・・・・・・・・・・・・・・・・・・・・1.6
7. 無回答 ・・・・・・・・・・・・・・・・・・・・・・・・・・・0.2
（分母＝1,157人）

ー延期希望理由ー

【第9問で，「2」と答えた方にうかがいます】
第11問　さらに延期したほうがよかったと思う，一番の理由は
何ですか。次の中から，1つだけ選んでください。
1. 新型コロナウイルスの世界的な流行が
収まっていなかったから ・・・・・・・・・・・・36.1 %
2. 国内で新型コロナウイルスの感染が
拡大していたから ・・・・・・・・・・・・・・・・・34.6
3. 選手たちに新型コロナウイルスを気にせずに
競技や演技をしてほしかったから ・・・・・・14.4
4. 海外から大勢の人に日本を訪れてほしかったから・・・9.2
5. 会場やパブリック・ビューイングなどで
応援したかったから ・・・・・・・・・・・・・・・・3.9
6. その他 ・・・・・・・・・・・・・・・・・・・・・・・・・・1.5
7. 無回答 ・・・・・・・・・・・・・・・・・・・・・・・・・・0.4
（分母＝543人）

―中止希望理由―

【第9問で，「3」と答えた方にうかがいます】

第12問　中止したほうがよかったと思う，一番の理由は何ですか。次の中から，1つだけ選んでください。

1. 新型コロナウイルスの世界的な流行が
   収まっていなかったから ・・・・・・・・・・・・・・・・・・・ 39.8 %
2. 国内で新型コロナウイルスの感染が
   拡大していたから ・・・・・・・・・・・・・・・・・・・・ 30.0
3. 選手たちが大会に向けた準備を十分に
   できなかったから ・・・・・・・・・・・・・・・・・・・・ 1.4
4. 大会の予算を新型コロナウイルス対策に
   使ってほしかったから ・・・・・・・・・・・・・・・・ 15.2
5. 新型コロナウイルス対策などで大会の経費が
   増えて国や自治体の財政を悪化させるから ・・・・・・ 11.4
6. その他 ・・・・・・・・・・・・・・・・・・・・・・・・・・・・・2.0
7. 無回答 ・・・・・・・・・・・・・・・・・・・・・・・・・・・・0.2

（分母＝493人）

―入国制限への評価―

第13問　あなたは，新型コロナウイルスの感染拡大を防ぐために，東京オリンピック・パラリンピックの観戦を目的に海外から日本を訪れる人たちの入国が制限されたことについて，どう思いますか。次の中から，1つだけ選んでください。

1. 適切だった ・・・・・・・・・・・・・・・・・・・・・・ 72.5 %
2. どちらかといえば，適切だった ・・・・・・・・・・・ 21.9
3. どちらかといえば，適切ではなかった ・・・・・・・・・2.8
4. 適切ではなかった ・・・・・・・・・・・・・・・・・・・・1.5
5. 無回答 ・・・・・・・・・・・・・・・・・・・・・・・・・・1.2

―無観客開催への評価―

第14問　あなたは，新型コロナウイルスの感染拡大を防ぐために，ほとんどの競技が無観客で開催されたことについて，どう思いますか。次の中から，1つだけ選んでください。

1. 適切だった ・・・・・・・・・・・・・・・・・・・・・・ 67.3 %
2. どちらかといえば，適切だった ・・・・・・・・・・・ 24.2
3. どちらかといえば，適切ではなかった ・・・・・・・・・4.8
4. 適切ではなかった ・・・・・・・・・・・・・・・・・・・・2.6
5. 無回答 ・・・・・・・・・・・・・・・・・・・・・・・・・・1.0

―無観客開催　意見―

第15問　あなたは，ほとんどの競技が無観客で開催されたことに対する次のような意見について，どう思いますか。A～Eについて，そう思うか，そう思わないか，あなたのお考えに近い方を選んでください。

(%)	そう思う	そう思わない	無回答
A. 安全で安心な大会が実現できた	61.4	35.9	2.7
B. 日本で開催した意味がなかった	27.6	68.2	4.2
C. 選手たちが力を発揮できなかった	25.9	69.6	4.5
D. 収益が減って国や自治体の財政負担が増えた	78.7	17.2	4.1
E. オリンピック・パラリンピックを身近に感じられなかった	39.2	56.7	4.0

―コロナ禍での開催　意見―

第16問　あなたは，新型コロナウイルスの影響下で大会を開催したことに対する次のような意見について，どう思いますか。A～Fについて，そう思うか，そう思わないか，あなたのお考えに近い方を選んでください。

(%)	そう思う	そう思わない	無回答
A. 感染が気になって大会を心から楽しめなかった	48.6	47.9	3.5
B. マスクの着用など感染対策の徹底で大会が盛り上がらなかった	30.3	65.8	4.0
C. 海外から大勢の人が訪れて国内で感染が広がらないか不安だった	78.6	18.4	3.0
D. 観客数の制限や日本を訪れる外国人の減少などで経済効果が見込めなくなった	79.4	16.5	4.1
E. 感染者が多い国の選手は練習が思うようにできず実力を発揮できなかった	65.9	29.9	4.3
F. 感染拡大を防ぐことに力を注ぐべきで，大会を開催している場合ではなかった	44.0	51.6	4.4

―東京大会　大会運営―

第17問　あなたは，東京オリンピック・パラリンピックの大会運営について，十分だったと思いますか。それとも，不十分だったと思いますか。A～Gについて，あなたのお考えに近い方を選んでください。

(%)	十分だった	不十分だった	無回答
A. 新型コロナウイルスの感染対策	48.2	48.0	3.8
B. 暑さ対策	37.4	57.5	5.1
C. 治安の悪化を防ぐ対策	75.4	18.9	5.8
D. 交通の混雑を防ぐ対策	68.7	25.4	5.9
E. 大会運営費の抑制	33.6	59.9	6.5
F. ボランティアの確保や活用	53.5	40.1	6.4
G. 大会運営にあたる人の人選	43.9	49.5	6.5

―東京大会　役に立ったこと（複数回答）―

第18問　あなたは，東京オリンピック・パラリンピックの開催が，どんなことに役立ったと思いますか。次の中から，あてはまるものをいくつでもお答えください。

1. 日本経済への貢献　・・・・・・・・・・・・・・・・・・・・ 14.9 %
2. 雇用の増加　・・・・・・・・・・・・・・・・・・・・・・・・5.4
3. 日本全体の再生・活性化・・・・・・・・・・・・・・・ 20.1
4. スポーツ施設の整備 ・・・・・・・・・・・・・・・・・ 35.9
5. スポーツの振興 ・・・・・・・・・・・・・・・・・・・・ 57.7
6. 観光の振興　・・・・・・・・・・・・・・・・・・・・・・・5.0
7. 国際交流の推進 ・・・・・・・・・・・・・・・・・・・・ 31.8
8. 国際社会での日本の地位向上 ・・・・・・・・・・ 17.4
9. 青少年の育成・・・・・・・・・・・・・・・・・・・・・・ 18.9
10. 新型コロナウイルス対策の強化 ・・・・・・・・・・ 10.6

11. その他・・・・・・・・・・・・・・・・・・・・・2.3
12. 特にない・・・・・・・・・・・・・・・・・15.6
13. 無回答 ・・・・・・・・・・・・・・・・・・1.2

－東京大会　アピールできたこと（複数回答）－

第19問　あなたは，東京オリンピック・パラリンピックを通じて，日本は，世界に，どのようなことをアピールできたと思いますか。次の中から，あてはまるものをいくつでもお答えください。
1. 東日本大震災からの復興 ・・・・・・・・18.7 %
2. 海外から訪れた人たちへの手厚い対応やサービス　41.4
3. 競技場など大会施設のすばらしさ ・・・・・・・25.6
4. 日本の伝統文化 ・・・・・・・・・・・・・・19.0
5. 日本の食文化・・・・・・・・・・・・・・・・24.9
6. 東京の治安のよさや清潔さ ・・・・・・・・・44.3
7. 日本人の勤勉さや礼儀正しさ ・・・・・・・38.9
8. 国際大会を円滑に運営できること ・・・・・・24.9
9. 新型コロナウイルスの感染を防いで大会を安全に
　開催できること ・・・・・・・・・・・・・28.4
10. その他・・・・・・・・・・・・・・・・・・・・1.3
11. 特にない・・・・・・・・・・・・・・・・・17.3
12. 無回答 ・・・・・・・・・・・・・・・・・・1.2

－東京大会　意見－

第20問　あなたは，東京オリンピック・パラリンピックについての次のような意見に対して，どう思いますか。
　　　　A～Nについて，そう思うか，そう思わないか，あなたのお考えに近い方を選んでください。

	そう思う	思わない	無回答
(%)			
A. オリンピック・パラリンピックは私の暮らしにまったく関係がなかった	46.6	50.3	3.1
B. オリンピック・パラリンピックにお金を使うより，育児や介護，新型コロナウイルス対策など，他の施策を充実させるべきだった	48.8	47.5	3.7
C. オリンピック・パラリンピックの開催を契機に公共施設やインフラの整備が進んだ	42.9	51.7	5.4
D. オリンピック・パラリンピックの開催で，世界の国や地域の友好が深まった	53.0	42.4	4.6
E. オリンピック・パラリンピックは自分の国について改めて考えるよい機会になった	59.5	35.9	4.6
F. オリンピック・パラリンピックの開催で，東日本大震災の被災地が再び注目された	24.3	70.6	5.1
G. オリンピック・パラリンピックの開催で，東日本大震災からの復興が遅れた	22.2	72.5	5.3
H. オリンピック・パラリンピックのおかげで，なんとなく楽しい気分になった	66.5	29.5	3.9
I. オリンピック・パラリンピックの盛り上がりは，一時的なことに過ぎなかった	65.4	30.1	4.5
J. オリンピック・パラリンピックを開催したことで，人々の新型コロナウイルス対策への意識がゆるんだ	54.1	42.1	3.8
K. メディアがオリンピック・パラリンピック一色になり，新型コロナウイルスなどの重要なニュースが埋もれてしまった	33.6	61.8	4.6
L. オリンピック・パラリンピックを開催しながら国民に自粛を求めた政府の対応には納得がいかなかった	54.9	40.7	4.4
M. オリンピック・パラリンピックを大々的に放送しながら，新型コロナウイルスの感染防止を呼びかけたメディアの姿勢には納得がいかなかった	41.9	53.3	4.8
N. オリンピック・パラリンピックの開催への賛成と反対で，国民が分断されてしまった	37.4	58.0	4.6

－東京大会　復興に役立ったか－

第21問　政府は，東京オリンピック・パラリンピックを「復興五輪」と位置づけ，東日本大震災の被災地の復興を後押しするとしていました。あなたは，大会が，被災地の復興に役立ったと思いますか。それとも，思いませんか。次の中から，1つだけ選んでください。
1. とても役に立った ・・・・・・・・・・・・2.7 %
2. ある程度役に立った ・・・・・・・・・・23.0
3. あまり役に立たなかった ・・・・・・・・・49.8
4. まったく役に立たなかった ・・・・・・・・23.3
5. 無回答 ・・・・・・・・・・・・・・・・・1.3

－東京大会　コロナを乗り越えた証になったか－

第22問　政府は，東京オリンピック・パラリンピックについて，「人類が新型コロナウイルスに打ち勝った証（あかし）として，世界に希望と勇気を届ける」としていました。あなたは，大会がそのような証になったと思いますか。それとも，ならなかったと思いますか。次の中から，1つだけ選んでください。
1. とてもなったと思う ・・・・・・・・・・・3.3 %
2. ある程度なったと思う ・・・・・・・・・23.1
3. あまりならなかったと思う ・・・・・・・・43.1
4. まったくならなかったと思う ・・・・・・・29.5
5. 無回答 ・・・・・・・・・・・・・・・・・0.9

－東京大会　多様性と調和は実現できたか－

第23問　今回の東京オリンピック・パラリンピックでは，人種や性別，性的指向，宗教，障害の有無など，あらゆる面での違いを肯定し，互いに認め合う「多様性と調和」を大会ビジョンに掲げていました。あなたは，これが実現できたと思いますか。それとも，思いませんか。次の中から，1つだけ選んでください。
1. かなり実現できた ・・・・・・・・・・・・8.4 %
2. ある程度実現できた ・・・・・・・・・・・53.0
3. あまり実現できなかった ・・・・・・・・・29.4
4. まったく実現できなかった ・・・・・・・・7.7
5. 無回答 ・・・・・・・・・・・・・・・・・1.6

―東京大会　「多様性」意見―

第24問　あなたは，多様性について，大会を通じて，どのようなことを感じましたか。A～Cについて，あてはまると思うものを1つずつお答えください。

(%)	そう思う	どちらかといえばそう思う	どちらかといえばそう思わない	そう思わない	無回答
A. 自分の多様性への理解が深まった	10.0	46.4	23.6	16.9	3.2
B. 日本は多様性に理解がある国だと思った	7.0	38.4	33.6	18.4	2.6
C. 多様性に富んだ社会を作るための取り組みを進めるべきだと思った	35.3	48.2	8.5	4.7	3.3

―東京大会　男女混合種目への評価―

第25問　東京大会では，男女がチームを組んで競技を行う「男女混合種目」が大幅に増やされ，陸上や競泳，柔道，卓球などで，初めて実施されました。このことについて，あなたは，どう思いますか。次の中から，1つだけ選んでください。

1. とてもよかった ・・・・・・・・・・・・・・・・・・・・・・・50.6 %
2. まあよかった ・・・・・・・・・・・・・・・・・・・・・・・・41.9
3. あまりよくなかった ・・・・・・・・・・・・・・・・・・4.3
4. まったくよくなかった ・・・・・・・・・・・・・・2.0
5. 無回答 ・・・・・・・・・・・・・・・・・・・・・・・・・・・・・・1.2

―東京大会　トランスジェンダー選手出場への評価―

第26問　東京大会では，生まれた時の性別と自分で認識している性別が異なるトランスジェンダーの選手のオリンピックへの出場が，初めて認められました。このことについて，あなたは，どう思いますか。次の中から，1つだけ選んでください。

1. とてもよかった ・・・・・・・・・・・・・・・・・・・・・33.5 %
2. まあよかった ・・・・・・・・・・・・・・・・・・・・・・・47.4
3. あまりよくなかった ・・・・・・・・・・・・・・・・12.6
4. まったくよくなかった ・・・・・・・・・・・・・・4.7
5. 無回答 ・・・・・・・・・・・・・・・・・・・・・・・・・・・・・・1.8

―東京大会　人種差別への抗議行動容認への評価―

第27問　東京大会では，「政治的，宗教的，人種的な宣伝活動を禁止する」としたオリンピック憲章の規定が一部緩和され，選手たちが競技場で試合の前などに，人種差別への抗議の意思を示す行動などが認められました。このことについて，あなたは，どう思いますか。次の中から，1つだけ選んでください。

1. とてもよかった ・・・・・・・・・・・・・・・・・・・・・21.6 %
2. まあよかった ・・・・・・・・・・・・・・・・・・・・・・・55.3
3. あまりよくなかった ・・・・・・・・・・・・・・・・17.1
4. まったくよくなかった ・・・・・・・・・・・・・・4.1
5. 無回答 ・・・・・・・・・・・・・・・・・・・・・・・・・・・・・・1.9

―東京大会　誰と見聞きしたか（複数回答）―

第28問　あなたは，東京オリンピック・パラリンピックの競技や式典などを，誰と見たり聞いたりしましたか。次の中から，あてはまるものをすべてお答えください。

1. ひとりで ・・・・・・・・・・・・・・・・・・・・・・・・・・・・41.1 %

2. 配偶者やパートナーと ・・・・・・・・・・・・・・・53.2
3. 子どもや孫と ・・・・・・・・・・・・・・・・・・・・・・・28.1
4. 親や祖父母と ・・・・・・・・・・・・・・・・・・・・・・・14.3
5. 友人と ・・・・・・・・・・・・・・・・・・・・・・・・・・・・・・・4.6
6. 知人と ・・・・・・・・・・・・・・・・・・・・・・・・・・・・・・・3.4
7. その他 ・・・・・・・・・・・・・・・・・・・・・・・・・・・・・・・2.3
8. 見たり聞いたりしなかった ・・・・・・・・・・6.4
9. 無回答 ・・・・・・・・・・・・・・・・・・・・・・・・・・・・・・0.8

―東京オリンピック　印象に残った競技・式典（複数回答）―

第29問　東京オリンピックの競技や式典のうち，あなたが特に印象に残ったものはどれですか。あてはまるものをすべてお答えください。

1. 体操競技 ・・・・・・・・・・・・・・・・・・・・・・・・・・43.0 %
2. 陸上競技 ・・・・・・・・・・・・・・・・・・・・・・・・・・34.3
3. 柔道 ・・・・・・・・・・・・・・・・・・・・・・・・・・・・・・・51.3
4. レスリング ・・・・・・・・・・・・・・・・・・・・・・・・17.2
5. サッカー ・・・・・・・・・・・・・・・・・・・・・・・・・・26.9
6. 競泳 ・・・・・・・・・・・・・・・・・・・・・・・・・・・・・・・38.7
7. アーティスティック・スイミング* ・・・・・・・3.4
8. バレーボール ・・・・・・・・・・・・・・・・・・・・・・19.4
9. ビーチバレーボール ・・・・・・・・・・・・・・・・1.1
10. テニス ・・・・・・・・・・・・・・・・・・・・・・・・・・・・14.9
11. 卓球 ・・・・・・・・・・・・・・・・・・・・・・・・・・・・・・・64.0
12. ウエイトリフティング ・・・・・・・・・・・・・・2.1
13. バドミントン ・・・・・・・・・・・・・・・・・・・・・・24.3
14. 野球 ・・・・・・・・・・・・・・・・・・・・・・・・・・・・・・・42.9
15. ソフトボール ・・・・・・・・・・・・・・・・・・・・・・46.5
16. 7人制ラグビー ・・・・・・・・・・・・・・・・・・・・3.0
17. サーフィン ・・・・・・・・・・・・・・・・・・・・・・・・12.9
18. スポーツクライミング ・・・・・・・・・・・・・12.5
19. ボクシング ・・・・・・・・・・・・・・・・・・・・・・・・7.4
20. カヌー ・・・・・・・・・・・・・・・・・・・・・・・・・・・・・1.9
21. フェンシング ・・・・・・・・・・・・・・・・・・・・・・12.4
22. 空手 ・・・・・・・・・・・・・・・・・・・・・・・・・・・・・・・13.5
23. スケートボード ・・・・・・・・・・・・・・・・・・・・36.7
24. バスケットボール ・・・・・・・・・・・・・・・・・・30.4
25. 3×3バスケットボール ・・・・・・・・・・・・・6.9
26. ゴルフ ・・・・・・・・・・・・・・・・・・・・・・・・・・・・15.6
27. アーチェリー ・・・・・・・・・・・・・・・・・・・・・・7.0
28. 近代五種 ・・・・・・・・・・・・・・・・・・・・・・・・・・1.0
29. 自転車競技 ・・・・・・・・・・・・・・・・・・・・・・・・8.5
30. 射撃 ・・・・・・・・・・・・・・・・・・・・・・・・・・・・・・・2.1
31. 新体操 ・・・・・・・・・・・・・・・・・・・・・・・・・・・・12.8
32. 水球 ・・・・・・・・・・・・・・・・・・・・・・・・・・・・・・・4.4
33. セーリング ・・・・・・・・・・・・・・・・・・・・・・・・0.9
34. 飛び込み ・・・・・・・・・・・・・・・・・・・・・・・・・・12.8
35. テコンドー ・・・・・・・・・・・・・・・・・・・・・・・・1.3
36. トライアスロン ・・・・・・・・・・・・・・・・・・・・4.1
37. トランポリン ・・・・・・・・・・・・・・・・・・・・・・2.8
38. 馬術 ・・・・・・・・・・・・・・・・・・・・・・・・・・・・・・・3.0
39. ハンドボール ・・・・・・・・・・・・・・・・・・・・・・2.3
40. ボート ・・・・・・・・・・・・・・・・・・・・・・・・・・・・・1.0
41. ホッケー ・・・・・・・・・・・・・・・・・・・・・・・・・・0.9
42. 開会式 ・・・・・・・・・・・・・・・・・・・・・・・・・・・・41.7
43. 閉会式 ・・・・・・・・・・・・・・・・・・・・・・・・・・・・27.6
44. その他 ・・・・・・・・・・・・・・・・・・・・・・・・・・・・0.6
45. 特にない ・・・・・・・・・・・・・・・・・・・・・・・・・・7.4
46. 無回答 ・・・・・・・・・・・・・・・・・・・・・・・・・・・・0.9

*国際水泳連盟が，2017年7月に「シンクロナイズド・スイミング」から名称変更を決定した

—東京オリンピック　競技で印象に残ったこと—

第30問　あなたは，今回の東京オリンピックの競技で，どんなことが印象に残りましたか。次の中で，最もあてはまるものを1つだけ選んでください。

1. 日本が過去最多の金メダルを獲得したこと ‥‥‥ 29.7 %
2. 世界記録の達成や演技のすばらしさ ‥‥‥‥‥ 10.9
3. 10代など若い選手たちの活躍ぶり ‥‥‥‥‥ 29.1
4. 今まで見たことのなかった競技の面白さ ‥‥‥ 12.6
5. 国や地域を越えて，選手同士がたたえあう姿 ‥‥ 14.2
6. 無回答 ‥‥‥‥‥‥‥‥‥‥‥‥‥‥‥‥‥‥3.4

—東京オリンピック　最も印象に残ったシーンやできごと—

第31問　東京オリンピックの大会全体を通して，あなたが，最も印象に残ったシーンやできごとは何ですか。ご自由にお書きください。

（自由記述，省略）

—東京オリンピック視聴頻度　機器別—

第32問　あなたは，東京オリンピックの開催期間中，オリンピックの放送や映像を，どんな機器で見たり聞いたりしましたか。A〜Fの機器について，それぞれ利用頻度を1つずつお答えください。ただし，定時のニュースは除きます。

(%)	ほぼ毎日	週に2〜3回程度	週に1回程度	期間中に1回程度	聞いたりしなかったまったく見たり	無回答
A. テレビ	64.4	19.4	5.9	3.8	5.1	1.6
B. ラジオ	2.9	5.0	2.3	3.3	64.4	22.1
C. パソコン	6.4	5.6	3.6	3.0	58.8	22.6
D. タブレット端末	3.3	2.8	2.2	1.7	67.0	23.1
E. スマートフォン	18.0	11.2	5.5	3.9	40.2	21.2
F. 携帯電話（スマートフォン以外）	1.2	0.8	0.3	0.4	73.1	24.3

—東京オリンピック視聴番組・動画等（複数回答）—

第33問　それでは，あなたは，東京オリンピックの開催期間中，どのようなもので，何をご覧になりましたか。以下のNHKと民放，動画・SNSのA〜Lそれぞれで，ご覧になったものをすべて選んでください。1〜6をご覧にならなかった場合は，「7.利用しなかった」に〇をつけてください。

(%)	1 生中継や式典・ライブ配信競技	2 録画放送や式典の動画競技	3 ハイライト番組・動画	4 競技の見どころ紹介	5 選手や競技の情報	6 競技以外の大会の話題	7 利用しなかった	無回答
NHK								
A. テレビ（放送と同時に）	71.8	30.3	45.3	21.8	23.3	12.5	13.4	4.1
B. テレビ（録画して後から）	8.2	7.7	5.4	2.0	2.1	1.3	65.0	19.5
C. インターネット動画サービス（NHKプラス，特設サイトなど）	2.9	2.0	2.9	0.7	1.4	0.7	71.8	21.6
民放								
D. テレビ（放送と同時に）	56.6	25.9	43.4	18.5	21.0	12.7	12.8	9.2
E. テレビ（録画して後から）	6.0	5.2	5.0	1.4	1.8	0.9	66.5	20.9
F. インターネット動画サービス（TVer，gorin.jp，特設サイトなど）	2.0	1.4	2.3	0.7	1.2	0.4	72.5	21.7
動画								
G. YouTube	2.8	4.7	6.5	1.3	2.7	1.7	68.4	18.1
H. YouTube以外のインターネット動画	0.9	1.1	1.6	0.5	1.0	0.8	76.5	20.0
SNS								
I. LINE	1.1	0.6	1.9	1.5	5.8	2.8	71.4	18.6
J. Twitter（ツイッター）	0.8	0.9	1.6	0.8	4.9	3.1	72.7	19.3
K. Instagram（インスタグラム）	0.4	0.3	0.8	0.6	2.8	1.4	75.9	19.5
L. 上記以外のSNS	0.2	0.1	0.4	0.4	1.2	0.7	78.6	19.5

―東京パラリンピック　印象に残った競技・式典（複数回答）―

第34問　東京パラリンピックの競技や式典のうち，あなたが特に印象に残ったものはどれですか。あてはまるものをすべてお答えください。

1. 競泳 ・・・・・・・・・・・・・・・・・・・・・・・・・・・・ 45.7 %
2. 陸上競技 ・・・・・・・・・・・・・・・・・・・・・・・・ 30.8
3. 車いすバスケットボール ・・・・・・・・・・・ 40.3
4. 車いすテニス ・・・・・・・・・・・・・・・・・・・・ 41.1
5. バドミントン ・・・・・・・・・・・・・・・・・・・・・ 11.6
6. 卓球 ・・・・・・・・・・・・・・・・・・・・・・・・・・・・ 16.1
7. 柔道 ・・・・・・・・・・・・・・・・・・・・・・・・・・・・ 8.5
8. 5人制サッカー（ブラインドサッカー）・・・・・・・・ 9.3
9. ボッチャ ・・・・・・・・・・・・・・・・・・・・・・・・・ 26.7
10. 自転車競技 ・・・・・・・・・・・・・・・・・・・・・・ 8.3
11. 馬術 ・・・・・・・・・・・・・・・・・・・・・・・・・・・・ 1.8
12. 射撃 ・・・・・・・・・・・・・・・・・・・・・・・・・・・・ 2.0
13. 車いすラグビー ・・・・・・・・・・・・・・・・・・・ 19.5
14. トライアスロン ・・・・・・・・・・・・・・・・・・・ 6.1
15. アーチェリー ・・・・・・・・・・・・・・・・・・・・・ 4.5
16. 車いすフェンシング ・・・・・・・・・・・・・・・ 2.1
17. カヌー ・・・・・・・・・・・・・・・・・・・・・・・・・・・ 0.9
18. ゴールボール ・・・・・・・・・・・・・・・・・・・・ 9.2
19. パワーリフティング ・・・・・・・・・・・・・・・ 0.5
20. ボート ・・・・・・・・・・・・・・・・・・・・・・・・・・・ 0.8
21. シッティングバレーボール ・・・・・・・・・ 2.3
22. テコンドー ・・・・・・・・・・・・・・・・・・・・・・・ 0.9
23. 開会式 ・・・・・・・・・・・・・・・・・・・・・・・・・・ 28.9
24. 閉会式 ・・・・・・・・・・・・・・・・・・・・・・・・・・ 25.9
25. 特にない ・・・・・・・・・・・・・・・・・・・・・・・・ 19.4
26. 無回答 ・・・・・・・・・・・・・・・・・・・・・・・・・・ 2.0

―東京パラリンピック　最も印象に残ったシーンやできごと―

第35問　東京パラリンピックの大会全体を通して，あなたが，最も印象に残ったシーンやできごとは何ですか。ご自由にお書きください。

（自由記述，省略）

―東京パラリンピック視聴頻度　機器別―

第36問　あなたは，東京パラリンピックの開催期間中，パラリンピックの放送や映像を，どんな機器で見たり聞いたりしましたか。A～Fの機器について，それぞれ利用頻度を1つずつお答えください。ただし，定時のニュースは除きます。

(%)	ほぼ毎日	週に2～3回程度	週に1回程度	期間中に1回程度	聞いたりしなかったり	無回答
A．テレビ	41.5	25.8	9.4	7.4	13.6	2.3
B．ラジオ	2.5	4.0	1.9	1.7	73.0	16.9
C．パソコン	2.9	2.7	2.3	1.3	72.6	18.3
D．タブレット端末	1.4	1.4	0.9	0.8	77.2	18.4
E．スマートフォン	8.0	7.4	3.6	2.9	60.3	17.8
F．携帯電話（スマートフォン以外）	0.5	0.5	0.3	0.2	79.9	18.7

―東京パラリンピック　視聴番組・動画等（複数回答）―

第37問　それでは，あなたは，東京パラリンピックの開催期間中，どのようなもので，何をご覧になりましたか。
以下のNHKと民放，動画・SNSのA～Lそれぞれで，ご覧になったものをすべて選んでください。
1～6をご覧にならなかった場合は，「7. 利用しなかった」に○をつけてください。

(%)	1 生中継・競技や式典のライブ配信	2 録画放送・競技や式典の動画	3 ハイライト番組・動画	4 競技の見どころ紹介	5 選手や競技の情報	6 競技以外の大会の話題	7 利用しなかった	無回答
NHK								
A．テレビ（放送と同時に）	56.2	25.9	39.0	18.0	18.5	9.2	22.5	4.6
B．テレビ（録画して後から）	4.2	5.5	3.3	1.2	1.4	0.8	71.3	19.6
C．インターネット動画サービス（NHKプラス，特設サイトなど）	1.2	1.1	1.8	0.4	0.9	0.3	75.8	20.8
民放								
D．テレビ（放送と同時に）	38.9	20.3	35.9	13.5	15.6	8.1	26.6	10.5
E．テレビ（録画して後から）	2.3	3.4	3.2	1.2	1.3	0.4	73.6	19.6
F．インターネット動画サービス（TVer，gorin.jp，特設サイトなど）	0.7	0.6	1.2	0.3	0.5	0.3	77.4	20.2
動画								
G．YouTube	1.1	1.7	3.1	0.6	1.2	0.7	76.1	18.4
H．YouTube以外のインターネット動画	0.4	0.5	0.8	0.2	0.5	0.4	78.9	19.6
SNS								
I．LINE	0.5	0.6	1.5	0.8	3.5	1.3	75.3	18.6
J．Twitter（ツイッター）	0.5	0.5	1.0	0.7	2.5	1.9	76.3	19.2
K．Instagram（インスタグラム）	0.3	0.2	0.6	0.5	0.9	0.6	78.5	19.3
L．上記以外のSNS	0.2	0.1	0.3	0.4	0.6	0.4	79.6	19.3

－東京大会　視聴感想（複数回答）－

第38問　テレビやインターネットで，オリンピック・パラリンピックの放送や映像をご覧になっていかがでしたか。それぞれについて，次の中から，あてはまるものをいくつでもお答えください。ご覧になっていない方は「9.見ていない」に○をつけてください。

A．テレビ
1. 自分の好きな時間に見ることができた ‥‥‥‥ 43.8 %
2. 見たいものを選んで見ることができた ‥‥‥‥ 55.8
3. どんな場所でも見ることができた ‥‥‥‥‥‥ 4.1
4. 迫力ある映像を楽しめた ‥‥‥‥‥‥‥‥‥‥ 22.3
5. 他の人と一緒に楽しめた ‥‥‥‥‥‥‥‥‥‥ 19.0
6. 競技の臨場感を楽しめた ‥‥‥‥‥‥‥‥‥‥ 15.8
7. 競技のルールなどの補足情報があり
　　競技をより楽しむことができた ‥‥‥‥‥‥‥ 27.3
8. この中にはない ‥‥‥‥‥‥‥‥‥‥‥‥‥‥‥ 5.0
9. テレビでは見ていない ‥‥‥‥‥‥‥‥‥‥‥‥ 8.0
10. 無回答 ‥‥‥‥‥‥‥‥‥‥‥‥‥‥‥‥‥‥‥ 2.0

B．インターネット
1. 自分の好きな時間に見ることができた ‥‥‥‥ 15.4 %
2. 見たいものを選んで見ることができた ‥‥‥‥ 13.8
3. どんな場所でも見ることができた ‥‥‥‥‥‥ 6.3
4. 迫力ある映像を楽しめた ‥‥‥‥‥‥‥‥‥‥ 1.4
5. 他の人と一緒に楽しめた ‥‥‥‥‥‥‥‥‥‥ 1.4
6. 競技の臨場感を楽しめた ‥‥‥‥‥‥‥‥‥‥ 0.6
7. 競技のルールなどの補足情報があり
　　競技をより楽しむことができた ‥‥‥‥‥‥‥ 3.6
8. この中にはない ‥‥‥‥‥‥‥‥‥‥‥‥‥‥‥ 2.9
9. インターネットでは見ていない ‥‥‥‥‥‥‥‥ 61.6
10. 無回答 ‥‥‥‥‥‥‥‥‥‥‥‥‥‥‥‥‥‥ 12.4

－東京大会　テレビとネット　どちらで多く視聴したか－

第39問　あなたは，東京オリンピック・パラリンピックの放送や映像を，テレビとインターネットのどちらで多く視聴しましたか。次の中から，1つだけ選んでください。
1. テレビのほうが多かった ‥‥‥‥‥‥‥‥‥‥ 85.4 %
2. インターネットのほうが多かった ‥‥‥‥‥‥ 3.8
3. どちらも同じくらいだった ‥‥‥‥‥‥‥‥‥ 1.7
4. どちらでも視聴しなかった ‥‥‥‥‥‥‥‥‥ 7.0
5. 無回答 ‥‥‥‥‥‥‥‥‥‥‥‥‥‥‥‥‥‥‥ 2.1

－東京大会　楽しむために役立ったサービス（複数回答）－

第40問　あなたが，東京オリンピック・パラリンピックを楽しむために役立ったと思うのは，どのような放送やサービスですか。次の中から，あてはまるものをすべてお答えください。
1. 競技中継の内容や注目点を
　　画面上でわかりやすく伝える文字情報 ‥‥‥‥ 33.9 %
2. 競技への関心につながるような
　　選手やルールの紹介や解説 ‥‥‥‥‥‥‥‥‥ 54.4
3. 競技の見どころをまとめたハイライト番組や映像 ‥ 56.5
4. 後からでも競技をノーカットで見られるサービス ‥ 19.7
5. 多くの人と同じ会場で盛り上がれる
　　パブリック・ビューイング ‥‥‥‥‥‥‥‥‥ 1.8
6. 多くの人とインターネットを通じて一緒に観戦や
　　応援の気分を味わえるライブビューイング ‥‥‥ 1.6
7. 外出先でも気軽に見られる，街頭の大型モニター ‥ 1.0
8. 競技の結果や放送予定を，スマートフォンや
　　携帯電話に通知するサービス ‥‥‥‥‥‥‥‥ 8.2
9. 大会に関連したドラマやアニメ，バラエティー番組 ‥ 4.3

10. 競技中継や関連番組で，手話，字幕，音声による
　　解説などをおこなう「ユニバーサル放送」 ‥‥‥ 5.8
11. その他 ‥‥‥‥‥‥‥‥‥‥‥‥‥‥‥‥‥‥‥ 0.4
12. 特にない ‥‥‥‥‥‥‥‥‥‥‥‥‥‥‥‥‥ 15.8
13. 無回答 ‥‥‥‥‥‥‥‥‥‥‥‥‥‥‥‥‥‥‥ 2.6

－東京大会　ネット利用頻度－

第41問　あなたは，東京オリンピック・パラリンピックの開催期間中，競技の途中経過や結果，選手の情報などを，どのくらいインターネットで検索したり読んだりしましたか。オリンピックとパラリンピックそれぞれについて，1つずつ選んでください。

A．オリンピック
1. ほぼ毎日 ‥‥‥‥‥‥‥‥‥‥‥‥‥‥‥‥‥ 17.3 %
2. 週に2〜3回程度 ‥‥‥‥‥‥‥‥‥‥‥‥‥‥ 13.8
3. 週に1回程度 ‥‥‥‥‥‥‥‥‥‥‥‥‥‥‥ 7.3
4. 期間中に1回程度 ‥‥‥‥‥‥‥‥‥‥‥‥‥ 6.1
5. インターネットではまったく見なかった ‥‥‥ 51.2
6. 無回答 ‥‥‥‥‥‥‥‥‥‥‥‥‥‥‥‥‥‥‥ 4.4

B．パラリンピック
1. ほぼ毎日 ‥‥‥‥‥‥‥‥‥‥‥‥‥‥‥‥‥ 7.8 %
2. 週に2〜3回程度 ‥‥‥‥‥‥‥‥‥‥‥‥‥‥ 9.8
3. 週に1回程度 ‥‥‥‥‥‥‥‥‥‥‥‥‥‥‥ 7.6
4. 期間中に1回程度 ‥‥‥‥‥‥‥‥‥‥‥‥‥ 6.3
5. インターネットではまったく見なかった ‥‥‥ 64.0
6. 無回答 ‥‥‥‥‥‥‥‥‥‥‥‥‥‥‥‥‥‥‥ 4.5

－東京大会　NHKの放送やサービス　大会全体を通して評価－

第42問　NHKは，東京オリンピック・パラリンピックの開催期間中，テレビやラジオで競技の中継を多く放送するとともに，ニュースや番組でもオリンピックやパラリンピックに関する情報を幅広く取り上げました。こうしたNHKの対応について，あなたは，どう思いましたか。次の中から，1つだけ選んでください。
1. とてもよかった ‥‥‥‥‥‥‥‥‥‥‥‥‥‥ 32.5 %
2. まあよかった ‥‥‥‥‥‥‥‥‥‥‥‥‥‥‥ 53.7
3. あまりよくなかった ‥‥‥‥‥‥‥‥‥‥‥‥ 5.7
4. まったくよくなかった ‥‥‥‥‥‥‥‥‥‥‥ 4.5
5. 無回答 ‥‥‥‥‥‥‥‥‥‥‥‥‥‥‥‥‥‥‥ 3.6

－東京大会　NHKの放送やサービス
　　　　　　　　　　　　サブチャンネル対応への評価－

第43問　NHKは，新型コロナウイルスや台風などのニュースを伝えるため，競技や式典の中継を，適宜，サブチャンネルに切り替えて放送しました。サブチャンネルで放送すると画質が落ちますが，こうしたNHKの対応について，あなたは，どう思いましたか。次の中から，1つだけ選んでください。
1. 競技や式典と，ニュースを
　　両方放送してくれたのでよかった ‥‥‥‥‥‥ 76.2 %
2. 競技や式典の中継はやめて，
　　ニュースだけ放送すればよかった ‥‥‥‥‥‥ 7.7
3. ニュースは，競技や式典の合間や終了後に
　　放送してほしかった ‥‥‥‥‥‥‥‥‥‥‥‥ 11.4
4. 無回答 ‥‥‥‥‥‥‥‥‥‥‥‥‥‥‥‥‥‥‥ 4.6

―東京大会　NHKの放送やサービス
開閉会式での手話解説への評価（複数回答）―
第44問　NHKは，東京オリンピックの閉会式と東京パラリンピックの開閉会式を，総合テレビとEテレで同時放送し，このうちEテレで手話による解説をしました。こうしたNHKの対応について，あなたは，どう思いましたか。次の中から，あてはまるものをすべてお答えください。
1. Eテレで手話解説をした対応でよかった　‥‥‥‥68.3 %
2. 総合テレビでも手話解説をしたほうがよかった‥‥22.8
3. その他‥‥‥‥‥‥‥‥‥‥‥‥‥‥‥‥‥‥‥‥‥5.5
4. 無回答　‥‥‥‥‥‥‥‥‥‥‥‥‥‥‥‥‥‥‥‥7.0

―東京大会　NHKの放送・サービス利用―
第45問　それでは，あなたは，東京オリンピック・パラリンピックの放送を見聞きしたり，情報を得たりするのに，以下のNHKの放送やサービスを利用しましたか。次のA～Hについて，それぞれ，あてはまるものを1つずつ選んでください。

	利用した	利用しなかった	無回答
(%)			
A. NHK地上波	81.0	16.1	2.8
B. NHK衛星放送	33.5	57.7	8.8
C. NHKラジオ	6.3	82.4	11.3
D. NHKプラス	4.1	80.4	15.5
E. NHKの特設サイトの情報	6.9	77.3	15.7
F. NHKの特設サイトの動画	6.3	77.9	15.9
G. NHKのソーシャルメディア	1.4	82.4	16.3
H. NHKニュース・防災アプリ	4.4	79.6	16.0

―東京大会　NHKのインターネットサービスへの評価―
【第45問で，DからHのどれかに1つでも「利用した」と答えた方にうかがいます】
第46問　あなたは，NHKのインターネットサービス（ホームページやアプリを含む）を利用して，いかがでしたか。次の中から，1つだけ選んでください。
1. とても満足‥‥‥‥‥‥‥‥‥‥‥‥‥‥‥‥23.8 %
2. まあ満足‥‥‥‥‥‥‥‥‥‥‥‥‥‥‥‥‥‥67.1
3. やや不満‥‥‥‥‥‥‥‥‥‥‥‥‥‥‥‥‥‥‥5.2
4. とても不満‥‥‥‥‥‥‥‥‥‥‥‥‥‥‥‥‥0.0
5. 無回答‥‥‥‥‥‥‥‥‥‥‥‥‥‥‥‥‥‥‥‥3.8
（分母＝286人）

―障害者スポーツ　イメージ（複数回答）―
第47問　あなたは，「障害者スポーツ」と聞いて，どのような言葉を思い浮かべますか。あてはまるものをすべてお答えください。
1. エキサイティングな　‥‥‥‥‥‥‥‥‥‥‥‥12.0 %
2. 面白い‥‥‥‥‥‥‥‥‥‥‥‥‥‥‥‥‥‥‥11.9
3. 迫力のある‥‥‥‥‥‥‥‥‥‥‥‥‥‥‥‥‥20.4
4. 感動する‥‥‥‥‥‥‥‥‥‥‥‥‥‥‥‥‥‥59.9
5. 共感を覚える‥‥‥‥‥‥‥‥‥‥‥‥‥‥‥‥13.1
6. すごい技が見られる‥‥‥‥‥‥‥‥‥‥‥‥‥31.1
7. 一流の‥‥‥‥‥‥‥‥‥‥‥‥‥‥‥‥‥‥‥6.3

8. さわやかな‥‥‥‥‥‥‥‥‥‥‥‥‥‥‥‥‥10.4
9. 明るい‥‥‥‥‥‥‥‥‥‥‥‥‥‥‥‥‥‥‥20.7
10. はつらつとした‥‥‥‥‥‥‥‥‥‥‥‥‥‥‥18.7
11. 静かな‥‥‥‥‥‥‥‥‥‥‥‥‥‥‥‥‥‥‥1.8
12. 親しみのない‥‥‥‥‥‥‥‥‥‥‥‥‥‥‥‥4.6
13. 退屈な‥‥‥‥‥‥‥‥‥‥‥‥‥‥‥‥‥‥‥0.7
14. 痛々しい‥‥‥‥‥‥‥‥‥‥‥‥‥‥‥‥‥‥8.4
15. 暗い‥‥‥‥‥‥‥‥‥‥‥‥‥‥‥‥‥‥‥‥1.4
16. 難しい‥‥‥‥‥‥‥‥‥‥‥‥‥‥‥‥‥‥‥10.0
17. この中にあてはまるものはない‥‥‥‥‥‥‥‥10.6
18. 無回答‥‥‥‥‥‥‥‥‥‥‥‥‥‥‥‥‥‥‥1.5

―障害者スポーツ　感じること（複数回答）―
第48問　あなたは，障害者スポーツ（パラスポーツ）について，どのようにお考えですか。次の中から，あてはまるものをすべてお答えください。
1. 競技として楽しめる‥‥‥‥‥‥‥‥‥‥‥‥‥33.5 %
2. 選手の頑張りに感動する‥‥‥‥‥‥‥‥‥‥‥74.2
3. 障害のある人への理解が深まる‥‥‥‥‥‥‥‥55.5
4. 競技のルールがわかりにくい‥‥‥‥‥‥‥‥‥13.2
5. 面白さがわからない‥‥‥‥‥‥‥‥‥‥‥‥‥2.1
6. 見ていて楽しめない‥‥‥‥‥‥‥‥‥‥‥‥‥4.7
7. その他‥‥‥‥‥‥‥‥‥‥‥‥‥‥‥‥‥‥‥‥1.6
8. 特にない‥‥‥‥‥‥‥‥‥‥‥‥‥‥‥‥‥‥6.5
9. 無回答‥‥‥‥‥‥‥‥‥‥‥‥‥‥‥‥‥‥‥‥1.8

―東京パラリンピック　意見―
第49問　あなたは，東京パラリンピックをご覧になって，どう思いましたか。A～Iについて，そう思うか，そう思わないか，あなたのお考えに近い方を選んでください。ご覧になっていない方は「東京パラリンピックは見なかった」に〇をつけてください。

	そう思う	そう思わない	東京パラリンピックは見なかった	無回答
(%)				
A. 記録や競技結果など純粋なスポーツとして楽しめた	63.5	10.2	21.2	5.1
B. 選手が競技にチャレンジする姿や出場するまでの努力などに感動した	72.1	3.5	21.2	3.2
C. 想像していた以上に高度なテクニックや迫力のあるプレーに驚いた	71.4	3.8	21.2	3.7
D. 競技のルールがわかりにくかった	30.1	42.1	21.2	6.5
E. オリンピックとは違う魅力を感じた	58.1	15.0	21.2	5.7
F. 自分も障害者スポーツをやってみたいと思った	14.8	56.7	21.2	7.2
G. これからもっと障害者スポーツを見たいと思った	48.7	23.8	21.2	6.4
H. オリンピックの楽しみ方とパラリンピックの楽しみ方はまったく違うと思った	37.6	35.6	21.2	5.6
I. オリンピックと比べるとマスメディアの扱いが小さいと思った	46.0	26.4	21.2	6.5

―障害者スポーツ　理解は進んだか―

第50問　あなたは，東京パラリンピックをきっかけに，あなたご自身の障害者スポーツ（パラスポーツ）に対する理解は進んだと思いますか。次の中から，1つだけ選んでください。

1. かなり進んだ ・・・・・・・・・・・・・・・・・・・・・・・・・・・・・・・ 17.3 %
2. ある程度進んだ ・・・・・・・・・・・・・・・・・・・・・・・・・・・・ 52.7
3. あまり進んでいない ・・・・・・・・・・・・・・・・・・・・・・・ 19.3
4. まったく進んでいない ・・・・・・・・・・・・・・・・・・・・・6.1
5. 無回答 ・・・・・・・・・・・・・・・・・・・・・・・・・・・・・・・・・・・・・4.6

―障害者スポーツ　理解されるために必要なこと（複数回答）―

第51問　それでは，障害者スポーツが理解されるためにはどうすればいいと思いますか。次の中から，あてはまるものをすべてお答えください。

1. 障害者スポーツの競技団体などがもっと広報活動を行う ・・・・・・・・・・・・・・・・・・・・・ 30.4 %
2. テレビや新聞などのメディアで障害者スポーツをもっと取り上げる ・・・・・・・・・・・・・・・・・・・・・ 65.0
3. 障害者スポーツの大会をもっと開催する ・・・・・・ 33.6
4. 障害者スポーツの体験イベントをもっと開催する ・・・・・・・・・・・・・・・・・・・・・・・・ 27.1
5. その他・・・・・・・・・・・・・・・・・・・・・・・・・・・・・・・・・・・・・2.3
6. 特に何もしなくてもよい ・・・・・・・・・・・・・・・・・・・・8.0
7. 無回答 ・・・・・・・・・・・・・・・・・・・・・・・・・・・・・・・・・・・4.4

―バリアフリー化は進んだか―

第52問　パラリンピックを開催する意義のひとつに社会からさまざまなバリア（障壁）を取り除く「バリアフリー」の必要性に気づいてもらうことがあります。あなたは，東京大会の開催が決まってから，バリアフリー化は進んだと思いますか。次の中から，1つだけ選んでください。

1. かなり進んだ ・・・・・・・・・・・・・・・・・・・・・・・・・・・・・・6.1 %
2. ある程度進んだ ・・・・・・・・・・・・・・・・・・・・・・・・・・・ 39.6
3. あまり進んでいない ・・・・・・・・・・・・・・・・・・・・・・・ 42.1
4. まったく進んでいない ・・・・・・・・・・・・・・・・・・・・6.9
5. 無回答 ・・・・・・・・・・・・・・・・・・・・・・・・・・・・・・・・・・・5.3

―バリアフリー化　進んだもの・進んでいないもの―

第53問　あなたは，次にあげるバリアフリー化の取り組みは進んだと思いますか。A～Jについて，あてはまると思うものを1つずつ選んでください。

(%)	かなり進んだ	ある程度	あまり進んでいない	まったく進んでいない	無回答
A. エレベーターやスロープなどの設置	9.8	51.5	27.1	4.4	7.2
B. 多機能（多目的）トイレの設置	13.2	52.2	23.9	3.7	6.9
C. 点字や音声案内などの整備	7.0	39.2	40.6	5.5	7.7
D. 外国人向けの案内表示や多言語対応窓口の整備	8.4	39.2	38.5	6.3	7.5
E. 障害や病気のある子どもの教育環境の整備	2.9	22.1	56.3	10.8	7.9
F. 障害や病気があっても働きやすい労働環境の整備	2.3	17.6	57.3	15.0	7.8
G. 障害や病気にかかわらず楽しめる娯楽施設の充実	2.1	15.2	59.1	15.7	7.9
H. 障害や病気のある人への差別や偏見の解消	2.9	25.0	49.3	15.3	7.4
I. 困ったときはお互いに助け合うという意識の醸成	4.9	37.2	41.5	9.4	7.0
J. あらゆる人が地域に受け入れられ，ともに活動できる社会の実現	3.3	24.0	52.1	13.2	7.5

―障害者への理解は進んだか―

第54問　東京パラリンピックをきっかけに，あなたご自身の障害者に対する理解は進んだと思いますか。次の中から，1つだけ選んでください。

1. かなり進んだ ・・・・・・・・・・・・・・・・・・・・・・・・・・・・ 13.6 %
2. ある程度進んだ ・・・・・・・・・・・・・・・・・・・・・・・・・・ 54.7
3. あまり進んでいない ・・・・・・・・・・・・・・・・・・・・・ 23.0
4. まったく進んでいない ・・・・・・・・・・・・・・・・・・・・4.8
5. 無回答 ・・・・・・・・・・・・・・・・・・・・・・・・・・・・・・・・・・3.9

―東京パラリンピック
　　　　　NHKの放送・サービスは共生意識向上に役立ったか―

第55問　あなたは，NHKのパラリンピックの放送やサービスが，障害者に対する理解を進めるなど，共生意識を高めるのに役立ったと思いますか，それとも，思いませんか。次の中から，1つだけ選んでください。

1. とても役に立った ・・・・・・・・・・・・・・・・・・・・・・・・ 14.2 %
2. ある程度役に立った ・・・・・・・・・・・・・・・・・・・・・ 61.0
3. あまり役に立たなかった ・・・・・・・・・・・・・・・・・ 16.2
4. まったく役に立たなかった ・・・・・・・・・・・・・・・・4.7
5. 無回答 ・・・・・・・・・・・・・・・・・・・・・・・・・・・・・・・・・・3.9

−東京大会　終了後の状況−

第56問　あなたは，東京オリンピック・パラリンピック終了後の状況についての次のような意見に対して，どう思いますか。A〜Hについて，そう思うか，そう思わないか，あなたのお考えに近い方を選んでください。

(%)	そう思う	そう思わない	無回答
A. スポーツに取り組む人が増える	67.4	28.5	4.1
B. 外国人との共生の意識が高まる	40.9	54.6	4.6
C. 障害がある人とない人との共生の意識が高まる	60.8	35.0	4.1
D. 大会の感動は，国民の記憶に残り続ける	67.8	28.2	4.0
E. 競技施設が，市民スポーツや地域イベントの拠点として活用される	63.1	32.1	4.8
F. 競技施設の維持管理費がかさみ，市民の新たな負担になる	65.4	29.4	5.2
G. オリンピック関連の需要がなくなり，景気が冷え込む	45.6	49.1	5.2
H. 東京と地方の格差が広がる	48.0	47.1	4.9

−東京大会　開催による心境の変化（複数回答）−

第57問　あなたは，東京オリンピック・パラリンピックが開催されたことで，次のようなことを感じましたか。あてはまるものをすべてお答えください。

1. スポーツへの関心が高まった ・・・・・・・・・・・・・・・46.4 %
2. 健康への意識が高まった ・・・・・・・・・・・・・・・・・・31.5
3. 自分も運動がしたくなった ・・・・・・・・・・・・・・・・17.2
4. 競技場でスポーツを観戦したくなった ・・・・・・24.1
5. スポーツ中継が見たくなった ・・・・・・・・・・・・・・21.3
6. あてはまるものはない ・・・・・・・・・・・・・・・・・・・・23.6
7. 無回答 ・・・・・・・・・・・・・・・・・・・・・・・・・・・・・・・・・・2.1

−今後も日本で開催してほしいか−

第58問　あなたは，今後も，オリンピック・パラリンピックを，日本で開催してほしいと思いますか。それとも，思いませんか。次の中から，1つだけ選んでください。

1. 開催してほしい ・・・・・・・・・・・・・・・・・・・・・・・・・・32.0 %
2. どちらかといえば，開催してほしい ・・・・・・・・35.8
3. どちらかといえば，開催してほしくない ・・・・・・16.0
4. 開催してほしくない ・・・・・・・・・・・・・・・・・・・・・・14.3
5. 無回答 ・・・・・・・・・・・・・・・・・・・・・・・・・・・・・・・・・・1.9

−今後も今の大会の形を維持してほしいか−

第59問　オリンピック・パラリンピックの開催の仕方についてお聞きします。あなたは，1つの国に世界中の人たちが集まって開く大会の形を，今後も維持してほしいと思いますか。それとも，思いませんか。次の中から，1つだけ選んでください。

1. 維持してほしい ・・・・・・・・・・・・・・・・・・・・・・・・・・42.3 %
2. どちらかといえば，維持してほしい・・・・・・・・・35.8
3. どちらかといえば，維持しなくてもよい ・・・・・・12.0
4. 維持しなくてもよい ・・・・・・・・・・・・・・・・・・・・・・8.2
5. 無回答 ・・・・・・・・・・・・・・・・・・・・・・・・・・・・・・・・・・1.8

−スポーツ競技大会での全面禁煙化への賛否−

第60問　東京オリンピック・パラリンピックでは，受動喫煙（他人が吸ったたばこの煙を吸い込む）による健康被害を防ぐため，初めて，競技会場の敷地内が全面禁煙になりました。あなたは，ほかのスポーツ競技大会でも，競技会場の敷地内を全面禁煙にすべきだと思いますか，それとも，思いませんか。次の中から，1つだけ選んでください。

1. 全面禁煙にすべきだと思う ・・・・・・・・・・・・・・・・84.6 %
2. 全面禁煙にすべきだと思わない ・・・・・・・・・・・13.7
3. 無回答 ・・・・・・・・・・・・・・・・・・・・・・・・・・・・・・・・・・1.7

−オリンピックについての考え方−

第61問　あなたは，オリンピックそのものについての次のような意見に対して，どう思いますか。A〜Jについて，そう思うか，そう思わないか，あなたのお考えに近い方を選んでください。

(%)	そう思う	そう思わない	無回答
A. オリンピックは国と国とが実力を競い合う，国際的な競争の舞台である	64.4	31.9	3.7
B. オリンピックの開催国になることは，その国にとって，大きな名誉である	56.1	40.2	3.7
C. オリンピックは国や人種を超えて人々が交流する平和の祭典である	86.6	10.6	2.9
D. オリンピックはそれぞれの国の国民としての自覚を深め，誇りを高める	73.2	23.2	3.7
E. 開催地だけでなく国民全体が協力して成功させなければならない	71.4	24.6	4.0
F. オリンピックで国中がさわぐのは，ばかばかしいことだ	17.7	78.1	4.2
G. オリンピックが商売や金もうけに利用されるのは不愉快だ	56.0	39.7	4.3
H. オリンピックは開催国の国民に負担をかけて犠牲を払わせている	49.3	46.0	4.7
I. オリンピックは国内の重要な問題から国民の目をそらせるからよくない	25.8	69.7	4.5
J. 過剰なメダル獲得競争やドーピング問題などによって，オリンピック本来のあり方が見失われている	46.2	49.2	4.6

−東京大会　関連行動（複数回答）−

第62問　東京オリンピック・パラリンピックに関連して，あなたご自身がなさったことは，次の中にありますか。あてはまるものをすべてお答えください。

1. 大会観戦チケットの申し込みや購入（キャンセルを含む）・・・・・・・・・・・・・・9.6 %
2. 大会ボランティアの登録（キャンセルを含む）・・・・・0.8
3. 大会関連イベントへの参加 ・・・・・・・・・・・・・・・・1.1
4. 大会関連の記念品やグッズの購入 ・・・・・・・・・4.3
5. 大会に向けたテレビの買い替え ・・・・・・・・・・・2.5
6. 大会に向けた外国語の勉強 ・・・・・・・・・・・・・・0.8
7. その他 ・・・・・・・・・・・・・・・・・・・・・・・・・・・・・・・・・0.7
8. 特にしたことはない ・・・・・・・・・・・・・・・・・・・・・82.1
9. 無回答 ・・・・・・・・・・・・・・・・・・・・・・・・・・・・・・・・・2.2

第63問　あなたご自身は，東京オリンピック・パラリンピックに
　　　関わりましたか。次の中から，あてはまるものをすべてお答え
　　　ください。
　1.　仕事で関わった・・・・・・・・・・・・・・・・・・・・・・・・・・・・・・・・1.6 %
　2.　ボランティアで関わった ・・・・・・・・・・・・・・・・・・・・・・0.3
　3.　地域や学校のイベントで関わった ・・・・・・・・・・・・0.9
　4.　その他 ・・・・・・・・・・・・・・・・・・・・・・・・・・・・・・・・・・・・・・0.3
　5.　特に関わったことはない ・・・・・・・・・・・・ 95.1
　6.　無回答 ・・・・・・・・・・・・・・・・・・・・・・・・・・・・・・・・・・・・2.2

－自身にとってどんな意味を持つ大会だったか－

第64問　今回の東京オリンピック・パラリンピックは，あなたご
　　　自身にとって，どんな意味を持つ大会だったと思いますか。ご
　　　自由にお書きください。
　　　　　　　　　　　　　　　　（自由記述，省略）

－日本にとってどんな意味を持つ大会だったか－

第65問　今回の東京オリンピック・パラリンピックは，日本に
　　　とって，どんな意味を持つ大会だったと思いますか。ご自由に
　　　お書きください。
　　　　　　　　　　　　　　　　（自由記述，省略）

－前回（1964年）の東京大会の記憶（複数回答）－

第66問　あなたは，前回（1964年）の東京オリンピック・パラ
　　　リンピックの当時のことについて，覚えていることはあります
　　　か。あてはまるものをいくつでもお答えください。
　1.　競技や開会式，閉会式，聖火リレーを実際に見た ・・7.3 %
　2.　競技や開会式，閉会式をテレビやラジオで見たり
　　　聞いたりした ・・・・・・・・・・・・・・・・・・・・・・・・ 30.2
　3.　開催までに，東京の街の様子が大きく変わった ・・ 13.7
　4.　大会期間中，街がとても盛り上がった ・・・・・・・・・ 10.3
　5.　記念硬貨などの記念品を買った ・・・・・・・・・・・・・ 12.3
　6.　その他・・・・・・・・・・・・・・・・・・・・・・・・・・・・・・・・・・・・・・2.5
　7.　覚えていることはない・生まれていなかった ・・・・・ 60.5
　8.　無回答 ・・・・・・・・・・・・・・・・・・・・・・・・・・・・・・・・・・・・3.2

－スポーツ視聴頻度－

第67問　あなたは，ふだん，テレビやラジオ，インターネット
　　　などでスポーツをどのくらい見たり，聞いたりしていますか。次
　　　の中から，1つだけ選んでください。
　1.　よく見る（聞く）ほう・・・・・・・・・・・・・・・・・・・・・ 21.9 %
　2.　まあ見る（聞く）ほう・・・・・・・・・・・・・・・・・・・・・ 35.6
　3.　あまり見ない（聞かない）ほう・・・・・・・・・・・・・・ 28.5
　4.　ほとんど・まったく見ない（聞かない）ほう ・・・・・ 11.9
　5.　無回答 ・・・・・・・・・・・・・・・・・・・・・・・・・・・・・・・・・・・・2.1

－NHKプラス　認知度と利用－

第68問　「NHKプラス（NHK＋）」について，あなたご自身にあ
　　　てはまるものを，次の中から，1つだけ選んでください。
　1.　知っていて，利用したことがある ・・・・・・・・・・・・・・8.4 %
　2.　知っているが，利用したことはない・・・・・・・・・・・ 26.0
　3.　知らない・・・・・・・・・・・・・・・・・・・・・・・・・・・・・・・・・・・ 62.7
　4.　無回答 ・・・・・・・・・・・・・・・・・・・・・・・・・・・・・・・・・・・・2.8

－ふだん使っている機器（複数回答）－

第69問　あなたは，ふだん，どのような機器をお使いになって
　　　いますか。次の中から，あてはまるものをいくつでもお答えく
　　　ださい。
　1.　パソコン・・・・・・・・・・・・・・・・・・・・・・・・・・・・・・ 44.5 %
　2.　タブレット端末 ・・・・・・・・・・・・・・・・・・・・・・・ 20.3
　3.　スマートフォン ・・・・・・・・・・・・・・・・・・・・・・・ 74.7
　4.　携帯電話（スマートフォン以外） ・・・・・・・・・・・・・ 13.2
　5.　いずれも使用していない ・・・・・・・・・・・・・・・・・・8.7
　6.　無回答 ・・・・・・・・・・・・・・・・・・・・・・・・・・・・・・・・・・・・2.3

－自身の障害者との関係（複数回答）－

第70問　あなたご自身は，次にあげることについて，あてはま
　　　ることはありますか。あてはまるものをすべてお答えください。
　1.　ご自身に障害がある ・・・・・・・・・・・・・・・・・・・・・・・・5.8 %
　2.　家族に障害がある人がいる ・・・・・・・・・・・・・・・ 11.3
　3.　友人・知人に障害がある人がいる ・・・・・・・・・・ 15.3
　4.　障害がある人のサポートやボランティアの
　　　経験がある・・・・・・・・・・・・・・・・・・・・・・・・・・・・・・・9.1
　5.　どれもあてはまらない ・・・・・・・・・・・・・・・・・・ 63.4
　6.　無回答 ・・・・・・・・・・・・・・・・・・・・・・・・・・・・・・・・・・・・3.0

－生活満足度－

第71問　あなたは，今の生活に，どの程度満足していますか。
　　　次の中から，1つだけ選んでください。
　1.　とても満足している ・・・・・・・・・・・・・・・・・・・・・ 13.3 %
　2.　ある程度満足している ・・・・・・・・・・・・・・・・・・ 63.6
　3.　あまり満足していない ・・・・・・・・・・・・・・・・・・ 16.9
　4.　まったく満足していない ・・・・・・・・・・・・・・・・・・3.9
　5.　無回答 ・・・・・・・・・・・・・・・・・・・・・・・・・・・・・・・・・・・・2.4

－性別－
第72問（省略）

－生年－
第73問（省略）

－職業－
第74問（省略）

－家族構成－
第75問（省略）

－回答日－
第76問（省略）

本土復帰から50年，
沖縄はどのような道を歩んできたのか

―NHKの世論調査からみる沖縄の50年―

世論調査部　中川 和明

要 約

　2022年5月15日，沖縄が本土復帰してから50年を迎えた。NHKは，本土復帰前の1970年から沖縄に関して継続的に世論調査を実施してきた。本稿は，1970年から2022年までNHKが行った世論調査の結果をもとに，沖縄の人々が本土復帰からこれまで，どのような思いを持ってきたのか，本土復帰からの50年間，沖縄はどんな道を歩んできたのかを振り返った。

　復帰の2年前に，85％にのぼる人が歓迎した本土復帰だったが，本土復帰の翌年に行われた世論調査では，本土復帰を評価しない人が半数以上を占めた。その後も，復帰を評価しない人が多数を占める状況が続いたが，それは物価高によって苦しい生活が続いたことや，本土復帰によって撤去や縮小されることを期待していたアメリカ軍基地がほとんどそのまま残ることになったことなど，思い描いた姿とは違う本土復帰になったことなどがあった。

　その後，政府による沖縄振興策や旅行者の増加などによって，経済が発展し，人々の生活が豊かになっていったことにともなって，本土復帰に対する評価が変わり，1980年代の後半以降，本土復帰を『よかった』と評価する人が8割程度を占める状況が続いている。

　一方，復帰後も沖縄に残ったアメリカ軍基地に対しては，長年にわたって，否定的な意見が多数を占めた。基地の存在が既成事実化していったことに加え，同時多発テロ事件や，中国や北朝鮮の脅威など，日本を取り巻く安全保障環境の変化にともない，2000年代に入って，初めてアメリカ軍基地を肯定・容認する人が多数を占めるようになった。基地が残り続ける現実を受け入れざるを得ない一方で，事件や事故，騒音問題など，基地をめぐるさまざまな問題に悩まされ，本音では，アメリカ軍基地が本土並みに少なくなってほしいと願う沖縄の人々の変わらぬ思いもうかがい知ることができた。

　経済的に発展し，観光リゾート地として，全国や海外からも大勢の人が訪れるようになった沖縄であるが，2022年の調査で，今後取り組むべき重要な課題として多くの人が挙げたのが「貧困や格差の解消」だった。全国に比べて所得が低いことなどが背景にあるが，特に子どもたちの貧困が問題となっていて，親とともに子どもたちの貧困に，どう向き合っていくかが新たな課題として浮かび上がっている。

目 次

はじめに

2022年5月15日，沖縄が本土に復帰してから50年を迎えた。NHK放送文化研究所（以下，文研）・世論調査部[1]は，本土復帰50年に合わせて，2022年2月から3月にかけて沖縄と全国で，本土復帰などに関する世論調査を実施した。調査結果は，文研が刊行している『放送研究と調査』（2022年8月号）[2]に掲載し，今の沖縄の人々の思いを明らかにしてきた。NHKは，今回の調査に限らず，本土復帰前の1970年から沖縄に関して継続的に世論調査を実施してきた。沖縄の本土復帰や基地問題などについて質問を行った調査は合わせて18にのぼり，それらの調査は，本土復帰からの50年間，沖縄の人々がどのような思いを持ってき

たのかを知る上で貴重な手がかりとなるものと考えている（表1）。

太平洋戦争の末期，激しい地上戦が行われ，多くの住民が犠牲となった沖縄。戦後，沖縄にやってきたのはアメリカ軍であり，1945年から1972年までの27年にわたって，アメリカによる統治下に置かれた。アメリカ統治下の沖縄では，アメリカ軍兵士による事件や事故が後を絶たず，中には殺人や強姦などの凶悪な事件も数多く含まれていた[3]。自分たちの思いのままにならない現状から少しでも脱したい。アメリカの統治下から日本に復帰することで，何とかこの状況を改善したい。そうした沖縄の人々の思いを受けて，1972年に本土復帰が実現した。しかし，本土復帰によって，沖縄の人々の願いはどれだけ叶えられたのだろうか。

表1　沖縄に関する世論調査一覧（NHK）

調査年		調査時期	調査名	調査方法	調査対象		調査相手		
					地域	対象者	相手数（人）	有効数（人）	有効率（%）
1970年	昭和45年	11月5日〜11月8日	沖縄国政参加選挙調査	面接法	沖縄	有権者	1,200	768	64.0
1972年	昭和47年	5月2日〜5月4日	沖縄住民意識調査	面接法	沖縄	有権者	1,000	657	65.7
1973年	昭和48年	4月14日〜4月16日	沖縄住民意識調査	面接法	沖縄	有権者	1,000	677	67.7
1975年	昭和50年	4月19日〜4月20日	沖縄住民意識調査	面接法	沖縄	有権者	900	552	61.3
1976年	昭和51年	6月10日〜6月11日	「沖縄県知事選挙」調査	面接法	沖縄	有権者	900	607	67.4
1977年	昭和52年	3月12日〜3月13日	沖縄住民意識調査	面接法	沖縄	有権者	750	537	71.6
1978年	昭和53年	12月2日〜12月3日	「沖縄県知事選挙」調査	面接法	沖縄	有権者	900	656	72.9
1982年	昭和57年	2月20日〜2月21日	「本土復帰10年の沖縄」調査	面接法	沖縄	20歳以上	900	650	72.2
1987年	昭和62年	1月31日〜2月2日	「本土復帰15年の沖縄」調査	面接法	沖縄	20歳以上	900	618	68.7
1992年	平成4年	3月7日〜3月8日	「本土復帰20年の沖縄」調査	面接法	沖縄	20歳以上	900	706	78.4
			日本人と憲法	面接法	全国	16歳以上	3,600	2,522	70.1
1995年	平成7年	5月12日〜5月15日	戦後50年調査（沖縄）	面接法	沖縄	20歳以上	900	683	75.9
2002年	平成14年	3月2日〜3月10日	「復帰30年の沖縄」調査	面接法	沖縄	20歳以上	900	587	65.2
		3月2日〜3月4日	日本人と憲法	面接法	全国	16歳以上	3,600	2,336	64.9
2012年	平成24年	2月18日〜3月4日	「復帰40年の沖縄」調査	面接法	沖縄	20歳以上	1,800	1,123	62.4
		2月18日〜2月26日	「安全保障意識」調査	面接法	全国	20歳以上	1,800	1,117	62.1
2017年	平成29年	4月21日〜4月23日	「復帰45年の沖縄」調査	電話法（RDD）	沖縄	20歳以上	2,729	1,514	55.5
					全国	20歳以上	1,624	1,003	61.8
2022年	令和4年	2月2日〜3月25日	復帰50年の沖縄に関する意識調査	郵送法	沖縄	18歳以上	1,800	812	45.1
					全国	18歳以上	1,800	1,115	61.9

本稿では，1970年から2022年までNHK
が沖縄の本土復帰に関連して行った世論調査
の結果をもとに，沖縄の人々が本土復帰からこ
れまで，どのような思いを持ってきたのか，本
土復帰からの50年間，沖縄はどんな道を歩ん
できたのかを振り返っていくこととしたい。

なお，第Ⅰ章から第Ⅵ章までは，それぞれ
の質問に対する回答結果をもとに，沖縄の人々
の意識の変遷をみていくことを主体とし，年層
別の分析などは第Ⅶ章にまとめて行うこととす
る。

本土復帰前後の
沖縄の人々の思い

Ⅰ–1　復帰前の意識

Ⅰ-1-1)　50年目の本土復帰の評価

2022年，沖縄が本土に復帰してから50年
を迎えるのに合わせて，NHKは沖縄と全国で
世論調査を行い，本土復帰についての評価を
尋ねた（図1）。このうち，沖縄では，本土復
帰について，「とてもよかった」と「ある程度よ
かった」を合わせた『よかった』[4,5]と答えた人
は84％，「あまりよくなかった」と「まったくよ
くなかった」を合わせた『よくなかった』と答え
た人は14％で，『よかった』が『よくなかった』
を大きく上回り，8割以上を占めた。『よかった』
と答えた人は，男女，各年層のいずれにおい
ても8割ほどを占めた。

図1　沖縄の本土復帰の評価（2022年）

このように，沖縄の多くの人が『よかった』と
評価している沖縄の本土復帰であるが，50年
前の復帰前後からずっと同じだったのだろう
か。それを知るため，復帰前後の1970年代に
さかのぼって，当時の人々の意識をみていくこ
とから始めることとしよう。

Ⅰ-1-2)　復帰2年前の沖縄の人々の意識

NHKが沖縄の本土復帰に関して1970年代

に行った調査は，復帰2年前の1970年，復帰の年の1972年，復帰翌年の1973年，その2年後ごとに行った1975年と1977年の調査である。さらに1976年と1978年の知事選挙の際に行われた調査も合わせると，7つの調査が行われた。いずれも沖縄県内の調査で，これらの調査をもとに，復帰前後の沖縄の人々がどのような思いを持っていたのかをみていきたい。なお，1980年代までは沖縄県内でのみ調査を行い，1992年以降全国（沖縄県も含む）でも調査を行うようになったが，特にことわりなく，結果を紹介した場合は，沖縄県内の調査であることをご承知おきいただきたい。また，調査結果について，ことわりがない場合は，1つだけ回答を選んでもらったことを表し，複数回答の際は，その旨を表記することとする。

（1）復帰に寄せる期待

　沖縄の本土復帰に関連してNHKが最初に行った調査が1970年の「沖縄国政参加選挙調査」[6]である。本土復帰の2年前に行われた調査であるが，日本に復帰するにあたって行われた衆議院と参議院の国政選挙について尋ねるとともに，2年後に迫った本土復帰に対する意識などを調査したものである。この調査で，沖縄が本土[7]へ復帰することをどう思うかを尋ねたところ，「歓迎する」が54%，「まあ歓迎する」が31%，「歓迎しない」は7%で，「歓迎する」と「まあ歓迎する」を合わせた『歓迎する』は85%にのぼった（図2）。復帰を2年後に控え，沖縄の多くの人が本土復帰を歓迎し，大

きな期待を寄せていたことがわかる。

　では，本土復帰に不安はなかったのだろうか。本土復帰後の暮らしに不安を感じるかを尋ねた質問をみてみる。結果は，『不安だ（大いに＋少し）』が59%。『不安はない（あまり＋まったく）』が33%で，6割近くの人が『不安だ』と答えていた（図3）。

　『不安だ』と答えた人に，どういう点が最も不安かを尋ねたところ，「物価」が43%，「収入」が23%，「職業」が20%などと，生活に関わることが上位を占めた（図4）。

　不安な点として，「物価」を挙げる人が多かったが，さらに次の質問をみてみる。本土復帰が実現すると，アメリカ関係の収入が減って，沖縄経済が苦しくなるという意見があることについて，どう思うかを尋ねたものである（図5）。「そのとおりだと思う」が55%，「そうは思わない」が29%で，半数以上の人が本土復帰によって，アメリカに関係する仕事がなくなり，経済的に苦しくなるのではないかと思っていた

図3　本土復帰後の暮らしへの不安（1970年）

図4　どういう点に不安を感じるか（1970年）
【該当者：1つだけ回答】

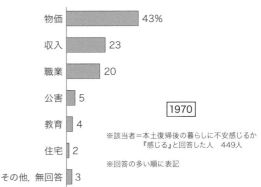

図2　本土復帰することをどう思うか（1970年）

図5　復帰後 経済苦しくなると思うか（1970年）

1970	55	29	17

(%)

■ そのとおりだと思う　■ そうは思わない　□ わからない，無回答

のだ。

　では，当時の沖縄はどのような状況にあったのだろうか。復帰前の沖縄は，アメリカの統治下で戦後の荒廃から立ち直ってはいたが，産業的基盤は脆弱で，アメリカ軍の影響を大きく受けていた。1950年代の朝鮮戦争，1960年代のベトナム戦争では，軍関係の需要が伸びて沖縄の経済を押し上げることになったが，特にアメリカがベトナム戦争に深く関与することになった1966年から68年にかけては20％近い成長率を記録し，物価が大きく上昇していた[8]。これを那覇市の消費者物価指数でみてみると，1965年を100としたとき，1970年は129.8で，5年間で30ポイント近く物価が上昇した[9]。こうしたことが世論調査における人々の意識にも表れたと考えられる。また，復帰前の沖縄では，ピーク時に4万人から5万人ほどの人たちがアメリカ軍基地で働き，失業率も全国を下回る状況が続いていた。しかし，1969年の返還決定後，1972年の本土復帰までに，アメリカ軍は基地で働く従業員を7,000人ほど解雇しており[10]，沖縄の人々にとって，本土復帰が実現すると，さらに基地で働く従業員の解雇が進み，雇用状況が悪化するのではないかと不安が増していたことが推察される。

　このように，本土復帰前の沖縄では，復帰に期待を寄せる一方で，アメリカの統治下から離れることで経済的に苦しくなるのではないかといった不安を抱える人も多く，復帰への期待と不安が入り混じった状態だったと考えられる。

（2）米軍基地に対する意識

　次に，アメリカ統治下の沖縄で大きな存在を占めていたアメリカ軍基地についてみていく。復帰前の沖縄では，沖縄本島の面積の27％ほどをアメリカ軍基地が占めており，軍関係者による事件・事故が後を絶たなかった[11]。人々の生活に大きな影響を与える存在となっていたアメリカ軍基地について，復帰後どうしたらよいと思うかを尋ねた（図6）。

図6　復帰後の米軍基地をどうしたらよいか（1970年）

	『撤去・縮小』 75%			『現状維持・強化』 13%		
1970	19	32	24	12	2	12

(%)

■ 即時全面撤去する　■ 段階的に縮小し，将来は全面撤去する
□ 本土なみに縮小する　□ 今までどおりでよい　■ もっと強化すべきだ
□ わからない，無回答

　「即時全面撤去する」が19％，「段階的に縮小し，将来は全面撤去する」が32％，「本土なみに縮小する」が24％，「今までどおりでよい」が12％，「もっと強化すべきだ」が2％で，基地の『撤去・縮小』を望む人は合わせて75％にのぼり，多くの人がアメリカ軍基地はなくなってほしいと望んでいたのである。アメリカ軍基地が沖縄からなくなり，基地のない平和な島を取り戻したい。これは，沖縄の人々が本土復帰を望む原動力となったものであり，本土復帰前に行った世論調査にも，そのことが表れていた。

1-1-3）　本土復帰直前の人々の意識

（1）揺れ動く復帰への思い

　次に，1972年5月15日の本土復帰直前に行った「沖縄住民意識調査」[12]をみていこう。

　沖縄の本土復帰にあたって，どんな気持ちかを尋ねたところ，「非常にうれしい」が15％，「まあよかった」が37％，「あまり喜べない」が

32％,「まったく不満である」が10％で,「非常にうれしい」と「まあよかった」を合わせた復帰に肯定的な回答が51％,「あまり喜べない」と「まったく不満である」を合わせた復帰に否定的な回答は41％となった(図7)。復帰に肯定的な回答が否定的な回答を上回っているとはいえ,4割ほどの人が否定的な回答をするなど,本土復帰に対して,大多数の人が手放しで喜んでいたわけではなかった。

図7　復帰に対する感情（1972年）

復帰2年前の1970年の調査では,8割以上の人が本土復帰を歓迎していたのに,本土復帰を直前に控えたこの時期に,復帰に否定的な人が一定数にのぼった背景には何があったのだろうか。それを分析するために,次の2つの質問をみていく。

（2）人々を悩ます物価高

アメリカ統治下の沖縄では,日常生活にドルが使われていたが,日本に復帰することによって,ドルから円に通貨が切り替わることになった。これについて,どう思うかを尋ねた。「不満だ」が48％,「やむをえない」が35％,「当然だ」が14％で,「不満だ」と答えた人が半数近くを占めた(図8)。

図8　円切り替えへの不満（1972年）

また,復帰によって,今後の暮らし向きがど

うなると思うかを尋ねたところ,『楽になるだろう(「少し楽になるだろう」を含む)』が12％,『苦しくなるだろう(「少し苦しくなるだろう」を含む)』が60％,「変わらないだろう」は15％だった(図9)。

『苦しくなるだろう』と答えた人に,そう思う理由を1つだけ挙げてもらったところ,「物価が高くなるから」が68％と最も多く,「沖縄が不景気になり,失業するおそれがあるから」が11％などと,物価が高くなることや景気が悪くなることに懸念を持つ人が多かった(図10)。

こうした不安は,次の質問にも表れている。政府にどんなことを望むかを1つだけ挙げてもらったところ,「物価を安定させる」が40％,「社会保障を充実させる」が14％,「失業の心配をなくす」が9％となるなど,物価対策を求める回答が最も多くなった(図11)。

図9　今後の暮らし向き（1972年）

図10　暮らし向き『悪くなる』と思う理由（1972年）【該当者：1つだけ回答】

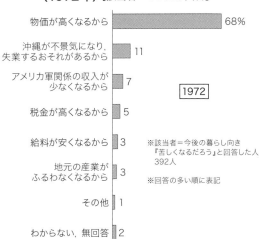

図11　政府に望むこと（1972年）【1つだけ回答】

物価を安定させること	40%
社会保障を充実させること	14
失業の心配をなくすこと	9
教育施設を充実させること	7
地元の産業を振興すること	7
生活環境を整備すること	6
基地の整理・縮小・撤去に努力すること	5
道路・港を整備すること	2
特に望むことはない	2
その他	1
本土の企業を誘致すること	1
わからない，無回答	6

1972

※回答の多い順に表記

（3）ニクソン・ショックと物価高

　すでに物価が上がり始めていたことは紹介した通りだが，本土復帰1年前の1971年にニクソン大統領によるドルと金との交換停止，いわゆる「ニクソン・ショック」が発表された。その後，円の切り上げが行われ，ドルで生活していた沖縄の人々にも大きな影響を及ぼした。当時の沖縄は，生活物資の8割ほどを日本から購入していて，円の切り上げによって，円高ドル安になると，日本から購入する物の値段が上がり，それが物価高につながったからである。那覇市の消費者物価指数でも，1965年を100としたときに，ニクソン大統領による政策転換が発表される前の1971年7月時点で137.5だった指数が，ニクソン・ショックから4か月後の12月には144.8と，わずか5か月ほどの間に5ポイント以上も上昇していた[13]。

　こうした急激な物価上昇は，本土復帰前から人々に不安を抱かせることとなり，復帰が実現すると，さらに物価が上がって生活が苦しく

なるのではないかと，多くの人が考えていたことがわかる。

（4）米軍基地への思いは変わらず

　復帰を間近に控え，アメリカ軍に対する考えはどうだったのだろうか。本土復帰によってアメリカ軍基地がなくなることを願っていた沖縄の人々であったが，復帰が近づくにつれて，基地のほとんどがそのまま残ることが明らかになっていった。こうした中，復帰後も沖縄にアメリカ軍基地が残ることについて，どう思うかを尋ねた。「日本の安全にとって必要である」が7％，「日本の安全のためにはやむをえない」が19％，「日本の安全に必要ではない」が20％，「日本の安全にとってかえって危険である」が36％となった。日本の安全にとって「必要ではない」と「かえって危険である」を合わせたアメリカ軍基地に否定的な回答が56％と半数以上を占めた（図12）。

図12　沖縄の米軍基地をどう思うか（1972年）

『必要・やむをえない』26%　『必要ではない・かえって危険』56%

| 1972 | 7 | 19 | 20 | 36 | 18 | (%) |

■ 日本の安全にとって必要である　□ 日本の安全のためにはやむをえない
□ 日本の安全に必要ではない　■ 日本の安全にとってかえって危険である
□ わからない，無回答

　撤去や縮小が叶わなかったアメリカ軍基地であるが，復帰後，どのようにしたらよいと思うかを尋ねた（図13）。「できるだけ早く全面撤去する」が36％，「段階的に縮小し，将来は全面撤去する」が27％，「本土並みに縮小する」が19％，「現状のままでよい」が8％，「むしろ強化する」が1％だった。基地の撤去と縮小を望む回答は合わせて81％にのぼり，アメリカ軍基地が残ることが決まっても，最終的に基地はなくなってほしいと，沖縄の多くの人た

ちが望んでいたのである。

図13　沖縄の米軍基地どうしたらよいか（1972年）

『撤去・縮小』81%　『現状のまま・強化』9%

| 1972 | 36 | 27 | 19 | 8 | 1 | 10 | (%) |

■ できるだけ早く全面撤去する　■ 段階的に縮小し，将来は全面撤去する
□ 本土並みに縮小する　■ 現状のままでよい　■ むしろ強化する
□ わからない，無回答

（5）自衛隊の配備「反対」が多数

　一方，自衛隊に対する考えはどうだったのだろうか。復帰後，沖縄に自衛隊が配備されることになっていたが，自衛隊配備への賛否を尋ねたところ，「どちらかといえば，賛成」も合わせた『賛成』が28%，「どちらかといえば，反対」も合わせた『反対』が60%と，『反対』が『賛成』を大きく上回った（図14）。『反対』と答えた人に，その理由を尋ねたところ，「前の戦争のにがい経験があるから」が42%で最も多く，「自衛隊の存在そのものに疑問を感じるから」が25%，「アメリカ軍の肩代わりをす

図14　沖縄への自衛隊の配備（1972年）

『賛成』28%　『反対』60%

| 1972 | 13 | 15 | 20 | 41 | 12 | (%) |

■ 賛成　□ どちらかといえば，賛成
□ どちらかといえば，反対　■ 反対　□ わからない，無回答

図15　自衛隊配備『反対』の理由（1972年）
【該当者：1つだけ回答】

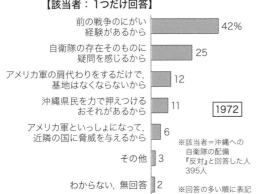

前の戦争のにがい経験があるから	42%
自衛隊の存在そのものに疑問を感じるから	25
アメリカ軍の肩代わりをするだけで，基地はなくならないから	12
沖縄県民を力で押えつけるおそれがあるから	11
アメリカ軍といっしょになって，近隣の国に脅威を与えるから	6
その他	3
わからない，無回答	2

1972

※該当者＝沖縄への自衛隊の配備『反対』と回答した人395人
※回答の多い順に表記

るだけで，基地はなくならないから」が12%，「沖縄県民を力で押えつけるおそれがあるから」が11%などとなった（図15）。

　太平洋戦争末期に激しい地上戦が行われた沖縄では，住民の犠牲者を含め，20万人以上が亡くなった。旧日本軍が住民を守ってくれず，むしろ，アメリカ軍のスパイとみられたり，アメリカ軍に居場所を知られたりするなどとして，多くの住民が犠牲になった[14]こともあり，沖縄の人々にとって，つらい記憶として残っていた。そのような旧日本軍と自衛隊とを重ね合わせる人も多く，自衛隊の配備に対する抵抗感は根強かったと言える。

　ここまで，復帰前までの沖縄の人々の意識をみてきたが，実際に本土復帰が行われたあとの県民の意識に変化はあったのだろうか。

I-2　復帰直後の意識

復帰翌年の県民の思いは

（1）本土復帰への不満高まる

　復帰翌年の1973年に行われた「沖縄住民意識調査」[15]をみていく。

　沖縄の本土復帰から1年を振り返ったときの気持ちを尋ねたところ，「非常によかった」が7%，「まあよかった」が31%，「あまりよくなかった」が37%，「非常に不満である」が15%で，本土復帰に否定的な回答（53%）が半数を占めた（図16）。復帰の2年前に行った調査では，本土復帰を歓迎する回答が8割を超え，その2年後の1972年の復帰直前に行った調査でも，復帰に肯定的な回答が半数を占めていたが，復帰後最初に行った調査では，否定的な回答が多くなった。

　なぜ，そうなったのか。それを知る手がかりとして次の質問をみていく。1年前と比べた暮

図16　本土復帰の評価（1973年）

『よかった』38%　『よくなかった・不満』53%

| 1973 | 7 | 31 | 37 | 15 | 10 (%) |

■ 非常によかった　■ まあよかった
■ あまりよくなかった　■ 非常に不満である　□ わからない，無回答

らし向きを尋ねたものである（**図17**）。「少し楽になった」も合わせた『楽になった』が15%，「少し苦しくなった」も合わせた『苦しくなった』が50%，「変わらない」が31%だった。1年前の1972年に比べると，『楽になった』が18ポイント減少したのに対し，『苦しくなった』が20ポイント増えて，本土復帰後に，『苦しくなった』と答えた人が大きく増加することになった。復帰前から生活が苦しくなるのではないかと不安を抱いていた人が多かったが，本土復帰によって，その不安が現実のものとなったとみることができる。

図17　暮らし向き（1972年・1973年）

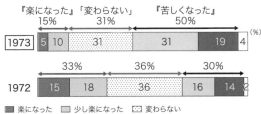

『楽になった』15%　「変わらない」31%　『苦しくなった』50%

| 1973 | 5 | 10 | 31 | 31 | 19 | 4 (%) |
| 1972 | 15 | 18 | 36 | 16 | 14 | 2 |

33%　36%　30%

■ 楽になった　□ 少し楽になった　▨ 変わらない
□ 少し苦しくなった　■ 苦しくなった　□ わからない，無回答

（2）変わらぬ米軍と自衛隊への考え

本土復帰後，アメリカ軍基地に対する考えに変化はあったのだろうか。復帰後も，沖縄にアメリカ軍基地が残っていることについて，どう思うかを尋ねた。日本の安全にとって「必要である」が5%，「やむをえない」が19%，「必要ではない」が28%，「かえって危険である」が31%となった。「必要ではない」と「かえって危険である」を合わせた否定的な回答が59%と半数以上にのぼり，アメリカ軍基地は必要ではないと考えている人が多数を占める結果と

なった（**図18**）。

図18　沖縄の米軍基地をどう思うか（1972年・1973年）

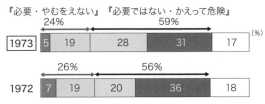

『必要・やむをえない』24%　『必要ではない・かえって危険』59%

| 1973 | 5 | 19 | 28 | 31 | 17 (%) |

26%　56%

| 1972 | 7 | 19 | 20 | 36 | 18 |

■ 日本の安全にとって必要である　■ 日本の安全のためにはやむをえない
□ 日本の安全に必要ではない　■ 日本の安全にとってかえって危険である
□ わからない，無回答

一方，復帰後に行われた自衛隊の配備については，どうだったのだろうか。沖縄への自衛隊の配備について賛否を尋ねたところ，「どちらかといえば，賛成」を合わせた『賛成』が23%，「どちらかといえば，反対」を合わせた『反対』は60%だった。自衛隊の配備についても，1972年の調査と同じように，否定的な回答が多数を占めることとなった（**図19**）。

図19　沖縄への自衛隊の配備（1972年・1973年）

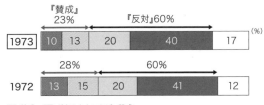

『賛成』23%　『反対』60%

| 1973 | 10 | 13 | 20 | 40 | 17 (%) |

28%　60%

| 1972 | 13 | 15 | 20 | 41 | 12 |

■ 賛成　□ どちらかといえば，賛成
□ どちらかといえば，反対　■ 反対　□ わからない，無回答

（3）沖縄の人の気持ちを本土の人は理解していない

沖縄の人々が望んでいた本土復帰は実現したが，物価高によって暮らし向きは苦しくなり，撤去や縮小を望んだアメリカ軍基地はそのまま残ることになった。さらに，多くの県民が反対していた自衛隊の配備も進められることになり，期待していたような本土復帰になったわけではなかった。自分たちが思い描いたような本土復

帰とならなかった沖縄の人々にとって，その心境を垣間みられるのが次の質問である。沖縄の人々の気持ちを，本土[16]の人は理解していると思うかを尋ねたものだ。「十分理解している」と「まあ理解している」を合わせた『理解している』が21%，「あまり理解していない」と「まったく理解していない」を合わせた『理解していない』が59%だった（図20）。

図20　本土の人は沖縄の人の気持ちを理解しているか（1973年）

『理解している』21%　『理解していない』59%

| 1973 | 3 | 18 | 49 | 11 | 20 | (%) |

■ 十分理解している　□ まあ理解している
□ あまり理解していない　■ まったく理解していない　□ わからない，無回答

本土復帰が，自分たちが期待していたものとは違った結果となってしまったことに，何ともやりきれない思いを持っている沖縄の人々の気持ちを，本土の人は理解してはいないだろう。そうした沖縄の人々の思いが調査結果に表れたものと考えることができる。

I-3　復帰3年目と5年目の意識

本土復帰から時間が経つにつれ，沖縄の人々の意識はどうなっていったのであろうか。本土復帰から3年目（1975年）と5年目（1977年）の調査結果[17]をみていこう。

（1）暮らし向きに改善の兆しも

まず生活がどうなったのかをみていく。1年前と比べた暮らし向きについて尋ねたところ，1975年の調査では，『楽になった（「少し楽になった」を含む）』が20%，『苦しくなった（「少し苦しくなった」を含む）』が45%，「変わらない」は35%だった。先に紹介したように，2年

前の1973年には暮らし向きが悪化していたが，1975年には『苦しくなった』が1973年より5ポイント減少し，反対に『楽になった』が5ポイント増加して，持ち直しがみられた。

1977年には，『楽になった』が17%，『苦しくなった』が42%，「変わらない」が40%で，1975年の調査に比べ大きな変化はなかった。この期間の変化をみる上でポイントとなるのが，1975年の沖縄国際海洋博覧会（以下，海洋博）である。海洋博をめぐる意識についてはのちに詳しく紹介するが，海洋博に向けて経済が成長していった1973年から75年にかけては，『楽になった』が増加するなど改善傾向がみられた一方，海洋博が終了し，景気の落ち込みに見舞われた1975年から77年にかけては，『楽になった』が横ばいになるなど，当時の経済状況が表れる結果となった（図21）。

図21　暮らし向き（1972年〜1977年）

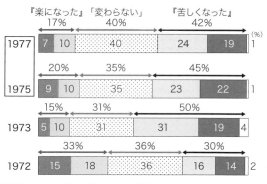

『楽になった』17%　「変わらない」40%　『苦しくなった』42%

| 1977 | 7 | 10 | 40 | 24 | 19 | 1 | (%) |

20%　35%　45%

| 1975 | 9 | 10 | 35 | 23 | 22 | 1 |

15%　31%　50%

| 1973 | 5 | 10 | 31 | 31 | 19 | 4 |

33%　36%　30%

| 1972 | 15 | 18 | 36 | 16 | 14 | 2 |

■ 楽になった　□ 少し楽になった　▥ 変わらない
□ 少し苦しくなった　■ 苦しくなった　□ わからない，無回答

（2）本土復帰の評価　不満が多数

では，本土復帰の評価はどうなったのだろうか。1975年の調査で，本土復帰から3年間をふりかえったときの気持ちを尋ねた。「非常によかった」と「まあよかった」を合わせた『よかった』が43%，「あまりよくなかった」と「非常に不満である」を合わせた『よくなかった・不

満』が51％で，1973年の調査に比べ，『よくなった』が5ポイント上昇した。本土復帰から5年が経った1977年の調査では，『よかった』が40％，『よくなかった・不満』が55％で，1975年の調査と大きな違いはみられず，暮らし向きと同じように1975年にかけて改善し，1977年にかけては横ばいという動きがみられた（図22）。

図22　本土復帰の評価（1973年〜1977年）

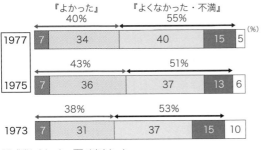

次に，1977年の調査で初めて盛り込まれた，復帰前と比べてよくなった点と悪くなった点をみていく。復帰前と比べてよくなった点について尋ねたところ（複数回答：いくつでも可），「医療保険や社会保障など社会福祉が充実した」が55％，「学校，水道，道路など公共の施設が充実した」が50％，「学校教育の内容や程度が向上した」が25％，「県民の権利や自由が守られるようになった」と「本土との精神的な一体感が強まった」がともに22％だった（図23）。一方，悪くなった点として，「犯罪など社会の混乱や不安が多くなった」が51％，「県民の暮らしが苦しくなった」が46％，「観光や産業開発で自然が破壊された」が39％，「沖縄の伝統的な文化やしきたりが失われた」が18％などとなった（図24）。

このように，よくなった点として，医療保険や社会保障などの社会福祉や，学校，水道，

図23　復帰前に比べよくなった点（1977年）
【複数回答】

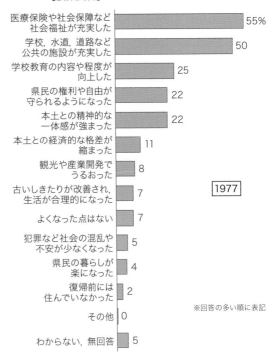

図24　復帰前に比べ悪くなった点（1977年）
【複数回答】

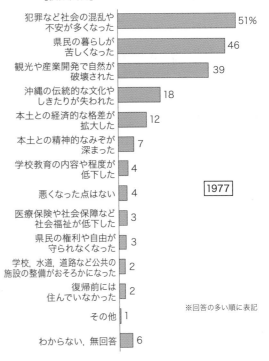

図25　国や県に力を入れてほしいこと（1975年）
【複数回答：3つまで】

項目	割合
物価対策	59%
医療制度・施設の充実	36
農業対策	34
教育対策	30
公害防止・自然保護	21
土地買い占め・値上がりを防ぐ対策	19
道路・交通の整備	17
失業対策	17
米軍基地の撤去	13
工業振興策	9
治安の維持	8
観光対策	8
その他	1
わからない，無回答	5

1975
※回答の多い順に表記

図26　国や県に力を入れてほしいこと（1977年）
【複数回答：3つまで】

項目	割合
物価対策	51%
農業対策	40
失業対策	38
教育対策	26
医療制度・施設の充実	26
公害防止・自然保護	19
道路・交通の整備，交通方法変更の対策	18
米軍基地の撤去	16
工業振興策	15
観光対策	15
基地の跡地利用対策	10
治安の維持	5
その他	0
わからない，無回答	4

1977
※回答の多い順に表記

道路などの公共施設が充実したことを挙げる人が多かった。一方，悪くなった点としては，犯罪など社会の不安が高まったことや県民の暮らしが苦しくなったことを挙げる人が多かった。

（3）課題は依然として「物価高」

　国や県に力を入れてほしいことについてみていく。1975年の調査（複数回答：3つまで）では，「物価対策」が59％と最も多く，「医療制度・施設の充実」が36％，「農業対策」が34％，「教育対策」が30％などとなった。6割ほどの人が「物価対策」を挙げたが，特に，1975年は，復帰によってドルから円に通貨が切り替わったことによる影響だけでなく，海洋博に向けた経済の動きや1973年に起きた第4次中東戦争をきっかけとしたオイルショックによる物価高などもあって，多くの人にとって，物価高が最も解決してほしい課題となっていた。

　1977年の調査では，「物価対策」が51％，「農業対策」が40％，「失業対策」が38％，「教育対策」が26％などとなった。

　「物価対策」が引き続き最も多いものの，1975年より8ポイント減った一方で，「失業対策」が21ポイント増えていて，先に紹介した海洋博前後の経済の状況が表れることとなった（図25・26）。

（4）「本土の人は沖縄の人の気持ちを　　　理解していない」が6割

　本土の人は沖縄の人の気持ちを理解しているかを尋ねた質問をみていく。1975年の調査では，『理解している（じゅうぶん＋まあ）』は24％，『理解していない（あまり＋まったく）』は61％で，1973年の調査に続き，本土の人は沖縄の人の気持ちを理解していないと考えている人が多くを占めることとなった。続く1977年

の調査では，「わからない，無回答」が減って，『理解している』が増え，『理解している』が徐々に増加する傾向にあるものの，全体の状況は変わらず，『理解していない』と答えた人が62％にのぼった（図27）。

図27　本土の人は沖縄の人の気持ちを理解しているか（1973年〜1977年）

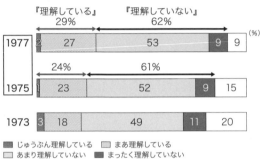

（5）海洋博への評価

　これまでみてきたように，1975年と1977年の調査で大きな影響を与えたとみられるのが1975年に開かれた海洋博である。海洋博は，復帰直後の沖縄におけるインフラ整備を進める起爆剤として計画されたもので，この海洋博に向けて，道路や港，空港などの整備が進んだ。この海洋博について，当時の沖縄の人々はどのように思っていたのか，1976年の知事選挙に合わせて行われた調査の結果からみていくこととしよう。

　海洋博について，沖縄にとってよかったと思うかどうかを尋ねたところ，『よかったと思う（「まあよかったと思う」を含む）』が52％，『よくなかったと思う（「あまりよくなかったと思う」を含む）』が41％で，『よかった』と評価する回答が『よくなかった』を上回った（図28）。

　次に，海洋博についてよかったと思うことを尋ねたところ（複数回答：いくつでも），「道路や港湾，空港などが整備され，生活環境がよ

図28　海洋博の評価（1976年）

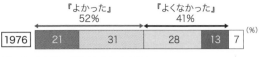

くなった」が49％，「沖縄館は沖縄の歴史と文化を正しく紹介し，県民に誇りをもたせた」が33％，「沖縄を世界の人に知らせ，国際親善に役立った」が32％などとなった（図29）。一方，よくなかったと思うことについては，「見学者が少なく，物価だけがあがって倒産がふえるなど沖縄の経済を混乱させた」が66％，「海洋博関連工事で自然や景観が破壊され，生活環境が悪くなった」が28％などとなった（図30）。海洋博は，復帰後まもない沖縄のインフラ整備に役立ったことがわかるが，一方で，当初の見込みより来場者が少なかったことや，海洋博の終了後，沖縄を訪れる観光客が減ったことなどもあって，景気が落ち込み，倒産が増えるなど経済面で大きな影響を受けたことや，開発にともない自然が損なわれたことなどを負の側面として挙げる人が多かった。

図29　海洋博でよかったこと（1976年）
【複数回答】

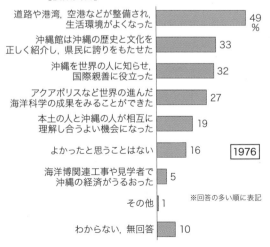

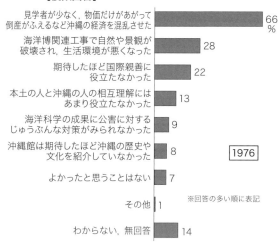

図30 海洋博でよくなかったこと（1976年）
【複数回答】

見学者が少なく，物価だけがあがって倒産がふえるなど沖縄の経済を混乱させた	66%
海洋博関連工事で自然や景観が破壊され，生活環境が悪くなった	28
期待したほど国際親善に役立たなかった	22
本土の人と沖縄の人の相互理解にはあまり役立たなかった	13
海洋科学の成果に公害に対するじゅうぶんな対策がみられなかった	9
沖縄館は期待したほど沖縄の歴史や文化を紹介していなかった	8
よかったと思うことはない	7
その他	1
わからない，無回答	14

※回答の多い順に表記

1976

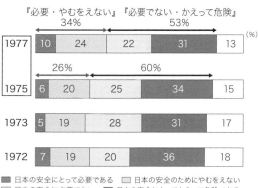

図31 沖縄の米軍基地をどう思うか
（1972年〜1977年）

『必要・やむをえない』34%　『必要でない・かえって危険』53%

					(%)
1977	10	24	22	31	13

26%　60%

1975	6	20	25	34	15

1973	5	19	28	31	17

1972	7	19	20	36	18

■ 日本の安全にとって必要である　□ 日本の安全のためにやむをえない
□ 日本の安全に必要でない　■ 日本の安全にとってかえって危険である
□ わからない，無回答

（6）米軍への意識と自衛隊への意識

続いて，アメリカ軍への意識と自衛隊への意識はどうなったのかをみていく。まず沖縄のアメリカ軍基地について，1975年の調査結果をみると，日本の安全にとって，「必要である」が6％，「やむをえない」が20％，「必要でない」が25％，「かえって危険である」が34％で，2年前の1973年の調査と大きな違いはみられなかった。次に1977年の調査結果をみると，日本の安全にとって「必要である」（10％）と「やむをえない」（24％）を合わせたアメリカ軍

基地を肯定・容認する回答が34％で，1975年の調査より8ポイント増えたのに対し，「必要でない」（22％）と「かえって危険である」（31％）を合わせた否定的な回答は53％で7ポイント減少し，少しではあるが，意識の変化がみられた（図31）。

一方，復帰後，自衛隊が沖縄に配備されたことについては，1975年の調査では，日本の安全にとって「必要である」が21％，「やむをえない」が26％，「必要でない」が25％，「かえって危険である」が11％となった。質問の選択肢を変更したため，それ以前の調査と比較はできないが，2年前に行った1973年の調査では，沖縄への自衛隊の配備に『反対』と答えた人が6割に達していたが，復帰から3年後の1975年の調査では，自衛隊の配備を肯定・容認する回答（48％）が，配備に否定的な回答（36％）を上回る結果となった。

復帰から5年後の1977年の調査結果をみても，日本の安全にとって「必要である」「やむをえない」を合わせた配備を肯定・容認する回答が50％で，「必要でない」「かえって危険である」を合わせた否定的な回答の37％を上回った（図32）。

図32 沖縄への自衛隊の配備
（1975年・1977年）

『必要・やむをえない』50%　『必要でない・かえって危険』37%

					(%)
1977	16	33	22	15	14

48%　36%

1975	21	26	25	11	17

■ 日本の安全にとって必要である　□ 日本の安全のためにやむをえない
□ 日本の安全に必要でない　■ 日本の安全にとってかえって危険である
□ わからない，無回答

自衛隊の配備については，復帰前後の調査では，6割ほどの人が反対していたのに，なぜ，

復帰から3年ほどで県民の意識は変わったのだろうか。当時の調査結果を紹介した文研の『放送研究と調査』（1975年8月号）や2017年の防衛研究所紀要をみると，「自衛隊は，沖縄に配備された直後から，隊員の住民票登録拒否やその子どもたちの就学拒否などに遭いながらも，遺骨収集活動や海難救助活動，不発弾の処理，離島の救急患者の搬送などにあたったほか，継続的な広報活動と基地周辺整備資金による地域への設備の提供などもあって，徐々に住民から受け入れられるようになったこと。さらに，地域の活動にも積極的に参加し，そうしたことが沖縄県民の理解を得られる結果につながったのではないか」と紹介している[18, 19]。

I-4 第I章まとめ

ここまで，1970年代の調査結果をみてきたが，1970年代は，本土復帰をはさみ，沖縄の人々の気持ちが大きく揺れ動いた時代でもあった。多くの人が本土復帰に期待を寄せたものの，復帰したあとも続く物価高によって，生活が苦しくなり，本土復帰への評価は，暗転することとなってしまった。その後，海洋博に向けた開発や政府による振興策などもあって，暮らし向きは少しずつ改善する傾向がみられたものの，海洋博後は再び景気の落ち込みを経験した。一方，撤去や縮小を望んだアメリカ軍基地については，復帰後もほとんどがそのまま残ることとなり，住民の不満は根強かった。1970年代に行われたいずれの調査でも，アメリカ軍基地に対して「必要ない」など否定的な回答が半数ほどを占めた。しかし，アメリカ軍と同じように，70年代初めまで否定的な意見が多数を占めていた自衛隊については，復帰後，自衛隊によるさまざまな活動の成果などもあって，配備を肯定・容認する意見が増えていった。1970年代の沖縄は，復帰前の期待から復帰後の落胆へと変わり，その後，暮らし向きが少しずつ改善していく傾向がみられたものの，生活は依然厳しく，本土復帰に対する評価も厳しいものとなった。

復帰10年
変わり始めた県民の意識

II-1 本土復帰の評価が改善傾向に

　本土復帰から10年を迎え，沖縄の人々の意識はどうなっていったのだろうか。本土復帰から10年となる1982年の調査結果[20]をみていこう。

（1）本土復帰評価が初めて半数超え

　本土復帰からの10年をふりかえって，沖縄の本土復帰に対する気持ちを尋ねた。「非常によかった」と「まあよかった」を合わせた『よかった』が63％，「あまりよくなかった」と「非常に不満である」を合わせた『よくなかった・不満』が32％で，『よかった』が初めて半数を超えることとなった（図33）。

図33　本土復帰の評価（1973年～1982年）

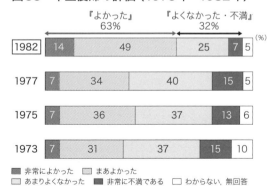

1980年代に入り，復帰に対する評価は飛躍的に改善することになったが，この背景には何があったのだろうか。それを探るため，まず県

民の暮らし向きに対する意識はどうなったのかをみてみる。あなたの暮らし向きが1年前と比べてどうなったかを尋ねた。『楽になった（「少し楽になった」を含む）』が20％，『苦しくなった（「少し苦しくなった」を含む）』が37％，「変わらない」が43％だった。『苦しくなった』は，1973年から1982年にかけて，少しずつではあるが，減少を続けていて，暮らし向きが改善傾向にあることがみてとれる（図34）。

図34　暮らし向き（1972年～1982年）

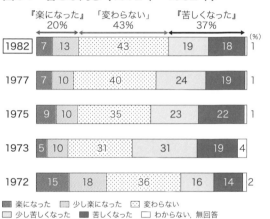

　当時の沖縄の人々の生活はどうだったのだろうか。内閣府の「国民経済計算」と沖縄県の「県民経済計算」をもとに，1人あたりの県民所得をみてみる。復帰が実現した1972年の沖縄県の1人あたりの県民所得は44万円（年額：当時の価格）あまりだったが，1980年には3倍近い120万円ほどに増えていた。また全国平均に対する比率をみても，1972年は59.5％だったが，1975年に73.7％まで上昇し，その後，海洋博後の景気の落ち込みもあって，やや落ち込んで横ばいの状況が続いたが，1980年には74.4％に改善されており[21]，生活の向上を実感する県民が多くなったと考えられる（図35）。

図35　1人あたりの県民所得（沖縄県）（1972年～1980年）

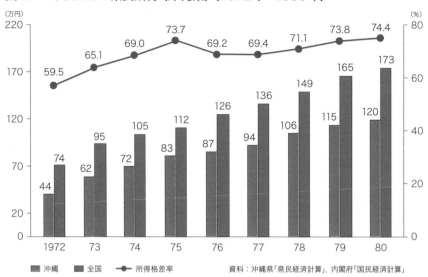

資料：沖縄県「県民経済計算」，内閣府「国民経済計算」

■ 沖縄　■ 全国　―●― 所得格差率

（2）進むインフラ整備とその光と影

　本土復帰の評価が多数を占めるようになる中，国の復帰対策について，どう思うかを尋ねた。『よくやっている（非常に＋まあ）』が53％，『よくやっていない（「あまりよくやっていない」を含む）』が35％で，『よくやっている』と評価する回答が，評価しない回答を上回った（図36）。

図36　国の復帰対策への評価（1982年）

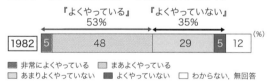

『よくやっている』
53％

『よくやっていない』
35％

1982　5　48　29　5　12 （%）

■ 非常によくやっている　■ まあよくやっている
■ あまりよくやっていない　■ よくやっていない　□ わからない，無回答

　復帰前と比べて，どのような点がよくなったと考えているかを尋ねたところ（複数回答：いくつでも可），「学校・水道・道路など公共の施設が充実した」が61％，「医療保険や社会保障など社会福祉が充実した」が55％などとなって，1977年と比べ，「学校・水道・道路など公共の施設が充実した」が増えて，最も多くなった。また，1977年には8％しかなかった「観光や産業開発でうるおった」が29％と3倍

以上に増えていて，1970年代後半から1980年代初頭にかけて，沖縄を訪れる観光客が増え，特に観光収入が飛躍的に増加していったことを反映する結果となった（図37・38）。

　一方，復帰前と比べて，悪くなった点については，「観光や産業開発で自然が破壊された」が44％，「犯罪など社会の混乱や不安が多くなった」が42％，「県民の暮らしが苦しくなった」は5年前より大幅に減って28％などとなった（図39）。

　これらの傾向は，復帰10年の感想を尋ねた回答（複数回答：いくつでも可）にも同じようにみられた。「海が汚れ，緑が失われるなど自然がそこなわれた」が54％，「教育水準が高くなった」が37％，「『復帰前の沖縄の方がよかった』と感じることがある」が32％などとなった（図40）。本土復帰後，急ピッチで開発が進められたことによって，インフラが整備され，便利になっていく一方で，沖縄の豊かな自然が失われていくなど，開発の恩恵とそれにともなう負の側面を認識している人が多かったことがかがえる。

図37 復帰前に比べてよくなった点
(1977年・1982年)【複数回答】

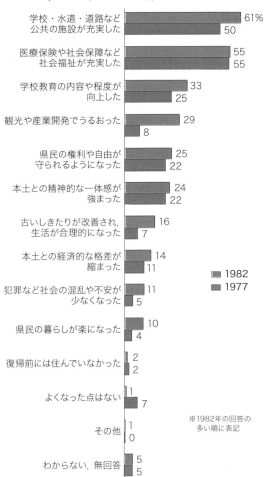

学校・水道・道路など公共の施設が充実した 61% / 50
医療保険や社会保障など社会福祉が充実した 55 / 55
学校教育の内容や程度が向上した 33 / 25
観光や産業開発でうるおった 29 / 8
県民の権利や自由が守られるようになった 25 / 22
本土との精神的な一体感が強まった 24 / 22
古いしきたりが改善され,生活が合理的になった 16 / 7
本土との経済的な格差が縮まった 14 / 11
犯罪など社会の混乱や不安が少なくなった 11 / 5
県民の暮らしが楽になった 10 / 4
復帰前には住んでいなかった 2 / 2
よくなった点はない 1 / 7
その他 1 / 0
わからない,無回答 5 / 5

■ 1982
■ 1977

※1982年の回答の多い順に表記

図39 復帰前に比べて悪くなった点
(1977年・1982年)【複数回答】

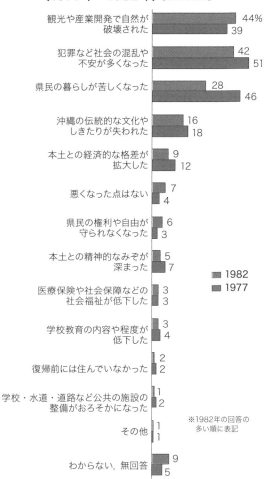

観光や産業開発で自然が破壊された 44% / 39
犯罪など社会の混乱や不安が多くなった 42 / 51
県民の暮らしが苦しくなった 28 / 46
沖縄の伝統的な文化やしきたりが失われた 16 / 18
本土との経済的な格差が拡大した 9 / 12
悪くなった点はない 7 / 4
県民の権利や自由が守られなくなった 6 / 3
本土との精神的なみぞが深まった 5 / 7
医療保険や社会保障などの社会福祉が低下した 3 / 3
学校教育の内容や程度が低下した 3 / 4
復帰前には住んでいなかった 2 / 2
学校・水道・道路など公共の施設の整備がおろそかになった 1 / 2
その他 1 / 1
わからない,無回答 9 / 5

■ 1982
■ 1977

※1982年の回答の多い順に表記

図38 沖縄の観光客数・観光収入推移
(1976年〜1982年)

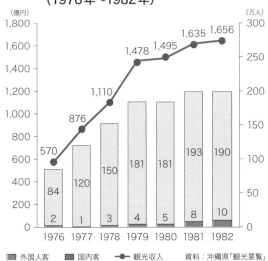

(億円) (万人)

観光収入: 570 / 876 / 1,110 / 1,478 / 1,495 / 1,635 / 1,656

国内客: 84 / 120 / 150 / 181 / 181 / 193 / 190
外国人客: 2 / 1 / 3 / 4 / 5 / 8 / 10

1976 1977 1978 1979 1980 1981 1982

■ 外国人客 ■ 国内客 ●─ 観光収入   資料:沖縄県「観光要覧」

図40 復帰10年の感想 (1982年)【複数回答】

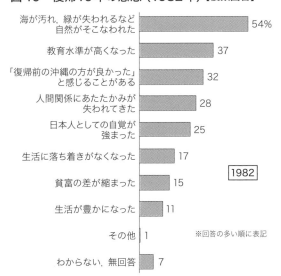

海が汚れ,緑が失われるなど自然がそこなわれた 54%
教育水準が高くなった 37
「復帰前の沖縄の方が良かった」と感じることがある 32
人間関係にあたたかみが失われてきた 28
日本人としての自覚が強まった 25
生活に落ち着きがなくなった 17
貧富の差が縮まった 15
生活が豊かになった 11
その他 1
わからない,無回答 7

1982

※回答の多い順に表記

では，国や県に力を入れてほしいことは変わったのだろうか（複数回答：3つまで）。「物価対策」が43％，「失業対策」が40％，「農業対策」が35％などとなり，「物価対策」と「失業対策」が並ぶこととなった（図41）。「物価対策」は，5年前の1977年調査では51％だったが，それに比べると8ポイント減っていて，かつてほど多くの人にとって喫緊の課題ではなくなりつつあることがわかる。その一方で，「失業対策」は40％で，物価対策と同じ水準になり，雇用問題が新たな課題になり始めていたと考えられる。

では，当時の沖縄の雇用状況はどのようなものだったのだろうか。総務省と沖縄県の「労働力調査」によると，沖縄県の完全失業率は，1972年には3.7だったが，3年後の1975年には5.3に上がり，1980年も5.1となって，全国の完全失業率を2倍以上上回る高い水準となっていた[22]（図42）。

図42　完全失業率（沖縄，全国比較）
（1972年～1980年）

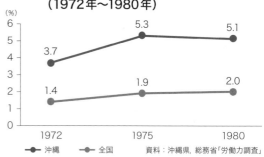

図41　国や県に力を入れてほしいこと
（1977年・1982年）【複数回答：3つまで】

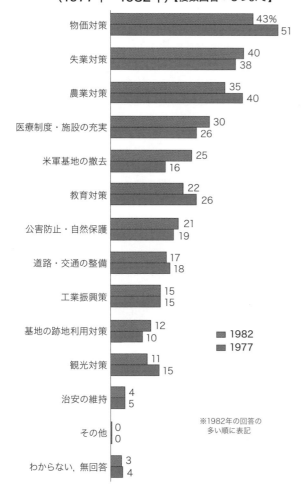

こうした中，沖縄の人々が今後の暮らし向きについてどう考えていたのかをみていく。『楽になるだろう（「少し楽になるだろう」を含む）』が22％，『苦しくなるだろう（「少し苦しくなるだろう」を含む）』が40％，「変わらないだろう」が33％で，『苦しくなるだろう』が『楽になるだろう』や「変わらないだろう」を上回った。1年前と比べた生活の実感については改善傾向がみられたものの，先行きの見通しについては，慎重な見方をする人が多かった（図43）。

図43　今後の暮らし向き（1973年～1982年）

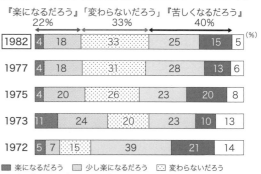

（3）縮む本土の人との距離感

本土の人は沖縄の人の気持ちを理解しているかという質問の結果をみてみる。『理解している（じゅうぶん＋まあ）』は42％，『理解していない（まったく＋あまり）』は50％で，1975年の調査に比べて，『理解している』と『理解していない』の差が縮まった。

全体としては『理解していない』が多いものの，復帰前後に比べ，生活が安定してきたこともあって，本土の人たちは，自分たち沖縄の人の気持ちを理解していないという思いが，少しずつ和らぎ始めていたと考えられる（図44）。

図44　本土の人は沖縄の人の気持ちを　　理解しているか（1973年～1982年）

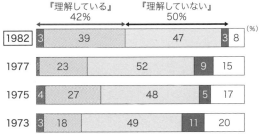

（4）米軍への意識と自衛隊への意識

復帰後も沖縄にアメリカ軍基地が残っていることについての意識は，どうなったのだろうか。日本の安全にとって「必要である」が9％，「やむをえない」が28％，「必要でない」が17％，「かえって危険である」が36％で，1977年の調査と大きな変化はみられず，「必要でない」と「かえって危険」を合わせた否定的な回答が5割を超え，アメリカ軍に対して，依然厳しい見方が多くを占めていた（図45）。

続いて，沖縄のアメリカ軍基地についての気持ちを尋ねたところ，「全面撤去すべきだ」が33％，「本土並みに少なくすべきだ」が44％，

図45　沖縄の米軍基地をどう思うか　　（1972年～1982年）

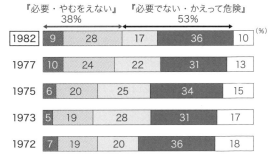

「現状のままでよい」が15％，「もっとふやすべきだ」が2％で，「全面撤去」や「本土並みに少なくすべき」と答えた人が8割近くに達した（図46）。

図46　沖縄の米軍基地をどうしたらよいか　　（1982年）

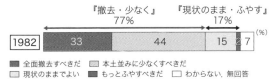

一方，沖縄に配備された自衛隊については，日本の安全にとって「必要である」と「やむをえない」を合わせた配備に肯定的な回答が5割を超え，「必要でない」「かえって危険である」を合わせた否定的な回答（32％）を上回っ

図47　沖縄への自衛隊の配備　　（1975年～1982年）

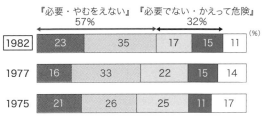

た。1970年代後半からみられた自衛隊の配備を肯定・容認する意識の変化は継続しているとみることができよう（**図47**）。

II-2 経済発展が続く沖縄

（1）生活の改善進み，復帰の評価も多数に

1980年代後半は，沖縄，そして日本全体も経済的に大きく飛躍した時期であった。1980年代に入ってから航空各社の沖縄キャンペーンが積極的に展開されたこともあり，沖縄を訪れる観光客が急増し，観光収入も大きく伸びた。これを後押しするように，日本全体も，1985年のプラザ合意以降，いわゆるバブル経済が始まり，株や土地などの資産価格の上昇にともなって，旅行などの消費が盛んに行われるようになった。このように経済的に発展がみられた当時の沖縄の人々の意識はどうだったのだろうか。本土復帰から15年となる1987年の調査結果[23]をみていこう。

1年前と比べた暮らし向きについて尋ねたところ，『楽になった（「少し楽になった」を含む）』が19％，『苦しくなった（「少し苦しくなった」を含む）』が32％，「変わらない」が49％で，『苦しくなった』が減って，「変わらない」が5割近くを占めた（**図48**）。

今後の暮らし向きについては，『楽になるだろう（「少し楽になるだろう」を含む）』が27％，『苦しくなるだろう（「少し苦しくなるだろう」を含む）』が38％，「変わらないだろう」が31％で，『楽になるだろう』が増える一方で，『苦しくなるだろう』が減るなど，先行きの見通しについても，改善傾向にあることがみてとれる（**図49**）。

では，本土復帰の評価はどうなったのであろうか。「非常によかった」と「まあよかった」を合わせた『よかった』が76％，「あまりよくな

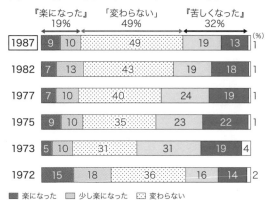

図48 暮らし向き（1972年〜1987年）

図49 今後の暮らし向き（1972年〜1987年）

図50 本土復帰の評価（1973年〜1987年）

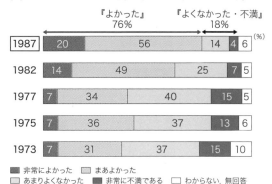

かった」と「非常に不満である」を合わせた『よくなかった・不満』が18％で，『よかった』が1982年よりもさらに増えて，8割近くに達した（**図50**）。

（2）物価対策から失業対策へ

　国や県に力を入れてほしいことをみてみると（複数回答：3つまで），「失業対策」が45％，「医療制度・施設の充実」が33％，「公害防止・自然保護」が31％，「物価対策」が30％，「農業対策」が24％，「米軍基地の撤去」が24％などとなっていて，これまで最も多かった「物価対策」が減って，代わって「失業対策」

が最も多くなった。また「医療制度・施設の充実」も増えていて，人々の関心事は，物価高から，失業対策や医療制度などに移っていったと考えられる。さらに特徴的な傾向として，1982年の調査に比べ，「物価対策」や「農業対策」がそれぞれ10ポイント以上減少したのに対し，「公害防止・自然保護」が10ポイント増加していて，経済の発展にともない開発などが積極的に進められていた当時の沖縄の状況をうかがわせる結果となった（図51）。

　国や県への要望で，失業対策が最も多かったことに関連して，失業者が多い原因について，どのように考えているのかを尋ねた。「県内に働き口が少ない」が50％で最も多く，「待遇や仕事の内容など希望に合った働き口がみつからない」が13％，「国や県の雇用対策がじゅうぶんでない」が12％などとなった。失業対策を求める意見の背景として，沖縄県内に働き口が少ないと思っている人が多いことが挙げられる（図52）。

　今後，沖縄が経済的に発展していくために，どういう方向をとるのが一番よいかを尋ねたところ，「企業を誘致し，工業を盛んにする」が31％，「観光に力を入れる」が25％，「農業や

図51　国や県に力を入れてほしいこと（1977年〜1987年）【複数回答：3つまで】

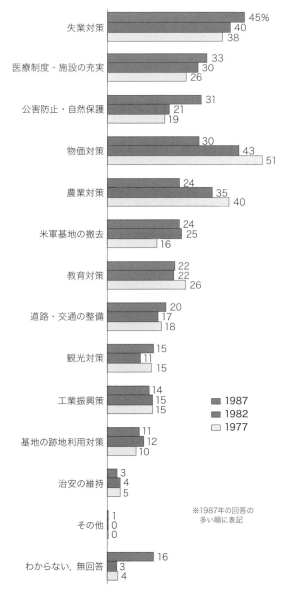

図52　沖縄県内で失業者が多い原因（1987年）【1つだけ回答】

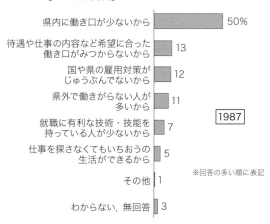

畜産を盛んにする」が20％などとなっていて，1975年からの推移をみると，かつて多数を占めていた農業や漁業関連の対策に代わって，企業誘致や観光対策を望む声が増えていることがわかる（図53）。

図53　経済発展の方向（1975年～1987年）

| | 農業や牧畜を盛んにする | 企業を誘致し，工業を盛んにする | 観光に力を入れる | 農産物・水産物の加工に力を入れる | その他 | わからない，無回答 |

(3) 否定的が多くを占める米軍への意識

本土復帰を評価する人が多数を占めるようになる中，沖縄のアメリカ軍基地に対する意識はどうなったのだろうか。

日本の安全にとって「必要である」が9％，「やむをえない」が29％，「必要でない」が22％，「かえって危険である」が30％となった（図54）。基地に対して肯定や容認をする意見が増えていく傾向はみられるものの，本土復帰に対して肯定的な回答が多数を占めるようになったのとは異なり，アメリカ軍基地について

図54　沖縄の米軍基地をどう思うか（1972年～1987年）

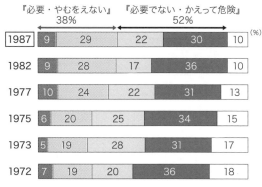

| | 日本の安全にとって必要である | 日本の安全のためにやむをえない | 日本の安全に必要でない | 日本の安全にとってかえって危険である | わからない，無回答 |

は，依然否定的な回答が多い状況が続いた。

一方，沖縄への自衛隊の配備については，日本の安全にとって「必要である」が22％，「やむをえない」が42％，「必要でない」が16％，「かえって危険である」が10％と，自衛隊の配備に肯定的な回答が多数を占め，アメリカ軍基地に対する回答とは対照的な結果となった（図55）。

図55　沖縄への自衛隊の配備（1975年～1987年）

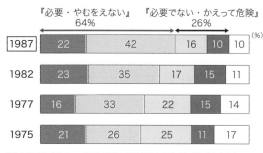

| | 日本の安全にとって必要である | 日本の安全のためにやむをえない | 日本の安全に必要でない | 日本の安全にとってかえって危険である | わからない，無回答 |

(4) 縮まる本土の人との意識

本土の人は沖縄の人の気持ちを理解しているかという質問をみていく。『理解している（じゅうぶん＋まあ）』が45％，『理解していない（あまり＋まったく）』が48％で，『理解している』と『理解していない』が初めて拮抗した（図56）。

図56　本土の人は沖縄の人の気持ちを理解しているか（1973年～1987年）

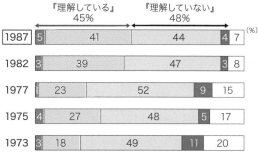

| | じゅうぶん理解している | まあ理解している | あまり理解していない | まったく理解していない | わからない，無回答 |

本土の人は沖縄の人の気持ちを理解していると思うかという質問については，1970年代は『理解していない』が50％以上を占め，『理解している』を大きく上回っていたが，1980年代に入って，『理解している』が増え，今回，両者が同じ水準で並ぶこととなった。1980年代は，先にみたように，沖縄の人々の暮らし向きに対する意識が改善していった時代であり，そうしたことが影響していると考えられるが，これらの要因も含めた分析については，第Ⅶ章でまとめて紹介することとしたい。

Ⅱ-3　第Ⅱ章まとめ

1980年代の沖縄は，どんな時代だったのか。復帰直後から始まった沖縄振興策が10年以上経過し，さまざまなインフラ整備が進められたことなどもあって，人々の生活は改善されていった。さらに，1980年代に入ってから沖縄を訪れる観光客が急増したことに加え，80年代後半からのバブル経済の影響もあり，沖縄でもリゾート開発などが計画され，経済的な発展もみられた。このように復帰から10年以上が経ち，経済的に発展し，県民の暮らし向きも改善されていく。それにともなって，かつて否定的な回答が多かった本土復帰に対する評価は，肯定的な回答が多数を占めるようになった。その一方で，開発によって自然が失われたり，経済発展を優先する中で人間関係の温かみなども失われていったりしたことに，憂いを感じる人々も多くなった。一方，アメリカ軍基地に対しては，依然，否定的な意見が多数を占めていたが，自衛隊の配備については，肯定的な意見が多数となり，アメリカ軍基地と対照的な動きをみせるようになった。

復帰20年
経済的に発展した沖縄

少しずつ生活が改善していく兆しはあったものの，生活が厳しかった1970年代から，経済的に発展を遂げ，暮らし向きが向上していった1980年代。観光ブームやバブル経済によって人々の意識も変わっていった1980年代を経て，復帰20年に行われたのが1992年の調査[24]である。本土復帰から20年目の沖縄の人々の意識はどう変わっていったのかをみていこう。

Ⅲ-1　本土復帰を「評価」が多数占める

暮らし向きの向上続く

復帰からの20年間をふりかえり，本土復帰についての気持ちを尋ねた。「非常によかった」と「まあよかった」を合わせた『よかった』は81％，「あまりよくなかった」と「非常に不満である」を合わせた『よくなかった・不満』は11％で，『よかった』が初めて80％に達した（図57）。

図57　本土復帰の評価（1973年〜1992年）

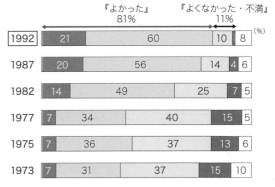

1年前と比べた暮らし向きについては，『楽になった（「少し楽になった」を含む）』が28％，『苦しくなった（「少し苦しくなった」を含む）』が17％，「変わらない」が53％で，「変わらない」が最も多かったものの，『楽になった』が初めて『苦しくなった』を上回った。この背景には，経済的に豊かになったことや，これまでの生活が変わらずに継続していると思っている人が多くなったことがあると考えられる（図58）。

図58　暮らし向き（1972年～1992年）

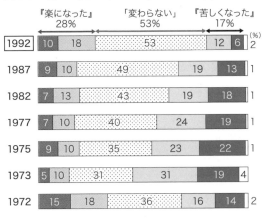

図59　今後の暮らし向き（1972年～1992年）

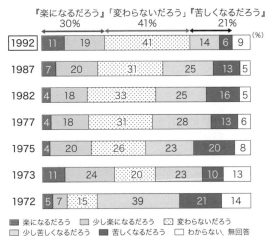

一方，今後の暮らし向きについては，『楽になるだろう』が30％，『苦しくなるだろう』が21％，「変わらないだろう」が41％で，『苦しくなるだろう』が減って，「変わらないだろう」と答える人が最も多くなった（図59）。1980年代までは，暮らし向きに対して慎重な見方をする人が多かったが，経済的に豊かになったことで，今後の見通しについても，今の生活水準が維持されていくことを望み，それを予測する人が多くなったことの表れと考えられる。

このように，暮らし向きや本土復帰に対する意識が改善傾向にある中で，復帰20年をふりかえっての感想（複数回答）についてみてみる。

図60　復帰20年の感想（1982年～1992年）
【複数回答】

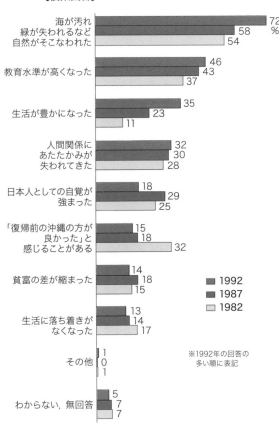

「海が汚れ緑が失われるなど自然がそこなわれた」が72％，「教育水準が高くなった」が46％，「生活が豊かになった」が35％で，1970年代

後半から続く「自然がそこなわれた」と危惧を抱く人がさらに増えることとなった（**図60**）。これは次に紹介する質問の回答にも表れている。

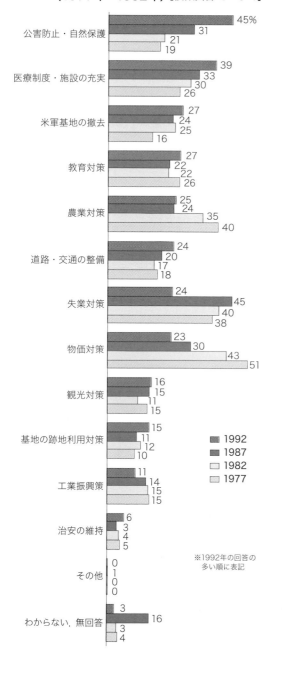

図61　国や県に力を入れてほしいこと
（1977年〜1992年）【複数回答：3つまで】

公害防止・自然保護　45% / 31 / 21 / 19
医療制度・施設の充実　39 / 33 / 30 / 26
米軍基地の撤去　27 / 24 / 25 / 16
教育対策　27 / 22 / 22 / 26
農業対策　25 / 24 / 35 / 40
道路・交通の整備　24 / 20 / 17 / 18
失業対策　24 / 45 / 40 / 38
物価対策　23 / 30 / 43 / 51
観光対策　16 / 15 / 11 / 15
基地の跡地利用対策　15 / 11 / 12 / 10
工業振興策　11 / 14 / 15 / 15
治安の維持　6 / 3 / 4 / 5
その他　0 / 1 / 0 / 0
わからない，無回答　3 / 16 / 3 / 4

■ 1992
■ 1987
□ 1982
□ 1977

※1992年の回答の
多い順に表記

Ⅲ-2　開発が進む裏側で

公害防止・自然保護が課題に

　国や県に力を入れてほしいことについて尋ねたところ（複数回答：3つまで），「公害防止・自然保護」が45%，「医療制度・施設の充実」が39%，「米軍基地の撤去」と「教育対策」が27%，「農業対策」が25%，「道路・交通の整備」と「失業対策」が24%，「物価対策」が23%などとなった。1977年に50%を超えていた「物価対策」は半分以下の23%に減ったほか，1980年代に上昇傾向にあった「失業対策」も半分ほどに減るなど，経済面で好調だったことをうかがわせる結果となった。その裏返しとして増えたのが「公害防止・自然保護」で，1987年の調査に比べても10ポイント以上あがって，初めて最も多くなった（**図61**）。

　このような中，沖縄で進められている開発は，自然保護と調和しているかを尋ねた。「調和がとれている」が5%，「調和がとれていない」が63%，「どちらともいえない」が27%だった（**図62**）。ここからも，当時，沖縄で進められていた開発は，自然保護と調和がとれていないと思う人が多くを占めていた。

図62　沖縄の開発と自然保護の調和（1992年）

| 1992 | 5 | 63 | 27 | 6 | (%) |

■ 調和がとれている　■ 調和がとれていない
□ どちらともいえない　□ わからない，無回答

　では，当時の沖縄はどんな状況にあったのだろうか。全国で公害が問題となったのは，高度成長期の1950年代から1960年代にかけてで，1990年代には，環境基準も厳しくなり，公害問題は収まってきていた。一方，沖縄では，1972年の本土復帰後から本格的に始まった開発が，1980年代から1990年代にかけて，さ

らに大規模に行われるようになった。特に問題となったのは赤土の問題で，土地改良事業によって，多くの木々が伐採されたことで，大雨などの際に沖縄固有の赤土が海に流れ出て，サンゴの大量死や漁業への被害をもたらすようになるなど，赤土汚染が問題となっていた[25]。

このような意識がみられる中，今後，沖縄が経済的に発展していくための方向について，どのように考えているのかを尋ねた。「観光に力を入れる」が26％，「企業を誘致し，工業を盛んにする」と「農産物・水産物の加工に力を入れる」が23％，「農業や畜産を盛んにする」が16％となり，「観光に力を入れる」が「企業誘致」や「農産物・水産物の加工に力を入れる」と並ぶ結果となった（図63）。

図63　経済発展の方向（1975年〜1992年）

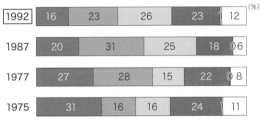

■ 農業や牧畜を盛んにする　■ 企業を誘致し，工業を盛んにする
▨ 観光に力を入れる　■ 農産物・水産物の加工に力を入れる　▨ その他
□ わからない，無回答

Ⅲ-3　進まぬ米軍基地への理解

（1）基地に否定的な意見が半数

沖縄のアメリカ軍基地に対する意識はどうなったのだろうか。日本の安全にとって「必要である」と「やむをえない」を合わせた『必要・やむをえない』が35％，「必要でない」と「かえって危険である」を合わせた『必要でない・かえって危険』は51％で，ともに5年前の1987年の調査と同じ水準となり，アメリカ軍基地に否定的な意見が多い状況に大きな変化はな

かった。ただ，1992年の調査では，これまで減少傾向にあった「わからない，無回答」が増えており，この背景に，1989年の冷戦終結後の沖縄の人たちの複雑な感情があったことも要因の1つと考えられる。当時，沖縄では，冷戦が終結したことで，極東における共産圏の防波堤と位置づけられていた沖縄のアメリカ軍基地の必要性がなくなり，県内の基地が縮小するのではないかと期待を込めた見方が広まっていた。しかし，実際には，冷戦が終結し，ソビエト連邦が崩壊したあとも，沖縄のアメリカ軍基地は何ら変わらず残り続けることとなった。こうしたことが冷戦終結後の変化に期待をしていた人々の複雑な感情を生み，「わからない，無回答」が増えることにつながったとも考えられる（図64）。

図64　沖縄の米軍基地をどう思うか（1972年〜1992年）

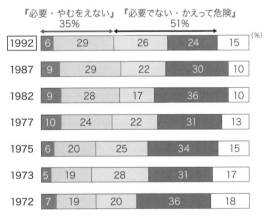

■ 日本の安全にとって必要である　▨ 日本の安全のためにやむをえない
□ 日本の安全に必要でない　■ 日本の安全にとってかえって危険である
□ わからない，無回答

では，アメリカ軍基地に対する思いはどうなったのであろうか。沖縄のアメリカ軍基地に対する気持ちを尋ねたところ，「全面撤去すべきだ」が34％，「本土並みに少なくすべきだ」が47％，「現状のままでよい」が11％となり，「全面撤去」や「本土並みに少なくすべき」が

多数を占めた（**図65**）。

図65　沖縄の米軍基地をどうしたらよいか（1982年・1992年）

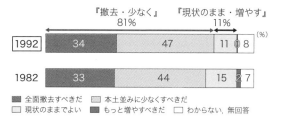

```
         『撤去・少なく』        『現状のまま・増やす』
            81%                    11%
1992    34        47         11 ① 8  (%)
1982    33        44        15 2 7
```

■ 全面撤去すべきだ　　□ 本土並みに少なくすべきだ
□ 現状のままでよい　　■ もっと増やすべきだ　□ わからない，無回答

（2）自衛隊配備の必要性が減少

　一方，沖縄への自衛隊配備については，日本の安全にとって「必要である」と「やむをえない」を合わせた『必要・やむをえない』が56％，「必要でない」と「かえって危険である」を合わせた『必要でない・かえって危険』が27％となっていて，アメリカ軍基地と対照的に，肯定的意見が多数を占める状況が続いた。加えて，アメリカ軍基地に対する意識でみられたように，自衛隊の配備についても，「わからない，無回答」が増え，『必要・やむをえない』と答えた人が減った。冷戦の終結によって，アメリカ軍基地だけでなく，沖縄への自衛隊の配備についても，その必要性がなくなるのではないかと期待した人たちの複雑な思いが表れて

図66　沖縄への自衛隊の配備（1975年〜1992年）

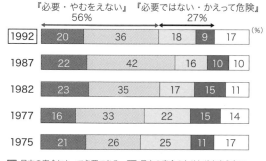

```
      『必要・やむをえない』  『必要ではない・かえって危険』
            56%                    27%
1992   20      36        18   9   17  (%)
1987   22      42        16  10  10
1982   23      35        17  15  11
1977   16      33        22  15  14
1975   21      26        25  11  17
```

■ 日本の安全にとって必要である　　□ 日本の安全のためにやむをえない
□ 日本の安全に必要でない　　■ 日本の安全にとってかえって危険である
□ わからない，無回答

いるとみることができよう（**図66**）。

（3）再び広がり始めた本土との距離感

　本土の人は沖縄の人の気持ちを理解していると思うかという質問をみていく。『理解している』が37％，『理解していない』が51％となった（**図67**）。5年前の1987年の調査では，『理解している』と『理解していない』が拮抗していたが，1992年の調査では『理解している』と答えた人が減ったことで，再び両者の差が広がることとなった。

　本土の人は沖縄の人の気持ちを理解しているかについても，アメリカ軍基地や自衛隊に対する意識についての回答でみられたように，「わからない，無回答」が増え，その一方で『理解している』が減ることとなった。先に紹介したように，冷戦の終結によって，アメリカ軍基地が縮小することを期待した人が多かったが，それが実現せず，期待が叶わなかったことで，「自分たちの気持ちが本土の人に理解されているとまでは言えない」。そうした考えが「わからない，無回答」を増やし，『理解している』が減ることにつながったと考えられる。

図67　本土の人は沖縄の人の気持ちを理解しているか（1973年〜1992年）

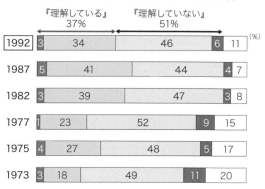

```
        『理解している』        『理解していない』
            37%                    51%
1992  3   34         46        6  11  (%)
1987  5   41         44         4  7
1982  3   39         47        3  8
1977  1 23       52          9  15
1975  4 27        48         5  17
1973  3 18       49        11   20
```

■ じゅうぶん理解している　　□ まあ理解している
□ あまり理解していない　　■ まったく理解していない
□ わからない，無回答

III-4　第III章まとめ

　1980年代から1990年代にかけては，沖縄が経済的に大きく発展した時代でもあった。1970年代から続く沖縄振興策の効果に加え，1980年代に入ってからの観光ブームとそれに続くバブル経済。1990年代に入っても，リゾート開発が相次いで計画されるなど，その余韻が沖縄には残っていた。これを表すように，1980年代にみられた暮らし向きの改善傾向は，1992年にはさらに増して，『楽になった』が初めて『苦しくなった』を上回った。これにともなって，本土復帰に対する評価は1992年の調査で初めて『よかった』が80％に達するなど，沖縄の現状を肯定的にとらえる人が多くなった。このように暮らし向きや復帰に対する評価に改善傾向がみられたものの，アメリカ軍基地に対しては，依然否定的な見方が多いままだった。さらに，冷戦の終結によって，沖縄の人々の間で，アメリカ軍基地が縮小することを期待する向きもあったが，その後の状況に変化はなく，期待が叶わなかった人々の間で複雑な感情を持つ人が増えた可能性もうかがい知れた。復帰から20年が経ち，経済が発展し，生活が安定してきたことで，沖縄の人々の間で，経済面を中心に意識の変化が生じていたことが調査結果からみてとることができた。

復帰30年
大きく揺れ動いた沖縄

IV-1　本土復帰「評価」多数も　暮らし向きが一部で悪化

IV-1-1)　2002年までの10年間の歩み

　1992年の次に調査が行われたのは，本土復帰から30年にあたる2002年である。沖縄の本土復帰に関する調査は，1992年以降，基本的に10年単位で行われていくこととなる。調査までの期間が長くなることから，2002年までの10年間にどのような出来事があったのかを簡単に振り返ってみることから始めたい。

　沖縄にとって，1990年代から2000年代初頭までは，まさに激動の時代だった。冷戦の終結とその後の湾岸戦争。そして，沖縄を大きく揺り動かすことになる1995年のアメリカ軍兵士による少女暴行事件。主催者発表で8万人以上の人が参加して県民総決起大会が開かれるなど，県民をあげた抗議活動が行われた[26]。その大きなうねりを受けて，翌年，日米両政府は普天間基地を返還することで合意した。沖縄におけるアメリカ軍のあり方が議論になる中，2001年に起きた同時多発テロ事件，続くアフガン戦争によって，アメリカ軍は，自衛隊との連携が強化され，存在感が増していくこととなった。アメリカ軍基地の撤去や縮小を求めてきた沖縄の人々は，政治や軍事の動きに翻弄されることになった。

　その一方で，1990年代は，「沖縄ブーム」とも呼ばれる時代で，沖縄の存在感がますます

高まっていくこととなった。1992年に首里城正殿が復元されたことなどもあって，沖縄を訪れる観光客が飛躍的に増加していくことになるが，1990年代は，沖縄出身の歌手が活躍する時代でもあった。1990年にデビューしたBEGIN。1990年代を席巻した安室奈美恵さん。さらに若手人気グループのSPEED。沖縄出身の歌手が次々とヒット曲を出し，沖縄の魅力を全国に発信することとなった。

2000年には九州・沖縄サミットが開かれ，サミット開催に合わせて，沖縄の守礼門を描いた2000円札が発行された。そして，調査の直前に起きた2001年の同時多発テロ事件。アメリカ軍基地が多数存在する沖縄への旅行者が減少するなど，大きな影響を受けることとなった。

このように1990年代から2000年代初頭にかけては，沖縄が大きく輝くとともに，大きく揺れ動いた時代でもあった。そうした10年あまりを経て，復帰30年の2002年に行われた調査[27]で，沖縄の人々の意識はどのように表れたのであろうか。

Ⅳ-1-2） 本土復帰の「評価」多数が定着へ
（1）本土復帰の評価多数が続く

本土復帰からの30年をふりかえったとき，本土復帰についての気持ちを尋ねたところ，「非常によかった」と「まあよかった」を合わせた『よかった』が76％，「あまりよくなかった」と「非常に不満である」を合わせた『よくなかった・不満』が13％となった（図68）。『よかった』と本土復帰を評価する人は，1980年代以降，8割前後で推移するようになり，本土復帰に対する肯定的な評価が定着していったと考えられる。

次に復帰30年を振り返って，どのような感想

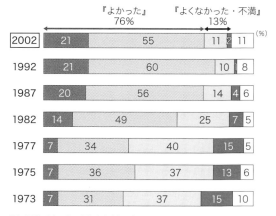

図68 本土復帰の評価（1973年～2002年）

を持っているかを尋ねた（複数回答：いくつでも可）。「海が汚れ，緑が失われるなど自然がそこなわれた」が58％，「教育水準が高くなった」が36％，「人間関係に温かみが失われてきた」が33％，「生活が豊かになった」が23％，「日本人としての自覚が強まった」が18％などとなった。開発が盛んに行われていたころの1992年の調査と比べ，「海が汚れ，緑が失われるなど自然がそこなわれた」と回答した人は減ったものの，依然として最も多かった（図69）。

（2）暮らし向き　再び悪化が増える

1年前と比べて，暮らし向きがどうなったかを尋ねたところ，『楽になった』が14％，『苦しくなった』が37％，「変わらない」が49％となった。前回の調査に続いて，「変わらない」が最も多くなったものの，1992年に増えていた『楽になった』が大きく減少したほか，1990年代まで減少傾向がみられていた『苦しくなった』が再び増えるなど，暮らし向きに対する意識が悪化する結果となった（図70）。

さらに，今後の暮らし向きがどうなると思うかについてもみていくと，『楽になるだろう』が22％，『苦しくなるだろう』と「変わらないだろ

図69　復帰30年の感想（1982年〜2002年）【複数回答】

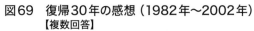
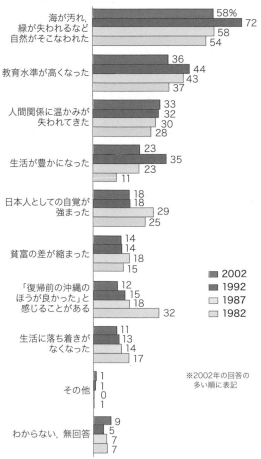

海が汚れ，緑が失われるなど自然がそこなわれた　58% / 72 / 58 / 54

教育水準が高くなった　36 / 44 / 43 / 37

人間関係に温かみが失われてきた　33 / 32 / 30 / 28

生活が豊かになった　23 / 35 / 23 / 11

日本人としての自覚が強まった　18 / 18 / 29 / 25

貧富の差が縮まった　14 / 14 / 18 / 15

「復帰前の沖縄のほうが良かった」と感じることがある　12 / 15 / 18 / 32

生活に落ち着きがなくなった　11 / 13 / 14 / 17

その他　1 / 1 / 0 / 1

わからない，無回答　9 / 5 / 7 / 7

■ 2002　■ 1992　□ 1987　□ 1982

※2002年の回答の多い順に表記

図70　暮らし向き（1972年〜2002年）

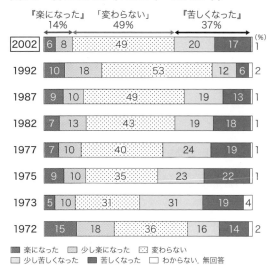

『楽になった』14%　「変わらない」49%　『苦しくなった』37%

年	楽になった	少し楽になった	変わらない	少し苦しくなった	苦しくなった	わからない，無回答
2002	6	8	49	20	17	1
1992	10	18	53	12	6	2
1987	9	10	49	19	13	1
1982	7	13	43	19	18	
1977	7	10	40	24	19	
1975	9	10	35	23	22	1
1973	5	10	31	31	19	4
1972	15	18	36	16	14	2

■ 楽になった　□ 少し楽になった　□ 変わらない
□ 少し苦しくなった　■ 苦しくなった　□ わからない，無回答

図71　今後の暮らし向き（1972年〜2002年）

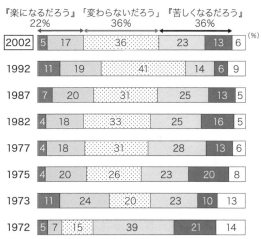

『楽になるだろう』22%　「変わらないだろう」36%　『苦しくなるだろう』36%

年	楽になるだろう	少し楽になるだろう	変わらないだろう	少し苦しくなるだろう	苦しくなるだろう	わからない，無回答
2002	5	17	36	23	13	6
1992	11	19	41	14	6	9
1987	7	20	31	25	13	5
1982	4	18	33	25	16	5
1977	4	18	31	28	13	6
1975	4	20	26	23	20	8
1973	11	24	20	23	10	13
1972	5	7	15	39	21	14

■ 楽になるだろう　□ 少し楽になるだろう　□ 変わらないだろう
□ 少し苦しくなるだろう　■ 苦しくなるだろう　□ わからない，無回答

う」が36％で，1992年の調査に比べ，『楽になるだろう』と「変わらないだろう」が減って，『苦しくなるだろう』が増えることとなった（図71）。

このように，『苦しくなった』や『苦しくなるだろう』が再び増加したのはなぜだろうか。この背景には，まず日本全体の景気が後退した時期と重なったことが影響していると考えられる。バブル経済崩壊による低迷から立ち直れずにいた日本であるが，1997年のアジア通貨危機をきっかけに，その年の秋には，山一証券，北海道拓殖銀行が相次いで経営破綻し，国内の金融危機が問題となった。政府による

経済対策が行われたものの，その影響は日本全体に及び，そうしたことが沖縄の人々の暮らし向きに対する意識にも表れたとみることができる。これに加えて，沖縄の人々にさらに影響を与えたのが2001年に起きた同時多発テロ事件である。この影響について，次の質問をみていく。

2001年9月に起きた同時多発テロ事件があなたの暮らしや仕事に影響しているかを尋ねた

ものだ。「影響している」が40％，「影響していない」が53％で，「影響していない」と回答した人の方が多かったが，それでも4割の人は「影響している」と答えた（図72）。「影響している」と答えた人に，どのような影響があるかを尋ねたところ（複数回答：いくつでも可），「仕事の上で取引先の経営が悪化した」が34％，「収入が減った」が32％，「働き口が少なくなった」が29％などと，仕事や収入に関わる影響が上位を占めた（図73）。

当時の沖縄の状況をみてみる。まず観光客の推移をみると，2000年の九州・沖縄サミットに向けて観光客数，観光収入とも右肩上がりの状態にあった沖縄だったが，2001年の同時多発テロ事件を受けて，アメリカに関連する施設が狙われるのではないかと不安が広がり，アメリカ軍基地が多数存在する沖縄への修学旅行が相次いでキャンセルになるなど，沖縄への旅行者が減少し，経済の主流を占めるようになっていた観光産業が大きな打撃を受けた[28]。これは，沖縄の1人あたりの県民所得にも表れている。1990年代はバブル経済崩壊などの影響もあって，上下動を経ながら，2000年に過去最高となる210万円に達した。しかし，同時多発テロ事件があった2001年には前年より3万円下がって207万円に，2002年にはさらに2万円下がって205万円に落ち込むなど，所得面での影響もみられた[29]。こうしたことが暮らし向きについて，悲観的な回答をする人が増えるようになった背景にあると考えられる（図74，75）。

図72　同時多発テロの影響（2002年）

図73　どのような影響があるか（2002年）
【該当者：複数回答（いくつでも）】

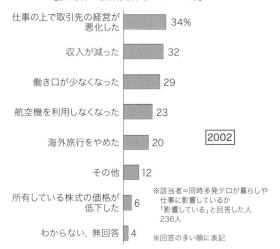

仕事の上で取引先の経営が悪化した　34％
収入が減った　32
働き口が少なくなった　29
航空機を利用しなくなった　23
海外旅行をやめた　20
その他　12
所有している株式の価格が低下した　6
わからない，無回答　4

2002

※該当者＝同時多発テロが暮らしや仕事に影響しているか「影響している」と回答した人236人
※回答の多い順に表記

図74　沖縄の観光客，観光収入推移（1991年～2001年）

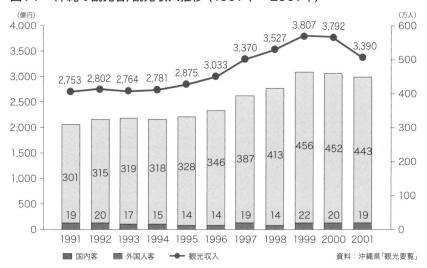

2,753　2,802　2,764　2,781　2,875　3,033　3,370　3,527　3,807　3,792　3,390

301　315　319　318　328　346　387　413　456　452　443
19　20　17　15　14　14　19　14　22　20　19

■ 国内客　■ 外国人客　●─ 観光収入　　　　　資料：沖縄県「観光要覧」

図75　1人あたりの県民所得（1990年〜2002年）

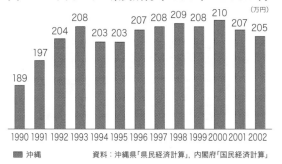

資料：沖縄県「県民経済計算」，内閣府「国民経済計算」

図76　国や県に力を入れてほしいこと（1977年〜2002年）【複数回答：3つまで】

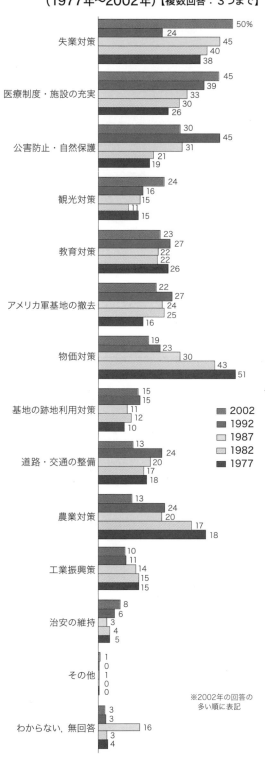

※2002年の回答の多い順に表記

　このような状況の中，国や県に力を入れてほしいことについて，どのように考えていたのかをみてみる。複数回答（3つまで）で尋ねたところ，「失業対策」が50％，「医療制度・施設の充実」が45％，「公害防止・自然保護」が30％，「観光対策」が24％，「教育対策」が23％，「アメリカ軍基地の撤去」が22％などとなって，1992年に大きく減少していた「失業対策」が2002年には2倍に増えて，再び最も多くなった（図76）。

　2000年前後の沖縄の雇用状況をみてみよう。総務省と沖縄県の「労働力調査」によると，沖縄，全国ともに，完全失業率が徐々に上昇していく傾向にあったが，沖縄では，1999年に8.3％に達したあと，同時多発テロ事件があった2001年には8.4％と，この10年で最も高くなった[30]。このように，当時の沖縄の雇用情勢は再び厳しくなっていて，こうしたことが調査結果にも表れたと考えられる（図77）。

図77　完全失業率（1990年〜2002年）

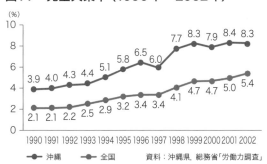

資料：沖縄県，総務省「労働力調査」

IV-2　変わり始めた米軍への意識

（1）米軍基地の必要性

　沖縄のアメリカ軍基地に対する意識はどうなったのだろうか。日本の安全にとって「必要である」が7％，「やむをえない」が40％，「必要でない」が19％，「かえって危険である」が25％となった。沖縄のアメリカ軍基地を肯定・容認する回答が47％と10年前の調査より12ポイント増えた一方で，否定的な回答は反対に6ポイント減って44％となり，肯定的な回答と否定的な回答が，初めて同じ水準で並んだ（図78）。

図78　沖縄の米軍基地をどう思うか
（1972年〜2002年）

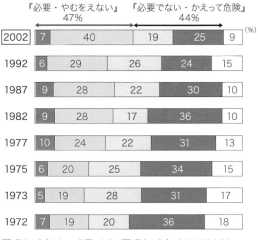

■ 日本の安全にとって必要である　□ 日本の安全のためにやむをえない
□ 日本の安全に必要でない　■ 日本の安全にとってかえって危険である
□ わからない, 無回答

　沖縄への自衛隊の配備については，日本の安全にとって「必要である」が19％，「やむをえない」が48％，「必要でない」が16％，「かえって危険である」が7％で，自衛隊の配備を肯定・容認する回答が67％と7割近くに達した（図79）。

　世界に大きな衝撃を与えた2001年の同時多

図79　沖縄への自衛隊の配備
（1975年〜2002年）

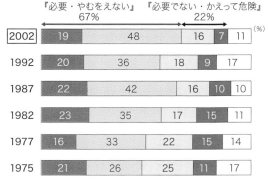

■ 日本の安全にとって必要である　□ 日本の安全のためにやむをえない
□ 日本の安全に必要でない　■ 日本の安全にとってかえって危険である
□ わからない, 無回答

発テロ事件であったが，事件を受けて日本の安全に対する考え方が変わったかどうかを複数回答（いくつでも可）で尋ねた。「日本もテロの被害を受ける恐れがあると感じるようになった」が63％，「日本も戦争に巻き込まれる恐れがあると感じるようになった」が52％，「危機管理や国際的な情報収集の体制の整備が必要だと思うようになった」が37％などとなった（図80）。

　同時多発テロ事件は，沖縄のアメリカ軍基地に対する意識にどのような影響を与えたのか。それをみるため，両者の質問への回答についての関係をみた。同時多発テロ事件を受けて，「国を守るためには軍事力が必要だと思うようになった」と答えた人では，アメリカ軍基地に対して『必要・やむをえない』が70％で全体の47％を大きく上回った一方，「軍縮や武器輸出の禁止など，平和外交が必要だと思うようになった」と答えた人では，『必要でない・かえって危険』が63％で全体の44％を上回っていて，同時多発テロ事件を受けて，国を守るために軍事力が必要だと感じるようになった人ほど，アメリカ基地の必要性を感じていることがわかった（表2）。

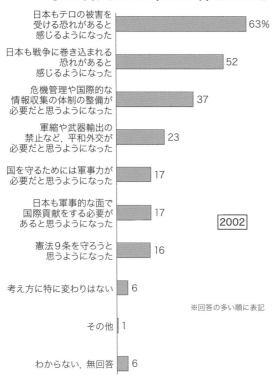

図80　同時多発テロを受けて，安全保障面で
　　　考えが変わったこと（2002年）【複数回答】

日本もテロの被害を
受ける恐れがあると
感じるようになった　63%

日本も戦争に巻き込まれる
恐れがあると
感じるようになった　52

危機管理や国際的な
情報収集の体制の整備が
必要だと思うようになった　37

軍縮や武器輸出の
禁止など，平和外交が
必要だと思うようになった　23

国を守るためには軍事力が
必要だと思うようになった　17

日本も軍事的な面で
国際貢献をする必要が
あると思うようになった　17

憲法9条を守ろうと
思うようになった　16

考え方に特に変わりはない　6

2002

※回答の多い順に表記

その他　1

わからない，無回答　6

表2　沖縄の米軍基地（「同時多発テロの影響」
　　　の回答別）（2002年）
（人）

	全体	同時多発テロで考えが変わったこと		
		テロ被害の恐れ	軍事力が必要	平和外交が必要
	587	368	98	137

沖縄の米軍基地
（%）

『必要＋やむをえない』	47	48	70	34
『必要でない＋かえって危険』	44	44	26	63
わからない，無回答	9	9	4	4

　部分は全体の数値より高いことを表す

（2）米軍基地への本心は変わらず

　続いて，アメリカ軍基地について，どのような気持ちを持っているか尋ねた。「全面撤去すべき」が21％，「本土並みに少なくすべき」が55％，「現状のままでよい」が19％と，「本土

並みに少なくすべき」が半数を超え，「全面撤去すべき」の2倍以上となった。ただ，1982年から2002年までの推移をみると，「全面撤去すべき」と「本土並みに少なくすべき」を合わせた『撤去・縮小』の全体に占める割合は大きくは変化しておらず，その内訳である「全面撤去」が減って，「本土並みに少なくすべきだ」が増えていることがわかる。この背景には，アメリカ軍基地の撤去・縮小をいくら望み続けても，一向に基地がなくならない現状に対して，基地の全面的な撤去が難しいのなら，せめて本土並みに減らしてほしい。そんな現実的な判断をせざるを得なかった沖縄の人々の気持ちが表れているとみることもできよう（図81）。

図81　沖縄の米軍基地をどうしたらよいか
　　　（1982年〜2002年）

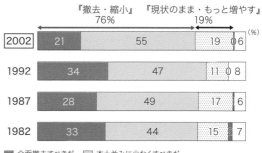

『撤去・縮小』76%　　『現状のまま・もっと増やす』19%

2002	21	55	19	06
1992	34	47	11	08
1987	28	49	17	6
1982	33	44	15　2	7

■ 全面撤去すべきだ　□ 本土並みに少なくすべきだ
▨ 現状のままでよい　■ もっと増やすべきだ　□ わからない，無回答

　一方で，日米両政府は，1996年に出したSACO（沖縄に関する特別行動委員会）の最終報告に基づいて，普天間基地をはじめ，楚辺通信所や牧港補給地区の返還など，沖縄のアメリカ軍基地の整理・縮小を進めていくこととなった。そうした中，沖縄のアメリカ軍基地の整理・縮小は進んだと思うかを尋ねた。「進んだ」が24％，「進んでいない」が50％，「どちらともいえない」は15％で，「進んでいない」が半数にのぼったものの，「進んだ」と答えた人も4人に1人の割合にのぼった（図82）。

整理・縮小が「進んでいない」と答えた人に、「進んでいない」理由を尋ねたところ、「国がアメリカとの交渉を積極的に進めないため」が33％、「アメリカ軍が沖縄の基地を重視しているため」が30％、「他に基地を移転することが難しいため」が20％などとなった（図83）。

図82 米軍基地の整理・縮小進んだか（2002年）

	進んだ	進んでいない	どちらともいえない	わからない, 無回答
2002	24	50	15	11

図83 整理・縮小「進んでいない」理由（2002年）【該当者：1つだけ回答】

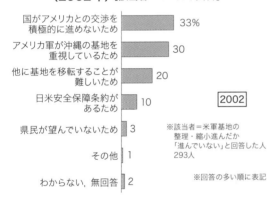

2002

項目	%
国がアメリカとの交渉を積極的に進めないため	33%
アメリカ軍が沖縄の基地を重視しているため	30
他に基地を移転することが難しいため	20
日米安全保障条約があるため	10
県民が望んでいないため	3
その他	1
わからない, 無回答	2

※該当者＝米軍基地の整理・縮小進んだか「進んでいない」と回答した人293人

※回答の多い順に表記

図84 本土の人は沖縄の人の気持ちを理解しているか（1973年〜2002年）

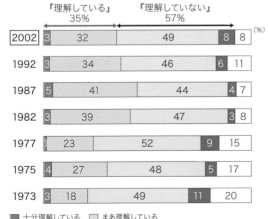

『理解している』35%　　『理解していない』57%

	十分理解している	まあ理解している	あまり理解していない	まったく理解していない	わからない, 無回答
2002	3	32	49	8	8
1992	3	34	46	6	11
1987	5	41	44	4	7
1982	3	39	47	3	8
1977	1	23	52	9	15
1975	4	27	48	5	17
1973	3	18	49	11	20

（3）本土の人との距離感は広がる

続いて、本土の人は沖縄の人の気持ちを理解していると思うかという質問についてみてみよう。『理解している』が35％、『理解していない』が57％で10年前の調査より5ポイント上がって、1992年に続いて、『理解している』と『理解していない』の差が広がることとなった（図84）。

Ⅳ-3 第Ⅳ章まとめ

1992年から2002年にかけての10年間は、沖縄にとっては、激動の時代だった。1990年代に入っても観光客が増えていく「沖縄ブーム」と呼ばれた状況などもあって、沖縄の本土復帰について、8割近くの人が『よかった』と答えるなど、肯定的にとらえる人が多数を占めた。その一方で、1997年のアジア通貨危機をきっかけとした国内の金融危機にともなう景気の後退や、2001年に起きた同時多発テロ事件は沖縄にも大きな影を落とし、暮らし向きが悪化したと答えた人が増えることとなった。そうしたことを受けて、1980年代には縮まりつつあった、本土の人との距離感を表す、本土の人は沖縄の人の気持ちを理解していると思うかという質問への回答は、1992年に続いて再び悪化していった。他方、アメリカ軍基地が沖縄に残っていることについて容認する人が増えた。それは復帰後も基地が存続し、基地の存在が既成事実化していく中で、同時多発テロ事件とその後のアフガン戦争などを受けて、自衛隊との連携が強化され、存在感を増すアメリカ軍基地を受け入れざるを得ない。その一方で、「全面撤去」までは求めないが、「基地は本土並みに少なくすべき」と思う人が増えたことに表れているように、本音では沖縄から基地はなくなってほ

しいが，それができないなら，せめて本土と同じくらいにアメリカ軍の基地を減らしてほしい。そうした沖縄の人々の複雑な心境を感じ取ることができた復帰30年の調査結果となった。

復帰40年
振り回された県民の思い

V-1　本土復帰「評価」は安定

V-1-1)　2012年までの10年間の歩み

　沖縄の人々の意識の変化がみられた復帰30年（2002年）の調査だったが，復帰から40年となった2012年の調査[31]では，どのような傾向がみられたのだろうか。まず2002年の前回の調査から，2012年の調査までの間の大きな出来事をふりかえっていくこととしよう。

　2009年の衆議院選挙によって，政権が交代し，民主党政権が誕生した。衆議院選挙の際に，党代表だった鳩山由紀夫元総理大臣が，普天間基地の移設先について，「最低でも県外」と発言したことから，沖縄の人々の間で，長年叶えられることがなかった思いを受け入れてもらえるのではないかと期待が高まった。しかし，いったん決まった計画を変更して，沖縄以外に基地を移すことにアメリカ側だけでなく，日本政府の中でも否定的な意見が多かったこともあり，鳩山元総理大臣の発言は，二転三転することになり，最終的に撤回せざるを得ないこととなった。こうした現実を目の当たりにし，沖縄の人々は，大きな失望とともに，不信感を膨らませることとなった。

　さらに追い打ちをかけたのが，ミサイル発射や核実験を繰り返した北朝鮮と海洋進出を進めていた中国の動きである。このうち，中国は，沖縄県に属する尖閣諸島沖に頻繁に公船や漁船を送り込むようになり，2010年には，中国

の漁船が日本の海上保安庁の巡視船に衝突してくるという事件が発生し，その映像が明らかになったことなどもあり，大きな衝撃をもたらした。沖縄の人々にとって，アメリカ軍基地は沖縄からなくなってほしいが，中国や北朝鮮の脅威は高まるという複雑な状況に置かれることになった。そうした一連の流れの中で行われた2012年の調査結果をみていくこととしよう。

図85　本土復帰の評価（1973年～2012年）

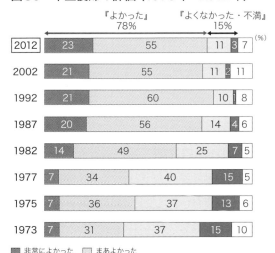

■ 非常によかった　□ まあよかった
□ あまりよくなかった　■ 非常に不満である　□ わからない，無回答

V-1-2）　復帰の「評価」8割程度を維持も課題は山積

（1）本土復帰を「評価」は安定

　本土復帰からの40年間をふりかえったとき，本土復帰についての気持ちを尋ねたところ，「非常によかった」と「まあよかった」を合わせた『よかった』が78%，「あまりよくなかった」と「非常に不満である」を合わせた『よくなかった・不満』が15%で，本土復帰を『よかった』と評価する回答が8割ほどを維持することとなった（図85）。

　1年前と比べた暮らし向きについては，『楽になった』が13%，『苦しくなった』が33%，「変わらない」が54%だった。再び「変わらない」が増えて半数を超えた。前回2002年の調査と比べると，『苦しくなった』が減って，悪化傾向に歯止めがかかった（図86）。

　今後の暮らし向きについては『楽になるだろう』が19%，「『苦しくなるだろう』が40%，「変わらないだろう」が39%で，『苦しくなるだろう』と「変わらないだろう」がともに，4割ほど

図86　暮らし向き（1972年～2012年）

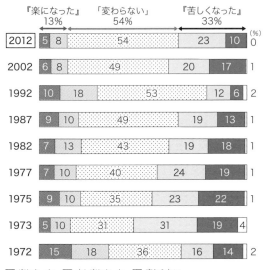

■ 楽になった　□ 少し楽になった　□ 変わらない
□ 少し苦しくなった　■ 苦しくなった　□ わからない，無回答

図87　今後の暮らし向き（1972年～2012年）

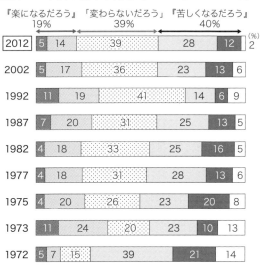

■ 楽になるだろう　□ 少し楽になるだろう　□ 変わらないだろう
□ 少し苦しくなるだろう　■ 苦しくなるだろう　□ わからない，無回答

を占めた。2002年の調査に比べると，変化はみられなかった（図87）。

国や県に力を入れてほしいことについて尋ねたところ（複数回答：3つまで），「医療制度・施設の充実」が55％，「失業対策」が52％，「教育対策」が36％，「アメリカ軍基地の撤去」が24％，「観光対策」が22％，「農業対策」が20％，「公害防止・自然保護」が18％などとなった。「失業対策」は依然上位にあるが，2002年の前回調査と比べると，「医療制度・施設の充実」と「教育対策」が大きく増えることになった（図88）。「医療制度・施設の充実」は，これまでも増加傾向にあったが，さらに増えて，最も多くなった背景には，2009年に新型インフルエンザが全国的に流行し，沖縄県でも，医療体制の充実を求める県民が多くなったことがあると考えられる。

（2）便利になる生活と負の側面

復帰40年を振り返っての感想（複数回答・いくつでも可）については，「海が汚れ，緑が失われるなど自然がそこなわれた」が54％，「人間関係に温かみが失われてきた」が33％，「教育水準が高くなった」が32％，「生活が豊かになった」が26％などとなった（図89）。「教育水準が高くなった」や「生活が豊かになった」などプラス面の評価も一定数みられるが，「自然がそこなわれた」や「人間関係に温かみが失われてきた」などマイナス面の評価が多くなった。このうち，「海が汚れ，緑が失われるなど自然がそこなわれた」は，公害が問題になっていた1992年に大きく増加したが，その後は対策がとられたことなどもあって，減少傾向が続いている。

こうした意識は，沖縄の開発と自然保護に関する質問の回答にも表れている。沖縄で進

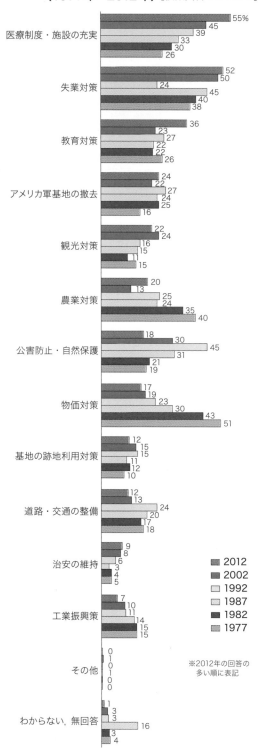

図88 国や県に力を入れてほしいこと
（1977年〜2012年）【複数回答：3つまで】

※2012年の回答の多い順に表記

■ 2012
■ 2002
□ 1992
□ 1987
■ 1982
□ 1977

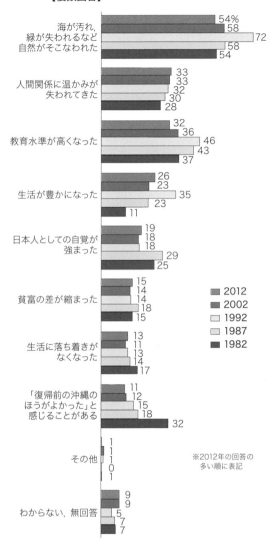

図89　復帰40年の感想（1982年〜2012年）
【複数回答】

海が汚れ,
緑が失われるなど
自然がそこなわれた
54%
58
72
58
54

人間関係に温かみが
失われてきた
33
33
32
30
28

教育水準が高くなった
32
36
46
43
37

生活が豊かになった
26
23
35
23
11

日本人としての自覚が
強まった
19
18
18
29
25

貧富の差が縮まった
15
14
14
18
15

生活に落ち着きが
なくなった
13
11
13
14
17

「復帰前の沖縄の
ほうがよかった」と
感じることがある
11
12
15
18
32

その他
1
1
1
0
1

※2012年の回答の
多い順に表記

わからない, 無回答
9
9
5
7
7

■ 2012
■ 2002
□ 1992
□ 1987
■ 1982

図90　沖縄の開発と自然保護
　　　（1992年〜2012年）

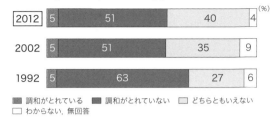

	調和がとれている	調和がとれていない	どちらともいえない	わからない, 無回答
2012	5	51	40	4
2002	5	51	35	9
1992	5	63	27	6

（%）

■ 調和がとれている　■ 調和がとれていない　□ どちらともいえない
□ わからない, 無回答

図91　沖縄の経済発展の方向
　　　（1975年〜2012年）

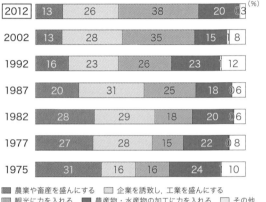

2012	13	26	38	20	0	3
2002	13	28	35	15	1	8
1992	16	23	26	23	1	12
1987	20	31	25	18	0	6
1982	28	29	18	20	0	6
1977	27	28	15	22	0	8
1975	31	16	16	24		10

（%）

■ 農業や畜産を盛んにする　□ 企業を誘致し, 工業を盛んにする
■ 観光に力を入れる　■ 農産物・水産物の加工に力を入れる　□ その他
□ わからない, 無回答

業を誘致し，工業を盛んにする」が26％，「農
産物・水産物の加工に力を入れる」が20％，
「農業や畜産を盛んにする」が13％で，2002
年の前回調査と同じように，「観光に力を入れ
る」が最も多くなった（図91）。

V-2　変わる安全保障の意識

V-2-1）　米軍基地への意識

（1）米軍基地容認が初めて多数に

　沖縄のアメリカ軍基地については，日本の安
全にとって「必要である」が11％，「やむをえ
ない」が45％，「必要でない」が21％，「かえっ
て危険である」が17％で，沖縄のアメリカ軍基
地を肯定・容認する意見が初めて5割を超え，
56％に達した（図92）。

められている開発は，自然保護と調和がとれて
いると思うかを尋ねたところ，「調和がとれて
いる」が5％，「調和がとれていない」が51％，「ど
ちらともいえない」が40％となった。公害問題
が意識されていた1992年に「調和がとれてい
ない」が6割を超え，2002年以降はその割合
が少し下がったものの，依然，半数を占める状
況が続いている（図90）。

　今後，沖縄が経済的に発展していく方向性
については，「観光に力を入れる」が38％，「企

図92　沖縄の米軍基地をどう思うか（1972年〜2012年）

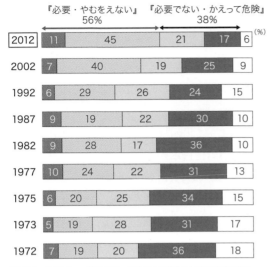

『必要・やむをえない』56%　『必要でない・かえって危険』38%

年	日本の安全にとって必要である	日本の安全のためにやむをえない	日本の安全に必要でない	日本の安全にとってかえって危険である	わからない，無回答
2012	11	45	21	17	6 (%)
2002	7	40	19	25	9
1992	6	29	26	24	15
1987	9	19	22	30	10
1982	9	28	17	36	10
1977	10	24	22	31	13
1975	6	20	25	34	15
1973	5	19	28	31	17
1972	7	19	20	36	18

■ 日本の安全にとって必要である　□ 日本の安全のためにやむをえない
□ 日本の安全に必要でない　■ 日本の安全にとってかえって危険である
□ わからない，無回答

図93　沖縄への自衛隊の配備（1975年〜2012年）

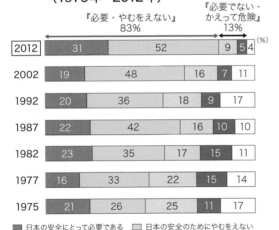

『必要・やむをえない』83%　『必要でない・かえって危険』13%

年	日本の安全にとって必要である	日本の安全のためにやむをえない	日本の安全に必要でない	日本の安全にとってかえって危険である	わからない，無回答
2012	31	52	9	5	4 (%)
2002	19	48	16	7	11
1992	20	36	18	9	17
1987	22	42	16	10	10
1982	23	35	17	15	11
1977	16	33	22	15	14
1975	21	26	25	11	17

■ 日本の安全にとって必要である　□ 日本の安全のためにやむをえない
□ 日本の安全に必要でない　■ 日本の安全にとってかえって危険である
□ わからない，無回答

一方，沖縄への自衛隊の配備については，日本の安全にとって「必要である」が31％，「やむをえない」が52％，「必要でない」が9％，「かえって危険である」が5％で，自衛隊の配備を肯定・容認する意見が83％と，初めて8割を超えた（図93）。

（2）高まる周辺国への脅威

　本章冒頭でも触れたように，2012年の調査の前には，2009年に北朝鮮によるミサイル発射実験と核実験が行われたほか，2000年代に入ってから中国の海洋進出が本格化していくこととなったが，それらの動きに対し，沖縄の人々がどのように思っているのかをみたのが次の質問である。

　日本の周辺にあるロシア，北朝鮮，中国，韓国の4つの国を挙げ，安全保障面でどの程度脅威を感じるかを尋ねた。このうち，北朝鮮については，核開発や弾道ミサイル発射実験などの挑発的行動を紹介した上で，脅威を感じるかを尋ねたところ，『脅威を感じる（大いに＋ある程度）』が88％，『脅威を感じない（あまり＋まったく）』が9％で，9割近くの人が脅威を感じると回答した（図94）。中国については軍事力増強や海洋における活動の拡大・活発化を紹介した上で，脅威を感じるかを尋ねたところ，『脅威を感じる（大いに＋ある程度）』が85％，『脅威を感じない（あまり＋まったく）』が11％で，8割を超える人が脅威を感じると答えた（図95）。北朝鮮と中国に対する脅威は，ロシア（53％）や韓国（62％）に対

図94　北朝鮮に対する脅威（2012年）

『脅威を感じる』88%　『脅威を感じない』9%

	大いに脅威を感じる	ある程度脅威を感じる	あまり脅威を感じない	まったく脅威を感じない	わからない，無回答
沖縄	55	33	7	2	3 (%)

■ 大いに脅威を感じる　□ ある程度脅威を感じる
□ あまり脅威を感じない　■ まったく脅威を感じない
□ わからない，無回答

図95　中国に対する脅威（2012年）

『脅威を感じる』85%　『脅威を感じない』11%

	大いに脅威を感じる	ある程度脅威を感じる	あまり脅威を感じない	まったく脅威を感じない	わからない，無回答
沖縄	47	38	9	2	4 (%)

■ 大いに脅威を感じる　□ ある程度脅威を感じる
□ あまり脅威を感じない　■ まったく脅威を感じない
□ わからない，無回答

する回答を大きく上回って，特に強いことがうかがえる。

さらに，日本が戦争や紛争に巻き込まれたり，他国から侵略を受けたりする危険性がどの程度あると思うかを尋ねた。『危険がある（非常に＋ある程度）』が81％，『危険はない（あまり＋まったく）』は15％で，8割ほどの人が『危険がある』と回答した（図96）。

図96 戦争や紛争に巻き込まれる危険性を感じるか（2012年）

『危険がある』81% ／ 『危険はない』15%

| 沖縄 | 17 | 64 | 14 | 4 | (%) |

- ■ 非常に危険がある　□ ある程度危険がある
- □ あまり危険はない　■ まったく危険はない
- □ わからない，無回答

日本を取り巻く安全保障環境の変化が，沖縄のアメリカ軍基地に対する回答にどのような影響を与えたのか。その関係をみるため，北朝鮮や中国に脅威を感じるかどうかと，日本が戦争や紛争に巻き込まれる危険を感じるかどうかによって，アメリカ軍基地に対する回答に違いがあるかをみた（表3）。

北朝鮮に対し，脅威を『感じる』と答えた人の方が，脅威を『感じない』と答えた人より，沖縄のアメリカ軍基地を『必要・やむをえない』と回答した人が多くなった。中国に対しても，同じように脅威を『感じる』と答えた人で『必要・やむをえない』と答えた人が多くなっ

た。さらに，日本が戦争や紛争に巻き込まれたり，侵略を受けたりする『危険がある』と答えた人では，沖縄のアメリカ軍基地を『必要・やむをえない』と答えた人が多くなったのに対し，『危険はない』と答えた人では，基地を肯定・容認する意見と否定的な意見に違いはみられなかった。

このように北朝鮮や中国など周辺国に脅威を感じ，さらに日本が紛争などに巻き込まれる危険を感じている人ほど，沖縄のアメリカ軍基地について必要だと思う人が多くなっていて，日本を取り巻く安全保障環境の変化がアメリカ軍基地に対する考えにも影響を与えたことが考えられる。

（3）日米安保条約も役立っているが過半数

このように，周辺諸国への脅威を感じる人が多くなる中で，日米安全保障条約や日米同盟に対する意識には，どのような傾向がみられたのだろうか。まず，日本がアメリカと結んでいる日米安全保障条約は，日本の平和と安全にどの程度役立っていると思うかを尋ねた。『役立っている（非常に＋ある程度）』が53％，『役立っていない（あまり＋まったく）』が37％で，『役立っている』が半数を超えた。2012年の調査からは，沖縄と全国（沖縄県も含めた日本全体）を比較するため，同じ時期に同じ質問文を使って全国を対象とした調査も行った。以

表3 沖縄の米軍基地（「北朝鮮への脅威」「中国への脅威」「紛争に巻き込まれる危険」別）（2012年）

(人)

	全体	北朝鮮への脅威		中国への脅威		紛争に巻き込まれる危険	
		『感じる』	『感じない』	『感じる』	『感じない』	『危険ある』	『危険ない』
	1,123	991	96	953	121	913	167

沖縄の米軍基地

(%)

	全体	北朝鮮への脅威		中国への脅威		紛争に巻き込まれる危険	
		『感じる』	『感じない』	『感じる』	『感じない』	『危険ある』	『危険ない』
『必要・やむをえない』	56	57	51	57	54	58	47
『必要でない・かえって危険』	38	38	44	39	42	38	46
わからない，無回答	6	4	5	4	4	4	7

□ 部分は，層別にみて最も多い回答（互いに従属な％の差の検定　信頼度95％）

下，必要に応じて全国との違いも紹介していく。上記の質問について，全国の結果をみると，『役立っている』が75％にのぼり，このうち，「非常に役立っている」が沖縄の2倍以上となり，全国のほうが日米安保条約が役立っていると思っている人が多く，沖縄との意識の違いがみられた（図97）。

図97　日米安保条約は役立っているか（2012年）

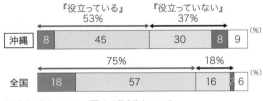

次に，アメリカとの同盟関係を，今後どうしていくべきだと思うかを尋ねたところ，「同盟関係をより強化していくべきだ」が12％，「現状のまま維持していくべきだ」が34％，「協力の度合いを今より減らしていくべきだ」が35％，「日米安保の解消を目指していくべきだ」が8％となった（図98）。「強化していくべき」と「現状維持」を合わせた日米同盟に肯定的な回答が46％，「協力の度合いを減らす」「解消をめざす」を合わせた否定的な回答が44％で並び，意見が分かれる結果となった。

図98　日米同盟を今後どうしていくべきか（2012年）

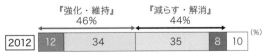

ここまでみてきたように，北朝鮮や中国に対して脅威を感じる人が多かったこともあって，

沖縄のアメリカ軍基地や日米安全保障条約について肯定的な回答が多くなったが，一方で，日米同盟の今後については，意見が分かれることになった。では，アメリカ軍基地や安全保障に関する他の質問への回答についてはどうなったのだろうか。

（4）基地の撤去・縮小望む思いは変わらず

沖縄のアメリカ軍基地についての気持ちを尋ねたところ，「全面撤去すべき」が22％，「本土並みに少なくすべき」が56％，「現状のままでよい」が19％，「もっと増やすべきだ」が1％となった。2002年の調査と比べると，それぞれの回答の割合に大きな変化はみられなかった（図99）。

図99　沖縄の米軍基地をどうすべきか（1982年〜2012年）

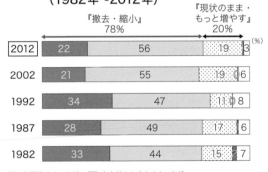

在日アメリカ軍の専用施設の74％が沖縄に集中していることについて尋ねた。『おかしいと思う（「どちらかといえば」を含む）』が86％，『おかしいと思わない（「どちらかといえば」を含む）』が12％で，多くの人が『おかしいと思う』と回答した。全国では『おかしいと思う』と回答した人が68％で沖縄を下回った。さらに，回答の内訳をみると，沖縄ではより強くそう思う「おかしいと思う」が57％だったのに対し，全国では25％にとどまっていて，沖縄の人の方

が全国の人より強く，アメリカ軍基地が沖縄に集中していることをおかしいと思っていることがはっきりと表れる結果となった（図100）。

図100　沖縄への米軍基地の集中（2012年）

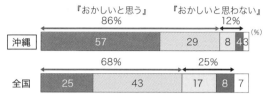

図102　基地の整理・縮小「進んでいない」理由
（2002年・2012年）【該当者：1つだけ回答】

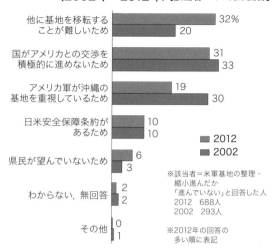

結局，県外に移転先を見つけられず，頓挫したことから，沖縄以外に基地を移転することが難しいと思うに至る人が増えたためと考えられる。

続いて，沖縄のアメリカ軍基地の整理・縮小は進んだと思うかを尋ねた。「進んだ」が22％，「進んでいない」が61％，「どちらともいえない」が12％で，「進んでいない」が2002年より10ポイントほど増えて，6割を占めた（図101）。

図101　米軍基地の整理・縮小進んだか
（2002年・2012年）

アメリカ軍基地の整理・縮小が「進んでいない」と答えた人に，「進んでいない」と思う理由を1つだけ挙げてもらったところ，「他に基地を移転することが難しいため」が32％，「国がアメリカとの交渉を積極的に進めないため」が31％，「アメリカ軍が沖縄の基地を重視しているため」が19％などとなった（図102）。2002年の調査と比べて，「他に基地を移転することが難しいため」と回答した人が多くなった。これは普天間基地の移設先について，鳩山元総理大臣が「最低でも県外」と発言したものの，

（5）普天間基地「辺野古」移設反対が多数

さらに，アメリカ軍普天間基地の返還にあたって，代わりの施設（以下，代替施設）を名護市辺野古に移設することへの賛否を尋ねた。「どちらかといえば賛成」を含めた『賛成』が21％，「どちらかといえば反対」を含めた『反対』が72％で，『反対』が『賛成』を大きく上回った。全国では，『賛成』が36％，『反対』が45％で，『反対』が『賛成』を上回っているものの，沖縄の方がより反対が多くなっていて，沖縄と全国との意識の違いがみられた（図103）。

図103　普天間基地の辺野古への移設の賛否
（2012年）

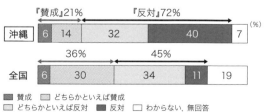

普天間基地の代替施設の名護市への移設について，『反対』と答えた人に，今後どうすべきだと思うかを尋ねたところ，「海外に移設すべきだ」が42％，「代わりの施設は作らずに撤去すべきだ」が25％，「国内の沖縄県以外の場所に移設すべきだ」が24％などとなった（図104）。

図104　辺野古への移設どうすべきか
（2012年）【該当者：1つだけ回答】

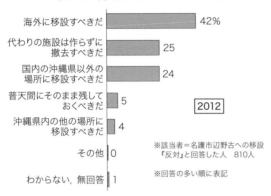

海外に移設すべきだ　42％
代わりの施設は作らずに撤去すべきだ　25
国内の沖縄県以外の場所に移設すべきだ　24
普天間にそのまま残しておくべきだ　5
沖縄県内の他の場所に移設すべきだ　4
その他　0
わからない，無回答　1

2012

※該当者＝名護市辺野古への移設『反対』と回答した人　810人
※回答の多い順に表記

普天間基地の名護市辺野古への移設に『反対』と答えた人たちでは，基地を沖縄県内に作るのではなく，海外に移設するか，基地を作らずに撤去する，あるいは，少なくとも県外に移設すべきだと考えている人が多いことを示す結果となった。

（6）「最低でも県外」への期待と失望

鳩山元総理大臣の発言撤回を受けて，普天間基地の代替施設について，日米両政府が沖縄県内に移設することに改めて合意することとなったが，このことについて，どう思うかを尋ねた。「高く評価する」と「ある程度評価する」を合わせた『評価する』が15％，「あまり評価しない」と「まったく評価しない」を合わせた『評価しない』が80％と，8割ほどの人が評価しないと答えた。全国では，『評価しない』は6割ほどにとどまっていて，特に沖縄県民の反

発が強いことがわかる（図105）。

図105　普天間基地　県内移設で合意の評価
（2012年）

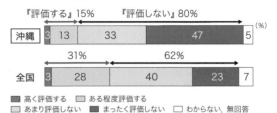

『評価する』15％　　『評価しない』80％
　　　　　　　　　　　　　　　　　　　　　　　（％）
沖縄　3　13　33　47　5
　　31％　　　　62％
全国　3　28　40　23　7

■ 高く評価する　□ ある程度評価する
□ あまり評価しない　■ まったく評価しない　□ わからない，無回答

一方，鳩山元総理大臣が県外移設を目指す姿勢を示したことについては，『評価する』が59％，『評価しない』が36％となっていて，6割ほどの人が評価すると回答し，全国の4割を大きく上回った。最終的には撤回することとなったが，県外移設を目指す姿勢を示したことについては，評価する人が多く，沖縄の人々にとっては，普天間基地の代替施設は沖縄に作ってほしくないと思っている人が多いことをうかがわせるものとなった（図106）。

図106　普天間基地　県外移設表明の評価
（2012年）

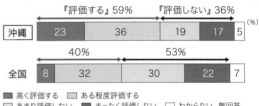

『評価する』59％　　『評価しない』36％
　　　　　　　　　　　　　　　　　　　　　　　（％）
沖縄　23　36　19　17　5
　　40％　　　53％
全国　8　32　30　22　7

■ 高く評価する　□ ある程度評価する
□ あまり評価しない　■ まったく評価しない　□ わからない，無回答

ここまで，アメリカ軍基地や日本を取り巻く安全保障についての意識をみてきたが，基地と沖縄の人々の暮らしとの関わりについては，どのように思っているのだろうか。

（7）米軍基地と暮らし

アメリカ軍基地があなたの暮らしや仕事に役立っていると思うかどうかを尋ねたところ，『役立っている（どちらかといえばを含む）』が29％，

『役立っていない（どちらかといえばを含む）』が69％で，『役立っていない』が多数を占めた。過去の調査結果の推移をみても，アメリカ軍基地は自分たちの暮らしに『役立っていない』と思う人が一貫して多いことがわかる（図107）。

図107　基地は暮らしに役立っているか（1997年〜2012年）

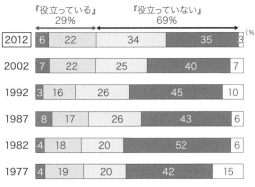

自衛隊についても，暮らしに役立っていると思うかどうかをみてみると，『役立っている』が32％，『役立っていない』が65％で，『役立っている』が徐々に増える傾向にあるものの，アメリカ軍と同じように，『役立っていない』と答えた人が一貫して多数を占めた（図108）。

図108　自衛隊は暮らしに役立っているか（1977年〜2012年）

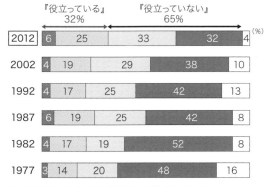

V-2-2）　本土の人は沖縄の人の気持ちを理解しているか

最後に，本土の人は沖縄の人の気持ちを理解していると思うかを尋ねた質問をみてみる。『理解している（十分＋まあ）』が26％，『理解していない（あまり＋まったく）』が71％で7割ほどを占めた。1987年に『理解している』と『理解していない』の差が最も縮まったが，1992年の調査から，再び両者の差が広がるようになり，2002年，2012年と続けて，『理解していない』が増えていった（図109）。

図109　本土の人は沖縄の人の気持ちを理解しているか（1973年〜2012年）

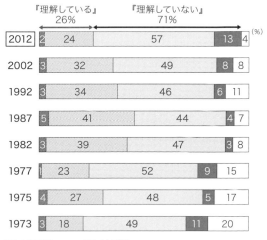

2012年の調査で，本土の人は沖縄の人の気持ちを『理解していない』と思う人がさらに増えたのはなぜなのだろうか。

この要因の1つとして考えられるのが，鳩山元総理大臣の「最低でも県外」発言をめぐって，政治に翻弄された沖縄の人々の複雑な思いである。沖縄の人々が期待した「最低でも県外」という発言が撤回されたことを受けて，日米両政府は普天間基地の代替施設を沖縄県内

表4　本土の人は沖縄の人の気持ちを理解しているか
　　　（普天間「県内移設に合意」の評価，「県内に基地集中」の評価別）
　　　（2012年）

(人)

全体	県内移設に合意		県内に基地集中	
	『評価する』	『評価しない』	『おかしい』	『おかしいとは思わない』
1,123	172	899	963	129

本土の人は沖縄の人の気持ちを理解しているか

(%)

『理解している』	26	38	24	25	34
『理解していない』	71	59	74	72	64
わからない，無回答	4	3	2	2	5

■ 部分は，最も多い回答（互いに従属な%の差の検定　信頼度95%）

に移設することで合意した。このことを『評価しない』と答えた人で，本土の人は沖縄の人の気持ちを『理解していない』が74％となり，『理解している』の24％を大きく上回ることになった（表4）。さらに，在日アメリカ軍基地が沖縄に集中していることを，『おかしいと思う』人で，『理解していない』が72％となり，『理解している』（25％）を大きく上回った（表4）。このように，鳩山元総理大臣の発言に大きな期待を寄せたにもかかわらず，それが撤回され，普天間基地の移設先が県内に戻ってしまったことや，沖縄にアメリカ軍基地が集中している現状が何ら変わらないことに不満を持った人が多くなったことで，こうした状況に置かれている沖縄の人の気持ちを本土の人は理解していないと思う人が多くなったことが背景にあると考えられる。

V-3　第V章まとめ

　2012年の調査では，本土復帰に対して，8割ほどの人が『よかった』と答えるなど，引き続き復帰を評価する意見が多数を占めた。また，2002年に悪化する傾向がみられた暮らし向きについても，2012年には悪化に歯止めがかかるなど，経済的にも持ち直しつつあった。長年

否定的な意見が多数を占めたアメリカ軍基地に対しては，現状を肯定・容認する意見が初めて5割を超えた。それは，北朝鮮や中国など周辺諸国への脅威が高まったことが関係していることともみえてきた。このように，アメリカ軍基地を容認する人が増える一方で，在日アメリカ軍基地の7割が沖縄に集中していることをおかしいと思う人が9割近くに達し，普天間基地の名護市辺野古への移設についても7割の人が反対だった。沖縄の人たちが期待を寄せた，鳩山元総理大臣の普天間基地の移設先を「最低でも県外」にするという発言は撤回されたが，それでも，アメリカ軍基地について，「本土並みに少なくすべき」が半数を超え，「全面撤去」も合わせた基地の撤去・縮小を望む人が多数を占める状況に変わりはなかった。このように，現状では沖縄にアメリカ軍基地が残り続けていることを「やむをえない」と考えるようになっても，本心では，アメリカ軍基地はなくなってほしいと思っている人が依然として多いことの表れでもあった。北朝鮮や中国の動きもあって，アメリカ軍の基地をなくせないのであれば，せめて本土並みに少なくしてほしい。そのような沖縄の人々の思いを改めて感じることができた復帰40年の調査結果となった。

復帰50年
沖縄の人々の思いは

VI-1　本土復帰を「評価」が8割超

VI-1-1）　2022年までの10年間の歩み

最後に，本土復帰から50年の節目に行われた2022年の調査結果[32]をみていこう。前回の調査が行われた2012年から2022年にかけては，2012年の衆議院選挙で自民党が政権に復帰し，安倍政権のもとで，これまで遅々として進まなかった名護市辺野古への基地移設が本格的に動き出すこととなった。沖縄では，2014年に，自民党の県連幹事長を務めた翁長雄志氏が県知事となり，保守と革新がともに普天間基地の名護市辺野古への移設に反対する「オール沖縄」と呼ばれる政治状況が続いた。沖縄県が辺野古沖の埋め立て承認を撤回したことに対し，政府がその撤回を取り消し，沖縄県が政府の決定の違法性を裁判に訴えるという前代未聞の事態になるなど，沖縄と政府との対立は続くこととなった。

一方で，外国人観光客の積極的な受け入れなどもあって，沖縄を訪れる観光客はさらに伸び，過去最高を更新していくこととなる。さらに，観光で沖縄を訪れるだけでなく，移住する人も増え，沖縄県は全国でも数少ない人口増加が続くこととなった。

また，国外に目を転じると，中国の海洋進出は止まらず，尖閣諸島周辺への領海侵入は常態化するようになり，中国の脅威が高まっていくこととなった。

こうした中で迎えた2022年の調査結果をみていくこととしよう。なお，2022年の調査は，新型コロナウイルスの感染拡大の影響を受けて，これまで行ってきた面接法から，郵送法に調査方法を変更したため，これまでの調査と比較はできない。このため，本章では，全国と比較した2022年の結果を紹介していくが，必要に応じて，過去の調査についてもコメントしていく。

VI-1-2）　本土復帰の評価は安定化

（1）本土復帰の「評価」が8割超

本土復帰からの50年をふりかえって，本土復帰の評価を尋ねた。「とてもよかった」と「ある程度よかった」を合わせた『よかった』が84％，「あまりよくなかった」と「まったくよくなかった」を合わせた『よくなかった』が14％となり，本土復帰を評価する回答が評価しない回答を大きく上回った。全国では，沖縄を上回って，9割以上の人が『よかった』と答えた（図110）。

図110　本土復帰の評価（2022年）

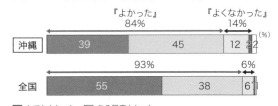

『よかった』と答えた人に，評価の理由を尋ねたところ，「沖縄は日本であることが望ましいから」が50％，「経済的に発展したから」が22％，「県外や外国との交流が盛んになったから」が13％などとなった（図111）。

また，沖縄の復帰直後から国が継続して行ってきた振興策については，『役に立った（非常に＋ある程度）』が79％，『役に立たな

図111　本土復帰「評価」の理由（2022年）
【該当者：1つだけ回答】

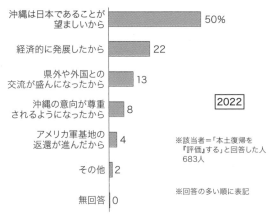

※該当者=「本土復帰を『評価』する」と回答した人683人

※回答の多い順に表記

2022

かった（あまり＋まったく）』が18％だった。沖縄と本土との格差解消，沖縄の経済発展を目指して国が行ってきた振興策については，8割近くの人が『役に立った』と答えた（**図112**）。

図112　国の振興策は役に立ったか（2022年）

（2）米軍基地を肯定・容認が多数に

　沖縄のアメリカ軍基地については，日本の安全にとって，「必要だ」が11％，「やむを得ない」が51％，「必要ではない」が19％，「かえって危険だ」が17％で，「必要だ」と「やむを得ない」を合わせたアメリカ軍基地を肯定・容認する回答が6割に達した。面接法から郵送法に調査方法を変更したため，過去の調査と比較はできないが，「やむを得ない」が初めて50％を超えた（**図113**）。

　沖縄への自衛隊配備については，日本の安全にとって，「必要だ」が37％，「やむを得な

図113　沖縄の米軍基地をどう思うか（2022年）

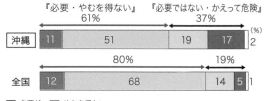

図114　沖縄への自衛隊の配備（2022年）

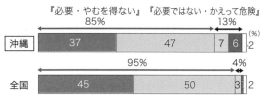

図115　南西諸島への自衛隊の配備（2022年）

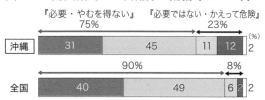

い」が47％，「必要ではない」が7％，「かえって危険だ」が6％で，8割を超える人が沖縄への自衛隊の配備を肯定・容認する結果となった（**図114**）。ただ，全国と比べると，沖縄では，否定的な回答の割合が高く，それは次の質問にも表れている。中国の海洋進出に備えて，新たに宮古島や石垣島などの南西諸島に自衛隊の配備を進めていることについて「必要だ」が31％，「やむを得ない」が45％，「必要ではない」が11％，「かえって危険だ」が12％で，沖縄への自衛隊配備よりも否定的な回答が多くなっていて，自衛隊の配備そのものには賛成でも，それをさらに拡大していくことについては，慎重な見方をする人が多いことをうかがわせる結果となった（**図115**）。

（3）安全保障環境の変化が与えた影響

　2012年から2022年の調査の間に，中国の海洋進出が一層強まることとなったが，日本を取り巻く安全保障環境に対する考えはどうなったのだろうか。

　日本が戦争や紛争に巻き込まれたり，他国から侵略を受けたりする危険性がどの程度あると思うかを尋ねた。『危険がある（非常に＋ある程度）』が82％，『危険はない（あまり＋まったく）』が16％で，『危険がある』と答えた人が8割にのぼった。全国でも8割を超える人（85％）が『危険がある』と回答したが，より強くそう思う「非常に危険がある」は沖縄の方が全国を上回った（図116）。

　次に，日本周辺の中国，韓国，北朝鮮，ロシアの4か国を挙げ，安全保障の面でどの程度脅威を感じるかを尋ねた。中国については，脅威を『感じる（大いに＋ある程度）』が87％，『感じない（あまり＋まったく）』が10％となった（図117）。北朝鮮については，脅威を『感じる（大いに＋ある程度）』が84％，『感じない（あまり＋まったく）』は13％だった（図118）。北朝鮮に対しては，沖縄よりも全国の方がより強くそう思う「大いに感じる」と答えた人の割合が高くなったが，中国に対しては，全国よりも，尖閣諸島が属する沖縄の方がより強く脅威を感じている人の割合が高くなった。

　なお，調査期間中にロシアのウクライナ侵攻があり，ロシアについては，侵攻前と侵攻後で回答傾向が異なることになったが，ロシアに対して脅威を『感じる』人は69％，韓国に対しては42％となった。

　中国や北朝鮮に対する脅威など日本を取り巻く安全保障環境の変化が，沖縄のアメリカ軍基地や日米安保条約に対する回答にどのような影響を与えているかをみた。中国や北朝鮮に対して脅威を『感じる』と答えた人や，日本が戦争や紛争に巻き込まれる『危険がある』と答えた人ほど，沖縄のアメリカ軍基地を『必要＋やむを得ない』と答えた人が多くなった。これは，日米安保条約が日本の平和に役立っていると思うかという質問でも同じ傾向がみられた。つまり，中国や北朝鮮に脅威を感じている，あるいは日本が戦争や紛争に巻き込まれる危険を感じている人ほど，沖縄のアメリカ軍基地が「必要」あるいは「やむを得ない」と考える人が多く，アメリカ軍基地に対する考えにも影響を与えたと考えられる。一方で，中国に対して，脅威を『感じない』と答えた人では，沖縄の

図116　戦争や紛争に巻き込まれる危険（2022年）

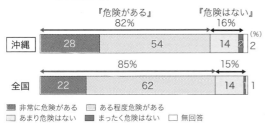

図117　中国に対する脅威（2022年）

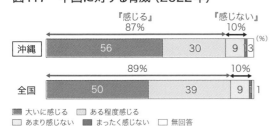

図118　北朝鮮に対する脅威（2022年）

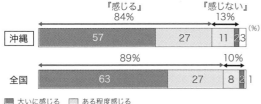

表5　沖縄の米軍基地どう思うか（「中国への脅威」「北朝鮮への脅威」「紛争に巻き込まれる危険」の
　　　回答別）（2022年）

（人）

	全体	中国への脅威		北朝鮮への脅威		紛争に巻き込まれる危険	
		『感じる』	『感じない』	『感じる』	『感じない』	『危険ある』	『危険ない』
	812	704	83	681	106	666	129

沖縄の米軍基地

（%）

	全体	『感じる』	『感じない』	『感じる』	『感じない』	『危険ある』	『危険ない』
『必要＋やむを得ない』	61	65	36	64	51	64	54
『必要ではない＋かえって危険』	37	34	64	35	49	35	47
無回答	2	1	0	1	0	2	0

　　　■ 部分は，層別にみて最も多い回答（互いに従属な％の差の検定　信頼度95％）

アメリカ軍基地について，『必要ではない＋かえって危険』と答えた人が多くなった（表5）。

（4）米軍基地集中などへの不満

　次に，沖縄の基地問題をめぐって，沖縄県が長年訴えてきた項目について，人々がどのように考えているのかをみていく。

　まず，在日アメリカ軍の専用施設のうち，およそ70％が沖縄に集中していることについて，どう思うかを尋ねた。『おかしいと思う（「どちらかといえば」を含む）』が85％，『おかしいとは思わない（「どちらかといえば」を含む）』が13％となった。全国でも，『おかしいと思う』が79％に達し，全体の回答では沖縄と大きな開きはなかったが，回答の内訳をみると，より強くそう思う「おかしいと思う」が，沖縄では56％だったのに対し，全国では24％で，沖縄と全国の間で，アメリカ軍基地が沖縄に集中していることに対する意識の違いがみられた（図119）。

図119　沖縄への米軍基地の集中（2022年）

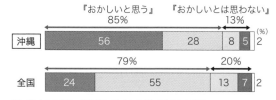

　次に，沖縄にアメリカ軍基地が存在することで，人々を悩ませてきたのは，アメリカ軍関係者による事件や事故が後を絶たないことだった。アメリカ軍基地があることによって，事件や事故に巻き込まれる不安をどの程度感じているかを尋ねた。「非常に感じている」と「ある程度感じている」を合わせた『感じている』が82％，「あまり感じていない」と「まったく感じていない」を合わせた『感じていない』は16％となり，8割ほどの人がアメリカ軍に関連する事件や事故に巻き込まれる不安を感じていると答えた（図120）。

図120　事件・事故に巻き込まれる不安
　　　　（2022年）

　アメリカ軍兵士に関連する事件や事故が起きるたびに問題となるのが基地の整理・縮小とともに，事件や事故を起こしたアメリカ軍兵士を日本の法律に基づいて裁けるようにする日米地位協定の見直しだった。2022年の調査で，日本に駐留するアメリカ軍関係者の権利などを定めた「日米地位協定」について尋ねたところ，「見直す必要がある」が82％，「見直す必要はない」が2％，「どちらともいえない」が14％と

なった。一方，全国では，「見直す必要がある」が69％となっていて，沖縄では，全国よりも「見直す必要がある」と思っている人が多数を占めていることがわかる（図121）。

図121　日米地位協定見直す必要あるか（2022年）

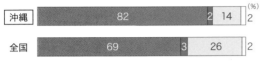

そして，沖縄県と政府の間で長年にわたって対立してきたのが普天間基地の移設である。県内に新たな基地を作ることに反対してきた沖縄県であるが，政府は2018年に埋め立て工事のための土砂投入を開始し，移設に向けた工事が本格的に動き出すこととなった。

この普天間基地の名護市辺野古への移設の賛否について尋ねたところ，『賛成（どちらかといえばを含む）』が34％，『反対（どちらかといえばを含む）』が63％で，『反対』が『賛成』を大きく上回った。これを全国と比較すると，全国では，『賛成』が54％，『反対』が43％で，沖縄県とは対照的な結果となった。2012年に続いて，沖縄と全国との意識の違いがはっきりと表れる結果となった（図122）。

図122　普天間基地の辺野古への移設の賛否（2022年）

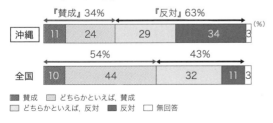

普天間基地の移設について，政府は，基地の返還に向けて必要なものであり，基地を移

設することによって，アメリカ軍基地の整理・縮小につながると説明しているが，基地の整理・縮小について沖縄県民の意向がどの程度反映されていると思うかを尋ねた。「かなり反映されている」「ある程度反映されている」を合わせた『反映されている』が25％，「あまり反映されていない」「まったく反映されていない」を合わせた『反映されていない』が73％で，沖縄では基地の整理・縮小に自分たちの意向が反映されていないと思っている人が多いことがわかる（図123）。

図123　基地の整理・縮小に沖縄の意向反映されているか（2022年）

では，沖縄の人々は，アメリカ軍基地をどうしてほしいと思っているのか。その思いをみるため，沖縄にあるアメリカ軍基地についての気持ちを尋ねた。「全面撤去すべきだ」が16％，「本土並みに少なくすべきだ」が63％，「現状のままでよい」が18％などとなり，「本土並みに少なくすべきだ」が6割を占めた。全国でも「本土並みに少なくすべきだ」が59％にのぼったが，「全面撤去すべきだ」は沖縄の半分以下にとどまった一方で，「現状のままでよい」は沖縄を大きく上回り，ここでも沖縄と全国の間で意識の違いがみられた（図124）。

図124　沖縄の米軍基地をどうすべきか（2022年）

　では，沖縄のアメリカ軍基地の整理・縮小は，どうしたら進むと思うかを尋ねた。沖縄では，「沖縄にあるアメリカ軍基地を本土に分散させる」が40％で最も多くなったが，全国では，「近隣諸国との緊張緩和に向けた外交努力を強化する」が31％で最も多く，次いで「アメリカに基地の整理・縮小を強く働きかける」と「アメリカ軍に依存しなくても済むように自衛力を高める」が26％で並んだ。沖縄で最も多かった「アメリカ軍基地を本土に分散させる」と答えた人は，全国では14％にとどまり，沖縄の人が基地を本土に分散させることによって，沖縄のアメリカ軍基地を本土並みに少なくしてほしいと考えている人が多いのに対し，全国では，沖縄の基地は本土並みに少なくすべきだとは思っているが，本土に分散させることまでは考えていない。そうした人が多いことを反映した結果となった（図125）。

図125　基地の整理・縮小どうしたら進むか
　　　　（2022年）

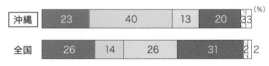

■ アメリカに基地の整理・縮小を強く働きかける
□ 沖縄にあるアメリカ軍基地を本土に分散させる
□ アメリカ軍に依存しなくても済むように自衛力を高める
■ 近隣諸国との緊張緩和に向けた外交努力を強化する
◫ その他　□ 無回答

VI-2　基地と沖縄の経済

（1）基地がなければ経済は成り立たないか

　ここからは，アメリカ軍基地と沖縄の経済との関係についてみていく。沖縄にとって，アメリカ軍基地が大きな存在を占めていることもあり，長らく沖縄の経済は基地に依存していると言われてきた。これについて，沖縄の人々はどう思っているのだろうか。沖縄の経済は，アメ

リカ軍基地がなければ，成り立たないと思うかどうかを尋ねたところ，『そう思う（どちらかといえばを含む）』が42％，『そうは思わない（どちらかといえばを含む）』は56％で，『そうは思わない』が半数以上を占めた。全国と比較すると，全国では『そう思う』が6割近くを占めていて，沖縄と正反対の結果となった。当事者である沖縄の人々の間では，基地がなければ沖縄の経済は成り立たないと思う人よりも，『そうは思わない』人が多くなった。これに対し，全国では，沖縄の経済はアメリカ軍基地がなければ成り立たないと思う人が多くを占めた（図126）。

図126　基地がなければ沖縄の経済は
　　　　成り立たないと思うか（2022年）

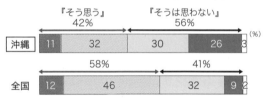

■ そう思う　□ どちらかといえば，そう思う
□ どちらかといえば，そうは思わない　■ そうは思わない　□ 無回答

　アメリカ軍基地は，今後の沖縄経済の発展にプラスだと思うか，マイナスだと思うかを尋ねた。『プラスだ（どちらかといえばを含む）』が49％，『マイナスだ（どちらかといえばを含む）』が48％と，両者が並ぶ結果となった。一方，全国では，7割近くの人が『プラスだ』と答え，

図127　米軍基地は沖縄経済にプラスか
　　　　（2022年）

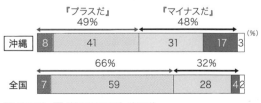

■ プラスだ　□ どちらかといえば，プラスだ
□ どちらかといえば，マイナスだ　■ マイナスだ　□ 無回答

先に紹介した質問と同じように，全国の人の方が，アメリカ軍基地があることで，沖縄の経済発展に役立つと思っている人が多いことがわかる（図127）。

（2）基地は暮らしや仕事に役立っているか

ここまで，沖縄の経済とアメリカ軍基地との関係をみてきたが，ここからは，基地があなたの暮らしや仕事に役立っていると思うかと，個人の視点で質問をした回答をみていく。アメリカ軍基地は，あなたの暮らしや仕事に役立って

図128　米軍基地は暮らしに役立っているか（2022年）

『役立っている』
26%
『役立っていない』
72%

| 沖縄 | 6 | 20 | 33 | 38 | 2 |

(%)

■ 役立っている　　□ どちらかといえば，役立っている
□ どちらかといえば，役立っていない　■ 役立っていない　□ 無回答

図129　『役立っていない』と思う理由（2022年）【該当者：複数回答】

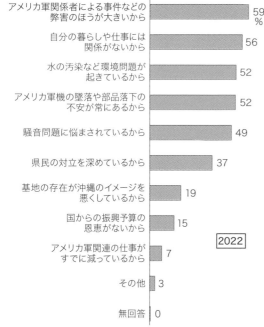

アメリカ軍関係者による事件などの弊害のほうが大きいから	59%
自分の暮らしや仕事には関係がないから	56
水の汚染など環境問題が起きているから	52
アメリカ軍機の墜落や部品落下の不安が常にあるから	52
騒音問題に悩まされているから	49
県民の対立を深めているから	37
基地の存在が沖縄のイメージを悪くしているから	19
国からの振興予算の恩恵がないから	15
アメリカ軍関連の仕事がすでに減っているから	7
その他	3
無回答	0

2022

※該当者＝アメリカ軍基地の存在は暮らしに『役立っていない』と
　回答した人　581人
※回答の多い順に表記

いると思うかを尋ねたところ，『役立っている（「どちらかといえば」を含む）』が26%，『役立っていない（「どちらかといえば」を含む）』が72%で，『役立っていない』が『役立っている』を大きく上回った（図128）。

上記の質問で『役立っていない』と答えた人に，そう思う理由を尋ねたところ（複数回答：いくつでも可），「アメリカ軍関係者による事件などの弊害のほうが大きいから」が59%，「自分の暮らしや仕事には関係がないから」が56%，「水の汚染など環境問題が起きているから」と「アメリカ軍機の墜落や部品落下の不安が常にあるから」が52%，「騒音問題に悩まされているから」が49%などとなった（図129）。このように，沖縄の人々にとって，アメリカ軍の存在は，自分たちの暮らしに恩恵をもたらすものではなく，事件・事故や部品落下，さらに水の汚染などの環境問題や騒音問題など，自分たちに迷惑をかける存在だと考えている人が多く，それが『役に立っていない』と答えた人が多くなった理由だと考えられる。

（3）本土の人は沖縄の人の気持ちを
　　　理解していない

ここまでみてきたように，沖縄にとって，アメリカ軍基地は，経済の面からみても必要なものだとは思っていない人が多いことがわかったが，そのことについては，全国の人と意識が異なることも明らかになった。一方で，沖縄には基地があるから，手厚く国に保護されていると思っている人がいることも事実である。そうした中，国の施策について，あるいは，全国の人たちの沖縄に対する認識について，沖縄の人々がどのように思っているのかをみていく。

沖縄に対する国の施策は，全体として，どの程度，沖縄県の意向を踏まえていると思うかを

尋ねた。『踏まえている（十分に＋ある程度）』が38％，『踏まえていない（あまり＋まったく）』が60％で，国の施策は沖縄県の意向を『踏まえていない』と思う人が多くを占めた（図130）。

図130　国の施策は沖縄県の意向踏まえているか（2022年）

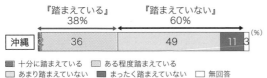

次に，本土の人は沖縄の人の気持ちを理解していると思うかを尋ねた。『理解している（十分に＋ある程度）』が44％，『理解していない（あまり＋まったく）』が54％で，『理解していない』が『理解している』を上回った（図131）。

図131　本土の人は沖縄の人の気持ちを理解しているか（2022年）

『理解していない』と答えた人に，そう思う理由を自由記述で答えてもらった。437人の該当者のうち，361人から回答を得た。その内容をみると，基地問題を挙げる人が多く，「沖縄に基地問題を押し付けている」「沖縄が基地問題で苦しんでいるのに，知らんぷりをしている」「他人事のようでしかない」「沖縄に観光で来ても，沖縄の現状には一切関心がない」といった回答が多くを占めた。それは，沖縄の人々が基地問題で苦しんでいるのに，そうした沖縄の人々の思いや沖縄の現状を本土の人はわかっていない。それが，これまでみてきた本土の人は

沖縄の人の気持ちを理解していないという回答につながっていたことがわかった。

ここまでみてきたように，沖縄の人々にとって，アメリカ軍の存在は，自分たちの暮らしに恩恵をもたらすものではなく，むしろ，事件や事故，部品の落下，環境問題や騒音問題など，自分たちの生活に迷惑をかける存在だと思っている人が多く，それが沖縄の人々のアメリカ軍に対する否定的な見方につながってきたと言えよう。そして，沖縄と全国との意識の差もここに起因していると考えられる。沖縄ではアメリカ軍基地が身近なところにあるがゆえに，自分たちの暮らしに悪影響を与える，一刻も早くなくなってほしい存在だと多くの人に認識されているのに対し，全国では，アメリカ軍基地が身近なところにない人が多いため，沖縄のように一刻も早くなくなってほしいとまでは認識されていないのである。このことが沖縄と全国との認識の違い，ひいては，本土の人は沖縄の人の気持ちを理解していないという思いにつながってきたと考えられる。

日本の面積の0.6％しかない沖縄に，在日アメリカ軍基地のおよそ70％が集中している。このことを沖縄県は長らく政府に訴え，改善を求めてきたが，それが一向に改善されることなく，復帰から50年が経った今も変わることなく，基地が存在し続けている。本土の人は沖縄の人の気持ちを理解していないという思いは，こうした境遇に置かれてきたことへの沖縄の人々の不満であり，やるせない気持ちの表れでもあったと言うことができよう。

VI-3　第VI章まとめ

　復帰から50年が経った沖縄は，経済的にも発展し，本土に復帰して「よかった」と思う人が大半を占めるようになった。しかし，復帰前に多くの住民が望んでいた基地のない暮らしは復帰から50年経っても実現せず，さらに中国など周辺国の脅威が増していることもあって，アメリカ軍基地が残されている現状を「やむを得ない」と考える人が増えてきた。それでも，沖縄にアメリカ軍基地が集中していることを「おかしい」と思い，基地を「本土並みに少なくすべきだ」と思っている人は多数を占めている。さらに基地が身近なところにあることで，「事件・事故に巻き込まれる不安」や「水の汚染」，「騒音問題」など生活への影響は避けられず，そのことが，アメリカ軍基地が身近なところにない人が多い全国の人との意識の違いを生み，ひいては本土の人は沖縄の人の気持ちを理解しないという思いにつながってきたのである。

テーマ分析
（時系列，年層別の変化，沖縄戦の継承と今後の沖縄）

VII-1　時系列比較による分析

　ここからは，これまでみてきた質問のうち，主なものについて，復帰からの50年を通して，沖縄の人々の思いがどのように推移してきたのかをみていく。なお，NHKが行った沖縄に関する調査は，その時々の人々の意識をみることを優先し，政治や社会の動きに合わせて質問文を変えてきたため，継続的な比較ができない部分もあるが，50年にわたって調査を継続してきたことによって，人々の意識の変化をみることができる貴重な資料であることから，本章では，直接比較ができない部分があることを断った上で，合わせて調査結果を紹介することで，沖縄の人々の意識の変遷をみていくこととする。

　なお，調査結果は，これまでに紹介したものを改めて掲載する。2022年の調査は，新型コロナウイルス感染拡大の影響を受け，調査方法をこれまでの面接法から郵送法に変更したため，過去の調査結果と直接比較ができないことから，グラフは分けて紹介する。また質問文や選択肢が異なった過去の調査についても，結果を分けて紹介する。

（1）本土復帰の評価

　本土復帰に対する評価について，本土復帰前の1970年には85%の人が復帰を『歓迎』していた。その後，復帰直前の1972年に行った調査では，本土復帰を『喜べない・不満』と

いう人が4割に達することとなった。さらに質問文が変わることになるが，本土復帰から1年後の1973年の調査では，「あまりよくなかった」「非常に不満である」と否定的な評価が53％と多数を占めるようになった。その後，1975年，1977年までは，否定的な意見が5割ほどを占めていたが，1982年以降は，『よかった』と評価する意見が5割を超え，1987年に評価する意見が8割近くに達した。それ以降は，本土復帰を評価する回答は8割程度を維持するようになり，2022年の調査でも，本土復帰の評価は8割を超えた。沖縄の人々にとって，本土復帰は，いろいろあったが，総じて言えば，『よかった』と多くの人が思うようになったことがうかがえる（**図132**）。

（2）沖縄に残る米軍基地

復帰後も沖縄に残ることとなったアメリカ軍基地については，復帰直前に行った1972年の調査では，日本の安全にとって，「必要でない」「かえって危険である」という否定的な意見が半数以上を占めていた。その後，1970年代後半から「やむをえない」と基地の存在を容認する意見が少しずつ増えていくこととなるが，それでも1990年代までは，アメリカ軍基地に否定的な意見が肯定・容認する意見を上回る状況が続いた。そして，2002年の調査で初めて，

図132 本土復帰の評価（1970年〜2022年）

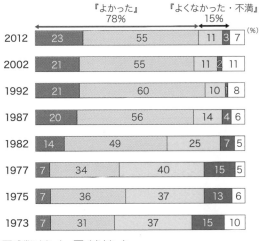

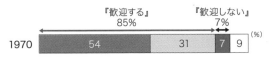

図133 沖縄の米軍基地をどう思うか（1972年〜2022年）

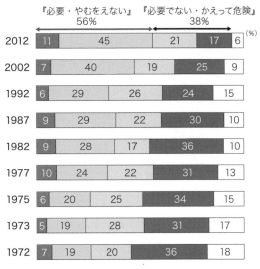

アメリカ軍基地を肯定・容認する意見が否定的な意見を上回り，2012年の調査で，初めて5割を超えた。2022年の調査では，「やむをえない」が50％に達し，「必要だ」も合わせたアメリカ軍基地を肯定・容認する意見は6割に達した（図133）。復帰後も沖縄に残ったアメリカ軍基地に対しては，長らく否定的な意見が多数を占めていたが，復帰から時間が経つにつれ，基地の存在が既成事実化されていく現実と，中国や北朝鮮に脅威を感じる人が増え，アメリカ軍の存在感が増していく中で，「必要」「やむを得ない」と考える人が増えていったと考えられる。

（3）沖縄への自衛隊の配備

　一方，沖縄への自衛隊の配備については，アメリカ軍と異なる動きをみせた。本土復帰直前の1972年調査や復帰後の1973年調査では，自衛隊の配備に反対が多かった。その後，質問が変更されたため，比較はできないが，アメリカ軍基地についての質問と同じ選択肢となった1975年の調査では，「必要である」「やむをえない」が「必要でない」などの否定的な意見を上回ることになった。アメリカ軍基地に対する意見よりも早く，復帰から3年後には自衛隊の配備を肯定や容認する意見が増えていたのである。その後，1982年の調査から「必要である」「やむをえない」と肯定・容認する意見が半数を超えるようになり，アメリカ軍基地に対する考えとは異なった傾向がみられた。この違いが生まれた背景には，すでに紹介しているように，自衛隊が沖縄に配備された直後から，地域でのさまざまな活動を推進してきたこと，さらにアメリカ軍ほど事件・事故を起こすことが多くなかったことなどが影響したと考えられる。それがアメリカ軍に対する意識との違

いを生み出した要因の1つと考えられる（図134）。

（4）米軍基地は暮らしに役立っているか

　1977年にこの質問を始めて以降，一貫して，『役立っていない』が『役立っている』を上回る状況が続いている（図135）。沖縄の経済は，アメリカ軍基地に依存しているという見方がある中で，沖縄の人々にとっては，アメリカ軍基地が自分たちの暮らしや仕事に役立っていると思っている人は多くなく，多数の人は，自分たちの暮らしや仕事には役立っていないと考えていることがわかる。なお，このような傾向は，アメリカ軍基地に対してだけでなく，自衛隊に

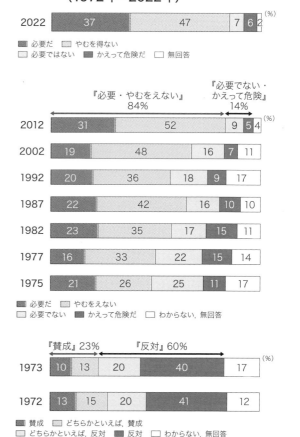

図134　沖縄への自衛隊の配備
　　　　（1972年〜2022年）

図135　米軍基地は暮らしに役立っているか（1977年〜2022年）

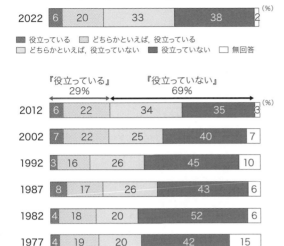

図136　本土の人は沖縄の人の気持ちを理解しているか（1973年〜2022年）

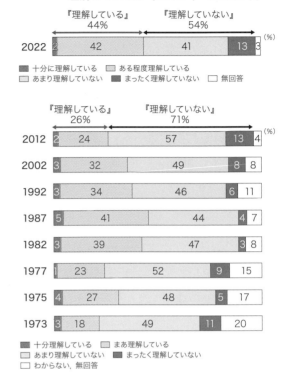

ついても，同じように『役立っていない』と思う人が多数を占めている。

（5）本土の人は沖縄の人の気持ちを理解しているか

　沖縄の人々の気持ちを知る上で鍵となる質問が，1973年の調査から継続して行われてきた「本土の人は沖縄の人の気持ちを理解していると思うか」という質問である**（図136）**。1973年の調査では，『理解していない』が6割近くにのぼったが，海洋博に向けて経済が成長していった1975年には改善の動きがみられた。しかし，海洋博後に景気が落ち込んだ1977年には再び悪化する傾向がみられた。その後，沖縄の経済が発展していく1980年代は，『理解している』と『理解していない』の差が縮まり，1987年には両者の差が最も縮まって，拮抗するまでに至った。しかし，1992年以降，再び，『理解している』と『理解していない』の差が広がっていくこととなった。なお，2022年は，調査方法や質問の構成が異なることも

あり，それまでの調査と比較はできないため，『理解していない』が減ったとは言いきれないことに注意する必要がある。ただ，2022年の調査でも，『理解していない』が半数を超えていて，沖縄の人の気持ちを本土の人は理解していないと思う人が多くを占める状態が長年にわたって続いてきたのである。

　本土の人は沖縄の人の気持ちを理解しているかについては，第Ⅵ章で紹介した2022年の調査で，アメリカ軍基地の負担が沖縄の人々に重くのしかかっていることについて，沖縄の人と本土の人の意識の隔たりが背景にあることをみてきたが，これまでもずっとアメリカ軍基地に対する不満が主な要因を占めてきたのだろうか。それを分析するため，本土の人は沖縄の人の気持ちを『理解していない』が多かった1970年代，『理解している』が増え，『理解し

ていない』が減った1980年代，『理解していない』が再び増え始めた1990年代以降の変化の要因について分析した。その結果，その背景には，1つの要因だけでなく，さまざまな要因がからんでいて，その時代，時代ごとに，主に影響を与えている要因が変わっていることがわかった。このうち，1970年代は，暮らし向きについて『苦しくなった』と答えた人が多かったことや，復帰によって撤去や縮小を期待したアメリカ軍基地がそのまま残ったことに不満を持った人たちが多かったことで，期待したような本土復帰とはならなかったことに対するやりきれない思いが，本土の人は沖縄の人の気持ちを『理解していない』という回答が多くを占める結果につながったと考えられる。一方，1980年代は，基地問題に何ら進展はみられなかったものの，沖縄を訪れる人が増え，経済が発展し，暮らし向きがよくなっていったことで，『理解している』が増え，『理解していない』が減っていくこととなった。しかし，1992年以降，再び両者の差が開いていったが，その要因については，その時ごとに変化していった。1992年の調査では，冷戦の終結によって，アメリカ軍基地の必要性がなくなり，基地が整理されていくのではないかと期待した人たちの思いが叶わなかったこと。2002年には，同時多発テロ事件の影響もあって，沖縄を訪れる旅行者が減り，暮らし向きが『苦しくなった』と答えた人が再び増えていったこと。さらに，2012年は沖縄の人々が大きな期待を寄せた普天間基地の県外移設が頓挫し，結局，県内に移設先が戻ってしまったことに対する，何ともやりきれない思いが影響したと考えられる。そこに共通するのは，いずれも，沖縄の人々にとって，自分たちが満足していない，あるいは自分たちが望んでいない状況に置かれたこと，それに

対する本土の人との意識の差，違いがあったことで，本土の人は沖縄の人の気持ちを『理解していない』という回答につながり，その時々の状況を表すような回答の変遷をたどることになったと考えられる。

（6）沖縄の人々の暮らし向き

「1年前と比べて，あなたの暮らし向きがどうなったか」という質問は，1972年以降，継続的に行われてきた。復帰直前の1972年に行った調査では，『楽になった』と『苦しくなった』が並び，「変わらない」も含め，3つの回答に大きな差はなかった。復帰前後から続いた物価高によって，復帰後の1973年の調査では，『苦しくなった』が大幅に増え，半数を占めた。その後，沖縄の経済が発展し，生活が向上していくにつれ，『苦しくなった』が徐々に減っていき，1992年の調査で，初めて『楽になった』が『苦しくなった』を上回った。しかし，金融危機による景気の後退や，同時多発テロ事件の影響を受けた2002年には『苦しくなった』

図137　暮らし向き（1972年〜2012年）

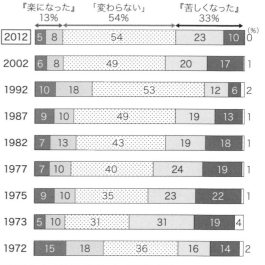

が増えたが，その10年後の2012年には『苦しくなった』が減って，状況が持ち直したことを示すなど，これまでの沖縄の人々の暮らし向きに対する意識がわかる結果となった（図137）。

Ⅶ-2　年層別回答推移分析

　続いて，年層別の回答についてみていく。年層別の分析にあたっては，特に特徴的な動きを見せた20・30代の若年層と60歳以上の高齢層を中心に，調査回ごとの推移をみていく。なお，1970年代や1980年代の調査はサンプル数が少なかったこともあり，年層は10歳ごとではなく，20歳ごとに区切って，20・30代，40・50代，60歳以上の3区分とした。また，年層ごとの回答の推移については，その質問が始まった年，あるいは，復帰から10年ごとのサイクルにあたる年を起点とし，そこから10年，あるいは20年単位で調査結果を紹介していく。なお，グラフの中で1972年と2022年の結果が他の調査年と線でつながっていないのは，選択肢の表現が異なるか，調査方法が異なるためである。

質問テーマごとの年層別回答

（1）本土復帰の評価

　まず本土復帰の評価についてみてみよう。20・30代の若年層では，1972年の調査で復帰を評価する回答と，復帰を評価しない回答が同じ水準で並んでいた。その後，復帰を評価する回答が増えていき，2022年には8割を超える人が復帰を評価していた。一方，60歳以上の高齢層では，1972年の調査から復帰を評価する回答が6割近くを占め，復帰を評価しない回答を大きく上回っていた。その後の推移は，若年層と同じように，復帰を評価する回

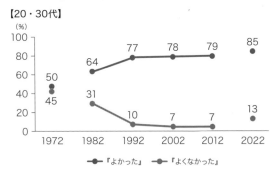

図138　本土復帰の評価（年層別推移）
　　　　（1972年〜2022年）

【20・30代】

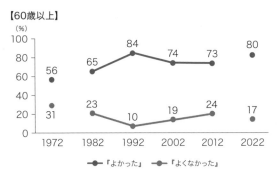

【60歳以上】

答が増えていき，2022年には8割に達していた。40・50代の年層も含め，すべての年層で，復帰を評価する回答が時の経過とともに増えていった（図138）。

　なお，1972年に20・30代だった世代など，それぞれ世代に注目して，回答の推移についても分析したが，全体の回答傾向と大きな変化はないことがわかった。この傾向は，このあと紹介するアメリカ軍基地や自衛隊の配備など，他の質問でも同じように確認できた。

（2）沖縄に残る米軍基地

　年層別の動きをみる前に，回答者全体の傾向を振り返ってみると，アメリカ軍基地に対しては，長らく否定的な回答が肯定的な回答を上回っていたが，2002年以降肯定的な回答が否定的な回答を上回るようになった。次に年層別の回答傾向をみると，20・30代の若年層

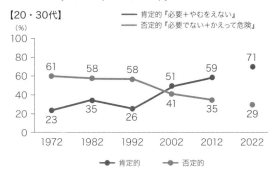

図139 沖縄の米軍基地（年層別推移）
（1972年〜2022年）

【20・30代】

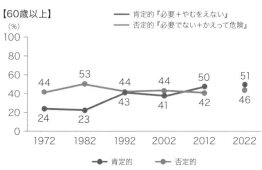

【60歳以上】

図140 自衛隊の配備（年層別推移）
（1972年〜2022年）

【20・30代】

【60歳以上】

では，1992年までは否定的な回答が上回っていたが，2002年以降肯定的な回答が上回り，2022年には，他の年層に比べて，肯定的な回答と否定的な回答の差が最も大きくなった。一方，高齢層では，1972年から1982年までは基地に否定的な回答が肯定的な回答を上回っていたが，1992年に並んだあとは，同じような水準で推移していった（図139）。

（3）沖縄への自衛隊配備

　沖縄への自衛隊の配備については，これに関する質問が初めて行われた1972年の調査では，各年層とも反対が賛成を上回り，特に，若年層で反対が多かった。1975年以降は，質問文が変わったこともあり，直接比較はできないが，いずれの年層でも自衛隊の配備に肯定的な回答と否定的な回答が同じ水準で並んだ。それ以降は，肯定的な回答が増えていっ

た。そして，2022年には，20・30代の若年層で肯定的な回答が95％に達し，他の年層と大きく差が開いた。高齢層ではその差が50ポイントほどで他の年層より小さかった（図140）。

（4）暮らし向き

　暮らし向きについては，その時々の経済情勢を受けて，各年層とも『楽になった』と『苦しくなった』が上下動を繰り返しているが，他の年代に比べ，働き盛りであり，家族を持っている人が多い40・50代で，その変化が最も大きくなった。

　暮らし向きの全体的な回答傾向を振り返ってみると，沖縄の経済発展にともなって，1992年の調査にかけて『苦しくなった』が減り，改善していく傾向がみられたが，同時多発テロ事件を受けて，2002年の調査で，再び悪化に転じることになった。こうした動きを最も反映し

図141　暮らし向き（年層別推移）
（1972年～2012年）

【20・30代】

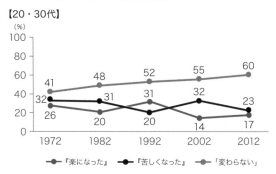

【40・50代】

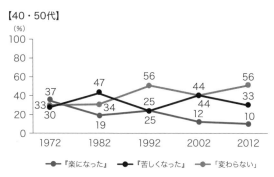

【60歳以上】

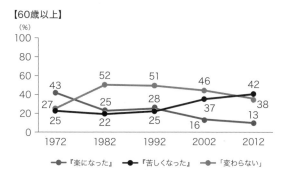

みると，さらに，どの年層で，最も影響を受けているのかがわかる結果となった（図141）。

（5）本土の人は沖縄の人の気持ちを　　　理解しているか

　本土の人は沖縄の人の気持ちを理解しているかについては，1970年代は，『理解していない』が多く，1980年代に入って，その割合が下がっていったが，1990年代以降再び増加するという経過をたどった。これを年層ごとにみると，それぞれの年層で異なる動きをみせた。このうち，20・30代の若年層では，『理解していない』が常に『理解している』を上回る結果となった。一方，40・50代の年層では，1975年には『理解していない』が多かったが，1992年以降は『理解していない』が上回る結果となった。上記の2つの年層と異なる動きをみせたのが60歳以上の高齢層である。1975年には『理解していない』が多かったが，1982年から1992年にかけて『理解している』が上回るようになった。しかし，2002年から2012年にかけては，再び『理解していない』が逆転し，『理解している』を上回る結果となった（図142）。

　上記の結果を『理解している』と『理解していない』の回答に分けて，それぞれ年層別の変化をみると，調査年ごとの推移は，同じような動きを示していて，20・30代より40・50代，40・50代より60歳以上と，年層が上がるにつれ，変化の幅が大きいことがわかる（図143・144）。先にみたように，本土の人は沖縄の人の気持ちを理解しているかについては，その時々の暮らし向きやアメリカ軍基地に対する意識などさまざまな要因が絡んでいるが，そこに共通するのは，沖縄の人々にとって，自分たちが望まない状況に置かれたことに対するや

ていたのが先ほど紹介した40・50代であり，次いで同じく働いている人が多い20・30代であった。また，20・30代の若年層では「変わらない」が増え続けるなど，特徴的な傾向もみてとれた。一方，2002年に悪化した暮らし向きは，2012年に少し持ち直していたが，60歳以上の高齢層では，2012年も『苦しくなった』が増え続けるなど悪化傾向にあることがわかった。このように，沖縄の人々のその時々の暮らし向きを尋ねてきた質問であったが，年層別に

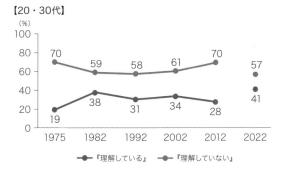

図142 本土の人は沖縄の人の気持ちを理解しているか（年層別推移）（1975年〜2022年）

【20・30代】

（%）

- ●━ 『理解している』　- ●‑ 『理解していない』

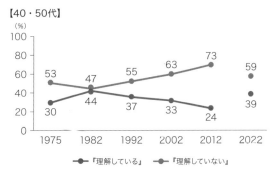

【40・50代】

（%）

- ●━ 『理解している』　- ●‑ 『理解していない』

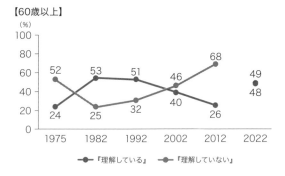

【60歳以上】

（%）

- ●━ 『理解している』　- ●‑ 『理解していない』

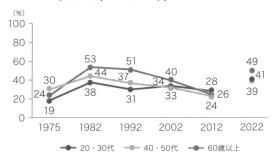

図143 本土の人は沖縄の人の気持ちを『理解している』（年層別推移）（1975年〜2022年）

（%）

- ●━ 20・30代　- ●‑ 40・50代　- ●‑ 60歳以上

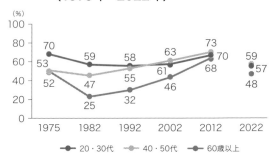

図144 本土の人は沖縄の人の気持ちを『理解していない』（年層別推移）（1975年〜2022年）

（%）

- ●━ 20・30代　- ●‑ 40・50代　- ●‑ 60歳以上

るせない思いと，その思いや状況に対して，本土の人との意識の差にあった。そして，60歳以上に該当する人は調査年ごとに変わり，常に同じではないが，その下の年代よりも長く，アメリカ軍基地と向き合い，戦前・戦後の苦しい時代，さらに沖縄が本土に復帰する前も含めて，つらい状況をより知っている年代でもある。それがゆえに，下の年代よりも，状況が改善し，あるいは悪化した時の思い入れが強いとも考えられ，それがその時代，時代ごとの回答の変化が，下の年代よりも大きくなった要因と考えられる。

　しかし，戦後生まれが大半を占め，復帰から40年以上が経った2012年以降は，年層ごとの回答の差がほとんどなくなっていて，多くの人が戦後に生まれ，本土復帰後の時代を長く過ごしていく中で，年層ごとの違いが少なくなったとも考えられる。

Ⅶ-3　年層間の意識の違い

（1）米軍基地をめぐる年層別の意識の違い

　前節では年層別の観点から，回答がどのように推移してきたのかをみたが，ここからは，2022年の調査において，沖縄の中で，年層ごとの回答に違いがあるのかをみていく。

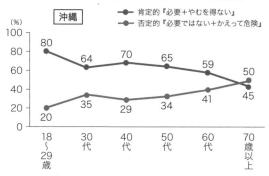

図145　沖縄の米軍基地（2022年：年層別）

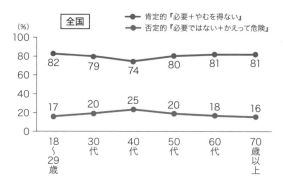

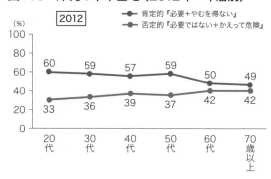

図146　沖縄の米軍基地（2012年：年層別）

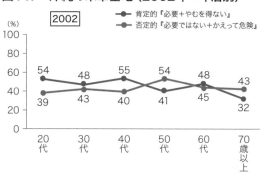

図147　沖縄の米軍基地（2002年：年層別）

　まず，アメリカ軍基地に対しては，さきに紹介したように，沖縄と全国の間で意識の違いがみられたが，沖縄の中では，年層ごとに違いがあるのだろうか。

　沖縄におけるアメリカ軍基地に対する回答を年層別にみると，18〜29歳の若年層では，基地を『必要・やむを得ない』と肯定的に考える人が最も多くなり，反対に70歳以上の高齢層では『必要でない・かえって危険』と否定的に考える人が肯定的に考える人を上回るなど，年層ごとの違いがみられた。この違いは，沖縄特有のものなのか，それとも全国でもみられるものなのか。全国の年層別の回答についてみると，全国では，年層ごとの違いはほとんどみられず，各年層まんべんなく，沖縄のアメリカ軍基地について，『必要・やむを得ない』と肯定的に考えている人が7〜8割を占めた（図145）。

　2022年の調査でみられた年層別の違いが，

2022年だけのものなのか。それとも，それ以前にもみられた傾向なのか。それをみるため，10年前の2012年と，20年前の2002年の調査における年層別の回答を紹介する。

　図146・147で示したように，2002年の調査では，年層によっては差が開いているところもあったが，ある年代を境に違いがはっきりと表れるような傾向はみられなかった。しかし，2012年になると，50代以下で，アメリカ軍基地に対して肯定的な回答と否定的な回答との差が開き，2022年には，さらに70歳以上以外，つまり60代以下の年代で，肯定的回答と否定的回答の差が開いて，年層が若くなるにつれ，その差が大きくなった。2022年に60代となった人たちは，50年前の本土復帰のときには，全員が20歳未満の未成年であり，そこから年層が下がれば下がるほど，沖縄が経済的に発

展し，基地に対する意識も変化し始めたあとに生まれた，あるいは中学・高校時代を過ごし，成人を迎えた人たちであった。2022年は，さらに18～29歳の若年層で，肯定的回答と否定的回答の差が他の年代よりも開いていて，それまでとの違いも顕著になった。2022年に18～29歳に該当する人たちは，1993年から2004年までに生まれた世代であり，小学校の

高学年になるまでに，沖縄サミットが開かれ，観光リゾート地として定着し，アメリカ軍基地に対しても肯定・容認する人が多くなった状況の中で育ってきた。そうした若者たちは，アメリカ軍基地に対して否定的な感情を抱く人が少なくなり，年齢が下がれば下がるほど，アメリカ軍基地に対して肯定的な回答をする人が多くなったことで，高齢層だけでなく，自分たちよりも上の年代との意識の違いが大きく広がることになったと考えられる。

（2）「基地と経済」の年層別回答の違い

次に，アメリカ軍基地そのものだけでなく，基地と沖縄の経済をめぐる回答についても，年層別の回答をみていく。アメリカ軍基地がなければ沖縄の経済は成り立たないと思うかという質問に対し，18～29歳の若年層で，『そう思う』が他の年代に比べて最も多くなり，反対に70歳以上の高齢層では，『そう思わない』が他の年代に比べて最も多くなった。さらにアメリカ軍基地の存在は，今後の沖縄経済の発展にプラスか，マイナスかを尋ねた質問でも，18～29歳の若年層では，『プラスだ』が80％に達したのに対し，70歳以上の高齢層では30％と最も少なくなり，反対に『マイナスだ』が63％と最も多くなった。このうち，アメリカ軍基地は沖縄経済の発展にプラスか，マイナスかについての全国の年層別の回答をみると，年層ごとに大きな違いはなく，6割から7割前後の人が『プラスだ』と答えていた（図148・149）。

このようにアメリカ軍基地に対する考え方については，沖縄と全国の違いだけでなく，沖縄の中でも，若年層と高齢層の間で大きな違いがみられた。

これは，本土復帰のときにすでに成人していて，長らくアメリカ軍基地と向き合ってきた70

図148　基地がなければ沖縄の経済は成り立たないと思うか（2022年：年層別）

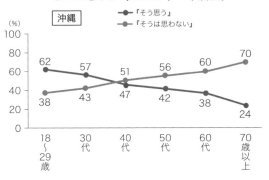

図149　米軍基地は沖縄経済にプラスか（2022年：年層別）

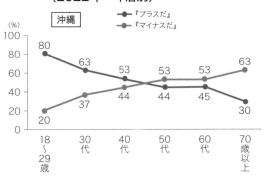

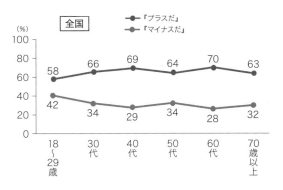

歳以上の人を中心とした高齢層では，人々を悩ませてきたアメリカ軍基地は沖縄からなくなってほしいと思う人が多いのに対し，生まれたときからすでにアメリカ軍基地があり，基地に対して肯定・容認する人が多くなった環境で育った若い年代にとっては，沖縄に基地があることが日常となっており，むしろ，基地の存在は沖縄の経済にとって必要だと考えている人が多くを占めることにつながったと考えられる。そして，沖縄の若い年代でみられた傾向は，全国と同じような意識であり，沖縄の中で世代間のギャップが生じていることをうかがわせるものとなった。

（3）基地負担問題での年層ごとの差は少ない

ここまで，沖縄の中で，アメリカ軍基地に対して，年層ごとに大きな違いがあることをみてきたが，すべてがそうなのだろうか。ここからは，沖縄にとって，大きな問題である2つの質問に対する年層ごとの回答をみていく。まず，在日アメリカ軍基地の70％が沖縄に集中していることについてである。多少の変動はあるものの，若年層から高齢層まで万遍なく，『おかしいと思う』という回答が『おかしいとは思わない』を大きく上回る結果となった。次に，普天間基地の名護市辺野古への移設についてみると，各年層とも『反対』が『賛成』を大きく上回ったが，50代以上の年代では，『反対』と『賛成』の差が30ポイント程度開いたのに対し，40代以下の年代では20ポイントほどとなっていて，50代以上と40代以下で温度差もみられた。ただ，基地と経済をめぐる問題などとは異なり，沖縄に基地が集中していることや，新たに基地が作られることについては，多くの人が反対の考えを持ち，年層間での大きな違いはみられなかった（図150・151）。

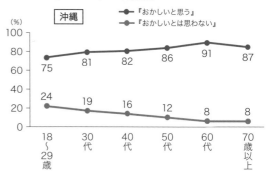

図150　在日米軍基地の沖縄への集中（2022年：年層別）

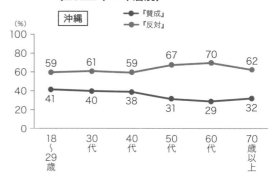

図151　名護市辺野古への基地移設の賛否（2022年：年層別）

VII-4　沖縄戦をどう継承するか

（1）沖縄戦は『忘れてはならないもの』

ここまでアメリカ軍基地や暮らし向き，そして本土復帰に対する評価などを中心に，沖縄の本土復帰からこれまでの50年間をふりかえってきたが，ここからは，これまで取り上げてこなかった問題についてみていきたい。

それが沖縄戦についてである。沖縄では，太平洋戦争末期に，アメリカ軍が上陸して激しい地上戦が行われ，住民の犠牲者も含め20万人以上が亡くなった。日本国内で，多くの住民が住む場所で行われた唯一の地上戦となり，沖縄にとって，戦争の記憶は決して消し去ることのできないものとなった。

まず，その沖縄戦について，沖縄の人々がどのように思っているのかをみてみる。1977年から1992年にかけて，沖縄戦について，どのような戦闘だったと思うかを尋ねた。いずれの年の調査でも「県民に多大な犠牲をだした無謀な戦闘だった」が8割ほどを占めた。一方，「祖国防衛のためには，やむをえない戦闘だった」は1割ほどにとどまった（図152）。

図152　沖縄戦はどのような戦闘だったか（1977年〜1992年）

■ 祖国防衛のためには，やむをえない戦闘だった
■ 県民に多大な犠牲をだした無謀な戦闘だった　□ わからない，無回答

1977年から2012年までの調査で，沖縄戦について，どう考えているかを尋ねた。「忘れてはならないこととして，たえずふりかえるようにしたい」が1982年以降，8割ほどを占め，2012年には9割を超えた。なお，1977年の調査で，「今の生活と関係ないので，なるべく忘れるようにしたい」が3割近くを占めたが，

図153　沖縄戦をどう思っているか（1977年〜1992年）

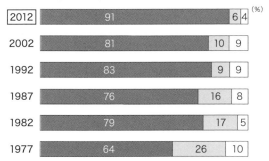

■ 忘れてはならないこととして，たえずふりかえるようにしたい
□ 今の生活と関係ないので，なるべく忘れるようにしたい
□ わからない，無回答

当時はまだ，沖縄戦の記憶が生々しい人が多かったことや，物価高による生活が苦しい状態も続いていたため，思い出したくないという人や今の生活に精いっぱいで思い出す余裕もないという人が一定数にのぼったことが推察される（図153）。

（2）沖縄戦の継承

続いて，沖縄戦の歴史を伝えていくことについては，どう思っているのだろうか。1977年から1992年にかけての調査結果をみていく。

沖縄戦について，これからの若い世代に語り継ぎたいと思うかどうかを尋ねたところ，1977年の調査では，「すすんで話したい」が26％，「たずねられたら話す」が38％で，「たずねられたら話す」が最も多かったが，何らかの形で伝えたいと思っている人が6割を超えた。1982年からは，戦争を経験していない人が増えてきたことから，「沖縄戦のことは知らない」と答えた人が3割ほどを占めるようになったが，それらの人を除けば，「すすんで話したい」か，「たずねられたら話す」と答えており，その割合は，同じ質問で調査が行われた1992年まで変わらず，継続していた（図154）。

このように忘れてはならないこととして，沖縄の人々の胸に刻まれ，戦争を知らない若い世代にも語り継いでいきたいと思っていた沖縄戦の歴史についてであるが，復帰から50年となる2022年に，沖縄戦の歴史が継承されていると思うかどうかを尋ねた。「十分に継承されている」と「ある程度継承されている」を合わせた『継承されている』は44％，「あまり継承されていない」と「まったく継承されていない」を合わせた『継承されていない』は54％となった。当事者である沖縄でも，『継承されていない』と思う人が5割を超えることになったが，

図154　沖縄戦　若い世代に語り継ぎたいか （1977年～1992年）

	すすんで話したい	たずねられたら話す	思い出したくないので話さない	沖縄戦のことは知らない	わからない，無回答
1992	34	31	3	26	6 (%)
1987	34	28	5	28	5
1982	33	29	6	29	3
1977	26	38	9	19	8

■ すすんで話したい　■ たずねられたら話す
□ 思い出したくないので話さない　■ 沖縄戦のことは知らない
□ わからない，無回答

図155　沖縄戦の歴史は継承されているか （2022年）

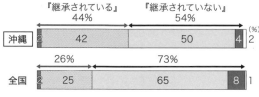

『継承されている』44%　　『継承されていない』54%

| 沖縄 | 2 | 42 | 50 | 4 | 2 (%) |

26%　　73%

| 全国 | 2 | 25 | 65 | 8 | 1 |

■ 十分に継承されている　■ ある程度継承されている
□ あまり継承されていない　■ まったく継承されていない　□ 無回答

図156　沖縄戦の歴史を知りたいか （2022年）

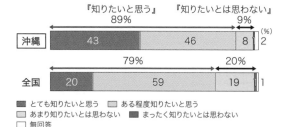

『知りたいと思う』89%　　『知りたいとは思わない』9%

| 沖縄 | 43 | 46 | 8 | 1 | 2 (%) |

79%　　20%

| 全国 | 20 | 59 | 19 | 1 | 1 |

■ とても知りたいと思う　■ ある程度知りたいと思う
□ あまり知りたいとは思わない　■ まったく知りたいとは思わない
□ 無回答

図157　沖縄戦の歴史を知りたいか （2022年：年層別）

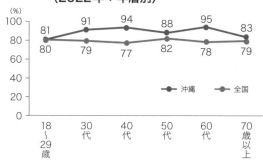

沖縄：81, 91, 94, 88, 95, 83
全国：80, 79, 77, 82, 78, 79

●—● 沖縄　●—● 全国

18〜29歳／30代／40代／50代／60代／70歳以上

全国では，『継承されている』が26％，『継承されていない』が73％で，沖縄よりもさらに『継承されていない』と思う人が多かった（図155）。

　ここからは2022年の調査結果について詳しくみていく。戦争が終わってから77年が経ち，そもそも，沖縄戦の歴史にどれくらい関心を持っているのかを知るため，沖縄戦の歴史をどの程度知りたいと思うかを尋ねた。「とても知りたいと思う」と「ある程度知りたいと思う」を合わせた『知りたいと思う』が9割ほどを占めた。全国では，『知りたいと思う』は8割ほどとなったが，「とても知りたいと思う」をみると，全国では20％だったのに対し，沖縄では43％と大きく上回っていて，沖縄の人の方がより強く「知りたいと思っている」人が多いことがうかがえた（図156）。

　『知りたい』と回答した人を年層別にみると，どの年代でも8割以上を占めた。全国でも7割

前後を占めているが，特に20代以下（18～29歳）の若年層では，沖縄，全国ともに8割を占め，若い人たちの関心も高いことがわかった（図157）。

　このように，若い人たちも含め，幅広い年代で沖縄戦に高い関心を持っていることがわかったが，沖縄戦を継承していくことについては，どのように考えているのだろうか。

　沖縄戦の歴史を継承していくことについて，どの程度，力を入れた方がいいと思うかを尋ねた。「かなり力を入れた方がいい」と「ある程度力を入れた方がいい」を合わせた『力を入れた方がいい』が94％と大半を占めた。全国でも，『力を入れた方がいい』と答えた人は90％にのぼったが，このうち，より強くそう思う「かなり力を入れた方がいい」をみてみると，全国が26％だったのに対し，沖縄は48％となっていて，沖縄の方が，沖縄戦の継承に力を入れ

た方がいいと強く思っている人が多かった（図158）。

図158　沖縄戦の継承に力を入れるべきか（2022年）

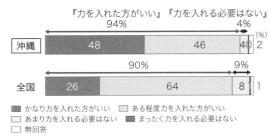

『力を入れた方がいい』94%　　『力を入れる必要はない』4%

沖縄	48	46	4　0　2 (%)

90%　　　　9%

全国	26	64	8　1

■ かなり力を入れた方がいい　□ ある程度力を入れた方がいい
□ あまり力を入れる必要はない　■ まったく力を入れる必要はない
□ 無回答

（3）沖縄戦の継承で力を入れるべきこと

　沖縄戦の歴史を継承していくことに力を入れるべきだと思っている人が，沖縄，全国ともに大半を占めたが，沖縄戦を後世に伝えていくために，特に力を入れた方がよいと思うことを尋ねた（複数回答：いくつでも可）（図159）。

　最も多かったのは，「体験者の証言を映像や文章で残す」が82％，「学校で子どもたちに教える」が75％，「戦争の遺跡を保存して多くの人に見てもらう」が53％などとなった。この上位3つについては，全国も同じような結果となった。沖縄，全国ともに，戦争体験者の証言や戦争の遺跡を残して多くの人に見てもらうことや，学校で子どもたちに教えるべきだと考えている人が多かった。

　また，戦後77年になり，戦争を経験していない人たちが社会の大勢を占めるようになる中で，「体験を語り継ぐ『語り部』を増やす」や「テレビや新聞などのマスメディアが報道する」，「映画やドラマ，演劇で伝える」や「アニメや漫画で伝える」も4割前後にのぼった。

　今回の調査で，多くの人が，沖縄戦の歴史の継承に力を入れるのを望んでいることがわかった。沖縄戦について学ぶことは，戦争の

図159　沖縄戦の継承で力を入れるべきこと（2022年）【複数回答】

	沖縄	全国
体験者の証言を映像や文章で残す	82 %	73
学校で子どもたちに教える	75	65
戦争の遺跡を保存して多くの人に見てもらう	53	50
体験を語り継ぐ「語り部」を増やす	45	34
テレビや新聞などのマスメディアが報道する	45	38
映画やドラマ，演劇で伝える	39	29
アニメや漫画で伝える	36	28
YouTubeなどの動画投稿サイトやSNSで発信する	27	19
遺品をさらに収集して展示する	24	16
その他	2	1
特にない	1	3
無回答	2	1

※沖縄調査で回答の多い順に表記

悲惨さや平和の尊さを知るだけでなく，アメリカ軍基地の負担を強いられている沖縄の人たちの気持ちを理解する上で欠かすことのできないものであり，戦争経験者が少なくなっていく中で，戦争の記憶をどう継承していくかは，今後，さらに重要な課題となっていくだろう。

VII-5　沖縄の現状と今後

（1）沖縄の現状をどうみているか

　最後に，沖縄の現状とこれからについてみていく。2022年の調査で，沖縄の現状に満足しているかどうかを尋ねた。『満足している（非常に＋ある程度）』が51％，『満足していない（まったく＋あまり）』が48％で，回答が分かれた（図160）。

図160　沖縄の現状に満足しているか（2022年）

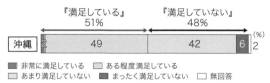

（2）沖縄の将来の見通し

一方，沖縄の将来については，どう考えているのだろうか。

沖縄の将来に対して，どのような見通しを持っているかを尋ねたところ，全国では，『明るい（とても＋まあ）』が7割を超えたが，沖縄では，『明るい』が6割にとどまり，全国を下回った（図162）。

沖縄の現状に満足しているかどうかの回答に何が影響しているのかを詳しく分析するため，さまざまな質問との関連をみてみた。

このうち，「復帰後も，沖縄にアメリカ軍基地が残っていることについて，どう思うか」という質問に対して，日本の安全にとって『必要ではない』と答えた人で，沖縄の現状に『満足していない』と答えた人が多くなった。反対に，アメリカ軍基地について『必要だ』と答えた人では，『満足している』人が多かった。

また，「沖縄にあるアメリカ軍基地の整理・縮小は，進んだと思うか」という質問に対して，『進んでいない』と答えた人で，『満足していない』が全体を大きく上回った。

このように，沖縄のアメリカ軍基地の現状に対して，否定的な考えを持つ人では，沖縄の現状についても『満足していない』人が多く，肯定的な考えを持つ人では，『満足している』と回答した人が多くなった（図161）。

図162　沖縄の将来の見通し（2022年）

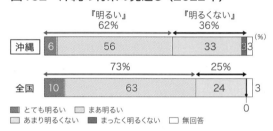

この質問についても，アメリカ軍基地に対する意識の違いをみてみた。前述した沖縄の現状への満足度と同様に，沖縄のアメリカ軍基地に対して，肯定的な考えを持つ人では，沖縄の将来の見通しは『明るい』と答えた人が多く，否定的な考えを持つ人では，『明るい』と答えた人の割合が下がることになった（図163）。

図161　沖縄の現状に満足しているか（「沖縄の米軍基地をどう思うか」「沖縄の米軍基地の整理・縮小は進んだか」の回答別）（2022年）

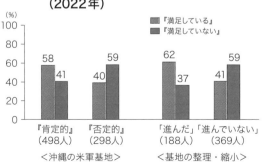

図163　沖縄の将来の見通し（「沖縄の米軍基地をどう思うか」「沖縄の米軍基地の整理・縮小は進んだか」別）（2022年）

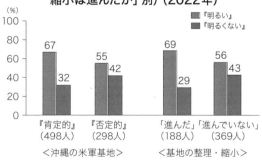

（3）沖縄の今後の課題

　これからの沖縄にとって，重要な課題は何だと思うかを尋ねた（複数回答：いくつでも可）（図164）。

　「貧困や格差の解消」が77％で最も多く，次いで，「経済の自立・産業の振興」が68％，「子どもの学力向上」が64％，「アメリカ軍基地の整理・縮小」と「自然環境の保護」がそれぞれ61％，「医療・福祉の充実」が60％などとなった。

　全国では，「自然環境の保護」が64％，「アメリカ軍基地の整理・縮小」が61％で並び，次いで，「経済の自立・産業の振興」が50％，「沖縄の歴史の継承」が49％などとなった。全国の人たちが課題として挙げた「自然環境の保

護」や「基地の整理・縮小」などは，沖縄の人たちも課題として挙げていたが，これに加えて，沖縄では，「貧困や格差の解消」「子どもの学力向上」「医療・福祉の充実」についても課題として挙げた人が多く，全国との違いがみられた。

　このうち，沖縄で最も多かった「貧困や格差の解消」については，沖縄県が行った調査でも同様の結果が出ている。沖縄県は，平成27年度に実施した「沖縄子ども調査」の結果から，県内では，およそ30％の子どもが貧困であると推計されると発表した[33]。これは，全国平均の16.3％の2倍近くになるもので，全国の中でも最も高い水準にあるとみられている。これを受けて，沖縄県は，平成30年度の「県民意識調査」で，県が重点的に取り組むべき施策の質問の選択肢に，「子どもの貧困対策の推進」を加えて調査を行った結果[34]，42％で最も多くなった。

　沖縄では，全国に比べて産業基盤が弱いことから，長らく全国との所得格差が指摘されてきた。1人あたりの県民所得や最低賃金が全国で最低水準にあることが原因の1つと言われている[35]が，これに加えて，沖縄では，ひとり親が多いこと，そのひとり親の収入が不安定なことがある。一方で，これまで所得が低くても，地縁や血縁に基づく人間関係の中で支えられてきた面があったが，核家族化が進み，人間関係が希薄になるにつれ，助け合いの輪から外れる人が多くなってしまったこともその要因となっている。さらに本土と離れた離島であるがゆえの生活コストの高さなどもあって，貧困に陥る子どもたちが多いと指摘されている[36]。低い所得で生活している人が多いことや，家族や地域の結びつきが弱まってしまった現在の日本においては，貧困の問題は，沖縄だけでな

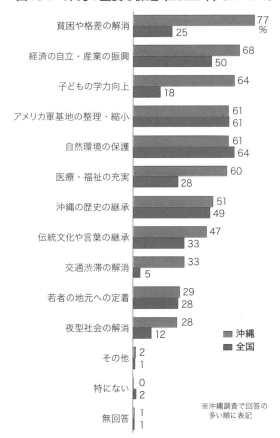

図164　沖縄の重要な課題（2022年）【複数回答】

項目	沖縄	全国
貧困や格差の解消	77％	25
経済の自立・産業の振興	68	50
子どもの学力向上	64	18
アメリカ軍基地の整理・縮小	61	61
自然環境の保護	61	64
医療・福祉の充実	60	28
沖縄の歴史の継承	51	49
伝統文化や言葉の継承	47	33
交通渋滞の解消	33	5
若者の地元への定着	29	28
夜型社会の解消	28	12
その他	2	1
特にない	0	2
無回答	1	1

※沖縄調査で回答の多い順に表記

く，全国でも指摘されており，貧困の問題にどう向き合っていくかは，全国にとっても決して他人ごとではない重要な課題だと言えよう。

（4）沖縄の誇りと魅力

これからの沖縄を考えるために，沖縄の人たちには「沖縄の誇り」を，全国の人たちには「沖縄の魅力」を尋ねた。

「沖縄の誇り」については，「豊かな自然」が71％で最も多く，次いで，「沖縄の音楽や芸能」が66％，「家族や親戚を大切にしていること」が61％，「沖縄の食文化」が60％で，多くの人が回答として選んだ（図165）。

一方，全国の人には「沖縄の魅力」を尋ねた結果，「豊かな自然」が83％で最も多く，次いで「観光リゾート地」が65％，「沖縄の音楽や芸能」が45％，「沖縄の食文化」が36％などとなった（図166）。

「豊かな自然」が沖縄の誇りであり，魅力でもあることは，多くの人が認めるところであるが，「観光リゾート地」は，全国では，多くの人が魅力に感じているが，沖縄では，全国の人たちほど誇りに思ってはいないことがわかった。これに対し，「沖縄の音楽や芸能」や「沖縄の食文化」は，全国の人たちが魅力に感じている以上に，沖縄では，多くの人が誇りに思っていること，さらに「家族や親せきを大切にしていること」や「助け合いの気持ちが強いこと」といった家族の絆や人間関係を大事にしていることについても，沖縄の人たちが誇りに思っていることがわかった。

沖縄の人々の思う誇りは，沖縄が持つ強みで

図165　沖縄の誇り（沖縄）（2022年）
【複数回答】

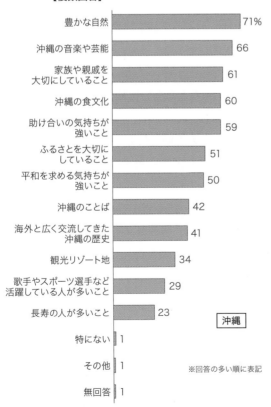

図166　沖縄の魅力（全国）（2022年）
【複数回答】

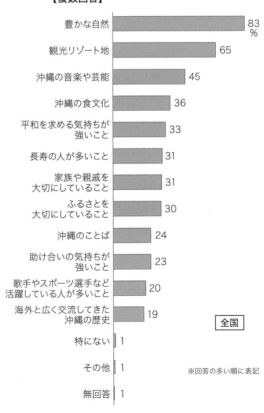

あり，今後の沖縄のあり方，発展を考えていく上でも，こうした沖縄の特徴を生かしていくことが引き続き求められることになるだろう。

おわりに

　本土復帰からの50年をNHKが行った世論調査をもとに振り返ってきた。本土復帰前の1970年には，85％にのぼる人が歓迎した本土復帰だったが，実際に復帰したあとは，本土復帰を評価しない人が多くなった。それは復帰前から続いていた物価高によって苦しい生活が続いたこと，さらに，本土復帰によって撤去や縮小されることを期待していたアメリカ軍基地がほとんどそのまま残ることになったことなど，自分たちが思い描いた姿とは違う本土復帰になってしまったことへの人々の思いが表れたものだった。

　その後，沖縄の経済発展を目指した振興策が継続的に行われたことなどもあって，1970年代後半から徐々に生活が改善していくことになるが，人々の意識にはっきりと表れるようになったのは1980年代に入ってからだった。さらに1980年代の観光ブームとそれに続くバブル経済を経て，1992年の調査で，暮らし向きや本土復帰に対する評価は大きく改善することとなった。

　一方，沖縄で大きな存在を占めていたアメリカ軍基地に対しては，本土復帰前から基地がなくなってほしいと思っていた人々の願いは叶わず，復帰後，長年にわたって，基地に対して否定的な意見が多数を占めることとなった。地域での活動を積極的に展開した自衛隊とは異なり，アメリカ軍基地に対する意見が変わっていくには時間が必要だった。基地の存在が既成事実化していったことに加え，同時多発テロ

や，中国や北朝鮮の脅威など，日本を取り巻く安全保障環境の変化にともない，沖縄のアメリカ軍基地を「やむを得ない」と容認する人が増えるようになった。このように基地の存在を受け入れる人が多くなる一方で，沖縄に在日アメリカ軍基地の7割が集中していることを大半の人がおかしいと思い，本土並みに少なくなってほしいと思う人も多数を占めた。沖縄の人々の思いは，沖縄から基地がなくなってほしいことであるが，完全になくせないのであれば，せめて本土と同じように，身近なところに基地がない状態にまで減らしてほしい。そう願っている人が多いのである。

　沖縄の人々の思いは，50年前の1972年の沖縄復帰記念式典で，屋良朝苗知事が語った言葉にも表れている。「沖縄県民のこれまでの要望と心情に照らして復帰の内容をみますと，必ずしも私どもの切なる願望が入れられたとはいえないことも事実であります。そこには，米軍基地の態様の問題をはじめ，内蔵するいろいろな問題があり，これらを持ち込んで復帰したわけであります。したがって，私どもにとって，これからもなお厳しさは続き，新しい困難に直面するかもしれません」。屋良知事は，当時の沖縄の人々の思いを代弁するとともに，その後の沖縄が歩む困難な道を予測したとも言えるものであった。

　本土復帰から50年が経ち，経済的にも豊かになった沖縄。観光リゾート地として，全国や海外からも大勢の人が訪れるようになったが，そうしたイメージとは裏腹に，今後取り組むべき重要な課題として多くの人が挙げたのが「貧困や格差の解消」だった。全国に比べて所得が低いこともあるが，ひとり親を中心に，これまで支え合ってきた人間関係が希薄になっていく中で，生活を続けていくこと自体が厳しい

状況に陥る人たちが増え，親とともに，子どもの貧困対策が新たな課題として浮かび上がっている。

さらに，先の大戦で，多くの犠牲者を出した沖縄の人々が何より願っていたのは，基地のない平和な島に戻ることだったが，本土復帰から50年が経った今も，アメリカ軍基地は残り続け，日本を取り巻く安全保障環境の変化によって，基地問題の出口は未だ見いだせず，50年前と変わらない課題が今も沖縄の人々に重くのしかかっている。

ふるさと沖縄を愛し，その沖縄を誇りに思う人々の姿は，NHKが継続的に行ってきた調査からも確認することができた。独自の文化を持ち，独自の価値観を築いてきた沖縄ではあるが，歴史に翻弄されてきたことも事実である。復帰から50年が経ち，次の50年を考えるとき，沖縄に明るい未来が訪れることを願ってやまない。

本稿は，NHKが行った世論調査をもとに，沖縄の本土復帰からの50年間をふりかえってきたが，沖縄がどのような道を歩んできたのか，そして，沖縄の人々は，どのような思いを持ってきたのかを知る上で，参考となる情報を提供できたのではないかと思っている。たくさんの魅力を持ち，多くの人があこがれる沖縄。その沖縄の過去を知り，現在を見つめることは，これからの沖縄を考える上でも欠かすことのできないものであると考えている。本稿を，沖縄，全国を問わず，多くの人に手にしていただき，ともに沖縄を考える機会に役立てていただければ幸いである。

（なかがわ　かずあき）

注：

1）本調査は，NHK 放送文化研究所が中心となって実施してきたものであるが，過去の調査も含めて，沖縄放送局など各部局の協力を得て実施しているものであり，以下，調査の実施者は NHK と表記する。

2）2022年「復帰50年の沖縄に関する意識調査」（『放送研究と調査』（2022年8月号）「沖縄の人たちは，本土復帰をどう評価し，今の沖縄をどうみているのか」中川和明，中山準之助）

3）沖縄県基地対策課「沖縄の米軍基地」
https://www.pref.okinawa.lg.jp/site/chijiko/kichitai/2018okinawanobeigunkichi.html

4）選択肢を囲う『 』は複数の選択肢を合算している場合，「 」は単独の場合を示している。なお，『 』の％は選択肢を単純に足し合わせたものではなく，各選択肢の実数を足し合わせて再計算したものである。

5）本稿で結果（％）を比較して「上回った」「増えて」「減って」「多い」「少ない」などと表現しているのは，信頼度95％の検定の結果，有意差が認められたものである。数字を比べて差があるようにみえても有意差がない場合がある。

6）1970年「国政参加選挙調査」（『文研月報』（1971年4月号）「沖縄の住民意識」松本英治）

7）ここでの「本土」は，日本という意味で使用。

8）「占領下沖縄の社会と経済」（2005年10月「専修大学商学論集」中野育男）

9）那覇市消費者物価指数（1970年歴年報）（沖縄県公文書館所蔵）

10）沖縄県公文書館「日本復帰への道」
https://www.archives.pref.okinawa.jp/event_information/past_exhibitions/934

11）3）に同じ。

12）1972年「沖縄住民意識調査」（『文研月報』（1972年8月号）「沖縄の本土復帰と住民意識」堤輡郎）

13）那覇市消費者物価指数（1971年歴年報）（沖縄県公文書館所蔵）

14）10）に同じ。

15）1973年「沖縄住民意識調査」

16）ここでの「本土」は，沖縄県以外の都道府県という意味で使用

17）1975年「沖縄住民意識調査」（『文研月報』（1975年10月号）「沖縄県民の生活と意識」謝名元慶福，泉洋二郎）
「『慰安婦問題』『住民虐殺』に対する県の見解」（沖縄県子ども生活福祉部女性力・平和推進課）
https://www.pref.okinawa.jp/site/kodomo/heiwadanjo/heiwa/dai32-4.html

18）1975年「沖縄住民意識調査」（『文研月報』（1975年10月号）「沖縄県民の生活と意識」謝名元慶福，泉洋二郎）

19）「沖縄の施政権返還に伴う沖縄への自衛隊配備をめぐる動き」（『防衛研究所紀要』第20巻第1号（2017年12月）小山高司）

20）1982年「本土復帰10年の沖縄」調査（『放送文化』（1982年6月号）「沖縄の心はどう変わったか？」謝名元慶福）

21）沖縄県「県民経済計算」，内閣府「国民経済計算」

22）沖縄県「労働力調査」，総務省「労働力調査」

23）1987年「本土復帰15年の沖縄」調査（『文研月報』（1987年6月号）「本土復帰15年の沖縄」謝名元慶福）

24）1992年「本土復帰20年の沖縄」調査（『文研月報』（1992年6月号）謝名元慶福）

25）「沖縄県における赤土汚染の現状」（『沖縄県公害衛生研究所報』 第26号（1992）大見謝辰男）

26）琉球新報，沖縄タイムス朝刊（1995年10月22日）

27）2002年「復帰30年の沖縄」調査（『放送研究と調査』（2002年7月号）「復帰30年　変わる意識・変わらぬ意識」河野啓）

28）沖縄県観光政策課「観光要覧」（令和4年版）

29）沖縄県「県民経済計算」，内閣府「国民経済計算」

30）沖縄県「労働力調査」，総務省「労働力調査」

31）2012年「復帰40年の沖縄県民調査」「全国意識調査」（『放送研究と調査』（2012年7月号）河野啓，小林利行）

32）2）に同じ。

33）平成28年3月25日「沖縄子ども調査」沖縄県企画部
https://www.pref.okinawa.jp/site/kodomo/kodomomirai/kodomotyosa/kekkagaiyo.html

34）平成31年3月「第10回県民意識調査報告書」沖縄県企画部
https://www.pref.okinawa.jp/site/kikaku/chosei/seido/h30chousa.html

35）令和4年3月18日「沖縄県家計調査結果の概況」沖縄県企画部統計課
https://www.pref.okinawa.jp/toukeika/fiaes/fiaes_index.html

36）「沖縄県子どもの貧困対策計画（第2期）」
「沖縄県子どもの貧困対策に関する政策評価」
「沖縄県子どもの貧困実態調査」
（沖縄県子ども生活福祉部 子ども未来政策課）
https://www.pref.okinawa.lg.jp/site/kodomo/
kodomomirai/index.html
「沖縄の子供の貧困対策に向けた取組」等関連諸
資料（内閣府）
https://www8.cao.go.jp/okinawa/3/kodomo-
hinkon/okinawakodomo.html

参考文献：

『沖縄現代史—米国統治，本土復帰から「オール沖縄」
まで』（中公新書，櫻澤誠，2015年）

『沖縄現代史』（岩波新書，新崎盛暉，2005年）

『沖縄問題—リアリズムの視点から』（中公新書，高良
倉吉，2017年）

『復帰50年 沖縄子ども白書2022』（かもがわ出版，
編集委員：上間陽子，川武啓介，北上田源，島村聡，
二宮千賀子，山野良一，横江崇，2022年）

『「沖縄の非婚シングルマザー」像を問い直す —生活史
インタビュー調査から—』
（立命館大学大学院 平安名萌恵）『フォーラム現
代社会学 vol.19 2020』
http://altmetrics.ceek.jp/article/www.jstage.jst.
go.jp/article/ksr/19/0/19_19/_article/-char/ja/

調査の質問と回答
（単純集計結果）

※各調査の質問と回答は，それぞれの調査におけるすべての質問ではなく，本稿で紹介した質問を抜粋して掲載しています。
※質問文と選択肢は原文のまま掲載しています。

「沖縄国政参加選挙調査」
単純集計結果

【調査の概要】

1. 調査期間
   1970 年 11 月 5 日 (木) ～ 11 月 8 日 (日)
2. 調査方法
   個人面接法
3. 調査対象
   沖縄県の有権者
4. 調査相手
   沖縄県　1,200 人 (10 人×120 地点)
5. 有効数 (率)
   768 人 (64.0%)

－復帰後の暮らしへの不安－
第2問　あなたは，本土復帰後の暮らしに，不安を感じますか。
1. 大いに不安だ・・・・・・・・・・・・・・・・・・・・・・ 17.2 %
2. 少し不安だ・・・・・・・・・・・・・・・・・・・・・・・ 41.3
3. あまり不安はない・・・・・・・・・・・・・・・・・ 22.5
4. まったく不安はない・・・・・・・・・・・・・・・ 10.2
5. わからない，無回答・・・・・・・・・・・・・・・・8.9

－不安を感じる点は何か－
【第2問で「1」「2」の人に】
第3問　それでは，どういう点がいちばん不安ですか。
1. 職業・・・・・・・・・・・・・・・・・・・・・・・・・・・・・・ 20.0 %
2. 収入・・・・・・・・・・・・・・・・・・・・・・・・・・・・・・ 23.2
3. 物価・・・・・・・・・・・・・・・・・・・・・・・・・・・・・・ 43.2
4. 公害・・・・・・・・・・・・・・・・・・・・・・・・・・・・・・・5.1
5. 住宅・・・・・・・・・・・・・・・・・・・・・・・・・・・・・・・1.5
6. 教育・・・・・・・・・・・・・・・・・・・・・・・・・・・・・・・3.6
7. その他，無回答　・・・・・・・・・・・・・・・・・・・3.3
（該当者＝449 人）

－復帰によって沖縄経済は苦しくなると思うか－
第4問　「沖縄の本土復帰が実現すると，アメリカ関係の収入が減って，沖縄経済は苦しくなる」という意見がありますが，この意見について，あなたはどう思いますか。
1. そのとおりだと思う・・・・・・・・・・・・・・・・・ 54.6 %
2. そうは思わない・・・・・・・・・・・・・・・・・・・・ 28.9
3. わからない，無回答・・・・・・・・・・・・・・・・ 16.5

－本土復帰を歓迎するか－
第6問　あなたは，沖縄が 72 年に本土へ復帰することを，どうお考えになりますか。
1. 歓迎する・・・・・・・・・・・・・・・・・・・・・・・・・・ 53.6 %
2. まあ歓迎する・・・・・・・・・・・・・・・・・・・・・・ 30.9
3. 歓迎しない・・・・・・・・・・・・・・・・・・・・・・・・・7.0
4. わからない，無回答・・・・・・・・・・・・・・・・・8.5

－復帰後の米軍基地をどうしたらよいか－
第8問　あなたは，復帰後の沖縄のアメリカ軍基地をどうしたらよいと思いますか。
1. 即時全面撤去する・・・・・・・・・・・・・・・・・・・ 19.1 %
2. 段階的に縮小し，将来は全面撤去する・・・・・・・・ 31.8
3. 本土なみに縮小する・・・・・・・・・・・・・・・・・ 23.6
4. 今までどおりでよい　・・・・・・・・・・・・・・・ 11.6
5. もっと強化すべきだ・・・・・・・・・・・・・・・・・・1.8
6. わからない，無回答・・・・・・・・・・・・・・・・・ 12.1

「沖縄住民意識調査」
単純集計結果

【調査の概要】

1. 調査期間
   1972年5月2日（火）〜 5月4日（木）
2. 調査方法
   個人面接法
3. 調査対象
   沖縄県の有権者
4. 調査相手
   沖縄県1,000人（10人×100地点）
5. 有効数（率）
   657人（65.7%）

ー暮らし向きー

第1問　あなたの暮らし向きは，1年前と比べて，楽になったでしょうか。それとも苦しくなったでしょうか。リスト1の中からおっしゃってください。

1. 楽になった ・・・・・・・・・・・・・・・・・・・・・・・・・・ 15.4 %
2. 少し楽になった ・・・・・・・・・・・・・・・・・・・・ 17.8
3. 変わらない ・・・・・・・・・・・・・・・・・・・・・・・・ 35.5
4. 少し苦しくなった ・・・・・・・・・・・・・・・・・ 15.7
5. 苦しくなった ・・・・・・・・・・・・・・・・・・・・・・ 14.0
6. わからない，無回答・・・・・・・・・・・・・・・ 1.7

ー復帰に対する感情ー

第2問　今月15日に，沖縄は本土に復帰しますが，復帰にあたって，あなたはどんなお気持ちですか。リスト2の中から，あなたのお気持ちに近いものをおっしゃってください。

1. 非常にうれしい ・・・・・・・・・・・・・・・・・・・・ 14.5 %
2. まあよかったと思う ・・・・・・・・・・・・・・・ 36.5
3. あまり喜べない ・・・・・・・・・・・・・・・・・・・・ 31.7
4. まったく不満である ・・・・・・・・・・・・・・・ 9.7
5. わからない，無回答・・・・・・・・・・・・・・・ 7.6

ー円切り替えへの不満ー

第5問　復帰と同時に，ドルは，決められたレートで円と交換されますが，あなたはこれについてどう思いますか。リスト5の中からおっしゃってください。

1. 不満だ・・・・・・・・・・・・・・・・・・・・・・・・・・・・・ 48.4 %
2. やむをえない ・・・・・・・・・・・・・・・・・・・・・・ 34.6
3. 当然だ ・・・・・・・・・・・・・・・・・・・・・・・・・・・・ 13.7
4. わからない，無回答 ・・・・・・・・・・・・・・・ 3.3

ー今後の暮らし向きー

第8問　あなたの暮らし向きは，今後どうなると思いますか。リスト8の中からおっしゃってください。

1. 楽になるだろう ・・・・・・・・・・・・・・・・・・・・ 5.0 %
2. 少し楽になるだろう ・・・・・・・・・・・・・・・ 6.7
3. 変わらないだろう ・・・・・・・・・・・・・・・・・ 14.6
4. 少し苦しくなるだろう ・・・・・・・・・・・・ 39.0
5. 苦しくなるだろう ・・・・・・・・・・・・・・・・・ 20.7
6. わからない，無回答 ・・・・・・・・・・・・・・ 14.0

ー暮らし向き『苦しくなる』理由ー

【第8問で「4」「5」の人に】

第9問　暮らし向きが苦しくなると思われるのはどうしてですか。リスト9の中から，おもなものを1つだけおっしゃってください。

1. 物価が高くなるから ・・・・・・・・・・・・・・・ 68.1 %
2. 給料が安くなるから ・・・・・・・・・・・・・・・ 3.3
3. 税金が高くなるから ・・・・・・・・・・・・・・・ 4.6
4. 地元の産業がふるわなくなるから ・・・・・・・・・・・・ 2.6
5. アメリカ軍関係の収入が少なくなるから・・・・・・・・・ 6.6
6. 沖縄が不景気になり，失業するおそれがあるから　11.2
7. その他・・・・・・・・・・・・・・・・・・・・・・・・・・・・・ 1.3
8. わからない，無回答 ・・・・・・・・・・・・・・・ 2.3

（該当者＝392人）

ー米軍基地の必要性ー

第10問　復帰後も，沖縄にアメリカ軍基地が残りますが，あなたは，アメリカ軍基地があることをどのように思いますか。リスト10の中からおっしゃってください。

1. 日本の安全にとって必要である ・・・・・・・・・・・・・・・ 7.2 %
2. 日本の安全のためにはやむをえない ・・・・・・・・・・・ 18.7
3. 日本の安全に必要ではない・・・・・・・・・・・・・・・ 19.5
4. 日本の安全にとってかえって危険である ・・・・・・・ 36.4
5. わからない，無回答・・・・・・・・・・・・・・・ 18.3

ー米軍基地のあり方ー

第11問　復帰後，沖縄のアメリカ軍基地をどのようにしたらよいと思いますか。リスト11の中からおっしゃってください。

1. できるだけ早く全面撤去する ・・・・・・・・・・・・・・・ 35.6 %
2. 段階的に縮小し，将来は全面撤去する ・・・・・・・・ 26.8
3. 本土並みに縮小する ・・・・・・・・・・・・・・・ 18.7
4. 現状のままでよい ・・・・・・・・・・・・・・・・・ 7.8
5. むしろ強化する ・・・・・・・・・・・・・・・・・・・・ 0.8
6. わからない，無回答 ・・・・・・・・・・・・・・ 10.4

ー自衛隊配備の是非ー

第13問　自衛隊が沖縄に配備されることについて，あなたは賛成ですか。それとも，反対ですか。リスト13の中からおっしゃってください。

1. 賛成・・・・・・・・・・・・・・・・・・・・・・・・・・・・・・ 12.8 %
2. どちらかといえば，賛成 ・・・・・・・・・・・・ 15.2
3. どちらかといえば，反対 ・・・・・・・・・・・・ 19.6
4. 反対・・・・・・・・・・・・・・・・・・・・・・・・・・・・・・ 40.5
5. わからない，無回答 ・・・・・・・・・・・・・・ 11.9

ー自衛隊配備・『反対』の理由ー

【第13問で「3」「4」の人に】

第15問　あなたが自衛隊の配備に反対するのはどうしてですか。リスト15の中から，あなたの考えに最も近いものをおっしゃってください。

1. 前の戦争のにがい経験があるから ・・・・・・・・・・・・ 41.5 %
2. 沖縄県民を力で押えつけるおそれがあるから ・・・・ 10.6
3. 自衛隊の存在そのものに疑問を感じるから ・・・・・・ 25.3
4. アメリカ軍の肩代わりをするだけで，
   基地はなくならないから ・・・・・・・・・・・ 12.2
5. アメリカ軍といっしょになって，
   近隣の国に脅威を与えるから ・・・・・・・・ 5.8
6. その他・・・・・・・・・・・・・・・・・・・・・・・・・・・ 2.5
7. わからない，無回答 ・・・・・・・・・・・・・・・ 2.0

（該当者＝395人）

－政府への要望－

第17問　あなたは，さしあたり，本土の政府にどんなことを望みますか。リスト17の中から，特に望むことを1つだけおっしゃってください。

1. 物価を安定させること ·························· 40.3%
2. 失業の心配をなくすこと ····················· 9.1
3. 社会保障を充実させること ··················· 14.2
4. 生活環境を整備すること ····················· 5.8
5. 道路・港を整備すること ····················· 2.0
6. 地元の産業を振興すること ··················· 6.5
7. 本土の企業を誘致すること ··················· 0.9
8. 教育施設を充実させること ··················· 7.0
9. 基地の整理・縮小・撤去に努力すること ······· 5.2
10. その他 ································· 1.1
11. 特に望むことはない ····················· 2.0
12. わからない，無回答 ····················· 5.9

【調査の概要】

> 1. 調査期間
>   1973年4月14日（土）～ 4月16日（月）
> 2. 調査方法
>   個人面接法
> 3. 調査対象
>   沖縄県の有権者
> 4. 調査相手
>   沖縄県1,000人（10人×100地点）
> 5. 有効数（率）
>   677人（67.7%）

－本土復帰の評価－

第1問　沖縄が本土に復帰して，間もなく1年になりますが，この1年をふりかえったとき，あなたのお気持に近いものをリスト1の中から選んでください。

1. 非常によかった ····························· 7.1 %
2. まあよかった ····························· 30.5
3. あまりよくなかった ······················· 37.1
4. 非常に不満である ························· 15.4
5. わからない，無回答 ······················· 9.9

－暮らし向き－

第2問　あなたの暮らし向きは，1年前と比べて，楽になったでしょうか。それとも苦しくなったでしょうか。リスト2の中からいってください。

1. 楽になった ····························· 5.2%
2. 少し楽になった ························· 9.6
3. 変わらない ····························· 30.6
4. 少し苦しくなった ······················· 31.0
5. 苦しくなった ························· 19.4
6. わからない，無回答 ··················· 4.3

－米軍基地の必要性－

第3問　復帰後も，沖縄にアメリカ軍基地が残っていますが，あなたは，これについてどのように思いますか。リスト3の中から選んでください。

1. 日本の安全にとって必要である ············· 4.6%
2. 日本の安全のためにはやむをえない ··········· 18.9
3. 日本の安全に必要ではない ················· 27.9
4. 日本の安全にとってかえって危険である ········ 31.2
5. わからない，無回答 ····················· 17.4

－自衛隊配備の是非－

第4問　復帰後，自衛隊が沖縄に配備されましたが，あなたは賛成ですか。それとも反対ですか。リスト4の中から選んでください。

1. 賛成 ································· 10.2 %
2. どちらかといえば，賛成 ················· 12.7
3. どちらかといえば，反対 ················· 19.9
4. 反対 ································· 40.2
5. わからない，無回答 ····················· 17.0

－本土の人は沖縄の人の気持ちを理解しているか－

第7問　現在，本土の人は沖縄の人の気持を理解していると思いますか。リスト7の中からいってください。

1. 十分理解している ・・・・・・・・・・・・・・・・・・・・・・・3.4 %
2. まあ理解している ・・・・・・・・・・・・・・・・・・・・・ 17.9
3. あまり理解していない ・・・・・・・・・・・・・・・・・ 48.6
4. まったく理解していない ・・・・・・・・・・・・・・・ 10.6
5. わからない，無回答 ・・・・・・・・・・・・・・・・・・・ 19.5

－今後の暮らし向き－

第22問　あなたの暮らし向きは，今後どうなると思いますか。リスト21の中からあなたのお感じに近いものをいってください。

1. 楽になるだろう ・・・・・・・・・・・・・・・・・・・・・・ 10.8 %
2. 少し楽になるだろう ・・・・・・・・・・・・・・・・・・・ 23.5
3. 変わらないだろう ・・・・・・・・・・・・・・・・・・・・・ 19.8
4. 少し苦しくなるだろう ・・・・・・・・・・・・・・・・・ 22.7
5. 苦しくなるだろう ・・・・・・・・・・・・・・・・・・・・・・9.9
6. わからない，無回答 ・・・・・・・・・・・・・・・・・・・ 13.3

「沖縄住民意識調査」
単純集計結果

【調査の概要】

```
1. 調査期間
   1975年4月19日（土）～4月20日（日）
2. 調査方法
   個人面接法
3. 調査対象
   沖縄県の有権者
4. 調査相手
   沖縄県　900人（10人×90地点）
5. 有効数（率）
   552人（61.3%）
```

－暮らし向き－

第1問　あなたの暮らし向きは，1年前と比べて，楽になったでしょうか。それとも苦しくなったでしょうか。リスト1の中からお答えください。

1. 楽になった ・・・・・・・・・・・・・・・・・・・・・・・・・・・9.4 %
2. 少し楽になった ・・・・・・・・・・・・・・・・・・・・・・ 10.1
3. 変わらない ・・・・・・・・・・・・・・・・・・・・・・・・・ 34.8
4. 少し苦しくなった ・・・・・・・・・・・・・・・・・・・・ 22.6
5. 苦しくなった ・・・・・・・・・・・・・・・・・・・・・・・ 21.9
6. わからない，無回答 ・・・・・・・・・・・・・・・・・・・・ 1.1

－今後の暮らし向き－

第7問　あなたの暮らしむきは，今後どうなると思いますか。リスト5の中からあなたのお感じに近いものをいってください。

1. 楽になるだろう ・・・・・・・・・・・・・・・・・・・・・・・・3.8 %
2. 少し楽になるだろう ・・・・・・・・・・・・・・・・・・・ 19.6
3. 変わらないだろう ・・・・・・・・・・・・・・・・・・・・・ 26.1
4. 少し苦しくなるだろう ・・・・・・・・・・・・・・・・・ 23.0
5. 苦しくなるだろう ・・・・・・・・・・・・・・・・・・・・・ 19.7
6. わからない，無回答 ・・・・・・・・・・・・・・・・・・・・ 7.8

－米軍基地の必要性－

第27問　復帰後も，沖縄にアメリカ軍基地が残っていますが，あなたは，これについてどのように思いますか。リスト23の中からお答えください。

1. 日本の安全にとって必要である ・・・・・・・・・・・・・・6.0 %
2. 日本の安全のためにやむをえない ・・・・・・・・・・・ 19.7
3. 日本の安全に必要でない・・・・・・・・・・・・・・・・・ 25.2
4. 日本の安全にとってかえって危険である・・・・・・・・ 34.4
5. わからない，無回答 ・・・・・・・・・・・・・・・・・・・ 14.7

－沖縄への自衛隊の配備－

第28問　復帰後，自衛隊が沖縄に配備されていますが，あなたは，これについてどのように思いますか。リスト23の中からお答えください。

1. 日本の安全にとって必要である ・・・・・・・・・・・・・・ 21.4 %
2. 日本の安全のためにやむをえない ・・・・・・・・・・・・ 26.3
3. 日本の安全に必要でない ・・・・・・・・・・・・・・・・・・・ 24.8
4. 日本の安全にとってかえって危険である ・・・・・・・・ 10.9
5. わからない，無回答 ・・・・・・・・・・・・・・・・・・・・・・・ 16.7

－国・県に力を入れてほしいこと－

第30問　あなたは，国や県に対して今まずどんなことに力を入れてほしいと思いますか。リスト25の中から主なものを3つまでお答えください。

1. 農業対策 ・・・・・・・・・・・・・・・・・・・・・・・・・・・・・・ 33.7 %
2. 工業振興策 ・・・・・・・・・・・・・・・・・・・・・・・・・・・・・8.5
3. 観光対策 ・・・・・・・・・・・・・・・・・・・・・・・・・・・・・・・7.6
4. 教育対策 ・・・・・・・・・・・・・・・・・・・・・・・・・・・・・・ 29.5
5. 医療制度・施設の充実 ・・・・・・・・・・・・・・・・・・・ 36.2
6. 土地買い占め・値上がりを防ぐ対策 ・・・・・・・・・ 18.7
7. 公害防止・自然保護 ・・・・・・・・・・・・・・・・・・・・・ 20.7
8. 道路・交通の整備 ・・・・・・・・・・・・・・・・・・・・・・・ 17.0
9. 物価対策 ・・・・・・・・・・・・・・・・・・・・・・・・・・・・・・ 59.1
10. 失業対策 ・・・・・・・・・・・・・・・・・・・・・・・・・・・・・ 16.5
11. 治安の維持 ・・・・・・・・・・・・・・・・・・・・・・・・・・・・8.0
12. 米軍基地の撤去 ・・・・・・・・・・・・・・・・・・・・・・・ 12.9
13. その他 ・・・・・・・・・・・・・・・・・・・・・・・・・・・・・・・・0.7
14. わからない，無回答 ・・・・・・・・・・・・・・・・・・・・・・5.4

－本土復帰の評価－

第33問　沖縄が本土に復帰して，間もなく3年になりますが，この3年をふりかえったとき，あなたのお気持に近いものをリスト28の中からお答えください。

1. 非常によかった ・・・・・・・・・・・・・・・・・・・・・・・・・ 7.1 %
2. まあよかった ・・・・・・・・・・・・・・・・・・・・・・・・・・ 36.2
3. あまりよくなかった ・・・・・・・・・・・・・・・・・・・・・・ 37.3
4. 非常に不満である ・・・・・・・・・・・・・・・・・・・・・・ 13.4
5. わからない，無回答 ・・・・・・・・・・・・・・・・・・・・・・6.0

－本土の人は沖縄の人の気持ちを理解しているか－

第34問　現在本土の人は，沖縄の人の気持を理解していると思いますか。リスト29の中からお答えください。

1. じゅうぶん理解している ・・・・・・・・・・・・・・・・・・・ 1.4 %
2. まあ理解している ・・・・・・・・・・・・・・・・・・・・・・ 22.6
3. あまり理解していない ・・・・・・・・・・・・・・・・・・・ 51.6
4. まったく理解していない ・・・・・・・・・・・・・・・・・・・9.1
5. わからない，無回答 ・・・・・・・・・・・・・・・・・・・・・ 15.2

「沖縄県知事選挙」調査
単純集計結果

【調査の概要】

1. 調査期間
   1976年6月10日（木）～6月11日（金）
2. 調査方法
   個人面接法
3. 調査対象
   沖縄県の有権者
4. 調査相手
   沖縄県 900人（10人×90地点）
5. 有効数（率）
   607人（67.4%）

－海洋博　よかったと思うこと－

第14問　つぎに海洋博についてうかがいます。海洋博で，まずよかったと思うことをリストの中からいくつでもおっしゃってください。

1. 沖縄館は沖縄の歴史と文化を正しく紹介し，
   県民に誇りをもたせた ・・・・・・・・・・・・・・・・・・・・ 32.9 %
2. 沖縄を世界の人に知らせ，
   国際親善に役立った ・・・・・・・・・・・・・・・・・・・・・ 31.8
3. アクアポリスなど世界の進んだ
   海洋科学の成果をみることができた ・・・・・・・・・ 27.2
4. 本土の人と沖縄の人が相互に理解し合う
   よい機会になった ・・・・・・・・・・・・・・・・・・・・・・・ 19.3
5. 道路や港湾，空港などが整備され，
   生活環境がよくなった ・・・・・・・・・・・・・・・・・・・ 48.8
6. 海洋博関連工事や見学者で
   沖縄の経済がうるおった ・・・・・・・・・・・・・・・・・・5.4
7. よかったと思うことはない ・・・・・・・・・・・・・・・・・ 15.8
8. その他 ・・・・・・・・・・・・・・・・・・・・・・・・・・・・・・・・0.8
9. わからない，無回答 ・・・・・・・・・・・・・・・・・・・・・ 10.2

－海洋博　よくなかったと思うこと－

第15問　それでは海洋博でよくなかったと思うことをリストの中からいくつでもおっしゃってください。

1. 沖縄館は期待したほど沖縄の歴史と文化を
   紹介していなかった ・・・・・・・・・・・・・・・・・・・・・・7.6 %
2. 期待したほど国際親善に役立たなかった ・・・・・・ 21.9
3. 海洋科学の成果に公害に対する
   じゅうぶんな対策がみられなかった ・・・・・・・・・・・8.9
4. 本土の人と沖縄の人の相互理解には
   あまり役立たなかった ・・・・・・・・・・・・・・・・・・・ 13.2
5. 海洋博関連工事で自然や景観が破壊され，
   生活環境が悪くなった ・・・・・・・・・・・・・・・・・・・ 27.7
6. 見学者が少なく，物価だけがあがって
   倒産がふえるなど沖縄の経済を混乱させた ・・・・・ 65.6
7. よくなかったと思うことはない ・・・・・・・・・・・・・・・7.2
8. その他 ・・・・・・・・・・・・・・・・・・・・・・・・・・・・・・・・0.7
9. わからない，無回答 ・・・・・・・・・・・・・・・・・・・・・ 14.3

－海洋博の評価－

第16問　では全体としてみると，海洋博は沖縄にとってよかったと思いますか。それともよくなかったと思いますか。リストの中からおっしゃってください。

1. よかったと思う ･･････････････････････････ 20.6 %
2. まあよかったと思う ･････････････････････ 31.3
3. あまりよくなかったと思う ･･････････････ 28.2
4. よくなかったと思う ･････････････････････ 12.7
5. わからない，無回答 ･･･････････････････････7.2

「沖縄住民意識調査」
単純集計結果

【調査の概要】

1. 調査期間 　　1977年3月12日（土）～ 3月13日（日） 2. 調査方法 　　個人面接法 3. 調査対象 　　沖縄県の有権者 4. 調査相手 　　沖縄県　750人（10人×75地点） 5. 有効数（率） 　　537人（71.6%）

－暮らし向き－

第1問　あなたの暮らし向きは，1年前と比べて，楽になったでしょうか。それとも苦しくなったでしょうか。リストの中からお答えください。

1. 楽になった ･･････････････････････････････ 7.1 %
2. 少し楽になった ････････････････････････ 10.2
3. 変わらない ･･････････････････････････････ 39.5
4. 少し苦しくなった ･･････････････････････ 23.5
5. 苦しくなった ･･･････････････････････････ 18.8
6. わからない，無回答 ･･････････････････････0.9

－今後の暮らし向き－

第6問　あなたの暮らし向きは，今後どうなると思いますか。リストの中からあなたのお感じに近いものをいってください。

1. 楽になるだろう ･････････････････････････4.3 %
2. 少し楽になるだろう ････････････････････ 17.9
3. 変わらないだろう ･･････････････････････ 30.5
4. 少し苦しくなるだろう ･････････････････ 28.3
5. 苦しくなるだろう ･･････････････････････ 12.8
6. わからない，無回答 ･･･････････････････････6.1

－本土復帰の評価－

第9問　沖縄が本土に復帰して，間もなく5年になります。この5年間をふりかえったとき，本土復帰についてあなたのお気持に近いものをリストの中からお答えください。

1. 非常によかった ･････････････････････････6.7 %
2. まあよかった ･･････････････････････････ 33.5
3. あまりよくなかった ････････････････････ 40.4
4. 非常に不満である ･･････････････････････ 14.9
5. わからない，無回答 ･･････････････････････4.5

－復帰前と比べてよくなった点－

第10問　復帰前とくらべて，現在，よくなった点があれば，リストの中から，いくつでもおっしゃってください。

1. 県民の暮らしが楽になった ･･････････････････4.3%
2. 犯罪など社会の混乱や不安が少なくなった ･･･････4.8
3. 医療保険や社会保障など社会福祉が充実した･･･ 54.7
4. 学校，水道，道路など公共の施設が充実した 50.1
5. 観光や産業開発でうるおった ･･････････････8.0
6. 本土との経済的な格差が縮まった ･････････････ 10.6
7. 県民の権利や自由が守られるようになった ･･････ 21.8
8. 学校教育の内容や程度が向上した ･････････････ 25.0
9. 古いしきたりが改善され，生活が合理的になった ･･7.3
10. 本土との精神的な一体感が強まった ･･･････････ 21.8
11. その他････････････････････････････････････0.4
12. よくなった点はない ･･････････････････････7.1
13. 復帰前には住んでいなかった ･･･････････････2.4
14. わからない，無回答 ･･･････････････････････4.7

－復帰前と比べて悪くなった点－

第11問　次に復帰前と比べて，現在，悪くなった点があれば，リストの中から，いくつでもおっしゃってください。

1. 県民の暮らしが苦しくなった ･･･････････････ 46.0%
2. 犯罪など社会の混乱や不安が多くなった ･･････ 50.7
3. 医療保険や社会保障など社会福祉が低下した･･････3.4
4. 学校，水道，道路など公共の施設の整備が
　 おろそかになった ･･････････････････････････2.4
5. 観光や産業開発で自然が破壊された ･･･････････ 38.9
6. 本土との経済的な格差が拡大した ･･･････････ 12.1
7. 県民の権利や自由が守られなくなった ･･･････････3.0
8. 学校教育の内容や程度が低下した ･････････････4.3
9. 沖縄の伝統的な文化やしきたりが失われた ･･････ 18.4
10. 本土との精神的なみぞが深まった ･･･････････6.7
11. その他･･････････････････････････････････････0.7
12. 悪くなった点はない ･･･････････････････････3.7
13. 復帰前には住んでいなかった ･･･････････････2.4
14. わからない，無回答 ･･･････････････････････5.6

－国・県に力を入れてほしいこと－

第15問　あなたは，国や県に対して，どんなことに力を入れてほしいと思いますか。リストの中から主なものを3つまでお答えください。

1. 農業対策 ････････････････････････････････ 39.9%
2. 工業振興策 ･････････････････････････････ 15.3
3. 観光対策 ･･･････････････････････････････ 14.9
4. 教育対策 ･･･････････････････････････････ 26.1
5. 医療制度・施設の充実･････････････････････ 25.9
6. 公害防止・自然保護 ･････････････････････ 19.0
7. 道路・交通の整備，交通方法変更の対策 ･････ 18.1
8. 物価対策 ･･･････････････････････････････ 50.7
9. 失業対策 ･･･････････････････････････････ 37.8
10. 治安の維持 ･･････････････････････････････4.5
11. 米軍基地の撤去 ･････････････････････････ 16.4
12. 基地の跡地利用対策 ･･･････････････････････9.9
13. その他････････････････････････････････････0.2
14. わからない，無回答 ･･････････････････････3.7

－本土の人は沖縄の人の気持ちを理解しているかー

第20問　現在，本土の人は沖縄の人の気持を理解していると思いますか。リストの中からお答えください。

1. じゅうぶん理解している ･････････････････････1.9%
2. まあ理解している ･･･････････････････････ 26.8
3. あまり理解していない ･･････････････････････ 53.3
4. まったく理解していない ････････････････････8.9
5. わからない，無回答････････････････････････9.1

－米軍基地の必要性－

第24問　復帰後も，沖縄にアメリカ軍基地が残っていますが，あなたは，これについてどのように思いますか。リストの中からお答えください。

1. 日本の安全にとって必要である ･･･････････････9.5%
2. 日本の安全のためにやむをえない ･･････････ 24.4
3. 日本の安全に必要でない ････････････････ 22.0
4. 日本の安全にとってかえって危険である ･･････ 31.3
5. わからない，無回答 ･･･････････････････････ 12.8

－沖縄への自衛隊の配備－

第25問　復帰後，自衛隊が沖縄に配備されていますが，あなたはこれについてどのように思いますか。同じリストの中からお答えください。

1. 日本の安全にとって必要である ･････････････ 16.4%
2. 日本の安全のためにやむをえない ･･････････ 33.1
3. 日本の安全に必要でない ････････････････ 22.3
4. 日本の安全にとってかえって危険である ･･･････ 14.5
5. わからない，無回答 ･･･････････････････････ 13.6

－米軍基地と暮らし－

第26問　では，沖縄にアメリカ軍の基地があることは，あなたの暮らしや仕事に役立っていると思いますか。リストの中からおっしゃってください。

1. 大きく役立っている ･････････････････････････4.3%
2. どちらかといえば，役立っている ･･･････････ 18.6
3. どちらかといえば，役立っていない ･････････ 20.3
4. 全然役立っていない ･･･････････････････････ 41.9
5. わからない，無回答 ･･･････････････････････ 14.9

－自衛隊と暮らし－

第27問　沖縄に自衛隊の基地があることは，あなたの暮らしや仕事に役立っていると思いますか。同じリストの中からお答えください。

1. 大きく役立っている ･････････････････････････2.6%
2. どちらかといえば，役立っている ･･･････････ 14.2
3. どちらかといえば，役立っていない ･････････ 19.7
4. 全然役立っていない ･･･････････････････････ 47.9
5. わからない，無回答 ･･･････････････････････ 15.6

－沖縄戦とはどんなものだったか－

第33問　沖縄戦は，沖縄にとってどんな戦闘だったのでしょうか。リストのA～Cの組み合わせについて，それぞれどちらが，あなたのお考えに近いでしょうか。

A）

1. 祖国防衛のためには，やむをえない戦闘だった ‥ 13.0 %
2. 県民に多大な犠牲をだした無謀な戦闘だった ‥‥ 79.0
3. わからない，無回答 ‥‥‥‥‥‥‥‥‥‥‥‥‥ 8.0

B）

1. 本土の人と沖縄の人がともにたたかい
　一体感をもった ‥‥‥‥‥‥‥‥‥‥‥‥‥ 19.9 %
2. 本土の人と沖縄の人との心のみぞが深まった ‥‥ 56.4
3. わからない，無回答 ‥‥‥‥‥‥‥‥‥‥‥‥‥ 23.6

C）

1. 忘れてはならないこととして，
　たえずふりかえるようにしたい ‥‥‥‥‥‥‥‥ 63.7 %
2. 今の生活と関係ないので，
　なるべく忘れるようにしたい ‥‥‥‥‥‥‥‥ 25.9
3. わからない，無回答 ‥‥‥‥‥‥‥‥‥‥‥‥‥ 10.4

－沖縄戦を語り継ぎたいか－

第34問　あなたは，沖縄戦について，これからの若い世代に語りつぎたいと思いますか。リストの中からお答えください。

1. すすんで話したい ‥‥‥‥‥‥‥‥‥‥‥‥‥ 26.4 %
2. たずねられたら話す ‥‥‥‥‥‥‥‥‥‥‥ 37.8
3. 思い出したくないので話さない ‥‥‥‥‥‥ 8.9
4. 沖縄戦のことは知らない ‥‥‥‥‥‥‥‥‥ 19.0
5. わからない，無回答 ‥‥‥‥‥‥‥‥‥‥‥‥‥ 7.8

「本土復帰10年の沖縄」調査
単純集計結果

【調査の概要】

1. 調査期間
　　1982年2月20日（土）～2月21日（日）
2. 調査方法
　　個人面接法
3. 調査対象
　　沖縄県の20歳以上
4. 調査相手
　　沖縄県　900人（12人×75地点）
5. 有効数（率）
　　650人（72.2%）

－暮らし向き－

第3問　あなたの暮らし向きは，1年前とくらべて，楽になったでしょうか。それとも苦しくなったでしょうか。リストの中からお答えください。

1. 楽になった ‥‥‥‥‥‥‥‥‥‥‥‥‥‥‥ 7.4 %
2. 少し楽になった ‥‥‥‥‥‥‥‥‥‥‥‥ 12.5
3. 変わらない ‥‥‥‥‥‥‥‥‥‥‥‥‥‥ 42.8
4. 少し苦しくなった ‥‥‥‥‥‥‥‥‥‥‥ 18.9
5. 苦しくなった ‥‥‥‥‥‥‥‥‥‥‥‥‥ 17.7
6. わからない，無回答 ‥‥‥‥‥‥‥‥‥‥‥ 0.8

－今後の暮らし向き－

第5問　あなたの暮らし向きは，今後どうなると思いますか。リストの中からあなたのお感じに近いものをいってください。

1. 楽になるだろう ‥‥‥‥‥‥‥‥‥‥‥‥ 4.0 %
2. 少し楽になるだろう ‥‥‥‥‥‥‥‥‥‥ 17.7
3. 変わらないだろう ‥‥‥‥‥‥‥‥‥‥‥ 32.5
4. 少し苦しくなるだろう ‥‥‥‥‥‥‥‥‥ 24.6
5. 苦しくなるだろう ‥‥‥‥‥‥‥‥‥‥‥ 15.8
6. わからない，無回答 ‥‥‥‥‥‥‥‥‥‥‥ 5.4

－本土復帰の評価－

第7問　沖縄が本土に復帰して，間もなく満10年になります。この10年をふりかえったとき，本土復帰についてあなたのお気持に近いものをリストの中からお答えください。

1. 非常によかった ‥‥‥‥‥‥‥‥‥‥‥‥ 13.7 %
2. まあよかった ‥‥‥‥‥‥‥‥‥‥‥‥‥ 49.4
3. あまりよくなかった ‥‥‥‥‥‥‥‥‥‥ 25.4
4. 非常に不満である ‥‥‥‥‥‥‥‥‥‥‥ 6.8
5. わからない，無回答 ‥‥‥‥‥‥‥‥‥‥‥ 4.8

第8問　復帰前とくらべて，現在，よくなった点があれば，リストの中から，いくつでもおっしゃってください。

1. 県民の暮らしが楽になった　‥‥‥‥‥‥‥‥‥　10.3％
2. 犯罪など社会の混乱や不安が少なくなった　‥‥‥　10.8
3. 医療保険や社会保障など社会福祉が充実した‥‥　55.2
4. 学校・水道・道路など公共の施設が充実した　‥　60.9
5. 観光や産業開発でうるおった　‥‥‥‥‥‥‥‥　28.9
6. 本土との経済的な格差が縮まった　‥‥‥‥‥‥　14.0
7. 県民の権利や自由が守られるようになった　‥‥‥　25.1
8. 学校教育の内容や程度が向上した　‥‥‥‥‥‥　32.8
9. 古いしきたりが改善され，
　　生活が合理的になった　‥‥‥‥‥‥‥‥‥‥　16.3
10. 本土との精神的な一体感が強まった　‥‥‥‥‥　24.0
11. その他‥‥‥‥‥‥‥‥‥‥‥‥‥‥‥‥‥‥‥　0.6
12. よくなった点はない　‥‥‥‥‥‥‥‥‥‥‥‥　0.9
13. 復帰前には住んでいなかった　‥‥‥‥‥‥‥‥　1.5
14. わからない，無回答‥‥‥‥‥‥‥‥‥‥‥‥‥　4.6

ー復帰前と比べて悪くなった点ー

第9問　次に復帰前とくらべて，現在，悪くなった点があれば，リストの中からいくつでもおっしゃってください。

1. 県民の暮らしが苦しくなった　‥‥‥‥‥‥‥‥　27.5％
2. 犯罪など社会の混乱や不安が多くなった　‥‥‥‥　42.3
3. 医療保険や社会保障など社会福祉が低下した‥‥‥‥　3.4
4. 学校・水道・道路など公共の施設の整備が
　　おろそかになった　‥‥‥‥‥‥‥‥‥‥‥‥‥　1.4
5. 観光や産業開発で自然が破壊された　‥‥‥‥‥‥　43.7
6. 本土との経済的な格差が拡大した　‥‥‥‥‥‥‥　8.6
7. 県民の権利や自由が守られなくなった　‥‥‥‥‥　5.5
8. 学校教育の内容や程度が低下した　‥‥‥‥‥‥‥　3.4
9. 沖縄の伝統的な文化やしきたりが失われた　‥‥‥‥　16.2
10. 本土との精神的なみぞが深まった　‥‥‥‥‥‥‥　4.6
11. その他　‥‥‥‥‥‥‥‥‥‥‥‥‥‥‥‥‥‥　0.6
12. 悪くなった点はない　‥‥‥‥‥‥‥‥‥‥‥‥　6.8
13. 復帰前には住んでいなかった　‥‥‥‥‥‥‥‥　1.5
14. わからない，無回答　‥‥‥‥‥‥‥‥‥‥‥‥　8.9

ー国の復帰対策ー

第10問　国の復帰対策についてどう思いますか。リストの中からおっしゃってください。

1. 非常によくやっている　‥‥‥‥‥‥‥‥‥‥‥‥　5.2％
2. まあよくやっている　‥‥‥‥‥‥‥‥‥‥‥　48.2
3. あまりよくやっていない　‥‥‥‥‥‥‥‥‥‥　29.2
4. よくやっていない　‥‥‥‥‥‥‥‥‥‥‥‥‥　5.4
5. わからない，無回答‥‥‥‥‥‥‥‥‥‥‥‥‥　12.0

ー復帰10年の感想ー

第12問　復帰10年をふりかえって，次のような感想があります。リストの中からいくつでもあげてください。

1. 生活に落ち着きがなくなった　‥‥‥‥‥‥‥‥　17.2％
2. 海が汚れ，緑が失われるなど自然がそこなわれた‥‥　54.3
3. 日本人としての自覚が強まった　‥‥‥‥‥‥‥　25.2
4. 生活が豊かになった‥‥‥‥‥‥‥‥‥‥‥‥‥　11.4
5. 教育水準が高くなった‥‥‥‥‥‥‥‥‥‥‥‥　36.6
6. 「復帰前の沖縄の方が良かった」と
　　感じることがある　‥‥‥‥‥‥‥‥‥‥‥‥‥　31.5
7. 人間関係にあたたかみが失われてきた　‥‥‥‥‥　28.2
8. 貧富の差が縮まった‥‥‥‥‥‥‥‥‥‥‥‥‥　14.9
9. その他‥‥‥‥‥‥‥‥‥‥‥‥‥‥‥‥‥‥‥　0.5
10. わからない，無回答‥‥‥‥‥‥‥‥‥‥‥‥‥　6.8

ー国・県に力を入れてほしいことー

第13問　あなたは，国や県に対して，どんなことに力を入れてほしいと思いますか。リストの中から主なものを3つまでお答えください。

1. 農業対策　‥‥‥‥‥‥‥‥‥‥‥‥‥‥‥‥　34.5％
2. 工業振興策　‥‥‥‥‥‥‥‥‥‥‥‥‥‥‥　15.2
3. 観光対策　‥‥‥‥‥‥‥‥‥‥‥‥‥‥‥‥　11.1
4. 教育対策　‥‥‥‥‥‥‥‥‥‥‥‥‥‥‥‥　22.0
5. 医療制度・施設の充実‥‥‥‥‥‥‥‥‥‥‥‥　30.0
6. 公害防止・自然保護‥‥‥‥‥‥‥‥‥‥‥‥‥　20.6
7. 道路・交通の整備　‥‥‥‥‥‥‥‥‥‥‥‥‥　17.1
8. 物価対策　‥‥‥‥‥‥‥‥‥‥‥‥‥‥‥‥　43.2
9. 失業対策　‥‥‥‥‥‥‥‥‥‥‥‥‥‥‥‥　40.3
10. 治安の維持　‥‥‥‥‥‥‥‥‥‥‥‥‥‥‥‥　4.2
11. 米軍基地の撤去　‥‥‥‥‥‥‥‥‥‥‥‥‥‥　24.5
12. 基地の跡地利用対策　‥‥‥‥‥‥‥‥‥‥‥‥　12.3
13. その他‥‥‥‥‥‥‥‥‥‥‥‥‥‥‥‥‥‥‥　0.2
14. わからない，無回答‥‥‥‥‥‥‥‥‥‥‥‥‥　3.4

ー本土の人は沖縄の人の気持ちを理解しているかー

第18問　現在，本土の人は，沖縄の人の気持を理解していると思いますか。リストの中からお答えください。

1. じゅうぶん理解している　‥‥‥‥‥‥‥‥‥‥‥　3.4％
2. まあ理解している　‥‥‥‥‥‥‥‥‥‥‥‥‥　38.8
3. あまり理解していない　‥‥‥‥‥‥‥‥‥‥‥‥　46.8
4. まったく理解していない　‥‥‥‥‥‥‥‥‥‥‥　3.4
5. わからない，無回答‥‥‥‥‥‥‥‥‥‥‥‥‥　7.7

ー米軍基地の必要性ー

第26問　復帰後も，沖縄にアメリカ軍基地が残っていますが，あなたは，これについてどのように思いますか。リストの中からお答えください。

1. 日本の安全にとって必要である　‥‥‥‥‥‥‥‥　9.4％
2. 日本の安全のためにやむをえない　‥‥‥‥‥‥　28.2
3. 日本の安全に必要でない　‥‥‥‥‥‥‥‥‥‥　16.6
4. 日本の安全にとってかえって危険である　‥‥‥‥　36.0
5. わからない，無回答‥‥‥‥‥‥‥‥‥‥‥‥‥　9.8

ー沖縄への自衛隊の配備ー

第27問　復帰後，自衛隊が沖縄に配備されていますが，あなたはこれについてどのように思いますか。同じリストの中からお答えください。

1. 日本の安全にとって必要である　‥‥‥‥‥‥‥　22.5％
2. 日本の安全のためにやむをえない　‥‥‥‥‥‥　34.6
3. 日本の安全に必要でない‥‥‥‥‥‥‥‥‥‥‥　16.8
4. 日本の安全にとってかえって危険である　‥‥‥‥　14.9
5. わからない，無回答‥‥‥‥‥‥‥‥‥‥‥‥‥　11.2

ー米軍基地と暮らしー

第28問　では，沖縄にアメリカ軍の基地があることは，あなたの暮らしや仕事に役立っていると思いますか。リストの中からおっしゃってください。

1. 大きく役立っている　‥‥‥‥‥‥‥‥‥‥‥‥‥　4.0％
2. どちらかといえば，役立っている‥‥‥‥‥‥‥　17.7
3. どちらかといえば，役立っていない‥‥‥‥‥‥‥　20.2
4. 全然役立っていない　‥‥‥‥‥‥‥‥‥‥‥‥　52.0
5. わからない，無回答‥‥‥‥‥‥‥‥‥‥‥‥‥　6.2

ー自衛隊と暮らしー

第29問　沖縄に自衛隊の基地があることは，あなたの暮らしや仕事に役立っていると思いますか。同じリストの中からお答えください。

1. 大きく役立っている ・・・・・・・・・・・・・・・・・・・・・・・・・3.7 %
2. どちらかといえば，役立っている ・・・・・・・・・・・・・ 17.4
3. どちらかといえば，役立っていない ・・・・・・・・・・・ 18.8
4. 全然役立っていない ・・・・・・・・・・・・・・・・・・・・・・・ 52.2
5. わからない，無回答 ・・・・・・・・・・・・・・・・・・・・・・・・8.0

ー米軍基地のあり方ー

第30問　沖縄のアメリカ軍基地について，あなたのお気持に近いものをリストの中からおっしゃってください。

1. 全面撤去すべきだ ・・・・・・・・・・・・・・・・・・・・・・・ 32.6 %
2. 本土並みに少なくすべきだ ・・・・・・・・・・・ 44.2
3. 現状のままでよい ・・・・・・・・・・・・・・・・ 14.9
4. もっとふやすべきだ ・・・・・・・・・・・・・・・・・・・1.8
5. わからない，無回答 ・・・・・・・・・・・・・・・・・・・6.5

ー沖縄戦とはどんなものだったかー

第33問　沖縄戦は，沖縄にとってどんな戦闘だったのでしょうか。次のA，Bそれぞれについて，あなたのお気持に近いものをリストの中からおっしゃってください。

A）まずAについてはどうでしょうか。
1. 祖国防衛のためには，やむをえない戦闘だった ・・ 10.5 %
2. 県民に多大な犠牲を出した無謀な戦闘だった ・・・・ 83.4
3. わからない，無回答 ・・・・・・・・・・・・・・・・・・・・・・・6.2

B）次にBについてはどうでしょうか。
1. 忘れてはならないこととして，
　たえずふりかえるようにしたい ・・・・・・・・・・・・・・・ 78.6 %
2. 今の生活と関係ないので，
　なるべく忘れるようにしたい ・・・・・・・・・・・ 16.6
3. わからない，無回答 ・・・・・・・・・・・・・・・・・・・・・・・4.8

ー沖縄戦を語り継ぎたいかー

第34問　あなたは，沖縄戦について，これからの若い世代に語りつぎたいと思いますか。リストの中からお答えください。

1. すすんで話したい ・・・・・・・・・・・・・・・・・・・・・・・ 33.1 %
2. たずねられたら話す ・・・・・・・・・・・・・・・・・・・・・ 28.8
3. 思い出したくないので話さない ・・・・・・・・・・・・・5.8
4. 沖縄戦のことは知らない ・・・・・・・・・・・・・・・・・ 29.2
5. わからない，無回答 ・・・・・・・・・・・・・・・・・・・・・3.1

「本土復帰15年の沖縄」調査
単純集計結果

【調査の概要】

1. 調査期間
　　1987年1月31日（土）～ 2月2日（月）
2. 調査方法
　　個人面接法
3. 調査対象
　　沖縄県の20歳以上
4. 調査相手
　　沖縄県　900人（12人×75地点）
5. 有効数（率）
　　618人（68.7%）

ー暮らし向きー

第2問　あなたの暮らし向きは，1年前とくらべて楽になったでしょうか。それとも苦しくなったでしょうか。リストの中から答えください。

1. 楽になった ・・・・・・・・・・・・・・・・・・・・・・・・・・・・・9.1 %
2. 少し楽になった ・・・・・・・・・・・・・・・・・・・・・・・・・9.5
3. 変わらない ・・・・・・・・・・・・・・・・・・・・・・・・・・・ 48.5
4. 少し苦しくなった ・・・・・・・・・・・・・・・・・・・・・・ 18.9
5. 苦しくなった ・・・・・・・・・・・・・・・・・・・・・・・・・ 12.9
6. わからない，無回答 ・・・・・・・・・・・・・・・・・・・・・1.0

ー今後の暮らし向きー

第3問　あなたの暮らし向きは，今後どうなると思いますか。リストの中からあなたのお感じに近いものをいってください。

1. 楽になるだろう ・・・・・・・・・・・・・・・・・・・・・・・・・7.0 %
2. 少し楽になるだろう ・・・・・・・・・・・・・・・・・・・ 19.7
3. 変わらないだろう ・・・・・・・・・・・・・・・・・・・・・ 30.9
4. 少し苦しくなるだろう ・・・・・・・・・・・・・・・・・・ 24.8
5. 苦しくなるだろう ・・・・・・・・・・・・・・・・・・・・・ 12.8
6. わからない，無回答 ・・・・・・・・・・・・・・・・・・・・・4.9

ー本土復帰の評価ー

第4問　沖縄が本土に復帰して，間もなく満15年になります。この15年間をふりかえったとき，本土復帰についてあなたのお気持に近いものをリストの中からお答えください。

1. 非常によかった ・・・・・・・・・・・・・・・・・・・・・・・ 19.9 %
2. まあよかった ・・・・・・・・・・・・・・・・・・・・・・・・・ 55.8
3. あまりよくなかった ・・・・・・・・・・・・・・・・・・・ 13.6
4. 非常に不満である ・・・・・・・・・・・・・・・・・・・・・・4.4
5. わからない，無回答 ・・・・・・・・・・・・・・・・・・・・6.3

－復帰15年の感想－

第8問　復帰15年をふりかえって，次のような感想があります。あなたのお感じになることをリストの中からいくつでもあげてください。

1. 生活に落ち着きがなくなった ・・・・・・・・・・・・・・・ 13.8 %
2. 海が汚れ緑が失われるなど自然がそこなわれた ・・ 58.4
3. 日本人としての自覚が強まった ・・・・・・・・・・・・・ 29.0
4. 生活が豊かになった ・・・・・・・・・・・・・・・・・・・・・ 22.5
5. 教育水準が高くなった ・・・・・・・・・・・・・・・・・・・ 43.4
6. 「復帰前の沖縄の方が良かった」と
　　感じることがある ・・・・・・・・・・・・・・・・・・・・・・・ 17.5
7. 人間関係にあたたかみが失われてきた ・・・・・・・・ 30.3
8. 貧富の差が縮まった ・・・・・・・・・・・・・・・・・・・・・ 17.5
9. その他・・・・・・・・・・・・・・・・・・・・・・・・・・・・・・・・0.2
10. わからない，無回答 ・・・・・・・・・・・・・・・・・・・・・6.5

－国・県に力を入れてほしいこと－

第9問　あなたは，国や県に対して，どんなことに力を入れてほしいと思いますか。リストの中から主なものを3つまでお答えください。

1. 農業対策 ・・・・・・・・・・・・・・・・・・・・・・・・・・・ 23.9 %
2. 工業振興策 ・・・・・・・・・・・・・・・・・・・・・・・・・ 14.2
3. 観光対策 ・・・・・・・・・・・・・・・・・・・・・・・・・・・ 15.4
4. 教育対策 ・・・・・・・・・・・・・・・・・・・・・・・・・・・ 22.3
5. 医療制度・施設の充実 ・・・・・・・・・・・・・・・・・・ 32.8
6. 公害防止・自然保護 ・・・・・・・・・・・・・・・・・・・ 31.1
7. 道路・交通の整備 ・・・・・・・・・・・・・・・・・・・・・ 19.6
8. 物価対策 ・・・・・・・・・・・・・・・・・・・・・・・・・・・ 30.3
9. 失業対策 ・・・・・・・・・・・・・・・・・・・・・・・・・・・ 45.0
10. 治安の維持 ・・・・・・・・・・・・・・・・・・・・・・・・・3.4
11. 米軍基地の撤去 ・・・・・・・・・・・・・・・・・・・・・・ 23.8
12. 基地の跡地利用対策 ・・・・・・・・・・・・・・・・・・・ 10.8
13. その他・・・・・・・・・・・・・・・・・・・・・・・・・・・・・・0.5
14. わからない，無回答 ・・・・・・・・・・・・・・・・・・・ 15.5

－経済発展の方向－

第13問　今後，沖縄が経済的に発展していくには，どういう方向をとるのが一番良いと思いますか。リストの中からお答えください。

1. 農業や畜産を盛んにする ・・・・・・・・・・・・・・・ 20.4 %
2. 企業を誘致し，工業を盛んにする ・・・・・・・・・・ 30.9
3. 観光に力を入れる ・・・・・・・・・・・・・・・・・・・・・ 24.9
4. 農産物・水産物の加工に力を入れる ・・・・・・・・ 17.5
5. その他 ・・・・・・・・・・・・・・・・・・・・・・・・・・・・・・0.0
6. わからない，無回答 ・・・・・・・・・・・・・・・・・・・・6.3

－本土の人は沖縄の人の気持ちを理解しているか－

第14問　現在，本土の人は，沖縄の人の気持を理解していると思いますか。リストの中から答えてください。

1. じゅうぶん理解している ・・・・・・・・・・・・・・・・・・4.5 %
2. まあ理解している ・・・・・・・・・・・・・・・・・・・・・ 40.9
3. あまり理解していない ・・・・・・・・・・・・・・・・・・ 43.5
4. まったく理解していない ・・・・・・・・・・・・・・・・・・4.0
5. わからない，無回答 ・・・・・・・・・・・・・・・・・・・・7.0

－沖縄県で失業者が多い原因－

第16問　沖縄県で失業者が多い主な原因はどこにあると思いますか。リストの中からひとつあげてください。

1. 県内に働き口が少ないから ・・・・・・・・・・・・・・ 49.7 %
2. 国や県の雇用対策がじゅうぶんでないから ・・・・・ 12.0
3. 県外で働きたがらない人が多いから ・・・・・・・・・・ 10.5
4. 就職に有利な技術・技能を持っている人が
　　少ないから ・・・・・・・・・・・・・・・・・・・・・・・・・・7.1
5. 待遇や仕事の内容など希望に合った
　　働き口がみつからないから ・・・・・・・・・・・・・・・ 12.9
6. 仕事を探さなくてもいちおうの生活ができるから ・・・・4.5
7. その他 ・・・・・・・・・・・・・・・・・・・・・・・・・・・・・・0.5
8. わからない，無回答 ・・・・・・・・・・・・・・・・・・・・2.8

－米軍基地の必要性－

第24問　復帰後も，沖縄にアメリカ軍基地が残っていますが，あなたは，これについてどのように思いますか。リストの中から答えてください。 ・・・・・・・・・・・・・・・・・・・・・・ 1. 日本の安全にとって必要である ・・・・・・・・・・・・ 8.9 %

2. 日本の安全のためにやむをえない ・・・・・・・・・・ 29.3
3. 日本の安全に必要でない ・・・・・・・・・・・・・・・・ 21.8
4. 日本の安全にとってかえって危険である ・・・・・・・ 30.3
5. わからない，無回答 ・・・・・・・・・・・・・・・・・・・・9.7

－沖縄への自衛隊の配備－

第25問　復帰後，自衛隊が沖縄に配備されていますが，あなたはこれについてどのように思いますか。同じリストの中からお答えください。

1. 日本の安全にとって必要である ・・・・・・・・・・・・ 21.8 %
2. 日本の安全のためにやむをえない ・・・・・・・・・・ 42.4
3. 日本の安全に必要でない ・・・・・・・・・・・・・・・・ 15.9
4. 日本の安全にとってかえって危険である ・・・・・・・ 10.2
5. わからない，無回答 ・・・・・・・・・・・・・・・・・・・・9.7

－米軍基地と暮らし－

第26問　沖縄にアメリカ軍の基地があることは，あなたの暮らしや仕事に役立っていると思いますか。リストの中からお答えください。

1. 大きく役立っている ・・・・・・・・・・・・・・・・・・・・7.9 %
2. どちらかといえば，役立っている ・・・・・・・・・・・ 17.2
3. どちらかといえば，役立っていない ・・・・・・・・・・ 25.7
4. 全然役立っていない ・・・・・・・・・・・・・・・・・・・ 43.4
5. わからない，無回答 ・・・・・・・・・・・・・・・・・・・・5.8

－自衛隊と暮らし－

第27問　沖縄に自衛隊の基地があることは，あなたの暮らしや仕事に役立っていると思いますか。同じリストの中からお答えください。

1. 大きく役立っている ・・・・・・・・・・・・・・・・・・・・5.8 %
2. どちらかといえば，役立っている ・・・・・・・・・・・ 19.1
3. どちらかといえば，役立っていない ・・・・・・・・・・ 25.4
4. 全然役立っていない ・・・・・・・・・・・・・・・・・・・ 41.6
5. わからない，無回答 ・・・・・・・・・・・・・・・・・・・・8.1

－米軍基地のあり方－

第28問　沖縄のアメリカ軍基地について，あなたのお気持に近いものをリストの中からおっしゃってください。

1. 全面撤去すべきだ ・・・・・・・・・・・・・・・・・・・ 28.3 %
2. 本土並みに少なくすべきだ ・・・・・・・・・・・・・・ 48.7
3. 現状のままでよい ・・・・・・・・・・・・・・・・・・・ 17.0
4. もっとふやすべきだ ・・・・・・・・・・・・・・・・・・・0.5
5. わからない，無回答 ・・・・・・・・・・・・・・・・・・・5.5

－沖縄戦とはどんなものだったかー

第31問　沖縄戦は，沖縄にとってどんな戦闘だったのでしょうか。次のA，Bそれぞれについて，あなたのお気持に近いものをリストの中からおっしゃってください。

A）

1. 祖国防衛のためには，やむをえない戦闘だった ・・ 11.0 %
2. 県民に多大な犠牲をだした無謀な戦闘だった ・・・・ 82.4
3. わからない，無回答 ・・・・・・・・・・・・・・・・・・・6.6

B）

1. 忘れてはならないこととして，
たえずふりかえるようにしたい ・・・・・・・・・・・・・ 76.1 %
2. 今の生活と関係ないので，
なるべく忘れるようにしたい ・・・・・・・・・・・・・ 16.3
3. わからない，無回答 ・・・・・・・・・・・・・・・・・・・ 7.6

－沖縄戦を語り継ぎたいかー

第32問　あなたは，沖縄戦について，これからの若い世代に語りつぎたいと思いますか。リストの中から答えください。

1. すすんで話したい ・・・・・・・・・・・・・・・・・・・ 33.8 %
2. たずねられたら話す ・・・・・・・・・・・・・・・・・・ 28.2
3. 思い出したくないので話さない ・・・・・・・・・・・・4.7
4. 沖縄戦のことは知らない ・・・・・・・・・・・・・・・・ 28.0
5. わからない，無回答 ・・・・・・・・・・・・・・・・・・・5.3

「本土復帰20年の沖縄」調査
単純集計結果

【調査の概要】

1. 調査期間
   1992年3月7日（土）〜 3月8日（日）
2. 調査方法
   個人面接法
3. 調査対象
   沖縄県の20歳以上
4. 調査相手
   沖縄県　900人（12人×75地点）
5. 有効数（率）
   706人（78.4%）

－暮らし向きー

第4問　あなたの暮らし向きは，1年前とくらべて，楽になったでしょうか。それとも苦しくなったでしょうか。リストの中からお答えください。

1. 楽になった ・・・・・・・・・・・・・・・・・・・・・・・・9.9 %
2. 少し楽になった ・・・・・・・・・・・・・・・・・・・・ 17.7
3. 変わらない ・・・・・・・・・・・・・・・・・・・・・・・ 53.3
4. 少し苦しくなった ・・・・・・・・・・・・・・・・・・・ 11.5
5. 苦しくなった ・・・・・・・・・・・・・・・・・・・・・・・5.8
6. わからない，無回答 ・・・・・・・・・・・・・・・・・・・1.8

－今後の暮らし向きー

第5問　あなたの暮らし向きは，今後どうなると思いますか。リストの中からあなたのお感じに近いものをおっしゃってください。

1. 楽になるだろう ・・・・・・・・・・・・・・・・・・・・・ 10.8 %
2. 少し楽になるだろう ・・・・・・・・・・・・・・・・・・ 19.4
3. 変わらないだろう ・・・・・・・・・・・・・・・・・・・ 40.7
4. 少し苦しくなるだろう ・・・・・・・・・・・・・・・・ 14.3
5. 苦しくなるだろう ・・・・・・・・・・・・・・・・・・・6.2
6. わからない，無回答 ・・・・・・・・・・・・・・・・・・・8.6

－本土復帰の評価ー

第6問　沖縄が本土に復帰して，間もなく満20年になります。この20年間をふりかえったとき，本土復帰についてあなたのお気持に近いものをリストの中からお答えください。

1. 非常によかった ・・・・・・・・・・・・・・・・・・・・・ 21.1 %
2. まあよかった ・・・・・・・・・・・・・・・・・・・・・・ 60.2
3. あまりよくなかった ・・・・・・・・・・・・・・・・・・・9.6
4. 非常に不満である ・・・・・・・・・・・・・・・・・・・1.0
5. わからない，無回答 ・・・・・・・・・・・・・・・・・・・8.1

―復帰20年の感想―

第8問　復帰20年をふりかえって，次のような感想があります。リストの中からあなたのお感じになることをいくつでもあげてください。

1. 生活に落ち着きがなくなった ・・・・・・・・・・・・・ 12.5%
2. 海が汚れ緑が失われるなど自然がそこなわれた ・・ 71.7
3. 日本人としての自覚が強まった ・・・・・・・・・・・・・ 18.0
4. 生活が豊かになった ・・・・・・・・・・・・・・・・・・・・・ 35.4
5. 教育水準が高くなった ・・・・・・・・・・・・・・・・・・・ 46.3
6. 「復帰前の沖縄の方が良かった」と
　　感じることがある ・・・・・・・・・・・・・・・・・・・・・ 15.4
7. 人間関係にあたたかみが失われてきた ・・・・・・・・ 31.6
8. 貧富の差が縮まった ・・・・・・・・・・・・・・・・・・・・ 14.0
9. その他・・・・・・・・・・・・・・・・・・・・・・・・・・・・・・・・ 1.1
10. わからない，無回答・・・・・・・・・・・・・・・・・・・・・・5.2

―国・県に力を入れてほしいこと―

第9問　あなたは，国や県に対して，どんなことに力を入れてほしいと思いますか。リストの中から主なものを3つまでお答えください。

1. 農業対策 ・・・・・・・・・・・・・・・・・・・・・・・・・・・・ 24.9%
2. 工業振興策 ・・・・・・・・・・・・・・・・・・・・・・・・・・ 10.6
3. 観光対策 ・・・・・・・・・・・・・・・・・・・・・・・・・・・・ 16.4
4. 教育対策 ・・・・・・・・・・・・・・・・・・・・・・・・・・・・ 26.5
5. 医療制度・施設の充実・・・・・・・・・・・・・・・・・・・ 39.1
6. 公害防止・自然保護・・・・・・・・・・・・・・・・・・・・ 44.9
7. 道路・交通の整備・・・・・・・・・・・・・・・・・・・・・・ 23.9
8. 物価対策 ・・・・・・・・・・・・・・・・・・・・・・・・・・・・ 23.1
9. 失業対策 ・・・・・・・・・・・・・・・・・・・・・・・・・・・・ 23.7
10. 治安の維持 ・・・・・・・・・・・・・・・・・・・・・・・・・・・6.2
11. 米軍基地の撤去 ・・・・・・・・・・・・・・・・・・・・・・ 27.3
12. 基地の跡地利用対策 ・・・・・・・・・・・・・・・・・・・ 15.4
13. その他・・・・・・・・・・・・・・・・・・・・・・・・・・・・・・・0.4
14. わからない，無回答・・・・・・・・・・・・・・・・・・・・・2.8

―沖縄の開発は調和がとれているか―

第11問　ところで，今沖縄で進められている開発は，自然保護との調和がとれていると思いますか。それともとれていないと思いますか。リストの中からお答えください。

1. 調和がとれている ・・・・・・・・・・・・・・・・・・・・・・4.7%
2. 調和がとれていない ・・・・・・・・・・・・・・・・・・・・ 62.6
3. どちらともいえない ・・・・・・・・・・・・・・・・・・・・ 26.5
4. わからない，無回答・・・・・・・・・・・・・・・・・・・・・6.2

―経済発展の方向―

第12問　今後，沖縄が経済的に発展していくには，どういう方向をとるのが一番良いと思いますか。リストの中からお答えください。

1. 農業や畜産を盛んにする ・・・・・・・・・・・・・・・・ 15.6%
2. 企業を誘致し，工業を盛んにする ・・・・・・・・・・ 23.4
3. 観光に力を入れる ・・・・・・・・・・・・・・・・・・・・・ 25.5
4. 農産物・水産物の加工に力を入れる ・・・・・・・・・・ 22.9
5. その他・・・・・・・・・・・・・・・・・・・・・・・・・・・・・・・ 1.1
6. わからない，無回答 ・・・・・・・・・・・・・・・・・・・・ 11.5

―米軍基地の必要性―

第20問　復帰後も，沖縄にアメリカ軍基地が残っていますが，あなたは，これについてどのように思いますか。リストの中からお答えください。

1. 日本の安全にとって必要である ・・・・・・・・・・・・・5.8%
2. 日本の安全のためにやむをえない ・・・・・・・・・・・ 28.9
3. 日本の安全に必要でない ・・・・・・・・・・・・・・・・ 26.1
4. 日本の安全にとってかえって危険である ・・・・・・・・ 24.4
5. わからない，無回答 ・・・・・・・・・・・・・・・・・・・・ 14.9

―沖縄への自衛隊の配備―

第21問　復帰後，自衛隊が沖縄に配備されていますが，あなたはこれについてどのように思いますか。同じリストの中からお答えください。

1. 日本の安全にとって必要である ・・・・・・・・・・・・ 20.0%
2. 日本の安全のためにやむをえない ・・・・・・・・・・・ 36.4
3. 日本の安全に必要でない ・・・・・・・・・・・・・・・・ 18.0
4. 日本の安全にとってかえって危険である ・・・・・・・・8.9
5. わからない，無回答 ・・・・・・・・・・・・・・・・・・・・ 16.7

―米軍基地と暮らし―

第22問　では，沖縄にアメリカ軍の基地があることは，あなたの暮らしや仕事に役立っていると思いますか。リストの中からおっしゃってください。

1. 大きく役立っている ・・・・・・・・・・・・・・・・・・・・3.4%
2. どちらかといえば，役立っている・・・・・・・・・・・・・ 15.6
3. どちらかといえば，役立っていない・・・・・・・・・・・ 25.8
4. 全然役立っていない ・・・・・・・・・・・・・・・・・・・・ 45.0
5. わからない，無回答 ・・・・・・・・・・・・・・・・・・・・ 10.2

―自衛隊と暮らし―

第23問　沖縄に自衛隊の基地があることは，あなたの暮らしや仕事に役立っていると思いますか。同じリストの中からおっしゃってください。

1. 大きく役立っている ・・・・・・・・・・・・・・・・・・・・4.0%
2. どちらかといえば，役立っている・・・・・・・・・・・・・ 16.6
3. どちらかといえば，役立っていない・・・・・・・・・・・ 24.6
4. 全然役立っていない ・・・・・・・・・・・・・・・・・・・・ 41.6
5. わからない，無回答 ・・・・・・・・・・・・・・・・・・・・ 13.2

―米軍基地のあり方―

第24問　沖縄のアメリカ軍基地について，あなたのお気持に近いものをおっしゃってください。

1. 全面撤去すべきだ ・・・・・・・・・・・・・・・・・・・・・ 33.6%
2. 本土並みに少なくすべきだ ・・・・・・・・・・・・・・・ 47.3
3. 現状のままでよい ・・・・・・・・・・・・・・・・・・・・・ 10.9
4. もっと増やすべきだ ・・・・・・・・・・・・・・・・・・・・・0.1
5. わからない，無回答 ・・・・・・・・・・・・・・・・・・・・・8.1

－沖縄戦とはどんなものだったか－

第30問　今度は沖縄戦についてうかがいます。沖縄戦は，沖縄にとってどんな戦闘だったのでしょうか。次のA，Bそれぞれについて，あなたのお気持に近いものをリストの中からおっしゃってください。

A）まず，Aについては，どうでしょうか。
1. 祖国防衛のためには，やむをえない戦闘だった ‥‥6.2%
2. 県民に多大な犠牲をだした無謀な戦闘だった ‥‥ 87.5
3. わからない，無回答‥‥‥‥‥‥‥‥‥‥‥‥6.2

B）次に，Bについてはどうでしょうか。
1. 忘れてはならないこととして，
　　たえずふりかえるようにしたい‥‥‥‥‥‥‥ 82.6%
2. 今の生活と関係ないので，
　　なるべく忘れるようにしたい　‥‥‥‥‥‥‥8.8
3. わからない，無回答‥‥‥‥‥‥‥‥‥‥‥‥8.6

－沖縄戦を語り継ぎたいか－

第31問　あなたは，沖縄戦について，これからの若い世代に語りつぎたいと思いますか。リストの中からお答えください。
1. すすんで話したい ‥‥‥‥‥‥‥‥‥‥‥ 33.9%
2. たずねられたら話す ‥‥‥‥‥‥‥‥‥ 30.7
3. 思い出したくないので話さない ‥‥‥‥‥‥2.8
4. 沖縄戦のことは知らない ‥‥‥‥‥‥‥‥ 26.2
5. わからない，無回答‥‥‥‥‥‥‥‥‥‥6.4

－本土の人は沖縄の人の気持ちを理解しているか－

第36問　話は変わりますが，現在，本土の人は沖縄の人の気持を理解していると思いますか。リストの中からお答えください。
1. じゅうぶん理解している ‥‥‥‥‥‥‥‥‥3.0%
2. まあ理解している ‥‥‥‥‥‥‥‥‥‥‥ 34.4
3. あまり理解していない ‥‥‥‥‥‥‥‥‥ 45.9
4. まったく理解していない ‥‥‥‥‥‥‥‥‥5.5
5. わからない，無回答‥‥‥‥‥‥‥‥‥‥ 11.2

「復帰30年の沖縄」調査
単純集計結果

【調査の概要】

1. 調査期間
　　2002年3月2日（土）～ 3月10日（日）
2. 調査方法
　　個人面接法
3. 調査対象
　　沖縄県の20歳以上
4. 調査相手
　　沖縄県　900人（12人×75地点）
5. 有効数（率）
　　587人（65.2%）

－暮らし向き－

第2問　あなたの暮らし向きは，1年前とくらべて，楽になったでしょうか。それとも苦しくなったでしょうか。リストの中からお答えください。
1. 楽になった ‥‥‥‥‥‥‥‥‥‥‥‥‥‥‥5.6%
2. 少し楽になった ‥‥‥‥‥‥‥‥‥‥‥‥‥8.0
3. 変わらない ‥‥‥‥‥‥‥‥‥‥‥‥‥‥ 48.7
4. 少し苦しくなった ‥‥‥‥‥‥‥‥‥‥ 19.8
5. 苦しくなった ‥‥‥‥‥‥‥‥‥‥‥‥ 17.4
6. わからない，無回答‥‥‥‥‥‥‥‥‥‥0.5

－今後の暮らし向き－

第3問　あなたの暮らし向きは，今後どうなると思いますか。リストの中からあなたのお感じに近いものをおっしゃってください。
1. 楽になるだろう ‥‥‥‥‥‥‥‥‥‥‥‥‥4.6%
2. 少し楽になるだろう ‥‥‥‥‥‥‥‥‥‥ 17.2
3. 変わらないだろう ‥‥‥‥‥‥‥‥‥‥‥ 36.1
4. 少し苦しくなるだろう　‥‥‥‥‥‥‥‥ 22.7
5. 苦しくなるだろう　‥‥‥‥‥‥‥‥‥‥ 13.1
6. わからない，無回答‥‥‥‥‥‥‥‥‥‥‥6.3

－本土復帰の評価－

第4問　沖縄が本土に復帰して，間もなく満30年になります。この30年間をふりかえったとき，本土復帰についてあなたのお気持に近いものをリストの中からお答えください。
1. 非常によかった ‥‥‥‥‥‥‥‥‥‥‥‥ 21.0%
2. まあよかった ‥‥‥‥‥‥‥‥‥‥‥‥‥ 55.2
3. あまりよくなかった ‥‥‥‥‥‥‥‥‥ 11.1
4. 非常に不満である‥‥‥‥‥‥‥‥‥‥‥‥2.2
5. わからない，無回答‥‥‥‥‥‥‥‥‥‥ 10.6

－復帰30年の感想－

第5問　復帰30年を振り返って，次のような感想があります。リストの中からあなたのお感じになることをいくつでもあげてください。

1. 生活に落ち着きがなくなった ・・・・・・・・・・・・・・ 11.4％
2. 海が汚れ，緑が失われるなど
  自然がそこなわれた ・・・・・・・・・・・・・・・・・・・・・・ 58.1
3. 日本人としての自覚が強まった ・・・・・・・・・・・・ 17.7
4. 生活が豊かになった ・・・・・・・・・・・・・・・・・・・・・ 22.7
5. 教育水準が高くなった ・・・・・・・・・・・・・・・・・・・ 36.3
6.「復帰前の沖縄のほうがよかった」と
  感じることがある ・・・・・・・・・・・・・・・・・・・・・・・・ 11.8
7. 人間関係に温かみが失われてきた ・・・・・・・・・ 32.5
8. 貧富の差が縮まった ・・・・・・・・・・・・・・・・・・・・・ 13.8
9. その他・・・・・・・・・・・・・・・・・・・・・・・・・・・・・・・・・・ 1.4
10. わからない，無回答・・・・・・・・・・・・・・・・・・・・・・ 8.5

－国・県に力を入れてほしいこと－

第6問　あなたは，国や県に対して，どんなことに力を入れてほしいと思いますか。リストの中から主なものを3つまでお答えください。

1. 農業対策 ・・・・・・・・・・・・・・・・・・・・・・・・・・・・・・ 12.6％
2. 工業振興策 ・・・・・・・・・・・・・・・・・・・・・・・・・・・・ 10.1
3. 観光対策 ・・・・・・・・・・・・・・・・・・・・・・・・・・・・・・ 24.4
4. 教育対策 ・・・・・・・・・・・・・・・・・・・・・・・・・・・・・・ 23.2
5. 医療制度・施設の充実・・・・・・・・・・・・・・・・・・・ 44.5
6. 公害防止・自然保護・・・・・・・・・・・・・・・・・・・・・ 30.2
7. 道路・交通の整備・・・・・・・・・・・・・・・・・・・・・・・ 12.8
8. 物価対策 ・・・・・・・・・・・・・・・・・・・・・・・・・・・・・・ 18.9
9. 失業対策 ・・・・・・・・・・・・・・・・・・・・・・・・・・・・・・ 49.6
10. 治安の維持 ・・・・・・・・・・・・・・・・・・・・・・・・・・・・ 8.3
11. アメリカ軍基地の撤去 ・・・・・・・・・・・・・・・・・・ 21.5
12. 基地の跡地利用対策 ・・・・・・・・・・・・・・・・・・・・ 14.8
13. その他・・・・・・・・・・・・・・・・・・・・・・・・・・・・・・・・・ 0.7
14. わからない，無回答・・・・・・・・・・・・・・・・・・・・・ 2.7

－経済発展の方向－

第9問　今後，沖縄が経済的に発展していくには，どういう方向をとるのが一番良いと思いますか。リストの中からお答えください。

1. 農業や畜産を盛んにする ・・・・・・・・・・・・・・・・ 12.6％
2. 企業を誘致し，工業を盛んにする ・・・・・・・・・ 28.3
3. 観光に力を入れる ・・・・・・・・・・・・・・・・・・・・・・ 34.9
4. 農産物・水産物の加工に力を入れる ・・・・・・・ 15.2
5. その他・・・・・・・・・・・・・・・・・・・・・・・・・・・・・・・・・ 1.4
6. わからない，無回答 ・・・・・・・・・・・・・・・・・・・・・ 7.7

－米軍基地の必要性－

第13問　復帰後も，沖縄にアメリカ軍基地が残っていますが，あなたは，これについてどのように思いますか。リストの中からお答えください。

1. 日本の安全にとって必要である ・・・・・・・・・・・・ 7.3％
2. 日本の安全のためにやむをえない ・・・・・・・・・ 39.9
3. 日本の安全に必要でない ・・・・・・・・・・・・・・・・ 19.1
4. 日本の安全にとってかえって危険である ・・・・・・・・ 24.5
5. わからない，無回答 ・・・・・・・・・・・・・・・・・・・・・ 9.2

－沖縄への自衛隊の配備－

第14問　復帰後，自衛隊が沖縄に配備されていますが，あなたはこれについてどのように思いますか。同じリストの中からお答えください。

1. 日本の安全にとって必要である ・・・・・・・・・・・・ 19.1％
2. 日本の安全のためにやむをえない ・・・・・・・・・ 47.5
3. 日本の安全に必要でない ・・・・・・・・・・・・・・・・ 15.7
4. 日本の安全にとってかえって危険である ・・・・・・・・・・ 6.5
5. わからない，無回答・・・・・・・・・・・・・・・・・・・・・・ 11.2

－米軍基地と暮らし－

第15問　では，沖縄にアメリカ軍の基地があることは，あなたの暮らしや仕事に役立っていると思いますか。リストの中からおっしゃってください。

1. 大きく役立っている ・・・・・・・・・・・・・・・・・・・・・ 6.5％
2. どちらかといえば，役立っている ・・・・・・・・・ 21.8
3. どちらかといえば，役立っていない・・・・・・・・ 25.4
4. 全然役立っていない ・・・・・・・・・・・・・・・・・・・・・ 39.9
5. わからない，無回答・・・・・・・・・・・・・・・・・・・・・・ 6.5

－自衛隊と暮らし－

第16問　沖縄に自衛隊の基地があることは，あなたの暮らしや仕事に役立っていると思いますか。同じリストの中からおっしゃってください。

1. 大きく役立っている ・・・・・・・・・・・・・・・・・・・・・ 3.9％
2. どちらかといえば，役立っている・・・・・・・・・・ 19.3
3. どちらかといえば，役立っていない・・・・・・・・ 29.1
4. 全然役立っていない ・・・・・・・・・・・・・・・・・・・・・ 37.8
5. わからない，無回答・・・・・・・・・・・・・・・・・・・・・・ 9.9

－米軍基地のあり方－

第17問　沖縄のアメリカ軍基地について，あなたのお気持に近いものをリストの中からおっしゃってください。

1. 全面撤去すべきだ ・・・・・・・・・・・・・・・・・・・・・・ 20.6％
2. 本土並みに少なくすべきだ ・・・・・・・・・・・・・・・ 55.0
3. 現状のままでよい ・・・・・・・・・・・・・・・・・・・・・・ 18.6
4. もっと増やすべきだ ・・・・・・・・・・・・・・・・・・・・・ 0.3
5. わからない，無回答 ・・・・・・・・・・・・・・・・・・・・・ 5.5

－米軍基地の整理・縮小－

第18問　沖縄のアメリカ軍基地の整理・縮小は進んだと思いますか。進んでいないと思いますか。

1. 進んだ・・・・・・・・・・・・・・・・・・・・・・・・・・・・・・・・・ 23.5％
2. 進んでいない ・・・・・・・・・・・・・・・・・・・・・・・・・・ 49.9
3. どちらともいえない ・・・・・・・・・・・・・・・・・・・・・ 15.3
4. わからない，無回答・・・・・・・・・・・・・・・・・・・・・ 11.2

―米軍基地の整理・縮小「進んでいない」理由―

【第18問で「2.進んでいない」と答えた方へ】

第19問　「進んでいない」のはどうしてだと思いますか。あなたのお考えに近いものをリストの中から1つあげてください。

1. 国がアメリカとの交渉を積極的に進めないため ‥33.4%
2. アメリカ軍が沖縄の基地を
　重視しているため ‥‥‥‥‥‥‥‥‥‥‥ 30.4
3. 他に基地を移転することが難しいため ‥‥‥ 19.8
4. 日米安全保障条約があるため ‥‥‥‥‥‥‥ 10.2
5. 県民が望んでいないため ‥‥‥‥‥‥‥‥‥‥3.4
6. その他 ‥‥‥‥‥‥‥‥‥‥‥‥‥‥‥‥‥‥0.7
7. わからない，無回答 ‥‥‥‥‥‥‥‥‥‥‥2.0

（該当者＝293人）

―沖縄戦は忘れてはならないか―

第23問　今度は沖縄戦についてうかがいます。沖縄戦について，あなたのお考えはリストのどちらに近いでしょうか。

1. 忘れてはならないこととして，
　たえずふりかえるようにしたい ‥‥‥‥‥‥ 81.1%
2. 今の生活と関係ないので，
　なるべく忘れるようにしたい ‥‥‥‥‥‥‥9.9
3. わからない，無回答 ‥‥‥‥‥‥‥‥‥‥‥9.0

―沖縄戦の体験―

第25問　あなたは，沖縄戦の体験を持っていますか。

1. もっている ‥‥‥‥‥‥‥‥‥‥‥‥ 27.1%
2. もっていない ‥‥‥‥‥‥‥‥‥‥‥ 72.4
3. わからない，無回答 ‥‥‥‥‥‥‥‥‥‥‥0.5

―沖縄戦を語り継ぎたいか―

【第25問で「1.もっている」と答えた方へ】

第26問-1　あなたは沖縄戦について，これからの若い世代に語りつぎたいと思いますか。リストの中からおっしゃってください。

1. 進んで話したい ‥‥‥‥‥‥‥‥‥‥‥ 35.8%
2. たずねられたら話す ‥‥‥‥‥‥‥‥‥ 45.9
3. 思い出したくないので話さない ‥‥‥‥‥ 8.2
4. 沖縄戦に関心がない ‥‥‥‥‥‥‥‥‥‥1.3
5. わからない，無回答 ‥‥‥‥‥‥‥‥‥‥8.8

（該当者＝159人）

―本土の人は沖縄の人の気持ちを理解しているか―

第27問　話は変わりますが，現在，本土の人は沖縄の人の気持を理解していると思いますか。リストの中からお答えください。

1. 十分理解している ‥‥‥‥‥‥‥‥‥‥‥3.4%
2. まあ理解している ‥‥‥‥‥‥‥‥‥‥ 31.9
3. あまり理解していない ‥‥‥‥‥‥‥‥ 49.2
4. まったく理解していない ‥‥‥‥‥‥‥‥8.0
5. わからない，無回答 ‥‥‥‥‥‥‥‥‥‥7.5

―同時多発テロの暮らしへの影響―

第39問　昨年9月にアメリカで同時多発テロ事件が起きましたが，この事件はあなたの暮らしや仕事に影響していると思いますか。影響しているか，影響していないかでお答えください。

1. 影響している ‥‥‥‥‥‥‥‥‥‥‥‥ 40.2%
2. 影響していない ‥‥‥‥‥‥‥‥‥‥‥ 53.0
3. わからない，無回答 ‥‥‥‥‥‥‥‥‥‥6.8

―同時多発テロの暮らしへの影響の内容―

【第39問で「1.影響している」と答えた人に】

第40問　それは，どのような影響ですか。リストの中から，いくつでもお答えください。

1. 航空機を利用しなくなった ‥‥‥‥‥‥‥ 23.3%
2. 海外旅行をやめた ‥‥‥‥‥‥‥‥‥‥ 20.3
3. 働き口が少なくなった ‥‥‥‥‥‥‥‥ 29.2
4. 収入が減った ‥‥‥‥‥‥‥‥‥‥‥‥ 31.8
5. 仕事の上で取引先の経営が悪化した ‥‥‥‥ 33.9
6. 所有している株式の価格が低下した ‥‥‥‥6.4
7. その他 ‥‥‥‥‥‥‥‥‥‥‥‥‥‥‥ 12.3
8. わからない，無回答 ‥‥‥‥‥‥‥‥‥‥3.8

（該当者＝236人）

―同時多発テロの安全保障への影響―

第41問　あなたは，今回のテロ事件によって，日本の安全についての考え方が変わりましたか。それとも変わっていませんか。リストの中から，あなたのお考えに近いものをいくつでもお答えください。

1. 日本もテロの被害を受ける恐れがあると
　感じるようになった ‥‥‥‥‥‥‥‥‥ 62.7%
2. 日本も戦争に巻き込まれる恐れがあると
　感じるようになった ‥‥‥‥‥‥‥‥‥ 52.0
3. 国を守るためには軍事力が
　必要だと思うようになった ‥‥‥‥‥‥ 16.7
4. 日本も軍事的な面で国際貢献をする
　必要があると思うようになった ‥‥‥‥‥ 16.7
5. 危機管理や国際的な情報収集の体制の整備が
　必要だと思うようになった ‥‥‥‥‥‥ 37.3
6. 軍縮や武器輸出の禁止など，
　平和外交が必要だと思うようになった ‥‥‥ 23.3
7. 憲法9条を守ろうと思うようになった ‥‥‥ 16.4
8. 考え方に特に変わりはない ‥‥‥‥‥‥‥5.5
9. その他 ‥‥‥‥‥‥‥‥‥‥‥‥‥‥‥‥0.5
10. わからない，無回答 ‥‥‥‥‥‥‥‥‥‥5.5

「復帰40年の沖縄」調査
単純集計結果

【調査の概要】

1. 調査期間
   2012年2月18日（土）〜3月4日（日）
   （全国は2月26日（日）まで）
2. 調査方法
   個人面接法
3. 調査対象
   沖縄県と全国の20歳以上
4. 調査相手
   沖縄県　1,800人（12人×150地点）
   全国　　1,800人（12人×150地点）
5. 有効数（率）
   沖縄県　1,123人（62.4%）
   全国　　1,117人（62.1%）

※回答の数字は基本的に沖縄県内の調査結果を掲載。
沖縄と全国の両方の結果を紹介した時のみ「沖縄　全国」と記載しています。全国調査は，「安全保障意識」調査として実施。

―暮らし向き―
第2問　あなたの暮らし向きは，1年前とくらべて，楽になったでしょうか。それとも苦しくなったでしょうか。リストの中から1つお答えください。
1. 楽になった ・・・・・・・・・・・・・・・・・・・・・・・・・・・4.9%
2. 少し楽になった ・・・・・・・・・・・・・・・・・・・・・・8.4
3. 変わらない ・・・・・・・・・・・・・・・・・・・・・・・・ 53.8
4. 少し苦しくなった ・・・・・・・・・・・・・・・・・・・ 23.0
5. 苦しくなった ・・・・・・・・・・・・・・・・・・・・・・・9.6
6. わからない，無回答 ・・・・・・・・・・・・・・・・・・0.4

―今後の暮らし向き―
第3問　あなたの暮らし向きは，今後どうなると思いますか。リストの中からあなたのお感じに近いものを1つお答えください。
1. 楽になるだろう ・・・・・・・・・・・・・・・・・・・・・・5.2%
2. 少し楽になるだろう ・・・・・・・・・・・・・・・・・ 14.2
3. 変わらないだろう ・・・・・・・・・・・・・・・・・・・ 38.6
4. 少し苦しくなるだろう ・・・・・・・・・・・・・・・ 28.0
5. 苦しくなるだろう ・・・・・・・・・・・・・・・・・・・ 11.6
6. わからない，無回答 ・・・・・・・・・・・・・・・・・・2.3

―本土復帰の評価―
第4問　沖縄が本土に復帰して，間もなく40年になります。この40年間をふりかえったとき，本土復帰についてあなたのお気持ちに近いものをリストの中から1つお答えください。
1. 非常によかった ・・・・・・・・・・・・・・・・・・・・ 22.9%
2. まあよかった ・・・・・・・・・・・・・・・・・・・・・・ 55.3
3. あまりよくなかった ・・・・・・・・・・・・・・・・・ 11.4
4. 非常に不満である ・・・・・・・・・・・・・・・・・・・3.3
5. わからない，無回答 ・・・・・・・・・・・・・・・・・・7.1

―復帰40年の感想―
第5問　復帰40年を振り返って，リストのような感想があります。この中からあなたのお感じになることをいくつでもあげてください。
1. 生活に落ち着きがなくなった ・・・・・・・・・・・・・・ 12.6%
2. 海が汚れ，緑が失われるなど
   自然が損なわれた ・・・・・・・・・・・・・・・・・・・・・ 53.8
3. 日本人としての自覚が強まった ・・・・・・・・・・・ 19.2
4. 生活が豊かになった ・・・・・・・・・・・・・・・・・・・・ 25.6
5. 教育水準が高くなった ・・・・・・・・・・・・・・・・・・ 32.3
6. 「復帰前の沖縄のほうがよかった」と
   感じることがある ・・・・・・・・・・・・・・・・・・・・・ 11.0
7. 人間関係に温かみが失われてきた ・・・・・・・・・ 33.0
8. 貧富の差が縮まった ・・・・・・・・・・・・・・・・・・・・ 14.6
9. その他 ・・・・・・・・・・・・・・・・・・・・・・・・・・・・・・・0.5
10. わからない，無回答 ・・・・・・・・・・・・・・・・・・・8.7

―国・県に力を入れてほしいこと―
第6問　あなたは，国や県に対して，どんなことに力を入れてほしいと思いますか。リストの中から主なものを3つまでお答えください。
1. 農業対策 ・・・・・・・・・・・・・・・・・・・・・・・・・・・ 19.9%
2. 工業振興策 ・・・・・・・・・・・・・・・・・・・・・・・・・・ 7.0
3. 観光対策 ・・・・・・・・・・・・・・・・・・・・・・・・・・・ 21.5
4. 教育対策 ・・・・・・・・・・・・・・・・・・・・・・・・・・・ 36.3
5. 医療制度・施設の充実 ・・・・・・・・・・・・・・・・・ 54.9
6. 公害防止・自然保護 ・・・・・・・・・・・・・・・・・・・ 18.1
7. 道路・交通の整備 ・・・・・・・・・・・・・・・・・・・・・ 11.7
8. 物価対策 ・・・・・・・・・・・・・・・・・・・・・・・・・・・ 16.9
9. 失業対策 ・・・・・・・・・・・・・・・・・・・・・・・・・・・ 52.0
10. 治安の維持 ・・・・・・・・・・・・・・・・・・・・・・・・・9.0
11. アメリカ軍基地の撤去 ・・・・・・・・・・・・・・・・ 24.4
12. 基地の跡地利用対策 ・・・・・・・・・・・・・・・・・・ 11.9
13. その他 ・・・・・・・・・・・・・・・・・・・・・・・・・・・・・0.4
14. わからない，無回答 ・・・・・・・・・・・・・・・・・・・1.0

―沖縄の開発は調和がとれているか―
第8問　ところで，今沖縄で進められている開発は，自然保護との調和がとれていると思いますか。それとも，とれていないと思いますか。リストの中から1つお答えください。
1. 調和がとれている ・・・・・・・・・・・・・・・・・・・・5.3%
2. 調和がとれていない ・・・・・・・・・・・・・・・・・ 51.3
3. どちらともいえない ・・・・・・・・・・・・・・・・・ 39.6
4. わからない，無回答 ・・・・・・・・・・・・・・・・・・3.7

―経済発展の方向―
第9問　今後，沖縄が経済的に発展していくには，どういう方向をとるのが一番よいと思いますか。リストの中から1つお答えください。
1. 農業や畜産を盛んにする ・・・・・・・・・・・・・・・ 12.8%
2. 企業を誘致し，工業を盛んにする ・・・・・・・・ 26.3
3. 観光に力を入れる ・・・・・・・・・・・・・・・・・・・・ 38.1
4. 農産物・水産物の加工に力を入れる ・・・・・・ 19.5
5. その他 ・・・・・・・・・・・・・・・・・・・・・・・・・・・・・0.4
6. わからない，無回答 ・・・・・・・・・・・・・・・・・・・2.8

ー米軍基地の必要性ー

第13問　復帰後も，沖縄にアメリカ軍基地が残っていますが，あなたは，これについてどのように思いますか。リストの中から1つお答えください。

1．日本の安全にとって必要である ‥‥‥‥‥‥‥ 11.1 %
2．日本の安全のためにやむをえない ‥‥‥‥‥ 44.9
3．日本の安全に必要でない ‥‥‥‥‥‥‥‥‥ 21.2
4．日本の安全にとってかえって危険である ‥‥‥‥ 17.1
5．わからない，無回答 ‥‥‥‥‥‥‥‥‥‥‥‥5.7

ー沖縄への自衛隊の配備ー

第14問　復帰後，自衛隊が沖縄に配備されていますが，あなたはこれについてどのように思いますか。同じリストの中から1つお答えください。

1．日本の安全にとって必要である ‥‥‥‥‥‥ 30.5 %
2．日本の安全のためにやむをえない ‥‥‥‥‥ 52.3
3．日本の安全に必要でない‥‥‥‥‥‥‥‥‥‥8.8
4．日本の安全にとってかえって危険である ‥‥‥‥4.6
5．わからない，無回答 ‥‥‥‥‥‥‥‥‥‥‥‥3.8

ー米軍基地と暮らしー

第16問　沖縄にアメリカ軍の基地があることは，あなたの暮らしや仕事に役立っていると思いますか。リストの中から1つお答えください。

1．大きく役立っている ‥‥‥‥‥‥‥‥‥‥‥‥6.4 %
2．どちらかといえば，役立っている ‥‥‥‥‥‥ 22.4
3．どちらかといえば，役立っていない ‥‥‥‥ 34.1
4．全然役立っていない ‥‥‥‥‥‥‥‥‥‥‥ 34.6
5．わからない，無回答 ‥‥‥‥‥‥‥‥‥‥‥‥2.5

ー自衛隊と暮らしー

第17問　では，沖縄に自衛隊の基地があることは，あなたの暮らしや仕事に役立っていると思いますか。同じリストの中から1つお答えください。

1．大きく役立っている ‥‥‥‥‥‥‥‥‥‥‥‥6.2 %
2．どちらかといえば，役立っている ‥‥‥‥‥‥ 25.3
3．どちらかといえば，役立っていない ‥‥‥‥ 33.2
4．全然役立っていない ‥‥‥‥‥‥‥‥‥‥‥ 31.8
5．わからない，無回答 ‥‥‥‥‥‥‥‥‥‥‥‥3.5

ー米軍基地のあり方ー

第18問　沖縄のアメリカ軍基地について，あなたのお気持ちに近いものをリストの中から1つお答えください。

1．全面撤去すべきだ ‥‥‥‥‥‥‥‥‥‥‥‥ 21.7 %
2．本土並みに少なくすべきだ ‥‥‥‥‥‥‥‥ 56.1
3．現状のままでよい ‥‥‥‥‥‥‥‥‥‥‥‥ 18.9
4．もっと増やすべきだ ‥‥‥‥‥‥‥‥‥‥‥‥0.6
5．わからない，無回答 ‥‥‥‥‥‥‥‥‥‥‥‥2.7

ー米軍基地の整理・縮小ー

第19問　沖縄のアメリカ軍基地の整理・縮小は進んだと思いますか。進んでいないと思いますか。

1．進んだ‥‥‥‥‥‥‥‥‥‥‥‥‥‥‥‥‥ 22.3 %
2．進んでいない ‥‥‥‥‥‥‥‥‥‥‥‥‥‥ 61.3
3．どちらともいえない ‥‥‥‥‥‥‥‥‥‥‥ 11.6
4．わからない，無回答 ‥‥‥‥‥‥‥‥‥‥‥‥4.9

ー米軍基地の整理・縮小「進んでいない」理由ー

【第19問で「2」の人に】

第19問SQ　「進んでいない」のはどうしてだと思いますか。あなたのお考えに近いものをリストの中から1つお答えください。

1．国がアメリカとの交渉を積極的に進めないため ‥ 30.7 %
2．アメリカ軍が沖縄の基地を重視しているため ‥‥ 18.8
3．他に基地を移転することが難しいため ‥‥‥‥‥ 32.4
4．日米安全保障条約があるため ‥‥‥‥‥‥‥‥ 10.0
5．県民が望んでいないため ‥‥‥‥‥‥‥‥‥‥‥6.4
6．その他 ‥‥‥‥‥‥‥‥‥‥‥‥‥‥‥‥‥‥0.3
7．わからない，無回答 ‥‥‥‥‥‥‥‥‥‥‥‥1.5

（該当者＝688人）

ー普天間基地の名護市移設の賛否ー

第20問　アメリカ軍普天間基地の返還にあたって，代わりの施設を名護市に移設することについて，どう思いますか。リストの中から1つお答えください。

（全国調査は第18問）

	沖縄	全国
1．賛成 ‥‥‥‥‥‥‥‥‥‥‥	6.3	5.8%
2．どちらかといえば賛成 ‥‥‥‥	14.2	30.3
3．どちらかといえば反対 ‥‥‥‥	31.9	34.0
4．反対 ‥‥‥‥‥‥‥‥‥‥‥	40.2	10.9
5．わからない，無回答 ‥‥‥‥	7.3	19.0

ー普天間基地どこに移設すべきかー

【第20問で「3」「4」の人に】

第20問SQ2　それでは，あなたは，普天間基地の移設について今後どうすべきだと思いますか。リストの中から1つお答えください。

1．沖縄県内の他の場所に移設すべきだ ‥‥‥‥‥‥3.5 %
2．国内の沖縄県以外の場所に移設すべきだ ‥‥‥‥ 24.4
3．海外に移設すべきだ ‥‥‥‥‥‥‥‥‥‥‥‥ 41.5
4．代わりの施設は作らずに撤去すべきだ ‥‥‥‥ 24.6
5．普天間にそのまま残しておくべきだ ‥‥‥‥‥‥4.9
6．その他 ‥‥‥‥‥‥‥‥‥‥‥‥‥‥‥‥‥‥0.2
7．わからない，無回答 ‥‥‥‥‥‥‥‥‥‥‥‥0.9

（該当者＝810人）

－「最低でも県外」発言の評価－

第21問　民主党政権は，普天間基地の移設について，当初「県外を目指す」としていましたが，結局県内移設でアメリカと合意しました。このことについて2つに分けてうかがいます。
（全国調査は第19問）

A）まず，「県内移設」でアメリカと合意したことについてどう思いますか。リストの中から1つお答えください。

	沖縄	全国
1. 高く評価する	2.5	3.2%
2. ある程度評価する	12.8	27.7
3. あまり評価しない	33.3	39.9
4. まったく評価しない	46.7	22.5
5. わからない，無回答	4.6	6.7

B）では，当初「県外を目指す」という姿勢を示したことについてどう思いますか。リストの中から1つお答えください。

	沖縄	全国
1. 高く評価する	22.5	8.4%
2. ある程度評価する	36.3	31.9
3. あまり評価しない	19.2	30.3
4. まったく評価しない	16.9	22.4
5. わからない，無回答	5.0	7.0

－在日米軍基地の沖縄への集中－

第22問　在日アメリカ軍の専用施設の74%が沖縄に集中しています。このことについて，あなたはどう思いますか。リストの中から1つお答えください。
（全国調査は第20問）

	沖縄	全国
1. おかしいと思う	57.2	24.9%
2. どちらかといえばおかしいと思う	28.6	42.7
3. どちらかといえばおかしいと思わない	7.7	16.8
4. おかしいと思わない	3.8	8.4
5. わからない，無回答	2.8	7.2

－日米安保条約　日本の平和に役立っているか－

第23問　あなたは，日本がアメリカと結んでいる日米安全保障条約は，日本の平和と安全にどの程度役立っていると思いますか。リストの中から1つお答えください。
（全国調査は第3問）

	沖縄	全国
1. 非常に役立っている	8.2	18.1%
2. ある程度役立っている	45.1	57.3
3. あまり役立っていない	29.9	16.4
4. まったく役立っていない	7.5	1.9
5. わからない，無回答	9.3	6.4

－今後の日米同盟のあり方－

第24問　あなたは，日米安全保障条約に基づくアメリカとの同盟関係を，今後どうしていくべきだと思いますか。リストの中から1つお答えください。

1. 同盟関係をより強化していくべきだ　12.1 %
2. 現状のまま維持していくべきだ　34.0
3. 協力の度合いを今より減らしていくべきだ　35.4
4. 日米安保の解消を目指していくべきだ　8.4
5. わからない，無回答　10.1

－沖縄戦は忘れてはならないか－

第26問　次に，沖縄戦についてうかがいます。沖縄戦について，あなたのお考えはリストのどちらに近いでしょうか。

1. 忘れてはならないこととして，たえず振り返るようにしたい　91.0%
2. 今の生活と関係ないので，なるべく忘れるようにしたい　5.5
3. わからない，無回答　3.5

－沖縄戦の体験－

第27問　あなたは，沖縄戦の体験を持っていますか。

1. 持っている　13.2 %
2. 持っていない　86.5
3. わからない，無回答　0.4

－沖縄戦を語り継ぎたいか－

【第27問で「1」の人に】

第27問SQ　あなたは沖縄戦について，これからの若い世代に語りつぎたいと思いますか。リストの中から1つお答えください。

1. 進んで話したい　45.3%
2. たずねられたら話す　44.6
3. 思い出したくないので話さない　7.4
4. 沖縄戦に関心がない　1.4
5. わからない，無回答　1.4

（該当者＝148人）

－本土の人は沖縄の人の気持ちを理解しているか－

第28問　ところで，現在，本土の人は沖縄の人の気持ちを理解していると思いますか。リストの中から1つお答えください。

1. 十分理解している　2.4 %
2. まあ理解している　23.6
3. あまり理解していない　57.2
4. まったく理解していない　13.4
5. わからない，無回答　3.5

－戦争や侵略に巻き込まれる危険－

第38問　あなたは，現在の世界の情勢から考えて，日本が戦争や紛争に巻き込まれたり，他国から侵略を受けたりする危険性がどの程度あると思いますか。リストの中から1つお答えください。

1. 非常に危険がある　17.2 %
2. ある程度危険がある　64.1
3. あまり危険はない　13.5
4. まったく危険はない　1.3
5. わからない，無回答　3.8

－安全保障面での脅威－

第39問　リストのAからDについて，あなたは，安全保障の面でどの程度脅威を感じますか。AからDのそれぞれについて，リストの中から1つお答えください。

A）ロシアの極東における軍の活動活発化の傾向
1. 大いに脅威を感じる ･････････････････････････ 12.7 %
2. ある程度脅威を感じる ････････････････････ 40.0
3. あまり脅威を感じない ････････････････････ 33.3
4. まったく脅威を感じない ･････････････････5.6
5. わからない，無回答･･･････････････････････8.4

B）北朝鮮による核開発や弾道ミサイル実験などの挑発的な行動
1. 大いに脅威を感じる ･････････････････････････ 55.1 %
2. ある程度脅威を感じる ････････････････････ 33.1
3. あまり脅威を感じない ･････････････････････7.0
4. まったく脅威を感じない ･････････････････1.5
5. わからない，無回答･･･････････････････････3.2

C）中国の軍事力増強や海洋における活動の拡大・活発化
1. 大いに脅威を感じる ･････････････････････････ 46.7 %
2. ある程度脅威を感じる ････････････････････ 38.1
3. あまり脅威を感じない ･････････････････････9.0
4. まったく脅威を感じない ･････････････････1.8
5. わからない，無回答･･･････････････････････4.4

D）韓国との間で竹島の領有権をめぐる問題があること
1. 大いに脅威を感じる ･････････････････････････ 17.5 %
2. ある程度脅威を感じる ････････････････････ 44.5
3. あまり脅威を感じない ････････････････････ 27.7
4. まったく脅威を感じない ･････････････････5.0
5. わからない，無回答･･･････････････････････5.3

「復帰50年の沖縄に関する意識調査」
単純集計結果

【調査の概要】

1. 調査期間
   2022年2月2日（水）～3月25日（金）
2. 調査方法
   郵送法
3. 調査対象
   沖縄県と全国の18歳以上
4. 調査相手
   沖縄県　1,800人（12人×150地点）
   全国　　1,800人（12人×150地点）
5. 有効数（率）
   沖縄県　812人（45.1%）
   全国　　1,115人（61.9%）

－本土復帰の評価－

第3問　沖縄が本土に復帰して，まもなく50年になります。この50年をふりかえったとき，あなたは，本土復帰について，どのように思いますか。次の中から，1つだけ選んでください。
　（全国調査は第3問）

	沖縄	全国
1. とてもよかった	38.7	54.7%
2. ある程度よかった	45.4	38.4
3. あまりよくなかった	11.9	5.5
4. まったくよくなかった	1.6	0.8
5. 無回答	2.3	0.6

－復帰評価の理由－

【第3問で「1」「2」を選んだ方にお聞きします】
第4問　そう思う理由は何ですか。あなたのお考えに最も近いものを，次の中から，1つだけ選んでください。
　（該当者質問）（全国調査は第4問）

	沖縄	全国
1. 経済的に発展したから	22.3	7.7%
2. 沖縄は日本であることが望ましいから	49.8	67.1
3. アメリカ軍基地の返還が進んだから	4.4	2.2
4. 県外や外国との交流が盛んになったから	13.2	7.6
5. 沖縄の意向が尊重されるようになったから	8.2	14.2
6. その他（具体的に）	1.9	1.2
7. 無回答	0.3	0.1

（該当者＝683人　1,038人）

【第3問で「3」「4」を選んだ方にお聞きします】

第5問　そう思う理由は何ですか。あなたのお考えに最も近いものを，次の中から，1つだけ選んでください。

（該当者質問）（全国調査は第5問）

	沖縄	全国
1. アメリカ軍基地が残り続けているから	40.0	52.9%
2. 観光開発などが進み，自然が失われつつあるから	6.4	4.3
3. 沖縄の伝統的な文化が失われつつあるから	1.8	7.1
4. アメリカの文化に触れる機会が減ったから	2.7	1.4
5. 沖縄の意向が尊重されていないから	46.3	24.3
6. その他（具体的に）	3.6	7.1
7. 無回答	1.8	2.9
	（該当者＝110人	70人）

－米軍基地の必要性－

第7問　復帰後も，沖縄には，アメリカ軍の基地が残っています。このことについて，あなたは，どう思いますか。次の中から，1つだけ選んでください。

（全国調査は第7問）

	沖縄	全国
1. 日本の安全にとって，必要だ	10.6	11.5%
2. 日本の安全にとって，やむを得ない	50.7	68.0
3. 日本の安全にとって，必要ではない	19.3	13.7
4. 日本の安全にとって，かえって危険だ	17.4	5.4
5. 無回答	2.0	1.4

－沖縄への自衛隊配備－

第11問　復帰後，沖縄には，自衛隊が配備されています。このことについて，あなたは，どう思いますか。次の中から，1つだけ選んでください。

（全国調査は第11問）

	沖縄	全国
1. 日本の安全にとって，必要だ	37.1	45.2%
2. 日本の安全にとって，やむを得ない	47.4	49.5
3. 日本の安全にとって，必要ではない	7.0	2.9
4. 日本の安全にとって，かえって危険だ	6.3	0.9
5. 無回答	2.2	1.5

－南西諸島への自衛隊配備－

第12問　政府は，中国の海洋進出に備えて，新たに宮古島や石垣島などの南西諸島に，自衛隊の配備を進めています。このことについて，あなたは，どう思いますか。次の中から，1つだけ選んでください。

（全国調査は第12問）

	沖縄	全国
1. 日本の安全にとって，必要だ	30.5	40.4%
2. 日本の安全にとって，やむを得ない	44.8	49.2
3. 日本の安全にとって，必要ではない	10.6	6.2
4. 日本の安全にとって，かえって危険だ	12.2	2.2
5. 無回答	1.8	2.0

－沖縄の米軍基地の今後－

第13問　あなたは，沖縄にあるアメリカ軍基地について，どのように考えていますか。次の中から，1つだけ選んでください。

（全国調査は第13問）

	沖縄	全国
1. 全面撤去すべきだ	16.3	7.2%
2. 本土並みに少なくすべきだ	63.2	59.0
3. 現状のままでよい	17.9	31.8
4. もっと増やすべきだ	1.0	0.6
5. 無回答	1.7	1.3

－基地の整理・縮小で県民の意向は（沖縄）－

第16問　あなたは，沖縄にあるアメリカ軍基地の整理・縮小について，沖縄県民の意向が，どの程度，反映されていると思いますか。あなたのお考えに最も近いものを，次の中から，1つだけ選んでください。

	沖縄
1. かなり反映されている	1.7%
2. ある程度反映されている	23.5
3. あまり反映されていない	48.0
4. まったく反映されていない	24.9
5. 無回答	1.8

－基地の整理・縮小どうしたら進むか－

第18問　あなたは，沖縄にあるアメリカ軍基地の整理・縮小は，どうしたら進むと思いますか。次の中から，あなたのお考えに最も近いものを，1つだけ選んでください。

（全国調査は第17問）

	沖縄	全国
1. アメリカに基地の整理・縮小を強く働きかける	22.5	25.5%
2. 沖縄にあるアメリカ軍基地を本土に分散させる	39.9	13.7
3. アメリカ軍に依存しなくても済むように自衛力を高める	12.9	25.7
4. 近隣諸国との緊張緩和に向けた外交努力を強化する	19.5	31.2
5. その他（具体的に）	2.5	2.1
6. 無回答	2.7	1.9

－在日米軍基地の沖縄への集中－

第19問　在日アメリカ軍の専用施設のうち，およそ70％が沖縄にあります。このことについて，あなたは，どう思いますか。次の中から，1つだけ選んでください。

（全国調査は第18問）

	沖縄	全国
1. おかしいと思う	56.2	23.8%
2. どちらかといえば，おかしいと思う	28.3	55.1
3. どちらかといえば，おかしいとは思わない	8.4	13.2
4. おかしいとは思わない	4.8	6.5
5. 無回答	2.3	1.5

―事件・事故に巻き込まれる不安（沖縄）―

第21問　あなたは，沖縄にアメリカ軍の基地があることによって，事件や事故に巻き込まれる不安を，どの程度，感じていますか。次の中から，1つだけ選んでください。

	沖縄
1. 非常に感じている	38.2%
2. ある程度感じている	44.2
3. あまり感じていない	13.8
4. まったく感じていない	2.2
5. 無回答	1.6

―日米地位協定見直す必要あるか―

第22問　あなたは，日本に駐留するアメリカ軍関係者の権利などを定めた「日米地位協定」について，見直す必要があると思いますか。それとも，見直す必要はないと思いますか。次の中から，1つだけ選んでください。

（全国調査は第19問）

	沖縄	全国
1. 見直す必要がある	81.7	68.6%
2. 見直す必要はない	2.3	3.3
3. どちらともいえない	13.7	26.4
4. 無回答	2.3	1.7

―普天間基地の辺野古移設―

第23問　政府は，沖縄のアメリカ軍普天間基地について，名護市辺野古への移設を進めています。このことについて，あなたは，どう思いますか。次の中から，1つだけ選んでください。

（全国調査は第20問）

	沖縄	全国
1. 賛成	10.5	10.2%
2. どちらかといえば，賛成	23.6	43.9
3. どちらかといえば，反対	29.3	31.8
4. 反対	34.0	10.9
5. 無回答	2.6	3.1

―移設賛成の理由―

【第23問で「1」「2」を選んだ方にお聞きします】

第24問　そう思う理由は何ですか。次の中から，1つだけ選んでください。

（該当者質問）（全国調査は第21問）

	沖縄	全国
1. 住宅が隣接する普天間基地の危険性を早く取り去ることが重要だから	79.4	71.8%
2. 移設を受け入れることが沖縄の経済振興につながるから	9.7	8.8
3. 名護市以外への移設は難しいから	6.1	12.3
4. 名護市に移設することが国の防衛上必要だから	3.2	5.8
5. その他（具体的に）	1.4	1.2
6. 無回答	0.0	0.2

（該当者277人　603人）

―移設反対の理由―

【第23問で「3」「4」を選んだ方にお聞きします】

第25問　あなたは，アメリカ軍普天間基地の移設について，どうすべきだと思いますか。次の中から，1つだけ選んでください。

（該当者質問）（全国調査は第22問）

	沖縄	全国
1. 沖縄県内の他の場所に移設すべきだ	4.1	5.5%
2. 国内の沖縄県以外の場所に移設すべきだ	30.5	18.9
3. 海外に移設すべきだ	22.6	21.2
4. 代わりの施設を作らずに撤去すべきだ	36.8	30.0
5. 普天間にそのまま残しておくべきだ	3.7	18.9
6. その他（具体的に）	1.2	4.4
7. 無回答	1.2	1.3

（該当者＝514人　477人）

―戦争や紛争に巻き込まれる危険―

第26問　あなたは，現在の世界の情勢から考えて，日本が戦争や紛争に巻き込まれたり，他国から侵略を受けたりする危険性が，どの程度あると思いますか。次の中から，1つだけ選んでください。

（全国調査は第23問）

	沖縄	全国
1. 非常に危険がある	28.4	22.2%
2. ある程度危険がある	53.6	62.3
3. あまり危険はない	13.9	13.9
4. まったく危険はない	2.0	0.8
5. 無回答	2.1	0.8

―近隣諸国への脅威―

第27問　あなたは，次に挙げる近隣諸国について，安全保障の面で，どの程度，脅威を感じますか。a～dのそれぞれの国について，あてはまるものを，1つずつ選んでください。

（全国調査は第24問）

a. 中国	沖縄	全国
1. 大いに感じる	56.3	49.7%
2. ある程度感じる	30.4	39.4
3. あまり感じない	9.2	9.0
4. まったく感じない	1.0	1.2
5. 無回答	3.1	0.8

b. 韓国	沖縄	全国
1. 大いに感じる	11.7	10.6%
2. ある程度感じる	30.7	43.7
3. あまり感じない	46.6	39.2
4. まったく感じない	7.8	5.6
5. 無回答	3.3	1.0

c. 北朝鮮	沖縄	全国
1. 大いに感じる	56.8	62.8%
2. ある程度感じる	27.1	26.5
3. あまり感じない	10.8	7.8
4. まったく感じない	2.2	2.2
5. 無回答	3.1	0.7

d. ロシア	沖縄	全国
1. 大いに感じる	29.7	33.3%
2. ある程度感じる	38.9	41.3
3. あまり感じない	24.5	22.2
4. まったく感じない	3.3	2.4
5. 無回答	3.6	0.8

ー米軍基地と沖縄の経済ー

第28問　あなたは，沖縄の経済は，アメリカ軍基地がなければ，成り立たないと思いますか。それとも，そうは思いませんか。次の中から，1つだけ選んでください。

（全国調査は第25問）

	沖縄	全国
1. そう思う	10.5	11.7%
2. どちらかといえば，そう思う	31.5	46.0
3. どちらかといえば，そうは思わない	29.8	31.6
4. そうは思わない	25.7	9.1
5. 無回答	2.5	1.7

ー基地と沖縄経済の発展ー

第29問　あなたは，アメリカ軍基地の存在は，今後の沖縄経済の発展にとって，プラスだと思いますか。それとも，マイナスだと思いますか。次の中から，1つだけ選んでください。

（全国調査は第26問）

	沖縄	全国
1. プラスだ	7.8	6.5%
2. どちらかといえば，プラスだ	40.9	59.0
3. どちらかといえば，マイナスだ	30.9	28.2
4. マイナスだ	17.2	3.9
5. 無回答	3.2	2.4

ー米軍基地と暮らし（沖縄）ー

第32問　沖縄にアメリカ軍の基地があることは，あなたの暮らしや仕事に役立っていると思いますか。それとも，役立っていないと思いますか。次の中から，1つだけ選んでください。

	沖縄
1. 役立っている	6.2%
2. どちらかといえば，役立っている	20.1
3. どちらかといえば，役立っていない	33.4
4. 役立っていない	38.2
5. 無回答	2.2

ー米軍基地と沖縄の暮らし（全国）ー

（全国調査）第29問　あなたは，沖縄にアメリカ軍の基地があることは，沖縄の人々の暮らしや仕事に役立っていると思いますか。それとも，役立っていないと思いますか。

次の中から，1つだけ選んでください。

	全国
1. 役立っている	8.4%
2. どちらかといえば，役立っている	66.9
3. どちらかといえば，役立っていない	18.9
4. 役立っていない	3.9
5. 無回答	1.8

ー役立っていない理由（沖縄）ー

【第32問で「3」「4」を選んだ方にお聞きします】

第33問　そう思う理由は何ですか。次の中から，あてはまるものを，いくつでも選んでください。

（該当者質問）

	沖縄
1. アメリカ軍関連の仕事がすでに減っているから	7.1%
2. 国からの振興予算の恩恵がないから	14.8
3. 県民の対立を深めているから	37.2
4. 自分の暮らしや仕事には関係がないから	55.6
5. 基地の存在が沖縄のイメージを悪くしているから	18.9
6. 騒音問題に悩まされているから	48.9
7. 水の汚染など環境問題が起きているから	52.0
8. アメリカ軍関係者による事件などの弊害のほうが大きいから	59.0
9. アメリカ軍機の墜落や部品落下の不安が常にあるから	51.5
10. その他（具体的に）	3.1
11. 無回答	0.2

（該当者＝581人）

ー国の振興策の評価ー

第34問　国は，復帰してから50年間にわたって，沖縄の振興策を実施してきました。あなたは，国の振興策が，沖縄の発展に，どの程度，役に立ったと思いますか。次の中から，1つだけ選んでください。

（全国調査は第30問）

	沖縄	全国
1. 非常に役に立った	16.3	7.8%
2. ある程度役に立った	63.1	70.6
3. あまり役に立たなかった	15.5	18.5
4. まったく役に立たなかった	2.3	1.2
5. 無回答	2.8	2.0

ー本土の人は沖縄の人の気持ちを理解しているかー

第38問　あなたは，現在，本土の人は，沖縄の人の気持ちを，どの程度，理解していると思いますか。次の中から，1つだけ選んでください。

（全国調査は第31問）

	沖縄	全国
1. 十分に理解している	2.1	1.6%
2. ある程度理解している	41.5	31.4
3. あまり理解していない	41.0	58.8
4. まったく理解していない	12.8	7.3
5. 無回答	2.6	0.9

ー理解していないと思う理由（沖縄）ー

【第38問で「3」「4」を選んだ方にお聞きします】

第39問　あなたが，「理解していない」と思うのは，どのような時でしょうか。下の枠の中に，ご自由にお書きください。

（自由記述）（該当者質問）（沖縄調査のみ）

（省略）

－国の施策と沖縄の意向－

第40問　あなたは，沖縄県に対する国の施策は，全体として，どの程度，沖縄県の意向を踏まえていると思いますか。次の中から，1つだけ選んでください。

（全国調査は第32問）

	沖縄	全国
1. 十分に踏まえている	1.6	2.4%
2. ある程度踏まえている	36.3	38.7
3. あまり踏まえていない	48.5	53.5
4. まったく踏まえていない	11.1	3.7
5. 無回答	2.5	1.7

－沖縄戦の歴史知りたいか－

第45問　あなたは，沖縄戦の歴史を，どの程度，知りたいと思いますか。次の中から，1つだけ選んでください。

（全国調査は第35問）

	沖縄	全国
1. とても知りたいと思う	42.9	20.3%
2. ある程度知りたいと思う	46.2	59.0
3. あまり知りたいとは思わない	8.4	18.7
4. まったく知りたいとは思わない	0.7	1.1
5. 無回答	1.8	0.9

－沖縄戦の歴史は継承されているか－

第46問　あなたは，戦争を経験していない世代に，沖縄戦の歴史が，どの程度，継承されていると思いますか。次の中から，1つだけ選んでください。

（全国調査は第36問）

	沖縄	全国
1. 十分に継承されている	2.0	1.6%
2. ある程度継承されている	42.1	24.6
3. あまり継承されていない	50.4	64.8
4. まったく継承されていない	3.9	8.3
5. 無回答	1.6	0.6

－沖縄戦継承に力を入れるべきか－

第47問　あなたは，沖縄戦の歴史を継承していくことについて，どの程度，力を入れた方がいいと思いますか。次の中から，1つだけ選んでください。

（全国調査は第37問）

	沖縄	全国
1. かなり力を入れた方がいい	47.5	26.0%
2. ある程度力を入れた方がいい	46.1	63.9
3. あまり力を入れる必要はない	3.9	8.3
4. まったく力を入れる必要はない	0.4	0.6
5. 無回答	2.1	1.2

－沖縄戦継承で力を入れるべきこと－

第48問　沖縄戦を後世に伝えていくうえで，あなたが，特に力を入れた方がよいと思うことは何ですか。次の中から，いくつでも選んでください。

（全国調査は第38問）

	沖縄	全国
1. 体験者の証言を映像や文章で残す	81.8	72.6%
2. 遺品をさらに収集して展示する	23.9	16.0
3. 戦争の遺跡を保存して多くの人に見てもらう	53.2	49.8
4. 体験を語り継ぐ「語り部」を増やす	45.0	33.9
5. 学校で子どもたちに教える	74.6	64.9
6. テレビや新聞などのマスメディアが報道する	45.0	38.2
7. 映画やドラマ，演劇で伝える	39.3	29.1
8. アニメや漫画で伝える	36.3	28.3
9. YouTubeなどの動画投稿サイトやSNSで発信する	26.7	19.3
10. その他（具体的に）	2.2	0.7
11. 特にない	1.4	2.5
12. 無回答	1.8	0.6

－沖縄の現状への満足度（沖縄）－

第49問　あなたは，沖縄の現状に満足していますか。次の中から，1つだけ選んでください。

	沖縄
1. 非常に満足している	2.1%
2. ある程度満足している	48.6
3. あまり満足していない	42.2
4. まったく満足していない	5.5
5. 無回答	1.5

－沖縄の誇り（沖縄）－
－沖縄の魅力（全国）－

第53問　あなたは，沖縄のどんなところに，誇りを持っていますか。次の中から，あてはまるものを，いくつでも選んでください。

（全国調査）第40問　あなたは，沖縄のどんなところが魅力だと思いますか。次の中から，あてはまるものを，いくつでも選んでください。

	沖縄	全国
1. 豊かな自然	70.7	83.1%
2. 観光リゾート地	34.4	65.3
3. 沖縄の音楽や芸能	65.9	45.3
4. 沖縄のことば	42.2	23.6
5. 沖縄の食文化	59.5	35.9
6. 海外と広く交流してきた沖縄の歴史	41.3	18.9
7. 家族や親戚を大切にしていること	60.8	30.6
8. ふるさとを大切にしていること	51.2	30.3
9. 助け合いの気持ちが強いこと	59.4	23.4
10. 平和を求める気持ちが強いこと	50.2	32.9
11. 長寿の人が多いこと	22.8	30.9
12. 歌手やスポーツ選手など活躍している人が多いこと	28.6	20.2
13. その他（具体的に）	1.0	0.5
14. 特にない	1.4	1.3
15. 無回答	1.1	0.8

－沖縄の将来の見通し－

第54問　あなたは，沖縄の将来に対して，どのような見通しを
　　　　持っていますか。次の中から，あなたのお考えに最も近いもの
　　　　を，1つだけ選んでください。

　　　（全国調査は第41問）

	沖縄	全国
1. とても明るい	6.2	9.7%
2. まあ明るい	55.5	63.0
3. あまり明るくない	33.1	24.2
4. まったく明るくない	2.6	0.4
5. 無回答	2.6	2.6

－沖縄の今後の課題－

第55問　あなたは，これからの沖縄にとって，特に重要な課題
　　　　は，何だと思いますか。次の中から，あてはまるものを，いく
　　　　つでも選んでください。

　　　（全国調査は第42問）

	沖縄	全国
1. 貧困や格差の解消	77.1	24.9%
2. アメリカ軍基地の整理・縮小	60.8	61.1
3. 経済の自立・産業の振興	67.7	49.9
4. 交通渋滞の解消	32.5	4.5
5. 若者の地元への定着	29.4	28.3
6. 夜型社会の解消	27.8	11.7
7. 自然環境の保護	60.8	64.4
8. 沖縄の歴史の継承	50.9	49.1
9. 伝統文化や言葉の継承	46.8	32.5
10. 医療・福祉の充実	59.5	28.3
11. 子どもの学力向上	64.2	17.5
12. その他（具体的に）	1.6	1.4
13. 特にない	0.2	2.2
14. 無回答	1.2	0.9

雑誌『放送教育』52年からみる メディアでの学び

メディア研究部　宇治橋 祐之

要　約

　雑誌『放送教育』は1949年4月に創刊，2000年10月に休刊するまでの52年間に，増刊号を含め630冊が発行された。1953年に放送が始まったテレビを中心に，ラジオの全盛期からインターネット時代の始まりまで，メディアの教育的機能を明らかにしていく役割を果たしてきた。

　発行元は財団法人日本放送教育協会（1948〜2015）である。「放送教育の父」と呼ばれ，奈良女子高等師範学校教授をへて日本放送協会で学校放送番組の開設にあたった西本三十二が中心となり設立された。「放送教育研究会全国大会」の主催，「放送教育懸賞論文」の募集，放送教育関連書籍の発行などの事業を行ってきたが，その中心となる活動が毎月の雑誌の発行であった。

　52年の歴史は，学校で利用されるメディアが，ラジオからテレビ，白黒テレビからカラーテレビ，録画機器やコンピューター，インターネットと広がりをみせていく時代とちょうど重なり，学習指導要領の改訂も5回あり，時代ごとの教育課題や新しいメディアをどう教育に取り入れていくかなどの論争の中で，放送を中心にメディアが教育に果たす役割をジャーナルにとらえてきた。

　本稿では，52年分の雑誌を10年ごとに5つの時期に分け，それぞれの時代のメディア状況や社会状況をみながら，どのような特集記事や連載記事を掲載してきたのかを概観する。最後の2年間については，その後のNHK for School（学校放送番組とインターネット配信などのデジタル展開）への繋がりをみた上で，考察を行う。

　各時期の記述にあたっては，記事の書き手による分類を試みる。『放送教育』の書き手は，大きく分けると番組制作者，研究者，教師，となる。制作者の意図，研究者の理論，教師の授業実践のサイクルが回ることで，授業での番組利用が広がっていった。

　新型コロナウイルス感染症への対応のためのオンライン学習や，GIGAスクール構想による小・中学生への1人1台端末配付により，学校や家庭でのメディアの教育利用のあり方が改めて問われている2022年の現状も踏まえながら，メディアでの学びについての授業実践と理論構築の歴史を整理する。

目　次

はじめに

技術の進展と，制作・研究・実践から みる放送教育の半世紀

　雑誌『放送教育』は1949年4月に創刊され，2000年10月に休刊するまでの52年間に増刊号・臨時号を含め630冊が発行された。1953年に放送が始まったテレビを中心に，ラジオの全盛期からインターネット時代の始まりまで，メディアの教育的機能を明らかにしていく役割を果たしてきた。

　発行元の財団法人日本放送教育協会（1948〜2015。以後，教育協会と表記）は，「放送教育の父」と呼ばれ，奈良女子高等師範学校教授をへて日本放送協会で学校放送の開設にあたった西本三十二が中心となり設立された。西本は1920年代にコロンビア大学大学院へ留学中，アメリカで始まったばかりのラジオ教育放送に接する。帰国後，大阪で学校放送番組を始めようとしていた日本放送協会に招かれ，大阪中央放送局社会教育課長，東京の編成部長，教養部長，そして理事・札幌放送局長を歴任後，1946年に理事総退任に伴って日本放送協会を辞職する。その後，日本放送教育協会を設立し，雑誌『放送教育』を発刊したのである。西本は成蹊大学教授，国際基督教大学教授，帝塚山学院大学学長として教育現場に関わりながら，1979年6月まで教育協会の理事長を務めるとともに，1981年6月まで雑誌『放送教育』の編集・発行人であった（表1）。52年間の雑誌の歴史の33年にわたって関わってきたことになる。

　教育協会は放送教育関連書籍（付表1）の発行，「放送教育研究会全国大会」（付表2）の主催，「放送教育懸賞論文」の募集などの事業を行い，放送教育の普及・啓発を行ってきた。その中心となる活動が毎月の雑誌の発行であった。

　1949年4月の創刊号の「創刊のことば」で西本は，「人間は，社会の中で，社会力によって，形成されるものである」と書き起こし，「元来ラジオは，人間形成を直接の目的として生れたものではない。しかしながら，すでに二十五年の歴史をもつ今日のラジオは，人間形成上，有力な文化機関となり，教育機関となるに至った」として，社会におけるラジオの影響の大きさについて述べている。

　そして，「ラジオの教育的機能を充分に発揮するために，今日最も必要とするものは，これをうける効果的な体制をつくり，これと放送局とを結びつけて，相互の間に有機的な連絡をはかることである」として，学校や教育機関と放送局を繋ぐ役割の重要性を訴えた。

　その上で，「われわれがここに雑誌「放送教育」を創刊するゆえんのものは，ラジオという近代における最も大衆的な文化機関を国民の文化水準を高めるために高度に活用する運動を推進し，教育民主化の実現に貢献せんがためである」と宣言している。

　雑誌『放送教育』52年の歴史は，学校で利

表1　雑誌『放送教育』編集・発行

期間	編集・発行
1949.4〜1957.9	編集・発行者　西本三十二
1957.10〜1978.7	編集・発行者　西本三十二，高橋増雄
1978.8〜1981.6	編集・発行人　西本三十二，古田晋行
1981.7〜1990.3	編集人　古田晋行
1990.4〜7	発行人　豊田昭　編集人　秋元達男
1990.8〜1992.4	発行人　豊田昭　編集人　古田晋行
1992.5	発行人　古田晋行　編集人　古田晋行
1992.6〜1997.7	発行人　植田豊　編集人　古田晋行
1997.8〜2000.6	発行人　植田豊　編集人　長岡熙
2000.7〜10	発行人　市村佑一　編集人　長岡熙

用されるメディアが，ラジオからテレビ，白黒テレビからカラーテレビ，録画機器やコンピューターの導入，そしてインターネットへと広がりをみせていく時代とちょうど重なる。

この間に学習指導要領の改訂もほぼ10年ごとにあり，時代ごとの教育課題や新しいメディアをどう教育に取り入れていくかなどの論争の中で，放送を中心にメディアが教育に果たす役割をジャーナルにとらえてきた（表2）。

本稿では，52年分の雑誌をまず10年ごとに5つの時期に分け，それぞれの時代のメディア状況や社会状況をみながら，どのような特集記事や連載記事を掲載してきたのかをみていく。残る2年間については，その後のNHK for School（学校放送番組とインターネット配信などのデジタル展開）に繋がる研究や実践を

みた上で，最後に考察を行う。それぞれの時代の小学校へのメディア普及と，学校放送利用率は図1に示すとおりである。

各時期の記述にあたっては，まず【概況】でその時代のメディア環境，教育を取り巻く状況を振り返った後，記事の書き手による分類をもとにみていく。『放送教育』の書き手は，大きく分けると番組制作者，研究者，教師，となる。制作者の意図，研究者の理論，教師の授業実践のサイクルが回ることで，授業での番組利用が広がっていった。＜制作＞では新番組の内容や，番組の利用状況調査，＜研究＞には，メディアや教育に関する研究者だけでなく，教育学，心理学や社会学の研究者，あるいは機器の開発を行った企業関係者の記事も含む。そして＜実践＞では，幼稚園・保育所，

図1　メディア普及と学校放送利用率の推移（小学校）

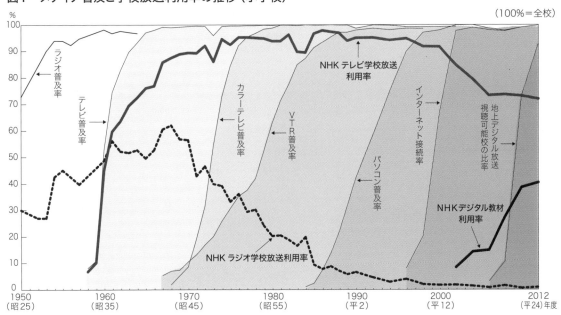

（100%＝全校）

『NHK放送文化研究所年報2014』p101

注1：調査初期の10年間は，校種ごとに調査が実施されており，1961年度にはじめて幼稚園から高等学校まですべての校種について，ラジオとテレビの利用に関する調査が同時期に実施された。

注2：1967年度以降の調査はすべて9〜11月に実施。1962〜66年度は，6月に全校対象のサンプリング調査で放送利用校を抽出した上で，9〜11月に利用校対象に番組利用状況や意向を調査した。

注3：1973年度以降の調査では，放送中のNHK学校放送全番組のリストを提示して，それぞれの利用の有無を質問し，1番組でも利用しているクラスがある学校を「NHK学校放送利用校」と定義し，全学校に対する比率を「NHK学校放送利用率」として算出している。

注4：「NHKデジタル教材利用率」は，授業でNHKデジタル教材を利用している学校の全学校に対する比率である。

小学校，中学校，高等学校，特殊教育[1]諸学校における，授業で番組を活用した実践の様子だけでなく，管理職や教育委員会による学校経営の観点からの記事もみていく。

このように異なる立場の執筆者による記事が毎月掲載されるとともに，時には対談や座談会でそれぞれの立場から意見を闘わせてきたことが，雑誌の大きな特徴である。読者も教師と研究者が中心で，学校や大学で購入して読むことが多かったようである[2]。

なお，放送教育という言葉の定義については，1971年発刊の『放送教育大事典』（日本

表2　雑誌『放送教育』関連年表

	第1号 (1949.4)〜第120号 (1959.3)	第121号 (1959.4)〜第240号 (1969.3)	第241号 (1969.4)〜第360号 (1979.3)	第361号 (1979.4)〜第485号 (1989.3)	第486号 (1989.4)〜第611号 (1999.3)	第612号 (1999.4)〜第630号 (2000.10)
(1) 教育に関わるメディア環境	・NHKテレビ放送開始（1953）	・NHK教育テレビ放送開始（1959）・幼稚園・保育所向け番組カラー化完了（1965）・小学校向け番組カラー化開始（1968）	・中学校向け番組カラー化開始（1969）・高等学校向け番組カラー化開始（1972）・NHK教育テレビ，全放送カラー化（1977）	・放送大学開学（1985）・衛星放送本放送開始（1989）	・ハイビジョン放送開始（1991）・学校でのインターネット利用「100校プロジェクト」（1994）・「NHKオンライン」公開（1995）	
(2) 学習指導要領注	【1951,1956】1947年の「学習指導要領一般編（試案）」の改訂	【1958〜1960】教育課程の基準としての性格の明確化（道徳の時間の新設，基礎学力の充実，科学技術教育の向上等）	【1968〜1970】教育内容の一層の向上（「教育内容の現代化」）（時代の進展に対応した教育内容の導入）	【1977〜1978】ゆとりある充実した学校生活の実現＝学習負担の適正化（各教科等の目標・内容を中核的事項にしぼる）	【1989】社会の変化に自ら対応できる心豊かな人間の育成（生活科の新設，道徳教育の充実）	【1998〜1999】基礎・基本を確実に身に付けさせ，自ら学び自ら考える力などの［生きる力］の育成（教育内容の厳選，「総合的な学習の時間」の新設）
(3) 番組編成，主な教育番組など	・テレビ学校放送開始（1953）	・『山の分校の記録』イタリア賞受賞（1960）・第2回世界学校放送会議，東京で開催（1964）・教育番組の国際コンクール「日本賞」（NHK主催）開始（1965）	・小学校高学年・中学生対象の環境教育番組『みどりの地球』放送開始（1975）	・中学校向け「特別シリーズ」開始（1980）・高等学校向け「特別シリーズ」開始（1981）・小学校中学年・総合学習番組『にんげん家族』放送開始（1985）	・「学校放送オンライン」公開（1996）・環境教育番組『たったひとつの地球』が学校放送初のウェブサイト開設（1996）・『たったひとつの地球』が交流学習をベースにした『インターネットスクールたったひとつの地球』にリニューアル（1998）	・NHKフルデジタル教材「里山」（1999）
(4) 主な放送教育の研究テーマなど	・エドガー・デール来日（1956）「経験の円錐」	・「テレビチューター論」（1959）・第11回放送教育研究会全国大会（京都大会）で「西本・山下論争」（1960）	・『放送教育大事典』刊行（1971）・「放送学習」と「放送利用学習」について誌上シンポジウム（1978）	・「特集 メディア・ミックスとは一新しい放送教育の試み一」（1986）	・「ハイパーメディア」「メディア・リテラシー」「インタラクティブ」などの研究が進む	・「情報教育」「情報発信能力」などの研究が進む
(5) 放送教育研究会全国大会，主な放送教育実践など	・学校放送研究会全国大会，高野山で開催（1949）・第1回放送教育研究会全国大会（1950）・「放送教育懸賞論文」開始（1950）	・第14回放送教育研究会全国大会（静岡大会）で参加者が初めて10,000人を超え17,000人が参加（1963）・放送教育研究論文に「学校放送教育賞」を設置（1964）	・第27回放送教育研究会全国大会奈良大会で「生涯学習」が研究主題となる（1976）	・第34回放送教育研究会全国大会熊本大会で「求める学習」「発展学習」について議論（1983）	・第41回放送教育研究会全国大会（東京）で『人と森林』を利用した公開授業（1989）・第44回放送教育研究会全国大会（仙台）で，ハイビジョンと情報データベースを使った公開授業（1993）	・第50回放送教育研究会全国大会東京大会で「動画データベース」についての実践発表（1999）

注　学習指導要領については，下記の記述を参照した。【 】内は改訂年度。
https://www.mext.go.jp/b_menu/shingi/chukyo/chukyo3/004/siryo/__icsFiles/afieldfile/2011/04/14/1303377_1_1.pdf

放送教育協会）で下記のように記されている。

「字義どおりに解すると広く放送を利用して展開される教育活動が放送教育であるといえるが，もともと放送教育は学校から起こったために，今日でも学校教育の枠の中でこれがとらえられやすい。ところが，近年，放送媒体の種類が多岐にわたるとともに，その利用分野も多方面に及ぶようになってきたため，放送教育の概念は飛躍的に拡大されなければならない情勢になった。そこで，日本放送教育学会では検討の結果，次のような定義を試みている。すなわち，"放送教育とは，テレビ，ラジオをはじめ，これに類似する通信媒体およびそれらによる情報の制作と利用により，学校教育，社会教育などにおける教育内容を拡充し，教育方法を改善する営みをいう"というのである」

学校教育だけでなく生涯学習も視野に入れており，放送だけではなく，その後のインターネットに繋がるものも含むと考えられ，本稿でもこの定義に基づいてそれぞれの時代をみた上で，放送と通信の融合時代である現在に繋げたい。

なお，雑誌『放送教育』の各号の主な掲載記事は，**表3**として288ページ以後に掲載した。

（本文中の該当記事については，1953年4月号は（53.4）のように西暦下2桁と月を表記。肩書は雑誌掲載時のもの。原則として旧字体は新字体に改めた）

『放送教育』創刊と
ラジオの時代
－第1号（1949.4）～第120号（1959.3）－

（1）【概況】ラジオの普及と
テレビへの期待

雑誌創刊までの日本のラジオの歴史を振り返ると，1925年3月22日に社団法人東京放送局（JOAK）がラジオ放送開始，1931年4月6日からは第2放送（当初は二重放送と呼ばれた）が開始されていた。しかし，放送の主管庁である逓信省と教育の主管庁である文部省の監督権限の対立などがあり，学校放送番組が始まるまでには時間を要した。1933年9月に大阪中央放送局のラジオ第2放送で近畿地区でのローカル放送がまず始まり，1935年4月15日に全国向け学校放送が始まった。その中心となったのが西本三十二である。

戦争により1945年3月に学校放送は休止されるが8月に終戦を迎えた後，12月から放送を再開，連合国軍最高司令官総司令部民間情報教育局（CIE）により学校への受信設備の整備が進められる。そして1947年の教育基本法・学校教育法の制定に関連して，新しい学校制度，新しい教育課程に対応する番組の制作が進められた。こうした時代状況の中，雑誌『放送教育』は創刊された。

この時期に主に取り上げられたテーマは，ラジオをいかに聞くかという「聴取指導」や，ラジオの放送時間と授業時間をどのように組み合わせて利用するかという「日課表」についてなどである。またラジオを受信するだけでなく，

『放送教育』創刊号（1949.4）

自分たちで放送を行う「校内放送」についての記事もある。そのほかにラジオ時代ならではの記事として「標準語教育」や「へき地教育」の可能性についての記事も多い。1950年代になると「テレヴィジョン（テレビ）」への期待や、先導的な公開授業の様子が紹介されるようになっていく。

（2）＜制作＞ラジオの特性と校内放送

創刊初期は番組制作者だけでなく、アナウンスや技術に関わる多くのNHKの関係者が、ラジオの特性について述べている。

例えば古垣鐵郎（日本放送協会専務理事）は創刊号の「放送の教育性について」（49.4）で、「教育が学校や教室内のものであったり、

またその内容も単なる知識の切り売りやお説教に止った時代はすでに過ぎ去った。放送教育こそ生活しつつ学ぶと云う理想を如実に提供し得るユニークな機関であろう」とした。

NHK企画部教育課の鈴木博は、「新学期の学校放送」（49.4）で「ラジオの最もすぐれた性能は、その迅速性にあるといえよう」「常に世の中の動きに即応し、新鮮にして最も尖端的なものである」として、学校放送についても生放送で新しい情報を伝えるとともに、聴取者の声や利用状況調査をもとに速やかに改善を進めていく重要性を指摘している。

音声メディアとしてのラジオの特性についても述べられている。「ラジオドラマの作り方味わい方」（49.7-8）では、聞く人に届けるための演出の工夫が、「ことばの教室 アナウンスについて」（50.1-2）ではアナウンサーがマイクに対する発声方法などについて、解説している。

こうしたラジオの特性に関する記事は、聴取者としてラジオを聞くだけでなく、教師が自作の教材を作成したり、子どもたちが学校で校内放送を行ったりする際にも役立つものであった。校内放送については、「特集 校内放送は如何にあるべきか」（50.8）や「特集 校内放送」（51.8）、「特集 校内放送の研究」（52.8）、「特集 校内放送」（53.8）、「特集 校内放送の諸問題」（58.8）などで、その目的や運営方法、教育的効果についての議論が、制作者・研究者・実践者の間で活発に行われた。

（3）＜研究＞聴取指導とテレビへの期待

雑誌創刊時にはすでに授業でのラジオの利用は進んでいたが、改めて放送教育の役割について研究者が議論を行ってきた。

創刊号で，教育学が専門の海後宗臣（東京大学教授）は「自律教育に於ける放送の性格」（49.4）として，学校放送番組を聴取するだけでなく，生徒が自律的に校内放送で番組制作する必要を，「放送と聴取とは一つに結び合ったものであって，校内放送ができるようになることは，聴取への理解を深くし，そのための学習訓練の一部ともなる」「放送という新しい教具をもって自律教育の実践が成立し，それを通しての生活を自律的に進展できる人間が育成されるようになるべきである」と訴えている。

この時期の研究に大きな影響を与えたのがアメリカの教育学者エドガー・デールである。デールは，1946年『学習指導における視聴覚的方法』を出版，この中で説かれた「経験の円錐」は，その後長く視聴覚教育の理論的指標となった。「経験の円錐」は，具体から抽象に至る経験を円錐の形で総括したもので，その中での教育テレビの役割を示した。

デールは西本三十二たちの招へいで1956年7月から9月まで来日，国際基督教大学を中心に日本各地で講演を行った。その様子は「エドガー・デール博士を迎える」（56.7），「座談会 E・デール博士に何を学んだか」（56.10）で紹介されたほか，デール自身による「視聴覚教材教具の効果的利用」（56.11）を掲載している。

1950年代はテレビと教育についての研究も始まる。1953年2月にNHKテレビの本放送が始まるが，先んじて雑誌でも記事を掲載してきた。例えば「日本のテレヴィジョンに望む」（51.11）では，アメリカでテレビが教育の場でどのように利用されているかを視察してきた青木章心（文部省事務官），石山脩平（東京教育大学教育学部長），波多野完治（お茶の水女子大学教授）らがその可能性と課題を語っ

ている。また「もし学校向けテレビ放送が実施されたら」（52.4）では，18名の教師が具体的な利用イメージを述べている。さらに「テレビ教育実験放送『水のふしぎ』をめぐって」（52.9）では，理科番組の実験放送を利用した学芸大学附属竹早小学校の授業の様子について詳しく取り上げた。

雑誌『放送教育』は，継続して新しいメディアが教育現場に入る前に，その論点を整理してきた。これは雑誌の大きな特徴といえる。

（4）＜実践＞聴取指導と日課表

教育現場からは，どのようにラジオを授業で利用するかという聴取指導について，授業実践をもとにした多くの声が寄せられた。創刊2号目の「聴取指導の在り方について」（49.5）では，東京都錦華小学校の柿澤寿男教諭が，「サンマ列車」という放送の後に，鮮魚の輸送問題と結びつけて学習を広げた様子や，「雨の日の事故」という放送から生活指導にまで広げた事例を示している。放送を聞いて終わる，放送を聞けばわかる，ということでなく，その後の学習にいかに繋げるか，自分たちの生活にいかに繋げるかという視点は，その後の授業実践にも引き継がれていく。

このほかにも「シンポジウム 聴取指導のあり方」（51.5）では具体的な実践をもとに，制作者，研究者も加わり議論が行われたほか，多くの聴取指導の記録が寄せられた。

放送計画をもとに，どの番組を選択し授業時間と合わせるかを工夫する日課表についての記事も多い。「拡充番組と日課表」（53.4）などで具体的な日課表が示されたり，「特集 日課表をどう立てたか」（57.6）でそれぞれの教師による工夫が示されたりした。

教育テレビ開局，テレビの時代

−第121号（1959.4）〜第240号（1969.3）−

（1）【概況】テレビの普及

1959年1月10日，日本で最初の教育専門局として，NHK東京教育テレビジョン局が開局，2月に民間放送の教育専門局，日本教育テレビ（NET[3]）も開局する。同年は皇太子のご成婚パレードが行われたこともあり，白黒テレビの普及が200万台を超えた。テレビが家庭や学校に普及し，本格的なテレビ教育番組の時代を迎えたといえる。

NHK放送文化研究所（以後，文研）の学校放送利用状況調査でも1961年度時点で，小学校ではテレビの利用率がラジオを上回った。そして東京オリンピックが開催された1964年には小学校のテレビ学校放送利用率は，72.5%となっている。

学校にテレビが普及した背景のひとつに，「全放連型教育テレビ受像機」（全放連型テレビ）がある。放送教育に関わる，幼稚園，保育所，小・中・高等学校，特殊教育諸学校の教員からなる全国放送教育研究会連盟（以後，全放連）が，無線通信機械工業会[4]と共同して普及を進めたもので，当時主流であった家庭用の14インチのブラウン管テレビではなく，教室で見ることを前提にした17インチのものである。価格は松下電器（現パナソニック），ビクター，日立をはじめとする各メーカーすべてが，教育特別免税価格として6万円とした。当時10万円以上であった家庭用テレビよりも安い価格

に設定されたことと，国からの補助金もあり，学校現場に広く普及していった。この時期の雑誌『放送教育』にはこれらのメーカーの広告が数多く掲載されている。

さらにテレビの普及は学習指導要領とも関わる。1958年告示，1961年実施の学習指導要領では，「教育内容の拡充」が進められ，授業数が拡充された。戦後の教育は，アメリカの進歩主義のもと，学習者の興味・関心から出発する「経験主義」が重視され，新教科として社会科が設立された。しかし1961年実施の学習指導要領では，教師主体で体系的に知識を学ぶ「系統主義」への転換が進められたのである。小・中学校の教育課程の一領域として「道徳の時間」が特設されたのもこの時期である。この学習指導要領では視聴覚教材の積極的な活用も謳われた。学校教育へのテレビの

『放送教育』1959年4月号表紙

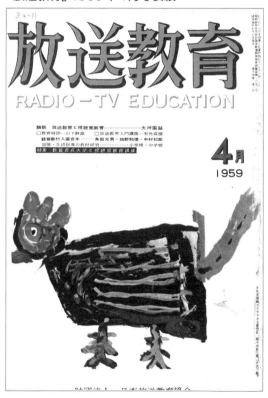

導入が積極的に進められたのである。

　この時期の主要な特集はやはり「テレビ」に関するものである。テレビと教師のあり方についての「テレビチューター論」や，家庭も含めた「テレビと子どもの生活」などについて，意見が交わされた。また**付表2**に示すように，放送教育研究会全国大会の参加者も1万人を超えるようになり，大会に向けてどのように研究を進めているかの進捗状況も誌面で報告されるようになる。

（2）＜制作＞テレビ番組の効果と
　　　国際展開

　学校でのテレビ番組の活用がどのように行われていたかを具体的に示す番組がある。ドキュメンタリー番組『山の分校の記録』[5]である。この番組は1960年9月に，放送界で最も権威のあるコンクールといわれるイタリア賞で第2位に入賞。その後も教育テレビの周年記念などで何度も再放送され，学校放送番組の利用のあり方のモデルのひとつとなっている。

　番組を制作した小山賢市は，「山の分校の記録―テレビ学習の効果について―」（60.2），「へき地教育のテレビ利用とその効果について―『山の分校の記録』」（60.8）などで，へき地の小学校の子どもたちと学校放送番組の関わりについて語った上で，「イタリア賞と『山の分校の記録』」（61.2）で，「私たちの課題は，巷間に「一億総白痴化」と言わせたところのものへの反論であり，今後のテレビの方向を探し出すことであり，教育の場におけるテレビ教材の位置づけとその価値を知ることであった」としている。

　テレビの教育的価値については，日本だけでなく，世界各国の放送事業者の関心事でも

あった。「第1回世界学校放送会議」が1961年にローマで開催され，続く第2回は1964年4月に東京で開催された。「特集 第2回世界学校放送会議のために」（64.4），「特集 第2回世界学校放送会議の記録 各国のテレビ学校放送事情」（64.7-8）などでその報告が行われている。そしてこの会議でNHK会長の阿部真之助が提案した，教育番組国際コンクール「日本賞」が，翌1965年からNHK主催で開催されることとなる。「反響を呼んだ「日本賞」」（65.8）で，吉田正（NHK教育局長）は，欧米だけでなく，新興国などで教育放送を始めたところが増える中，ドラマやドキュメンタリーと異なりシリーズ番組が多く，その国の教育事情と関わるため，これまで評価が難しかった教育番組の国際コンクールを開催する意義をまとめている。

　テレビ放送が国内はもちろん世界で広がる中，その教育的価値を制作者が考え，交流を深めようとしていた時代といえる。

（3）＜研究＞テレビチューター論と
　　　「西本・山下論争」

　テレビ学校放送の利用が進む中，教室のテレビと教師の役割をどう考えるか，という論争がこの時期に繰り広げられる。

　そのきっかけとなるのが，西本三十二の「論説 テレビチューター論（うつりゆく教師像）」（59.5）である。西本は教師像の歴史的変遷を「6つの教師像」として整理した上で，教師の役割は，テレビ番組を使って「教える指導者（ティーチャー）」から「助言する指導者（チューター）」へ，としている。さらに，「論説 続 テレビ・チューター論―新しい教材・教授法・教師像―」（59.11）では，「教育にラジオをつか

い，テレビをつかう場合の教師は，先き走って教え，あるいは自分の考えを強いたり，知識を注入したりするような態度をとるのではなく，児童生徒の内心からほとばしる生命力を尊重し，それがラジオやテレビの番組に彼等自身がいかに取り組んでいくかという場面を重要視すべきである」としている。

こうした西本の主張に対して，「教師の主体性」あるいは「教師の自主性」という論点などで，さまざまな批判の声が寄せられた。そして1960年の第11回放送教育研究会全国大会（京都市）のパネル討論で，西本三十二と山下静雄（鹿児島大学教授）による「西本・山下論争」が起こる。山下が番組を視聴させる前に焦点化を指導し，進行中にも意味のつかみ方の指導（同時化）をし，視聴後も体系化と拡大化をはかることを主張したのに対して，西本は，放送教材は進行形の中に教育があり，進行中の教材をつかむ能力をつければ，視聴直前の指導，視聴直後の指導はいらないと主張した。教師と教材，児童・生徒の3者の関わり方をめぐる論争は，その後も1970年代後半の「放送学習」と「放送利用学習」についての議論などに，形を変えながら続いていく。

西本はこの時代，「論説 ティーチング・マシンと教育革命」（61.2）で，その後のコンピューターを利用した個別学習に繋がるティーチング・マシンについての可能性や課題も示している。また「論説 DIRECT ENRICHING BASIC PROGRAM—教育テレビのあり方—」（63.11）では，テレビの学習者への直接教授性（DIRECT），テレビが教師の教授の充実を助けること（ENRICHING），そして教科等の基礎的内容を放送番組が独自の系統性を持って提供すること（BASIC PROGRAM）について整理している。

メディアと教育に関わるさまざまな論点が提示されるとともに，誌面で多くの議論が繰り広げられていった。

（4）＜実践＞テレビと子どもの生活

この時期はテレビ番組を授業でどのように利用したかという実践報告が多いが，家庭で子どもたちがどのようにテレビと接しているか（接するべきか）という特集もみられる。

例えば「特集 テレビと子どもの生活」（59.9）では，幼稚園，小学校，中学校の教員が，テレビによって生活の広がりがみられ，語彙が増えるなどのよい影響と，体験を伴わなくなったり，類型的な考え方になったりする危険性などを指摘している。また「テレビの見方について」（60.9）では，各界の識者が「ニュースは事件の全体ではない」「自分の目にも疑いをもって」「批判的精神をもって」などのタイトルで意見を寄せている。メディアとのつきあい方として現在にも繋がる論点であろう。

「アンケート 家庭視聴指導はどのように行われているか」（67.12）では，教師，父母，中学・高校生にアンケートを行った結果から，家庭視聴について指導を行ったり，番組を指定して視聴させたりしたことがある教師が多いことや，番組の選択について子どもに注意する父母は半分程度であること，中学・高校生は「ためになる」というよりも，「おもしろい」ものを求めてテレビを見ている様子を報告している。

カラーテレビの普及と映像特性研究
−第241号（1969.4）〜第360号（1979.3）−

（1）【概況】カラーテレビと研究の広がり

1961年時点でNHK総合テレビのカラー番組は1日1時間であったが，カラー化は順次進んでいく。NHK総合テレビは1971年10月，NHK教育テレビは1977年10月に全放送がカラー化する。

教育テレビのカラー化は，幼稚園・保育所向け番組が最優先で進められ，1965年度にはすべてカラー化された。その後，小学校向け番組は『理科教室1年生』（1968）から，中学校向け番組は『安全教室』（1969）から，高等学校向け番組は『美術の世界』（1972）から順次カラー化が進められる。理科や美術など，対象物をカラーで見られることのメリットが大きい教科での利用が進み，雑誌の記事も，ラジオ時代から続く国語や音楽などの音声に関わる教科での番組利用だけでなく，理科番組など具体物を見せる番組の活用についての記事が増えていく。

小学校のテレビの台数が全国平均で1教室1台になるのは1975年。このころから，各教室に常設のテレビで継続的に学校放送番組を利用することが可能になった。

1971年から実施の学習指導要領でも系統性重視の傾向は変わらず，時代の進展に対応した教育内容を導入する「現代化カリキュラム」が進められた。右肩上がりで経済が成長し，産業が発展していくという未来予想のもと，それに見合った高度で体系化された知識が必要とされていたのである。

この時期の主要な特集は，小学校を中心に学校放送番組の利用が定着したことに伴い，各教科での具体的な利用に関するものが多い。また，幼稚園から高等学校までの学校教育現場だけでなく，後の生涯学習の考え方にも繋がる放送大学への期待の記事もみられる。「シンポジウム 放送教育における視聴能力」（72.11）を始めとして「視聴能力」についての記事も現れる。

雑誌の体裁も，1975年度以後は基本的に毎号の特集テーマに沿って，制作者，研究者，教師が原稿を寄せる形式をとるようになる。前述のように西本が，1979年に教育協会の理事長，1981年に雑誌『放送教育』の編集・発行

『放送教育』1969年4月号表紙

人を退任して一線から退く時期でもあり，放送教育の歴史を改めて振り返り，今後に繋げようという記事もみられる。

例えば，文研の秋山隆志郎による「放送教育史ノート」（76.12，77.6，78.12）などである。西本三十二も1976年に教育協会から『放送50年外史』を刊行した。日本放送協会による「正史」である『放送五十年史』（1977，日本放送出版協会）に対して，「私が，五十年にわたって放送と共に歩み，特に教育放送と放送教育に献身してきた歴史と，それにまつわる秘話を書きおろしたものなので外史と称する」としている。

（2）＜制作＞映像の特性を語る制作者

1970年代になると，番組制作者の手による記事が増えていく。それまでは，番組を統括する局長や部長などの立場からが中心であったが，各教科の担当者が具体的な番組について語る様子が数多くみられるようになる。この背景のひとつとして，1959年の教育テレビ開局前後に，従前より多く採用された番組制作者が10年以上の経験を積み，誌面での発信も行うようになったことがあると考えられる。

1972〜73年の連載「スタジオから教室から」は，制作者と教師が，教科・学年ごとにそれぞれの立場から議論を行う座談会形式の記事である。テーマとして「画面とことば 小学校低学年社会科」（72.6），「テレビと自然観察 小学校低学年理科」（72.7），「「集合」の考え方をつくる『いちにのさんすう』」（72.9），「表現学習とテレビの役割 ―笛をふこう―」（72.10）などが続き，理科・社会科・算数・音楽の番組制作者と，授業を行った教師が各教科に特徴的な題材をもとに議論を行った。こうした座談会の様子はラジオ第2放送の教師向け番組『教師の時間』でも放送されている。

研究者ではなく番組制作者自身が教育における映像の意味を問う論考を発表する様子もみられるようになる。「特集 映像を考える」（75.5）では，制作者の堀江固功が「曖昧さの中で人の心と心を結ぶ」で，映像による情報伝達は，単に動画像を教室に送ることでなく，送り手と受け手でイメージを共鳴させることにあるとしている。同じ特集で制作者の西川進一は「組み合わせの中で意味をつくる」として，画面に対するコメントからだけの情報を受け取るのではなく，画面と画面の間に生ずる連想や飛躍に意味があることを訴えている。

学校放送番組がほかの番組と異なる特徴のひとつに，番組制作者が自分の制作した番組を子どもが見ている場面，教師が使っている場面を直接見ることができ，具体的なシーンについて議論をできるということがあるが，誌面でもこうした制作者と教師との対話が重ねられていった。

（3）＜研究＞『放送教育大事典』の発刊

教育協会は雑誌『放送教育』の発行と合わせて，教育やメディアに関する書籍も発行してきた（付表1）。その集大成といえるのが，1971年10月発刊の『放送教育大事典』である。

全680ページの事典は，全国放送教育研究会連盟と日本放送教育学会による編集で，総勢400人近い研究者，実践者，番組制作者が関わった大著である。編集委員長の馬場四郎（東京教育大学教授）は「巻頭言「放送教育大事典」刊行の意義」（70.6）で，ラジオ学校放

送が開始されて35年，全国放送教育研究会連盟が結成されて20年以上という節目に刊行する事典について，「これまでの研究成果を漫然と整理するだけでなく，最近の教育工学あるいは視聴覚教育さらに教授学習過程の現代化の動きというものを十分ふまえ」「とくに現場の実践に関連する分野については，教育経営あるいは学校運営，学級経営そして放送教材の利用，実際の活動の展開のし方なども解説して，現場の先生方の手引き書としての役割」を果たしたいとしている。事典の各項目の背景には20年に及ぶ雑誌『放送教育』の蓄積がみられ，「読む事典」となっている。

この時期に特徴的な特集として，映像と思考に関するものがある。例えば「特集 映像と思考」（70.9）で松本正達（鳥取大学教授）は「放送と思考」として，「1 視聴しながら考える。2 視聴しながら考え方を学ぶ。3 視聴することにより，自分の考え方をたしかめる。4 視聴した後で考える」の4つの思考形式に整理している。また，教育社会学が専門の麻生誠（東京学芸大学助教授）は，「フィーリング 映像 思考」（73.6）で波多野完治（お茶の水女子大学教授）による「知覚表象に対応する客観的映像と記憶表象や想像表象に対応する主観的映像[6]」という2つの映像概念を踏まえた上で，子どもの頃から映像に慣れ親しんだ世代を「映像人間」として，「客観的映像や主観的映像を器用に用いて環境への適応を図っていく人」としている。そして「客観的映像は，主観的映像（＝心像）によって，より世界を知り操作する映像的表象作用に結合していく」とした。

情報化社会が進む中，情報処理能力という言葉もこの時代に登場する。1971年度の放送教育研究会全国大会札幌大会では「情報処理

能力の育成をめざして」をねらいに掲げて研究を進めた。その後も大内茂男（東京教育大学助教授）による「主体的活動としての情報処理」（73.6）や，蛯谷米司（広島大学教授）による「教育における情報処理」（73.10）などの論考で，情報処理を適切に行えるようになるための放送番組の活用のあり方が指摘されている。

1970年代後半になると，「放送学習」と「放送利用学習」についての議論が誌上で起きる。「「放送学習」の目ざすもの」（78.1）で西本三十二は，「教師の放送利用による授業」ではなく，「児童生徒が，自力で放送に取り組み，その学習過程の中から自主的に成長し，発展する」放送学習が，本来目指すものであるとした。この西本の論考に対する意見が数多く寄せられ，「誌上シンポジウム放送学習vs放送利用学習―西本三十二氏「放送学習の目ざすもの」を受けて―」が1978年2月号から12月号まで11か月間続く。執筆者は西本・山下論争の山下静雄（鹿児島大学教授）を始め，総勢28人にのぼった。「特集『放送学習』と『放送利用学習』の理念と方法」（79.2）で，それぞれの立場を確認する形で一応の決着をみるが，その後もメディアと学習をめぐる同様の議論は繰り返し行われることになる。

（4）＜実践＞各教科での実践と効果研究

この時期の実践報告は，制作者とともに各教科の特集で発表されることが増える。この教科でこの番組を利用することで子どもたちにどのような変容がみられたか，という具体的な状況を示した上で，その効果を示すものである。

すでに1950年度から教育協会による懸賞

論文や受賞論文[7]の掲載が続けられてきたが，教師による効果研究がどのように行われているかを辻功（東京教育大学講師）が「放送教育の実践的研究の展開―懸賞論文の内容分析から―」（71.7）で4つに分類している。「テストを中心に放送聴視のみの効果を測定」「テストを中心として，聴視のみでなく積極的に教室指導の効果もミックスして測定」「視聴ノートや生徒の発言の内容分析を中心として，放送聴視のみの効果を測定」「視聴ノートや生徒の発言の内容分析を中心として，放送聴視のみでなく，積極的に教室指導の効果もミックスして測定」というもので，「データのとり方」（テストと内容分析）と「テレビと授業の関係」（聴視のみか教室指導を含むか）の二軸でみたものである。

このほか「特集 放送教育機器の効果的活用」（78.7）を始めとする機器活用についての報告や，親子同時視聴についての報告もみられる。

録画機器の普及と転換期
－第361号（1979.4）～第485号（1989.3）－

（1）【概況】生涯学習体系への移行

団塊ジュニア（1971～74年生まれ）が学齢期を迎えた1980年代は子どもの数が増えるとともに，教育現場も大きな転換期を迎える。1984年には「戦後教育の総決算」というスローガンのもとに「臨時教育審議会」（臨教審）が設置され，第四次（最終）答申で「生涯学習体系への移行」が示される。『放送教育』でも一番ヶ瀬康子（日本女子大学教授）による「人生八〇年時代の生涯学習と放送」（87.11）などが掲載された。

学習指導要領もこの時期に大きく転換する。1980年施行の学習指導要領では，初めて教科の学習内容が削減された。各教科などの目標・内容を絞り，「ゆとりのある充実した学校生活」を目指すようになったのである。

1980年代はまた，録画機器が普及する時代でもある。1970年代には3/4インチ幅のカセットテープを使用するUマチック方式であったが，その後ソニーのベータマックスと松下電器のVHSの時代になる。そしてこうした録画機器は，家庭よりも高校を中心とした学校に広がった。

文研の調査によると，高校では1970年代後半，中学校や小学校でも1980年代にはVTRの普及率が80%を超える（265ページ図1）。特に高校では，カラーテレビの普及よりもVTRの普及が先行したのが特徴的である。

中学校や高校は教科担任制で，授業時間が異なる複数の担当クラスを持つため，生放送の学校放送番組をすべてのクラスの授業で利用することは難しい。録画機器を利用することで利用が容易になったことが普及の背景にある。

一方でVTRの普及が進むと，番組をアーカイブとして保存して[8]，必要な部分だけを見せることができるようになる。また放送の録画ではなく，市販のVTRを授業で利用することもできるようになる。

これまで放送番組の利用にあたっては「ナマ・継続・まるごと」として，放送時間に合わせて（ナマ），シリーズ番組として年間を通じて（継続），番組の最初から最後まで（まるごと）見ることが基本とされていたが，大きな転機を迎えることとなった。こうした状況の中，1987年度は「討論のひろば 放送教育はどう変わったか，どう変わるべきか」という記事が毎号掲載され，「ナマ・継続・まるごと」について，研究者，実践者，制作者それぞれの立場から，賛否両論が提出された。

さらに80年代は従来のテレビ・ラジオ，新聞・雑誌以外の新しい情報の伝達手段としてニューメディアという言葉が生まれ，学校現場にもコンピューターの導入が少しずつ進み始めていた。

この時期の特集は，こうした転換期を迎えた時代状況の中，これまでのような放送と教育をめぐる論争ではなく，新しいメディアの活用の仕方や，複数のメディアを組み合わせて利用するメディア・ミックスの考え方に対する論説もみられるようになる。

『放送教育』1979年4月号表紙

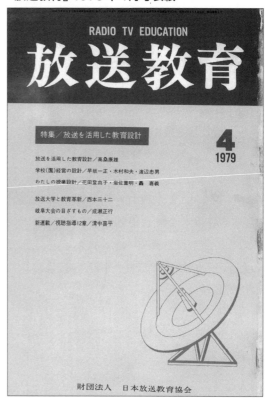

（2）＜制作＞録画利用に対応した放送番組

1980年2月号の巻頭言「番組の改定にあたって」で，学校放送番組班部長の西山昭雄は次のように述べている。「そこで，われわれは数年にわたる調査研究を踏まえて，新しい問題提起をしたいと考えました。あえて問題提起と言いたいんですが，つまり，今までは小学校から高校まで，1つの理念で貫いていたのですが，校種によってこれは多様であってもいいのではないか，つまり教育機器の普及や教材の多様化，あるいは利用実態ということを考えた時，『ナマ・継続・マルゴト』という理念というか哲学に併行して，中高においては，録音・録画による選択利用という実態から新しい考え方を見出し，これを理論的に裏づけていくことがむ

しろ実態に合うんじゃないかということです」。

こうした時代認識のもと、中学・高校向け番組は1980年度から、番組制作の方針を大きく変える。教科の内容を網羅的に扱う従来の「年間シリーズ」と並行して、古典芸能、書写、技術、体育、美術といった、これまで扱ってこなかった分野の番組「特別シリーズ」を開始する。しかしこうした分野の番組も1986年度をもってすべて廃止。中学・高校とも特別活動向け番組を除くと、教科番組は授業での利用の多い理科と社会科に集約されていった。

この背景には、前述のように中学・高校での録画利用の増加がある。VTRの普及により、中学・高校での番組利用は増加したが、その結果、毎週継続してシリーズ番組を視聴するのではなく、必要なときに必要な部分だけを見せる教師が増えることになった。そのため録画しやすいように再放送の回数を増やすとともに、各教科の単元内容をすべて盛り込んだ番組ではなく、映像の効果が高いと考えられる部分をコンパクトにまとめた番組が求められるようになっていったのである。

ただし、こうした状況について、多くの理科番組の企画にあたり、出演者でもあった太田次郎（お茶の水女子大学教授）は、「討論のひろば 学校放送番組を考える―資料性を中心にして―［提案］」（87.12）で、5つの論点を示している。「人間の顔はいらないか」では、生身の人間の顔や発言が視聴者に与える感動や親しみという要素について、「学校放送は一つの作品である」では、テレビ番組の情報を伝えるデザインについて、「印刷教材との整合性と補完性」では、教科書と放送番組の補完性を意識することが大事であるとしている。その上で、「体系化や効率化を考え過ぎると、一見すばらしいように見えても、生徒に残るものが少ない場合がある」として、冗長性[9]のある放送番組の「無駄の効用」についてと、「興味づけの重視」として番組の持つ面白さが知的な興味づけになる側面も述べている。

（3）＜研究＞発展学習とメディア・ミックス

1980年代になると、雑誌『放送教育』に掲載された記事などをもとに、書籍として『放送教育叢書』が日本放送教育協会から発行されることが増える（付表1）。雑誌発刊から30年が経ち、重要な記事を書籍の形で残しておこうということである。

この時期の特集の代表的なものに「発展学習」と「メディア・ミックス」がある。

発展学習は1970年代から記事が掲載されてきたが、80年代に増えていく。例えば「特集 発展学習の目ざすもの～全国大会テーマに関連して」（83.11）では、1983年度の放送教育研究会全国大会熊本大会の研究主題「求める学習」の具体的な展開としての発展学習が取り上げられている。松本勝信（大阪教育大学助教授）は「発展学習は何を目ざしているか」（83.11）で「発展学習とは、放送視聴に基づく視聴後の、視聴経験を更に広げ深める学習」と定義した上で、番組視聴で形成される「イメージ」の「ときはなちによる能力・態度形成」が大事であるとしている。

「特集 視聴前・視聴後の指導と発展学習」（84.10）では、「「発展学習」をめざした指導のあり方」で水越敏行（大阪大学教授）が、「学校放送からの発展の類型」を、実物や模型などの「A.具体物」、調査や見学などの「B.動作・行動」、スライドやOHP、自作番組などの「C.映像」、教科書や新聞、参考書などの

「D.活字」の4方向に放射状に広がると整理した。その上で，「深める力」が重要であると指摘している。

メディア・ミックスというタイトルが『放送教育』に初めて登場したのは「特集 メディア・ミックスとは―新しい放送教育の試み―」（86.9）である。水越敏行（大阪大学教授）は，「メディア・ミックスによる放送教育」で，「個々の刺激体，要素としてのメディアムをある意図のもとに組み合わせ，重ねることによって，単品の刺激体，単一メディアムでは期待しえなかった新しい質の刺激を創り出そうとするところ」がその特質であるとした。そして，「基幹メディア」と「副次メディア（複数で異質なものであることが多い）」を，4つのタイプに整理した。基本的に同質の情報が相互に補い合う「1.相補型」，視点を違えた別の角度からの情報を提供する「2.視点変更型」，主幹メディアで提示した情報の逆ないしは結論の違う情報を副次メディアで示す「3.ゆさぶり型」，主幹メディアの中から一部分に注目し，それを拡大し深化し，発展させていく「4.部分発展型」である。そしてこうした設計を行う教師像を「アクターとしての教師からデザイナーとしての教師へ」としている。

（4）＜実践＞総合学習番組の利用と行動化・共感意識

中学・高校向けの番組は録画前提で進められ整理されたが，小学校向け番組は変わらず各教科の放送が続いていた。こうした実践についても報告が行われたが，この時期は，のちの「総合的な学習の時間」につながる，教科の枠組みを越えた総合学習番組を利用した報告が現れる。

例えば1975年に放送開始の環境教育番組『みどりの地球』については，岡崎市立美川中学校「みどりの地球」研究部による，「実践『みどりの地球』から地域の環境調査へ」（83.11）がある。番組を継続視聴し，発展学習を進めることで，子どもたちの「行動化」が進み，「さし木三万本運動」「ひとりひと鉢運動」などの緑化活動が行われた。こうした活動が，昭和五六年度全日本学校環境緑化コンクール特選などに繋がったというものである。

1985年に放送開始の，「人間とは何か？」を考える総合学習番組『にんげん家族』の利用報告もみられるようになる。「特集 子どもを生かす放送学習」（85.10）の記事のひとつ「座談会 新しい教育を拓く―総合学習番組『にんげん家族』をめぐって」（85.10）では，番組制作者と教師が意見を交わしている。番組のねらいについて「共感」をキーワードに，「他者への思いやりとか他者の痛みが分かる」子どもになってほしいという制作者の発言に対して，利用している教師からは，番組により「子どもが無意識に受け取っているものを意識化させる」「感動を土台にして自分たちの身の周りを考えてみる」ことに繋がっていると答えている。

これらの番組は教科番組に比べると利用率は高くないが，番組をもとに子どもたちが自ら活動を始める「放送学習」を志向する教師からは熱心な実践報告が行われた。

パソコンの普及と高画質テレビ

－第486号（1989.4）〜第611号（1999.3）－

（1）【概況】「新学力観」の時代

　1992年施行の学習指導要領では，教科の学習内容がさらに削減されるとともに，臨教審の答申も踏まえ，「個性をいかす教育」を目指す「新学力観」が登場する。知識や技能中心の学力観ではなく，学習過程や変化への対応力の育成などを重視するものである。小学校低学年の理科・社会を廃止して，具体的な活動や体験を通して自立への基礎を養うことを目指す新教科「生活科」も設置された。

　1991年には，NHKが開発を進めてきた，従来のテレビよりワイド・大画面・高精細の「高品位テレビ」ハイビジョンの放送が始まる。NHKと在京民放局などによる「ハイビジョン推進協会」による放送はスポーツ中継や自然・美術のドキュメンタリーが多かったが，小学校向け国語番組『おはなしのくに』などの学校放送番組もハイビジョンで制作・放送された。

　学校でのパソコン，インターネットの利用も広がる。文研の調査では，VTRの場合と同様，高等学校，中学校，小学校の順で機器の普及と利用が進んでいった。中学校と高等学校では，1994年度段階で学校へのパソコン普及率はほぼ100％，小学校も1998年度にはほぼすべての小学校にパソコンが普及した。これらのパソコンは徐々にテキスト入力だけではなく，CD-ROMやDVDに対応して音声，画像，文字情報を扱えるマルチメディアパソコンとな

『放送教育』1989年4月号表紙

り，教育機器としての用途が広がった。

　さらに学校でのインターネット利用は，通商産業省と文部省による「100校プロジェクト」が1994年から，NTTを中心とした全国1,000か所の小・中・高校のインターネットによる教育を支援するプロジェクト「こねっと・プラン」が1996年から始まり，全国に広がっていった。

　こうした時代状況の中，改めてメディアと教育，メディアと子どもの関わりを「ハイパーメディア」「メディア・リテラシー」「インタラクティブ」などのキーワードから考える特集がみられるようになる。

（2）＜制作＞デジタル教材の開発

　メディアと教育を取り巻く環境が大きく変わ

り，新しい学習環境デザインが求められる中，NHKではハイパーメディア『人と森林』の開発を進めた。その成果は第41回放送教育研究会全国大会東京大会で公開授業として披露され，特集番組『大地に緑を心に輝きを』[10]として放送される。子どもたちの情操面に影響を与えるハイビジョンと，子どもたちの「道具」として活用されるコンピューターが有機的に連携した試みであった。

「『大地に緑を心に輝きを』の制作にあたって」（91.1）では，制作チームによる，ハイビジョン番組『人と森林』を核として，電子印刷によるハイビジョン教科書「人と森林」，ハイパーメディア「人と森林」というトータルな学習システムをどのように制作していったかの過程が示されている。また授業を行った鈴木勢津子（東京都大田区立山王小学校教諭）は，「コンピュータからの呼びかけに子どもが答える」のではなく，「ハイビジョンの内容とそれにともなう豊富な映像資料を，子どもの興味に応じて自由に呼びだせる」ことができたことを，苅宿俊文（東京都東村山市立回田小学校教諭）は「教科の学習を越えた人間としての根源的な力」に繋がったことを述べている。

さらに第44回放送教育研究会全国大会宮城大会でもハイビジョンとマルチメディアに関わる番組・コンテンツの制作と実践の様子が発表される。その詳細は「ハイビジョンでひらく「いのち」と「歴史」」（93.11）や「マルチメディアの新展開—「七北田川データベース」をつくる—」（93.11）でNHKの担当者から報告されている。

こうしたハイパーメディア，マルチメディアの制作は，2000年代のNHKデジタル教材の開発へと繋がっていくことになる。

（3）＜研究＞メディア・リテラシーとインタラクティブ

映像の視聴能力については70年代から，映像リテラシーについては80年代から記事がみられるが，映像視聴を含む「メディア・リテラシーの育成」についての論考が90年代からみられるようになる。

社会心理学が専門の稲増達夫（法政大学助教授）は，「現代の子どもにみるメディアリテラシーの拡大」（90.11）で，テレビゲームが子どもたちに広がる中，「機械＝コンピューターとの双方向コミュニケーション」におけるメディア・リテラシーの必要性や，「疑似社会を生み出すネットワーク・ゲーム」が広がることを考えた「メディア・リテラシーの拡大」について述べている。

1994年5月からは，元番組制作者で江戸川大学教授の堀江固功と，メディア論が専門で，東京大学社会情報研究所助教授の水越伸による「メディアリテラシー講座」（94.5-95.4）が始まる。最終回の「メディアリテラシー講座 対談 新しいメディアの波と教育の変革」（95.4）では，堀江がこれまでの視聴覚教育の中で考えられてきたメディアリテラシーについて，「機器のテクノロジーについてのリテラシー，操作のリテラシー」「情報の理解力」「表現の能力」の3点について整理した。水越は「新しいメディアが子どもたちに与えているインパクトが強いことは確か」とした上で，「学校教育のようなところから外側に向けて出していくようなベクトル」「メディアを使った作品，表現活動や新しい作品を理解させたりする教育実践などを，学校という枠の中にとどめるのではなくて，いろいろな手立てでもって，外とつなげるべき」としている。校内への発信である校内放送や，中学校

や高校対象のNHK杯放送コンテストが行われているが，さらに広げるという視点である[11]。

こうした双方向に関する議論は「インタラクティブ」というキーワードでも語られる。黒上晴夫（金沢大学助教授）は「インタラクティブな学習展開 共同学習と放送・メディア」（98.4）で，インターネットの掲示板を用いて，学校放送番組をきっかけにした視聴者どうしの交流学習について報告している。1996年度から放送の環境教育番組『たったひとつの地球』と，シンクロナイズド・マルチメディア（インターネットでラジオ番組を流し，その進行に合わせてウェブページ上にあるテキストや映像情報が切り替わっていく）を利用して，東京都江東区と石川県七尾市の小学生が，掲示板で農薬について「論争」を行いながら，深い学習を展開していったというものである。

環境教育番組『たったひとつの地球』は，1998年度から番組名も『インターネットスクール たったひとつの地球』となり，「たったひとつの地球クラブ」という交流学習のためのホームページとの連携を進めるようになる。この試みについては，「放送を核にして意見交換 インターネットと放送の連動を目指して」（98.11）で制作者の宇治橋祐之が，「放送を核にして意見交換 学校間交流学習を支えるメディアの役割と連携」（98.11）で，研究者の堀田龍也（富山大学助教授）が報告を行っている。

（4）＜実践＞主体的，自律的な学習

主体的な学習と放送番組との関わりは，すでに1960年代から実践報告がみられたが，1990年代は，総合学習や新教科の生活科での実践の様子が報告される。

山口令司（筑波大学附属小学校教諭）は，

「生活科と放送 生活科の番組づくりのために」（90.4）で，生活科のねらいが「自立への基礎づくり」にあることを踏まえた上で，「見ている子どもたちの心を共感させる」番組と，「子どものやる気を起こさせるひみつを解き明かしていく」教師向け番組も必要ではないか，そうした番組は「子育てに役立つ番組」にもなるのではないかとしている。

浅井和行（京都市立樫原小学校教諭）は，「『もうすぐ2年生』『こんなことができるようになったよ』発表会」（92.5）で，「生活科としてのねらいを達成」しつつ，「体験重視の生活科の学習における，学校放送番組の利用の意義」と「一年生なりの，マルチメディアリテラシー（多メディアの読み書き能力）」を明らかにする実践研究を報告している。

家庭視聴についての記事は1960年代からみられたが，生涯学習時代を迎え，「特集 生涯学習時代の家庭視聴を考える」（96.7）などの記事が掲載される。特に「特集 夏休みから始める家庭での放送学習」（98.7）では，教師により，「『週刊こどもニュース』を見続けて社会科に強くなろうよ」「『やってみようなんでも実験』を見て実験にトライ！」「『NHKジュニアスペシャル』で学校と家庭の連携を」など，具体的な番組活用のプランが掲載されている。そして「「学ぶ意欲」を活発にする家庭での放送学習」では，元小学校教員の村岡耕治（東京学芸大学講師）が，時間的・空間的に自由になる夏休みは「子どもたちの放送を利用して学ぶ力」を伸ばせる時期としている。

主体的に番組を選択して自律的に学ぶことの重要性についての記事はこれまでもみられたが，生涯学習時代を迎え，改めて指摘されることとなった。

インターネットとの連携の模索
－第612号（1999.4）～第630号（2000.10）－

1999年に，NTTドコモが携帯電話を用いてウェブサイトの閲覧や電子メールの送受信ができるiモードのサービスを開始したことで，携帯電話でのインターネット利用が日本国内に大きく広がっていく。

学習指導要領では，「生きる力」の育成を目指すこととなり，教科の枠にとらわれない「総合的な学習の時間」が小学校から高校まで新設される。教育とメディアをめぐる状況は大きな変化の時代を迎えた。

「展望 21世紀に向けての教育課題 教育の急流とメディア教育の新しい船出」（99.4）で，水越敏行（関西大学教授）は，「教育施策の急流と教育現場の実態」「花形メディアの交代」「相補性の道は可能か」という章題で論を展開し，学校放送番組の今後について「双方向性のメディアとの共生共存こそが，来世紀の教育を支えていくのだと断言したい」と結んでいる。

こうした時代状況の中，雑誌『放送教育』は2000年10月号を最終号として休刊となる。

市村佑一（日本放送教育協会理事長）は，「謹告 月刊「放送教育」休刊にあたって」（00.10）で，「（発刊から）半世紀，録画技術は向上し，今や時代はアナログからデジタルへ，さらにまたインターネットの急速な展開によるメディアの多様化が進展して，テレビ，ラジオを中心とする「放送教育」そのものが大きく変わらざるを

えず，時代の転換期に遭遇していることを実感せざるをえない状況にあります」と現状認識を述べている。

そして「こうした中で弊誌は「放送教育」の基地として，NHKの学校放送を中心とする番組制作者と利用者である先生方あるいは研究者の方々との間にあって，中核的な役割を果たしてきました。また，全国放送教育研究会連盟をはじめとする各種研究会活動とともに，日本の教育発展に大きく貢献してきたと確信いたしております」「そして，時あたかも二一世紀，滔々たる時代の流れと，今まさに情報技術（IT革命）が急速に進展するなかで，弊誌は所期の目的を果たしたものと考え，今月号をもって休刊することといたしました」としている。

最終号には2人の特別寄稿が掲載されている。長く放送・視聴覚研究を行ってきた高桑康雄（名古屋大学名誉教授）は，「特別寄稿「放送教育」の足跡」で，雑誌の果たしてきた役割を3点述べている。1点目は「放送教育懸賞論文の入選作品」の掲載により，「その時期の放送教育の実践の姿，理論研究の様相を反映し，本誌とともに全国の放送教育関係者に大きな影響を与えたばかりでなく，今日でもなお参考とすべき内容を含んでいる」というものである。2点目は「放送教育の優れた実践を記録として残しただけでなく，放送教育や視聴覚教育の理論的な問題についての記録を誌上に再録していること」として「西本・山下論争」などを挙げている。3点目は「放送教育叢書」についてで，雑誌で記事を連載することで「放送教育ないしは教育メディアをめぐる新しい動向を考察した優れた学術刊行物を生み出す温床の役割を果たした」としている。

もう1人はNHK学校放送番組部長の吉田圭一郎による「10年後の教室は？」である。その

姿について，「教室には大きなスクリーンがあります。そこに写る映像は，先生のパソコンで自由にコントロールできます」「子どもたちは全員，ポータブルのパソコン（あるいは，もっと進化した超軽量の携帯端末）を持っているでしょう。教科書やノートは，小さくて軽いディスクかチップにすべて収められているので，もう重たい鞄を持ち運ぶ必要はありません」「学校と家庭とは，すべて高速のインターネットで繋がっています。基本的な事柄では，先生と子どもと両親の間に情報格差はありません」とイメージしている。

その上で大きなスクリーンを持つ教師と1人1台のパソコンをもつ子どもに向けて，「NHKフルデジタルカリキュラム」の試みを述べている。このカリキュラムは，導入に使う「①リニアなストーリー」，関連した動画クリップを検索し全体を俯瞰する「②学習動画データベース」，より深い関連情報を収集する「③ウェブページ」，生徒間の交流学習を促す「④生徒が学習成果を記録するノート」，学校間の交流学習を促す「⑤みんなの掲示板」という5つの要素をもつものである。

この試みは，2001年から「NHKデジタル教材」としてウェブサイトで順次公開，2011年には「NHK for School」としてリニューアルされ2022年現在に至っている。文研の2021年度の小学校教師を対象とした調査では，NHKの学校放送番組あるいはNHKデジタル教材のいずれかを利用していた「NHK for School教師利用率」は88％に達している[12]。

なお，日本放送教育協会は2015年に一般財団法人NHKサービスセンターと合併し，その業務は存続法人となった後者に引き継がれた[13]。

『放送教育』2000年10月号表紙

考察 メディアを利用した学びと支える枠組み

雑誌『放送教育』の52年間の歴史を概観してきた。

制作者であるNHKの学校放送番組担当者や，放送教育研究会全国大会等に関わるNHKの事業担当者，日本放送教育学会を中心に教育学だけでなく心理学や社会学の立場から理論構築を進めた研究者。そして幼稚園・保育所，小学校，中学校，高等学校，特殊教育諸学校で放送番組を使った授業実践を日々行う教師たち。こうした構造の中心となって三者を繋いできたのが雑誌『放送教育』であったといえるであろう**（図2）**。雑誌という形はなくなったが，「創刊のことば」で書かれたような，メディアと教育現場を繋ぎ「効果的な体制」として，「有機的な連絡をはかる」役割は今後も変わらず必要であると考える。

本稿ではそれぞれの時代状況と雑誌の記事

図2 雑誌『放送教育』と制作者，教師，研究者

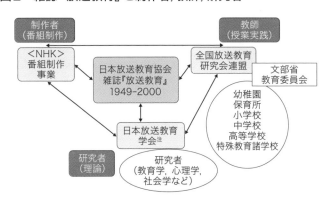

注：日本放送教育学会は1994年に日本視聴覚教育学会と統合して，日本視聴覚・放送教育学会。
　　1998年に日本教育メディア学会に名称変更

のポイントを示すことにとどまったが，GIGAスクール構想により小・中学生に1人1台の端末が配付され，オンライン学習が進み始めている現状も踏まえて，今後のメディアと教育との関係を考えるのに重要と思われる観点を3点示して，今後の研究課題としたい。

1点目は＜教師と子どもと放送番組の関係＞である。

「西本・山下論争」や，続く「放送学習」と「放送利用学習」で示された論点は，誌上でも議論が決着したとはいえないが，対面の授業だけではなく，オンラインあるいはオンデマンドの授業が行われるようになった現在にも通じると考える。

また，「番組の冗長性と資料性」という論点も，現在NHK for Schoolで提供している放送番組と動画クリップの利用のあり方とも関わる。限られた授業時間での短期的な効率性と，子どもに対する長期的な効果という両面からの研究は今後も必要であろう。

2点目は＜教師と子どもと，（放送番組を含む）メディアの関係＞である。

もともと学校放送番組の特徴は，放送を見たあとに活動を行うことを考えて制作されていることである。番組視聴後の具体物や放送以外のメディアを活用した「発展学習」については，雑誌『放送教育』でも継続的に示されている。

さらにメディアの複合的な利用という点で「メディア・ミックス」についても議論されてきた。学校放送番組はラジオの時代から，活字メディアであるテキストや紙の教科書との組み合わせが考えられてきたが，さまざまなメディアが登場して

きた中で，改めて放送番組というメディアの位置づけを考えることは重要であろう。

3点目は＜子どもの成長とメディアの関係＞である。

学校教育を終えても，放送番組を使って学ぶことはできる。「家庭視聴」という，家庭で主体的に番組を選択して学ぶことや，「視聴能力」という，普遍的に番組から学ぶ力については長く研究されてきた。さらには映像を制作する力や校内放送についての議論も続いてきた。こうした論点は「メディア・リテラシー」とも関わってくるであろう。

人生100年，生涯学習の時代，インターネット上に無数のオンライン教材がある時代，どのメディアを選択して，どう学ぶのか，そうした学び方をいつどのように学ぶのか，といった点の研究も必要であろう。

いずれの観点も雑誌52年の歴史の中で繰り返し議論されてきたもので目新しくはないが，新しいメディアがどのように受容され，そして広がっていったのか，そのときに旧来のメディアはどう位置づけられるかという視点でみると，スマートフォンとSNSの時代の現在，そしてこれからにも十分通じるものと考える。

おわりに

最後に，筆者と雑誌『放送教育』との関わりについて述べておきたい。

筆者がNHKに入局したのは1989年。東京の番組制作局教育番組センター（学校教育）への配属であった。西本三十二氏は前年に亡くなっていたが，関わりのあった世代の人は周囲に多く，教育テレビ開局時の頃の話などを直接聞くことができた。その際に話と合わせて，書棚にあった雑誌『放送教育』のバックナンバーを読むことで，教育とメディアの関わりの歴史を知ることができた。

第V章，第VI章で述べたように，時代はテレビからパソコン，インターネットに向かい，NHKのテレビ学校放送番組の利用率が下がる中，ニューメディアあるいはハイパーメディアと呼ばれる新しいメディアを教育でどのように活かせるかを考えなければならない時期であった。その中で，折々に読んだ雑誌『放送教育』での議論は常に気になるものであった。現在，NHK for Schoolのウェブサイトで展開しているコンテンツのあり方や，研究者や実践者との関わり方で参考にしてきた点も多い。

2023年にテレビ放送70年，2025年にはラジオから100年と，放送は大きな節目の時期を迎える。教育現場も1人1台の端末を活用した個別最適な学びが重視されるようになってきた。こうした時代の変化はあるが，教育とメディアの関わりにおける不易の部分は変わらないことを，今回の論考執筆の中で改めて感じている。本稿は52年間の雑誌の概要紹介にとどまったが，考察に示したような論点についてさらに研究を深め，不易と流行を繋ぐ研究を続けていきたい。

（うじはし　ゆうじ）

注：

1) 2006年の学校教育法改正に伴い，2007年度以後は特別支援教育として制度改正が行われたが，本稿では雑誌『放送教育』の発行時期に合わせて特殊教育としている。

2) 雑誌『放送教育』は，国会図書館や全国各地の大学図書館などに所蔵されている。下記サイトを参照のこと。
CiNii（国立情報学研究所 学術情報ナビゲータ）
https://ci.nii.ac.jp/ncid/AN00226361#anc-library

3) 1973年に教育専門局から総合番組局に移行。1977年に社名を全国朝日放送（略称テレビ朝日），2003年に社名をテレビ朝日に変更して2022年現在に至る。

4) 1958年からは日本電子機械工業会，2022年現在は一般社団法人電子情報技術産業協会

5) 番組は総合テレビで第1部（1959.11.3，50分），第2部（1960.3.22，65分），総集編（1960.5.5，60分）として放送された。総集編はNHK for Schoolのウェブサイトで公開されている。https://www2.nhk.or.jp/school/movie/clip.cgi?das_id=D0005450006_00000（2023年1月1日 現在）

6) 波多野完治（1964）「視聴覚コミュニケーションと現代の教育」明治図書

7) 1950〜1963年度は「放送教育懸賞論文」，1964〜1984年度は「学校放送教育賞」，1985〜1990年度は「放送教育賞」として，日本放送教育協会が実施した。

8) 著作権法35条では「学校その他の教育機関（営利を目的として設置されているものを除く。）において教育を担任する者及び授業を受ける者は，その授業の過程における利用に供することを目的とする場合には，その必要と認められる限度において，公表された著作物を複製し，若しくは公衆送信（自動公衆送信の場合にあつては，送信可能化を含む。以下この条において同じ。）を行い，又は公表された著作物であつて公衆送信されるものを受信装置を用いて公に伝達することができる」としている。

9) 冗長性は，情報工学では，情報を伝達する際に情報が必要最小限よりも数多く表現されることで，安定的に情報伝達を行うこととされている。

10) 1990.11.11NHK総合テレビで放送（54分）

11)「NHK杯全国高校放送コンテスト」は，「校内 放送活動をメディアリテラシーの実践として位置づけ，情報発信としての放送活動の発展をはかるために開催」している。
https://www.nhk-sc.or.jp/kyoiku/ncon/ncon_h/

12) 宇治橋祐之／渡辺誓司（2022）「GIGAスクール構想の進展による学校と家庭の学習におけるメディア利用の変化〜2021年度「NHK小学校教師のメディア利用と意識に関する調査」から〜」『放送研究と調査』2022年6月号，pp52-86
https://www.nhk.or.jp/bunken/research/domestic/20220601_5.html

13) 下記の放送教育ネットワークの記事参照
https://www.nhk-sc.or.jp/kyoiku/korekara/index.html

引用・参考文献：

宇治橋祐之（2019）「教育テレビ60年 学校放送番組の変遷」『NHK放送文化研究所年報2019』第63集，pp.131-193

小平さち子（2014）「調査60年にみるNHK学校教育向けサービス利用の変容と今後の展望〜『学校放送利用状況調査』を中心に〜」『NHK放送文化研究所年報2014』第58集，pp.91-169

佐藤卓己（2008）『テレビ的教養 一億総博知への系譜』NTT出版

全国放送教育研究会連盟編（2002）『放送教育の歩み：全放連結成50周年記念』全国放送教育研究会連盟

全国放送教育研究会連盟，日本放送教育学会編（1971）『放送教育大事典』日本放送教育協会

全国放送教育研究会連盟，日本放送教育学会編（1986）『放送教育50年〜その歩みと展望』日本放送教育協会

西本三十二（1976）『放送50年外史（上・下）』日本放送教育協会

日本放送教育協会（2013）『日本放送教育協会60年の歩み』

『放送教育』52年 主な掲載記事一覧（表3）

注 各号の共通テーマの記事は，網掛けでテーマを示し，「・」で各記事を示した。同様に特集記事は網掛けで特集テーマを示し，【特集】で各記事を示した。漢数字と英数字の表記の統一，人名や学校名の表記の統一，番組名を『 』で示すなど，検索しやすさを優先して表記を補った。

1949（昭和24）年度 （通巻1〜12号）

月号	タイトル	著者
4月号	創刊のことば	西本三十二
	自律教育における放送の性格	海後宗臣
	「放送教育」の発刊を祝う	高橋荘太郎
	放送の教育性について―放送教育の創刊によせて	古垣鐵郎
	新学期の学校放送	鈴木博
	聴取指導の記録	植田正次，大塚義秋
	教室のラジオ（一）―統計の観察―	布留武郎
	学校と放送	坂元彦太郎
5月号	ラジオと標準語教育	神保格
	ラジオと国語の純化	東條操
	ラジオの言葉	内藤濯
	音楽鑑賞について	中川元次
	聴取指導の在り方について	柿澤寿男
	教室のラジオ（二）―統計の観察―	布留武郎
6月号	新しい放送教育の出発	西本三十二
	放送教育の前進のために	小川一郎
	教室のラジオ（三）―統計の観察―	布留武郎
	低学年の指導と放送教育	山下正雄
	『みんな仲よく』聴取指導記録から	工藤義海
	スピーカーの位置	内海正
7月号	新カリキュラムと放送教育	石川脩平
	教育の再建と平和への責任	古垣鐵郎
	夏休み子供とラジオ	片桐顕智
	「新しい」学校放送を聴取して	神藤鉄男
	ラジオドラマの作り方味わい方（一）	堀江志朗
	或る子供の音楽基礎教育を聞いて	三枝健剛
	放送劇台本 コルニーユ親方の秘密	寺田太郎
8月号	アメリカの商業放送と教育放送	中村重尚
	ラジオドラマの作り方味わい方（二）	堀江志朗
	学校放送座談会	川上行蔵，小川一郎，布留武郎，鈴木博，中川元次，吉田行範，山崎省吾
	放送劇台本 カナリヤ物語	冠九三
9月号	ラジオをきくときの心のはたらき	布留武郎
	放送教育の位置	青木章心
	アメリカの放送教育	宇田道矢
	話術	三神茂

月号	タイトル	著者
10月号	学校放送研究会全国大会記録	
	・民主教育の推進	山崎匡輔
	・学校放送を利用する上に―於 高野山八月十三日―	ルエラ・ホスキンス
	・ラジオ・生活・教育	西本三十二
	・カリキュラム構成と学校放送	宮原誠一
	・放送教育について	青木章心
	・生活教育の根本問題	下程勇吉
	・学校放送の諸問題 ディスカッションの記録	小川一郎，川上行蔵ほか
11月号	問題の提供―アメリカの教育放送から―	南江治郎
	時事問題と学校放送	アイヴァー・ジョーンズ
	アメリカだより	島浦精二，武田一郎
	のど自慢功罪論	丸山鐵雄
	私の放送教育	中村忠蔵，小沢素良，辻亨
	校内放送というもの	鈴木博
12月号	カリキュラム運営と学校放送	馬場四郎
	聴視覚教具と学校放送	小川一郎
	音響の効果について	佃芳郎
	埼玉県の放送教育	栗原勇蔵
1月号	ラジオ学習と聴取指導	西本三十二
	アメリカの図書館と放送	寺脇信夫
	学校放送効果調査報告抜粋 学校新聞について	放送文化研究所
	ことばの教室 アナウンスについて（上）	秋山雪雄
	私の放送教育	矢島シン
	茨城県の放送教育	小田正義
2月号	聴取前の指導	山崎省吾
	片耳の世界	布留武郎
	単元学習というものの性格について	馬場四郎
	ことばの教室 アナウンスについて（下）	秋山雪雄
	私の放送教育	加藤鉦一，鈴木良和，松村謙
3月号	学校放送の一年	川上行蔵
	ラジオと国語教育（一）	片桐顕智
	学校放送と主婦	くぎもと・ふみよ
	私の学校の放送教育	野中毅
	愛知県の放送教育	坪井敏雄

1950（昭和25）年度 （通巻13〜24号）

月号	タイトル	著者
4月号	放送教育の新展開	西本三十二
	中等学校生徒にラジオはいかに役立つか	ルエラ・ホスキンス
	学校放送の史的展望	大古利三
	座談会 新学年の学校放送番組について	山崎省吾，中川元次，鈴木博，吉田行範，梅沢壽男，日比野輝雄
	昭和二十五年度の学校放送番組	
5月号	ラジオ国語教育（二）	片桐顯智
	国語教育の第一課	釘本久春
	クリーヴランドの学校放送	伊庭てる子
	アメリカ便り	波多野完治
	放送用語の研究	ダテノリオ
	国語学習と放送	惠縄一彦
6月号	有機的な聴取指導	有光成徳
	聴取中，後の学習について	山崎省吾
	私はこうして指導している	日比野輝雄
	聴取指導の記録	蓑輪清利
	我が校の放送教育	鈴木良和
7月号	放送台本番組の選択	秋月佳太
	放送教育振興の一考察	山本幸雄
	聴視覚教育の実践報告	（5校）
	夏休みの学校放送 番組と解説	（編集部）
8月号	特集 校内放送は如何にあるべきか	
	【特集】校内放送の諸問題	西本三十二
	【特集】校内放送と全校ホームルーム	梅根悟
	【特集】校内放送実践報告	（5校）
	【特集】校内放送の演出	伊達兼三郎
9月号	対談 アメリカの教育放送（上）	西本三十二，青木章心
	特集 二学期の学校放送 番組と解説	
	【特集】番組と解説	中川元次，鈴木博，吉田行範，大古利三
	【特集】二学期の学校放送と教育計画	大塚義明，岸本唯博，岩本時雄
	耳と口ーアメリカの聴覚教育一	落合矯一
10月号	特集 社会科指導とラジオの利用	
	【特集】社会科とラジオ	長坂端午
	【特集】社会科の学習と学校放送番組	鈴木博
	【特集】社会科学習それ以前の形成について	守谷民男
	【特集】社会科指導とラジオの利用	関根博範
	村人の話題はラジオから	工藤義海
	対談 アメリカの教育放送（下）	西本三十二，青木章心

月号	タイトル	著者
11月号	特集 音楽学習とラジオの利用	
	【特集】音楽学習とラジオの利用	小出浩平
	【特集】学校放送音楽番組について	中川元次
	【特集】リポート 聴取指導の一時間ー『歌のかばん』	朴沢あき
	【特集】リポート 教室のラジオと音楽	埼玉県羽生小学校
	特集 録音機の話	
	【特集】録音機の教育的利用	日高第四郎
	【特集】録音機の話	大城倉夫
	【特集】自製の録音機	吉井清司
	イギリスの学校放送番組	布留武郎
12月号	特集 聴取後の学習	
	【特集】聴取後指導の基本問題	西本三十二
	【特集】或る教師への手紙ー聴取前後の指導についてー	小川一郎
	【特集】聴取指導実践報告	（5校）
	十五万人の生徒	ロス・ブラウンダー
	先駆的なラジオ幼稚園に通う子供たち	J・B・グレーン
1月号	特集 放送教育研究会全国大会	
	【特集】研究討議 学校放送の効果的利用	坂元彦太郎，宮原誠一，西本三十二
	【特集】研究部会報告	（7部会）
	ヨーロッパの放送局を見て	金川義之
2月号	特集 中学校の放送教育	
	【特集】私の記録	（8名）
	【特集】ラジオの教育的利用への反省	青木章心
	【特集】中学・高校における学校放送	吉田行範
	感想文の分析 学校放送聴取指導第三年目の三年生二九六名について	東京都板橋第三中学校
3月号	聴視覚教育のねらいは何か	西本三十二
	学校放送の一年	川上行蔵
	小学校向け新番組の解説	（編集部）
	座談会 新学年の学校放送	吉田行範，日比野輝雄，伊藤政貞，高橋増雄
	報告と反省	（5名）

1951（昭和26）年度 （通巻25～36号）

月号	タイトル	著者
4月号	特集 放送教育と学校経営	
	【特集】座談会 放送教育と学校経営	大島文義，青木章心，落合矯一，栗原勇蔵，田島寛一，西本三十二
	【特集】放送教育前進への提案	守谷民男
	【特集】放送教育の経営ー中学校の立場からー	朝日三郎
	【特集】へき地の小さな学校とラジオ	山川武正
	新学期の学校放送番組を見る	（編集部）
	新番組の利用（低学年，高学年）	松村謙，大塚義明
5月号	シンポジウム 聴取指導のあり方	
	・（提案）聴取指導のありかた	西本三十二
	・（批判）聴くことの中に教育がある	海後宗臣
	・（批判）ラジオ学習の自律化とは何か	梅根悟
	・（批判）聴取指導の指針	山下正雄
	・（批判）ホームルームに於ける聴取指導	吉良敏雄
	・批判を読んで	西本三十二
	座談会 放送教育と学校経営（二）	大島文義，青木章心，落合矯一，栗原勇蔵，田島寛一，西本三十二
	聴取指導の一時間	（2名）
6月号	特集 学校放送と道徳教育	
	【特集】道徳教育と学校放送	有光成徳
	【特集】学校放送と生活指導	近藤修博
	【特集】道徳教育への一つの歩み	田島寛一
	【特集】修身の復活	川上行蔵
	しつけと学校放送	（3名）
	話しことばの新しい問題	片桐顕智
	アナウンスのことば	山村恒雄
	新しいラジオ体操の図解	（編集部）
7月号	放送教育の本質	坂元彦太郎
	校内放送のありかた	城戸幡太郎
	聴取指導の一時間	（2名）
	放送劇脚本の作り方	堀江史郎
8月号	特集 校内放送	
	【特集】シンポジウム 校内放送のありかた	
	【特集】（提案）校内放送のあり方	西本三十二
	【特集】（批判）三つの所感	波多野完治
	【特集】（批判）コミュニティーと校内放送	桑山三郎
	【特集】（批判）二，三の問題について	野口彦治
	【特集】（批判）どんな目的で誰が行うか	青木章心

月号	タイトル	著者
8月号	【特集】（批判）補充と警戒と念願	石山脩平
	【特集】批判を読んで	西本三十二
	【特集】校内放送とその効果	木下正
	【特集】校内放送の運営	帯広市明星小学校
	演出手帖「スタジオから教室へ 教室からスタジオへ」	伊達兼三郎
	擬音効果の研究	岩淵東洋男，吉武富士夫
9月号	放送特質論1 ラジオの魅力とは何か	布留武郎
	テレビジョンの教育的参加	山崎省吾
	放送学習の四つの型	今泉運平
	どんな時間割で放送を聴いているか	赤城佐市
	研究発表 家庭用受信機一台で	森耕一
	学校放送受信施設の状況	藤達雄
	リポート 本校の受信施設とその利用	（2校）
10月号	ラジオと平和教育	西本三十二
	シンポジウム 放送教育の評価について	
	・提案	西本三十二
	・批判	小宮山栄一，田中正吾，布留武郎，堀田鶴好，小野正明
	・批判を読んで	西本三十二
	放送特質論2 直接性とは何か	布留武郎
	テープ録音機と著作権	長野傳蔵
	学校放送を取り入れた日課表	（5校）
11月号	日本のテレヴィジョンに望む	木下一雄，石山脩平，波多野完治，田中正吾，青木章心
	国語学習への協力	鈴木博
	理科学習への協力	吉田行範
	国語学習からみた学校放送	佐藤公鷹
	理科学習からみた学校放送	西野成俊
	視聴覚教育における一つの問題点	滑川道夫
	聴取指導の一時間	（2校）
12月号	特集 社会科と学校放送	
	【特集】シンポジウム 社会科教育とラジオ	
	【特集】（提案）社会科教育とラジオ	西本三十二
	【特集】（批判）「社会科教育とラジオ」に対して	小川一郎
	【特集】（批判）社会科教育とラジオへの期待	武田一郎
	【特集】（批判）実際家の立場から	室井光義
	【特集】（批判）中学社会科教育への利用	朝日三郎
	【特集】（批判）放送教育の発展をねがう立場から	宮原誠一

月号	タイトル	著　者
12月号	【特集】批判を読んで	西本三十二
	【特集】社会科学習に学校放送の利用	角田光男
	【特集】わたくしの社会科指導―ラジオをつかって―	今岡赳
	【特集】聴取指導の一時間―日本の工業と『マイクの旅』―	倉田昭正
	放送特質論3　ラジオを生き生きとさせるもの	布留武郎
	一般放送と科学教育	古川晴男
	終戦当時の教育改革を想う	山崎匡輔
1月号	特集　全国大会記録	
	【特集】マスコミュニケーションによる人間形成とラジオ	西本三十二
	【特集】生活カリキュラムと学校放送	海後宗臣
	【特集】パネルディスカッション　どうすれば放送教育を振興させうるか	海後宗臣，青木章心，鈴木博，西本三十二
	【特集】研究発表	（6名）
	【特集】部会記録	（7部会）
	放送特質論4　三つの要素	布留武郎
2月号	特集　音楽教育とラジオ	
	【特集】シンポジウム　音楽教育とラジオ	
	【特集】（提案）音楽教育とラジオ	西本三十二
	【特集】（批判）ラジオ放送と音楽理論の指導	下総皖一
	【特集】（批判）歌唱教育とラジオ放送	井上武士
	【特集】（批判）音楽教育とラジオ	百瀬三郎
	【特集】（批判）音楽教育とラジオ	中野義見
	【特集】（批判）『うたのおばさん』から	安斎愛子
	【特集】批判を読んで	西本三十二
	【特集】音楽番組の反省	中川元次
	【特集】私は三学期の学校放送音楽番組をこのように利用したい	朴沢あき
	放送特質論5　劇的効果	布留武郎
	昭和27年度学校放送番組について	NHK教育課
	学校放送の意向調査は信頼できるか	放送文化研究所
3月号	テレヴィジョンと教養	庄司寿完
	いわば放送科の実際	鈴木正道
	スライドとワークブックを利用した『マイクの旅』の聴取指導	内館祐二
	機械を通して"きくこと"の理解力調査	函館市　青柳小学校
	教育時評　技術型と組合型―教師の二類型について―	木島真之助

1951年5月号

1951年11月号

1952（昭和27）年度 （通巻37〜48号）

月号	タイトル	著者
4月号	とびら 新生日本と放送教育	西本三十二
	戦後日本の青年層	古垣鐵郎
	私の希い	山崎匡輔
	放送教育今年度の研究課題	波多野完治
	シンポジウム 国語教育とラジオ	
	・（提案）国語教育とラジオ	西本三十二
	・（批判）西本氏の提案を読んで	石黒修
	・（批判）国語教育とラジオ	滑川道夫
	・（批判）無理な注文	倉沢栄吉
	・（批判）実践の立場から	泉節三
	・批判を読んで	西本三十二
	もし学校向けテレビ放送が実施されたら	（18名）
	ラジオによる方言指導	片桐顕智
5月号	とびら 理解を生む具体性	川上行蔵
	視聴覚教育の展望	青木章心
	高等学校と放送教育	岡本為善
	新しい音響効果の研究	岩淵東洋男
	放送聴取前にどんな点を注意しているか	宮田信也
	放送聴取後の指導について	稲村利良
6月号	とびら 激動する日本の課題	西本三十二
	特集 幼児とラジオ	
	【特集】幼児と放送教育	三木安正
	【特集】シンポジウム ラジオと幼児教育	
	【特集】（提案）ラジオと幼児教育	西本三十二
	【特集】（批判）幼児の世界とラジオー幼稚園の立場からー	小川正通
	【特集】（批判）幼児教育の立場から	荘司雅子
	【特集】（批判）ラジオと幼児教育ー 幼稚園教師の立場からー	小山田幾子
	【特集】（批判）第三の点について一小学校の立場からー	伴憲三郎
	【特集】（批判）幼児向放送の進歩のために	山下俊郎
	【特集】批判を読んで	西本三十二
	放送アナウンスの基本	山村恒雄
	演出手帖 マイクさんの空中旅行	伊達兼三郎
	教育者の主張	中谷宇吉郎, 波多野完治
7月号	とびら 虚偽と真実	西本三十二
	視聴覚教育におけるラジオ	坂元彦太郎
	フロイド・ブルカーの来朝（一）	波多野完治
	ラジオといえば幼児の時間を	江上フジ
	一年生の教室から	柳原美代子
	テレビ放送はどのように準備されつつあるか	岩本時雄
8月号	とびら 継続的な努力	F・Jモフィット
	とびら 一隅を占める	エドガー・デール
	特集 校内放送の研究	
	【特集】校内放送論	有光成徳
	【特集】校内放送をどう運営しているか	石黒四郎
	【特集】校内放送はことばの醇化のために	桑山三郎
	【特集】アナウンサーの養成について	沢田源太郎
	【特集】思い出の校内放送	富永重作
	【特集】アンケート 校内放送について	（8校）
	シンポジウム 視聴覚教育と放送教育	
	・（提案）視聴覚教育と放送教育	西本三十二
	・（批判）直観教育と放送教育	城戸幡太郎
	・（批判）むしろ放送教育の特性に徹することによって	海後勝雄
	・（批判）視聴覚教育は特定の意義をもつ	関野嘉雄
	・（批判）現職教師の立場から	大塚義秋
	・（批判）マス・コミュニケーションの教育的利用	飛田多喜雄
	・批判を読んで	西本三十二
	フロイド・ブルカーの来朝（二）	波多野完治
	学校放送の聴取状況と学校の意向	放送文化研究所
9月号	とびら 放送教育の前進	西本三十二
	アメリカのラジオとテレビジョン	荘司雅子
	テレビ教育実験放送『水のふしぎ』をめぐって	山下正雄
	放送聴取の与える影響とその評価について	小泉新治
	二つの座談会より一二学期の番組について一	岸本唯博, 大岩功典, 柳原美代子, 倉田昭正
	二学期の新しい番組	（編集部）
10月号	とびら	彦坂春吉
	特集 歴史教育とラジオ	
	【特集】シンポジウム 歴史教育とラジオ	
	【特集】（提案）歴史教育とラジオ	西本三十二
	【特集】（批判）ラジオと歴史教育によせて	本代修一
	【特集】（批判）一般論よりも基礎的な研究が必要	小林信郎
	【特集】（批判）歴史的な物の見方考え方の育成	大野連太郎
	【特集】（批判）歴史教育者として	高橋碩一
	【特集】（批判）小学校の現場から	古川清行
	【特集】批判を読んで	西本三十二
	【特集】歴史番組をどう思うか	織井真人
	【特集】歴史的な学習と放送番組	西村文男

月号	タイトル	著者
10月号	【特集】歴史番組私見	金澤嘉一
	【特集】「日本の歴史にあらわれた人々」の指導について	田中陽路
	【特集】学校放送歴史的番組編成のねらいはどこにあるか	（編集部）
	教育テレビジョンの題材	高萩龍太郎
11月号	とびら 放送教育全国大会への期待	西本三十二
	対談 視聴覚教育とマス・コミュニケーション	波多野完治, 宮原誠一
	学校放送を教育計画にどうとりいれるか	有光成徳
	アンケート 日課票をどう作ったか	（6校）
	テレビ教育公開指導	
	・テレビジョン学習指導を参観して	高野柔蔵
	・教育テレビ『楽器の音』効果指導	高萩竜太郎
	・テレビ番組『台風』の指導	岩本時雄
	・初の公開テレビ学習参観記	田中光一
	児童用テキストを手にして	（4校）
12月号	とびら 紙上計画ではない	小川一郎
	特集 青年の心理	
	【特集】教室見学『青年期の心理』の聴取指導を見て―企画者の立場から―	佐藤秀雄
	【特集】ラジオをどのように教育にとり入れたか	土井純三
	【特集】『青年期の心理』を聴取する	古川義照
	シンポジウム 学校放送と教育計画	
	・（提案）学校放送と教育計画	西本三十二
	・（批判）聴視覚的手段の二つの面から	坂元彦太郎
	・（批判）教育課程に位置づけるためには	矢口新
	・（批判）学校放送と教育計画	有光成徳
	・（批判）高等学校の立場から	岩本一美
	・（批判）中学校の立場から	田島寛一
	・（批判）習慣をつくるためにも	梅井薫
	・批判を読んで	西本三十二
	学校放送を教育計画に組み入れるためにどこに苦心したか	石橋恭雄, 辻幸男, 内山博之
	第三回放送教育懸賞入選論文 放送教育の向上をはかるために行ったわが校の方法について	村上光男
	懸賞論文選後評	大島文義, 海後宗臣, 波多野完治
1月号	とびら 独立の春	西本三十二
	特集 第三回放送教育研究会全国大会	
	【特集】放送教育二十年	西本三十二
	【特集】放送教育の批判にこたえて	石山脩平
	【特集】学校放送番組の拡充について	春日由三

月号	タイトル	著者
1月号	【特集】パネルディスカッション 放送教育の進展と徹底を期するにはどうしたらよいか	西本三十二ほか11名
	【特集】部会リポート	（10部会）
	学校放送講座 教育計画に組入れるには	大塚義明, 日比野輝雄
2月号	とびら 新しい岸から	原敏夫
	特集 テレビ	
	【特集】シンポジウム テレビジョンの教育的利用	
	【特集】（提案）テレビジョンの教育的利用	西本三十二
	【特集】（批判）テレビジョンと教育放送	網島毅
	【特集】（批判）テレビジョンと教育	日高第四郎
	【特集】（批判）提案を読んで	寺中作雄
	【特集】（批判）「テレビ登場」	波多野完治
	【特集】（批判）「テレビジョンの教育的利用」を読んで	山下正雄
	【特集】（批判）教師の立場から	沢田源太郎
	【特集】（批判）「テレビジョンの教育的利用」に対するお答え	宮川三雄
	【特集】批判を読んで	西本三十二
	【特集】テレビジョン学校放送	豊田昭
	僻地の学校とラジオ	齋藤伊都夫
	学校放送ローカルはどう行われているか	鈴木博, 札幌中央, 松江, 高知, 青森各放送局
	放送教育の向上をはかるために行ったわが校の方法について	榎本久, 若林恂
3月号	とびら 螢の光	西本三十二
	学校放送ローカルの問題	馬場四郎
	学校放送ローカルはどう行われているか	熊本, 松山, 仙台各中央放送局
	学校放送ローカルに何を望むか	多々静次, 有岡正明, 長谷川清
	長岡教育放送局の構想	内藤寛
	再び音質の改善について	樋口千代造
	昭和二十八年度学校放送番組の解説	（編集部）

主な連載：教育時評，私の手帖から，聴取指導の一時間，学校放送講座，幼児の時間

1953（昭和28）年度 （通巻49〜60号）

月号	タイトル	著者
4月号	とびら 教育放送の拡充	春日由三
	学校放送の拡充について	大島文義
	中学・高等学校向放送番組拡充に寄せて	大田周夫
	教育放送の拡充について―企画者のことば―	川上行蔵
	拡充番組と日課表	日比野輝雄，岩本時雄，北野正光
	シンポジウム 通信教育とラジオ	
	・（提案）通信教育とラジオ	西本三十二
	・（批判）新しい教育技術としてのラジオと通信教育	二宮徳馬
	・（批判）夢をいうならTVの利用も	山本敏夫
	・（批判）教職員の現職教育の立場から	玖村敏雄
	・（批判）幾つかのみちがある	川上行蔵
	・（批判）通信教育全国放送の開設にあたって	山本進
	・（批判）通信教育とラジオ―現場から―	朝日稔
	・批判を読んで	西本三十二
	学校放送はどう聞かれているか	手塚正男，岡野芳夫
5月号	とびら「放送教育」五十号	西本三十二
	放送教育の問題点―ことしの研究大会によせる―	石山脩平
	学校放送と日課表（二）	（9校）
	座談会「日課表をどうたてたか」	（10名）
	高等学校は悩む	青田章
	学習指導案の研究	影山晃彦，宮寺富喜子，松井三良
	学校放送一問一答 学校放送の評価	布留武郎
6月号	とびら 放送教育研究会への期待	河澄清
	シンポジウム 教師の現職教育とラジオの利用	
	・（提案）教師の現職教育とラジオの利用	西本三十二
	・（批判）聴取を妨げる最大の条件	大浦猛
	・（批判）教師の聴取態度に期待する	大石讓
	・（批判）『教師の時間』の内容とその客観情勢	野口彰
	・（批判）『教師の時間』について	石田壮吉
	・（批判）番組企画の立場から	吉田行範
	・批判を読んで	西本三十二
	座談会 視聴覚教育とテレビジョン	坂元彦太郎，青木章心，日比野輝雄，岩本時雄，山下正雄，高萩竜太郎

月号	タイトル	著者
6月号	学校放送と日課表（三）	（5校）
	学校放送一問一答 放送の教育的特性	鈴木博
7月号	とびら 教育放送の新しい展開	西本三十二
	学校放送と校内放送―放送学習の基本問題として―	波多野完治
	文部省教育放送の実施計画について	原敏夫
	聴取中のメモについて	宮地忠雄，力石定，中井義一，宮地重雄
	小学校における歴史教育と学校放送	古川清行
	シンポジウム ラジオ学習へのモチベーション（読者提案）	
	・（提案）ラジオ学習へのモチベーション	角田光雄
	・（批判）さらに一歩進めて	伊藤正
	・（批判）精神的環境をさらに重視したい	榎本久
	提案と批判を読んで「動機ずけ」の動機ずけ	青木章心
	学校放送一問一答 学習指導案について	富永重作
8月号	とびら 辟地の教育放送	山崎匡輔
	特集 校内放送	
	【特集】校内放送と自発学習	西本三十二
	【特集】校内放送の性格とその在り方	有光成徳
	【特集】校内放送の実態	岡野博
	【特集】自主的学習の展開―本校の校内放送―	伊藤治右衛門
	【特集】ARPの運営―六郷小学校小供放送局―	高井省司
	【特集】リポート 校内放送はどう行われているか	（8名）
	学校放送一問一答 校内放送と学校放送の関係	桑山三郎
9月号	とびら 心の窓	西本三十二
	視聴覚教育と学校経営	武田一郎
	学校放送聴取の評価	有岡正明
	提案にこたえる―校内放送とその在り方（8月号）―	落合矯一，村上光男，恩田茂
	研究「季節だより」学習の反省	石橋恭雄
	リポート 地区大会はどう行われたか	四国大会，関西大会，東北大会
	一年生の聴取後指導	大岩功典
	対談 九州の放送教育	小崎東紅，板橋篤
	学校放送一問一答 教科外活動と学校放送の利用	富永重作
10月号	とびら 騒音	杉本竜一
	ことばの学習と学校放送の利用について	石黒修

月号	タイトル	著者
10月号	学習効果のあった番組	木下正, 小針義貞, 品田文松, 根本栄
	地区大会研修感想	（7名）
	学校放送の利用状況と学校の意向	放送文化研究所
	座談会 学校放送番組の批判 どの番組がよく利用されているか（小学校）	（11名）
	アメリカの旅 第一信 TV教育とAV教育	西本三十二
	学校放送一問一答 音楽番組による学習指導はどうしたらよいか	真篠将
	アンケート 学校放送は学習上のどのような効果があるか（一）	（12名）
11月号	とびら 口ことばの文化的進出	西尾実
	三人の先駆者へ三つの公開状―放送教育振興のポイントはどこにあるか―	倉沢栄吉
	1.「陶酔者」「日和見」「喰わず嫌い」を排す	富永重作
	2.私の学校では国語教師は最も熱心な利用者	日比野輝雄
	3.いわゆる専門家に比肩する人も多くいる	近藤修博
	研究手帖 学校放送と国語学習	森本安市, 芳賀栄一, 沼畑敏夫
	教員養成大学では視聴覚教育の講義, 実習をどう行っているか（一）	（9大学）
	アメリカの旅 第二信 ニューヨークにて	西本三十二
	学校放送一問一答 社会科学習と学校放送の利用	松村謙
	アンケート 学校放送は学習上のどのような効果があるか（二）	（13名）
12月号	とびら この方向に進めたい	坂元彦太郎
	第四回放送教育懸賞論文入選作品 準備時代から自発聴取へ	有岡正明
	第四回放送教育懸賞論文入選作品 学校放送は虹の橋	高橋甫
	座談会 どの番組がよく利用されているか（中学校）	（6名）
	教員養成大学では視聴覚教育の講義, 実習をどう行っているか（二）	（7大学）
	アメリカの旅 第三信 続ニューヨークにて	西本三十二
	地区大会はどう行われたか	中国, 九州, 北海道
1月号	とびら ものごとを正しくみる	古垣鉄郎
	特集 第4回放送教育研究会全国大会	
	【特集】放送教育の新生面	坂元彦太郎
	【特集】僻地教育に重大な意義	山崎匡輔
	【特集】パネルディスカッション 放送教育の普及をはかり, さらに教育効果をあげるにはどうすればよいか	小川一郎ほか8名
	【特集】昭和二十九年度の学校放送番組について	春日由三

月号	タイトル	著者
1月号	【特集】部会報告	（12部会）
	【特集】大会感想 安易に妥協せずに	富永重作
	アメリカのラジオとテレビジョン	西本三十二
	六年生の社会科と学校放送	宮地忠雄
	社会科番組によせる	
	・『げんきなこども』	柳原美代子
	・『マイクの旅』	福井淳夫
	・『心の生活』	日比野輝雄
2月号	とびら 聞くことの人間形成	海後宗臣
	アメリカの教育放送を見る（一）	西本三十二
	素朴な質問 山崎匡輔先生へ 僻地教育とラジオの利用	相馬勇, 山崎匡輔
	研究リポート 児童の自主性を重んじた児童放送局の運営について	富田博
	学校放送一問一答 学校放送利用の評価の問題	北海道函館市青柳小学校
	演出手帖 音の真実と表現	岩淵東洋男
	学校放送装置の設備と保守	田沢新
3月号	とびら 日常化への念願	石山脩平
	二十九年度の学校放送番組	鈴木博
	新番組と学習計画 小学校 前年度の反省を加えながら	富永重作
	新番組と学習計画 中学校 各シリーズを検討してみる	岩本時雄
	アメリカの教育放送を見る（二）	西本三十二
	素朴な質問 国語教育とラジオの利用	大橋富貴子, 石黒修

主な連載：教育時評，教室見学，放送教育人物月旦，学校放送番組と学習資料，幼児の時間 番組と解説

1954（昭和29）年度 （通巻61〜72号）

月号	タイトル	著者
4月号	とびら 創刊五周年	西本三十二
	座談会 放送教育を展望する	宮原誠一，川上行蔵，西本三十二
	創刊五周年に寄せる	山崎匡輔，石山脩平，坂元彦太郎，栗原勇蔵，春日由三，有馬明，倉橋正雄
	テレビジョンを教室で使うようになるまで	板橋第三中学校
	研究レポ 学校放送のとりあげ方と評価	谷正久
	素朴な質問 視聴覚教育とラジオの利用	高萩竜太郎，波多野完治
	アンケート 日課をどう立てたか	（7校）
5月号	とびら へき地と放送教育	大島文義
	学校放送番組編成の基礎	川上行蔵
	学校放送と教育計画	上野辰美
	視聴覚教育設備基準編集雑記	鹿海信也
	視聴覚教材の設備の基準的考察	（編集部）
	二年目のTV学校放送	豊田昭
	素朴な質問 中学校の放送教育について	日比野輝雄，坂元彦太郎
	ききよい環境をつくるための実証的研究	小野寺昭雄
	アンケート 日課をどう立てたか	（10校）
6月号	とびら 放送教育研究への期待	西本三十二
	対談 社会科教育とラジオ・映画の利用	波多野完治，西本三十二
	社会科番組プランナーのことば	吉澤素夫，大勝信明，柴田博三，鈴木邦一，横井昭
	社会科学習指導案	服部泰，前田隆吉
	素朴な質問 高等学校の放送教育について	岡本為義
	アンケート どのような効果がどのような方法で（一）	（18名）
7月号	とびら へき地と音楽教育	西本三十二
	「視聴覚教育講座十八章」について	坂元彦太郎
	素朴な質問 高等学校の放送教育について答える	石山脩平
	『ラジオ音楽教室』の指導	浜野政雄
	音楽番組と学習指導	近藤和，久保田ムツ，小畠崇男
	教育テレビの教材価値	高萩龍太郎
	アンケート どのような効果が，どのような方法で（二）	（17名）
8月号	とびら 世界各国へあまねく	崎山正毅
	僻地の教育と放送教育	西本三十二
	学校放送番組企画の背景として	鈴木博

月号	タイトル	著者
8月号	特集 研究をはじめる人への章	
	1.放送を教育に利用することの意義	青木章心
	2.ラジオの機能	有光成徳
	3.時間算入をどうするか	青木章心
	4.放送を利用した学習の評価	有光成徳
	5.教育課程とラジオ	小川一郎
	6.教科担任制の中学校で利用するには	日比野輝雄
	7.番組をどう選ぶか	北野正光
	8.小学校の日課表	富永重作
	9.中学校の日課表	柳原美代子
	10.低学年の学習指導	大岩功典
	11.小学校中学年学習指導の要領	前田隆吉
	12.高学年の学習指導	田中達雄
	13.学校放送番組はどのように編成されているか	富永重作
	14.校内組織と職員研修	柳下真一
	素朴な質問 学校経営の立場について	近藤修博，武田一郎
	アンケート どのような効果が，どのような方法で（三）	（15名）
9月号	とびら 社会教育にラジオを	木田宏
	校内放送と民主的訓練	西本三十二
	アンケート 校内放送の学習効果と問題点	（25名）
	素朴な質問 指導主事は視聴覚教育についてどのような指導をすることが望ましいか	富永重作，倉沢栄吉
	学校放送番組利用調査（小学校の部）	寺脇信夫
	北海道におけるへき地教育放送講座	札幌中央放送局
	ラジオノート 放送学習帳を観る	宮地重雄
	ラジオノートの観察	塚本佐明
	研究レポ メモの観察と国語学習	横山静子
10月号	とびら 教具としてのラジオ	西本三十二
	学校放送がもっと気楽に利用できるために一二つの提案一	有光成徳
	放送を利用した学習の考察	堀田鶴好
	学習について一，二の考察一農村の平凡な小学校から一	星野琿喜弥
	新らしい高校教育と放送教育の位置	俵谷正樹
	四つの難点をどう打開しているか	大津市志賀小学校
	素朴な質問 研究会の持ち方について	岩本時雄，小川一郎
	子供放送局の運営	防府市華浦小学校
	アンケート どのような効果が，どのような方法で（四）	（14名）
11月号	とびら 放送教育全国大会によせる	西本三十二
	学校放送ローカルの役割	齋藤伊都夫

月号	タイトル	著者
11月号	学校放送ローカルはどのように実施されているか	
	・企画者	宮崎文郎, 佐藤秀雄, 藤本信英, 大蔵義春
	・聴取者	工藤武雄, 高井省司, 石森元彦, 角田宏
	素朴な質問 学校放送の演出について	北野正光, 宮地重雄, 川上行蔵
	学校放送「日本のむかし」は社会科の学習に効果があるか	京都市放送教育研究会
	アンケート どのような効果が, どのような方法で（五）	（11名）
12月号	とびら きがるに利用するために	波多野完治
	学校放送番組の研究	
	・具体的な日々の生き方を考える―『わたくしたちのくらし』のねらうもの―	小林信郎
	・基礎的な習慣や態度を身につける―『げんきな子供』のねらうところは―	荷見秋次郎
	・ニュース解説五年―覆面を脱いで―	新井太郎
	・生活の中から問題をみつける―『仲よしグループ』のねらい―	西村文男
	・『仲よしグループ』の執筆について	田中ナナ
	学校放送は生活指導に役立っているか	
	・ラジオと子ども測候所	品田文松
	・国語番組を利用して	下田久子
	・生徒の欠点をみつめる	早田潔
	素朴な質問 教科にこだわらず学校放送を利用するには	大岩功典, 西本三十二
	学校放送を気楽に利用するためにどのような方法をとっているか	村田四郎, 猪瀬孝三郎, 小沼勉, 一橋精
	鼎談 番組評 中学校向番組はこれでいいか	高知尾徳, 日比野輝雄, 宮地重雄
	アンケート どのような効果が, どのような方法で（六）	（9名）
1月号	とびら 明るい前進	西本三十二
	対談 学校放送の創始期	西本三十二, 安部忠三
	昭和29年度放送教育懸賞論文首席入選作 放送教育の実践	黒崎昇勝
	研究レポ 能力別学級における放送聴取の効果判定の試み	若林祐美
	放送学習の立場―気軽に利用するために―	鈴木武記
	テレビ学校放送番組は成長したか	岩本時雄, 高萩竜太郎
	学校放送を気楽に利用するためにどのような方法をとったらいいか	山田敬一, 近藤修博, 遠藤治一, 朝田秋次

月号	タイトル	著者
1月号	鼎談 番組評 最近の小学校低学年番組について	富永重作, 宮本卓, 野田一郎
	アンケート どのような効果が, どのような方法で（七）	（8名）
2月号	とびら 足踏みの原因	川上行蔵
	対談「初期の学校放送」	西本三十二, 森本勉
	特集 第5回放送教育研究会全国大会	
	【特集】へき地における放送教育の諸問題	齋藤伊都夫
	【特集】学校放送昭和三十年度の番組について	春日由三
	【特集】全体討議 放送教育進展のために現場は何を望むか	西本三十二, 石黒修, 大島文義, 川上行蔵, 高村悟, 山崎匡輔, 坂元彦太郎, 齋藤伊都夫, 木田宏
	【特集】研究部会報告	（12部会）
3月号	とびら 放送文化への期待	西本三十二
	対談 戦後の学校放送を語る	西本三十二, 鈴木博
	児童の社会心理と放送教育	波多野完治
	研究発表 へき地においての放送教育	石元安幸
	放送教育懸賞論文入選 北国の子どもたちと南国の子どもたち	池知祥三郎
	四月からの学校放送	教育部学校課
	番組評 最近の小学校中学年番組について	北野正光, 柳原美代子, 小島郁子
	アンケート どのような方法でどのような効果が（終）	（3名）
	アンケート 印象に残る番組とその感想（一）	（6名）

主な連載：教育時評, ラジオ教養特集, 放送台本, 学校放送番組と学習資料, 幼児の時間 番組と解説

1955（昭和30）年度　（通巻73～84号）

月号	タイトル	著者
4月号	とびら 学校放送二十周年	西本三十二
	学校放送二十周年に寄せる	古垣鉄郎，森戸辰男，木田宏，野口彰，宮原誠一，工藤義海，栗原勇蔵，野間忠雄，金久保道雄，白井勇
	座談会 学校放送今昔譚	西本三十二，小川一郎，山下正雄，坂元彦太郎，崎山正毅，宮原誠一，鈴木博
	記録 朝礼訓話―学校放送の開始にあたりて―（昭和10年4月15日放送）	松田源治
	記録 学校放送 座談会（昭和10年2月14日 大阪中央放送局会議室）	（11名）
	放送教育と学級経営	石山脩平
	学校放送をとりいれた学級経営	徳島県海後郡牟岐町牟岐小学校
	六人の教師の断想	力石定，桑山三郎，相馬勇，高井省司，吉永壽生，宮田信也
5月号	とびら 学校放送の国際的意義	西本三十二
	学校放送二十周年に寄せて	エドガー・デール，ウィリアム・H・キルパトリック，メアリー・ソマーヴィル，ジュディス・ウォーラー，ブローダーリック，W・フィッシャー，ロイ・E・ウエンガー，J・J・マクファーソン，ウィリアム・B・レベンソン
	学校放送二十周年に寄せて	城戸幡太郎，坂元彦太郎，川上行蔵，恩田茂，高知尾徳
	影をおとすもの―『次郎の日記』の後始末―	野口巌雄
	生活指導の最新の教材	俵谷正樹
	ラジオの文章―四つの性格と六つの書き方―	片桐顕智
	学校放送番組利用調査（小学校の部）	寺脇信夫
	印象に残る番組とその感想（三）	（9名）
6月号	とびら 放送教育らしくないということ	宮原誠一
	デール「学習指導における視聴覚的方法」新版を読む	波多野完治
	学校放送開始20周年 これからの放送教育 協議会記録	（20名）
	学校放送番組利用調査（中学校の部）	横井昭

月号	タイトル	著者
6月号	高学年の生活指導と放送利用	清水君栄
	研究レポ『国語教室1年生の時間』と入学期の学習	田中昭子
7月号	とびら 共通の理解のために	西本三十二
	放送教育の評価について	上野辰美
	テレビ学習を軌道にのせる	高萩龍太郎
	研究発表 休暇中の聴取指導のあり方	長谷川寿男
	昭和三十年の地区連盟（上）	中国，四国，関西，東京
	「学校放送装置の設備と保守」補遺	田沢新
	学校放送番組利用調査（高等学校の部）	奥田敏章
	印象に残る番組とその感想（四）	（6名）
8月号	とびら 陽のあたらない青年のために	石坂圭三
	日本放送教育学会の第一回発表会と協議会	西本三十二
	第四回学校放送調査の概要	放送文化研究所
	研究指定から発表会まで	榎本酉之助
	学習指導研究 ラジオ国語教室を利用する	赤松恒夫
	研究レポ 校外集団聴取の指導	大槻延子
	放送学習帳の使用に関する一研究	伊藤章
	受信施設の設計とその概要	倉田胤義
	昭和三十年の地区連盟（下）	九州，東北，関東甲信越
	アンケート 校内放送	（7名）
9月号	とびら 放送教育学会の成果	西本三十二
	学校放送と学習指導	武田一郎
	特集 学習指導研究	
	【特集】聴く態度を育てた収獲―『こねこミー』と学習指導―	金子明美
	【特集】『日本の昔』をこのように指導した	仙葉宗雄
	【特集】望ましい学習を求めて―マイクさん「釧路」へ―	根本栄
	【特集】『次郎の日記』の能率的な利用	松尾善章
	【特集】『みんなの図書室』『国語教室』を国語学習にこのように利用した	藤沢千尋
	【特集】高校教師の悩み―学校放送をこのように利用したが―	吉野伸一
	鼎談 学習指導と学校放送の利用	藤井茂，野口巌雄，日比野輝雄
	研究発表 テレビジョンによる教育	東京都港区立青山中学校
	第一回放送教育学会協議会終る	（編集部）
10月号	とびら ラジオとドリル	波多野完治
	放送教育に対する私の提案	西本三十二
	教師養成大学における放送教育コース	村井道明
	聴かせかたの工夫	黒崎章勝，斎藤富子

月号	タイトル	著者
10月号	録音機材の自作とその利用	池知祥三郎
	指導主事と学校放送	内海正
	アンケート 学校放送の利用	（8名）
	放送による通信教育はどのように行われているか（上）	（13放送局）
	視聴覚教育実態調査報告	東京都立教育研究所
11月号	とびら 放送教育躍進のために	西本三十二
	社会科学習とラジオ・テレビ	馬場四郎
	学校放送を八教科と同様に考える	藤川清
	研修会をこのように	岸本唯博
	録音教材の研究―国語教育の場合―	馬場正男
	『こねこミー』とその学習の反省	岡部いさみ
	聞く話と読む話	大橋富貴子
	学校放送の利用は学習能率を上げるか	富永重作
	放送による通信教育はどのように行われているか（下）	（10放送局）
12月号	とびら 二つの方向	山崎匡輔
	高等学校における放送の利用―『日本の古典』と国語教育	池田亀鑑
	学校放送の聴取は学習能率を上げるか―高等学校と学校放送―	小泉新治
	第六回放送教育懸賞論文選後評	西本三十二
	座談会 台本審査をめぐって 望ましい校内放送の在り方	川上行蔵，青木章心，西沢実，西本三十二
	学校放送の出演者はこのように期待する	金沢嘉一，百瀬三郎，藤本一郎
	座談会 学校放送と学習 利用の要点を語る	日比野輝雄，下沢毅，大岩功典，小栗善一，関口晏弘，小館東
	アンケート 学校放送の利用	（8名）
1月号	とびら 新しい冒険	西本三十二
	現代文化の危機と放送教育	石山脩平
	特集 第6回放送教育研究会全国大会報告	
	【特集】全体討議	石山脩平，岩間栄太郎，岡本正一，小川一郎，川上行蔵，高村悟，上野芳太郎，西本三十二
	【特集】研究部会報告	（15部会）
	放送教育懸賞論文入選作品 学習効果をあげるために	小川弘
2月号	とびら 教科と視聴覚教育	川上行蔵
	学習効果をどのように考えたらよいか	青木章心
	テレビジョンの集団聴視	有光成徳
	素朴な質問 放送教育の高い壁について	桑山三郎，西本三十二

月号	タイトル	著者
2月号	テレビジョンの集団聴視	有光成徳
	学校放送の聴取は学習効果をあげたか	（5名）
	アンケート 学校放送の利用	（6名）
	アメリカだより クリーブランドのラジオ・テレビ教育	野津良夫
	へき地を克服する学校放送	水口忠
	幼児の指導とラジオ	横田ふみ
3月号	とびら 教育の近代化のために	西本三十二
	学校放送とカリキュラム	坂元彦太郎
	農村におけるテレビジョンとテレクラブ	ロジャー・ルイス，ジョゼフ・ローヴァン
	昭和31年度の学校放送番組について	川上行蔵
	放送教育新潮 未来の市民のための社会科	波多野完治
	特集 中学校における二・三の問題	（10名）
	アンケート 学校放送の利用	（9名）
	第5回学校放送調査の概要（1）	放送文化研究所

主な連載：教育時評，学習指導案研究，学校放送番組指導の要点，音の演出手帖，放送台本，幼児の時間 番組と解説

1955年5月号

1955年5月号

1956 (昭和31) 年度 (通巻85〜96号)

月号	タイトル	著者
4月号	とびら 第三十三条第二項について	山崎藤玄
	新学年のカリキュラムと学校放送	西本三十二
	教育時評 五つの提案	倉沢栄吉
	放送教育新潮 聴取の心理<上>	波多野完治
	特集 私の聴取プラン<1>	(15校)
	第5回学校放送調査の概要 (2)	NHK放送文化研究所
	聴取計画 山の小さな中学校で	織田重信
5月号	とびら 教材選択の自由	西本三十二
	教育計画室にて	小川一郎
	教育時評 いのちを抜き去る規定	馬場四郎
	放送教育新潮 聴取の心理<中>	波多野完治
	特集 私の聴取プラン<2>	(10校)
	学校放送番組利用調査 (小学校の部)	寺脇信夫
	学校放送ローカル番組の利用	大原亨
	ことばの指導とラジオの利用	横山静子
	ラジオ・テレビ ヨーロッパ通信	有光成徳
6月号	とびら 周辺再編成に望む─教育文化優先に─	山崎幽玄
	受験と放送教育	石山脩平
	固定教材と流動教材	鈴木博
	教育時評 新教育を支えるもの	倉沢剛
	放送教育新潮 聴取の心理<下>	波多野完治
	特集 進学と放送教育	(12校)
	学校放送番組利用調査 (中学校の部)	乾孝
	ラジオと国語のドリル	大橋富貴子
	ラジオ・テレビ ヨーロッパ通信	有光成徳
7月号	とびら 新教育委員会法と放送教育	岩間栄太郎
	エドガー・デール博士を迎える	西本三十二
	エドガー・デール博士の印象	宇川勝美, 鈴木勉, 青木章心
	教育時評 若い力に期待する	海後宗臣
	放送教育新潮 コミュニケーションの社会学①	波多野完治
	特集 1ケ月の放送聴取から われわれはかく歩んでいる	(12校)
	学校放送番組利用調査 (高等学校の部)	大古利三
	ある日のラジオ教育	そうま・しろう
	ラジオ・テレビ ヨーロッパ通信	有光成徳
8月号	とびら 教育放送の活用と運営	西本三十二
	親愛なる日本の教育者へ	エドガー・デール
	NHK新会長永田清氏に期待する	内藤誉三郎, 宮原誠一, 山崎藤玄, 日比野輝雄
	校内放送の教材性─国語教育の立場から─	倉沢栄吉

月号	タイトル	著者
8月号	教育時評 東北の放送教育	小川一郎
	放送教育新潮 コミュニケーションの社会学①	波多野完治
	特集 校内放送は効果が上っているか	(20校)
	校内放送の再構成	富永重作
	ラジオ・テレビ ヨーロッパ通信	有光成徳
9月号	とびら 放送教育の祭典 ─第七回放送教育全国大会によせる─	西本三十二
	カリキュラム構成における視聴覚教育の位置と構造	馬場四郎
	馬場理論を読んで 放送教育の効果と限界	細谷俊夫
	馬場理論を読んで 三つの原因について	大岩功典
	馬場理論を読んで 新しい角度からのカリキュラム	寺脇信夫
	教育時評 三角形の底辺を拡大せよ	田中正吾
	地方大会 研究発表から	(5会場)
	指導主事と放送教育 NHK録音教材フランダースの犬	橋本士郎
	指導主事と放送教育 近代的と基本的ということ	桑門俊成
	こども達の期待と考え方 一学期の学校放送から	竹内克
10月号	とびら 番組と現場の実践	春日由三
	視聴覚教育は補助手段でよいか	馬場四郎
	座談会 E・デール博士に何を学んだか	波多野完治, 齋藤伊都夫, 宇川勝美, 大内茂男, 寺脇信夫
	教育時評 カリキュラムと時間の問題─放送教育特別研修会に参加して─	鈴木博
	学生論文 NHK学校放送『マイクの旅』の番組分析	葛原匡
11月号	とびら ラジオの賢明な利用	エドガー・デール
	視聴覚教材教具の効果的利用	エドガー・デール
	教育時評 農村におけるテレビの集団視聴	有光成徳
	放送教育新潮 認識発展におけるラジオテレビの役割	波多野完治
	特集 幼児と放送教育	(12園)
	第七回放送教育懸賞論文選後評	西本三十二
	へき地教育見てあるき	上野芳太郎
12月号	とびら 幼児教育とラジオ	石山脩平
	教育とマス・ミディア	エドガー・デール
	教育時評 たてとよこに広がる教育放送	青木章心
	放送教育新潮 テレビによる心理治療	波多野完治
	デール滞日旅日記抄<上>	西本三十二

月号	タイトル	著者
12月号	実践報告 生活指導番組利用の一考察 『仲よしグループ』「よそから来た子」の指導例	坂本経雄
	実践報告 父兄をいれてのグループ聴取 冬のラジオクラブ利用の手がかりとして	亀田勝
	実践報告 生きてきた放送	川上剛
	実践報告 豊かな経験から行動的学習へ	富田博
1月号	とびら 社会的な使命として	永田清
	特集 第7回放送教育全国大会報告	
	【特集】現代教育の方向と放送教育の意義	海後宗臣
	【特集】昭和32年度学校放送番組について	春日由三
	【特集】全体討議 教育放送の内容とその指導方法の研究	西本三十二, 海後宗臣, 石黒修, 坂本彦太郎, 岩間栄太郎, 鎌田繁春, 川上行蔵, 岡本正一, 高村悟
	【特集】研究部会報告	(31部会)
	教育時評 夢を失った子どもたちのために	齋藤伊都夫
	放送教育新潮 視聴覚教育の研究と現実①	波多野完治
	デール滞日旅日記抄＜中＞	西本三十二
	放送教育懸賞応募論文を読んで	鈴木博
2月号	とびら 教育テレビへの期待	西本三十二
	座談会 視聴覚教育と放送教育I	西本三十二, 波多野完治, 関野嘉雄
	教育時評 教員養成機関の問題をめぐって	田中正吾
	放送教育新潮 視聴覚教育の研究と現実②	波多野完治
	デール滞日旅日記抄＜下＞	西本三十二
	特集・テレビと学習	(14校)
	第二回校内放送劇台本選後評	高橋増雄
	昭和31年度放送教育特別研修会報告	坂本彦太郎ほか
3月号	とびら 実践と反省の上に	坂本彦太郎
	座談会 視聴覚教育と放送教育II	西本三十二, 波多野完治, 関野嘉雄
	教育時評 学校放送には最高の芸術品を	布留武郎
	校内放送 継続は力なり	山口安文
	奄美大島の教師たち　へき地放送教育研究会に参加して	鈴木博

主な連載：放送台本，番組利用指導，リポート

1956年7月号

1956年10月号

1957（昭和32）年度　（通巻97〜108号）

月号	タイトル	著者
4月号	とびら 電波政策に教育者の意見を	前田義徳
	学校放送の問題点 33年度の番組はどう改善されたか	豊田昭
	新年度 学校放送テレビ番組とその特性	小山賢市
	放送対談 視聴覚教育の意義 コミュニケーション革命と教育革命	西本三十二, 富田竹三郎
	座談会 音と教育	小川一郎, 畑山健八, 鈴木博, 大内茂男, 田口卯三郎, 菊地冨士雄, 高橋増雄
	教育時評 教材教具整備の研究を	近藤修博
	私の聴取プラン	（4校）
5月号	とびら AV教師の校長時代が来た	宮原誠一
	放送教育と学習効果	林強
	教育時評 二つの中学校を通して	藤井茂
	学校放送番組利用調査 小学校の部	寺脇信夫
	放送文化賞をうけて	西本三十二
	特集 幼児とラジオ 幼稚園における放送利用の現状	（編集部）
	私の聴取プラン	（2校）
6月号	とびら 直接経験と間接経験	波多野完治
	視聴覚教育の基礎理論ー視聴覚手段の意味論的解明の試みー	坂元彦太郎
	教育時評 現場の研究に望む	齋藤伊都夫
	学校放送番組利用調査 中学校の部	乾巽
	特集 日課表をどう立てたか	（7校）
	放送教育の思い出ー学校放送の創始時代ー	西本三十二
7月号	とびら 教育放送の前進	西本三十二
	『健三の日記』聴取反響の分析	藤本芳俊
	高校の放送教育を阻むもの	上野辰美
	幼児放送教育の問題点	太田静樹
	幼児向テレビについて	秋山幾代
	教育時評 水準を高める段階	田中正吾
	放送教育新潮 教育テレビ・ラジオ・センター	波多野完治
	学校放送番組利用調査 高等学校の部	大古利三
	日本の放送教育はどう成長してきたか	全放連事務局
8月号	とびら 聞きやすさということ	倉沢栄吉
	新しい教育計画と放送教育	西本三十二
	教育時評 効果を子どもの上に実証せよ	山下静雄
	放送教育新潮 テレビジョンと教育①	波多野完治, 芳賀純
	特集 受信施設の問題点	
	【特集】座談会 学校放送受信施設の傾向を語る	日比野輝雄, 浅見不二雄, 畑山健八, 大野茂
	【特集】アンケート 校内放送施設をどう利用しているか	（13校）

月号	タイトル	著者
9月号	とびら 教育テレビの波紋	川上行蔵
	二つの示唆ー「デールの視聴覚教育」を読んでー	有光成徳
	教育時評 学力をつつむもの	近藤正樹
	放送教育新潮 テレビジョンと教育②	波多野完治, 芳賀純
	研究発表 視聴覚教材利用の十年	東京都板橋区立板橋第三中学校
10月号	とびら 河馬問答ー教科と学校放送に関連してー	西本三十二
	特集　テレビジョンと教育	
	【特集】対談 教育テレビを語る＜上＞	永田清, 西本三十二
	【特集】テレビ集会の収穫	有光成徳
	【特集】テレビと子どもの生活	布留武郎
	【特集】テレビ教育の実際	久留米市篠山小学校
	【特集】社会教養番組の方向 一億総白痴化の媒体ならざるためにー	小田俊策
	【特集】教師と演出者『滝廉太郎』をめぐって	小山賢市
	【特集】テレビ受信機をどう利用しているか	（7校）
	教育時評 学校管理規則と放送教育	馬場四郎
	放送教育新潮 テレビジョンと教育③	波多野完治, 芳賀純
11月号	とびら 放送教育推進の一機会	岩間栄太郎
	対談 教育テレビを語る＜下＞	永田清, 西本三十二
	視聴覚教育資料の図式	野津良夫
	教育時評 道徳教育と放送教材 生活指導番組のシリーズ聴取を	村井道明
	高校における放送利用の実態	大古利三
	第八回放送教育研究会全国大会 研究発表者のことば	（11名）
	教科書と放送教材への一考察	佐藤文義
12月号	とびら テレビと教具の変革	海後宗臣
	特集 国語学習とラジオ・テレビ	
	【特集】国語学習指導とラジオ・テレビ	大橋富貴子
	【特集】スタジオレポ　花子さんボールをとって	清水敏子
	【特集】スタジオレポ　敬語について	倉沢栄吉
	【特集】出演者の弁 ことばあそび雑感	満田正子
	【特集】出演者の弁 国語教室五年半	青木幹二男
	【特集】国語番組を利用して 聴取態度が落ちついてきた	田中昭子
	【特集】国語番組を利用して 国語番組「敬語」の利用	関根岩雄
	【特集】国語番組を利用して 学習指導の記録「敬語」	佐々木孝

月号	タイトル	著者
12月号	【特集】国語番組を利用して「日本の古典」に寄せる	森本元子
	【特集】国語番組を利用して 国語学習の確立に役立つ	佐藤文義
	永田NHK会長を悼む	西本三十二
	教育時評 幼児教育とラジオ・テレビ	松村康平
	昭和三十三年度の学校放送番組の編成にあたって	岡本正一
	昭和三十三年度の学校放送番組表	
1月号	とびら 放送教育躍進の年	西本三十二
	『かんちゃんのえにっき』と子供の反響	山下正雄
	教育時評 系統学習と放送教育	石黒修
	ラジオ学習レポート	（4名）
	テレビ学習レポート	（2名）
2月号	とびら テレビへの積極的関心を	波多野完治
	教育時評 研究会を新しい次元に	齋藤伊都夫
	昭和三十二年度放送教育特別研修会はどのように行われたか	
	・東北地区ー講演・部会ー	馬場四郎，岸本唯博，青木章心，波多野完治
	・東海北陸・関東甲信越地区ー講演・部会ー	齋藤伊都夫，石黒修，鈴木博
	・関西四国地区ー講演・部会ー	坂本彦太郎，大島文義，村井道明，浅見不二雄
	・中国・九州地区ー部会ー	（部会のみ）
3月号	とびら「教える」ことの概念	エドガー・デール
	教育時評 放送の鮮度と教室の社会的構造	野津良夫
	第8回放送教育研究会全国大会記録抜粋	
	・特別講演 放送教育の心理学的基礎	波多野完治
	・全体討議放送教育の問題点と今後の進展策について	坂本彦太郎，岩間栄太郎，鎌田繁春，高村悟，岡本正一，西本三十二，山極武利
	・部会報告	（29部会）
	高校通信教育とNHK高等学校講座	田中達雄

主な連載：放送台本，番組利用指導，本県の放送教育

1957年5月号

1957年6月号

1958（昭和33）年度 （通巻109～120号）

月号	タイトル	著者
4月号	とびら 創刊十周年に思う	西本三十二
	科学教育と放送教材―学校放送の科学番組について―	相島敏夫
	教育時評 水が大地にしみいるように	坂元彦太郎
	放送教育入門講座 ①ラジオテレビと教育計画	有光成徳
	昭和33年度学校放送番組について	岡本正一
	社会教育とラジオ『朝の教養』と『日本の子供』について	青木章心
	私はこのように放送教材を使う	（9名）
5月号	とびら テレビは社会と教室をつなぐ窓	野村秀雄
	新しい教材観に立つ放送教育	西本三十二
	教育時評 教育の生産性と放送教材	山下静雄
	放送教育入門講座 ②ラジオテレビと教材研究	有光成徳
	学習効果をめざす 現場の放送教育	鹿児島市八幡小学校
	全教室にテレビが入るまで	関根岩雄
	生活指導，道徳教育と放送教材	宇都宮恭三
	『テレビの旅』からの展開	田口順次
6月号	とびら 道徳教育と放送	内藤誉三郎
	特集・道徳教育・生活指導と放送教材	
	【特集】新しい道徳教育と学校放送	馬場四郎
	【特集】生活指導番組と人間形成	豊田昭
	【特集】教育時評「道徳」と視聴覚的方法の役割	鈴木勉
	【特集】道徳指導手引書「緑の週間」を読んで	大野連太郎
	学校放送『健三の日記』の分析	岩浅農也
	道徳実施要綱と『健三の日記』	今泉ふさ江
	実践記録 心情の旅―道徳的指導への放送の新使命―	谷村龍男
	実践記録『明るい学校』が最大の贈り物に	相馬四郎
	実践記録 実践への原動力に	斎藤巌
	実践記録『仲よしグループ』中心の指導案	深山かつ子
	番組担当者の弁	中村良雄，大竹信弥，奥田敏幸
	世界の放送教育をみる＜1＞	西本三十二
	放送教育入門講座 ③ラジオ学校放送と指導法	有光成徳
7月号	とびら 聴くことの訓練	エドガー・デール
	ラジオ・テレビ教材の性格 視聴覚教材全系列における位置	坂元彦太郎
	教育時評「道徳教育」は放送教育に見ならえ	倉沢栄吉
	放送教育入門講座 ④テレビ学校放送の利用計画	有光成徳

月号	タイトル	著者
7月号	フランスにおける学校放送の研究	稲生和子
	学校放送番組利用調査 小学校の部	寺脇信夫
	世界の放送教育をみる＜2＞	西本三十二
	テレビ受信機購入の四十八手	（15校）
	私はこのように放送教材を使う	（8名）
8月号	とびら テレビ教育の前進	井内慶次郎
	教育時評 放送教育と教師の意識	宇川勝美
	放送教育入門講座 ⑤ラジオ・テレビと学習評価	有光成徳
	世界の放送教育をみる＜3＞	西本三十二
	特集 校内放送の諸問題	
	【特集】対談 校内放送の諸問題	波多野完治，大内茂男
	【特集】校内放送と生活指導	上野辰美
	【特集】校内放送の価値と効果的な運営	福岡県柳河小学校
	【特集】私の校内放送局 運営の実際	（9名）
	学校放送番組利用調査 中学校の部	乾巽
9月号	とびら 聴取の場の条件	根岸巌
	座談会 世界の放送教育を語る	井内慶次郎，西本三十二，岡本正一
	教育時評 道徳教育とラジオテレビの時事性	齋藤伊都夫
	放送教育入門講座 ⑥放送と学級経営―小学校―	有光成徳
	現場の放送教育実践記 "よい音質"がすべてに優先	佐藤健喜
	現場の放送教育実践記 "生かして使う"立場	大原亨
	現場の放送教育実践記「白痴」から「博知」へ	高橋勇
	現場の放送教育実践記 鑑賞から総合理解へ	鈴木正
	学校放送番組利用調査 高等学校の部	奥田敏章
10月号	とびら 教育課程の改訂と放送教育	海後宗臣
	未来は誰のものか テレビ教師論	西本三十二
	教育時評 放送利用のアルファとオメガ	堀田鶴好
	特集 学習指導要領改訂と放送教育	
	【特集】学習指導要領改革案と放送教育 その1	内藤誉三郎
	放送教育施設改善の記録 入選発表	（4人）
	放送教育かたすみの実践＜教師の時間シリーズ＞	野津良夫
11月号	とびら 教育の転機を迎えて	川上行蔵
	教育におけるテレビの位置	波多野完治
	未来は誰のものか テレビ教師論批判	
	・賛成と抵抗	斎藤伊都夫
	・テレビ・チューターについて	田中正吾

月号	タイトル	著者
11月号	・テレビ教育の進展のために	河合良三
	教育時評 道徳の指導と放送教材	大内茂男
	放送教育入門講座 ⑦放送と学級経営ー中学校ー	有光成徳
	学習指導要領改革案と放送教育 その2	上野芳太郎, 安達健二, 西本三十二
	離れ島の学校経営＜教師の時間シリーズ＞	村上安吉
12月号	とびら テレビ教育推進の基本構想	井内慶次郎
	未来は誰のものか テレビ教師論批判	
	・新しい教師像の成立を阻むもの	波多野完治
	・ティーチャーとしての正しい道	坂本彦太郎
	・主体は教師かテレビか児童か	上野辰美
	・民主社会における教育の根本理念	日比野輝雄
	特集 学校放送道徳番組の企画とねらい	
	【特集】生活指導番組の問題点	豊田昭
	【特集】「こねこミー」の企画について	西山昭雄
	【特集】「仲よしグループ」の求める人間像	大久保京子
	【特集】「明るい学校」の企画と基本構成	佐藤秀雄
	【特集】「達夫の日記」と道徳教育	大竹信弥
	【特集】「青年期の探究」と高等学校の生活指導	奥田敏章
	教育時評 指導要領改訂と放送教育	大島文義
	放送教育入門講座 ⑧校内放送の機能と運営	有光成徳
	「道徳指導立案」と実践の記録	富永重作
	テレビ学校放送はどのくらい利用されているかー第1回テレビ学校放送調査の結果からー	石渡高子
	昭和34年度番組について	川上行蔵
	昭和34年度学校放送番組一覧表	
1月号	とびら 東京大会の大きな収獲	山極武利
	対談 テレビは教育の革命児	西本三十二, 川上行蔵
	教育時評 この教師たちを失望させてはならぬ	馬場四郎
	NHKの教育テレビジョン番組	岡本正一
	放送教育入門講座 ⑨テレビ学校放送とその利用	有光成徳
	第9回放送教育全国大会レポート	（10名）
	第9回放送教育賞懸賞論文団体賞 新しい学校経営を支えるラジオ	萩原賤民
	第9回放送教育賞懸賞論文団体賞 促進学級と音	天草俊
2月号	とびら 教育テレビ番組に特色を	千葉雄次郎
	放送教育の問題と構造	大坪国益

月号	タイトル	著者
2月号	世界放送教育紀行 アメリカの放送教育	西本三十二
	教育時評 新しい教員養成制度と視聴覚教育	波多野完治
	放送教育入門講座 ⑩学習指導要領と視聴覚教材	有光成徳
	特集 道徳教育と放送教材 実践記録	（10名）
	放送を開始したNHK教育テレビ	（編集部）
	文部省教育放送分科審議会の中間試案 教育テレビのマグナ・カルタ	（編集部）
3月号	とびら 教育番組を五か年で世界に	三熊文雄
	世界放送教育紀行 アメリカの放送教育 続	西本三十二
	教育時評 視聴覚教育と教員養成大学	近藤修博
	放送教育入門講座 ⑪ラジオ・テレビの年間利用計画	有光成徳
	放送利用者と放送局の提言 お茶の水女子大付属小学校の放送教育を訪ねる	坂本彦太郎, 宮地忠雄, 大橋富貴子, 深山かつ子, 植田幸子, 林健造, 古江綾子
	昭和33年度放送教育特別研修会記録	
	・関東甲信越・東海北陸地区ー講演・部会ー	西本三十二
	・東北地区ー講演・部会ー	日比野輝雄

主な連載：教材研究，劇台本，ラジオ・テレビ・学習レポート，本県の放送教育，校内放送史料，録音教材月報，放送室

1959（昭和34）年度 （通巻121〜132号）

月号	タイトル	著者
4月号	とびら テレビ時代の教育	西本三十二
	論説 放送教育と視聴覚教育	大坪国益
	教育時評 現場の道徳教育と放送教材	山下静雄
	放送教育入門講座 子どもの生活とテレビ	有光成徳
	特集・教員養成大学と視聴覚教育	（30大学）
	放送教育レポート へき地校のテレビ教育 ほか	（編集部）
	幼児と放送教育 視聴方法の工夫と変化を	秋田美子
	幼児と放送教育 最少施設で最大効果を	岩崎隆
5月号	とびら 皇太子殿下のご婚儀とテレビ時代	金久保道雄
	論説 テレビチューター論（うつりゆく教師像）	西本三十二
	教育時評 ラジオ・テレビによる学習の社会性	野津良夫
	第1回放送教育賞発表	（編集部）
	放送教育入門講座 道徳指導と放送教材	有光成徳
	学校放送番組利用調査 小学校の部	寺脇信夫
	テレビの子どもに及ぼす影響	（編集部）
	教員養成大学と視聴覚教育②	（8大学）
	インドAVの旅	前川春雄
	放送教育レポート 捨てられる番組がない	横山みなみ
	放送教育レポート 校時表とシリーズ聴取	清村昭郎
	放送教育レポート 中学校国語教育と放送教材	左近元二
	放送教育レポート 青年期の探究とその影響	高丘善雄
6月号	とびら 学校放送の全校利用を目標に	首藤憲太郎
	論説 イギリスの教育テレビ	波多野完治
	論説 ラジオ・テレビと映画・スライド	田中正吾
	教育時評 時間のとり方	倉沢栄吉
	対談 第1回放送教育賞を受けて ラジオと映画を人生の友として	工藤義海, 西本三十二
	放送教育入門講座 学校行事などとラジオ・テレビ	有光成徳
	学校放送番組利用調査 中学校の部	乾巽
	特集 テレビ教育の現状	（20名）
	セントルイスの放送教育	金田正也
7月号	とびら テレビと児童心理，教育者心理	波多野完治
	論説 テレビ教育を本格化する道	宇川勝美
	教育時評 テレビの現実直視を	青木章心
	放送教育入門講座 放送教育と参考文献	有光成徳

月号	タイトル	著者
7月号	教師の時間 いかにしてラジオ・テレビに親しませるか	上野辰美
	ルドルフ・アルンハイム博士来日の意味	波多野完治
	学校放送番組利用調査 高等学校の部	奥田敏章
	研究と実践「達夫の日記」と生徒たち	長須房次郎
	研究と実践 鑑賞学習と理論学習	岡部昌
	研究と実践 放送利用と教師の役割	大室了晧
	研究と実践 盲教育にラジオは必須	大原千鶴子
	技術シリーズ どのようなテレビを選んだらよいか	山本幹夫
8月号	とびら より親しみやすい教育番組を	浅沼博
	論説 学生のテレビ視聴態度ー皇太子ご成婚に現れた傾向ー	西本三十二
	教育時評「道徳」の時間とラジオ・テレビ	宮原誠一
	放送教育入門講座 ラジオとテレビの併用	有光成徳
	教師の時間 放送利用と学習効果	山下静雄
	音声英語矯練と録音機	春木猛
	学校放送の利用と番組考査	編集部
	特集 指導主義と放送教育	高萩竜太郎, 田井仲次
	特集 テレビ学校放送をどう利用しているか	（13名）
	研究と実践 幼児の生活とテレビの影響	太田静樹
	研究と実践『だってだって』はよい番組	吉浦弘文
	研究と実践『達夫の日記』による自己探究	松田真
	研究と実践 国語とテレビ教材ー『名作をたずねて』	河合良三
	技術シリーズ 技術的活動の推進のために	沼沢豊名
9月号	とびら 教育効果と放送教材	内藤誉三郎
	論説 テレビジョンの教育的利用	上野辰美
	教育時評 ラジオ・ローカル番組の育成	馬場四郎
	放送教育入門講座 継続視聴の諸問題	有光成徳
	実践報告 教育のなかのラジオテレビ	東京・青山小学校
	研究と実践『三びきの子ぶた』視聴日記から	勝田節
	研究と実践 スムースで効果的な放送教材	松本利夫
	研究と実践『このごろのできごと』と子供の興味	大井弘美峰
	研究と実践 精薄児の友「放送教材」	野杉春男
	研究と実践 感銘を与えた「夜明け前」	斎藤正美
	研究と実践 放送番組と校時表の関係	谷村能男
	特集 テレビと子どもの生活	（11名）
	特集 テレビ受信機の管理	（4名）

月号	タイトル	著者
10月号	とびら 共通の広場を	坂元彦太郎
	論説 九州地区放送教育研修会の反省	波多野完治
	教育時評 聞いて・見て 読む雑誌	石黒修
	対談 新しい学習指導要領と放送教育	西本三十二, 上野芳太郎
	放送教育入門講座 進学と放送教育	有光成徳
	特集 社会教育と放送教材	(4名)
	特集 道徳教育とラジオ・テレビ	(4名)
	特集 見よい画・聞きよい音のために 私の工夫	(3名)
	研究と実践 テレビ学習で実験観察が充実	長須房次郎
	研究と実践 聴取メモを活用して	伊藤辰夫
	研究と実践 放送教材で血の通った指導	中田孝久
11月号	とびら 営々十年の歩みから	海後宗臣
	論説 続テレビ・チューター論―新しい教材・教授法・教師像―	西本三十二
	教育時評 是々非々の立場を	大内茂男
	放送教育入門講座 視聴経験の累積	有光成徳
	特集 第10回全国大会研究発表の概要	(12名)
	道徳教育とラジオ・テレビ 真実発見の素材として	大島勝己
	道徳教育とラジオ・テレビ 生命の尊さを再認識して	須賀外男
	道徳教育とラジオ・テレビ 欠かせぬ具体性，現実性	鈴木泰三
12月号	とびら 「教育白書」と放送教育	伊藤昇
	論説 東北性と放送教育	手代木保
	教育時評 第10回全国大会の印象から	首藤貞美
	放送教育入門講座 幼児とラジオ・テレビ	有光成徳
	第10回放送教育懸賞論文選後評	西本三十二
	論文募集10年の決算	鈴木博
	昭和35年度学校放送番組について	浅沼博
1月号	とびら 一九六〇年の放送教育	西本三十二
	論説 テレビ理科番組の動向	大橋秀雄
	教育時評 待期学習と想起学習	小倉喜久
	放送教育入門講座 欧米の放送教育1	有光成徳
	視聴覚教材利用「指導書」に希望する	岸本唯博
	第10回放送教育懸賞論文 放送教育実践の十カ年	土井純三
	"佐井果て"のテレビ村をたずねて	大橋富貴子
	特集 ラジオ・テレビ番組の効果的な利用のために	(9名)
	研究と実践 幼児とテレビ―地方の実態調査から―	佐藤悦子
	研究と実践 ラジオ・テレビを友として	宮城県玉造郡岩出山町真山小学校

月号	タイトル	著者
1月号	研究と実践 自然のままの放送利用	石川県羽咋郡志雄中学校
	研究と実践 "放送スイッチお願い！"	島根県美濃郡美都町立東仙道中学校
2月号	とびら 効果的なテレビ学習の研究を	村岡花子
	論説 テレビ時代と教師の役割	西本三十二
	論説 放送教育の論理	首藤貞美
	教育時評 放送教育の効果を確かめよう	馬場四郎
	学年別番組の是非をめぐって 放送は一つの生命体	姫島忠生
	学年別番組の是非をめぐって より積極的な教育参加	鈴木博
	学年別番組の是非をめぐって 学年別からの出発	波多野完治
	放送教育入門講座 欧米の放送教育2	有光成徳
	山の分校の記録―テレビ学習の効果について―	小山賢市
	特集 テレビ番組の効果的な利用のために	(9名)
	研究と実践 アンテナの光る道	天草俊
	研究と実践 英語学習とテレビ	関口晃弘
3月号	とびら 放送の特性を生かした教育を	阿部真之介
	教育時評 教科書からラジオへ ラジオからテレビへ	倉沢栄吉
	対談 教育放送の将来をえがく	西本三十二, 前田義徳
	放送教育入門講座 教育課程と放送教材1	有光成徳
	テレビは教育に奉仕する TV-EDUCATION IN AMERICA	反町正喜
	特集 ラジオ・テレビ学校放送利用1年間の決算	(18名)
	特集 学年別放送の利用プラン	(10名)

主な連載：道徳・生活指導の教材研究，台本，録音教材月報，随筆

1960（昭和35）年度 （通巻133〜144号）

月号	タイトル	著者
4月号	とびら 学校放送二十五周年を祝う	松田竹千代
	教育時評 テレビ教育第2期の問題点	田中正吾
	対談 学校放送25年 愛宕山時代から「原子力時代の物理学」まで	西本三十二, 浅沼博
	放送教育入門講座 教育課程と放送教材2	有光成徳
	NET（日本教育テレビ）画期的な新番組の編成	（編集部）
	アンケート 学校放送利用の反省	（17名）
	アンケート 学年別放送利用プラン	（4名）
	研究と実践 素材のままの提供を	土井純三
	研究と実践 温かな父兄の協力で	川崎昂
	研究と実践 視聴には責任を持って	大井正男
5月号	とびら 未来をつくるために	野村秀雄
	教育時評 放送教育と展示教育	野津良夫
	座談会 生活指導番組の教育心理学	波多野完治, 大内茂男, 斎藤道子
	学校放送番組利用調査 小学校の部	寺脇信夫
	テレビ教育参観記―新しい教育技術のために―	諸沢正道
	東京都のテレビ教育	高萩竜太郎
	研究と実践『達夫の日記』の残した跡	野口巌雄
	研究と実践 定時制高校と放送教育	沢田悦爾
	研究と実践 つねに弾力的な視聴を	清中喜平
6月号	とびら『マイクの旅』放送教育賞受賞の意義	坂元彦太郎
	教育時評 テレビジョンと社会教育	平沢薫
	座談会 これからの教育とラジオ・テレビ	西本三十二, 浅沼博, 宍甘昭子
	視聴覚教材の利用（指導書）の解説 指導書作成の経緯・学習指導における視聴覚教材の意義	有光成徳
	学校放送番組利用調査 中学校の部	大竹信弥
	自主性と連帯感をもつための研究 関西放送教育研究協議会の発足	鯵坂二夫
	研究と実践 昼食時の校内放送	迫田精一郎
	研究と実践 ラジオは育児の目	谷合侑
7月号	とびら カラーテレビの教育放送に期待する	甘利省吾
	論説 芸術と神話と視聴覚財と	坂元彦太郎
	教育時評 大会と研修会への提案	堀田鶴好
	視聴覚教材の利用（指導書）の解説 学習指導における視聴覚教材の意義・学習指導要領と視聴覚教材	有光成徳
	学校放送番組利用調査 高等学校の部	横井昭
	特集 大学における視聴覚教育講座	（4大学）
	研究と実践 区内全校にテレビ受像機を設置するまで	小日向幹夫
	研究と実践 放送の特性を活用する	坂尾英之

月号	タイトル	著者
8月号	とびら 視聴覚教育の東西交流を	武藤義雄
	論説 放送ミディアと教師ミディア	中野照海
	論説 テレビ学校放送の学習利用―佐賀県下の小学校の利用実態を通して―	上野辰美
	教育時評 放送教育の研究に子どもの声を	馬場四郎
	視聴覚教材の利用（指導書）の解説 学習指導要領と視聴覚教材	有光成徳
	へき地教育のテレビ利用とその効果について―『山の分校の記録』	小山賢市
	社会教育におけるテレビの利用―ユネスコ青少年テレビ実験調査	広瀬一郎, 笹島保, 高久勝義
	特集 大学における視聴覚教育講座	（8大学）
9月号	とびら 全小・中学校にテレビ受像機を	秋田大介
	論説 ティーチング・マシンとテレビ教育	西本三十二
	論説 ティーチング・マシンと視聴覚教育	ベン・C・デューク
	テレビの見方について	
	・ニュースは事件の全体ではない	木下一雄
	・自分の目にも疑いをもって	坂西志保
	・批判的精神をもって	唐沢富太郎
	・テレビに泣く	金久保道雄
	教育時評 ラジオ・テレビと近代学力	近藤正樹
	視聴覚教材の利用（指導書）の解説 視聴覚教材の機能	有光成徳
	日本の放送教育の優秀さを立証 ユネスコ会議ラジオテレビについての討論を傍聴して	中野照海
	研究と実践 効果的なテレビ利用のために	佐賀県三養基郡三根西小学校
	研究と実践 区内全校でテレビ学習	田口春雄
	研究と実践 道徳に学校放送を	石崎庸
	研究と実践 放送教育の実践と反省	小木新造
10月号	とびら 教師と父兄に責任と権利がある	関口隆克
	論説 大衆教育とテレビジョン	金沢覚太郎
	教育時評「目的としての」テレビ教育	宇川勝美
	視聴覚教材の利用（指導書）の解説 視聴覚教材の機能	有光成徳
	放送教育研究大会の今昔	西本三十二
	特集 放送教育研究 委嘱校の構想	（28校）
	報告 指導主事の声 長所が短所	栗本幸一
	報告 指導主事の声 全体的なレベルを高める	吉永寿生
	報告 指導主事の声 教科書教材と放送教材と	高田三千男
11月号	とびら 全国大会の成果に期待	内藤誉三郎
	論説 教育のオートメーション化と放送教育	稲垣一穂
	教育時評 子供の本心	倉沢栄吉

月号	タイトル	著者
11月号	視聴覚教材の利用（指導書）の解説 視聴覚教材の精選と活用	有光成徳
	ラザースフェルド「最近におけるコミュニケーション社会学の傾向」	波多野完治
	特集 第11回放送教育全国大会研究発表の概要	（20名）
	特集 放送教育研究 委嘱校の構想	（14校）
	報告 指導主事の声 すぐれた成果を共有財産に	伊藤竜夫
	報告 指導主事の声 百万人の放送教育の課題	林協
12月号	とびら テレビ番組の充実，強化を	吉田行範
	論説 昭和三十六年度学校放送番組について	浅沼博
	教育時評 学校放送番組の教養性と教材性	齋藤伊都夫
	視聴覚教材の利用（指導書）の解説 視聴覚教材の精選と活用	有光成徳
	第11回放送教育懸賞論文選後評	西本三十二
1月号	とびら 一九六一年の課題	西本三十二
	教育時評 全国大会の印象一新しい発展の局面に立ってー	馬場四郎
	視聴覚教材の利用（指導書）の解説 視聴覚教材の精選と活用	有光成徳
	特集 第11回放送教育研究会全国大会	
	【特集】パネル討論 これからの放送教育 26年目の提言	西本三十二，豊田昭，山下静雄，有光成徳，鯵坂二夫，田中正吾
	【特集】補説 教材観・児童観・教育観のちがい？	西本三十二
	【特集】補説 三つの補説	山下静雄
	【特集】放送教育の歩みと課題	坂元彦太郎ほか14名
	【特集】全国大会の印象 放送による複数指導体制	大内茂男
	【特集】全国大会の印象 教師中心主義と児童中心主義	鈴木博
	【特集】全国大会の印象 わたし自身の方法として生かしたい	星野理喜弥
	【特集】全国大会の印象 あしたからまたはじまる	有岡正明
	【特集】全国大会の印象 放送施設展示見てある記	畑山健八
	【特集】分科会・部会報告	（編集部）
2月号	とびら 欧米の教育テレビ視察から	波多野完治
	論説 ティーチング・マシンと教育革命	西本三十二
	論説 テレビ暴力番組の児童に与える影響	田中正吾
	教育時評 学生の研究指導について	村井道明
	視聴覚教材の利用（指導書）の解説 視聴覚教材の精選と活用	有光成徳

月号	タイトル	著者
2月号	イタリア賞と『山の分校の記録』	小山賢市
	特集「これからの放送教育 26年目の提言」を読んで	（9名）
	特集 放送教育研究 委嘱校研究の動向	（24校）
	特集 こんな番組を	（23名）
3月号	とびら テレビで科学技術の教育を	井深大
	論説 テレビを利用した理科教育の効果に関する実験的研究	宇川勝美，江口友之，森田幸吉，藤沢守之，北岡武雄
	対談 欧米の放送教育を語る	波多野完治，吉田行範
	視聴覚教材の利用（指導書）の解説 視聴覚教材の管理	有光成徳
	特集「これからの放送教育 26年目の提言」を読んで	（7名）
	特集 放送教育研究 委嘱校研究の動向	（10校）
	特集 こんな番組を	（23名）
	実践記録 同志意識に支えられた自主的な集団	植田心壮
	実践記録 現場放送教育の問題点	嶋村順蔵
	実践記録 精薄児教育の新しい道標	内海正

主な連載：道徳・生活指導の教材研究，理科のテレビ教材研究，台本，録音教材月報，随筆

1961（昭和36）年度　（通巻145〜156号）

月号	タイトル	著者
4月号	巻頭言 カラーテレビの将来	高柳健次郎
	教育時評 高等学校指導要領の改訂と視聴覚教育	齋藤伊都夫
	対談 これからの教育放送	阿部真之助, 西本三十二
	視聴覚教材の利用（指導書）の解説 視聴覚教材の管理	有光成徳
	「これからの放送教育 26年目の提言」を読んで	（5名）
	NET（日本教育テレビ）新しい教育計画にマッチした番組	（編集部）
	特集 私の視聴プラン	（8校）
5月号	巻頭言 教育テレビを全国津々浦々に	西崎太郎
	教育時評「学校放送視聴プラン」を読んで	齋藤伊都夫
	対談 これからの教育放送（続）	阿部真之助, 西本三十二
	視聴覚教材の利用（指導書）の解説 視聴覚教材の管理	有光成徳
	学校放送番組利用調査 小学校の部	寺脇信夫
	「これからの放送教育 26年目の提言」を読んで	（4名）
	特集 私の視聴プラン	（9校）
	研究と実践 生きた評価ー『みんなの図書室』聴取指導の一時間からー	谷村能男
	研究と実践 作文教室の歩みー新しい作文学習のためにー	比江島重孝
6月号	巻頭言 ラジオ・テレビと話しことば	西尾実
	論説 テレビによる放送教育講座について	波多野完治
	教育時評 話しことばの教育	倉沢栄吉
	対談 視聴覚材の教育構造／ラジオの文法	坂元彦太郎, 水木洋子
	視聴覚教材の利用（指導書）の解説 学校運営と視聴覚教材の利用	有光成徳
	学校放送番組利用調査 中学校の部	大竹信弥
	パネル討議「26年目の提言」を読んで西本説は曲解されている	櫛部直人
	特集 放送教育と学校経営	（11校）
	学校放送ローカル番組利用のために	（6名）
7月号	巻頭言 全放連の理事長に就任して	森戸辰男
	論説 学習指導案と放送教材の問題点	齋藤伊都夫
	教育時評 放送教育の研究態勢	馬場四郎
	視聴覚教材の利用（指導書）の解説 学校運営と視聴覚教材の利用	有光成徳
	学校放送番組利用調査 高等学校の部	横井昭
	パネル討議「26年目の提言」を読んで	
	・京都論争について感じたこと	坂元彦太郎
	・現場ではどう受けとめるか	松村謙
	・もう少し	富永重作

月号	タイトル	著者
7月号	特集 放送教育と学校経営	（17校）
8月号	巻頭言 視聴覚教材の正しい理解を	小川修三
	論説 テレビ教育と学校教育の在り方ー放送文化と印刷文化の融合に向ってー	西本三十二
	教育時評 社会教育とラジオ・テレビー「社会教育」の再吟味のための試論	野津良夫
	対談 視聴覚材の教育構造／テレビの文脈	坂元彦太郎, 内村直也
	視聴覚教材の利用（指導書）の解説 学校運営と視聴覚教材の利用	有光成徳
	特集 ラジオとテレビで町づくり 公民館活動・婦人学級	（18名）
	アンケート 大学の視聴覚教育講座一覧	（52大学）
9月号	巻頭言 二つの研究協議会の成果	西本三十二
	論説 放送教育組織論ー地方大会の組織運営についてー	波多野完治
	教育時評 映画教育と放送教育と	大内茂男
	放送教材を使った学習指導案とその批判	齋藤伊都夫, 出崎忠華, 野口達之, 吉田政次
	特集 第12回放送教育全国大会 研究発表の概要	（13名）
	教育テレビのメッカ「ヘガスタウン」HAGERSTOWN USA	泉晃之
	学校放送ローカル番組利用のために	（3名）
10月号	巻頭言 第12回全国大会に期待する	荒木万寿夫
	教育時評 教育のオートメ化とラジオ・テレビ	大内茂男
	これからの放送教育 第二次／パネル討論（1）	西本三十二, 山下静雄, 波多野完治
	放送教材を使った学習指導案とその批判	齋藤伊都夫, 小林正太郎, 佐藤真
	特集 第12回放送教育全国大会 研究発表の概要	（28名）
11月号	巻頭言 新しい人間像の教育のために	石三次郎
	教育時評 教科に根をひろげること	石黒修
	これからの放送教育 第二次／パネル討論（2）	西本三十二, 山下静雄, 波多野完治
	放送教材を使った学習指導案とその批判	齋藤伊都夫, 橋本亘, 和田泰輔, 奥山正一
	特集 テレビと教育 日本教育学会第20回大会発表要旨	
	【特集】教材論からみた“テレビの将来”への問題	青木章心
	【特集】テレビ教材と教育課程	村井明
	【特集】テレビ学校放送の利用形態	宇川勝美

月号	タイトル	著者
11月号	【特集】テレビ番組の嗜好傾向と準拠集団	森しげる
	【特集】教育の全体構造におけるテレビの位置	清水正男
12月号	巻頭言 大会の成果と残された問題点	大塚義秋
	これからの放送教育 第二次/パネル討論（3）	西本三十二, 山下静雄, 波多野完治
	特集 テレビと教育 日本教育学会第20回大会発表要旨	
	【特集】へき地校におけるテレビ教育	村田良一
	【特集】社会教育におけるテレビの役割	室俊司
	【特集】社会教育における視聴覚的シンボル―テレビ社会教育番組の一考察―	大内茂男, 古野有隣, 岡本包治
	第12回放送教育全国大会レポート	岸本唯博, 田村二郎, 得能芳雄
	欧州観察旅行記 西欧から得たもの1	高橋増雄
1月号	巻頭言 一九六二年の放送教育―ラジオ・テレビ・印刷物の統合による教育―	西本三十二
	教育時評 1962年を迎えるにあたって	石黒修
	テレビ教育 アメリカ紀行（1）	西本三十二
	放送教育全国大会・青い目の印象記	ゴードン・ワーナー
	特集 第12回放送教育全国大会の記録 分科会報告	（16分科会）
	特集 放送教育の効果	（11校）
	欧州観察旅行記 西欧から得たもの2	高橋増雄
2月号	巻頭言 語学放送17年	小川芳男
	論説 サカモト理論をめぐって―『視聴覚材の教育構造』について	波多野完治
	教育時評 放送教育の効果を考えなおすべきではないか	大野連太郎
	続・放送教育入門講座1 放送教育の裏づけ	有光成徳
	テレビ教育 アメリカ紀行（2）	西本三十二
	特集 第12回放送教育全国大会の記録 シンポジウム 学校放送を教材としてどう生かすか	波多野完治, 坂元彦太郎, 齋藤伊都夫, 浅沼博, 佐竹聡権, 本郷実, 中沢淳弐, 村田良一
	特集 第12回放送教育全国大会の記録 分科会報告	（9分科会）
	特集 放送教育の効果	（8名）
3月号	巻頭言 日米テレビ教育番組の交流を	中山伊知郎
	教育時評 消えゆくものへの責任	倉沢栄吉
	続・放送教育入門講座2 ラジオ・テレビと日課表（小学校）	有光成徳
	テレビ教育 アメリカ紀行（3）	西本三十二
	放送教材を使った学習指導案とその批判	齋藤伊都夫, 五十嵐恵美子

月号	タイトル	著者
3月号	特集 第12回放送教育全国大会の記録 分科会報告	（18分科会）
	特集 放送教育の効果	（7名）

主な連載：放送教材研究，理科のテレビ教材研究，台本，録音教材月報，随筆

1961年5月号

1961年5月号

1962（昭和37）年度 （通巻157〜168号）

月号	タイトル	著者
4月号	巻頭言 これからの教育放送の方向	千葉雄次郎
	教育時評 第13回放送教育全国大会への提言	宇川勝美
	座談会 新学年を迎えて「放送教育の課題と展望」	浅沼博，前田義徳，西本三十二
	続・放送教育入門講座3 中学校における放送教材の利用	有光成徳
	テレビ教育 アメリカ紀行（4）	西本三十二
	特集 第12回放送教育全国大会の記録 分科会報告	（15分科会）
	放送教育の効果	（3名）
5月号	巻頭言 新しい教育ミディア開発の胎動	西本三十二
	論説 視聴覚材の理論について 波多野教授の批判に答える	坂元彦太郎
	論説 アメリカにおけるティーチング・マシン運動と日本の教育に対するその適用（1）	ベン・C・デューク
	教育時評 放送教育の新しい動向―第二次六か年計画のことども―	大内茂男
	続・放送教育入門講座4 テレビを利用する教師のために（1）	有光成徳
	テレビ教育 アメリカ紀行（5）	西本三十二
	昭和36年度学校放送番組利用調査（小学校の部）	北川和一郎
	放送教育の効果	（8名）
6月号	巻頭言 世界的規模で放送学を確立	片桐顕智
	論説 研修会のつみあげ―特別研修会四国地区香川会場の研究集録について―	波多野完治
	論説 教育の技術化と教師の役割―TT・TV・TMの三者をめぐって―	上野辰美
	論説 アメリカにおけるティーチング・マシン運動と日本の教育に対するその適用（2）	ベン・C・デューク
	教育時評 学校放送番組の改編策	馬場四郎
	続・放送教育入門講座5 テレビを利用する教師のために（2）	有光成徳
	昭和36年度学校放送番組利用調査（中学校の部）	大竹信弥
	放送教育の効果	（3名）
	学習指導案について 和知氏の批判に答える	齋藤伊都夫
7月号	巻頭言 放送と教育は不可分	西崎太郎
	教育時評 教師の番組研究―リアクションの仕方について―	金築修
	座談会 放送教育の効果について	大内茂男，大野連太郎，岸本唯博，鈴木博，寺脇信夫，横井昭
	続・放送教育入門講座6 放送教材の精選と活用	有光成徳
	新しい教育ミディア／欧米紀行1 ユネスコ国際会議に出席して	西本三十二

月号	タイトル	著者
7月号	放送教育新潮 ヒューブナー／外国語教授とテレビ	波多野完治
	昭和36年度学校放送番組利用調査（中学校テレビ，高等学校）	望月達也，前弘
	学校放送テキストの話	高橋増雄
	第13回放送教育全国大会 会場校の研究と実践	（3校）
8月号	巻頭言 視聴覚教育指導行政に一時期を画す	小川修三
	論説 へき地ではテレビはどのように利用されているか その実態と意見	安藤忠吉
	教育時評 テレビ道徳番組について	大内茂男
	座談会 夏のラジオ・テレビクラブ その教材性と演出をめぐって	寺脇信失，大竹信弥，柴田博三，望月達也，三笠比呂史
	続・放送教育入門講座7 放送教材の位置づけ1	有光成徳
	新しい教育ミディア／欧米紀行2 全米視聴覚教育会議に出席して	西本三十二
	特集 ラジオ・テレビ視聴プラン	（12本）
9月号	巻頭言 充実してきた研修会	波多野完治
	論説 世界におけるテレビ教育の現状	西本三十二
	教育時評 研修シーズン	倉沢栄吉
	続・放送教育入門講座 課外講座 視聴覚の紙くず箱	有光成徳
	特集 第13回放送教育全国大会のために 四国の大学における研究	村井道明
	特集 第13回放送教育全国大会のために 研究発表の概要	（9名）
	『教師の時間』はどのくらい利用されているか―教師の時間利用率調査から―	石田岩夫
	レポート『山の分校の記録』その後	金子鉄雄
	館山放研大会と妙高AV担協議会	（編集部）
10月号	巻頭言 しつけ教育への反省	長濱道夫
	論説 テレビ時代における教師の役割	西本三十二
	教育時評 テレビ教育雑感	木原健太郎
	欧米のテレビ学習 学校放送の授業を参観して	布留武郎
	校内テレビをめぐって	田中正吾
	続・放送教育入門講座8 放送教材の位置づけ2	有光成徳
	特集 第13回放送教育全国大会のために 四国におけるへき地テレビ教育1	調査委員会
	特集 第13回放送教育全国大会のために 研究発表の概要	（5名）
	実践記録 効果の一点	辻岡健夫，井村光宏
	実践記録 さらに豊かな人間形成へ	佐藤喜久雄

月号	タイトル	著者
11月号	巻頭言 教育近代化の標識	海後宗臣
	教育時評 全国大会に期待する一前大会の反省と今大会への要望ー	村田良一
	座談会 継続視聴の意味とその周辺	有光成徳，大内茂男，鈴木博
	アメリカ紀行 合点のいくこといかぬこと	齋藤伊都夫
	特集 第13回放送教育全国大会のために 四国におけるへき地テレビ教育1	調査委員会
	特集 第13回放送教育全国大会のために 研究発表の概要	（7名）
12月号	巻頭言 教育革新への大きな基盤	森戸辰男
	昭和38年度NHK学校放送番組について	長浜道夫
	続・放送教育入門講座9 放送教育実践の黙示録	有光成徳
	アメリカ紀行 私の見たアメリカの教育テレビ1	齋藤伊都夫
	昭和38年度NHK学校放送番組	
1月号	巻頭言 放送教育躍進の年ー放送通信高等学校の意義ー	西本三十二
	誌上討論 道徳教育と放送教材 シリーズ番組の継続視聴と継続指導	西本三十二
	誌上討論 道徳教育と放送教材 道徳教育と学校放送の利用	青木孝頼
	教育時評 研究成果のフィードバックをー全国大会の成果をどう生かすかー	齋藤伊都夫
	続・放送教育入門講座10 年間番組表とその利用	有光成徳
	特集 第13回放送教育全国大会	
	【特集】座談会 放送と教育	荒木万寿夫，阿部真之助，森戸辰男
	【特集】世界の放送教育と日本	前田義徳
	【特集】座談会 AUDIO-VISUALの世界	本川弘一，野村達治，波多野完治
	【特集】座談会 私たちの実践記録から	坂元彦太郎，斎藤道子，高田石生，後藤道夫，奥本静一
	【特集】大会印象記	鈴木博，岩橋美江，編集部
2月号	巻頭言「いっしょに歌おう」を聞いて	宮原誠一
	論説 テレビと教育革新1	西本三十二
	論説 理科教育とテレビの理科	蛯谷米司
	教育時評 放送についての教育を含めて	
	続・放送教育入門講座11 放送教材の性格	有光成徳
	誌上討論 道徳教育と放送教材をめぐって	（5人）
	アメリカ紀行 私の見たアメリカの教育テレビ2	齋藤伊都夫

月号	タイトル	著者
2月号	私の助言 放送教育担当指導主事として	高萩竜太郎
	アンケート 少数のテレビ受信機をどう活用しているか	（6校）
3月号	巻頭言 視聴覚教材それ自体が教育者	坂元彦太郎
	論説 テレビと教育革新2	西本三十二
	教育時評 子どもの声は神の声	馬場四郎
	続・放送教育入門講座12 中学校におけるテレビの利用態勢	有光成徳
	レポート アメリカ教育放送局見てある記	上野辰美
	レポート 放送教育の旅から	大内茂男
	誌上討論 道徳教育と放送教材をめぐって	（8人）
	私の助言 放送教育担当指導主事として	高萩竜太郎
	アンケート テレビ学校放送利用の実態	（20校）

主な連載：放送教材研究，台本，録音教材月報，随筆，スタジオから教室へ

1962年5月号

1962年10月号

1963（昭和38）年度 （通巻169〜180号）

月号	タイトル	著者
4月号	巻頭言 教育放送で世界をリードする	阿部真之助
	教育放送について	春日由三
	論説 日本教育史における放送教育の系譜1	海後宗臣
	対談 人づくり国づくりと放送教育	西本三十二, 長浜道夫
	座談会 全放連の底辺と現状分析1	大内茂男, 岸本唯博, 三井篤三, 鈴木博, 高橋増雄
	教育時評 マスコミの現状と教育の方向	伊藤昇
	レポート アメリカの教育テレビ	上野辰美
	「放送教育」創刊十五周年を祝う	（7名）
5月号	巻頭言 放送利用による学習の改善を	内藤誉三郎
	論説 日本教育史における放送教育の系譜2	海後宗臣
	論説 学校放送と指導行政	小川修三
	論説 マスコミ時代の教育	西本三十二
	対談 放送教育にはこんな問題もある	齋藤伊都夫, 有光成徳
	座談会 全放連の底辺と現状分析2	大内茂男, 岸本唯博, 三井篤三, 鈴木博, 高橋増雄
	教育時評 二つの研究報告ー放送教育のつみ上げのためにー	波多野完治
	昭和37年度学校放送番組利用調査（小学校の部）	西山昭雄, 望月達也
6月号	巻頭言 公費によるテレビ施設の充実	小尾乕雄
	論説 日本教育史における放送教育の系譜3	海後宗臣
	教育時評 放送教育とプログラミング	野津良夫
	昭和37年度学校放送番組利用調査（中学校の部）	貴志昌夫, 大下史朗
	指導主事のアンケートから 放送教育についての現場の質問1	（18自治体）
	研究と実践 ゆたかな教材たしかな理解 学力向上をめざす放送教育	宇都宮市立平石南小学校
	研究と実践 テレビは信頼されている 理科教育とテレビ	安斉洋信
	二つの実践記録を読んで	齋藤伊都夫
7月号	巻頭言 まず放送教育施設の整備を	村山伊之助
	論説 放送教育の史的系譜からみた課題	海後宗臣
	教育時評 研修会はじまるー参加者の心構えー	村田良一
	アメリカ放送教育の最高峰 キース・タイラー博士を迎える	西本三十二
	昭和37年度学校放送番組利用調査（高等学校の部）	前弘, 高塚暁, 鈴木邦一
	指導主事のアンケートから 放送教育についての現場の質問2	（12自治体）

月号	タイトル	著者
7月号	研究と実践 へき地性の解消をめざした放送教育	三重県飯南町立柿野中学校
	研究と実践 視聴覚教材利用の研究	東京都墨田区立木下川小学校
	二つの実践記録を読んで	齋藤伊都夫
8月号	巻頭言 ブロック大会の意義	君塚啓太郎
	論説 新しい放送教育研究への期待	西本三十二
	論説 放送の教育心理学	林重政
	論説 視聴指導の認識論的基礎ー放送教育認識論への一つの試みー	杉浦美朗
	教育時評 道徳番組のもつ指導性について	大内茂男
	へき地児童に与えるテレビ学校放送の効果	辻功
	指導主事のアンケートへの回答 放送教育の指導はこんなふうに1	斎藤伊都夫, 高萩竜太郎, 鈴木博
	アンケート 婦人学級番組はどう利用されているか1	（12名）
9月号	巻頭言 ベイシック・プレゼンテイションとカリキュラム・エンリッチメント	キース・タイラー
	論説 ラジオ・テレビによる道徳教育の充実ー教育課程審議会の答申によせてー	西本三十二
	高等学校と放送教育	大橋秀雄
	放送児童番組について作家の報告	日本放送作家協会児童文化部会
	わたしとテレビ教育「テレビ教育の心理学」発行についての前説	波多野完治
	ラオスのラジオ教育放送	有光成徳
	第14回放送教育研究会全国大会のために 研究発表の概要	（5名）
	指導主事のアンケートへの回答 放送教育の指導はこんなふうに2	斎藤伊都夫, 鈴木博, 高萩竜太郎, 谷口弘太郎
	指導主事への現場の質問を読んで	坂尾英之
	アンケート 婦人学級番組はどう利用されているか2	（12名）
10月号	巻頭言 教育番組は視聴率にこだわるな	宮川岸雄
	論説 世界におけるテレビ教育の諸問題	キース・タイラー
	社会教育における放送教材の利用ーNHK婦人学級番組利用を中心としてー	西本洋一
	放送児童番組について作家の報告（承前）	日本放送作家協会児童文化部会
	第14回放送教育研究会全国大会のために 研究発表の概要	（8名）
	指導主事のアンケートへの回答 放送教育の指導はこんなふうに3	斎藤伊都夫, 鈴木博, 高萩竜太郎, 谷口弘太郎
	コンサルタント日記	村田良一
	アンケート テレビ受信施設／現状と計画1	（11校）

月号	タイトル	著者
11月号	巻頭言 マスコミと青少年教育	野田武夫
	論説 DIRECT ENRICHING BASIC PROGRAM－教育テレビのあり方－	西本三十二
	論説 コミュニケーションと教育	波多野完治
	第14回放送教育研究会全国大会のために 全国大会への招待	（5名）
	指導主事のアンケートへの回答 放送教育の指導はこんなふうに4	斎藤伊都夫, 蛯谷米司, 鈴木博, 高萩竜太郎
	アンケート テレビ受信施設／現状と計画2	（11校）
	「テレビ受信施設の現状と計画」の分析	有光成徳
12月号	巻頭言 日米文化教育テレビ番組交流のセンターを	森戸辰男
	昭和39年度NHK学校放送について	長浜道夫
	コンサルタント日記	鈴木博
	アンケート テレビ受信施設／現状と計画3	（10校）
	昭和39年度NHK学校放送番組	
1月号	巻頭言 放送教育の新段階へ	西本三十二
	音響条件三つの柱 教育の場の盲点	富田義男
	特集 第14回放送教育全国大会の記録	
	【特集】座談会 学校放送の課題と未来像	森戸辰男, 内藤誉三郎, 春日由三, 西本三十二
	【特集】てい談 子供とラジオ・テレビジョン	波多野完治, 辰見敏夫, 布留武郎
	【特集】昭和三九年度学校放送番組について	長浜道夫
	【特集】レポート 日本の放送教育の現状	村田良一, 木原健太郎, 松田正直
	アンケート 指導主事への質問 教科指導における放送教育について	（13自治体）
2月号	巻頭言 第二回世界学校放送会議の意義	長浜道夫
	論説 アメリカ国民と教育テレビーシュラム，ライル，プールの近著をよむ	波多野完治
	調査 盲学校と放送教育	大庭景利
	第十四回放送教育懸賞論文佳作入選 放送主任の請求書	光永久夫
	第二回高視研東北連絡協議会論文優秀第一席 本校の視聴覚教育	晴山格
	コンサルタント日記	小倉喜久
	続・指導主事アンケートへの回答 教科における放送教育の指導	
	・国語科の学習と放送利用	鈴木博
	・理科学習と放送教材	蛯谷米司
3月号	巻頭言 道徳指導資料と放送教材	波多野完治
	論説 放送教育と学習指導要領	西本三十二

月号	タイトル	著者
3月号	特集 第14回放送教育研究会全国大会 部会報告	（5校種部会）
	特集 私の視聴したいい番組	（30人）
	続・指導主事アンケートへの回答 教科における放送教育の指導	
	・社会科の指導と放送教育	馬場四郎
	・道徳番組利用の問題点	大内茂男

主な連載：放送教材研究，番組モニター，私のチャンネル，世界の学校放送，随筆，スタジオから教室へ，校内放送台本，施設研究コーナー

1963年12月号

1963年12月号

1964（昭和39）年度　（通巻181〜192号）

月号	タイトル	著者
4月号	特集　第2回世界学校放送会議のために	
	【特集】第2回世界学校放送会議に期待する	西本三十二，阿部真之助ほか
	【特集】世界学校放送会議とは	（編集部）
	【特集】学校放送の新しい動向 ―EBU（ヨーロッパ放送機関連盟）機関誌に見る―	
	【特集】・欧州における最近のラジオ学校放送	（EBUレビュー誌）
	【特集】・中学校向けテレビ番組の進展	（EBUレビュー誌）
	【特集】・文盲教育とテレビ	（EBUレビュー誌）
	【特集】・テレビ学校放送の管理と財政	（EBUレビュー誌）
	【特集】・ローマ会議以後の欧州のテレビ学校放送	（EBUレビュー誌）
	【特集】・アメリカの教育テレビの現状	（ザ エ ジュケーションダイジェストほか）
	【特集】・カナダのテレビ学校放送番組	青柳政吉
	論説 学校放送と現代の教育	小川芳夫
	新・放送教育入門講座1 序論にかえて	有光成徳
	続・指導主事アンケートへの回答 教科における放送教育の指導	
	・英語学習と放送利用	小川芳男
	・音楽と放送利用	真篠将
	アンケート 私の視聴したい番組	（20名）
	道徳教育と放送教材の利用	中田孝久
5月号	巻頭言 学校放送の最善の体系と利用を追求	第二回世界学校放送会議役員記者会見
	論説 放送教育の実践と研究	野津良夫
	新・放送教育入門講座2 放送教育の教師像1	有光成徳
	第15回放送研究会全国大会のために 札幌大会のめざすもの	安藤忠吉
	第7回録音機材コンクール選後評	西本三十二，小川修三，西沢実
	NETテレビ テレビは思考力を奪うか	白根孝之
	アンケート 私の視聴したい番組	（16名）
	研究と実践 道徳の指導事例	伊藤和幸
	研究と実践『明るいなかま』カバチェッポ（ひめます）を視聴して	佐藤力哉
6月号	巻頭言 第二回世界学校放送会議の意義	前田義徳
	特集 第2回世界学校放送会議の記録	
	【特集】総括報告	ジョン・スカファム
	【特集】分科会報告	（8分科会）
	【特集】会議に出席して	ヘンリー・R・カシラー，キース・タイラー，アンポン・ミースック，イタロ・ネリ，ジョン・カルキン，ケネス・フォードリ，伊藤昇
	【特集】対談 第2回世界学校放送会議の成果	西本三十二，長浜道夫
6月号	【特集】第2回世界学校放送会議見たまま	西本洋一
	新・放送教育入門講座3 放送教育の教師像2	有光成徳
	第15回放送研究会全国大会のために 部会研究の構想	（5部会）
	教育活動としてのテレビ理科教室を目ざして	NHK学校放送部理科班（小学校）
7月号	巻頭言 放送教育の底辺を広げよう	田中喜一郎
	特集 第2回世界学校放送会議の記録 各国のテレビ学校放送事情	
	【特集】日本	春日由三
	【特集】フランス	アンリ・ジュゼド
	【特集】イタリア	マリヤ・クラツィア・ピュリー
	【特集】イギリス（BBC）	ケネス・フォードリ
	【特集】イギリス（独立テレビ）	ジョゼフ・ウェルトマン
	【特集】アメリカ（教育放送団体連盟）	ウィリアム・G・ハーレイ
	【特集】アメリカ（アメリカ教育テレビ）	ジョン・F・ホワイト
	【特集】スウェーデン	ステン・スチュアー・アレベック
	【特集】オーストラリア	チャールス・モーゼス
	論説 放送教育の領域拡大のために ラジオ・テレビの鑑賞指導	大内茂男
	新・放送教育入門講座4 放送の教材研究1	有光成徳
	第15回放送研究会全国大会のために 会場校の研究と実践1	（6校園）
8月号	巻頭言 放送教育の飛躍的発展を期待	吉田行範
	特集 第2回世界学校放送会議の記録 各国のテレビ学校放送事情	
	【特集】インド	B・P・バット
	【特集】フィリピン	ピタリアーノ・ベルナルディノ
	【特集】ケニア（成人教育放送）	J・レーマー
	【特集】ドイツ	フランツ・ラインホルツ
	【特集】デンマーク（ラジオ学校放送）	ヨルゲン・ユールスゴルト
	【特集】ユーゴスラビア	アルサ・ステファノヴィッチ
	【特集】カナダ（ラジオ学校放送）	レイモンド・ダビド
	【特集】ニュージーランド（ラジオ学校放送）	ドナルド・アラン
	【特集】タイ（ラジオ教育放送）	アンポン・ミースック
	【特集】ポーランド	ウロツィミエーシュ・ソコルスキ
	【特集】アフリカ諸国	（4か国）

月号	タイトル	著者
8月号	【特集】第二回世界学校放送会議に出席して	波多野完治
	新・放送教育入門講座5 放送の教材研究2	有光成徳
	教育活動としてのテレビ理科教室を目ざして 続	NHK学校放送部理科班（小学校）
	第15回放送研究会全国大会のために 会場校の研究と実践2	（6校園）
9月号	巻頭言 仲間作りが当面の課題	（M）
	研究 教育テレビへのデザイン	西本洋一
	論説 よい番組にのぞむもの―テレビ理科番組の事例を通して―	上野辰美
	新・放送教育入門講座6 指導計画と放送教材1	有光成徳
	調査 教師の放送教育観 学校放送の利用に影響する要因の研究	NHK文研調査
	第15回放送研究会全国大会のために 研究発表の概要	（9名）
	特集 テレビ家庭視聴アンケート 子どもに見せたい番組 見せたくない番組1	（46名）
10月号	巻頭言 放送教育全国大会に期待する	福田繁
	論説 情的なコミュニケーションと知的なコミュニケーション	時実利彦
	論説 よい教育番組とキューの整理	中野照海
	東日本放送教育特別研修会報告	
	・文部行政と放送教育	倉沢栄吉
	・番組制作とNHK	春日由三
	特集 テレビ家庭視聴アンケート 子どもに見せたい番組 見せたくない番組2	（15名）
	研究と実践 第14回放送教育懸賞論文佳作入選作品から	
	・放送主任の座標―利用の底辺を広げる―	並河尚美
	・「良太の村」を利用して―三年生の社会科におけるテレビ教材の利用―	小川弘
11月号	巻頭言 三つの基本条件が必要	愛知揆一
	論説 放送教育の効果―放送教育心理学―	林重政
	論説 時間帯視聴と話し合い視聴	小倉喜久
	論説 青年たちと放送	坂田修一
	新・放送教育入門講座7 指導計画と放送教材2	有光成徳
	視聴覚教育欧米紀行1	西本三十二
	学校放送教育賞応募論文を審査して	波多野完治
	第六回放送教育賞受賞記念 放送教育の十八年 放送教育主任の手記	坂尾英之
	西日本特別研修会報告 施設研究委員の弁	渕上孝
	特集 日課表と学校放送	（14校）
12月号	巻頭言 幼児の成長にテレビを有効に	坂元彦太郎
	論説 放送法と教育者 臨時放送関係法制調査会の答申をめぐって	波多野完治
	ブルーナーの「直観的思考」と放送教育	村田良一
	新・放送教育入門講座8 放送教材の指導法1	有光成徳

月号	タイトル	著者
12月号	視聴覚教育欧米紀行2	西本三十二
	特集 第15回放送教育研究会全国大会の記録	
	【特集】世界にひろがる放送教育	前田義徳
	【特集】昭和40年度NHK学校放送番組	長浜道夫
	【特集】研究部会報告	（52分科会）
	【特集】種別全体研究会報告	（6校種）
	【特集】総括報告	田中喜一郎
	【特集】全国大会を終えて	安藤鉄夫
	アンケート 日課表と学校放送	（15校）
	昭和40年度NHK学校放送番組 小学校・幼稚園の部	
1月号	巻頭言 技術革新と教育革新	西本三十二
	論説 学校放送の利用状況	片桐顕智
	新・放送教育入門講座9 放送教材の指導法2	有光成徳
	視聴覚教育欧米紀行3	西本三十二
	ミュンヘン国際青少年賞コンクール受賞テレビ放送番組 ドキュメンタリー『仲間がほしい』放送台本	構成 吉川徳
	アンケート 日課表と学校放送	（27校）
	昭和40年度NHK学校放送番組 中学校・高等学校の部	
2月号	巻頭言 テレビ時代の教育者	松方三郎
	座談会 テレビ教育の前進 小型ビデオテープレコーダーの開発をめぐって	小川修一，中野照海，浜崎俊夫，高橋増雄
	新・放送教育入門講座10 放送教材と学習の評価	有光成徳
	視聴覚教育欧米紀行4	西本三十二
	アンケート 私の視聴したい番組	（49名）
	教員養成大学・学部 視聴覚教育関係講義一覧	（48大学）
3月号	巻頭言 青年と放送	高坂正顕
	座談会 昭和40年度NHK学校放送の構想「きびしさ」と「おもしろさ」をめぐって	豊田昭，小山賢市，柴田博三，二神重成
	学力調査とラジオ	奥田真丈
	新・放送教育入門講座11 テレビと家庭視聴	有光成徳
	視聴覚教育欧米紀行5	西本三十二
	学校放送教育賞佳作入選作品	
	・テレビの読解	安東政勝
	・視聴環境の整備と施設	但馬寛右
	・英語の指導と学校放送	中村幸輔
	新放送教育コンサルタントの抱負	倉澤栄吉，村井道明，田中正吾，安藤忠吉，林重政
	アンケート 私の視聴したい番組	（16名）

主な連載：放送教材研究，番組モニター，私のチャンネル，スタジオから教室へ，校内放送台本，施設研究コーナー

1965（昭和40）年度　（通巻193〜204号）

月号	タイトル	著者
4月号	巻頭言 だれにもどこにも放送研究を放送教育を	田中喜一郎
	対談 世界教育放送へのビジョン	前田義徳，西本三十二
	解説 昭和40年度学校視聴覚教育の国の事業について	小川修三
	座談会 NHK学校放送の新しい方向	藤本信英，三浦宙一，伊達健三郎
	研究 テレビ学習の長期累積効果 ヘーガースタウン5ヶ年計画の報告1	白根孝之
	調査 テレビ理科番組一万六千校が利用 昭和39年度文研利用調査	（編集部）
	新・放送教育入門講座12 放送教育一年の計	有光成徳
	特集 アンケート 国語科と放送教材・問題点	（21名）
5月号	巻頭言 学校放送三〇周年を迎えて	春日由三
	論説 一読主義と放送教育	波多野完治
	セミナー 教育とコミュニケーション	
	・教育とコミュニケーション過程	大内茂男
	・放送教育を通して養われる思考力	杉浦美朗
	・放送とわかりやすさの研究	阿久津善弘
	・ことばと映像のはたらき	小倉喜久
	・教授論から見た現代放送教育	細谷俊夫
	研究 テレビ学習の長期累積効果 ヘーガースタウン5ヶ年計画の報告2	白根孝之
	新・放送教育入門講座13 理科とテレビ教材	有光成徳
	特集 教科学習と放送教材	
	【特集】国語科の問題点に答える	石黒修，倉沢栄吉
	【特集】国語番組制作の立場から 小学校／二領域の要求はすべて包含	NHK学校放送部
	【特集】国語番組制作の立場から 中学校／放送こそ第一次教材	NHK学校放送部
	【特集】国語番組制作の立場から 高等学校／放送の特性をふまえて	NHK学校放送部
	【特集】アンケート 社会科と放送教材／問題点	（19名）
6月号	巻頭言 国際通信教育会議と放送教育	西本三十二
	学校放送30周年シンポジウム 教育の近代化と放送	海後宗臣，森戸辰男，井深大，坂西志保
	研究 人々はどんなタイプのテレビ番組を好むか	松岡武
	新・放送教育入門講座14 社会科と放送教材1	有光成徳
	ヨーロッパ放送連盟主催 青少年番組研究グループ会議	寺脇信夫
	特集 教科学習と放送教材	
	【特集】対談 社会科の問題点に答える	馬場四郎，山口康介
	【特集】社会科番組制作の立場から 小学校／「社会科とは何か」を解明しながら	NHK学校放送部
	【特集】社会科番組制作の立場から 中学校／生きた社会を追究するために	NHK学校放送部

月号	タイトル	著者
6月号	【特集】アンケート 理科と放送教材／問題点	（25名）
	研究と実践 第1回学校放送教育賞 社会科地理番組を利用して	秋山満
7月号	巻頭言 地区大会・研修会に期待する	藤根井和夫
	座談会 学校放送タレント30年	片桐顕智，大塚義秋，小川一郎，鈴木博
	新・放送教育入門講座15 社会科と放送教材2	有光成徳
	特集 教科学習と放送教材	
	【特集】対談 理科の問題点に答える	蛯谷米司，北沢弥吉郎
	【特集】理科番組制作の立場から 小学校／気づかせ考えさせる理科教育	NHK学校放送部
	【特集】理科番組制作の立場から 中学校／時代に即した理科番組として	NHK学校放送部
	【特集】理科番組制作の立場から 高等学校／理科学習の本質をめざして	NHK学校放送部
	【特集】アンケート 道徳指導と放送教材／問題点	（24名）
	研究と実践 第1回学校放送教育賞 放送を利用した理科学習の評価	谷文夫
8月号	巻頭言 社会教育と放送	蒲生芳郎
	座談会 高野山大会をめぐって	西本三十二，宮原誠一，川上行蔵，栗原勇蔵，金田録郎
	反響を呼んだ「日本賞」	吉田正
	放送利用における学年差	太田静樹
	新・放送教育入門講座16 英語科と放送教材	有光成徳
	特集 放送と社会教育	
	【特集】青年と放送	齋藤伊都夫
	【特集】婦人と放送	小川一郎
	【特集】社会教育と放送利用	小田俊策
	【特集】放送と社会教育 その歩みと現状	編集部
	【特集】社会教育に役立つNHK番組二〇〇選	編集部
9月号	巻頭言 農村青少年の放送利用グループづくり	和田正明
	新・放送教育入門講座17 指導計画と放送教材	有光成徳
	特集 放送と社会教育	
	【特集】対談 道徳教育と放送教材 問題点に答える	鈴木清，大内茂男
	【特集】道徳番組制作の立場から 小学校／放送は従来の教材観では測れない	NHK学校放送部
	【特集】道徳番組制作の立場から 中学校／誰が子どもから感動を奪ったか	NHK学校放送部
	【特集】道徳番組制作の立場から 高等学校／放送はあくまで録音教材ではない	NHK学校放送部
	【特集】実践 放送教材を利用した道徳指導過程	森川哲次郎
	【特集】アンケート 音楽科・英語科と放送教材／問題点	（14名）

1966 (昭和41) 年度 （通巻205〜216号）

月号	タイトル	著者
4月号	巻頭言 教育放送のいっそうの充実に期待	福田繁
	特集 教育の現代化 これからの放送教育	
	【特集】縦への深まりと教材化の追究	倉沢栄吉
	【特集】教育現代化の先頭に立て	田中正吾
	【特集】放送教材と教師の役割	村井道明
	【特集】放送教育の無限の可能性をめざす	安藤忠吉
	【特集】教師の視点変更による指導法の改善	林重政
	放送教育行政の今日と明日	石川宗雄
	番組制作のビジョン	藤本信英, 寺脇信夫
	座談会 第9回録音教材コンクール審査評 身近なテーマに即して	西本三十二, 石川宗雄, 藤本信英, 金子鉄雄, 鈴木博
	第17回放送教育研究会全国大会の開催にあたって	小尾乕雄
	アンケート 学習効果をあげた番組	（28人）
5月号	巻頭言 発足した総理府青少年局	安嶋弥
	論説 教育における放送の役割 放送法の改正に関連して	馬場四郎
	座談会 中村文部大臣を囲んで"教育とエレクトロニクス"を語る	中村梅吉, 野田卯一, 森戸辰男, 田中賢, 金子鉄雄, 高橋増雄, 鈴木博, 高柳健次郎, 山口勝寿, 川崎謹次郎, 松本亨
	調査 「方向づけるコメント」が「記述コメント」より効果的ー「考えさせる」教育番組の条件はなにかー	放送文化研究所
	調査『理科教室小学校二年生』を一万七千校が利用ー昭和40年度学校放送利用校調査ー	放送文化研究所
	放送教育カルテ 徳島県名西郡神領小学校	村井道明
6月号	巻頭言 学校放送の効果的な利用をめざす	石川宗雄
	座談会 教科学習と放送番組の構造	齋藤伊都夫, 蛯谷米司, 山口康介
	放送教育カルテ 北海道幌別郡登別町札内小中学校	安藤忠吉
	学校放送利用プラン 考察 直前・直後の助言が重要な役割	松村謙
	学校放送利用プラン 考察 自己矯正への刺激として	中野照海
	アンケート 教育課程の改定に望む	（30人）
7月号	巻頭言 送り手と受け手の協力体制に感銘	ヘンリー・カッシラー

月号	タイトル	著者
7月号	論説 教授過程と教材の構造	野津良夫
	放送利用の事後指導にプログラム学習ーNHK学園高校で事後指導の研究ー	NHK学園
	放送教育カルテ 広島市立大洲中学校	林重政
	学校放送利用プラン 考察 清新な放送利用をー標準方式とバリエーション方式ー	大内茂男
	アンケート 中学校・高校における放送教育／その問題点	（32人）
8月号	巻頭言 教室教師とテレビ教師	西本三十二
	放送教育への提言 放送教育特別研修会選択講座	
	・教授論からみた現代放送教育	細谷俊夫
	・学校放送の効果研究	馬場四郎
	・放送教材の特性とその指導法	田中正吾
	・放送利用の技術と効果ー授業展開の技術ー	木原健太郎
	・学習心理学からみた放送教育	東洋
	・発達段階と教室心理ー放送におけるイメージの役割ー	波多野完治
	・放送利用における学習指導法の研究	林重政
	・学力観と放送教育	村井道明
	・道徳・倫理の構造と放送教育ーその基本的な立場ー	大内茂男
	・放送教育の研究法	中野照海
	座談会「アジア地域における教育と開発のための放送の使命に関する専門家会議」に出席して	波多野完治, 斉藤伊都夫, 豊田昭
	調査 聞く・話す力を伸ばす英語番組の研究ー文字による提示と会話のくりかえしの比較ー	放送文化研究所
	放送教育カルテ 大阪府富田林市立第一中学校	田中正吾
	学校放送利用プラン 考察 新しい教育活動としての位置づけをー論理展開と具体物による学習との関連ー	蛯谷米司
9月号	巻頭言 中・高校の放送利用の推進を期待	斎藤正
	特集 中学校・高等学校における放送教育をどう進めるか	
	【特集】論説 中学校・高等学校における放送利用	坂元彦太郎
	【特集】中学校・高等学校における放送教育の実践	（9名）
	【特集】座談会 中・高校番組／制作の方向と利用の推進	箕浦弘二, 貴志昌夫, 福田滋, 田尻和彦, 沢村拓
	【特集】中学校教師の放送教育観調査について	辻功
	放送教育カルテ 山梨県甲府市立北中学校	小倉喜久

月号	タイトル	著者
9月号	学校放送利用プラン 考察 具体的な実践活動に結びつく放送利用—番組のねらいを生かした指導—	小塚芳夫
10月号	巻頭言 教育課程の制定と放送教材	木下一雄
	特集 授業の改造と放送教材	
	【特集】教授メディアの発達と放送教育	細谷俊夫
	【特集】主体的な学習に果たす放送教材の役割	三枝孝弘
	【特集】アンケート 学習指導の改善に放送教材はどのように役だったか	（26人）
	WCOTP視聴覚教育ワークショップ	西本三十二
	放送教育カルテ 青森県八戸市立湊小学校	村田良一
11月号	巻頭言 放送の積極的利用で教育効果の向上を期待	有田喜一
	論説 教育内容の精選と学校放送	齋藤伊都夫
	論説 放送教材活用の条件	主原正夫
	第17回放送教育研究会全国大会の開催にあたって	小尾乕雄
	座談会 東京大会の特色と基本構想	松村謙, 富永重作, 高知尾徳
	放送教育の研究—NHK総合放送文化研究所の調査研究について—	田中達雄
	放送研究カルテ 鹿児島市立城西中学校	山下静雄
	学校放送利用プラン 考察 直前・直後の指導の一考察—概念化していく学習過程を大切にする—	新国重人
12月号	巻頭言 放送利用がさらに定着し発展することを	森戸辰男
	各部門にめだつ優秀作—第三回「学校放送教育賞」応募論文を審査して	西本三十二
	特集 昭和42年度NHK学校放送番組	
	【特集】昭和42年度学校放送番組について	吉田正
	【特集】ラジオの部 幼児の時間・小学校・中学校・高等学校	
	【特集】テレビの部 幼稚園・保育所・小学校・中学校・高等学校	
	学校放送利用プラン 考察 事前・事後の指導にきまった型はない（国語）	榎本隆治
	学校放送利用プラン 考察 視聴中も個別的に指導,事後に徹底をはかる	新藤福一
1月号	巻頭言 新しい年の放送教育	西本三十二
	特集 第17回放送教育研究会全国大会の記録	
	【特集】記念番組『のびゆく学校放送』	
	【特集】校種別全体会報告	（5分科会）
	【特集】問題別分科会報告	（26分科会）
	【特集】教科・領域別分科会報告	（68分科会）
	【特集】全放連への提言	波多野完治

月号	タイトル	著者
1月号	【特集】放送教育推進の新たな出発点	中野照海
	【特集】東京大会の印象	坂尾英之, 椋代惟親
	調査 効果測定の条件と物さし	堀秀一
	学校放送利用プラン 考察 生徒の思考とテレビ番組—授業レポの書き方について—	大橋秀雄
2月号	巻頭言 放送の教育性を生かす視聴態度の確立	木田宏
	創造性と教育	井深大
	対談 教育放送の将来を開く—発展する日本賞コンクールをめぐって—	西本三十二, 吉田正
	学校行事と放送の役割	田甫勝次
	調査 学校放送用語の研究	家喜冨士雄
	放送教育カルテ 埼玉県蕨市立蕨北小学校	鈴木博
	第3回学校放送教育賞入選作品 聞く・話す指導について『ラジオ国語教室を利用して』	西山保市
	第3回学校放送教育賞入選作品 VTRによるテレビ理科教室の活用	服部陽一, 柴田恒郎
	第3回学校放送教育賞入選作品 耳の聞こえない子と放送教育—中学部社会科の三年半—	日高篤盛
	学校放送利用プラン 考察 取り扱いの適切さと継続視聴の効果がわかる	松村謙
	学校放送利用プラン 考察 生徒の生活についても考えさせ話し合わせる指導を	竹ノ内一郎
3月号	巻頭言 期待される第三回世界教育放送会議の成果	吉田正
	論説 放送教育の発展と教育工学	西本洋一
	論説 放送教育工学の可能性—技術的立場から—	宮本悦郎
	北欧の学校放送	石川宗雄
	調査『はたらくおじさん』『理科教室』など100%利用—沖縄におけるNHK学校放送の利用状況—	放送文化研究所
	放送教育カルテ 島根県出雲市立第三中学校	野津良夫
	第3回学校放送教育賞入選作品 わが校における放送教育の実践	群馬県伊勢崎市立名和小学校
	第3回学校放送教育賞入選作品 テレビ視聴をとり入れた効果的な学習指導法を求めて	広島市立大州中学校
	第3回学校放送教育賞入選作品 高等学校に放送教育を導入するために	岡山就実高等学校

主な連載：放送教育24の質問，スタジオから教室へ，施設研究コーナー，NET（制作局教育部），学校放送利用プラン・授業レポ，校内放送研究，放送教材研究，随想

1967（昭和42）年度　（通巻217〜228号）

月号	タイトル	著者
4月号	巻頭言 電波の教育的利用による国民文化の向上	濱田成徳
	論説 放送教育研究の新しい展開	波多野完治
	座談会 新年度番組制作の構想	寺脇信夫，三浦宙一，佐藤貞，安田求，二神重成，箕浦弘二
	放送教育カルテ 愛知県設楽町立清嶺中学校	木原健太郎
	第3回学校放送教育賞入選作品 学習指導を高めるための放送教材の利用	宮崎県日向市立細島小学校
	第3回学校放送教育賞入選作品 教育の近代化をめざして	鳥取市立北中学校
	へき地における学校放送利用 入選実践記録・作文	大園貞義，工藤和佳子，ちばよりこ，平久美千代
	学校放送利用プラン 考察 道徳番組の特性を生かして	青木孝頼
5月号	巻頭言 通信教育の前途に明るい希望	森戸辰男
	特集 学校経営と放送利用	
	【特集】論説 学校経営の刷新と放送教育	吉本二郎
	【特集】座談会 放送教育の問題点を考える	松村謙，遠藤五郎，高橋早苗，松本和三郎，寺脇信夫
	【特集】アンケート 学校経営と放送利用 効果と問題点	（17名）
	インタビュー 放送利用と教室教師の役割	西本三十二
	放送教育カルテ 熊本市立城北小学校	吉良瑛
	学校放送利用プラン 考察 いずれも学習効果をあげた番組利用	真篠将
6月号	巻頭言 教育・教養放送の再検討	靭勉
	特集 特殊教育と放送利用	
	【特集】精神発達の段階と放送利用学習ー特に精神薄弱児特殊学級における場合ー	林重政
	【特集】特殊教育と放送利用	藤原鴻一郎，木塚泰弘，菊地泰子，小口勝美
	【特集】盲学校におけるテレビ教材の利用と実際ー弱視児とテレビ放送ー	氏原千代
	第3回世界教育放送会議の成果ー教育放送の新しい波ー	吉田正，森本勉，高坂旭，二神重成
	放送教育カルテ 香川県高松市立紫雲中学校	宇川勝美
	実践記録 子どもを意欲的にするために『ラジオ国語教室』一年間の指導をふりかえって	恩田陽子
7月号	巻頭言 技術の開発によって国民文化の向上に貢献	駒井又二
	特集 映像と教育	

月号	タイトル	著者
7月号	【特集】論説 学習イメージ論ー社会科における映像と教材ー	山口康助
	【特集】論説 映像教育の課題ー画像の教育効果の解明ー	中野照海
	【特集】座談会 映像の教育性を考える	大内茂男，富永重作，児玉邦二，赤堀正宜
	【特集】映像にどう取り組むかー実験と調査からー	多田俊文
	放送教育カルテ 山口市立嘉川小学校	中田清一
	学校放送利用プラン 考察 くふうをこらし苦心して利用しているー「工場で働くおねえさん」の利用についてー	松村謙
8月号	巻頭言 世界を結ぶ教育放送の理念	前田義徳
	論説 西独のハノーバー実験“授業テレビ”	野津良夫
	特集 授業と放送	
	【特集】実践記録 小学校社会 ラジオを利用した社会科の学習	相原要
	【特集】実践記録 小学校理科 理科教室「はね」と授業	和田静子
	【特集】実践記録 小学校道徳 道徳の指導とテレビの利用	菊地吉彦
	【特集】実践記録 中学校理科「力と運動」とテレビ教材	北村満子
	【特集】実践記録 高等学校英語 生きた英語教育を推進する	八村伸一
	放送教育カルテ 兵庫県小野市立小野小学校	三輪和敏
	学校放送利用プラン 考察 放送教材にも一貫した位置づけを	古矢弘
9月号	巻頭言 放送教材の統合的な働きに期待	木下一雄
	特集 放送を生かした社会科学習	
	【特集】論説 放送を利用した社会科の授業をどう組織するか	平田嘉三
	【特集】実践「歴史」の流れを継続視聴する	増田格
	【特集】実践 事象の認識を正しく能率的に学習する	蓮池守一
	【特集】実践 社会科学習の指導法を改善する	長崎市立片淵中学校
	【特集】アンケート 社会科学習にどのような効果をもたらしたか	（24人）
	【特集】番組制作者の立場から テキストからプロット作りまで	NHK学校放送部
	放送教育カルテ 埼玉県深谷市立深谷幼稚園	野間郁夫
	学校放送利用プラン 考察 視聴の効果とその活用	井口尚之
10月号	巻頭言 教育の核心にふれる番組づくりを	山崎誠
	特集 理科学習の構造と放送教材	

月号	タイトル	著者
10月号	【特集】理科学習の場の構造と放送の機能	蛯谷米司
	【特集】実践 確かな見方・考え方を育てる 死んだ「きんぎょ」から生きている「きんぎょ」へ	松尾勢津子
	【特集】実践 教室学習と同期させたテレビ利用「力のつりあい」における学習の主体化	大平司
	【特集】実践 学習構造の立体化と放送の利用 発展する創造性を核に	島貫武彦
	座談会 マスメディアと子ども1 映像と言語	波多野完治, 滝沢武久, 羽仁進
	放送教育カルテ 石川県小松市立芦城小学校	中野光
11月号	巻頭言 放送の利用による豊かな教育の実現を期待	剣木亨弘
	特集 放送の特性を生かした授業の改善	
	【特集】論説 教科・学習の構造化と放送教材の特性	村田良一
	【特集】座談会 放送を授業で生かす	齋藤伊都夫, 松村謙, 東洋
	【特集】調査研究 固定的な「おかあさん」のイメージが多様なものとなった	学校放送部社会科班
	【特集】実践研究 いろいろな「おかあさん」がいることがテレビによってとらえられた	村上ヒロ子
	座談会 マスメディアと子ども2 子どもの生活とマスコミ	大内茂男, 波多野誼余夫, 井上ひさし
	対談 放送教育のビジョン1 大学の放送教育	西本三十二, 櫛部綾人
	放送教育カルテ 新潟県立新潟中央高等学校	玉井成光
	学校放送利用プラン 考察 特性を生かして効果的な活用	新国重人
12月号	巻頭言 放送番組の向上による新しい文化の形成	石川忠夫
	第四回「学校放送教育賞」審査評 多数の力作が応募 望みたい「機能化」への研究・実践	西本三十二
	座談会 マスメディアと子ども3 映像時代の学校教育	波多野完治, 藤永保, 中野照海
	対談 放送教育のビジョン2 放送大学のビジョン	西本三十二, 櫛部綾人
	アンケート 家庭視聴指導はどのように行われているか	(編集部)
	学校放送利用プラン 考察 指導のねらいに的確に位置づけて利用	西村文男
	学校放送利用プラン 考察 典型的な具体例からどう帰納するか	加勢博勇
	昭和43年度NHK学校放送番組 幼稚園保育所・小学校の部	
1月号	巻頭言 新産業時代の放送教育	西本三十二
	特集 第18回放送教育研究会全国大会の記録	

月号	タイトル	著者
1月号	【特集】パネルディスカッション 放送で豊かな教育を	波多野完治, 馬場四郎, 林重政, 中野照海, 富永重作, 笹田三思
	【特集】授業研究会記録	(12研究会)
	【特集】領域別研究会記録	(6研究会)
	【特集】長崎大会の反省	高橋貞夫
	【特集】スケッチ長崎大会	編集部
	座談会 マスメディアと子ども4 学習における映像認識の可能性	大内茂男, 宇川勝美, 多田俊文
	対談 放送教育のビジョン3 放送教育全国大会と日本賞	西本三十二, 櫛部綾人
	調査 LL教育の現状分析 ランゲージ・ラボラトリー全国調査の概要	大内茂男
	学校放送利用プラン 考察 ラジオの特性を生かして	藤本一郎
2月号	巻頭言 放送を教育の新しい発展に生かす	小林正之
	座談会 マスメディアと子ども5 教育工学と放送利用	波多野完治, 永野重史, 坂元昂
	対談 放送教育のビジョン4 ラジオ・テレビ英語教室	西本三十二, 櫛部綾人
	第四回学校放送教育賞佳作入選論文	
	・ヘチマの継続観察の指導『テレビ理科教室』を生かして	足立金子
	・放送は呼吸のごとく 精薄児の言語指導に利用した放送教材	高田幹夫
	放送教育カルテ 岩手県岩手郡玉山村好摩小学校	石川桂司
	昭和43年度NHK学校放送番組 中学校・高等学校の部	
3月号	巻頭言 教育革新に果たす放送教育の役割	平塚益徳
	沖縄の放送教育	
	・論説 第三の道への期待	山下静雄
	・座談会 沖縄と本土を結ぶもの	嘉数正一, 大勝信明, 岩元忠雄, 高橋増雄
	座談会 マスメディアと子ども6 教育工学と放送利用	波多野完治, 馬場四郎, 大内茂男
	対談 放送教育のビジョン5 新学年の教育計画と放送教育	西本三十二, 櫛部綾人
	第四回学校放送教育賞入選論文	
	・学習指導法改善のための学校放送の利用	北九州市立日明小学校
	・多級中学校における放送教育定着への方途を求めて	札幌市立明園中学校
	放送教育カルテ 札幌市立明園中学校	安藤忠吉
	学校放送利用プラン 考察 自主的な学習意欲を育てるテレビ視聴を	林精一

主な連載：放送教育24の質問，スタジオから教室へ，施設研究コーナー，NET（制作局教育部），学校放送利用プラン・授業レポ，学校行事と校内放送，放送教材研究，随想

1968（昭和43）年度　（通巻229〜240号）

月号	タイトル	著者
4月号	巻頭言 教育とエレクトロニクス	井深大
	特集 放送教育これからの課題	
	【特集】明治百年と放送教育	森戸辰男
	【特集】昭和43年度放送教育行政の展望	五十嵐淳
	【特集】研究の課題	馬場四郎
	【特集】実践の課題	松村謙
	【特集】組織の課題	北野正光
	【特集】番組制作の課題	寺脇信夫
	教育課程の改善と放送教育	黒田真丈
	対談 放送教育のビジョン6 学校放送カリキュラムと視聴指導	西本三十二, 櫛部綾人
	放送教育カルテ 栃木県宇都宮市細谷小学校	稲垣一穂
	学校放送利用プラン 考察 教材の価値の正当な利用	大和淳二
	学校放送利用プラン 考察 継続は力なり	新藤福一
5月号	巻頭言 "新時代"にはいった放送教育	大山恵佐
	特集 思考力の育成と放送教育	
	【特集】論説 教授メディアと創造的思考の育成	細谷俊夫
	【特集】論説 映像の機能と思考の機能	滝沢武久
	【特集】放送利用による社会的思考の深まり『わたしたちのくらし』を通して	富山保
	【特集】理科的思考と放送教材の利用―『中学校理科教室二年生 電流』を利用して―	森川哲次郎
	対談 放送教育のビジョン7 道徳の時間と道徳番組	西本三十二, 櫛部綾人
6月号	巻頭言 新しい人間形成に生かす放送教育	北沢弥吉郎
	論説 教材研究としての番組研究	波多野完治
	対談 放送教育のビジョン8 放送教育と人間形成	西本三十二, 櫛部綾人
	座談会 学校放送はこのようなねらいで作られている	
	・社会科（地理）生活のにおいがする番組に	宜間弘二, 浦達也, 能勢脇
	・理科 考えさせる番組づくりを	北川和一郎, 中山ひろし, 東和彦
	・道徳 道徳の内面化をめざした生活ドラマ	佐藤貞, 貴志昌夫, 菊地利孝
	・社会科（歴史・政経社）	箕浦弘二, 野原政雄, 市川昌
	放送教育カルテ 愛媛大学教育学部付属小学校	堀田鶴好
	実践 テレビ利用で学習の効率を高める―『テレビ理科教室 雨水のゆくえ』の利用―	柳田ミチ子

月号	タイトル	著者
7月号	巻頭言 カラーテレビ時代を迎えた学校放送	百瀬結
	論説 放送教育の今後の方向	齋藤伊都夫
	論説 テレビジョンの利用による教育の可能性	武井健三
	番組研究の構想―第二次研究三か年計画から―	馬場四郎
	対談 放送教育のビジョン9 音楽教育と学校放送	西本三十二, 三浦宙一
	座談会 社会科的思考を進めるための放送教材論	梶哲夫, 岩浅農也, 勝純徳, 市川昌, 箕浦弘二
	放送教育カルテ 岡山市立三門小学校	三枝孝弘
8月号	巻頭言 社会と学校を結ふかけ橋	川上行蔵
	論説 家庭教育と放送	俵谷正樹
	対談 放送教育のビジョン10 音楽番組と音楽教育	西本三十二, 三浦宙一
	海外教育放送紀行 アメリカにおける放送教育	五十嵐淳
	座談会 新しい校内放送	鈴木博, 田甫勝次, 岸本唯博, 野田一郎
	第九回放送教育賞受賞 多級中学校に完全に定着した放送教育	札幌市立明園中学校
	アンケート 夏休みの視聴指導をどう行なうか	（16名）
9月号	巻頭言 教育放送のための電波の確保	松方三郎
	特集 創造性の開発と放送教育	
	【特集】創造性を育てる放送教育	大内茂男
	【特集】座談会 創造性の開発と放送教育	松村謙, 井口尚之, 西本洋一
	【特集】実践・研究（理科）探究心―その芽ばえを育てる	河野フサ
	【特集】実践・研究（音楽科）音楽と子どもと表視力	稲垣佳代子
	解説 新学習指導要領と放送の利用（国語科）	藤原宏
	対談 放送教育のビジョン11 放送教育と教材研究	西本三十二, 櫛部綾人
	放送教育カルテ 茨城県立土浦第二高等学校	楢戸誠
10月号	巻頭言「教育と放送」刊行の意義	木田宏
	特集 継続視聴の意義	
	【特集】論説 継続視聴の意味とその効果	林重政
	【特集】実践・研究 三年間の継続視聴のもたらすもの	斎藤道子
	解説 新学習指導要領と放送の利用（社会科）	山口康助
	対談 放送教育のビジョン12 学校放送利用の一般化と日常化	西本三十二, 櫛部綾人
	放送教育カルテ 長崎市立上長崎小学校	吉村喜好

月号	タイトル	著 者
11月号	巻頭言 第一九回全国大会を迎えて	森戸辰男
	論説 放送教材の特性とは何か	村田良一
	座談会 教授学習理論と放送教育	永野重史，坂元昂，岸本唯博
	座談会 中学校における放送利用の定着のために―札幌市立明園中学校の実践をめぐって―	西本三十二，安藤鉄夫，丹羽三郎，横山照美，駒ヶ峯大二郎
	解説 新学習指導要領と放送の利用（音楽科）	真篠将
	対談 放送教育のビジョン13 シリーズ番組の継続視聴と継続指導	西本三十二，櫛部綾人
	放送教育カルテ 奈良市立飛鳥幼稚園	太田静樹
12月号	巻頭言 すぐれた番組の利用をさらに広める方途を	吉田正
	座談会 マスコミ理論と放送教育	波多野完治，馬場四郎，後藤和彦，大内茂男
	解説 新学習指導要領と放送の利用（理科）	蛯谷米司
	放送教育のビジョン14 座談会 幼児番組と幼児教育	西本三十二，櫛部直人，江島多賀子，太田喜美子
	昭和44年度NHK学校放送番組 幼稚園保育所・小学校の部	
1月号	巻頭言 学校教育の体質改善と放送教育	西本三十二
	特集 第19回放送教育研究会全国大会の記録	
	【特集】シンポジウム 放送と未来の教育	湯川秀樹，郷司浩平，鰺坂二夫，波多野完治
	【特集】パネル討議 現代における放送教育の課題とその解決	馬場四郎，西本洋一，滝沢武久，富永重作，寺脇信夫
	【特集】校種別全体会	高杉自子，浜田陽太郎，井上治郎，村田良一
	【特集】部会研究（小学校）	（26部会）
	【特集】全国大会を終えて	清中喜平
	第五回学校放送教育賞審査評―さらに多くの応募を期待―	西本三十二
	第四回日本賞コンクールとこれからの教育放送	
	・受賞作品の概要	（16作品）
	・座談会① ラジオは大衆との対話	スワト・シナノグルー，アンリ・アピア，坂元彦太郎
	・座談会② 放送の利用分野の拡大と多様化	ヨハネス・カステラインス，韓棣
	放送教育カルテ 佐賀市・藤影幼稚園	上野辰美

月号	タイトル	著 者
2月号	巻頭言 言語環境としての放送	岩渕悦太郎
	座談会 放送教材の特性と利用のあり方 利用法の多様化をめぐって	大内茂男，滝沢武久，寺脇信夫，中野照海
	解説 新学習指導要領と放送の利用（道徳・特別活動）	青木孝頼
	放送教育のビジョン15 座談会 小学校の放送教育	西本三十二，櫛部直人，清中喜平，篠谷千代太
	海外教育放送紀行 教育放送と第五の自由 NAEB（全米教育放送者連盟）大会印象記	青木章心
	第19回放送教育研究会全国大会 部会研究（幼稚園，小学校，中学校）	（19部会）
	放送教育カルテ 青森県西津軽郡川除小学校	福村保
	昭和44年度NHK学校放送番組 中学校・高等学校の部	
3月号	巻頭言 放送教育の効果をさらに高めるための基礎研究	高嶋進之助
	パネル討議 新しい放送教育の方途を求めて	蛯谷米司，野津良夫，片岡徳雄，松本鶴義，北川和一郎，永井俊伸，新宅力蔵
	放送教育のビジョン16 座談会 中学校の放送教育	西本三十二，櫛部直人，中沢良三，勝見誠一
	海外教育放送事情 学校放送・教育放送で地域に奉仕 テキサス大学付属放送局	萬戸克憲
	第5回学校放送教育賞入選 学力不振生徒の学習への興味づけをいかに行なうか	京都市立藤森中学校
	第5回学校放送教育賞入選『世界名曲めぐり』の利用と子どもの成長	寒川孝久
	第19回放送教育研究会全国大会 部会研究（中学校，高等学校，特殊学校）	（18部会）

主な連載：続・24の質問，スタジオとの対話，学校放送利用プラン・授業レポ，施設研究コーナー，校内放送研究，NETテレビ，随想

1969（昭和44）年度 （通巻241〜252号）

月号	タイトル	著者
4月号	巻頭言 創刊二十周年におもう	西本三十二
	特集 放送教育の歩みと展望	
	【特集】放送教育二十年の歩み	（編集部）
	【特集】情報時代における教育と放送	後藤和彦
	【特集】電子工学の発達と放送教育	西本洋一
	【特集】マスコミとしての教育的役割	辻功
	【特集】学習の個別化と放送教育	斎藤伊都夫
	【特集】授業の効率化・人間形成と放送利用の意義	村田良一
	【特集】テレビ映像と思考・認識・行動	芳賀純
	【特集】放送利用の多様化	片岡徳雄
	アンケート放送教育の未来図	時実利彦, 加藤秀俊, 川上行蔵ほか
	創世期への回想	金田録郎
	座談会 教育放送の多元化と多様化への展望ー社会教育審議会の答申をめぐってー	波多野完治, 馬場四郎, 浜田陽太郎, 五十嵐淳
	昭和44年度放送教育行政の展望	文部省視聴覚教育課
	海外教育放送事情 すばらしい可能性の国	野津良夫
	座談会 第12回録音教材コンクール審査評	西本三十二, 五十嵐淳, 大勝信明, 北野正光, 鈴木博
	放送教育のビジョン 中学校と放送教育＜2＞	西本三十二, 櫛部直人, 中沢良三, 勝見誠一
5月号	巻頭言 教育の近代化に放送教育の拡充を期待	高橋早苗
	論説 映像の特性と子どもの認知発達	多田俊文
	放送利用学習は子どもをどのように変えたか	神戸市立蓮池小学校
	放送教育のビジョン 高等学校と放送教育	西本三十二, 櫛部直人
	子どもの生活とテレビ 静岡調査	NHK総合放送文化研究所
	昭和44年度学校放送番組制作のポイント	NHK学校放送部
6月号	巻頭言 衣がえをしてさらに新しい発展へ	森戸辰男
	論説 情報的人間と教育	林雄二郎
	論説 教育専門放送局のあり方について	五十嵐淳
	実践研究 新入児童の言語指導	光永久夫
	実践研究 消防団の学習とテレビ	梅田美晴
	放送教育のビジョン 高等学校と放送教育	西本三十二, 櫛部直人
	海外取材番組"大学"	渡部和, 市川昌

月号	タイトル	著者
7月号	巻頭言 親と子の対話の糸口に	山崎誠
	論説 映像と認識 その生理的関係	蛯谷米司
	論説 教育の構造化原理	波多野完治
	実践研究「世界名曲めぐり」の継続利用	寒川孝久
	実践研究 テレビ映像と幼児の学習	桜本富雄
	放送利用の意識	有光成徳
8月号	巻頭言 開かれた書斎としての放送	伊藤佐十郎
	論説 放送教材の芸術性とその働き	小倉喜久
	放送教育理論の深まりをめざしてー放送教育特別研修会選択講座の概要ー	（5講座）
	良い質問とは何か	有光成徳
	ヨーロッパ 放送・通信教育の旅	西本三十二
	理科教育推進に果たす番組のあり方	NHK学校放送部理科教室制作担当者
9月号	巻頭言 社会教育の機会均等に放送の利用	福原匡彦
	論説 視聴覚コミュニケーションとしての放送	坂元彦太郎
	論説 情報化社会とテレビの教育コミュニケーション	金沢覚太郎
	実践研究 バトンを受けたら前へ走れ	清中喜平
	実践研究 意識して努力する子どもになった	東京都豊島区立日出小学校道徳研究分科会
	ヨーロッパ／放送・通信教育の旅	西本三十二
	社会教育と放送の利用	本家正文
10月号	巻頭言 テレビの偉力を教育に生かす	高田元三郎
	論説 人間形成と放送	波多野完治
	実践研究 事柄の中に意味をとれ	清中喜平
	自然の時	有光成徳
	放送教材による文学教育	佐藤宗男
	放送・通信教育の旅	西本三十二
11月号	巻頭言 放送利用の実践研究	細谷俊夫
	第14回放送教育学会シンポジウム 放送教育の研究とその振興	西本三十二, 波多野完治, 富永重作, 馬場四郎
	メモについてのメモ	有光成徳
	放送とチームを組めー教室番組の指導	清中喜平
	シンポジウム 教育の革新と未来像（くらしに生かす放送利用研究集会）	伊藤昇, 西田亀久夫, 馬場四郎, 松原治郎
	家庭における放送学習のすすめ方	田原音和
	マグサイサイ賞受賞の旅	西本三十二

月号	タイトル	著者
12月号	巻頭言 仙台大会の成果と今後の課題	実方亀寿
	論説 言語・映像と教育過程	高橋勉
	実践研究 視聴のルールを身につけよ	清中喜平
	第六回 学校放送教育賞選後評	西本三十二
	情報アラカルト	有光成徳
1月号	巻頭言 放送大学への期待	西本三十二
	特集 第20回放送教育研究会全国大会の記録	
	【特集】全体会 教育と放送 豊かな人間を育てるために	坂田道太，前田義徳，森戸辰男，本川弘一，林雄二郎，馬場四郎
	【特集】校種別全体会	（5校種）
	【特集】部会研究（1）	（10部会）
	放送とビデオ	有光成徳
2月号	巻頭言 放送とテキストが相互に生かしあう	浅沼博
	1970年代の科学技術と教育	井深大，西本三十二
	放送教育易行道を希求して	秋田県仙北郡田沢湖町立生保内小学校
	ミディア教師論	有光成徳
	第20回放送教育研究会全国大会 部会研究（2）	（24部会）
3月号	巻頭言 放送大学の課題	天城勲
	放送大学の構想	西本三十二，阿久津喜弘
	放送大学に対する諸批判に応えて	五十嵐淳
	NHK放送市民大学	（編集部）
	ミディア教師論	有光成徳
	海外における教育技術革新の動向	宇川勝美
	調和と統一のある教育をめざして	東京都豊島区立高田中学校
	学校放送の特性を生かした道徳教育	加藤虔一

主な連載：放送教育カルテ，コンサルタント・ルーム，スタジオとの対話，学校放送利用プラン・授業レポ，VTR教育実践報告，校内放送研究・資料コーナー，施設研究コーナー

1969年6月号

1969年7月号

1970（昭和45）年度 （通巻253〜264号）

月号	タイトル	著者
4月号	巻頭言 新時代をひらく情報の提供	川上行蔵
	放送の教育的機能と教育方法の改善	細谷俊夫
	特集 教育の動向と放送の利用	
	【特集】幼児／発達の原理と創造性開発の保育	坂東義教
	【特集】小学校／情報処理の基礎能力を養う	松村謙
	【特集】中学校／過渡期における教育課程の再編成	日比野輝雄
	【特集】高等学校／時代に即した教育の現代化を	実方亀寿
	【特集】特殊／知的能力の発達を促す積極的利用への道	山口薫
	昭和四五年度放送教育行政の展望	五十嵐淳
	座談会 テレビと理科教育	西本三十二, 高須賀清, 家野修造, 谷文夫
	海外における教育技術革新の動向＜2＞	宇川勝美
5月号	巻頭言 放送技術の革新と放送教育	野村達治
	放送教育の拡大	斎藤伊都夫
	映像の心的定着のために	波多野完治
	座談会 放送学習と社会科教育＜1＞	西本三十二, 清中喜平, 久故博睦, 貴志昌夫, 杉依孝, 小畠通晴
	実践研究 創造的思考力を高めるための理科指導	三浦アキエ
	実践研究 国語学習の効果を高める	白川ユタカ, 大草満洲雄, 西田広
	海外における教育技術革新の動向＜3＞	宇川勝美
6月号	巻頭言「放送教育大事典」刊行の意義	馬場四郎
	特集 経営組織の革新と放送利用	
	【特集】放送利用の教育経営	金子孫市
	【特集】協力授業組織と放送利用	田甫勝次
	【特集】学級経営の革新	大岩功典
	【特集】自主性の育成と個性の伸長をはかる	津下正孝
	座談会 放送学習と社会科教育＜2＞	西本三十二, 久故博睦, 佐藤二郎, 貴志昌夫, 杉依孝
	実践研究 人形劇の教材性を追究して	東京都文京区汐見幼稚園
	実践研究 道徳的心情の豊穣化と具体化をはかる	石川県金沢市浅野川中学校

月号	タイトル	著者
7月号	巻頭言 感動とともに自ら考える力を育てる	山崎誠
	学校放送の過去・現在・未来	中野照海
	対談 放送大学への期待	茅誠司, 西本三十二
	アメリカ紀行 変革期の大学教育	西本三十二
8月号	巻頭言 教育のシステム化と放送教育	波多野完治
	放送大学への期待	西本三十二
	座談会 多教材時代における放送教育	馬場四郎, 日比野輝雄, 寺脇信夫
9月号	巻頭言 日本賞を“世界市民”の教材の芽に	吉田正
	特集 映像と思考	
	【特集】映像と幼児の思考	安田正夫
	【特集】放送教育と創造的思考	野津良夫
	【特集】放送と思考	松本正達
	座談会 これからの国語教育と放送教育	西本三十二, 清中喜平, 長橋席司
	実践研究 直聞直解の習慣形成をめざして	松田章
	放送大学の設立について	西本三十二
	中学校における学習指導の多様化	栗原喜久雄
10月号	巻頭言 教材基準の正しい理解と改訂を期待	松村謙
	エレクトロニクスの未来像と教育	高柳健次郎
	日本放送教育学会第15回大会シンポジウム 放送教育のビジョン	大内茂男, 野津良夫, 中野照海, 田中正吾, 西川卓男
	実践研究 放送学習の広がりと深まりを求めて	出雲市立第三中学校
	現場教師の見たアメリカの教育事情（1）	服部陽一
11月号	巻頭言 エレクトロニクスの発展と教育	大久保謙
	放送教育の現状を考える―放送教育の目標について―	西本三十二
	教育実践としての番組研究	多田俊文
	特集 誌上シンポジウム 全国大会の研究主題を巡って	
	【特集】放送教育の現代的役割	石川桂司
	【特集】考える・行動化する 能力の追求	蛯谷米司
	【特集】知性化・生活化の教育をめざして	岡村二郎
	【特集】情報処理能力の形成を核として	水越敏行
	【特集】放送の教材性と教養性を総合して	村井道明

月号	タイトル	著者
11月号	わたしの提言 受動的利用を乗り越える方向へ	高桑康雄
	現場教師の見たアメリカの教育事情 (2)	服部陽一
12月号	巻頭言 1970年をかえりみて	森戸辰男
	シンポジウム 生涯教育における放送利用 (1)	麻生誠, 波多野完治, 五十嵐淳, 松原治郎
	第7回学校放送教育賞入選の喜びを語る	(14名)
	昭和46年度幼稚園・保育所番組について	
	昭和46年度学校放送番組について（小学校）	
1月号	巻頭言 1971年への期待	西本三十二
	わたしの提言 授業構成のための積極的利用を	三枝孝弘
	シンポジウム 生涯教育における放送利用 (2)	麻生誠, 波多野完治, 五十嵐淳, 松原治郎
特集 第21回放送教育研究会全国大会の記録		
	【特集】てい談 国際化する教育と放送	西岡武夫, 森戸辰男, 川上行蔵
	【特集】こどもとテレビ	ヒルド・ヒンメルワイト, 辰見敏夫, 波多野完治
	【特集】教育革新の展望と課題	沼野一男, 森昭, 白根礼吉, 大野連太郎
	【特集】校種別全体会	萩野正順, 大岩真五, 日比野輝雄, 藤沼亘, 藤原鴻一郎
	沖縄見聞記 放送教育研究会全国大会沖縄大会に参加して	田口順次
2月号	巻頭言 先生と生徒の触れ合いを豊かにする番組	堀四志男
	学校放送番組合評 新しいテレビ番組を求めて	西本三十二, 清中喜平
特集 第21回放送教育研究会全国大会の記録		
	【特集】幼稚園・保育所/幼・保が共通の基盤に	大会事務局
	【特集】小学校/番組特性を生かした学習指導	大会事務局
	【特集】中学校/調和と統一のある教育を	大会事務局
	昭和46年度NHK学校放送番組について（中学校, 高等学校）	

月号	タイトル	著者
3月号	巻頭言 世界でもユニークな大事典	波多野完治
	わたしの提言 教材の量的選択から質的選択	高橋勉
	座談会 教育のシステム化と放送教育	西本三十二, 清中喜平
	第7回学校放送教育賞入選論文 探究能力の開発をめざして	石川県金沢市立緑小学校
	第7回学校放送教育賞入選論文 学習の近代化をめざす放送教育	福岡市立博多第一中学校
	第7回学校放送教育賞入選論文 僻地小規模校における放送教育全面導入の成果	山梨県立谷村工業高等学校定時制道志分校
	実践研究 学習の構造化と効率化をねらって	大木英男
	第21回放送教育研究会全国大会の記録 高等学校, 特殊学校	

主な連載：放送教育カルテ，コンサルタントルーム，学校放送利用プラン，VTR教育実践報告，校内放送研究，施設研究コーナー

1970年6月号

1970年6月号

1971（昭和46）年度 （通巻265〜276号）

月号	タイトル	著者
4月号	巻頭言 新しい社会における生涯教育	川上行蔵
	放送大学と公開大学	西本三十二
	システム化と最適化と	波多野完治
	わたしの提言 適切な授業分析と諸教材の系統化を	福村保
	特集 これからの教育の課題と放送の役割	
	【特集】アンケート これからの教育の課題と放送の役割	安藤鉄夫, 石川桂司, 伊藤昇ほか
	【特集】座談会 教育の課題と放送教育の展望	松村謙, 大内茂男, 高桑康雄, 赤松幹
	昭和46年度放送教育行政	五十嵐淳
	番組研究 新しい数学教育の場が誕生 新番組『中学生の数学』をめぐって	小林茂, 赤摂也, 仲田紀夫, 日比野輝雄, 有泉裕
5月号	巻頭言 放送のもつ教育力とその可能性	宮地茂
	教授・学習過程のシステム化と放送教材の利用	馬場四郎
	指導プラン作成にあたってどんな点に留意すべきか	有光成徳
	現代幼児教育と放送	鈴木博
	座談会 放送教育研究大会のあり方を求めて	西本三十二, 清中喜平, 家野修造ほか
	番組研究 「生活体験」から「生活意識」へ場を拡大 ラジオ道徳番組『行こうみんなで』『あすに向かって』のめざすもの	西尾豪之, 西村文男, 蓮池守一, 浦達也
	実践研究 理科学習の構造と放送教材の位置づけ	村岡耕治
	放送の利用と著作権	黒川徳太郎
6月号	巻頭言 受け手と送り手の交流で放送教育の深化拡大を	高橋勤
	教授心理学からみた「映像の構造」	多田俊文
	わたしの提言 教育の自己解体と再組織のなかで	木原健太郎
	座談会 未来をひらくための放送学習	西本三十二, 佐藤二郎ほか
	実践研究 映像読み取り指導の一方法	吉田貞介
	金沢市立緑小学校の「映像読み取り指導」を読んで	高村久夫
7月号	巻頭言 教育危機を乗り越える国際的協力体制	平塚益徳
	放送教育の実践的研究の展開―懸賞論文の内容分析から―	辻功
	情報処理能力と放送学習	西本三十二, 久故博睦ほか
	番組研究 技術と生活との結びつきを― ラジオ番組『技術と生活』をめぐって―	曽我部泰三郎, 韮塚節子

月号	タイトル	著者
7月号	実践研究 ラジオ教材の継続利用による子どもの思考の変容	相原要
8月号	巻頭言 校内放送の経験を地域教育に生かす	木原健太郎
	特集 校内放送研究	
	【特集】情報処理能力の育成と校内放送	野田一郎
	【特集】一学期のプラン＜小学校＞	田中美枝子
	【特集】二学期のプラン＜中学校＞	安部知之
	【特集】放送指導のプログラム	川浪富士夫
	【特集】放送資料の整備	春日芳
	【特集】アナウンスメント指導	伊藤節次
	わたしの提言 放送教材がもつ特性の再吟味を	島田啓二
	番組研究 ひとに学んで自らを考える― 高校生向け『わたしの人生』がめざすところ―	NHK学校放送部
	実践研究 豊かな学習を求めて―学級担任としての利用方法―	秋田県本荘市立新山小学校
	第12回放送教育賞 荒れはてた教育環境をたて直して	山本真一
	第12回放送教育賞 魅力あるメディアで考える学習を	佐藤二郎
	第12回放送教育賞 機器に先行する教師の主体性確立	柳沢喜孝
	第12回放送教育賞 "与えられる"から"立ち向かう"学習へ	中沢良三
9月号	巻頭言 放送学研究の意味と課題	一戸久
	現代教育における学習指導法の追求 ― 学習指導法の分析と問題点―（1）	中野照海
	教育放送の覚え書（1）	川上行蔵
	わたしの提言 教育に楽しさと心を	小倉喜久
	学校放送番組合評 新しいテレビ番組を求めて	西本三十二, 家野修造ほか
	実践研究 学校放送利用システムの変遷と展望	沢口衛
	実践研究 幼稚園・小学校の一貫性をねらった放送教育	福井県鯖江市立北中山小学校・幼稚園
	「プリ・ジュネース」談話会 青少年向けテレビ番組"お祭り"のレポート	布留武郎
10月号	巻頭言 金沢大会を全国的な研究交流の場に	織田富勝
	現代教育における学習指導法の追求 ― 学習指導法の分析と問題点―（2）	中野照海
	教育放送の覚え書（2）	川上行蔵
	放送教育とダイレクト・ティーチング	西本三十二
	わたしの提言 視聴能力と評価法の再検討を	野津良夫

月号	タイトル	著者
10月号	実践研究 放送教育の効果をこう考える	吉田秀三
	実践研究 主題の内面化をねらって	森隆一
11月号	巻頭言 時宜をえた適切な刊行	坂元彦太郎
	教育放送の覚え書（3）	川上行蔵
	わたしの提言 放送教材の特性を生かした指導法	村田昇
	座談会 学校放送の利用とそのプランニング	大内茂男，和田泰輔，鈴木鉊二，降旗経雄，西山昭雄，東和彦
	テレビの直接教育作用をたしかめる	西本三十二，家野修造ほか
	実践研究 放送教材利用の焦点ー教師の視聴眼ー	橋本昭
	実践研究 不毛の原野の開拓から	永田滋史
	実践研究 社会科学習と視聴ノート	原玲子
	実践研究 中学年の読書開眼に役立つ『みんなの図書室』	池上真澄
	番組制作と考証資料	畦上知男
12月号	巻頭言 成長した日本賞教育番組国際コンクール	吉田正
	特集 セサミ・ストリート	
	【特集】セサミ・ストリートと幼児教育	西本三十二
	【特集】私の見たセサミ・ストリート	鈴木博
	【特集】心の働きと番組の構造	宇佐美昇三
	【特集】幼児番組制作者から見たセサミ・ストリート	佐藤浩一
	【特集】セサミ・ストリートのスタジオ訪問	後藤田純生
	第8回学校放送教育賞入選のよろこび	
	昭和47年度幼稚園・保育所番組について	
	昭和47年度学校放送番組について（小学校）	
1月号	巻頭言 放送教育進展の年	西本三十二
	特集 第22回放送教育研究会全国大会の記録	
	【特集】これからの教育と放送	東洋，蛯谷米司，多田道太郎，坂元昂，中野照海，大野連太郎，品川孝子，中川善之助，水越敏行，小嶋秀夫，冨安芳和
	【特集】教育改革への提言	貝塚茂樹，木原健太郎，高木健太郎，林雄二郎，麻生誠

月号	タイトル	著者
1月号	【特集】校種別全体会レポート	原田澪子，大岩真五，宮本豊治，林三郎，藤原鴻一郎
	【特集】全国大会印象記	村上師幸，宮幸彦
	こんな特色と利用法があるー「放送教育大事典」	馬場四郎，斎藤伊都夫，和田泰輔，畠山芳太郎
	レコード・ライブラリーーNHK資料センターよりー	萩原執孝
2月号	巻頭言 大学間の交流を促進する一助に	堀四志男
	対談 人間教育と放送	湯川秀樹，西本三十二
	第8回学校放送教育賞入選論文 桜塚小学校の放送利用・継続視聴10年の歩み	大阪府豊中市立桜塚小学校
	第8回学校放送教育賞入選論文「城北教育」の現代化に果たした放送教育の役割とその展望	愛知県岡崎市立城北中学校
	沖縄は放送教育に期待するー第6回放送教育研究会沖縄大会を訪れてー	林三郎
	訪問指導による特殊教育	山下清雄
	昭和47年度NHK学校放送番組について（中学校，高等学校）	
3月号	巻頭言 新しい教育機器の活用とソフトウエア	諸沢正道
	わたしの提言 映像教育への志向を	宇川勝美
	実践研究 放送番組を統合する理科授業の研究	奥田五郎，藤村茂
	実践研究 映像を中心に探究的に考え調べる子をめざして	神奈川県川崎市立向丘小学校
	実践研究 放送が流す論理を受容する能力を数値化する試み	石戸励
	全国を一学区とした通信制高校ー創立10周年を迎えるNHK学園ー	河野次男

主な連載：実践講座，NHK録音・映画・録画教材，NETテレビ，プランニング，校内放送研究，施設研究コーナー

1972（昭和47）年度　（通巻277〜288号）

月号	タイトル	著者
4月号	巻頭言　大学教育放送の新しい模索	前田義徳
	特集 放送利用の年間プラン	
	【特集】学校放送を利用した年間指導計画	松村謙
	【特集】学校放送番組制作の姿勢	赤松幹
	【特集】わたしの放送利用 放送利用の年間計画	林理代，馬場淳子，鈴木勢津子，村岡耕治ほか
	対談 放送教育の進展を目ざして	西本三十二，蛯谷米司
	世界教育テレビセミナー 放送が教育にもたらすもの	大内茂男，吉田正
	昭和47年度視聴覚教育行政の重点施策	山中昌裕
5月号	巻頭言 幼児教育から成人教育まで―生涯教育における放送の役割―	有光次郎
	放送学習の指導と評価	西本三十二，久故博陸
	理科番組の教育特性とその利用	蛯谷米司
	わたしの提言 放送教育におけるシステム化の問題点	阿久津喜弘
	実践研究 発展的な思考の体制を育てる 小学校中学年社会科テレビ番組の有効性と必要性	佐々木勲
6月号	巻頭言 子どもの主体的な活動を軸に	重松鷹康
	放送大学と大学放送	西本三十二
	社会科番組の教育特性とその利用	小林信郎
	わたしの提言 放送教育に教師の主導性を	吉田章宏
	スタジオから教室から 画面とことば 小学校低学年社会科	浜田陽太郎，松村謙，石川朋郎，滝田澄子，貴志昌夫・網島富美子
	自作録音録画教材コンクール入選台本	弥永志津夫，石水修二，大瀬敏克，甑純夫
7月号	巻頭言 効率的な教育と人間形成との調和を	森戸辰男
	国語科番組の教育特性とその利用	倉沢栄吉
	座談会 視聴ノートから子どもの変容をさぐる	西本三十二，清中喜平ほか
	スタジオから教室から テレビと自然観察 小学校低学年理科	杉村富美子，関口敏雄，堀江固功
	スタジオから教室から 考える力を育てる 小学校中学年理科	五十嵐寿，黒田弘行，清水堯，宮下久男
	自作録音録画教材コンクール入選台本	藤森章，有川滋男
	実践研究 化学反応の指導の研究	石戸励

月号	タイトル	著者
8月号	巻頭言 教師の創造性・自発性と教育機器の活用	奥田真丈
	特集 教育システム化の周辺	
	【特集】教授・学習過程と放送教育	東洋
	【特集】教授・学習システムと放送利用	三枝孝弘
	【特集】授業過程としてのテレビ映像	滝沢武久
	【特集】教育工学の発展と放送教育	多田俊文
	【特集】発見学習と放送教材の接点	水越敏行
	共同研究 放送を核とする総合学習	西本三十二，家野修造，津岡敬一，河田泉夫
	脳と教育	時実利彦
	わたしの提言 テレビ教材独自の機能を生かす	西本洋一
	地域教材の開発とその利用―自作録音録画教材コンクール入選作品の制作と利用をめぐって―	弥永志津夫，林三郎，高橋増雄ほか
	スタジオから教室から 問題構成の視点 小学校高学年理科	村岡耕治，堀江固功，新沼孝夫，小国伝蔵
	高等学校における教育の改善と放送利用について	全国高等学校放送教育研究会調査研究委員会
9月号	巻頭言 教育の生産性を高める	山口勝寿
	数学科番組の教育特性とその利用	仲田紀夫
	放送大学番組の教室学習（中間報告）	西本三十二，瀬川武美
	座談会 幼児番組の利用をめぐって 子どもの反応を生かしながら『じんざえもんと5人のともだち』	花田登由子，西平勝美，高倉真記子，高木励治
	座談会 幼児番組の利用をめぐって 生活への積極的な意欲『みんなのせかい』	貫名清子，沢井悦子，楽市豊子，岩間辰弥，小林弘明
	座談会 幼児番組の利用をめぐって 遊びのなかから知的な芽を『びっくりばこドン』	山田涼子，中美智子，秋田久美枝，武井照子，佐々木敦
	スタジオから教室から 「集合」の考え方をつくる『いちにのさんすう』	滝沢武久，西内久典，嘉部好修，安達勉，坂本茂信
	視聴覚教育研修カリキュラム標準案	文部省社会教育審議会教育放送分科会
	実践記録 読書放送番組の利用	
10月号	巻頭言 映像独自の働きを生かして授業改造	蛯谷米司
	音楽番組の教育特性とその利用	真篠将
	放送学習と情報処理能力	西本三十二，久故博睦

月号	タイトル	著者
10月号	わたしの提言 人間を基底にした機器の活用	山口勝寿
	わたしの提言 普及方法の体系的研究	辻功
	スタジオから教室から 表現学習とテレビの役割 ―笛をふこう―	高橋清，浜口嘉久子，末吉保雄，杉村靖弘，岩浅農也
	スタジオから教室から テレビの特性を見直そう―音楽番組と映像―	山本かほる，飯島鉐良，大羽襄，坂本茂信
	視聴覚教育研修カリキュラム標準案について	有光成徳
11月号	巻頭言 豊かな人間形成と放送の役割を追求	松村謙
	シンポジウム 放送教育における視聴能力	蛯谷米司，大内茂男，白根孝之，滝川晃三，野津良夫
	わたしの提言 視聴能力を育てる活動の組織化を	髙桑康雄
	スタジオから教室から 映像の見方を育てる―『テレビの旅』を利用して―	多田俊文，岸たつ枝，松本盛男，内川隆，岩浅農也
	性教育の現状と放送教育	NHK教育局性教育番組プロジェクトチーム
	海外における「国語」「文学」番組の傾向「日本賞」教育番組国際コンクール参加番組から	
	実践研究 テレビ映像構造（機能）がもたらす映像的思考の発達	野々村忠
	実践研究 校内における研修カリキュラム	野田一郎
12月号	巻頭言 学習者の立場に立って	織田富勝
	道徳番組の教育特性とその利用	大内茂男
	わたしの提言 放送学習の特質と視聴反応の考え方	金築修
	スタジオから教室から 生活ドラマと道徳指導『明るいなかま』をめぐって	岩間芳樹，坂本誠，杉本勝久，坂本茂信
	スタジオから教室から 地域化と一般化『ひらけゆく町』をめぐって	大久保明夫，白寄宮穹，児島令版，本吉光男，岩浅農也
	校内における研修カリキュラム―放送利用・VTRを中心に―	柴田恒郎
1月号	巻頭言 一九七三年の放送教育	西本三十二
	特集 第23回放送教育研究会全国大会の記録	
	【特集】総合全体会 豊かな人間をめざして 視聴能力とは何か	蛯谷米司，秋田久実枝，榎谷利明，滝川晃一

月号	タイトル	著者
1月号	【特集】総合全体会 豊かな人間をめざして 放送教育に対する教師の意識	菊地信彦
	【特集】総合全体会 豊かな人間をめざして 映像の教育機能を生かす	東洋，蛯谷米司，羽仁進，山田宗睦
	【特集】校種別全体会 視聴能力の究明	原田澪子，大岩真五，小林正太郎，林三郎，鈴木一美
	【特集】広島大会／スタートからゴールまで	木原恵
	【特集】沖縄会場レポート	原田澪子
	【特集】放送教育機器展レポート	青柳佳之
	沖縄放送教育紀行	西本三十二
	わたしの提言 少年教育からのアプローチ	斎藤伊都夫
	巡回ライブラリーを創設 日本賞の成果を世界各地に	吉田正
	第9回学校放送教育賞 放送の生活化と取り組んで「見るテレビ学習」から「活用するテレビ学習」へ	高松市立亀阜小学校
2月号	巻頭言 テレビ時代だからこそことばをたいせつに	岩淵悦太郎
	英語科番組の教育特性とその利用	宍戸良平
	スタジオから教室から 多教材時代の英語教育	青木清，大河内武久，三井俊一，浜田陽太郎
	第9回学校放送教育賞 幼児と放送教育	滋賀県野洲郡中主町立中主幼稚園
	理科番組における興味反応と理解反応	谷口弘一，佐藤克彦
	昭和48年度幼稚園・保育所番組について	
	昭和48年度学校放送番組について（小学校）	
3月号	巻頭言 弾力的な利用形態と多様な組合わせを	細谷俊夫
	放送大学番組の教室学習（中間報告つづき）	西本三十二，瀬川武美
	わたしの提言 二つの放送教育実践論	安藤忠吉
	学校放送教育賞 放送教育五か年の歩み	福島県伊達郡梁川小学校
	昭和48年度NHK学校放送番組について（中学校，高等学校）	

主な連載：わたしの放送利用，NHK録音・映画・録画教材，NETテレビ，校内放送研究，施設研究コーナー

1973（昭和48）年度　（通巻289〜300号）

月号	タイトル	著者
4月号	巻頭言 教育方法改善のテコとして	岩間英太郎
	効率化と個性化の接点を求めて	水越敏行
	昭和48年度の視聴覚行政	山中昌裕
	対談 学校経営と放送教育	松村謙，阿部義理
	スタジオから教室から 道徳指導と人形劇 小学校低学年	児島令枝，岡崎明俊，大高晋，岩浅農也
	スタジオから教室から『探求の科学』とテレビ	服部陽一，森川哲次郎，玉木孚，浜田陽太郎
	実践記録 教育の現代化と放送教育の日常化	佐賀市立北川副小学校
	第九回学校放送教育賞 わが校の放送教育	柏崎市立中通中学校
5月号	巻頭言 放送利用の成果を高めるために	豊田昭
	教育の個性化と放送教育	三枝孝弘
	インタビュー 人間主義における教育機器の利用	村井実
	スタジオから教室から 名作と映像表現 小学校低学年	浜田陽太郎，黒田淑子，佐々木巳枝，森久保仙太郎，坂元英子
	スタジオから教室から 新しい高校理科教室	小倉鐐二，塚原徳道，西山正，玉木孚
	実践研究 学習意欲を育てる学校放送の利用	相原要
	実践研究 歴史教育と放送の役割―学校放送『美術の世界』継続の視聴を中心に―	鶴崎裕雄
	第九回学校放送教育賞 高校教育の体質改善を求めて	札幌竜谷学園札幌女子高等学校
6月号	巻頭言 主体的活動としての情報処理	大内茂男
	フィーリング・映像・思考	麻生誠
	幼稚園における放送教育経営	鈴木博
	インタビュー 子どもに直接に働きかける	重松鷹泰
	放送学習とダイレクト・ティーチング	西本三十二，清中喜平ほか
	スタジオから教室から 数学的思考とテレビ	岡本光司，仲田紀夫，松井幹夫，西内久典，浜田陽太郎
	学習指導を充実させる放送教材の利用―社会科・理科を中心に―	埼玉県大里郡岡部町立榛沢小学校
7月号	巻頭言 夏休みの自主的な学習設計に	沢田晋
	放送利用と研修―放送利用の特性を考えた研修をどう組織するか―	髙桑康雄
	インタビュー これからの教育と放送教育	平塚益徳
7月号	対談 教育機器の利用を高める戦略・戦術―高校理科―	大内茂男，有光成徳
	豊かな人間を育てる放送教育	西本三十二，石田誠治ほか
	スタジオから教室から 自発的学習とテレビ番組	五十嵐辰男，高橋茂生，白瀬司郎，玉木孚，安達俊雄
	実践研究 豊かな人間性の育成	宮城県泉市立根白石中学校
	実践研究 テレビ教材をどう学習に利用するか	乾実
8月号	巻頭言 家庭・学校・社会の有機的連携	斎藤伊都夫
	『マイクの旅』の訓えるもの	波多野完治
	インタビュー 国際化の時代に対応して―国際理解を深めるための教育と放送―	吉田正
	思考力を育てるテレビ学習	西本三十二，松葉弘ほか
	生涯教育における放送利用のあり方 その効果と発展（1）	室俊司，雪江美久，羽仁進，神山順一
	スタジオから教室から 教室でできない理科	玉田泰太郎，山下和夫，堀江固功，坂本茂信
	実践研究 名作番組を利用しての反応―低学年番組のみる，きくを通して	佐々木巳枝
9月号	巻頭言 情報処理能力の育成に力点を	斎藤実
	放送教育の効果的指導法	辻功
	インタビュー 情報処理能力の育成と放送学習	大内茂男
	生涯教育における放送利用のあり方 その効果と発展（2）	室俊司，雪江美久，羽仁進，神山順一
	座談会 放送教育の施設設備はどうあるべきか	田甫勝次，長谷川忍，日比野輝雄，山本幹夫
	スタジオから教室から 生活ドラマ番組を考える	福沢平一，浅野加寿子，菊池道彦，佐多光昭，小滝一志，岩淵真佐子，蓮池守一，多田俊文
10月号	巻頭言 社会教育における放送利用の充実・拡充を	佐伯信男
	教育における情報処理	蛯谷米司
	放送学習と放送利用学習	安藤忠吉
	映像と言語	岡田晋
	スタジオから教室から 見つめる力を育てる	井越喜春，牧野博太郎，宮沢照幸，中路俊弘，安達俊雄

月号	タイトル	著者
11月号	巻頭言 放送教育の進展に一歩を進めた札幌大会	斑目文雄
	知的生産第一主義と映像の可能性	多田俊文
	放送と思考力	永野重史
	座談会 札幌大会を語る（上）	西本三十二，清中喜平，安藤忠吉，内館祐二，西田光男，小田自郎，堀川勉
	スタジオから教室から 産業学習とテレビ	高橋芳秋，佐島群巳，海老原正寿，多田俊文
	実践研究 テレビ教材を学習活動にどう位置づけたらよいか―理科指導とVTR―	乾実
	教材基準とその経費の扱い方	有光成徳
12月号	巻頭言 実用的な面と純理論的な面と	布留武郎
	特集 第24回放送教育研究会全国大会の記録	
	【特集】総合全体会 放送学習はどのようにとらえていったらよいか	辻功，蛯谷米司，奈良英夫
	【特集】児童の主体的な学習展開を軸に―「瀬戸内海の漁業」から―	松本和子
	【特集】シンポジウム ひとりひとりが豊かに伸びる教育をめざして	桑原万寿太郎，手塚治虫，滝沢武久，安藤鉄夫
	【特集】校種別全体会レポート	早坂一正，井口尚之，村上師幸，林三郎，佐藤昌一
	座談会 札幌大会を語る（下）	西本三十二，清中喜平，安藤忠吉，内館祐二，西田光男，小田自郎，堀川勉
	スタジオから教室から 自然への目をどう開く―テレビと保育―	蛯谷米司，永柴澄恵，高木欣治
1月号	巻頭言 教育放送は将来にわたって必要	ゲルハルト・マレツケ
	新春対談 昭和50年代の放送と教育	小野吉郎，西本三十二
	放送利用と効果の測定について	坂本昂
	国際的な教育番組の質的向上を目ざして	クレオレンス・カーペンター
	スタジオから教室から 名作のテレビ番組化	多田俊文，鈴木勢津子，荒木千春子，坂本英子
	第10回学校放送教育賞 よりよい授業を求めて ―放送利用10年の歩み―	東京都府中市立府中第一小学校
	第10回学校放送教育賞 親と共に―親子同時視聴記録から―	山形県酒田市天真幼稚園
	実践研究 放送教材をバネとした社会科学習	小久保聖

月号	タイトル	著者
2月号	巻頭言 内容の充実と質的向上をめざして	豊田昭
	放送学習における教師の役割	西本三十二，久故博陸ほか
	スタジオから教室から 理科番組の資料性	青木啓嘉，細越良三，山極極，玉木孚，坂本茂信
	実践研究 放送の特性を生かした保育のあり方を求めて	広島県呉市仁方保育所
	実践研究 ゆたかな情操とするどい探究心を伸ばすために	福島県いわき市立湯本第二小学校
	昭和49年度幼稚園・保育所番組について	
	昭和49年度学校放送番組について（小学校）	
3月号	巻頭言 放送教育300号に思う	坂元彦太郎
	放送教育を設計する―新学期に備えて	西本三十二，清中喜平
	スタジオから教室から 教室でできない社会科	蜂谷義雄，本間良子，勝山良彦，浜田陽太郎
	第10回学校放送教育賞 情報処理能力の育成をめざして	北海道札幌市立北辰中学校
	昭和49年度NHK学校放送番組について（中学校，高等学校）	

主な連載：社会放送教育ノート，わたしの放送利用，NHK録音・映画・録画教材，NETテレビ，校内放送研究，施設研究コーナー

1974（昭和49）年度　（通巻301〜312号）

月号	タイトル	著者
4月号	巻頭言 新学年と放送教育	西本三十二
	教育の革新と映像の役割	佐藤三郎
	授業システム化と放送学習	上野辰美
	教育における放送利用の促進―昭和49年度視聴覚教育行政―	佐伯信男
	座談会 放送教育―その現状と目ざす方向―	奥田真丈，中野照海，児玉邦二，松村謙
	座談会 新番組の方向―音楽番組―	陣内省三，灘友瑛，三輪準一郎，植村脩，杉村靖弘，浜田陽太郎
	放送教育実践論 体験的放送学習論	西田光男
	実践記録 情報化社会に対応する地学教育	山田幹夫
	アンケート 昭和49年度わたしの放送利用	藤本福雄，松葉弘，恒川努ほか
5月号	巻頭言 映像教育としての放送	森戸辰男
	誌上シンポジウム 教育実践における番組研究	辻功
	意見1 「教材概念」の本質論的再検討を―「シリーズ構成」研究へ―	多田俊文
	意見2 番組研究の進め方―「視聴記録」の累積と分析	宮地重雄
	意見3 子どものために役立つ番組研究を	蓮池守一
	放送学習を考える―その基盤をささえるもの―	西本三十二，清中喜平ほか
	座談会 学校放送の課題	浜田陽太郎，多田俊文，石田岩男
	放送教育実践論 自主的な問題解決の能力の育成	鈴木勢津子
6月号	巻頭言 新しい放送教育の発展を願って	川上行蔵
	放送学習の本質は問題解決的思考である	蛯谷米司
	てい談 社会学習の本質と放送学習のかかわり	西本三十二，池田誠一郎，湯浅益一
	放送教育実践論 学習の本質を追求する放送学習―子どもの反応をよりどころとして―	久故博睦
	実践研究 主体的な学習態度の育成をめざす放送教材の活用	春山国行
7月号	巻頭言 放送教育独自の機能を生かす	浜田陽太郎
	誌上シンポジウム 放送学習と主体的学習	滝沢武久
	意見1 先行するのは主体的学習の成立条件	小林学
	意見2 『放送学習』一般論は無意味である	宇佐美寛
7月号	意見3 姿勢の柔軟さが主体的学習を生む	村上師幸
	放送教育実践論 新しい人間としての価値をつくる放送教育	吉田秀三
	実践研究 学校放送を利用した映像時代の教育	埼玉県幸手町立吉田第一小学校
8月号	巻頭言 子どもの心をゆさぶるものを	小山昌一
	放送教育の現代教育における意義―生涯教育の観点から―	斎藤伊都夫
	中学校・高等学校における放送利用の特質	秋山隆志郎
	教科学習における放送利用＜1＞放送利用と国語	倉沢栄吉，田中美枝子，北村清，多田俊文
	放送教育実践論 探究する理科学習―見る・聞く・考える力を育てる―	大平司
	実践研究 報道番組を社会科学習に生かす試み―『近畿の話題』と『わたしたちのくらし』（4年）の継続視聴指導をとおして―	岡尾重
9月号	巻頭言 教育機器の活用で教育の効果を	玉置敬三
	誌上シンポジウム 放送学習における教師の役割	水越敏行
	意見1 自主発展学習への勧誘と助力を	松葉弘
	意見2 番組の改善・充実に役立てる	長谷川忍
	意見3 水越理論に対する三つの疑問	大内茂男
	教科学習における放送利用＜2＞放送利用と社会科	佐島群巳，春山国行，鈴木一男，津下正孝
	放送教育実践論 放送の単元利用	笠原治
10月号	巻頭言 文字文化偏重からの脱却	倉沢栄吉
	誌上シンポジウム〔放送学習の評価〕日常の目こそ名人の目	多田俊文
	意見1 学習過程そのものを血潮脈打つ評価過程として	奈良英夫
	意見2 具体的な目安の確立を	富永重作
	意見3 評価の科学化の重視	中野照海
	教科学習における放送利用＜3＞放送利用と理科	伊神大四郎，荻須正義，鈴木勢津子，和田泰輔
	放送教育実践論 自主的・創造的な生活態度の育成	瑞穂光子
11月号	巻頭言 学校経営と放送教育	田甫勝次
	教科学習における放送利用＜4＞放送利用と音楽	泉靖彦，水野允陽，末吉保雄，楢原正
	放送教育実践論 多元論的放送教育の設計	寒川孝久

336　NHK 放送文化研究所年報 2023

月号	タイトル	著者
12月号	巻頭言 現代の幼児教育と放送	小山田幾子
	誌上シンポジウム 多教材時代の放送教育の役割	宇川勝美
	意見1 放送本来の特性を助長する工夫を	野津良夫
	意見2 直接教育作用をこそ生かすべき	家野修造
	意見3 効率的な教授指導の組織化を	滝川昇三
	放送教育実践論 学級経営に放送を生かす教師の役割	牧野博太郎
	実践研究 多教材時代における放送番組の利用	山田幹夫
1月号	巻頭言 放送教育の新展開ー第25回東京大会をかえりみてー	西本三十二
	新春対談 放送教育／回顧と展望	森戸辰男，西本三十二
	特集 第25回放送教育研究会全国大会の記録	
	【特集】あすへの出発＜放送と教育を語ろう＞	永井道雄，真鍋博，中野照海，西本三十二，冨田義美，西沢実，デビッド・グリフィス，佐藤忠男，樋口恵子，鈴木健二，河辺冽子
	【特集】校種別全体会レポート	高杉自子，井口尚之，小林正太郎，水越勇，河合久治
	放送教育実践論 日常化されてこそほんものに	江口友之
2月号	巻頭言 教育の動向に積極的に対応ー昭和50年度の学校放送番組編成にあたってー	沢田晋
	教科学習における放送利用＜4＞放送利用と道徳	西村文男，橋本誠司，児島令枝，蓮池守一
	第11回学校放送教育賞 放送による幼稚園と家庭の連携をめざして 放送教育19年のあゆみー	東京都文京区立第一幼稚園
	第11回学校放送教育賞 放送教育の伝統を生かし未来に生きる人間形成をめざす教育実践	徳島県鳴門市立瀬戸小学校
	放送教育実践論 放送教育における評価 聞くこと・話すことの学習に「ラジオ国語教室」を取り入れた場合	井沼敏子
	昭和50年度幼稚園・保育所番組について	
	昭和50年度学校放送番組について（小学校）	

月号	タイトル	著者
3月号	巻頭言 放送事業開始50周年に想う	荒川大太郎
	第11回学校放送教育賞 幼児ひとりひとりの主体的な行動を伸ばすためー全園体制による継続視聴の実践を通してー	札幌市・幌東幼稚園
	第11回学校放送教育賞 子どものつくる放送学習ー放送学習の分析を通して一般化をはかるー	札幌市立曙小学校
	実践記録 視聴能力を高めるための実践	長嶋徒利
	昭和50年度NHK学校放送番組について（中学校，高等学校）	

主な連載：わたしの放送利用，NHK録音・映画・録音教材，放送教育相談室，放送教育実践講座，へき地教育と放送，生涯教育と放送，校内放送活動，施設研究コーナー

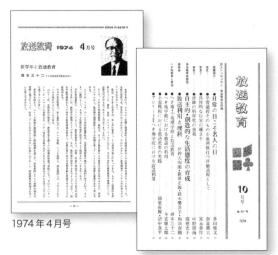

1974年4月号

1974年10月号

1975（昭和50）年度 （通巻313～324号）

月号	タイトル	著者
4月号	巻頭言 教育の革新と放送教育	永井道雄
	新文相に望む	西本三十二
	新年度にあたっての放送利用の体制づくり	有光成徳
	教師の放送教育観を考える	秋山隆志郎
	座談会 現代っ子の道徳指導	蓮池宇一, 久保田昌子, 橋本誠司, 碓井時子
	放送教育実践論	
	番組研究 低学年におけるテレビの役割を考えるー『あいうえお』『いちにのさんすう』の誕生にあたって	堀江固功, 赤堀正宜, 杉依孝, 高須賀清, 西内久典, 山根宏之
	"さんすう"は楽しいー『いちにのさんすう』一つの実例報告ー	西内久典
	"見る"ことから豊かな言語活動へー『あいうえお』誕生までー	村山重則
	人間にとって自然とは何かー『みどりの地球』	遠藤二郎
	放送教育実践論 放送による放送のための一回想的放送教育私論ー	小田自郎
5月号	巻頭言 教育テレビの可能性を生かす	W・シュラム
	特集 映像を考える	
	【特集】イメージ・映像＝教育 ー映像の教育性と映像教育ー	岡田晋
	【特集】映像社会と放送教育	山村賢明
	【特集】曖昧さの中で人の心と心を結ぶ	堀江固功
	【特集】組み合わせの中で意味をつくる	西川進一
	【特集】座談会 映像を考える	波多野完治, 大内茂男, 高桑康雄
	放送教育実践論 放送の特性を生かすことが肝要であるーラジオ名作番組によって読解力・読書力を培うー	板尾英之
	番組研究 強化される高校向けラジオ番組	
6月号	巻頭言 へき地教育と放送の活用	天城勲
	特集 放送の統合的機能	
	【特集】放送教材の統合的機能ー放送教育に新たな活力を与えるためにー	中野照海
	【特集】放送の総合的な機能を生かした利用	松村謙
	【特集】番組研究 環境教育としての『みどりの地球』	小尾圭之介, 影山一夫, 細井元, 遠藤二郎, 杉本勝久
	【特集】『みどりの地球』環境教育の立場からの利用	旭スズエ
	【特集】教科の枠を越えてー理科教室四年生「川の水のはたらき」をみてー	水野寿夫

月号	タイトル	著者
6月号	【特集】自主学習の芽を育てた視聴の生活化	溝内玲子
	講座 映像を考える<1>教師にとって映像研究とは何か	波多野完治
	放送教育実践論 スイッチポンによる放送学習の日常化	嘉村迪也
	実践記録 テレビ視聴による理科学習の実際	川端下英夫
7月号	巻頭言 こどもとテレビ	布留武郎
	特集 放送利用の学習指導案	
	【特集】放送利用の学習指導案作成上の留意点	長谷川忍
	座談会「放送利用の多様化」の問題点<上>	西本三十二, 家野修造, 久故博睦, 清中喜平
	講座 映像を考える<2> 映像的コミュニケーションと言語的コミュニケーション	阿久津喜弘
	実践記録 放送教材を取り入れた社会科指導ー六年『くらしの歴史』を継続視聴してー	兼松靖
8月号	巻頭言 本格的テレビの時代へ	高柳健次郎
	座談会「放送利用の多様化」の問題点<下>	西本三十二, 家野修造, 久故博睦, 清中喜平
	座談会 環境教育をどのようにすすめるか	川端下英夫, 柴田恒郎, 鈴木一男, 津下正孝
	講座 映像を考える<3>映像のもつ意味とはたらきー言葉との対比でー	外山滋比古
	放送教育実践論 複伏線型放送学習の構想ー社会科教材を中心にー	佐々木勲
	実践研究 五歳児の継続視聴をとおして『プルルくん』に期待すること	早坂直子
9月号	巻頭言 向こうにあるものを主体的にとらえる	坂元彦太郎
	特集 放送教育における発展学習	
	【特集】放送教育と主体的学習	重松鷹康
	【特集】経験の統合・転移をめざしてー理科四年「空気の温度」ー	大塚俊郎
	【特集】生徒の手でしくレールの上を	石垣克之
	学校放送の指導とその効果	菊地信彦
	講座 映像を考える<4>思考における映像	宇佐美昇三
	放送教育実践論 わたしの放送教育観の変遷	家野修造
10月号	巻頭言 考える力を育てる教育と放送	大内茂男
	特集 考える学習と放送教育～社会科～	
	【特集】考える学習と放送教育の力ー社会科を中心にー	多田俊文

月号	タイトル	著者
10月号	【特集】問題意識を誘発し考える場をつくる	松本盛男
	【特集】座談会 考える学習と放送教育〜社会科『テレビの旅』を手がかりに〜	古川清行，松本盛男，原玲子，武田光弘，海老原正寿
	講座 映像を考える<5>映像のはたらきー行動化・転位	野津良夫
	放送教育実践論 創造性を伸ばすテレビ学習	門谷巌
11月号	巻頭言 鹿児島大会を迎えて	安楽久男
	座談会 発展学習とひとり立ちの学習ー鹿児島大会から奈良大会へー	西本三十二，本霊元朝，久故博睦，松葉弘，清中喜平
	特集ー考える学習と放送教育〜理科〜	
	【特集】放送学習と発展学習ー考える学習と放送教育ー	蛯谷米司
	【特集】教師も高まりつつ子どもの思考力を高めるー小学校『理科教室』の利用ー	和田泰輔
	【特集】知るために考える 考えるために知りたくなるー中学校『理科教室』の利用ー	宮原喜志雄
	【特集】番組研究 考えさせる番組としての『理科教室』	堀江固功
	【特集】番組研究 鍛え鍛えられる関係づくりー小学校理科番組の場合ー	浦川朋司
	【特集】番組研究 典型的な思考の流れの提示ー小学校理科番組の場合ー	船山真一
	講座 映像を考える<6>テレビ映像の構造とはたらき	小倉喜久
	放送教育実践論 幼児と放送ー放送も経験のひとつ	原田吹江
12月号	巻頭言 生涯教育とテレビ	五十嵐淳
	ひとりだちの学習と放送学習	太田静樹
	講座 映像を考える<7>テレビ映像の意味ーメディア論的視角から	後藤和彦
	放送教育実践論 わが放送教育観の変遷	恒川努
	自作録音録画教材コンクール入選発表	
1月号	巻頭言 激動の五〇年代と放送教育	西本三十二
	特集 第26回放送教育研究会全国大会の記録	
	【特集】総合全体会 テレビ/先生・おかあさんー教育と放送を語ろうー	池田弥三郎，篠田正浩，サトウサンペイ，鈴木健二ほか
	【特集】校種別全体会レポート	林理代，田口順次，柏田良次，林三郎，安楽一成

月号	タイトル	著者
1月号	【特集】あなたにこたえる教育機器実践講座	全放連施設研究委員会
	【特集】大会関連座談会 創造的な人間の育成をめざして	山下静雄，蛯谷米司，水越敏行，秋山隆志郎
	講座 映像を考える<8>映像の情動機能と認知機能	水越敏行
	放送教育実践論 全人的な放送教育へ	中村紀郎
2月号	巻頭言 情報を選択し生かしていく力を	稲垣守
	誌上シンポジウム 奈良大会のめざすもの（12月号「ひとりだちの学習と放送学習」を受けて）	
	意見1 放送教育研究の歴史的課題	蛯谷米司
	意見2 いっそうの論理と意欲的実践を	安藤忠吉
	意見3 奈良大会への七つの注文	水越敏行
	第12回学校放送教育賞 本校教育の柱としての放送教育のあゆみ	鹿児島県鹿児島郡桜島町立桜峰小学校
	第12回学校放送教育賞 豊かな人間育成をめざした放送教育	栃木県塩谷郡喜連川町立上江川中学校
	放送教育実践論 わたしの放送教育観ー学校経営の立場から一	横井粛
	昭和51年度幼稚園・保育所番組について	
	昭和51年度学校放送番組について（小学校）	
3月号	巻頭言 放送で豊かな人間性を育てる	井口尚之
	誌上シンポジウム 奈良大会のめざすもの（12月号「ひとりだちの学習と放送学習」を受けて）	
	意見4 未来をめざす幅広い放送教育の研究に期待	坂本昂
	意見5 総合的知識を映像で学び表わす実践を	多田俊文
	意見6 奈良大会の基調提案を読んで	辻功
	第12回学校放送教育賞 明日を創造する生徒のための放送番組を利用してー実践活動ー九年のあゆみー	東京都・工学院大学高等学校
	実践記録 統合学習としての環境教育	川端下英夫
	昭和51年度NHK学校放送番組について（中学校，高等学校）	

主な連載：わたしの放送利用，へき地教育と放送，環境教育と放送，生涯教育と放送＝子どもとテレビ，校内放送活動，施設研究コーナー

1976（昭和51）年度　（通巻325〜336号）

月号	タイトル	著者
4月号	巻頭言 子ども自身の判断力・批判力を	内村直也
	生涯教育のための一つの視点—同時視聴の二つの目標について—	波多野完治
	高校放送教育の課題	上野辰美
	教室教師＝学校放送＝番組制作者 私たちに何ができるか 〜番組制作者からの提言〜（その1）	堀江固功
	新番組の顔 幼児向け『風の子ケーン』失われたロマンの世界を	宮沢乃里子
	新番組の顔 中学生向け『ことばの世界』豊かな言語生活を育てる	赤堀雅宜
	新番組の顔 中・高校生向け『Watch and Listen』生きた自然な英語を聴く	磯貝千足
	新番組の顔 高校生向け『地球と人間』自然を総合的に把握する	横堀楠生
	放送教育実践論 放送学習を通じたより楽しい授業の創造	嵯峨悦子, 鈴木清司, 大沢正子
	実践記録 放送を核とした発展的保育のあり方	南弘美
	実践記録 放送学習による道徳教育の実践『大きくなる子』の視聴能力の育成をめざして	清水徳子
	実践記録 より広い学習への発展をめざして—英語放送の利用をとおして—	中村幸輔
5月号	巻頭言 障害児教育における放送利用	大内茂男
	放送教育の最近の傾向—「学校放送利用の現状」調査から—	秋山隆志郎
	随想 高野山大会の思い出	西本三十二
	教室教師＝学校放送＝番組制作者 学校放送は一人一人に働きかけうるか	小倉喜久
	教室教師＝学校放送＝番組制作者 私たちに何ができるか 〜番組制作者からの提言〜（その2）	堀江固功
	講座 映像を考える＜9＞テレビにおける映像の構造	坂元彦太郎
	放送教育実践論 テレビ理科番組の特性をいかした指導	中川美和子
	実践記録『ふえはうたう』を利用して	綿貫光繁
	実践記録 児童の認識に果たすテレビ教材の機能	乾実
6月号	巻頭言 話しことばの文化と放送	倉沢栄吉
	国語の学習とテレビ —丸谷氏の批判をうけて—	田近洵一
	随想 米国教育使節団—キャンデルとカウンツ博士—	西本三十二
	教室教師＝学校放送＝番組制作者 学校放送番組作者に期待すること	蛯谷米司
	講座 映像を考える＜10＞テレビ映像をつくる	青木賢児
	放送教育実践論 わたしの放送教育観	内館祐二

月号	タイトル	著者
6月号	実践研究 学校放送から教師もともに学ぶ実践を求めて	東京都北区立赤羽台西小学校
	実践研究 みずから学ぶ児童をめざして	神谷進
7月号	巻頭言 ゆとりのある教育と放送の活用	諸沢正道
	授業の構造と放送教材	岩浅農也
	放送をとり入れた授業の留意点—放送教育の普及のために—	三井知夫
	随想 国民学校放送の成立	西本三十二
	教室教師＝学校放送＝番組制作者 教室教師と番組制作者の役割〜利用現場の立場から〜	池上真澄
	講座 映像を考える＜11＞映像文化とはなにか	佐藤忠男
	放送教育実践論 豊かな人間形成を目ざした放送教育の探究	村岡耕治
	実践記録 よりよい保育をめざして—零（ゼロ）からの出発—	鹿児島短期大学付属鹿児島幼稚園
8月号	巻頭言 テレビ—こども・母親・学校	副田義也
	これからの教育と放送教育—教育課程の改訂に関連して—	河野重男
	アジアにおける教育革新の動向—ユネスコの窓から—	西本洋一
	随想 放送教育会館にかける夢	西本三十二
	座談会 障害児教育における放送利用	大内茂男, 高野信寛, 三宅嶺
	教室教師＝学校放送＝番組制作者 教室教師と番組制作者の役割〜利用現場の立場から〜	大橋富貴子
	放送教育実践論 自らが主体的にとりくむ学習をめざして	大園貞義
	実践記録『ラジオ国語教室』サシスセソ学習の展開と成果	長谷川義美
	実践記録 放送の持つ可能性をより発揮させ, 多教材時代に対処するための発展的な学習はいかにあるべきか	愛知県尾西市立第三中学校
9月号	巻頭言「理科教室」は最高の科学番組	金井敬三
	放送教育の再点検—テクノロジストの観点から—	中野照海
	随想 巣鴨プリズンと極東軍事裁判	西本三十二
	教室教師＝学校放送＝番組制作者 よりよいパートナーシップを求めて〔番組制作者への注文に応えて〕	堀江固功, 橋爪幸正, 浦川朋司, 菊池道彦
	講座 映像を考える＜12＞ 映像—その心理と生理	店島大学映像教育研究グループ
	放送教育実践論 効果的な放送利用を求めて	瑞寿
10月号	巻頭言 子どもの興味と主体的な学習への参画	井深大
	主体的な学習と放送教育	金子孫一
	放送教育精神を考える	多田俊文

月号	タイトル	著者
10月号	座談会「ひとりだちの学習」と放送—奈良大会の見どころ—	西本三十二，本霊元朝，大西照雄・岡田与治エ門
	放送教育の多様化を考える<1>中学校の放送教育の現状	家野修造
	放送教育の多様化を考える<2>初心に帰って放送教育を見直す	長谷川忍
	放送教育実践論 情報提供の中核として—機器時代における新しい課題—	沢口衛
	実践研究 放送によって何が育てられるか	久保田昌子
11月号	巻頭言 教える立場から教わる立場へ	高村象平
	学校教育における放送の機能と役割	宇川勝美
	学習とテレビ—行動分析学の視点—	佐藤方哉
	期待される子どもの変容と教師の役割	井口尚之
	音楽的能力と放送教育	石川桂司
	教室教師=学校放送=番組制作者 さらに一言	小倉喜久，蛯谷米司，大橋富貴子
	講座 映像を考える<13>映像と言語—その意味	湊吉正
	放送教育実践論 高等学校における映像のよみとり能力の指導	山上清
12月号	巻頭言 総合された人間くささにこそ	和田勉
	直観から概念づくりへ	広岡亮蔵
	放送教育と教師の役割—システム設計者と学習指導者—	島田啓二
	常に根本の原理に立ち帰って	波多野完治
	放送教育史ノート<1>放送教育をめぐる諸論争—昭和24年〜30年—	秋山隆志郎
	講座 映像を考える<14>認識—イメージとコトバ	寺脇信夫
	放送教育の多様化を考える<3>基本をふまえたうえで応用をはかれ	村井道明
	放送教育の多様化を考える<4>第二の指導案の作成をめざして	恒川努
	放送教育の多様化を考える<5>放送教育はゆとりあるものに	吉田秀三
1月号	巻頭言 教育の変革と放送教育	西本三十二
	特集 第27回放送教育研究会全国大会の記録	
	【特集】総合全体会 テレビは何ができるか〜放送と教育を語ろう〜	加藤秀俊，井上ひさし，吉武輝子，鈴木健二ほか
	【特集】校種別全体会レポート	藤森理代，鈴木勢津子，村上師幸，降旗経雄，安楽一成
	【特集】あなたにこたえる教育機器実践講座	佐田菊彦

月号	タイトル	著者
1月号	【特集】コミュニケーションの場に —「あなたにこたえる教育機器講座」について聞く—	白井清幹
	【特集】奈良大会をふりかえって	大西重次ほか
	【特集】大会関連座談会 テレビと学力	水越敏行，原本昭夫，松本博己，遠山啓，西本三十二
	講座 映像を考える<15>映像の機能と授業過程	高橋勉
2月号	巻頭言 放送を専門教育と一般教養に生かす	本家正文
	シチュエーションとしての学習—放送教育への一つの視点—	有光成徳
	映像によるエコロジーの教育	水越敏行
	放送教育の多様化を考える<6>ハードな指導とソフトな指導とに	太田静樹
	放送教育の多様化を考える<7>継続利用による教育効果を求めて	蓮池守一
	第13回学校放送教育賞 放送で育つ豊かな生徒の育成をめざして	名古屋市立港北中学校
	放送教育実践論 学習指導の現代化をめざして	助川益三
	昭和52年度幼稚園・保育所番組について	
	昭和52年度学校放送番組について（小学校）	
3月号	巻頭言 地域・個人に応ずる教材の整備を	稲垣守
	先島における放送教育	秋山隆志郎
	講座 映像を考える<16>教育における映像提示の意味	坂元忠芳
	第13回学校放送教育賞 テレビの全面継続視聴から育つものを求めて	別府市立朝日幼稚園
	第13回学校放送教育賞 効果的な放送利用を求めて—小規模学校における放送教育10年の歩み—	高知県吾川郡伊野町立川内小学校
	昭和52年度NHK学校放送番組について（中学校，高等学校）	

主な連載：わたしの放送利用，へき地教育と放送，環境教育と放送，障害児教育と放送，子どもとテレビ，校内放送活動，施設研究コーナー，教育機器実践講座

1977 (昭和52) 年度 （通巻337〜348号）

月号	タイトル	著者
4月号	巻頭言 テレビーこのような番組がほしい	布留武郎
	特集 新年度を迎えての放送教育	
	【特集】学校経営と放送教育	高桑康雄
	【特集】新しい教科経営と放送教育	松村謙
	52年度番組 制作の新しいポイント	
	<幼稚園・保育所> テレビの影響と高い利用率を見すえて	和久明生
	<小学校>新番組『数とかたち』スタートにあたって	西内久典
	<中学校>新しくなった『中学生の数学』	林保夫
	<中学校>連帯感の復活をめざして—『中学生の広場』	雨宮重樹
	<高等学校>多様な要望に応えて『古典研究』を30分化	内田安昭
	<教師>『教師の時間』の新年度の方向	吉岡賢
	算数教育の課題—新しい算数番組の背景—	赤摂也
	生涯教育における親子同時視聴の可能性	岡田忠男
	講座 映像を考える<17>映像情報の特性とその処理能力	川上春男
	第13回学校放送教育賞 本校の放送教育20年の歩み	聖望学園高等学校
	第13回学校放送教育賞 病弱児の実態を的確にとらえて学習意欲を高める放送教育	
5月号	巻頭言 放送教育も新しい装いを—新しい教育課程に対応して—	奥田真丈
	特集 新しい学習指導と放送〜たしかな学力とゆたかな情操を育てる〜	
	【特集】新しい学力の形成と学習指導—イメージと構想力の役割—	吉田昇
	【特集】たしかな認知・ゆたかなイメージ・つよい情意—放送を活用した学習指導—	水越敏行
	【特集】放送をとり入れた学習指導の留意点	清中喜平
	【特集】アンケート 指導主事はこのように考える 学習指導の改善と放送教育	神永卓郎，伊家正昭，相田盛二，吉野莞爾，柿沼栄一，佐野寛，高取堅二
	【特集】放送は何を変えたか	小平洋子
	【特集】放送の利用による授業方法の改革	長沢武
	講座 映像を考える<18> 見ることから読むことへ	滑川道夫
	実践記録『いちにのさんすう』の発展学習のあり方を求めて	新宮宜子

月号	タイトル	著者
6月号	巻頭言 子どもの身になっての問題提示を—新しい理科の教育課程とテレビの役割—	大塚誠造
	特集 理科と放送〜新しい教育課程の視点から考える〜	
	【特集】学習指導要領の改訂と放送教材	武村重和
	【特集】新しい理科教育の方向と番組づくり	堀江固功
	【特集】アンケート 指導主事はこのように考える 放送に何を期待するか	白井昭，平田卓郎，島貫武彦，吉野莞爾，真部明雄，犬塚隆昭，坪内勝義，猪村昌義，小林強，岩田正夫
	【特集】テレビ理科番組と一年生	加賀山順子
	【特集】深まりのある理科学習のために	其川裕夫
	【特集】放送教材を探究学習に役立てる	伊波肇
	放送教育史ノート<2> 聴取指導をめぐって〜昭和26年の放送教育〜	秋山隆志郎
	「放送50年外史」を読む	波多野完治
	講座 映像を考える<19>映像と行動	滝沢武久
7月号	巻頭言 歴史における人物のイメージとテレビ	山口康助
	特集 社会科と放送〜学習指導要領の改善をふまえて〜	
	【特集】これからの社会科と放送—新教育課程からの見直し—	佐島群巳
	【特集】新学習指導要領と放送教材	溝上泰
	【特集】放送を利用した社会科の学習指導	古川清行
	【特集】学校放送・歴史番組の考証	樋口清之
	【特集】社会科番組制作の基本姿勢	小畠道晴，河野謙輔，丸山公彦
	【特集】アンケート 指導主事はこのように考える 放送教材に期待されるもの	川端四郎，相沢穣，竹内俊雄，阪本宣史，飯田光
	【特集】学び方を学び創造性を育てる	津下正孝
	【特集】社会を見る目が深まり広まる	津岡敬一
	講座 映像を考える<20>映像を見ること，創ること	栗花落栄
8月号	巻頭言 さらに積極的な活用を期待—新学習指導要領（道徳）と放送教材—	飯田芳郎
	特集 道徳と放送〜新学習指導要領の視点から〜	
	【特集】道徳教育はどうあるべきか	井上治郎
	【特集】放送を利用した道徳の指導	蓮池守一
	【特集】道徳番組は何をねらっているか	中島威夫，望月達也

月号	タイトル	著者
8月号	【特集】アンケート 指導主事はこのように考える 道徳指導に放送を生かす工夫	今野智，永原三千年，吉良修一，多田村清熊，井坂直之，金井清水，赤塚長一郎，前田尚，松村徳繁，水口敬
	【特集】『明るいなかま』を利用した一主題二時間扱いの実践	橋本誠司
	【特集】道徳番組利用に柔軟な考えを	三宅正勝
	【特集】道徳性を培う親子同時視聴	本沢達雄
9月号	巻頭言 状況の中でことばをとらえる	倉沢栄吉
	特集 ことばの教育と放送〜新学習指導要領と放送教材を考える〜	
	【特集】新学習指導要領と放送教材（国語）	藤原宏
	【特集】新学習指導要領と放送教材（英語）	佐々木輝雄
	【特集】放送を利用した国語学習	青木幹勇
	【特集】国語・名作番組の制作にあたって	内田安昭
	【特集】英語番組制作のあり方をめぐって	NHK学校放送番組班
	【特集】アンケート 指導主事はこのように考える 放送教材の果たす役割	岩崎和雄，新村邦吉，木村禮三郎，奈良敏光，牟田米生，石井憲輔，迫田亮，後藤和弘，庄子典男，池洋三，小川清，岡村博
	【特集】放送教材を生かした国語学習ー入門期の『ラジオ国語教室』の利用ー	山田英子
	【特集】生きてはたらくことばの学習	鈴木武任
	講座 映像を考える＜21＞テレビ時代における映像的学力	麻生誠
10月号	巻頭言 音楽的な表現・表出の意欲を出発点にー音楽教育改善の視点と放送ー	浜野政雄
	特集 芸術教育と放送〜新学習指導要領と放送利用をめぐって〜	
	【特集】座談会 これからの音楽教育と放送教材	川池聰，佐藤永子，古江綾子，大和淳二，三好賢祐
	【特集】音楽番組の制作にあたって	大羽裏
	【特集】『美術の世界』の制作にあたって	吉川司
	【特集】アンケート 指導主事はこのように考える 音楽能力の育成と放送	新宮信義，佐々木正太郎，岡嶋芳昭，宇野邦治，渡辺時治，太田昭，一色正昭

月号	タイトル	著者
10月号	【特集】継続活用で音楽性の向上をー『ラジオ音楽教室』三，四年の活用からー	森章子
	講座 映像を考える＜22＞映像と授業における子どものイメージ	多田俊文
11月号	巻頭言 算数教育の基本は「操作」すること－空間認識と放送学習ー	滝沢武久
	特集 算数教育と放送〜新学習指導要領と関連して〜	
	【特集】新学習指導要領と放送教材	坂間利昭
	【特集】算数教育と放送教材の利用	荻野忠則
	【特集】算数・数学番組はかくつくられる	NHK学校放送番組班
	【特集】アンケート 指導主事はこのように考える 放送をどうとり入れるか	加地義夫，沢中悟，藤倉利久，橋本茂昭，大塚清，足立博隆
	【特集】わたしもうちでやってみましたー『いちにのさんすう』を活用した算数の授業ー	宇佐美昌賢
	【特集】テレビから学び自ら生み出す学習ー『数とかたち』の認識が行動化へのエネルギーにー	久保田美智子
	【特集】興味と関心をよびおこす放送数学ー数学科に学校放送を利用した学習指導ー	加藤健二郎
	講座 映像を考える＜23＞映像からの教育と映像への教育	三枝孝弘
	放送大学物語（1）	西本三十二
12月号	巻頭言 これからの教育と放送ー新しいメディアとしての映像ー	城戸幡太郎
	特集 「ゆとりと充実」の教育と放送教育	
	【特集】ゆとりの教育と放送	重松鷹康
	【特集】座談会 ゆとりある教育と放送教育（小学校）	松村謙，大谷鉱三，五十嵐典子
	【特集】座談会 ゆとりある教育と放送教育（中学校）	久保田光彦，恒川努，高桑康雄
	【特集】アンケート 校長はこのように考える ゆとりある学習	内舘祐二，植野武，斎藤喜助，上原信吉，岩田英夫，亀田八良，杉山定雄，浦野志津雄
	【特集】アンケート 校長はこのように考える 自由裁量と放送	川辺盛幹，小林修，渡辺忠男，小田自郎
	講座 映像を考える＜24＞児童の社会認識に果たすテレビ映像の機能	大橋忠正
	放送大学物語（2）放送大学から公開大学へ	西本三十二

月号	タイトル	著者
1月号	巻頭言「放送学習」の目ざすもの	西本三十二
	特集 第28回放送教育研究会全国大会の記録	
	【特集】総合全体会 ゆとりある教育のために〜放送と教育を語ろう〜	恩地日出夫，野添憲治，三好京三，鈴木健二ほか
	【特集】校種別全体会レポート	原田澪子，鈴木勢津子，菅沢行雄，降旗経雄，高山正志，打田早苗
	【特集】あなたにこたえる教育機器実践講座	松尾孚
	【特集】大会関連座談会 地域教育とテレビ	須藤克三，手代木保，真鍋博
	講座 映像を考える＜25＞授業における映像の読解	清中喜平
	第14回学校放送教育賞 自ら求める子どもを育てた放送学習	兵庫県氷上郡氷上町立西小学校
2月号	巻頭言 新しい教育への転換に対応しつつー昭和五三年度学校放送番組についてー	若林茂
	親子共同視聴とコミュニケーションの拡大	山村賢明
	誌上シンポジウム放送学習vs放送利用学習ー西本三十二氏「放送学習の目ざすもの」を受けてー	
	・「ナマ」の次に崩れるのは何か	山下静雄
	・教師のありようで決まるもの	西田光男
	・放送利用学習から放送学習へ	恒川努
	放送大学物語（3）放送大学から公開大学へ（つづき）	西本三十二
	第14回学校放送教育賞 豊かな人間性の育成をめざした放送教育	東京都千代田区立神田小学校
	昭和53年度幼稚園・保育所番組	
	昭和53年度学校放送番組について（小学校）	
3月号	巻頭言 くらしと教育と放送	高村久夫
	誌上シンポジウム放送学習vs放送利用学習ー西本三十二氏「放送学習の目ざすもの」を受けてー	
	・さまざまな形態があってよい	村井道明
	・教材の特性を生かした実践を	石川桂司
	・「放送学習」こそ放送教育の本流	家野修造
	講座 映像を考える＜26＞学習における映像教材の効果	水野寿夫
	放送大学物語（4）公開大学の創立	西本三十二
	第14回学校放送教育賞 豊かな学習・豊かな指導を目ざしてー！全教師で築きあげた放送教育ー	北海道倶知安町立倶知安小学校

月号	タイトル	著者
3月号	第14回学校放送教育賞 放送による学習のあり方を求めてー学習意欲とテレビからの学び方ー	愛知県岡崎市立竜海中学校
	昭和53年度NHK学校放送番組について（中学校）	
	昭和53年度NHK学校放送番組（高等学校）	

主な連載：わたしの放送利用，へき地教育と放送，環境教育と放送，障害児教育と放送，親子同時視聴のすすめ，施設研究コーナー，教育機器実践講座

1977年5月号

1977年11月号

1978（昭和53）年度　（通巻349〜360号）

月号	タイトル	著者
4月号	巻頭言 今年度の視聴覚教育行政	山本清
	特集 放送教育経営の年間計画	
	【特集】放送教育経営の基本問題—年間計画の立案と展開—	小池栄一
	【特集】保育計画に放送をどう位置づけるか	原田吹江
	【特集】一年の学年経営と放送教育	蜂谷義雄
	【特集】二年の学年経営と放送教育	原玲子
	【特集】三年の学年経営と放送教育	鈴木勢津子
	【特集】四年の学年経営と放送教育	村岡耕治
	【特集】五年の学年経営と放送教育	松本盛男
	【特集】六年の学年経営と放送教育	久保田昌子
	【特集】教科経営に放送をどう位置づけるか	小田自郎
	【特集】教科経営に放送をどう位置づけるか	降旗経雄
	53年度番組ハイライト 新番組登場 『ペペとミミ』乞うご期待！	木内実喜夫
	53年度番組ハイライト 新しいスタートへ『理科教室小学校1年生・2年生』	浦川朋司，内沢康子，浅野孝夫
	誌上シンポジウム放送学習vs放送利用学習	
	・「継続・丸ごと・ナマ」は一体	清中喜平
	・よりきめのこまかい論争を	吉田貞介
	・英語科においては両方必要	日隈健二
	放送大学物語（5）公開大学の開学	西本三十二
	海外教育放送事情 ＜アメリカ＞伝統と革新—ウィスコンシン大学WHA放送・その局と人と—	青木章心
5月号	特集 人間理解の社会科と放送	
	【特集】巻頭言 これからの社会科と放送教育	浜田陽太郎
	【特集】社会科の本質と放送の利用—人間の理解を中心にした社会科学習にとって放送は何ができるか?—	佐島群巳
	【特集】学ぶ過程を重視する社会科学習指導と映像	沢田鉄男
	【特集】人間理解を中心にすえた社会科学習と放送	青木勝
	【特集】具体的な事実を通して人間の理解を深める	中原将夫
	【特集】テレビの直接教授性を生かした時代イメージづくり	押野市男
	【特集】生き生きとした声や姿にふれる社会科学習	石垣克之
	【特集】社会科番組10の質問に答える	小畠道晴
	【特集】アンケート 社会科番組に注文する	橘光子，広瀬守，藤井久男，千野琇哉
	誌上シンポジウム放送学習vs放送利用学習	
	・「放送学習」に正しい理解を	安藤忠吉
	・新時代の放送教育を考えよう	吉田秀三

月号	タイトル	著者
5月号	・教師の「意図」を優先せよ	菊地吉彦
	実践記録 放送による幼児教育の可能性を求めて	花田登由子
6月号	特集 実験・観察と放送	
	【特集】巻頭言 人間性育成の理科とテレビ	井口尚之
	【特集】理科教育とは何か	蛯谷米司
	【特集】テレビ視聴と実験・観察の関連指導	喜馬邦雄
	【特集】イメージがひろがり意欲も旺盛に	相場よし
	【特集】理科における放送学習・発展学習	中本正昭
	【特集】科学する心を育てた放送理科学習	上島成和
	【特集】知識欲や興味を高めるテレビ教材	宮崎周蔵
	【特集】理科番組10の質問に答える	浦川朋司，浅野孝夫，玉木孚，大沢昭雄，村井正司，横堀楠生，宮下久男
	【特集】アンケート 理科番組に注文する	太田泰男，高井由紀子，前田美穂子，徳永真理子，千松小理科部，沢近正昭，堀部英夫，畠山敏昭，香美悟
	誌上シンポジウム放送学習vs放送利用学習	
	・この論点の背景にあるもの	沢田鉄男
	・肩を張らずに日常的に利用しよう	吉松宏
	・放送教育・うら おもて	大谷鉱三
7月号	特集 放送教育機器の効果的活用	
	【特集】巻頭言 教育技術の革新と教育機器	奥田真丈
	【特集】教育方法の改善・充実と教育機器の活用	長谷川忍
	【特集】よい音で聞くために—音響機器利用上の留意点	小佐々晋
	【特集】よい映像で見るために—映像機器利用上の留意点	渡部知弥
	【特集】保守管理のポイント	西山正
	【特集】どのようにして機器を整備充実したか	山本幹夫
	【特集】放送教育施設・設備—30年の歩み—各個式受信機よりテレビカラーシステムへ—	佐田菊彦
	【特集】全放連施設基準について	日比野輝雄
	視聴覚教育 混迷から発展への時期の一断面	柴田幸一
	誌上シンポジウム放送学習vs放送利用学習	
	・自分自身をつくる放送学習	九故博睦

月号	タイトル	著者
7月号	・校内テレビ放送の重視を	小寺英雄
	海外教育放送事情＜ソビエト＞教育テレビも通信衛星の利用へ	小泉健司
8月号	特集 音楽性の啓培と放送教育	
	【特集】音楽教育と学校放送	渡辺学而
	【特集】音楽の美しさと楽しさを感じとる―放送教育の意義と効用―	大和淳二
	【特集】音楽番組を利用した音楽指導の留意点	伊藤俊彦
	【特集】音楽のきらいな子をなくしたい	阪田滋子
	【特集】生きて働く音楽学習をめざして―『ラジオ音楽教室』による発展学習―	松岡初枝
	【特集】音楽学習を質的に高める指導	荒木義男
	【特集】「ラジオ音楽教室」はこんなふうに制作される	埇田美和子
	【特集】大きな声でうたってください	立川清登
	【特集】アンケート 音楽番組に注文する	高橋弘子, 高橋緑, 中島政子ほか
	【特集】子どもの音楽生活とテレビ	後藤田純生
	新しい教材基準（共通品目）について	岩山安成
	環境教育の推進と『みどりの地球』利用の今日的意義	高橋勉
	誌上シンポジウム放送学習vs放送利用学習	
	・3Wへ帰ろう	小倉喜久
	・多様な実践のつくり出しを	多田俊文
9月号	特集 言語能力の育成と放送	
	【特集】巻頭言 感覚的イメージを育てる	森久保仙太郎
	【特集】国語の力を高めるための放送の活用	小塚芳夫
	【特集】『ラジオ国語教室』を活用した私の国語教室	山口彭子
	【特集】名作番組の読書指導に果たす役割―『お話たまてばこ』の指導を通して―	田村晶子
	【特集】ニュースを利用して作文力を育てる―家族同時視聴の場を生かす―	平沼たき子
	【特集】英語番組利用の効果（評価）	田中淳子
	【特集】番組解説Q&A 国語番組について	内田安昭, 大井艶子, 鳥居雅之,
	【特集】番組解説Q&A 英語番組について	石橋健一
	【特集】『国語教室』誕生のころ―ある出演者の回想―	青木章心
	教科セクショナリズムを超えて―放送教育の現代的役割―	成瀬正行
	誌上シンポジウム放送学習vs放送利用学習	
	・現場の実態に即せば両者併用	野津良夫
	・二者択一的には解決できない	水越敏行
	・放送学習こそ労少なく功多し	溝内玲子

月号	タイトル	著者
10月号	特集 道徳的実践力の育成と放送	
	【特集】巻頭言 実践力の育成と放送の機能	大内茂男
	【特集】道徳的実践力を高めるには何が必要か―放送をどう活用するか―	坂本昇一
	【特集】放送を利用した道徳指導のポイント	西尾豪之
	【特集】『大きくなる子』とわたしの学級経営	児島令枝
	【特集】「実践的行動への構え」を育てる学習―『みんななかよし』の主体的発展学習―	近藤尚義
	【特集】『明るいなかま』で親子の相互理解を―親子同席視聴に取り組んで―	猪瀬俊夫
	【特集】『青空班ノート』を利用した道徳指導	今泉ふさ江
	【特集】アンケート 道徳番組に注文する	藤田雅子, 小沢信, 相沢頼子ほか
	【特集】番組解説Q&A 道徳番組について	望月達也
	誌上シンポジウム放送学習vs放送利用学習	
	・教室に“雑音”を導きいれる	東洋
	・子どもとともに驚き学ぶ	服部八郎
	実践記録 低学年理科におけるテレビ利用とその効果―二年「雲と雨」の実践を例に	芳賀礼子
	放送教育の歴史を探る 戦前・戦中・戦後の放送教育	高知尾徳
11月号	巻頭言 放送の可能性を探る―放送文化シンポジウムの成果に寄せて	中山伊知郎
	特集 特別活動の充実と放送	
	【特集】特別活動における放送の活用	白井慎
	【特集】特別活動における環境教育	恒松清美
	【特集】特活用放送教材の自作とその活用―安全指導・保健指導を例に―	小沢信
	【特集】「学級指導」における放送番組の利用	菅沢行雄
	【特集】ロングホームルームと放送材―「三チャンネル同時放送システム」の誕生―	五島三津雄
	【特集】番組解説Q&A 特活番組について	岸一成
	特集 イメージと学習	
	【特集】学習におけるイメージと思考	蛯谷米司
	【特集】テレビ視聴をとおしてより豊かで確かな学習イメージづくり	村中一正, 宗末勝信
	【特集】探究の過程を育てるテレビ学習	鈴木孝男
	誌上シンポジウム放送学習vs放送利用学習	
	・放送学習こそ放送教育の本来の姿	杉浦美朗
	・ふれあいと放送教育	岸田元美
	海外教育放送事情＜西ヨーロッパ＞西欧の教育放送の動向―ミュンヘン青少年賞に参加して―	箕浦弘二

月号	タイトル	著者
12月号	特集 多媒体学習と放送	
	【特集】巻頭言 伸びのある学力を育てる	木原健太郎
	【特集】多媒体学習と放送教育	西本洋一
	【特集】多媒体を活用した学習指導	野田一郎
	【特集】学習指導の体質改善と多媒体の活用	門脇一彦
	【特集】メディアの総合的活用による効果的教材構成	滑川賢一
	【特集】学習の個別化とマルチ・メディアの活用	小出清道
	【特集】ティームを組んで多媒体の組み合わせ利用	藤本福雄
	【特集】学習媒体の整備とその活用ー新教材基準を生かしてー	久保田光彦
	【特集】教育機器の整備・充実ー東京都武蔵野市の場合	村上師幸
	誌上シンポジウム放送学習vs放送利用学習	
	・教師に期待するもの	上野辰美
	・放送学習はますます重要視される	榎谷利明
	放送教育史ノート＜3＞ 口演童話や範読の頃〜昭和10年代初期の学校放送〜	秋山隆志郎
1月号	巻頭言 新しい教育の黎明ー「放送教育と教師の役割」に寄せてー	西本三十二
	特集 第29回放送教育研究会全国大会の記録	
	【特集】総合全体会 生きること学ぶこと〜放送と教育を語ろう〜	大島渚, 深谷和子, 鈴木健二ほか
	【特集】校種別全体会レポート	桜本富雄, 和田泰輔, 岡喜三, 清水洋三, 高橋文礼, 山本忠男
	【特集】あなたにこたえる教育機器実践講座	神谷与志雄
	【特集】全国大会をかえりみて	山本恒夫, 沢田鉄男, 村井道明, 蛭谷米司, 村岡耕治
	第15回学校放送教育賞 放送教育における評価と発表タイム	愛知県知多郡武豊町立衣浦小学校
	第15回学校放送教育賞 たくましく豊かな幼児の育成をめざした放送教育	山口県・野田学園幼稚園
	第15回学校放送教育賞 放送教育へのとりくみー放送学習に本校の求めたもの	愛知県小牧市立村中小学校
	第15回学校放送教育賞 全校体制でとりくんだ放送教育ー教育実践を見直す糸口としてー	北海道札幌市立手稲東中学校
	第15回学校放送教育賞 聾学校における映像教材の効果的な活用	愛知県立千種聾学校

月号	タイトル	著者
2月号	巻頭言 学校放送の新しい展開へー昭和五四年度学校放送番組の改定に寄せてー	西山昭雄
	特集「放送学習」と「放送利用学習」の理念と方法	
	【特集】教育革新をめざす放送教育〜放送学習の歴史的考察〜	西本三十二
	【特集】放送学習の原理と方法	蛭谷米司
	【特集】教師の手だてを明確にすることが必要	水越敏行
	【特集】多様な利用形態の創造を	秋山隆志郎
	映像の過去と現在	吉田直哉
	実践 視聴反応を生かす放送保育	細川龍繁
	放送教育の歴史を探る 昭和20年代の学校放送〜送り手の立場から〜	川上行蔵
	昭和54年度幼稚園・保育所番組	
	昭和54年度学校放送番組について（小学校）	
3月号	特集 年間計画をどう立てるか	
	【特集】巻頭言 学校全体の共通理解のもとに一年間計画を立てるにあたってー	長谷川忍
	【特集】学校放送を年間指導計画に位置づけるためにー留意すべき基本事項ー	井口尚之
	【特集】流動教材の特性をふまえ弾力性ある計画を	桜本富雄
	【特集】継続融合利用を前提に単元の構造化を図る	中川美和子
	【特集】主体的な学習の展開へ向けた豊かな指導を	村岡耕治
	【特集】教科書学習と放送学習とを統合する計画を	松本盛男
	【特集】継続まるごと並行型で学習への構えを作る	津岡敬一
	【特集】自主的探究学習を呼ぶ発展的な教材を精選	菅野礼至
	昭和54年度NHK学校放送番組について（中学校）	
	昭和54年度NHK学校放送番組（高等学校）	

主な連載：わたしの放送利用，へき地教育と放送，障害児教育と放送，親子同時視聴のすすめ，施設研究コーナー，教育機器実践講座

1979（昭和54）年度 （通巻361〜372号）

月号	タイトル	著者
4月号	巻頭言 放送大学と教育革新	西本三十二
	特集 放送を活用した教育設計	
	【特集】放送を活用した教育設計	高桑康雄
	【特集】園ぐるみ地域ぐるみ研修の日常化	早坂一正
	【特集】授業をとおした地道な活用の研究を	木村和夫
	【特集】ゆとりの時間を有効に使って前進を	渡辺忠男
	【特集】子どもの心のふくらみを大事にして	花田登由子
	【特集】授業過程は放送学習から発展学習へ	岩佐重明
	【特集】単元構造を明確にし視聴の窓を作る	轟喜義
	放送教育における学習の成立と教師の手だて一岐阜大会のめざすもの	成瀬正行
	視聴指導12章 第1章 児童用テキストを作ろう一放送による自主学習の手引き	清中喜平
	番組ハイライト 言語生活は人間社会の根幹一『ことばの教室』が願うもの	NHK学校放送番組班
	実践記録 理科の授業改善とテレビ利用	旭スズエ
	海外教育放送事情 社会開発に教育放送を重視一中南米の場合	市川昌
	『放送教育』創刊30周年記念 創刊の頃	高橋増雄
	『放送教育』創刊30周年記念 本誌から見た放送教育30年の軌跡	本誌編集部
5月号	特集 イメージを育てる社会科指導	
	巻頭言 昭和54年度視聴覚教育行政	山本清
	【特集】イメージを育て生かす学習指導	岩浅農也
	【特集】豊かなイメージのふくらみを求めて	蜂谷義雄
	【特集】地域社会を見直していく目を育てる	前田通
	【特集】テレビからとび出す子どもをめざす	高橋忠明
	【特集】問題意識を深化し多面的思考を学ぶ	佐野旭
	【特集】イメージを育てる映像教材の活用を	山岡康邦
	【特集】番組ハイライト 社会生活への的確な判断力を一社会科番組どう変わるか	NHK学校放送番組班
	【特集】トマトはなんにも言わないけれど一人間の存在を軸にした社会科の映像づくり	堀江固功
	視聴指導12章 第2章「求める電波」に変えよう一「与えられた電波」からの脱皮	清中喜平
	実践記録 継続視聴で豊かに変容した幼児『なかよしリズム』から『ワンツー・ドン』への発展の中で	丸山ちあき

月号	タイトル	著者
5月号	実践記録 自ら学ぶ子どもの育成をめざして 中学年道徳番組『みんななかよし』を軸として	五十嵐美恵子
6月号	特集 自然と人間を見直す環境教育	
	【特集】巻頭言 映像の総合性を環境教育に	波多野完治
	【特集】人間と自然とが共存できるモラルを	高橋勉
	【特集】自然との融合調和への道をめざして	杉浦美朗
	【特集】親子で見た『みどりの地球』	千嶋壽
	【特集】足元の自然破壊を見つめることから	土屋恒夫
	【特集】生物と人間との共存互恵関係を知る	大谷淳
	【特集】日常生活と環境問題とを結びつける	本郷弘一
	視聴指導12章 第3章子どもの目は輝いているか一テレビ授業の集中度を示す指標	清中喜平
	特集 探究の意欲を育てる理科学習	
	【特集】見方や考え方を広げる放送理科学習	鈴木勢津子
	【特集】探究の意欲を高める放送学習の展開	豊橋市立新川小学校
	【特集】理科好きな生徒を育てるテレビ理科	磯野謙次
	【特集】番組ハイライト 教えるのではなく学ぶ番組づくりを	NHK学校放送番組班
7月号	特集 教育機器の特性と学習活動	
	【特集】巻頭言 機器の活用で寺子屋の復活	唐津一
	【特集】教育機器導入の条件とその効果一授業過程の意識化への道	中野照海
	【特集】機器の特性と各教科・領域との関連一新教材基準をふまえて	小佐々晋
	【特集】映像機器の機能とその利用のあり方一テレビ・テレビ＋カメラ	高田博
	【特集】映像機器の機能とその利用のあり方一テレビ＋VTR・テレビ＋VTR＋カメラ	中原一
	【特集】映像機器の機能とその利用のあり方一ビデオシステム	渡部知弥
	【特集】音声機器の機能とその利用のあり方一ラジオ・テープレコーダー・電蓄	神谷与志雄
	【特集】音声機器の機能とその利用のあり方一オーディオシステム	村上師幸
	【特集】教育機器実践講座（Ⅲ－6）ステレオを上手に聞かせるテクニック	山川正光
	視聴指導12章 第4章番組のねらいに迫る手だて（1）カード法と線分法	清中喜平
8月号	特集 わかる算数（数学）と放送	
	巻頭言 研究の広がりと深まりを	樋口秀夫

月号	タイトル	著者
11月号	放送学習実践レポート ひとりだちのできる音楽学習ー「ふしづくり」と「放送」を音楽学習に位置づけて	北村卓子, 西本三十二
	視聴指導12章 第8章ひとりひとりを生かす評価をしようー教師の出場と発言	清中喜平
12月号	特集 ことばの力を育てる放送利用	
	【特集】巻頭言 まず母親のための番組を	外山滋比古
	【特集】ことばの学習とイメージ・映像	芳賀純
	【特集】国語学習と放送教材活用のポイント	吉田豊
	【特集】読書ばなれの子たちを童話の世界に	橋本伸枝
	【特集】日常に生きてはたらくことばの育成	柳沢さち子
	【特集】放送の特性を生かしたことばの指導	桂英輔
	【特集】放送教材で生きた英語を学ぼう	深沢秋雄
	【特集】英語番組をこのように使ってきた	船本正幸
	【特集】主体的な学習態度と確かな学力を	今村敏男
	第16回学校放送教育賞入選発表	（編集部）
	第16回学校放送教育賞審査評 放送学習による自発学習への高まり	西本三十二
	視聴指導12章 第9章シリーズはシリーズとして使えー併行・継続・丸ごと・ナマの根拠	清中喜平
	わたしの放送利用（高等学校）ヒアリング力養成のために	中谷みどり
	海外教育放送事情 なぜ公共放送は必要か	二神重成
1月号	特集 第30回放送教育研究会全国大会の記録	
	巻頭言 一九八〇年代と放送教育	西本三十二
	【特集】学ぶ喜びを子どもたちに～放送と教育を語ろう～	新藤兼人, 荻須正義, 渡辺久子ほか
	【特集】第20回放送教育研究会全国大会 校種別全体会レポート	荒井幸子, 和田泰輔, 竹田一郎, 林三郎, 坂田紀行, 原範明
	【特集】あなたにこたえる教育機器実践講座	佐田菊彦
	【特集】映像の学習効果と教師の手だて	小林秀臣
	【特集】岐阜大会から札幌大会へ	勝ામ源太郎, 荻野忠則
	教育放送に期待するものー日本賞コンクールセミナーから	西本洋一, 秋山隆志郎
	視聴指導12章 第10章番組を見抜く力を高めよう（1）ー視聴指導の基盤	清中喜平

月号	タイトル	著者
1月号	第16回学校放送教育賞第二部門＜文部大臣賞＞自ら学ぶ子を育てる放送学習の生活化	高松市立鬼無小学校
	第16回学校放送教育賞第二部門＜文部大臣賞＞一人一人を伸ばす発展的な学習をめざして	大分県日田市立大明中学校
2月号	特集・年間計画立案の手順	
	巻頭言 番組の改定にあたって	西山昭雄
	【特集】まず，外堀を埋めることから始めよう	有光成徳
	【特集】教科書による学習と放送学習の統合を	五十嵐正一
	【特集】テレビの教育特性を生かした位置づけを	恒川努
	第16回学校放送教育賞第二部門＜NHK会長賞＞情操豊かな幼児の育成をめざす	北九州市立中島幼稚園
	第16回学校放送教育賞第二部門＜NHK会長賞＞豊かな人格形成をめざした学習指導法の改善	愛知県豊橋市立新川小学校
	第16回学校放送教育賞第二部門＜NHK会長賞＞放送学習，特に発展学習のあり方を求めた三年間の研究の歩み	神奈川県川崎市立小田小学校
	第16回学校放送教育賞第二部門＜NHK会長賞＞精神薄弱児の映像認知特性についての究明	岐阜県立大垣養護学校
	視聴指導12章 第11章番組を見抜く力を高めよう（2）ー番組研究の実際	清中喜平
	昭和55年度の学校放送番組について（幼稚園・保育所，小学校）	（NHK学校放送番組班）
3月号	特集 放送の教育特性を考える	
	巻頭言 放送の教育的な役割	箕浦弘二
	【特集】操作的認識を育てる教育の基礎	滝沢武久
	【特集】放送番組の教材特性と授業設計	寺脇信夫
	【特集】想像力をかきたてながら創造力を	エルンスト・エムリッヒ
	実践記録 表現意欲を高め心情を豊かにする放送利用ーラジオ『お話でてこい』の劇的発展を通して	原田吹江
	実践記録 地域に息づく放送教育を求めてー親子同時視聴から	足立金子
	視聴指導12章 第12章教室のテレビは役に立っているかー生涯学習の基盤として	清中喜平
	昭和55年度の学校放送番組について（中学校，高等学校）	（NHK学校放送番組班）

主な連載：わたしの放送利用，ロッキングチェア，教育機器実践講座

1980（昭和55）年度 （通巻373〜384号）

月号	タイトル	著者
4月号	特集 80年代の放送教育を探る	
	【特集】巻頭言 テレビ教育の二つの顔 "による"教育と"について"の教育	宇川勝美
	【特集】「個性化」と「関連思考」の強化を―80年代の放送教育の課題	三枝孝弘
	【特集】「文化の時代」「地方の時代」の中で―80年代の教育と放送教育	安藤忠吉
	【特集】地球共同社会に生きる人間の育成 アメリカの動向から見た80年代の教育	青木章心
	【特集】激動の時代に学校放送はどう対応するか スイス・バーゼルで開催された学校放送セミナーに出席して	浦川朋司
	【特集】80年代の番組づくりを探る 討議・浦川報告を受けて（上）	浦川朋司，赤堀正宜，高須賀清，浅野孝夫，上村享
	座談会 中学校の全教室にカラーテレビ	西本三十二，清中喜平，小田自郎，芦崎佳一
	番組ハイライト 親しみの持てる算数番組―『数の世界』がねらうこと	内山守
	番組ハイライト 「作文力」をつける―『書きくけこくご』が始まりまあす！	小滝一志
	番組ハイライト 「ことばとかず」がいっぱい―『ばくさんのかばん』の中	丸山実
	視聴指導12章・補講<1>「百聞は一見にしかず」からの脱皮	清中喜平
	実践記録 テレビ（VTR）利用の音楽教育について	深尾敏郎
5月号	巻頭言 視聴覚教育行政の基本的な方向	岡行輔
	特集 ゆとりの時間をどう生かすか	
	【特集】ゆとりの時間の意義とその活用 ゆとりの時間と『ひろがる教室』	宮田正人
	【特集】生きがいを感じる子どもに	山中秀男
	【特集】創造活動をうながすために	岩上廣志
	【特集】主体性を自由に引き出して	蓑口三男
	【特集】主体的で豊かな学習活動の動機づけに	望月達也
	80年代の番組づくりを探る 討議・浦川報告を受けて（下）	浦川朋司，赤堀正宜，高須賀清，浅野孝夫，上村享
	放送学習を支える教育論	西本三十二
	番組ハイライト 総合安全教育をめざして―『ぴょん太のあんぜんにっき』	佐藤邦宏
	番組ハイライト 新しい分野を資料性豊かに―「中学校特別シリーズ」	近藤泰充，有泉裕一，二村孝，海老原正寿
	視聴指導12章・補講<2>「放送の特性」を生かすことの意味	清中喜平
	実践記録『みどりの地球』を利用した環境教育の実践	松本邦文

月号	タイトル	著者
6月号	特集 社会科における放送の活用	
	【特集】巻頭言 歴史そのものがドラマである	須藤出穂
	【特集】社会科の学習指導とテレビ教材 子ども自身による主体的な学習を軸に	古川清行
	【特集】社会認識の発達と放送教材 児童の側に立った教育活動の提案として	大橋忠正
	【特集】郷土と放送 親子同時視聴を土台とした発展学習	大西ヨシ子
	【特集】二つの実践記録を読んで	山岡康邦
	【特集】番組ハイライト 人間の存在を感じさせる教材として	小畠道晴
	放送学習のルーツをたどる	西本三十二
	視聴指導12章・補講<3>「話し合い」を焦点化する工夫	清中喜平
	環境教育と放送 環境への働きかけをめざしたテレビ視聴指導―『みどりの地球』「おばけハゼ」を使って―	押野市男
	環境教育と放送 環境と生物との関係について理解を深める―『みどりの地球』を利用した親子同時視聴―	坂本栄一
7月号	巻頭言 放送技術研究のメッカとして	本間秀夫
	特集 放送を活用した道徳指導	
	【特集】パチンコ型人間どこへ行く 現代子どもの価値意識調査と道徳番組	小泉仰
	【特集】継続利用による子どもの育ち 『大きくなる子』を利用した子どもの変容	橋本誠司
	【特集】ひとりの子の変容をめざして テレビの主人公光一と共に歩む耕史を見つめて	鈴木松三
	【特集】生徒サイドに立った道徳の指導 人間の生き方への自覚の段階的な高まり	山西実
	【特集】番組ハイライト 児童生徒の価値意識の発達から見た番組づくり	望月達也
	全国学校放送開始と放送学習	西本三十二
	実践 保育と放送 たくましく豊かな人間性を育てるための放送利用を考えて―『お話でてこい』で育った幼児の情操―	鬼塚静波
8月号	特集 子どもとテレビを考える	
	【特集】巻頭言 家庭のトータルシステムの中で	波多野完治
	【特集】子どもにとってテレビとは	近藤大生
	【特集】テレビっ子一世・二世の間に 子どもとテレビ・その周辺にある事柄を考える	光永久夫
	【特集】ピンクレディの模倣は何をもたらしたか	後藤田純生
	【特集】子どもたちの願望をのせたメッセージ テレビCMの功罪	片岡輝
	【特集】子どものテレビへの接触行動 NHK世論調査をもとに	菊地利孝
	国民学校と戦時放送学習	西本三十二

月号	タイトル	著 者
8月号	座談会 放送教育・戦後の復興	西本三十二，松村謙，川上行蔵，中野照海
	80年代−学校放送の選択	堀江固功
9月号	特集 教育機器の総合的な活用	
	【特集】巻頭言 教育機器を授業にどう生かすか	坂元昂
	【特集】教育機器の多角的な活用 活用上の留意事項	野田一郎
	【特集】保育における機器の活用 テレビとの組み合わせ利用のパターン	桜本富雄
	【特集】個に即した授業展開のために オーディオチュートリアルシステムによる個別学習教材	岡田弘康
	【特集】放送を中心とした視聴覚機器の効果的利用 放送教材と自作教材の適時利用	賀藤宜夫
	【特集】教師＋機器による効果の増幅 アナライザー・VTR・OHPなどの組み合わせ活用	服部裕子
	【特集】自作VTR教材による学習指導 地元伝統産業を扱って	小畑登
	【特集】ろう教育にビデオ教材を効果的に活用 マイクロコンピューターを導入したVTRシステムの開発	広瀬俊治
	【特集】教育機器の整備充実 埼玉県では放送教育機器の充実をどう図ったか	石川友一
	占領下の放送学習	西本三十二
	岐阜大会は岐阜の教育にプラスになった 第30回放送教育研究会全国大会の調査から	小林秀臣
10月号	特集 放送教育の効果のとらえ方	
	【特集】巻頭言 教材特性を生かす評価を	大内茂男
	【特集】映像視聴能力をどうとらえるか 視聴能力についての三つの関門	水越敏行
	【特集】放送学習の累積効果をとらえよう 札幌のとりくみ	奈良英夫
	【特集】放送学習による子どもの変容を求めて 放送学習の効果をとらえる一方法	高崎俊紀
	放送学習の原理と方法	蛭谷米司
	占領下の放送学習（つづき）	西本三十二
	環境教育と放送 行動化をめざした環境教育の実践ー『みどりの地球』を利用してー	猪俣敦夫
11月号	特集 理科における発展学習	
	【特集】巻頭言 理科における発展学習の方向	蛭谷米司
	【特集】追究意欲をかきたてる学習活動を 放送と理科の授業	板垣慧
	【特集】主体的に自然を探る力を引き出すテレビ「理科教室小学校三年生」の実践から	松永光義

月号	タイトル	著 者
11月号	【特集】感動ある授業はテレビの利用価値を高める 子どもの発見した素朴な課題を契機にして	佐々木俊光
	【特集】「考える」ことに夢中になる楽しさを 自ら学びとる力とテレビからの発展学習	鈴木孝男
	【特集】理科番組のあゆみ	荻須正義，浦川朋司，中野照海
	テレビ学習におけるイメージ化の効果（上）	教授科学研究会（代表・多田俊文）
	岐阜大会から一年・本県教育への遺産 小学校を中心に	沢田鉄男
	環境教育と放送 放送学習とイラスト表現ー『みどりの地球』視聴の評価のこころみー	市之瀬秀夫
12月号	巻頭言 「テレビに学ぶ」ことも 札幌大会の成果にふれて	原俊之
	特集 第31回放送教育研究会全国大会の記録	
	【特集】総合全体会 大地に生きる子どもたち〜放送と教育を語ろう〜	谷昌恒，桐島洋子，伊藤鐘二ほか
	【特集】校種別レポート	滝沢武久，蛭谷米司，松本禎司，植村脩，前田丞一，内山修治，白幡恒夫，多田俊文，間山達也，山田大隆，
	【特集】あなたにこたえる教育機器実践講座	佐田菊彦
	【特集】記念対談 放送教育の展望ー札幌大会から	安藤忠吉，蛭谷米司
1月号	巻頭言 放送大学元年におもう	西本三十二
	特集 実践記録から何を学ぶか	
	【特集】実践記録の意義	斎藤伊都夫
	【特集】アンケート わたしにとって実践記録とは？	原田吹江，森岡範子，溝内玲子，西田文子，五十嵐正一，榎谷利明，玉川幾麻，大谷鉱三，久保田昌子，宮崎房子，日隈健二，工藤哲弥，植村敏秀，倉橋政道，中西愛子
	【特集】勇気をもって慎重に一論文に応募するということ	波多野完治
	第17回学校放送教育賞 全園体制で取り組んだ放送教育 15年のあゆみを支えた願いと成果	札幌学園真駒内幼稚園
	第17回学校放送教育賞 放送による主体的な学習のあり方を求めて 親子で学ぶ放送教育9か年の歩み	愛知県岡崎市立三島小学校

月号	タイトル	著者
1月号	第17回学校放送教育賞 豊かな人間性を育てる放送学習の実践 放送教育の大衆化に対応した全校利用体制を求めて	札幌市立伏見中学校
	座談会 社会科番組のあゆみ	大野連太郎, 橋爪幸正, 中野照海
	テレビ学習におけるイメージ化の効果（下）	教授科学研究会（代表・多田俊文）
2月号	特集 指導計画をどう立てるか	
	【特集】巻頭言 56年度番組改定のポイント	西山昭雄
	【特集】（幼稚園・保育所）累積効果を期待して 保育計画立案の手順とポイント	藤森理代
	【特集】（幼稚園・保育所）放送学習の生活化を 継続視聴の体験が生かされる指導計画	早坂直子
	【特集】（幼稚園・保育所）無理のない計画で確かな実践を どのような子どもを育てるのか	加藤千鶴
	【特集】（幼稚園・保育所）遊びの発展とのかかわりで 前年度の反省にたって	荒金カツ子
	【特集】（幼稚園・保育所）子どもの実態とねらいを明確にして 三歳児の継続視聴計画	田村ヒサ子
	【特集】（小学校）「放送学習」計画化の構想 教科書学習とのドッキングをいかにはかるか	春日順雄
	【特集】（小学校）児童の主体的学習への道づくりに 放送の特性を生かした指導計画を	久故博睦
	【特集】（小学校）自ら学ぶ児童を育てる位置づけを 番組の特性に応じて利用形態を考える	神谷進
	【特集】（小学校）放送視聴指導と90分授業の試み ゆとりと充実をめざして	大宝茂
	【特集】（小学校）子どもが生き生きと活躍できる計画を『ラジオ音楽教室六年生』を活用した場合	松岡初枝
	第17回学校放送教育賞 よろこびのある保育をめざす放送利用	熊本県山鹿市保育所放送教育研究会
	第17回学校放送教育賞 たしかな学力と豊かな情操を育てる放送教育の研究	京都府福知山市立大正小学校
	昭和56年度幼稚園・保育所番組	
	昭和56年度学校放送番組について（小学校）	
3月号	特集 指導計画をどう立てるか	
	【特集】巻頭言 年間計画立案の前提として	有光成徳
	【特集】（中学校）「放送で学ぶ」ことを主眼に 放送利用計画立案の手順	久保田光彦

月号	タイトル	著者
3月号	【特集】（中学校）社会科的ものの見方を身につける テレビを利用した社会科の授業計画	戸田晴久
	【特集】（中学校）「学級の時間」における継続視聴 新番組『中学時代』の利用計画	松本洋一
	【特集】（中学校）創造性豊かな人間形成をめざして「道徳教育」を中心にすえた放送学習指導計画	田中常夫
	【特集】（高等学校）放送の教育特性を生かして 放送利用計画立案のポイント	清水洋三
	【特集】（高等学校）適切な学習・評価方法の確立を 高校放送学習の定着のために	山田大隆
	第17回学校放送教育賞 視聴能力を育て行動発展学習を促す番組『みどりの地球』一全校一斉継続視聴三年間のあゆみ	岐阜市立長森中学校
	第17回学校放送教育賞 放送利用学習から放送教育へ 学校放送教育を生涯学習の土台に	鳥取県立根雨高等学校
	昭和56年度学校放送番組について（中学校）	
	昭和56年度学校放送番組について（高等学校）	

主な連載：放送教育実践講座，学習指導案，教育機器実践講座，機器と教育活動，校内放送12か月，台本，教材開発研究講座，ロッキングチェア

1981（昭和56）年度 （通巻385〜396号）

月号	タイトル	著者
4月号	巻頭言 視聴覚教育行政の基本的な姿勢	岡行輔
	特集 新学年の視聴環境づくり	
	【特集】幼稚園 ラジオの場合 感じ合えるゆとり	粂幸子
	【特集】幼稚園 テレビの場合 主体的活動を促す配慮を	原田澪子
	【特集】小学校 低学年の場合 教師自身が最高の視聴環境	蜂谷義雄
	【特集】小学校 中学年の場合 主体的に楽しく学ぶ教室に	秋山亜輝男
	【特集】小学校 高学年の場合 興味や意欲をよび起こす	大谷鉱三
	特集 新番組ハイライト	
	【特集】幼稚園・保育所 冒険旅行の中から想像力を『川の子クークー』	鈴木孝昌
	【特集】中学校社会科 同じ惑星の旅仲間意識を『新しい世界』	高柳正幸
	【特集】中学校特別活動 何を目標に生きていくのか『中学時代』	三井俊二
	【特集】中学校音楽・美術・国語 新分野の放送教材の提供『中学校特別シリーズ』＜月＞	大羽襄, 村山重則
	【特集】学校技術家庭・理科 テレビの機能を生かして『中学校特別シリーズ』＜木＞	西内久典, 杉本勝久, 有泉裕
	【特集】学校社会・体育・国語 豊かな学習活動の資料に『中学校特別シリーズ』＜金＞	村山重則, 有泉裕, 小林啓子, 仲野市之信, 中井一, 石塚征雄
	【特集】高等学校理科・家庭科 教科の特定領域の内容を精選『高校特別シリーズ』	野上俊和, 大竹ミドリ
	学校放送番組への提言 密度の濃い多様な番組	石川桂司
	紀行 ロンドン・パリの旅 全放連結成30周年記念海外研修に参加して	久保田光彦
	海外教育放送事情 メキシコの教育放送事情	箕浦弘二
	実践 放送教育への手がかりとして〜高校国語科における放送活用についての私見〜	川内通生
5月号	巻頭言 シルクロードへの人間の情念を	玉井勇夫
	特集 社会科番組をどう活用するか	
	【特集】社会科番組はこのように作られている	太田英博
	【特集】小学校低学年 社会の見方や考え方を深めるために	竹村健
	【特集】中学年 社会事象の学び方を学ばせるテレビ	松本盛男
	【特集】高学年 課題提起による歴史学習と放送教材	小久保聖
	【特集】中学校 学習意欲を高めたテレビ視聴	戸田晴久
5月号	【特集】放送社会科の特性はどこにあるか	多田俊文
	学校放送番組への提言 国際化時代の教育テレビ番組として	木原健太郎
	海外教育放送事情 東南アジアの教育放送	赤堀正宜
	実践 より確かに育つ子どもを求めて『理科教室 小学校一年生』「かたつむり」の実践から	喜多常志
6月号	巻頭言 探究の動機づけに生かす	太田次郎
	特集 理科番組をどう活用するか	
	【特集】理科番組はこのように作られている	浦川朋司, 羽岡伸三郎
	【特集】小学校低学年 探究への意欲を高める放送理科学習	中村富
	【特集】小学校中学年 自然に立ち向かう子どもをめざして	金子明
	【特集】小学校高学年 子どもの既有知識にゆさぶりをかける	愛知県知多郡武豊町衣浦小学校理科部会
	【特集】中学校 理科番組から学習を発展させる視聴指導	光田彰雄
	【特集】理科番組の特性とその利用	武村重和
	学校放送番組への提言 "ゆとり"と"充実"への対応	岡村二郎
	実践 道徳授業を楽しく一放送教材利用一年めの発見	鵜高静
7月号	特集 子どもとテレビ	
	【特集】巻頭言 こどもを生かす映像教育の必要	川上春男
	【特集】アンケート いま何が問題か？その対策は？	坂尾英之, 迫野福二, 作中久雄, 陸井豊一, 伊藤行餘, 南正道
	【特集】テレビ視聴の自主性をどう育てるか	深谷昌志
	【特集】テレビを見る目がどう育ったか一小学校の場合	玉川幾麻
	【特集】生徒のテレビ視聴の実能一中学校の場合	横瀬富士子
	【特集】子どもと流行語一放送と子どもの言語環境	稲垣吉彦
	【特集】イギリスのメディア教育	佐賀啓男
	【特集】『中学生日記』と理想の教師像	今泉さち子
	学校放送番組への提言 定型からの脱皮を	吉田貞介
	＜投稿＞放送教材に求める資料性とは何か	大西昭
8月号	巻頭言 放送大学の成立と放送教育の前進	西本三十二
	特集 放送と学習一今あらためて放送教育の原点をさぐる一	
	【特集】「形象との対話」と放送による学習	村瀬聿男

月号	タイトル	著者
8月号	【特集】「資料」と「経験」の的確な使い分けを	有光成徳
	【特集】映像の半具体性・半抽象性を生かす	松本勝信
	学校放送のハードとソフト〜新しい放送教育理論への試み〜	浦達也
	放送教材に求める資料性とは何か 安易な絵解きでは資料性も生きない	清中喜平
	放送教材に求める資料性とは何か 無視できないライブラリー化の傾向	渡辺昌義
	隣接科学から 教育へのメッセージ（社会学）親の中の子ども・社会の中の子ども	加藤秀俊
	学校放送番組への提言 外野席の子たちにこそ 小学校向け理科番組について思う	渡辺光雄
	実践 テレビ利用による情報処理能力の育成	岡部昌樹
	実践 放送をとおして保護者とともに育つ 親子同時聴取の記録	光畑晴子
9月号	特集 音楽番組をどう活用するか	
	【特集】巻頭言 遊んでリズムを	石川晶
	【特集】音楽番組はこのように作られている	後藤田純生
	【特集】音楽を通して心の交流を一四年「もみじ」の実践	山中佳子
	【特集】一年間いっしょに暮したテレビ	小平洋子
	【特集】音楽番組を楽しみながら学習力を高める	松本宏昭
	【特集】イメージの世界にひろがりが	永井保雄
	【特集】身体反応をひき出す音と映像	小川明夫
	【特集】音楽番組の特性とその利用	大和淳二
	学校放送番組への提言 ゆとりのある充実した継続教育のために	高橋勉
	実践 感動を大切にし豊かな心情を培うために	加藤千鶴
10月号	特集 教育機器の利用法総合講座	
	【特集】巻頭言 ニューメディアの融合時代へ	高橋良
	【特集】教育機器の選び方・使い方	渡部知弥
	【特集】自作教材の制作とその活用	藤本久雄
	【特集】録音・録画テープライブラリーの運営	皆川春雄, 山田雅彦
	【特集】放送の利用と著作権	黒川徳太郎
	特集 教育機器研修セミナー	
	【特集】ビデオカメラ その種類と選び方	中村昌平
	【特集】ビデオプロジェクター その用途と機能	谷俊夫
	【特集】光学式ビデオディスク システム その特長と利用	竹内武昭

月号	タイトル	著者
10月号	【特集】VHDビデオディスクシステム その原理と活用法	高橋国士
	【特集】パーソナルコンピューター 学校におけるデータ処理・分析	岡田隆
	【特集】光学式小型ディジタルオーディオディスク その内容と特長	岩下隆二
	学校放送番組への提言 子どもたちにふんだんな体験の場を与えよ	下孝一
11月号	特集 道徳番組をどう活用するか	
	【特集】巻頭言 "自分ならば"という親近感で	八州安吾
	【特集】うめぼし婆ァ考〜『大きくなる子』をめぐって〜	八重樫克羅
	【特集】テレビと共に大きくなる子『大きくなる子』の授業メモから	鷲辺達子
	【特集】豊かな感想を育てる指導法『みんななかよし』を利用して	愛知県知多郡武豊町衣浦小学校道徳部
	【特集】子どもの心情にゆさぶりをかける『明るいなかま』を継続視聴して	猪瀬俊夫
	【特集】自己の生き方をきりひらく道徳指導 中学校ラジオ道徳番組の活用から	井上光枝
	【特集】道徳番組の特性とその利用	井上治郎
	【特集】マリコとジュンペイ〜心さみしい子どもたち〜『中学時代』取材ノート	助川きよみ
	隣接科学から 教育へのメッセージ（科学史）科学的なものの考え方と伝達	村上陽一郎
	学校放送番組への提言 高次元で「利用」と「制作」の結合	福村保
12月号	特集 国語番組をどう活用するか	
	【特集】巻頭言 国語教育は「聞く」ことから	倉沢栄吉
	【特集】国語番組はこのように作られている	中井一
	【特集】『おとぎのへや』と子どもたちの理解力 表現力 行動力	横山迦葉子
	【特集】想像力と創造力を育てた『みんなの図書室』	森章子
	【特集】生きて働くことばの育成『ことばの教室』の利用	愛知県豊橋市立新川小学校国語部
	【特集】読書への興味・関心を高める『名作をたずねて』の利用	高橋広美
	【特集】国語番組の特性とその利用	森久保保美
	学校放送番組への提言 現実感のある番組のために	芳賀純
1月号	巻頭言 技術革新の結実の時に	坂本朝一
	新春対談 教育・しつけ・放送	波多野完治, 長浜道夫
	特集 第32回放送教育研究会全国大会の記録	
	【特集】総合全体会 未来に生きる子供を〜放送と教育を語ろう〜	奈良本辰也, 熊井啓, 渥美雅子ほか

月号	タイトル	著者
1月号	【特集】（幼稚園・保育所）みずみずしい感動とたくましい行動を	坂本昂，松本勝信，武井照子
	【特集】（小学校，特殊教育）イメージを豊かにし発展させる学習を	大内茂男，田中正吾，正田正宏，浦川朋司
	【特集】（中学校）自ら学び自ら発展する意欲的な学習を	水越敏行，竹村武
	【特集】（高等学校）視聴能力を高め自ら進んで未来に挑む	多田俊文，宇根満雄，高須賀清
	【特集】対談 山口大会の主張とこれからの放送教育	蛭谷米司，村瀬聿男
	【特集】山口大会から埼玉大会へ	南正，関田孔一
	【特集】教育機器研修セミナー マイコンとビデオディスクに関心集中	神谷与志雄
	学校放送番組への提言 放送学習ーその"で"と"に"と"を"	青木章心
	第18回学校放送教育賞 全盲教師によるテレビ利用学習の一試み	山口県立盲学校
2月号	巻頭言 これからの放送教育への期待	天城勲
	特集 放送を利用した指導計画の立案	
	【特集】（小学校）追究力を育てる指導計画を	広修治
	【特集】（小学校）テレビと教科書を融合させて	石橋光四郎
	【特集】（小学校）五感を通して力いっぱいの学習を	浜田敏子
	【特集】（幼稚園）自然を愛する子どもたちに	水野登美代
	【特集】（保育所）子どもが生き生きと活動する計画を	大野悦子
	第18回学校放送教育賞 視聴覚教育から放送教育へのあゆみ	埼玉県大宮市立栄小学校
	第18回学校放送教育賞 小学部・中学部・高等部の一貫したテレビ視聴学習	北海道真駒内養護学校
	実践 テレビがかけた七組の虹 特殊学級のテレビ視聴記録	小平洋子
	実践『みどりの地球』から学んだ家庭科学習の歩み	秦ひろみ
	昭和57年度NHK学校放送番組＜幼・小＞	
3月号	巻頭言 テレビ教育はふだん着で	坂元彦太郎
	特集 放送を利用した指導計画の立案	
	【特集】年間指導計画立案の手順とポイント	竹田一郎
	【特集】（中学校）生涯学習の導入として 中学校社会科世界地理の場合	村瀬寿人
	【特集】（中学校）考える力を育てるために テレビ『理科教室』を利用した授業計画	大岡久芳
	【特集】（高等学校）指導計画の基本は「学ぶ気にさせる」こと	松島信義
	隣接科学から 教育へのメッセージ（臨床心理学）心のエネルギーと母性原理	河合隼雄

月号	タイトル	著者
3月号	実践 豊かで広い視野をもった生徒の育成をめざして ゆとりの時間に『中学生の広場』『中学時代』を継続視聴して	日隈健二
	実践 病弱養護学校高等部の理科学習に『通信高校講座』を導入して	鈴木正幸
	昭和57年度NHK学校放送番組（中・高）	

主な連載：子どもの証言，学習指導案，教育メディアの上手な使い方，校内放送12か月，わたしたちの台本，機器と授業，教材開発研究講座，ファックス資料

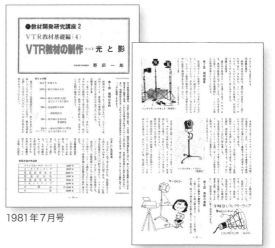

1981年7月号

1981年7月号

1982（昭和57）年度 （通巻397〜408号）

月号	タイトル	著者
4月号	特集 わかる授業・楽しい授業	
	【特集】わかる授業・楽しい授業とは	髙桑康雄
	【特集】子どもとの「共感」を大切にしながら	重野道子
	【特集】番組研究・授業研究を共同のちからで	溝内玲子
	【特集】わかるから楽しい 楽しいからわかる	田中靖雄
	この人に聞く 学校放送のねらい	白川泰二
	特集 新番組ハイライト 『みつめる目』『なにぬねノート』ほか	18番組
	隣接科学から 教育へのメッセージ（西洋史・文明論）これからの世界と日本の教育	木村尚三郎
	海外放送教育事情 総合学習番組花ざかり	野上俊和
	放送教育放談「教科の下僕」に甘んずることなかれ	清中喜平
	放送教育相談室 情報化社会における放送教育	大内茂男
	放送教育相談室 放送教育の再考	近藤大生
	講座 放送教育に影響を与えた人びと1 教育思潮と放送教育	波多野完治
5月号	特集 自然に親しむ・自然を考える	
	【特集】春がくるのを見たことある？	愛知県知多郡武豊町立衣浦小学校理科部
	【特集】見方・考え方・扱い方を高める放送学習	大室健司
	【特集】テレビ視聴学習による生徒の変容	礒野謙次
	【特集】好きになる 考える 確かめる 理科	NHK学校教育部理科班
	【特集】なぜ なぜ なぜ が なぜ 起こるのか『ウルトラ アイ』制作現場から	中雄一
	【特集】テレビと実物とで探究の相乗効果を	奥井智久
	この人に聞く 教育機器の多様化に対応	岡行輔
	放送教育放談「一見の効果」に満足することなかれ	清中喜平
	放送教育相談室 これからの放送教育	寺脇信夫
	講座 放送教育に影響を与えた人びと2 シュラムと教育放送	中野照海
	実践記録 主体的活動を促した放送学習「ゆとりの時間」を中心に	北村卓子
6月号	特集 放送教育 現状と展望	
	【特集】調査からみたテレビ教育30年	秋山隆四郎
	【特集】NHK学校放送の利用状況―昭和56年度調査より	宇佐美昇三
	【特集】座談会［90％］の意味を考える〜「利用状況調査」をふまえて〜	岸本唯博，鈴木勢津子，鈴木鉛二，本沢達雄

月号	タイトル	著者
6月号	【特集】海外の教育放送の動向－日本賞コンクールを通じて	箕浦弘二
	マスコミ教育の課題① 座談会 マスコミの中の子ども	中野収，深谷和子，大楽武男，小川吉造
	放送教育放談「包装のデザイン」に幻惑されることなかれ	清中喜平
	放送教育相談室 子どもの自主性を育てる放送教育	池田誠一郎
	講座 放送教育に影響を与えた人びと3 デールと経験の円錐	多田俊文
	実践記録 テレビからとび出す子を求めて『みどりの地球』の視聴を核に	上村輝子
7月号	特集 社会を見る目を育てる	
	【特集】社会を見る目を放送はどう育てるか	小林信郎
	【特集】時間空間を超えた人と人とのつながりを	NHK学校教育部社会科班
	【特集】豊かな時代イメージを育てるテレビ教材―『くらしの歴史』の活用	神原文典
	【特集】クラさんありがとう―『わたしたちのくらし』四年社会科視聴感想文	福井県坂井郡丸岡町立長畝小学校
	【特集】大河ドラマから郷土の歴史・自然の学習へ	平原祐次
	【特集】子どもはどんなとらえ方をしているか―テレビ視聴に対する子どもの観察態様	放送社会科研究グループ
	マスコミ教育の課題② 学校教育とマスコミ	高須正郎，徳武清助，小川吉造，大楽武男
	放送教育相談室 生涯教育と放送	坂元昂
	講座 放送教育に影響を与えた人びと4 ホーバンと教育映画研究	中野照海
8月号	特集 子どもにとってテレビとは	
	【特集】物語が自我の誇りを形成する	佐藤忠男
	【特集】お母さんへの手紙 子どもとテレビのかかわり	原清太郎
	【特集】大人になったテレビっ子―テレビで育った若い教師たち	石川桂司
	【特集】子どもとの対話・ふれあいを求めて―親子同時視聴の試み	沢田妙子
	【特集】メディアについて教えているいくつもの国々	佐賀啓男
	【特集】グルンバルト宣言	（編集部訳）
	【特集】「子どもと情報」を考える〜『600こちら情報部』制作現場から〜	鈴木弥太郎
	マスコミ教育の課題③ 情報化社会における教育の展望	伊藤慎一，今野浩，大楽武男，小川吉造
	放送教育放談「直前0分」がなぜ流行するのか	清中喜平
	放送教育相談室 生涯教育につなぐ放送教育	小田自郎

月号	タイトル	著者
8月号	講座 放送教育に影響を与えた人びと5 ブルーナーと教育の現代化	多田俊文
	手記 あるろう児と母が越えた道1	大竹信弥
9月号	特集 いま，子どもたちの道徳は……	
	【特集】道徳教育と生活指導のあいだ	山村賢明
	【特集】現代っ子の価値意識をさぐる	片岡輝
	【特集】子どもが道徳番組から受けとったもの	岩木晃範
	【特集】生活感あふれるドラマづくりをめざして	NHK学校教育部道徳班
	【特集】中学生の"心の中"はどうなっているか	山田暁生
	【特集】『中学時代』取材メモから見た子どもたち	渡部誠治
	【特集】この人に聞く もののとらえ方が多様で全体的～風間先生の見た現代中学生～	湯浅実
	マスコミ教育の課題④ 世界的視野でみたマスコミ教育	ミアラレ，滝沢武久，小川吉造，大楽武男
	放送教育放談 なぜ「ナマ」にこだわるのか	清中喜平
	放送教育相談室 学ぶ喜びを具体化するために	多田俊文
	講座 放送教育に影響を与えた人びと6 オルセンと地域社会学校	雪江美久
	実践記録 低学年の視聴ノート活用法	坂田彰一，井村新次，佐久間義明
	手記 あるろう児と母が越えた道2	大竹信弥
10月号	特集 ことばの力を高める	
	【特集】『ことばの教室2年生』「話の始め・中・しまい」制作ノート	村上政光
	【特集】『ことばの教室2年生』聞く・話す力の向上をめざして	柏瀬恵美子
	【特集】『ことばの教室2年生』正しい話しことばを身につける	三井知夫，久保田昌子
	【特集】『なにぬねノート』「心の手紙」制作ノート	山岸嵩
	【特集】『なにぬねノート』興味のもてる学習を求めて	程島けい子
	【特集】『なにぬねノート』柔軟な姿勢で番組に対応する	三井知夫，久保田昌子
	【特集】テレビ国語番組の学年別編成を望む	高田惇
	【特集】音読指導で高まる学習意欲	八戸音読研究の会
	【特集】物語のあらすじをとらえさせる指導ー『おとぎのへや』の継続視聴を通して	押野市男
	マスコミ教育の課題⑤ これからの社会とマスコミ教育	永井道雄，宇野一，小川吉造，大楽武男

月号	タイトル	著者
10月号	放送教育放談「5分間」で何がかけるか	清中喜平
	放送教育相談室 知識と情操を育てる放送教育	中野照海
	講座 放送教育に影響を与えた人びと7 キース・タイラーとベイシック・プレゼンテーション	寺脇信夫
11月号	特集 教育機器の活用と指導法の改善	
	【特集】指導の充実に教育機器をどう生かすか	畠山芳太郎
	【特集】教育機器の選び方・使い方	木下昭一
	【特集】テープの種類とその活用法	中原一
	【特集】放送ニューメディア	木村敏
	【特集】ビデオプロジェクター	苗村繁夫
	【特集】ポータブルビデオ	西沢孝
	【特集】ワードプロセッサー	宮西亮
	【特集】パーソナルコンピューター	山本直三
	【特集】この人に聞く はじめに教育ありきの考え方で	森田充昭
	特集 学ぶ喜びをめざす埼玉大会	
	【特集】埼玉大会のめざすもの	大会事務局
	【特集】大会の見どころ	大会事務局
	北京紀行① 日中放送教育の交流	西本三十二
	放送学習への提言 なぜ線分法を提唱するのか	清中喜平
	放送教育相談室 映像視聴能力を測る	水越敏行
	講座 放送教育に影響を与えた人びと8 スキナーと行動形成理論	中野照海
12月号	特集 子どもの音楽環境と学校音楽	
	【特集】「新しい子どもの歌」が必要とされる時代	繁下和雄
	【特集】テレビ学校放送の音楽教育における役割	後藤田純生
	【特集】『ワンツー・どん』を継続視聴して得たもの	鈴木千恵
	【特集】レーザーディスクを生かした鑑賞指導	石沢真紀夫
	【特集】50回を迎える全国学校音楽コンクール	大羽襄
	この人に聞く 視聴覚教育行政の30年	大谷巌
	座談会 教育放送に未来をかける国々 発展途上国の教育放送の課題と展望	磯貝千足，玉木宇，赤堀正宜，高須賀清
	北京紀行② 日本の放送教育と中国の電視大学	西本三十二
	放送学習への提言 線分法を解説する（A）	清中喜平
	講座 放送教育に影響を与えた人びと9 ピアジェと発生的認識論	滝沢武久

月号	タイトル	著者
1月号	特集 第33回放送教育研究会全国大会の記録	
	【特集】総合全体会 学ぶ喜びと感動を	浦山桐郎,木村治美ほか
	【特集】記念鼎談 埼玉大会の主張とこれからの放送教育	降旗経雄,本沢達雄,多田俊文
	【特集】校種別研究レポート	林信二郎,多田俊文,中野照海,坂元昴,大内茂男
	【特集】教育機器展示・教育機器研修セミナー報告	山本幹夫
	この人に聞く モノの時代から心の時代へ	川原正人
	新春対談 放送・ことば・教育	金田一春彦,長浜道夫
	放送学習への提言 線分法を解説する（B）	清中喜平
	講座 放送教育に影響を与えた人びと10 ガニェの学習理論と授業設計	西之園晴夫
2月号	特集 ゆとりの時間と放送	
	【特集】ゆとりの時間に放送をどう生かしていくか	蜂谷義雄
	【特集】『ひろがる教室』の利用とゆとりの時間	吉川明彦
	【特集】ゆとり時間を活用した映像教育の実践	池店岩鷹
	【特集】『名作をたずねて』の利用とゆとりの時間	高橋広美
	この人に聞く テレビ30年に想う	川上行蔵
	総合理科番組を創造する〜NHK高等学校講座『理科I』〜	野崎剛一
	放送学習への提言 線分法への質疑に答える	清中喜平
	放送教育相談室 放送による教育の可能性とその実践	松本勝信
	講座 放送教育に影響を与えた人びと11 ロジャースと教育の革新	岩崎三郎
	実践記録 よりよい視聴指導を求めて―テレビ『できるかな』の比較実践―	野田学園幼稚園
	昭和58年度NHK学校放送番組（幼・小）	
3月号	特集 指導計画作成のポイント	
	【特集】放送を生かした指導計画をどう立てるか	長谷川忍
	【特集】お話に親しみ感動する豊かな心を育てる	大橋伊都子
	【特集】「おもしろい」から「わかる能力」も伸びる	村岡耕治
	【特集】生徒ひとりひとりの「心」に訴える教材を	村上師幸
	【特集】楽しく充実したロングホームルームを求めて	岩崎淳子
	北京紀行③ 電視大学と教師の役割	西本三十二

月号	タイトル	著者
3月号	放送学習への提言 線分法の波及効果	清中喜平
	放送教育相談室 未来の教育と放送	吉田秀三
	講座 放送教育に影響を与えた人びと11 ラザースフェルトと集団過程	辻功
	第19回学校放送教育賞 豊かな人間性を求めて	和歌山県隅田小学校
	昭和58年度NHK学校放送番組（中・高）	

主な連載：学習指導案，教育メディアの上手な使い方，アナウンス指導12か月，わたしたちの台本，教材開発研究講座，わが校の教育機器の活用，教材開発研究講座

1982年8月号

1982年11月号

1983（昭和58）年度 （通巻409〜420号）

月号	タイトル	著者
4月号	**特集 放送教育の未来像**	
	【特集】放送教育の近未来に向けて―その活性化の方向―	中野照海
	【特集】座談会 放送教育の未来像を探る―中野提言をめぐって―	中野照海，岩崎三郎，野上俊和
	【特集】どんな問題があり今後どうあるべきか	荻野忠則，松本勝信，岡村二郎，関田孔一，武村重和
	この人に聞く ほんもののテレビ文化の花を	川口幹夫
	テレビ30年 人々はテレビに何を見てきたか―視聴者の30年	堤轍郎
	放送教育放談 発展学習を流行現象とするなかれ	清中喜平
	放送教育相談室 豊かな学習力の育成と放送教育	高橋勉
	番組との出会い 私とテレビ30年	高村久夫
	実践記録『明るいなかま』を使って道徳的実践力をどう育てるか	渡辺幸子，多田俊文
	実践記録 考える力を広め深める『テレビ理科教室』の活用	磯野謙次
5月号	**特集 非行を考える**	
	【特集】どこに問題があり，どう対処すべきか	深谷昌志
	【特集】非行の芽，非行の根とどう取り組むか	家野修造
	【特集】テレビカメラから見た中学生たち	八重樫克羅
	【特集】『教育・何が荒廃しているのか』制作現場	神林喬
	【特集】10代は何を考えているか―中高校生の生活と意識調査より	相田俊彦
	【特集】学級経営をふまえた『中学時代』の利用	坂本好司
	この人に聞く 教育の現代化にテレビを最大限に―NHKに学んで―	沈綺云
	放送教育放談 放送教育の癌―「ズレ」を治す特効薬はないか	清中喜平
	番組との出会い わたしのごひいき番組	大村はま
	実践記録 地域を見つめ意欲的に学ぶ子を育てる―四年社会科『わたしたちのくらし』の実践を通して―	田村茂治
6月号	**特集 放送教育の実践―学校放送教育賞にみる―**	
	【特集】座談会 なぜ書いたのか，どう書いたのか，どのように書けば	秋山隆志郎，倉橋政道，鈴木勢津子，日隈健二，藤原鴻一郎
	【特集】実践記録にみる放送教育の動向―学校放送教育賞入賞論文から―	長谷川忍
	【特集】学校はどのように放送を利用しているか―学校放送利用状況調査より―	宇佐美昇三
	この人に聞く いつでも，どこでも，だれでも―発足した放送大学―	香月秀雄
	北京紀行④ 21世紀を創造する電視大学	西本三十二

月号	タイトル	著者
6月号	放送教育放談 週2時間の中でテレビが使えるか	清中喜平
	座談会 スタジオからのメッセージ 番組制作は孤独な作業か―子どもたちの手紙から―＜1＞	市村佑一，浦川朋司，坂田ユリ，高須賀清
	実践記録 道徳的心情を豊かにして実践力を	小池敏朗，多田俊文
7月号	**特集 これからの放送教育への提言 放送教育の未来像②**	
	【特集】これからの教育とテレビ	蛯谷米司
	【特集】ある学習風景〜未来の放送教育へのイメージ	渡辺光雄
	【特集】これからの放送教育を考える	久故博睦
	【特集】授業革命への期待―黒板と白墨からテレビ・VTR・OHPへ	清中喜平
	この人に聞く 画一化されないで自分の考えを	縫田曄子
	座談会 メディアの活用と開発	青木章心，高桑康雄，浦川朋司
	座談会 スタジオからのメッセージ 番組制作は孤独な作業か―子どもたちの手紙から―＜2＞	市村佑一，浦川朋司，坂田ユリ，高須賀清
	番組との出会い NHK専科	倉沢栄吉
	実践研究レポート 保育にどう放送を取り入れるか	近藤大生
8月号	**特集 校内放送の現状と展望**	
	【特集】新時代の校内放送に期待する	野田一郎
	【特集】座談会 校内放送はどうあるべきか	林三郎，原玲子，小佐々晋，八重樫克羅
	【特集】わが校の校内放送の特色	畑野知徳，山本登，竹橋義明
	この人に聞く 新しい情報秩序の確立―国際コミュニケーション年に寄せて―	永井道雄
	座談会 学校音楽コンクールの50年	浜野政雄，川上紀久子，大羽襄，後藤田純生
	北京紀行⑤ 日中放送教育交流の成果	西本三十二
	番組との出会い ある投書	小塩節
9月号	**特集 歴史ドラマと歴史教育**	
	【特集】ドラマを歴史教材として生かすには―『おしん』の場合―	小木新造
	【特集】実践 記憶の歴史教育からイメージの歴史学習へ	大谷鉱三
	【特集】実践 歴史学習に歴史ドラマをどう生かすか	目賀田八郎
	【特集】実践 大河ドラマと青少年の歴史学習	一色正士
	この人に聞く ゆとりが創造性を育てる	菊池誠
	隣接科学から教育へのメッセージ（1）座談会 異文化としての子どもを読む	本田和子，小川吉造，浦達也
	放送教育放談 利用率96％の中味を吟味する	清中喜平
	番組との出会い テレビに弱い人	太田次郎
	実践記録『かきくけこくご』の視聴をとおして	小野寺侑希子

月号	タイトル	著者
10月号	特集 “求める学習”とは何か〜全国大会テーマをめぐって	
	【特集】なぜ“求める学習”なのか	岡村二郎
	【特集】“求める学習”とは，その前提条件とは	水越敏行
	【特集】“求める学習”ー熊本の取り組みー	熊本大会総合事務局
	【特集】実践 求める学習をめざしてー夏の「テレビクラブ」の利用を通してー	井上光枝
	この人に聞く “求める子”を育てるには	坂元昂
	隣接科学から教育へのメッセージ（2）座談会 ことば・文化の意味を考えるー文化記号論の立場からー	池上嘉彦，小川吉造，浦達也
	放送教育放談 放送教育の後進性を叱る	清中喜平
	放送教育相談室 学ぶ喜びが学習意欲を育てる	多田俊文
	番組との出会い 喫茶店で「道徳番組」の評価	奥田真丈
11月号	特集 発展学習の目ざすもの〜全国大会テーマに関連して	
	【特集】発展学習は何を目ざしているか	松本勝信
	【特集】実践 テレビから広がる学習	上田金五
	【特集】実践 理科学習における発展学習	真鍋憲昭
	【特集】実践『みどりの地球』から地域の環境調査へ	岡崎市立美川中学校「みどりの地球」研究部
	【特集】発展へのバネとしての感動とはーある番組制作者のつぶやきー	浦川朋司
	熊本大会への招待 “求める学習”をめざす熊本大会	熊本大会総合事務局
	埼玉大会の評価と熊本大会への期待〜小学校を中心に〜	和田泰輔，秋山亜輝男，本沢達雄，原田四郎，町田豊
	この人に聞く ニューメディア時代と教育	唐津一
	放送教育放談 多様化の中で本性を見失うなかれ	清中喜平
	番組との出会い 放送番組によせて	天城勲
12月号	特集 道徳意識をどう育てるか	
	【特集】子どもの道徳意識はどこで育てられるか	坂本昇一
	【特集】実践 道徳意識を高めるために〜『大きくなる子』から	黒川尚子
	【特集】実践 中学生は『中学時代』をどう見たか	太田昭臣
	【特集】子どもはテレビにどのような価値を見いだしているかー人気番組の要素を分析してみてー	小平さち子
	この人に聞く 最良のものを子どもたちに	箕浦弘二
	ニューミディア時代の学校放送教育賞 第20回学校放送教育賞ー審査評	西本三十二
	特別シリーズ どんな番組がありどう使われているか	
	特別シリーズ 実践事例ー『技術教室』動きと仕組みの理解に	深谷良治

月号	タイトル	著者
12月号	放送教育放談 なぜ「なぞり」からぬけられないのか	清中喜平
	放送教育相談室 放送の教育特性と現代教育	滝沢武久
	番組との出会い 生活のなかのテレビ	白井常
1月号	特集 第34回放送教育研究会全国大会	
	【特集】総合全体会／明日にはばたけ！〜放送と子どもたち〜	若林繁太，永畑道子ほか
	【特集】校種別研究	坂元昂，多田俊文，水越敏行，滝沢武久，大内茂男
	【特集】教育機器展示・教育機器研修セミナー報告	鈴木恒夫
	この人に聞く 子ども自身の活動の場を	向坊隆
	新春対談 日本の教育・海外の教育	磯村尚徳，長浜道夫
	放送教育放談 新しい年を迎えて〜放送教育'83を総活する〜	清中喜平
2月号	特集 学校経営と放送利用	
	【特集】第20回学校放送教育賞『みどりの地球』5年間の実践と行動化	岡崎市立美川中学校
	【特集】第20回学校放送教育賞 学習の定着をめざして	豊橋市立松山小学校
	【特集】学校経営に放送をどう生かすか	伊佐治大陸
	昭和59年度 学校放送番組制作の基本的な考え方	渡辺七郎
	座談会 いま，なぜメディア教育なのか（1）メディア教育とは何か	大内茂男，高桑康雄，高須賀清
	教育テレビ25歳になりました	秋山隆志郎，浦川朋司
	放送教育放談 これで楽に使えるようになる	清中喜平
	放送教育相談室 学習に喜びがあったー放送学習実践の調査からー	小泉三雄
	昭和59年度NHK学校放送番組（幼・小）	
3月号	特集 放送教育における評価	
	【特集】放送教育と評価ー確かな放送教育実践の為に	中嶽治麿
	【特集】放送を利用した学習の評価にはどのような手だてがあるか	吉田貞介
	【特集】実践 視聴能力を高める指導と評価	宗末勝信
	座談会 いま，なぜメディア教育なのか（2）視聴覚文化とメディア教育	高桑康雄，水越敏行，高須賀清
	いま，テレビが問われているものー教育テレビ25周年フェスティバル余話ー	市川昌
	放送教育放談 全国大会はこのままでよいのか	清中喜平
	第20回学校放送教育賞 意欲的活動を育てるテレビとラジオの関連視聴の試み	山鹿市保育研究会放送教育研究グループ
	昭和59年度NHK学校放送番組（中・高）	

主な連載：教育メディアの生かし方・使い方，校内放送12か月，パソコンは教育にどう利用できるか，わが校の教育機器の活用，ことばの世界を探る，テレビ教育 むかしといま，視聴覚ロータリー，教育ジャーナル

1984（昭和59）年度　（通巻421〜433号）

月号	タイトル	著者
4月号	教育論壇 教育，今何が問題か－寺田寅彦からの示唆	三枝孝弘
	特集 新しい放送教育をめざして－生きた教育課程と放送利用	
	【特集】教育課程と放送教材－その活性化をめざして	高橋勉
	【特集】教育課程の編成と学校放送の利用	西村文男
	【特集】教育課程の変遷と放送教育	服部八郎
	【特集】実践／深く見つめ，感動し，表現していく子どもたちの育成－『みつめる目』の視聴をバネとして－	細川ヒサエ
	この人に聞く 多様な学習要求に総合的な対応を－59年度視聴覚教育行政－	大谷巌
	教師のためのニューメディア講座 ニューメディアと教育	後藤和彦
	新・放送教育実践講座（1）“学校放送とは何か”を考える（1）	多田俊文
	海外事情 失われたヒューマニティを求めて－EBU教育放送セミナーから	市村佑一
	資料『放送教育誌』に見る放送教育35年（1）	
	第20回学校放送教育賞 NHK学校放送番組の効果的活用をめざして	愛媛県立宇和養護学校
5月号	教育論壇 教育，今何が問題なのか－生活の場としての地域の再建－	深谷昌志
	特集 理科好きな子を育てるには	
	【特集】理科が好きになる子を育てるには	武村重和
	【特集】対談 おもしろくてためになる番組とは－理科番組の特性をめぐって－	金子美智雄，浦川朋司
	【特集】実践 理科好きにするための私の工夫	上村輝子，鈴木勢津子，坂本栄一
	【特集】この人に聞く 原理先行主義を排す－授業・テレビと子ども－	荻須正義
	座談会 いま，なぜメディア教育なのか（3）海外のメディア教育	坂元昂，佐賀啓男，高須賀清
	放送教育これでいいのか 昇格するのに25年～「さし絵」から「本文」へ～	松本勝信
	教師のためのニューメディア講座 放送衛星で何ができるか	木村敦
	新・放送教育実践講座（2）“学校放送とは何か”を考える（2）	多田俊文
	資料『放送教育誌』に見る放送教育35年（2）	
	マイクロコンピュータ教育利用研修カリキュラム標準案－中間報告－	社会教育審議会教育放送分科会
6月号	教育論壇 今，教育では何が問題か－“荒廃”の中身の具体的な吟味を－	濱田陽太郎
	特集 ラジオ教育番組を見直そう	
	【特集】ことばのイメージとラジオ	滑川道夫

月号	タイトル	著者
6月号	【特集】実践 ラジオ番組の活用と読書活動－『ラジオ図書館』を国語学習に取り入れて－	井沼敏子
	【特集】実践 ことばを大切にした学級経営－『ことばの教室』利用を核に－	林俊郎
	映像の教育機能－その理論と実践－	武村重和，金築修，岸光城，松本勝信，浦川朋司，赤堀正宜，蛯谷米司
	学校放送番組はどのように利用されているか－昭和58年度利用状況調査を中心に－	宇佐美昇三
	教師のためのニューメディア講座 文字放送とその可能性	秋山隆志郎
	新・放送教育実践講座（3）“学校放送とは何か”を考える（3）	多田俊文
	高校野球より学校放送を見たい－母と子の専用波として定着した「春のテレビクラブ」－	栗田博行
	実践報告 指導方法によって学習結果はどう違うか－西本・山下論争を手がかりに－	近藤大生
7月号	教育論壇 いまの教育に欠落しているもの	正村公宏
	特集 生きた学習指導案をどう立てるか	
	【特集】放送利用の学習指導案－三つのポイント	清中喜平
	【特集】実践 “日本のあけぼの”に「飛鳥の里」を利用して	和田芳信
	【特集】実践 “魚の育ち方”に「メダカの誕生」を利用して	浜田健太郎
	【特集】座談会 学習指導案・テキスト・授業～そのあり方をめぐって～	秋山亜輝男，栗田博行，村井正治
	特別寄稿 メディアの能率と効果	波多野完治
	この人に聞く ニューメディアとニューコミュニケーション	浦達也
	放送教育これでいいのか 『みどりの地球』の先見性	杉浦美朗
	教師のためのニューメディア講座 静止画放送の仕組みと教育的可能性	宇佐美昇三
	新・放送教育実践講座（4）“学校放送とは何か”を考える（4）	多田俊文
	実践記録 生きた活動と感動する喜びを求めて『みんなの世界』の視聴を通して	松本美智子
	テレビカメラ・VTRの保有が伸張	文部省調査より
8月号	教育論壇 今，学校が取り組むべきことは	重松鷹泰
	特集 テレビは子どもに何ができるか	
	【特集】子どもにとってのテレビ－そのプラスとマイナス	深谷和子

月号	タイトル	著者
8月号	【特集】テレビは子どもに何をもたらしたか，そして，人間はテレビに何を与えたか	佐賀啓男
	【特集】新しい子ども番組開発の可能性	小平さち子
	【特集】実践 子どもの心の成長とテレビ―一般番組を授業で活用して―	藤森良治
	【特集】座談会 現代子ども番組考	藤田克彦，武井博，宮田修
	教師のためのニューメディア講座 ファクシミリ放送	秋山隆志郎
	新・放送教育実践講座（5）教師の番組研究を見直す（1）	多田俊文
	実践記録 放送による自己学習力の育成をめざして―学習の歩みと自己表現活動―	徳光勝
9月号	教育論壇 今，子どもたちは―校内暴力のうしろに潜むもの―	坂本昇一
	特集 視聴ノートの生かし方・使い方	
	【特集】視聴ノートは何のために	石川桂司
	【特集】実践「自分らしい見方，考え方」を育てる 交換日記としての視聴ノート	谷智子
	【特集】実践『くらしの歴史』と視聴ノートの活用 意欲的に調べ学ぶ子を育てる	溝内清巳
	【特集】実践 視聴ノートをこう考える	渡辺一，松原勝征，永田敏彦
	この人に聞く 映像とことば―映像リテラシーとは―	外山滋比古
	わたしの教育談義 豊かな感性を	フランソワーズ・モレシャン
	放送教育これでいいのか 学校放送教育賞を考える―応募論文の急減傾向をどうみるか―	清中喜平
	教師のためのニューメディア講座 CATVの現状と展望	山口秀夫
	新・放送教育実践講座（6）教師の番組研究を見直す（2）	多田俊文
10月号	教育論壇 いま，教育にとって大切なもの―日本と西ドイツを比べて―	小塩節
	特集 視聴前・視聴後の指導と発展学習	
	【特集】「発展学習」をめざした指導のあり方	水越敏行
	【特集】発展学習への意欲を育てる指導のポイント	吉田秀三
	【特集】『くらしの歴史』から年表づくりへ―歴史の好きな子を育てる―	八木稔
	【特集】実践 テレビ新聞づくりへの発展―相互に刺激しあう歴史学習―	松本邦文
	昭和五九年度全小放「放送教育特別研究協議会講演 放送で"やる気"をどう育てるか	奥井智久
	この人に聞く 教育改革で何をめざすか	斎藤正

月号	タイトル	著者
10月号	教師のためのニューメディア講座 キャプテンシステム（ビデオテックス）	松本正夫
	新・放送教育実践講座（7）視聴ノートを考える（1）	多田俊文
	実践 放送を利用した「きく」「みる」態度の指導について―生徒指導の基盤づくりに―	山下義光
11月号	教育論壇 教育，何を改革すべきか	黒羽亮一
	特集 地域へ目を向ける放送学習	
	【特集】地域を見直す目を育てる	平田嘉三
	【特集】実践『テレビの旅』から地域を見る力を育てる	前田透
	【特集】実践 環境観を育てる放送教育『あおいびわ湖』と『みどりの地球』を利用して	川崎睦男
	【特集】地域学習における放送利用と教材の自作	安田昇
	特集 第35回放送教育研究会全国大会のめざすもの	
	【特集】仲間とともに"ひろがりと深まり"を求めて	村田昇
	【特集】"ひろがりと深まり"への取り組み	大会事務局
	教師のためのニューメディア講座 ビデオディスクと教育利用	芦葉浪久
	新・放送教育実践講座（8）視聴ノートを考える（2）	多田俊文
	第20回学校放送教育賞『お話でてこい』から想像力を育てる	田中美智子
12月号	教育論壇 教育問題の根本にあるもの	山村賢明
	特集 視聴能力をどう育てるか	
	【特集】視聴能力を育てるために	吉田貞介
	【特集】批判的視聴能力育成の教育実践―アメリカ事情―	浜野保樹
	【特集】実践 自ら問題を発見する視聴能力を育てる	石川雄二
	【特集】実践 視聴能力を育てるための工夫―『理科教室』の視聴から―	工藤哲弥
	この人に聞く 教育改革と放送教育	長谷川忍
	放送教育これでいいのか テレビ学校放送への期待	小倉喜久
	教師のためのニューメディア講座 マイクロコンピュータの教育利用	佐賀啓男
	新・放送教育実践講座（9）視聴ノートを考える（3）	多田俊文
臨時号	第21回学校放送教育賞入選論文集	（13本）
1月号	特集 ひろがりと深まりのある学習～第35回放送教育研究会全国大会レポート～	
	【特集】総合全体会 未来をつくろうぼくらの手で―放送と子どもたち―	吉良竜夫，加藤幸子，飯窪長彦

月号	タイトル	著者
1月号	【特集】校種別研究	坂元昂，多田俊文，水越敏行，近藤大生，大内茂男
	【特集】大会から得たもの	武田昭雄
	この人に聞く 幅広い知的欲求に対応して	川原正人
	新春対談 夢を持たせる教育を	小野清子，長濱道夫
	教師のためのニューメディア講座 高品位テレビーそのしくみと展望ー	志賀史典
	新・放送教育実践講座（10）討論づくりと学習集団づくり（1）	多田俊文
	海外事情 新しい世代にとっての教育テレビ～ハンガリーにおける教育テレビ国際セミナーより～	小平さち子
	実践『核戦争後の地球』をどう見たか	津岡敬一
2月号	教育論壇 今，一人の教師ができる改革とは	宮原修
	特集 道徳教育はこれでいいのか	
	【特集】道徳教育の現状と問題点	西尾豪之
	【特集】実践 くらしの中に生きるテレビ視聴をめざして	三宅貴久子
	【特集】『明るいなかま』で学級の風土づくりを	永井進
	【特集】放送を道徳指導に生かすには	蓮池守一
	教師のためのニューメディア講座 教育におけるマイクロコンピュータの利用について	社会教育審議会教育放送分科会
	新・放送教育実践講座（11）討論づくりと学習集団づくり（2）	多田俊文
	海外事情 国境を越えて教育放送の協力を－韓日教育放送セミナーに出席して－	浦川朋司
	実践『核戦争後の地球』をどう見たか	浅井和行
	考察「知らなければならない世界」を知った	清中喜平
3月号	教育論壇 教師教育のこれからの視点	高桑康雄
	特集 放送教育の評価の手だてを探る	
	【特集】放送教育における評価ー問題点とその手だてー	水越敏行
	【特集】実践 言語能力の発展を目ざして『おーいはに丸』の視聴記録（3歳児）	谷悦子
	【特集】実践 テレビ学習と子どもの変容 放送教育の効果をどのように評価するか	永田敏彦
	【特集】シンポジウム 放送による学習の成立と評価	多田俊文，武村重和，松本勝信，榎谷利明
	昭和60年度 学校放送番組制作の基本的な考え方	水上毅
	教師のためのニューメディア講座 高度情報化社会のなかの人間	後藤和彦，浦達也

月号	タイトル	著者
3月号	新・放送教育実践講座（12）討論づくりと学習集団づくり（3）	多田俊文
	実践研究 視聴メモ・視聴ノートをめぐって	高萩竜太郎

主な連載：机上散策，校内放送 企画から放送まで，ことばの世界を探る，ブラウン管の裏側から，視聴覚ロータリー，教育ジャーナル

1984年10月号

1984年臨時号

1985 (昭和60) 年度 （通巻434〜446号）

月号	タイトル	著者
4月号	この人に聞く これからの放送教育を考える 学校放送50年とニューメディア時代	植田豊
	特集 いま，なぜ放送教育か―学校放送50周年記念―	
	【特集】いま，改めて放送教育の意義を考える―ニューメディア時代の放送教育―	坂元昂
	【特集】学校放送はどこへいくのか	波多野完治
	【特集】学校放送50年（1）	西本三十二
	【特集】放送教育のあゆみ（1）―考え方の変遷―	寺脇信夫
	【特集】メディア変革期と放送教育	秋山隆志郎
	【特集】アンケート／これからの放送教育は	深谷和子，浜野保樹，和田泰輔，橋本幹夫，石川桂司，吉田貞介，山本健吉，秋山亜輝男，松本勝信
	教師をみる，子どもの目・親の目 ～NHK世論調査から～	謝名元慶福
	学校放送新番組紹介	NHK学校教育部
	教師のためのニューメディア講座 パソコンは授業を変えるか―わたしの「取材ノート」から―	橋場洋一
	新・放送教育実践講座（13）討論づくりと学習集団づくり（4）	多田俊文
	出願者募集人員を大幅に上回る―調査から見た放送大学合格者のプロフィール―	岡行輔
5月号	教育論壇 いま，なぜ教育改革が必要か	高梨昌
	特集 自然への探究心を育てる	
	【特集】自然に親しみ自然を知ることと現代教育	太田次郎
	【特集】実践 放送から地域へそして表現へ―『理科教室』の継続視聴を通して―	伊藤誠一
	【特集】実践 生徒の疑問を生かした放送利用の授業分析―『理科教室中学2年生』を活用して―	坂本栄一
	【特集】伝統の番組に新しい息吹を―衣がえした『小学校理科教室』―	阿部和暢
	学校放送50年（2）	西本三十二
	放送教育のあゆみ（2）―考え方の変遷―	寺脇信夫
	衛星放送と小笠原の子どもたち	秋山隆志郎
	教師のためのニューメディア講座 パソコンの自作教材の開発と利用	岩瀬忠男
	新・放送教育実践講座（14）放送単元の開発と評価法の開発（1）	多田俊文
6月号	教育論壇 教育改革に思う	鯵坂二夫
	特集 放送学習で個性をどう生かすか	

月号	タイトル	著者
6月号	【特集】放送は画一的な教材か	松本勝信
	【特集】実践 へき地の子どもたちに新しい経験を	横山徹
	【特集】実践 個が生きる放送学習の創造―「文通による地域学習」・「国際交流学習」	徳光勝
	【特集】実践 個性を生かす指導	工藤陸奥男
	【特集】子ども一人ひとりのために一映像と子どもの反応―	堀俊一
	いま視聴ノートは―視聴ノート再論	高萩竜太郎
	学校放送はどう受けとられているか①―学校放送利用状況調査から―	宇佐美昇三
	海外事情 アラブ世界のテレビ 新しい波―エジプトの新テレビセンター構想―	箕浦幸二
	教師のためのニューメディア講座 パソコン CAIとネットワーク	酒井行男
	新・放送教育実践講座（15）放送単元の開発と評価法の開発（2）	多田俊文
7月号	教育論壇 今，学校教育に望むもの	樋口恵子
	特集 事前・事後指導のあり方	
	【特集】事前・事後の指導はどうあったらよいか	吉田秀三
	【特集】実践 感動のある歴史学習をめざす放送教材の活用	松原勝征
	【特集】実践 幼児が主体となる場づくりを	原田吹江
	現代教師の自画像―NHK「教師の生活と意識調査」から	謝名元慶福
	学校放送はどう受けとられているか②―学校放送利用状況調査から―	宇佐美昇三
	教師のためのニューメディア講座 学習意欲を高めるためのパソコンの活用	豊原芳史
	新・放送教育実践講座（16）放送単元の開発と評価法の開発（3）	多田俊文
	実践記録 積極的に学習する子どもの育成	南迫一男
8月号	教育論壇 教育改革と教師の主体性	倉沢栄吉
	特集 一般番組をどう活用するか	
	【特集】一般番組の活用―その効用と留意点―	島田啓二
	【特集】実践 『大草原の小さな家』を利用して	高根沢勇
	【特集】実践 音楽学習に活気をもたらすために	山田太
	【特集】調査 一般番組はどのように利用されているか	宇佐美昇三
	この人に聞く これからの放送教育―ニューメディア時代への対応―	天城勲
	子どもの生態系が変わった―テレビ番組の嗜好を通して―	吉良元孝
	教師のためのニューメディア講座 パソコンを授業に生かして（1）	鈴木勢津子

月号	タイトル	著者
8月号	放送教育入門セミナー（1）放送を学習に取り入れるにあたって—放送活用の自己診断	松本勝信
	実践記録 子どもたちの学ぶ姿をみつめて—放送学習を学級づくりの柱に—	柴田孝和
9月号	教育論壇 今，教育で何が問題か	佐藤三郎
	特集 視聴ノートを見直そう	
	【特集】視聴ノートは必要か	近藤大生
	【特集】実践 教師と子どもによる創作物	大谷鉱三
	【特集】整理型から発展型へ	佐々木俊光
	【特集】生徒理解に役立つ視聴ノートのあり方	日隈健二
	【特集】視聴ノートはこれでいいのか	秋山亜輝男
	座談会 いま，教育にテレビをどう生かすか	坂元昂，多田俊文，水越敏行，滝沢武久，大内茂男，大塚観三
	弱いものいじめの底流—「いじめへの挑戦」取材ノートから—	市川昌
	教師のためのニューメディア講座 パソコンを授業に生かして（2）	鈴木勢津子
	放送教育入門セミナー（2）放送教育以前の授業診断—授業で何を大事にしているか—	松本勝信
	随想 韓国での一夜	清中喜平
10月号	教育論壇 今，学校で考えねばならないこと	若林繁太
	特集 子どもを生かす放送学習	
	【特集】子どもを生かすとは—自己実現と放送学習—	滝沢武久
	【特集】実践 生き生きとした学習活動のために—理科番組の継続視聴を核に—	工藤清弘
	【特集】座談会 新しい教育を拓く—総合学習番組『にんげん家族』をめぐって	矢部達子，山口彭子，皮籠石成久，阿部和暢，道田秀雄，生田明，畠山世津子
	特集 青森大会のめざすもの—「躍動する学習」を創る	
	【特集】たくましくうるおいのある人間形成	竹内照宗
	【特集】「躍動する学習」への実践	吉田秀三
	【特集】大会を目前にして	青森大会総合事務局
	放送教育論の変遷—放送教育新時代（1）	秋山隆志郎
	教師のためのニューメディア講座 パソコンの効果的利用法	木下昭一
	放送教育入門セミナー（3）放送が無くても授業ができるのに—放送番組の教材性とは—	松本勝信
11月号	教育論壇 いま，教育で何が必要か	上田薫
	特集 社会を見る目を深める	

月号	タイトル	著者
11月号	【特集】社会を見る目を深めるために—放送の役割と扱い方—	佐島群巳
	【特集】実践 クラさんとともに過ごした社会科学習—『わたしたちのくらし』を視聴して	藤村善嗣
	【特集】実践 子どもの目を変えた—「放送による学習」の積み重ねから	榎谷利明
	【特集】実践 テレビを通して地域学習の追究へ	高木和広
	放送教育論の変遷—放送教育新時代（2）	秋山隆志郎
	生きた環境の中から子どもの目を育てる—『みつめる目』の取材ノートから—	坂田ユリ，宮沢乃里子
	教師のためのニューメディア講座 学校教育におけるコンピュータの利用について〈中間報告〉（1）	文部省
	放送教育入門セミナー（4）放送だからこそとは（1）—放送教材・視聴覚教材・ニューメディア—	松本勝信
	実践記録 10年間で放送教育への取り組み方がどのように変わってきたか	大室健司
臨時号	第21回学校放送教育賞論文集	（14本）
12月号	教育論壇 いま，教育で考えたいこと	沖原豊
	特集 躍動する学習をめざして 第36回放送教育研究会全国大会青森大会報告	
	【特集】限りなくやさしく 限りなく たくましく〜青森の子どもたちからのメッセージ〜	佐野浅夫，さとう宗幸，兵藤ゆき，山川静夫
	【特集】校種別研究	坂元昂，多田俊文，水越敏行，滝沢武久
	【特集】教育機器展示・教育機器研修セミナー報告	柴田恒郎
	【特集】ネブタの躍動を—大会を終えて—	村林平八
	放送教育論の変遷—放送教育新時代（3）	秋山隆志郎
	豊かな環境教育の実践—『みどりの地球』の取材ノートから—	長島宜雄
	全国大会のもたらしたもの—滋賀大会前と後の放送教育関係現況調査を通して—	小田豊
	教師のためのニューメディア講座 学校教育におけるコンピュータの利用について〈中間報告〉（2）	文部省
	放送教育入門セミナー（5）放送だからこそとは（2）—「主と主」・「主と従」の視聴能力—	松本勝信
1月号	教育論壇 教育改革の課題	斎藤正
	特集 道徳教育の課題を探る	
	【特集】道徳教育の課題と放送利用	瀬戸真
	【特集】実践 ねらいに迫るテレビの活用	黒川尚子

月号	タイトル	著者
1月号	【特集】実践 テレビ利用による生徒指導実践記録―非行克服をめざして―	山下義光
	【特集】子どもの価値観と道徳教育	片岡輝
	新春特集 世界に見る教育放送と国際協力	
	【特集】国際協力とNHKの役割	水上毅
	【特集】座談会 世界に開くNHKの国際協力―その現状と課題―	西内久典, 上田昌彦, 斎藤博己, 市村佑一
	【特集】最近のアメリカ教育放送事情 セサミだけが教育番組ではない	佐賀啓男
	【特集】テレビ番組から見た「日本賞」の20年	井上英治
	【特集】海外の教育放送―第15回「日本賞」コンクール参加作品から―	秋山隆志郎
	教師のためのニューメディア講座 海外におけるコンピュータ教育の最新事情	浜野保樹
	放送教育入門セミナー（6）個を育てる放送による学習―主体的な「主と主」の視聴能力の育成とその手だて（1）―	松本勝信
2月号	教育論壇 いじめにどう対応するか	遠藤豊吉
	特集 放送教育の効果をどうとらえるか	
	【特集】放送教育の効果をどうとらえたらよいか―放送教育診断項目をとおして―	吉田貞介
	【特集】放送教育における評価の留意点―視聴能力について―	小寺英雄
	【特集】実践 自然の事物・現象に，人の心を入れこむ放送理科学習―5年生「種子の発芽」での実践―	大室健司
	【特集】『おもいっきり中学時代』を生徒はどう評価しているか	仲居宏二
	創造力の育成と映像教育	蛭谷米司
	教師のためのニューメディア講座 放送とコンピュータ教育	秋山隆志郎
	放送教育入門セミナー（7）個を育てる放送による学習―主体的な「主と主」の視聴能力の育成とその手だて（2）―	松本勝信
	実践記録「自ら考え，行動し，自ら変容する子ども」の育成―放送による教育設計十五年の歩み―	榎谷利明
3月号	教育論壇 いま，教育が問われていること	下村哲生
	特集 年間指導計画と学習指導案	
	【特集】指導計画立案の考え方―放送を利用するにあたって―	髙桑康雄
	【特集】学習指導案立案のポイント	蓮池守一
	【特集】わたしの指導案例 番組と教科書との相乗効果をねらって	山口彭子
	【特集】わたしの指導案例 1時間の流れをパターン化した社会科の授業―五年「伝統工業」の実践を通して―	和田芳信
	【特集】わたしの指導案例 新しい時代に生きる豊かな人間形成をめざして	水口克昭

月号	タイトル	著者
3月号	昭和61年度NHK学校放送番組のあり方	水上毅
	対談 これからの放送教育―青森大会の成果から高知大会へ―	石川桂司, 多田俊文
	教師のためのニューメディア講座 これからのコンピュータ利用と教育	西之園晴夫
	放送教育入門セミナー（8）個を育てる放送による学習―主体的な「主と主」の視聴能力の育成と視聴ノート―	松本勝信

主な連載：机上散策，児童生徒のための校内放送講座，特別シリーズガイド，ことばの世界を探る，保育と放送，視聴覚ロータリー，教育ジャーナル

1985年10月号

1985年12月号

1986（昭和61）年度　（通巻447〜459号）

月号	タイトル	著者
4月号	**特集 放送教育 明日への課題**	
	【特集】放送教育ー今日の課題	中野照海
	【特集】新時代の教育番組と利用のあり方	水越敏行
	【特集】放送教育の質的向上をめざして	西村文男
	【特集】転換期の放送教育	浜野保樹
	【特集】メディア教育のすすめ	坂元昂
	世界の教育改革（1）多様化のなかの人間教育ースウェーデンー	ウルバン・ダールレーフ，永井道雄，中嶋博，市川昌
	昭和61年度NHK学校放送新番組紹介	NHK学校教育部
	昭和61年度・視聴覚教育行政の方向	平川忠男
	海外教育放送事情 岐路に立つヨーロッパの教育放送 バーゼル学校放送国際セミナーリポート	阿部和暢
	創造性を育てる教材開発（1）ニューメディア時代の教材開発	野田一郎
	放送教育入門セミナー（9）個を育てる放送による学習ー「0分スタート」＝個を育てる放送による学習の全体像ー	松本勝信
	随想 放送教育の思い出点描＜上＞	西本三十二
	研究会リポート 埼玉の取り組みに学ぶー埼玉県放送教育授業研究会に参加してー	谷智子
5月号	**特集 自己教育力の育成と発展学習**	
	【特集】自己教育力を育てるためにはー主体的な情報への対応をー	佐島群巳
	【特集】実践 意欲的に活動する幼児を育てる	片岡英子
	【特集】実践 学ぶ意欲を育て社会を見る目を開くー『テレビの旅』の視聴を通してー	桑木富士子
	【特集】「視て知る」から「さぐり，わかる」環境学習をめざしてー『みどりの地球』を環境教育の中心にすえてー	熱川英明
	世界の教育改革（2）一人ひとりを生かす教育ー西ドイツー	天野正治，子安美知子，市川昌
	海外教育放送事情「KEDI」（韓国教育開発院）駆け足訪問記	市村佑一
	韓国の教育放送	宋寅徳
	学校放送指導者研修レポート	徐奎烈
	創造性を育てる教材開発（2）教材開発の教育的意義とその実践	野田一郎
	教師のためのコンピュータ講座 今，コンピュータとどう付き合うか	坂村健
	放送教育入門セミナー（10）個を育てる放送による学習ー放送による学習の展開に対する不安と番組研究ー	松本勝信
	随想 放送教育の思い出点描＜下＞	西本三十二
	放送学習実践物語 労少なくして功多い放送学習	溝口玲子
6月号	教育論壇 知的好奇心というもの	潮木守一
	特集 道徳的心情・情操を育てる	
	【特集】道徳的心情を耕やす	西尾豪之

月号	タイトル	著者
6月号	【特集】座談会"こころ"を育てるー道徳番組とその利用ー	多田俊文，蓮池守一，長谷川一彦，高月嘉彦
	【特集】実践 実践意欲を培う道徳の授業をめざして	永田敏彦
	世界の教育改革（3）危機にたつ教育ーアメリカー	中島勇夫，金子忠史，市川昌
	学校放送の利用傾向ー昭和60年度全国学校放送利用状況調査からー	秋山隆志郎
	海外教育放送事情 カナルオンセ・ディフエレンテ（パナマ国営教育テレビ）	宮崎馨
	創造性を育てる教材開発（3）音声教材開発の企画と制作のプロセス（1）	伊藤節次
	教師のためのコンピュータ講座 コンピュータは万能モノマネ機械	坂村健
	放送教育入門セミナー（11）ー中学校・高等学校における個の確立と「0分スタート」ー	松本勝信
	放送学習実践物語 "放送学習"このすばらしきものー社会科学習を通してー	大谷鉱三
7月号	教育論壇 いま，教育に欠けていること	千石保
	特集 事前・事後指導を見直す	
	【特集】事前・事後指導の多様化ー新しい放送教育を求めて	水越敏行
	【特集】自主性を育てる事前・事後指導のあり方	西村文男
	【特集】実践 多面的な立場から意見の持てる児童を育てるー「視聴ノート」と「テレビ意見カード」を活用してー	石川知男
	【特集】実践／自主性を育てるための放送学習ー『理科教室小学校3年生』視聴後の学習指導を中心にー	溝口正己
	海外教育放送事情 中国の新しい教育放送を求めてー「日中教育シンポジウム」から	浦川朋司
	海外教育放送事情 映像を通して中国の子どもとのふれあいー『理科教室』への反応調査からー	鈴木勢津子
	創造性を育てる教材開発（4）音声教材開発の企画と制作のプロセス（2）	伊藤節次
	教師のためのコンピュータ講座 コンピュータ道具論	坂村健
	放送教育入門セミナー（12）放送による学習の成立と授業の評価・改善（1）ー授業の質的改善を問う授業の分析と評価ー	松本勝信
	放送学習実践物語 子どもと教師の自主性を育てる放送学習	西田文子
8月号	教育論壇 生き生きした学校生活の創造ー日独の実践に基づく提言ー	天野正治
	特集 子どもとテレビーその光と影ー	
	【特集】新しい"子どもーテレビ関係"ー学校への提言ー	山村賢明
	【特集】テレビと幼児の人間形成	岡田晋
	【特集】提言／いま，子どもとテレビを考える	本田和子，吉良元孝，宗末勝信，高島田孝一
	【特集】子どもの環境としてのテレビの現在ー「テレビと子どもの人権」分析調査からー	鈴木みどり

月号	タイトル	著者
8月号	【特集】海外教育放送事情／海外における"子どもとテレビ"の関係ー海外に学びたいことー	小平さち子
	【特集】特別寄稿 テレビは子どもに何ができるかー学校への意義と貢献ー	ジェラルド・レッサー
	この人に聞く 多メディア時代の放送教育	波多野完治
	25周年を迎えた『中学生日記』ープロデューサーの制作ノートからー	野里元士
	創造性を育てる教材開発（5）音声教材開発の企画と制作のプロセス（3）	伊藤節次
	教師のためのコンピュータ講座 ネットワーク社会への対応	坂村健
	放送教育入門セミナー（13）放送による学習の成立と授業の評価・改善（2）ーズレの発見とその改善（1）視聴中の質的改善ー	松本勝信
	放送学習実践物語 学校放送の継続・丸ごと学習の実践ー感想文集二三五冊達成ー	津岡敬一
9月号	教育論壇 いま，教育で考えてほしいこと 新鮮な驚きを与える教育	太田次郎
	特集 メディア・ミックスとはー新しい放送教育の試みー	
	【特集】メディア・ミックスによる放送教育	水越敏行
	【特集】実践 多様なメディアの中でテレビを生かす社会科ー	久故博睦
	【特集】実践 授業のデザイナーとしての実践ー理科ー	八重柏新治
	【特集】論説／メディア・ミックス時代のテレビ映像（1）	市川昌
	海外教育放送事情 カナダの教育放送	川島淳一
	放送と教育，そして放送教育 世界の放送大学から	冨崎哲
	さまざまな生きざまが語るものー『人間いきいき』の制作ノートからー	菊池道彦
	教師のためのコンピュータ講座 電子思考	坂村健
	放送教育入門セミナー（14）放送による学習の成立と授業の評価・改善（3）ーズレの発見とその改善（2）視聴直後の質的改善ー	松本勝信
	放送学習実践物語 ラジオによる放送学習に魅せられてーラジオ『ことばの教室』の継続聴取からー	山本康子
10月号	教育論壇 ニューメディアと教育 教育の生産性	唐津一
	特集 感動はどこへ行ったかー放送の特性を見直すー	
	【特集】放送教育における情動性の復権	中野照海
	【特集】人間の心と教育と放送	村井實
	【特集】実践 『にんげん家族』感動から行動へ 一人の子どもの変容を追って	谷智子
	【特集】番組制作者座談会 シラケ世代というけれど…… ー子どもの心をつかむ番組づくりー	長島宣雄，坂田ユリ，佐野竜之介，小泉世津子
	論説／メディア・ミックス時代のテレビ映像（2）	市川昌

月号	タイトル	著者
10月号	海外教育放送事情 インドネシアの教育放送	坂元多
	創造性を育てる教材開発（6）映像教材開発の企画と制作のプロセス（1）	園一彦
	教師のためのコンピュータ講座 コンピュータは発展途上	坂村健
	放送教育入門セミナー（15）放送による学習の成立と授業の評価・改善（4）ーズレの発見とその改善（3）発展学習の質的改善と「同一番組・複数課題・複数並行活動」ー	松本勝信
	放送学習実践物語 二人三脚の教職人生～放送教育とともに～（1）	西田光男
11月号	教育論壇 今，教育で何が問題か 学校と子どもー精神科医の目からー	河合洋
	特集 人間中心の社会科を…ー社会科の活性化をめざしてー	
	【特集】社会科番組の特色ー人間科としての社会科を考えるー	平田嘉三
	【特集】これからの社会科への提言ー情報化時代における社会科へー	大野連太郎
	【特集】実践 地域学習と結びつけた番組の利用（行動化）を考える『たんけんぼくのまち』を授業に活用して	神田雅子
	【特集】実践 体験を通した学習の喜びー『くらしの歴史』を授業に活用してー	和田芳信
	【特集】実践 自ら問題を発見し，事象の本質へせまる	高木宗一
	【特集】番組制作者座談会 社会科番組のみどころ	高橋正道，仲野市之進，内川隆，菅乙彦
	特集 高知大会のめざすものー「発展する学習」の追求ー	
	【特集】放送のもたらす価値を学習・生活の中に	高島田孝一
	【特集】高知大会のみどころ	高知大会事務局
	海外教育放送事情 アジアプロジェクトー取材かけある記ー	羽岡伸三郎
	創造性を育てる教材開発（7）映像教材開発の企画と制作のプロセス（2）	園一彦
	放送教育入門セミナー（16）放送による学習の成立と授業の評価・改善（5）ーズレの発見とその改善（4）視聴直後の話し合いー	松本勝信
	放送学習実践物語 二人三脚の教職人生～放送教育とともに～（2）	西田光男
臨時号	第23回放送教育賞論文集	（15本）
12月号	教育論壇 今，教育で何が問題か 学校教育における個と集団	仲田紀夫
	特集 自然を知る・感じる・働きかける	
	【特集】人間形成と理科番組	荻須正義
	【特集】実践 五感を通しての理解ー『理科教室小学校3年生』を授業に活用してー	真木章弘
	【特集】実践 理科と問題解決ー『理科教室小学校4年生』の視聴からー	松田良夫

月号	タイトル	著者
12月号	【特集】実践 教室が森林にそして，カイワレ畑に―『理科教室小学校6年生』を視聴して―	山中文恵
	【特集】番組制作者座談会 身近な現象からの発見	浦川朋司，神永雄司郎，加藤敏夫，太田英博
	海外教育放送事情 ヨーロッパの学校放送，最近の傾向―ハンガリーで開かれた国際セミナーから―	秋山隆志郎
	創造性を育てる教材開発（8）映像教材開発の企画と制作のプロセス（3）	園一彦
	教師のためのコンピュータ講座 高度情報化社会の意味するところ	坂村健
	放送教育入門セミナー（17）子どもの変容からの放送教育の見直し（1）―「型」対「子どもの変容」，どちらからみるか―	松本勝信
	放送学習実践物語 私と放送教育	小田自郎
1月号	特集 "発展する学習"を追求して―第37回放送教育研究会全国大会（高知）リポート―	
	【特集】総合全体会 とびだせ黒潮の子ら―思いっきりシンポジウム―	立松和平，青柳裕介，藤家虹二，兵藤ゆき，相川浩
	【特集】校種別研究／幼保・小・中・高・特	松本勝信，多田俊文，水越敏行，近藤大生，大内茂男
	【特集】教育機器展示・セミナー	畠山芳太郎
	【特集】高知大会を終えて	高知大会事務局
	特集 NHK特集『大黄河』はどう見られているか	
	【特集】『大黄河』へのメッセージ 入選作品	反田みつえ，井上和子，柴田健一郎，及川香代子，一瀬智子
	【特集】黄河と日本人―『大黄河』へのメッセージから―	児玉邦二
	【特集】『大黄河悠久の旅』の家庭視聴―視聴後における生徒の活動から―	水口克昭
	海外教育放送事情 ネパールの放送事情	小森黎
	創造性を育てる教材開発（9）教材開発と校内放送施設の活用	野田一郎
	教師のためのコンピュータ講座 考えるための道具	坂村健
	放送教育入門セミナー（18）子どもの変容からの放送教育の見直し（2）―子どもの変容のとらえ方（評価計画の重要性）―	松本勝信
	放送教育実践物語 私の教育観を変えた放送学習～子どもの目の輝きを大きく育てよう～（1）	高林准示
2月号	特集 多メディア時代における放送教育	
	【特集】放送教育の新しいシステムを考える	髙桑康雄
	【特集】実践 学ぶ意欲を持ち追求する子をめざして―発展学習における劇化とビデオ制作―	桑木富士子

月号	タイトル	著者
2月号	【特集】実践 身近な問題の追求へと発展する社会科学――般番組と社会科通信を併用して―	久保治
	【特集】学校現場ではどのようにメディアを利用しているか	松本盛男
	【特集】座談会 放送教材の特性をどうとらえるか―他メディアとの競合・共存―	中野照海，武田光弘，小平さち子，児玉邦二
	特集 一般番組利用のポイント	
	【特集】一般番組の活用―教育の活性化と活用のポイント―	清中喜平
	【特集】社会科学習から生きるための学習へ～NHK特集『天寿全うせず』を視聴して～	市橋章男
	創造性を育てる教材開発（10）放送委員の指導を通じて心を伝える校内放送の活性化を	斉藤宏
	放送教育入門セミナー（19）子どもの変容からの放送教育の見直し（3）―評価のフィードバック機能と改善策の検討―	松本勝信
	放送教育実践物語 私の教育観を変えた放送学習～子どもの目の輝きを大きく育てよう～（2）	高林准示
3月号	特集 子どもの変容と評価	
	【特集】新しい評価への提言―情意領域の評価をどうおこなうか―	梶田叡一
	【特集】放送の効果を再確認する	水越敏行，浦達也
	【特集】実践 テレビ情報に自らの考えを付け加えさせる視聴指導	石川雄二
	海外教育放送事情 アジア教育放送シンポジウム（インドネシア）報告	市村佑一
	海外教育放送事情 放送と教育の共同作業―ジョグジャカルタ・シンポジウムに参加して―	東洋
	海外教育放送事情 教育放送における国際交流	中野正之
	海外教育放送事情 アジア教育放送シンポジウムと教育放送の役割	塚田慶一
	この人に聞く 放送における国際協力―放送文化基金の海外助成から―	川平朝清
	昭和62年度NHK学校放送番組制作のあり方	市村純一
	創造性を育てる教材開発（11）新しい教育機器と教材開発	野田一郎
	視聴覚教育機器の開発とシステム構築・評価システム	藤田徹
	教師のためのコンピュータ講座 カリキュラム	坂村健
	放送教育入門セミナー（20）望ましい教育の探究と「放送による学習」―「放送肯定」対「アンチ放送」―	松本勝信
	放送教育実践物語 放送教育ひとつの歩み―小から中，そしてテレビ	日比野輝雄
	実践記録 両輪充実の学校経営をめざす―放送メディアと文字メディアをともに活かして―	荻野忠則

主な連載：机上散策，校内放送，とっておきの話，保育と放送，視聴覚ロータリー，教育ジャーナル

1987（昭和62）年度 （通巻通巻460〜472号）

月号	タイトル	著者
4月号	今月の提言 高まる放送教育の重要性－三年目を迎える放送大学	加藤秀俊
	討論のひろば 放送教育はどう変わったか，どう変わるべきか	秋山隆志郎
	特集 NHK学校放送新番組紹介	NHK教育番組センター（学校教育）
	座談会 番組制作者からのメッセージ	児玉邦二，武田光弘，浦達也
	昭和62年度視聴覚教育行政の方向	平川忠男
	高桑康雄の放送教育ゼミ ゼミを開講するにあたって	高桑康雄
	教室にはいるコンピュータ① 子どものパソコン観	芦葉浪久
	教育機器活用マニュアル① ニューメディア時代における新しい教育機器の導入	畠山芳太郎
	放送教育実践物語 「わからせる学習」から「わかり方の学習」そして「感じ方の学習」へ（1）	家野修造
	実践記録「学校放送」を生かした豊かな授業づくりをめざして	日隈健二
5月号	今月の提言 放送教育の発展を支える基礎研究の充実	藤田恵璽
	討論のひろば 4月号掲載の秋山論文を読んで	
	・「ナマ・継続・丸ごと」利用の功罪	寺脇信夫
	・「多様性」－その中身の追求を	石川桂司
	教育探訪 放送教育の将来像－「多メディア時代における放送教育セミナー」の示唆するもの	児玉邦二
	最近の学校放送利用の実態－昭和61年度全国学校放送利用状況調査から－	小平さち子
	海外教育放送事情 アジア・オセアニアの教育放送の現状	中野照海
	高桑康雄の放送教育ゼミ 現代の学校と放送教育	高桑康雄
	教室にはいるコンピュータ② 環境の情報化への教育の対応	芦葉浪久
	教育機器活用マニュアル② ニューメディア対応テレビ「AVテレビ」の機能とその使い方－	嶋田喜一郎
	放送教育実践物語「わからせる学習」から「わかり方の学習」そして「感じ方の学習」へ（2）	家野修造
	実践記録 子どもが生きる放送番組の新しい活用法－単元に物語を取り入れた授業の記録－	田中誠
6月号	今月の提言 視聴覚文化のひとつの進路	佐藤忠男
	討論のひろば「ナマ・丸ごと・継続」の意味を改めて問う[提案]	松本勝信
	討論のひろば 寺脇・石川両氏に答える「ナマ・継続・丸ごと」再考	秋山隆志郎

月号	タイトル	著者
6月号	シンポジウム ニューメディアの発達とこれからの放送教育	太田次郎，佐伯胖，山極隆，武田光弘，中野照海
	海外教育放送事情 バーゼルの教育放送会議から	上田昌彦
	高桑康雄の放送教育ゼミ 放送教育と学級経営	高桑康雄
	教室にはいるコンピュータ③ コンピュータ導入当初の取り組み	芦葉浪久
	教育機器活用マニュアル③ 衛星放送受信システム	嶋田喜一郎
	番組制作インサイドストーリー 道徳番組＝地域ぐるみの番組づくり－地元で見つけた名優たち	丸谷賢典，佐野竜之介，酒井和行
	放送教育実践物語 学ぶ楽しさ，知る喜びを味わう放送学習（1）	三宅修平
7月号	今月の提言 一・五をどう超えるか	小此木啓吾
	討論のひろば 6月号掲載の松本論文を読んで	
	・新しい「二者択一主義」への危惧	水越敏行
	・「感動」と「イメージ」を大切にしよう そして，それだけでよいのか？	佐賀啓男
	この人に聞く 今，放送教育研究に求められていること	天城勲
	座談会 教育改革への提言 －臨教審第3次答申をめぐって－	内田健三，須之部量三，永畑道子，西村秀俊，児玉邦二
	高桑康雄の放送教育ゼミ 子どもの学習生活と放送教育	高桑康雄
	教室にはいるコンピュータ④ 学校へのパソコン導入の必要性	芦葉浪久
	教育機器活用マニュアル④ 8ミリビデオとは何か－その機能を生かした学校での活用例－	梅原是之，清水正美
	放送教育実践物語 学ぶ楽しさ，知る喜びを味わう放送学習（2）	三宅修平
	実践記録 視力障害を克服し，生きる喜びを育てた放送学習	牧槇子
8月号	今月の提言 放送は教育に何ができるか	西村文男
	「討論のひろば」を読んで	
	・利用は柔軟に，番組は野心に満ちたものを	岩﨑三郎
	・放送教育の原点を見つめて	大橋忠正
	・情意面への働きかけが放送の特性	丸山聡
	・開かれた討論に期待する	皆川春雄
	討論のひろば 水越・佐賀両氏に答える「ナマ・丸ごと・継続」の本質の再考－子どもの変容にはたらく機能から－	松本勝信
	「話すことば」の教育をどう行うか－アナウンサーの立場からの日本語表現論－	遠藤榮

月号	タイトル	著者
8月号	教育探訪 やっと始まったか，ニューメディア	児玉邦二
	高桑康雄の放送教育ゼミ 学習活動の活性化と放送教育	髙桑康雄
	教室にはいるコンピュータ⑤ CAIとは	芦葉浪久
	教育機器活用マニュアル⑤ S-VHSビデオとは何か	中部隆平
	放送教育実践物語 一人ひとりが生きる楽しい放送学習	日隈健二
9月号	討論のひろば シンポジウム 21世紀を創造する子どもたちのために放送教育の果たすべき役割は…	西村文男，水越敏行，松本勝信，武田光弘
	この人に聞く "人間化"をめざして——人一人に語りかける学校放送—	武田光弘
	高桑康雄の放送教育ゼミ 学習メディアの中の放送	髙桑康雄
	教室にはいるコンピュータ⑥ CAIのねらい	芦葉浪久
	教育機器活用マニュアル⑥ 教育メディアとしてのビデオディスク	栗原一
	番組制作インサイドストーリー『みんな地球人』制作現場から	野里元士
	放送教育実践物語 放送の豊かさと出会いの温かさ	原田吹江
	実践記録 子どもの心にとどく『にんげん家族』—中学年総合番組の利用—	谷智子
	実践記録 山形県の地域を探る映像教材『最上川』	笠原仁，細矢実
10月号	今月の提言 情報化社会と人間化	坂元昂
	討論のひろば メディアミックスにおける放送番組の位置づけ[提案]	吉田貞介
	「討論のひろば」を読んで	
	・番組と利用の多様性についての討論を	村川雅弘
	・良きものを残し新たな分野を加えて	溝内玲子
	・研究者，番組制作者が忘れてならないこと—教師が利用者—	平沢茂
	特集 第38回放送教育研究会全国大会（福井大会）のめざすもの	
	【特集】日々の実践を土台に新しい放送教育の追求	高橋哲郎
	【特集】福井大会のみどころ	福井大会総合事務局
	教育探訪「ナマ・丸ごと・継続」論の系譜	児玉邦二
	海外教育放送事情 発展途上国における教育放送—世界銀行の窓口から—	二神重成
	高桑康雄の放送教育ゼミ 放送教育を支える物的条件	髙桑康雄
	教室にはいるコンピュータ⑦ CAIコースウェアの設計	芦葉浪久
	教育機器活用マニュアル⑦ コンパクトディスクプレーヤーの特色とその利用	宅間敏夫

月号	タイトル	著者
10月号	放送教育実践物語 放送教育に打ち込んで—わかる授業の推進をめざして—	浮田利朗
11月号	今月の提言 人生八〇年時代の生涯学習と放送	一番ヶ瀬康子
	討論のひろば 10月号掲載の吉田論文を読んで	
	・メディアミックスをどう生かし，子どもに主体性と学習能力をつけ，子どもの変容を図っていくか	武村重和
	・映像メッセージと授業システムの統合—「羅生門的接近」を期待—	高島田孝一
	海外教育放送事情 世界にひろがる放送教育—日本・ネパール視聴覚教育セミナーに参加して—	水上毅
	高桑康雄の放送教育ゼミ 放送教育のための経営の組織化	髙桑康雄
	教室にはいるコンピュータ⑧ 授業で使いやすいコースウェア	芦葉浪久
	教育機器活用マニュアル⑧ 学校とパーソナルコンピュータ	松島紘
	番組制作インサイドストーリー『おもいっきり中学時代』の制作日記から	市川克美
	放送教育実践物語 子どもと創る歴史の授業—学校放送『くらしの歴史』を核として—	浅井和行
臨時号	第23回放送教育賞論文集	（16本）
12月号	今月の提言 テレビと教育	ホセ・M・デペラ
	討論のひろば 学校放送番組を考える—資料性を中心にして—[提案]	太田次郎
	討論のひろば 武村・高島田両氏に答える メディアミックスを再考する	吉田貞介
	教育探訪 ニューメディアの中の視聴覚センター	児玉邦二
	海外教育放送事情 アジア諸国の連携・協力 アジア教育放送セミナー（韓国）参加報告	市村佑一
	座談会 実践を深め，広めあう場として	放送教育賞事務局
	高桑康雄の放送教育ゼミ 放送番組と地域番組の連携	髙桑康雄
	教室にはいるコンピュータ⑨ シミュレーションの作り方	芦葉浪久
	教育機器活用マニュアル⑨ ビデオ教材制作とパソコンの利用	田村順一
	放送学習実践物語 戦後四〇年放送教育の思い出	清中喜平
1月号	特集 第38回放送教育研究会全国大会（福井大会）リポート	
	【特集】大会記念番組『いのちかがやく』	柏原芳恵，山川静夫，沖谷昇，小崎美由樹

月号	タイトル	著者
1月号	【特集】座談会 全国大会からのメッセージ	田村洋，村上政光，野崎剛一，浦達也
	【特集】教育メディアから見た放送教育全国大会	渡部知弥
	【特集】福井大会を終えて	福井大会総合事務局
	討論のひろば 12月号掲載の太田論文を読んで	
	・学校放送番組の試練	宗末勝信
	・総合情報としてのテレビ教材	市川昌
	この人に聞く 今年は，生涯学習元年	沖吉和祐
	教育放送と国際協力・その展望	市村佑一
	第16回「日本賞」教育番組国際コンクールをふりかえって―今回の特色と受賞番組―	井上英治
	JURY・JUROR・審査員	近藤康弘
	「日本賞」シンポジウムに見る教育放送の動向―「世界教育番組制作者会議」を企画して―	大西誠
	高桑康雄の放送教育ゼミ メディア教育としての放送教育	高桑康雄
	教室にはいるコンピュータ⑩ 知的活動のツールとしての使い方	芦葉浪久
2月号	今月の提言 学校でメディア・ワークショップを！	鈴木みどり
	「討論のひろば」を読んで	
	・実践からの理論構築を	大室健司
	・今後の実りを期待する	小笹雅幸
	・放送だけでは…しかし，放送がなければ	眞木章弘
	・他地域との実践交流を	和田芳信
	討論のひろば 宗末・市川両氏に答えるマルチメディアの中での放送教育の存在	太田次郎
	特別寄稿「もう一つの教育」を求めて―放送による学習―	蛯谷米司
	海外教育放送事情 メキシコの「テレビ中学校」	竹内実
	高桑康雄の放送教育ゼミ 映像視聴能力の育成と放送教育	高桑康雄
	教室にはいるコンピュータ⑪ 教育課程改定に伴う学校の情報化対応	芦葉浪久
	教育機器活用マニュアル⑩ 教育機器・教材の運営と管理	柴田恒郎
	機器活用リポート ビデオディスクの教育分野における利用事例	船越雄而
	実践研究「天下統一」を利用したメディアミックス	
	・メディアミックスによる社会科―「天下統一」の実践―	村上繁樹
	・調査から見た「天下統一」の授業	水越敏行
	・「メディアミックス」研究プロジェクトの背景	佐賀啓男

月号	タイトル	著者
3月号	今月の提言 衛星放送時代と放送教育	後藤和彦
	「討論のひろば」―この一年から	本誌編集部
	座談会 学校放送の課題と方向	武田光弘，児玉邦二，浦達也
	故西本三十二先生を偲ぶ	
	・西本先生のこと	川上行蔵
	・新幹線を教室として	J・ホワイト
	・もう一度，お会いしたい	西田光男
	・西本先生のご逝去を悼む	清中喜平
	・ICUのころの西本三十二先生	中野照海
	高桑康雄の放送教育ゼミ メディア教育と放送教育	高桑康雄
	教室にはいるコンピュータ⑫ コンピュータの授業利用の今後の方向性	芦葉浪久
	教育機器活用マニュアル⑪ これからの教育と教育メディア	橋本幹夫
	地域に生きる学校放送番組	
	・地域に根ざす『くらし発見』―生きた教材を求めて―	金城義雄
	・地元の人たちからも，愛される番組として―『たんけんぼくのまち』	田中英志
	・地域の"生"の素材を生かしたリアルな内容―『あしたヘジャンプ』	丸谷賢典

主な連載：ビデオ教材自作のポイント，とっておきの話，いきいき校長・いきいき学校，保育と放送，視聴覚ロータリー，教育ジャーナル，放送教育風土記，教師のためのことば教室

1988（昭和63）年度 （通巻473〜485号）

月号	タイトル	著者
4月号	教育とメディア 人間のいる文化，人間のいる放送―異文化理解の教育のために	多田俊文
	新教育課程と放送 教育課程改定の考え方と放送教育	水越敏行
	視聴覚教育行政展望 生涯学習を支える基盤整備	沖吉和祐
	特集 NHK学校放送新番組紹介	
	NHK学校放送番組制作のあり方	武田光弘
	『プルフルプルン』『ピックンとアップン』『歴史みつけた』『あつまれじゃんけんぽん』『特別シリーズ』『高等学校特別活動』	NHK学校教育部
	海外教育放送事情 新たな国際協力関係の誕生―中国放送大学―	市村佑一
	海外教育放送事情 中国の放送大学 成人高等教育の基盤，その問題点と傾向1	馬維驤
	新・放送教育の12か月① 情報化に対応する映像教育	吉田貞介，宗末勝信
	コンピュータ活用法 たかがパソコン，されどパソコン	田村順一
5月号	教育とメディア フランスにおけるメディアの教育利用	滝沢武久
	新教育課程と放送 生活科と放送教育	水越敏行
	この人に聞く 新しい教育課程・改善の方向	熱海則夫
	座談会 放送教育東西南北 今，何をテーマに実践研究を……	田中肇，伊庭晃，長屋保夫，浜田健太郎
	NHK学校放送―見どころ・聞きどころ	NHK学校教育部
	海外教育放送事情 中国の放送大学 成人高等教育の基盤，その問題点と傾向2	馬維驤
	新・放送教育の12か月② 番組を理解する力をつけよう	吉田貞介，押野市男
	コンピュータ活用法 どんなことができるの？	田村順一
	教育機器・機能と活用 ホコリをかぶっていませんか？ あなたの学校の機器の再点検	渡辺知彌
6月号	教育とメディア メディア教育のめざすもの	坂元昂
	新教育課程と放送 選択の多様化と放送教育（中学校）	水越敏行
	シンポジウム メディア教育への提言	佐藤忠男，次山信男，宇佐美昇三，野上俊和，無藤隆
	この人に聞く 情報化・国際化への対応	辻村哲夫
	学校放送利用の動向―昭和六二年度全国学校放送利用状況調査から―	飯森彬彦

月号	タイトル	著者
6月号	海外教育放送事情 制作者と教師の深い協力アジア関係を―アジア・太平洋教育放送シンポジウム（タイ）報告―	市村佑一
	海外教育放送事情 マルチメディアと放送―EBU教育放送セミナーから―	佐野博彦
	新・放送教育の12か月③ 総合学習番組とメディアミックス	吉田貞介，三田村英明
	コンピュータ活用法 すでにあるものをつかう	田村順一
	教育機器・機能と活用 さまざまな教育活動分野における学校施設のリニューアルについて	川島崇司
7月号	教育とメディア『第三の放送教育』―放送による大学公開講座から―	中野照海
	新教育課程と放送 幼児の発達をどう見るか	永野重史
	この人にきく 環境による教育―幼稚園教育要領の改善―	高橋一之
	創意にあふれた授業を！―旭川大会に期待する―	武田光弘
	新・放送教育の12か月④ 番組を活用する力をつけよう	吉田貞介，藤田和彦
	コンピュータ活用法 主人公は子どもたち	田村順一
	実践記録 見て，考えて，自分たちで調べていくことの楽しさ―『リポートにっぽん』継続視聴を通して―	池西郁広
	実践記録 音楽鑑賞のための放送利用	三宅詠子
8月号	教育とメディア 電波と教育―ことばと人格―	芳賀綏
	新教育課程と放送 私の考える個性化	
	・表通りの裏通り化	三枝孝弘
	・子ども自身の本質に迫る自己努力	坂本昇一
	・人となりというまとまった全体	多田俊文
	・最高の文化を，子どもに―言葉よりも映像を―	永畑道子
	・変化の中に生きる力を育てるために	佐島群巳
	この人にきく 現在の教育課題と放送教育	天城勲
	自ら学び，主体的に生きる力を培う―	蓮池守一
	はずむ大地 旭川へのいざない―旭川大会のみどころ―	柴田英一
	海外教育放送事情 開局チャンネル11（タイ）	斉田宏
	新・放送教育の12か月⑤ 放送番組を分析する	吉田貞介，上出雅
	コンピュータ活用法 パソコンひとりだけでは役不足	田村順一
	教育機器・機能と活用 教育界のニーズの窓口として	辻畑雅利

月号	タイトル	著者
8月号	実践記録 VTRを用いた集団あそびー『ワンツー・どん』で友達とあそぼう	屋宮忠晴
9月号	教育とメディア 人間メディアの再評価	加藤秀俊
	新教育課程と放送 私の考える情報化	
	・わたしたちはメディアに何を与えてきたか	佐賀啓男
	・問題解決志向型の情報処理教育	無藤隆
	・自らを意識する未来志向型の能力・態度	松本勝信
	・情報科によるトータルとしての情報教育	宇佐美昇三
	座談会 放送教育東西南北 放送教育の"よさ"とは…	嵐幸法，鈴木衆，大石信洋
	旭川大会のめざすもの	大島忠次
	海外教育放送事情 世界の"子どもとテレビ"ーミュンヘンのセミナーからー	秋山隆志郎
	新・放送教育の12か月⑥ 感情豊かに番組を見る力をつけよう	吉田貞介，松田恵美子
	コンピュータ活用法 パソコン教育，これからが本番	田村順一
	教育機器・機能と活用 学校における自作ビデオの活用例とビデオディスクとの取り組み	馬見塚哲男
10月号	教育とメディア 教育と情報技術	唐津一
	新教育課程と放送 私の考える国際化	
	・放送教育による教育の国際化	中野照海
	・まず社会科の国際化（科）を	児玉邦二
	・放送は室内トイレ以上のものか	浜野保樹
	・教育番組を，国際化の架け橋に	大西誠
	この人に聞く 新しい教育の方向に根ざす放送教育	八重樫克羅
	座談会 放送教育の新しい展開① 映像の多面的な活用 NHKスクールビデオをめぐって	多田俊文，半田久美江，水上毅
	海外教育放送事情 インドネシアの教育放送	鈴木勇
	新・放送教育の12か月⑦ 番組からのイメージを表現しよう	吉田貞介，明星哲久
	コンピュータ活用事例 教室に入ったコンピュータ	井口磯夫
	教育機器・機能と活用 衛星放送受信機器とその教育活用	宅間敏夫
	実践記録 ひとりひとりを生かしたひろがりのある理科学習ー『理科教室』一年間の継続利用・0分スタートを通してー	高島一枝
11月号	教育とメディア 情報環境の変化と子ども	山村賢明

月号	タイトル	著者
11月号	新教育課程と放送 シンポジウム①	佐島群巳，松本勝信，山口令司，草野保治，西村文男
	シンポジウム いま，なぜ放送教育が求められるか	西村文男，中野照海，八重樫克羅
	放送教育の新しい展開② 放送番組を中心にしたパッケージ教材の試み	岩佐玲子，田口三奈，斎藤由也
	新・放送教育の12か月⑧ 視聴能力の育成と評価のあり方ー総合番組『みんな地球人』を使ってー	吉田貞介，内田正明
	コンピュータ活用事例 児童がパソコンで考える算数の授業	荒川信行
	教育機器・機能と活用 授業にコンピュータを活用した実践例	加藤光昭
増刊号	第24回放送教育賞論文集	（17本）
12月号	教育とメディア 考える時間と授業	原ひろ子
	新教育課程と放送 シンポジウム②	佐島群巳，松本勝信，山口令司，草野保治，西村文男
	特集 第39回放送教育研究会全国大会（旭川大会）リポート	
	【特集】旭川大会の特色 研究主題と授業から	松本勝信，多田俊文，水越敏行，中野照海，大内茂男
	【特集】デジタル映像機器の紹介と今後の教育メディアの方向	渡部知彌
	【特集】『北の大地に生きる』の制作にあたって	羽岡伸三郎
	【特集】旭川大会で得たもの	大島忠次
	新・放送教育の12か月⑨ 番組制作にチャレンジ	吉田貞介，西田政人
	コンピュータ活用事例「情報基礎」におけるコンピュータの利用ー中学校技術科ー	金子雄治
1月号	新春対談 子どもからの出発ー'89年放送界への期待ー	天城勲，西村文男
	この人に聞く 生涯学習時代への展望	齋藤諦淳
	新春特集 放送教育'89年の夢	
	【特集】授業そのものに立ち返る	浅田匡
	【特集】いきた番組づくりを	太田次郎
	【特集】新年の夢にみる「富士山」	佐賀啓男
	【特集】原点からの再出発	柴田恒郎
	【特集】未知なるものへも，柔軟にアタック	和田泰輔
	新・放送教育の12か月⑩ 放送番組とコンピュータの重ね利用	吉田貞介，池広岩應

月号	タイトル	著者
1月号	コンピュータ活用事例 高校における CAIの実践	木下昭一
	実践記録 地図作りの楽しさを味わうための放送学習ー『たんけんぼくのまち』視聴からー	小林秀明
2月号	教育とメディア 乳児とメディア	水上啓子
	私と放送教育 放送の教育特性を求めて	和田泰輔
	放送教育東西南北 近未来の放送教育 多元中継・奈良大会の試み	近藤大生
	海外教育放送事情 アジア各国に見る放送教育 放送教育国際交流セミナーから	大西誠
	新・放送教育の12か月⑪ 教科学習番組とメディアミックス	吉田貞介, 岡部昌樹
	コンピュータ活用事例 コンピュータは障害者教育の夢を実現するか	三崎吉剛
	実践記録 お話大好き!古江っ子ー発展活動のあり方を工夫してー	中村梅代
	実践記録 放送からとびでた子 ふれあい活動・総合入門期の取り組みより	福井市立清明小学校一年部会
	実践記録『ふえはうたう』と共に歩んだ一年間の記録ーのって跳んで音楽の世界へー	小平洋子
3月号	教育とメディア メディアを消すメディアー ハイパーメディア	浜野保樹
	座談会 学校放送の未来像をさぐる	児玉邦二, 八重樫克羅, 浦達也
	放送教育の新しい展開③ ハイビジョンの可能性	柴田恒郎
	放送教育の新しい展開③ 生徒が見たハイビジョン	高畠勇二
	新・放送教育の12か月⑫ 課題選択学習とメディアミックス	吉田貞介, 南和人
	コンピュータ活用事例 研修で作成されたパソコンソフト	久保孝
	教育機器・機能と活用 ビデオの利用環境はどこまで進んだか	杉田繁男
	実践記録 今, 古代史がおもしろいー特別シリーズと一般番組を併用してー	市橋章男

主な連載：わたしの自作ビデオ教材, 学習とビデオディスク, いきいき学校・幼稚園・保育園, 保育に放送をどう生かすか, 視聴覚ロータリー, 教育ジャーナル, 放送教育風土記, 教師のためのことば教室, 放送教育ワンポイントアドバイス, 子ども新発見, とっておきの話

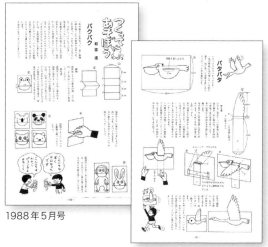

1988年5月号

1988年5月号

1989（平成元）年度 （通巻486〜498号）

月号	タイトル	著者
4月号	展望 子どもとメディアと表現	倉澤栄吉
	親と先生のための教育考現学 教育研究にリアリズムを	山村賢明
	生涯学習推進方策と平成元年度の視聴覚教育行政の方向	飛田眞澄
	特集 NHK学校放送新番組紹介	
	【特集】新年度番組の基本構想	八重樫克羅
	【特集】番組インフォメーション一見どころ・聞きどころ一	NHK教育番組センター（学校教育）
	海外教育放送事情 北米における双方向性テレビの教育利用	川島淳一
	西村文男の実践講座 今，放送教育に求められているもの	西村文男
	新メディア情報 情報革命の旗手「ハイビジョン」その1ハイビジョンとはどんなものか	朽見行雄
	新メディア情報 メディア環境をどう整えるか その1ハードを中心に	渡部智彌
5月号	展望 放送番組の国際交流	川竹和夫
	親と先生のための教育考現学 教育問題」を考える現代的視角	山村賢明
	放送教育の新しいシステムを考える	高桑康雄
	海外教育放送事情 アジア・太平洋教育放送シンポジウム 教育放送の新たなる挑戦	市村佑一，今西陽一郎
	西村文男の実践講座 美しい顔をつくる放送学習	西村文男
	視聴覚教育メディアとしてのコンピュータ①	秋山隆志郎
	新メディア情報 情報革命の旗手「ハイビジョン」その2ハイビジョンの利用	朽見行雄
	新メディア情報 メディア環境をどう整えるか その2ソフトを中心に	渡部智彌
6月号	展望 表現活動としてのビデオ制作	宇佐美昇三
	生活科と映像メディア	中野重人
	親と先生のための教育考現学 学校の変質① 管理化	山村賢明
	宇宙教育 21世紀志向のカリキュラム	青木章心
	教科別特集 学校放送と教育＜座談会＞一道徳 日常性からの課題を求めて	蓮池守一，小山治男，福島祥行，浦達也
	西村文男の実践講座 ふくらます授業の実践	西村文男
	視聴覚教育メディアとしてのコンピュータ②	秋山隆志郎
	新メディア情報 情報革命の旗手「ハイビジョン」その3ハイビジョンの展開	朽見行雄
	新メディア情報 学校放送利用校 昭和63年度学校放送利用状況調査から①	飯森彬彦
7月号	特集「放送教育賞」応募のすすめ	
	【特集】展望 なぜ，実践をまとめるのか	坂本昇一

月号	タイトル	著者
7月号	【特集】「この子」の明日に「この放送」を	事務局座談会
	【特集】こどもをかえる放送教育	田中美智子
	【特集】意欲化を目指すテレビ探求学習	浅井孝典
	親と先生のための教育考現学 学校の変質② 教育から選別へ	山村賢明
	教科別特集 学校放送と教育＜座談会＞一社会科 歴史の認識から人間発見へ	佐島群巳，守屋貞紀，岸一成
	西村文男の実践講座 子どもの自立を図り，能力を育てる視聴ノート	西村文男
	新メディア情報 利用されている学校放送番組 昭和63年度学校放送利用状況調査から②	飯森彬彦
8月号	展望 幼児と映像メディア	無藤隆
	親と先生のための教育考現学 偏差値信仰とお金	山村賢明
	海外教育放送事情 ヨーロッパ各国に見る教育放送事情	本橋圭哉
	この人に聞く これからの放送教育研究への期待一実践研究と理論研究の両面から一	大内茂男
	西村文男の実践講座子どもの問いかけを大切にする学習	西村文男
	新メディア情報 メディア利用の動向 昭和63年度学校放送利用状況調査から③	飯森彬彦，野崎剛一
9月号	展望 体験とメディア	下村哲夫
	シンポジウム 映像リテラシー教育研究セミナー 今，必要な映像リテラシーとは何か1	多田俊文，ホセ・M・デ・ペラ，平沢茂，村川雅弘，八重樫克羅
	親と先生のための教育考現学 体罰の教育風土	山村賢明
	教科別特集 学校放送と教育＜座談会＞一理科 日常性・今日性・継続性を生かす	清水堯，鈴木衆，古村文左，浦達也
	西村文男の実践講座 個性を生かす教育と放送学習	西村文男
	広島へ来てみんさい！ 第40回放送教育研究会全国大会（広島大会）へのおさそい	大本久夫
	新メディア情報 予備校・塾におけるニューメディア1	西山昭雄
10月号	特集 放送教育研究会全国大会広島大会のめざすもの	
	【特集】展望 教育の今日的課題と放送	武村重和
	【特集】広島大会実践の見どころ	広島大会総合事務局
	親と先生のための教育考現学 現代家族と子どものゆくえ	山村賢明
	シンポジウム 知ることから生きることへ1	武村重和，永野重史，石澤清史，西村文男

月号	タイトル	著者
10月号	海外教育放送事情 パキスタン，マレーシアの教育放送	大西誠
	教科別特集 学校放送と教育＜座談会＞ー国語 一人ひとりの感性に働きかける番組利用	倉沢栄吉，橋本伸枝，堀紀子，浦達也
	この人に聞く 子どもの目線に立った番組づくり	石澤清史
	西村文男の実践講座 放送の特性を生かした指導	西村文男
	シンポジウム 映像リテラシー教育研究セミナー 今，必要な映像リテラシーとは何か2	多田俊文，ホセ・M・デ・ペラ，平沢茂，村川雅弘，八重樫克羅
	新メディア情報 予備校・塾におけるニューメディア2	西山昭雄
臨時号	第26回放送教育賞入選発表	（11本）
11月号	展望 未来よりも過去の豊饒を	佐賀啓男
	第26回「放送教育賞」入選発表	編集部
	視聴覚ロータリー 平成2年度学習情報・視聴覚教育関係予算概算要求の概要	文部省生涯学習局生涯学習振興課
	親と先生のための教育考現学 学校序列と制服	山村賢明
	教科別特集 学校放送と教育＜座談会＞ー中学校理科 教育の原点を求めての放送利用	森川哲次郎，小川一夫，藤井洋一郎，浦達也
	西村文男の実践講座 視聴能力を高める学習指導の推進	西村文男
	シンポジウム 知ることから生きることへ2	武村重和，永野重史，石澤清史，西村文男
	新メディア情報 情報のインストラクチャーCATV1	石田岩夫
12月号	展望 メディアと人間形成	小田晋
	親と先生のための教育考現学 適性か努力か	山村賢明
	対談 情報化・国際化と学校放送	大内茂男，浦達也
	自らの手で情報を活用させる指導ー社会科地理番組の視聴を通してー	成田健之助
	実践研究 放送学習作文とは① 視聴からの自主学習を	溝内玲子
	西村文男の実践講座 放送教育における実践的評価	西村文男
	新メディア情報 情報のインストラクチャーCATV2	石田岩夫
1月号	特集 第17回『日本賞』教育番組国際コンクール	
	【特集】展望 世界の教育放送	中野照海
	【特集】第17回コンクールの特色と受賞番組	井上英治

月号	タイトル	著者
1月号	【特集】国際アンケート・教育番組制作者会議から	小平さち子
	【特集】「日本賞」コンクールの審査に参加して	坂元多
	親と先生のための教育考現学 高齢化社会へ向けての教育	山村賢明
	視聴覚ロータリー 生涯学習情報の分類と様式の標準化について	文部省生涯学習局生涯学習振興課
	特集 第40回放送教育研究会全国大会リポート	
	【特集】第40回放送教育研究会全国大会-広島大会リポート	松本勝信，武村重和，近藤彰，瀬川晃三，大内茂男，多田俊文
	【特集】全国大会記念番組『はばたけ地球っ子ー放送で学ぶ国際理解』の制作にあたって	中井俊朗
	【特集】新メディア情報 広島大会にみる教育メディア	渡部智彌
	実践研究 放送学習作文とは② 学校ぐるみに発展した放送学習	溝内玲子
	西村文男の実践講座 総合番組を利用しての人間追究の学習	西村文男
2月号	展望 生涯学習とメディア	甲田和衞
	親と先生のための教育考現学 相談の時代	山村賢明
	視聴覚ロータリー 学校週5日制に関する調査研究	文部省生涯学習局青少年教育課
	教科別特集 学校放送と教育＜座談会＞ー中学校社会 現代の社会をとらえる学校放送	岡本武司，井上逸雄，横田政美，浦達也
	実践研究 放送学習作文とは③ 県内へ広がる放送学習	溝内玲子
	西村文男の実践講座 広がりと深まりを目指した道徳指導	西村文男
	新メディア情報 学校におけるメディア・情報環境1	橋本幹夫
3月号	展望 フォークロアとメディア	大橋力
	親と先生のための教育考現学 日本の教育の国際化	山村賢明
	海外教育放送事情 21世紀に向けて世界の学校放送は，いま！	福島祥行
	教科別特集 学校放送と教育＜座談会＞ー小学校音楽科 音楽好きの子どもを育てる	川池聡，橋本恭子，増子貞美，浦達也
	中・高特別シリーズからステップ＆ジャンプへ	中・高新番組開発プロジェクト
	実践研究 放送学習作文とは④自己学習力を培う放送学習	溝内玲子
	西村文男の実践講座 放送教育についての学校評価	西村文男
	新メディア情報 学校におけるメディア・情報環境2	橋本幹夫

主な連載：教育ジャーナル，アプリケーションソフト活用術，保育と放送，放送教育ワンポイントアドバイス，複眼のアンテナ，わたしのビデオ台本，ことわざあれこれ

1990 (平成2) 年度　(通巻499〜511号)

月号	タイトル	著者
4月号	展望 いまこそ映像教育の研究を進めるとき	髙桑康雄
	特集 NHK学校放送新番組紹介	
	【特集】新年度番組の基本構想	石澤清史
	【特集】NHK学校放送新番組紹介	NHK教育番組センター (学校教育)
	生涯学習の基盤整備のための施策と視聴覚教育行政の方向	伊勢呂裕史
	連載講座 生活科と放送 生活科の番組づくりのために	山口令司
	実践記録 豊かな心情を育て，生き生きと活動する子の育成をめざして	筧美鈴
5月号	展望 メディアと世界の三人称化	佐伯胖
	教師を取り巻くメディア環境とその活用	村川雅弘
	放送とパソコン統合への試み	鈴木勢津子
	海外教育放送事情 新たな教育放送の国際協力に向けて 第5回アジア・太平洋地域教育放送シンポジウム (マニラ) 報告	大西誠
	新・めでぃあ情報 ハイテク化する子どもの世界ー第2回「NHK小学生の生活と意識」調査から①ー	謝名元慶福
	連載講座 生活科と放送 生活科の授業づくりは新しい発想で	山口令司
	映像と子どもたち① テレビっていったい何だろう	大森哲夫
	実践研究 わたしの放送利用 映像から豊かに感じ表現する力を育てる低学年の指導	石川知男
	実践研究 わたしの放送利用 自ら学びとる力を育て，個性を生かした発展学習の定着を図る	井口盾
	実践研究 わたしの放送利用「理科教室小学校5年生」の発展学習	浜崎隆一
	実践記録 戦争を知らない世代が学んだ戦禍の記録ー『核戦争後の地球』の視聴から『高知空襲』の製作へ	福岡正志
6月号	展望 教育放送の国際協力	秋山隆志郎
	放送教育の新たな展開	蓮池守一
	90年代の放送教育への期待 時代に対応する教材としての放送	吉田貞介
	90年代の放送教育への期待 人間教育の本質の考察と実践へ	松本勝信
	新・めでぃあ情報 利用されている学校放送番組ー平成元年度「学校放送利用状況」調査から①ー	野崎剛一
	新・めでぃあ情報 生活リズムの変調 ー第2回「NHK小学生の生活と意識」調査から②ー	謝名元慶福
	連載講座 生活科と放送 生活科の授業づくり (1) 作る活動と遊びの活動の事例から	山口令司
	映像と子どもたち② 目には目を	大森哲夫

月号	タイトル	著者
6月号	浦達也の新・放送教育講座① コミュニケーションチューブとゴミ箱モデル	浦達也
	実践研究 わたしの放送利用 自己教育の芽生ー『はたらくひとたち』を活用してー	森田茂
	実践研究 わたしの放送利用 魅せられた『ことばの教室』ー『ことばの教室4年生』を利用してー	伊藤壽美子
	実践研究 わたしの放送利用 印刷教材には無い大きな力ー『リポートにっぽん』による実践ー	浅井和行
	実践記録 歴史学習の興味・関心を高めるために 特別番組『藤ノ木，吉野ケ里遺跡』の放送を通して	葛本和子
	実践記録 自ら考え行動しようとする生徒の変容をめざしてー発展学習から学ぶー	永尾忠子
7月号	展望 この人に聞く 第27回「放送教育賞」に期待する 他に学びつつ自らの「試み」の実践を	多田俊文
	特集「放送教育賞」応募のすすめ	
	【特集】心を揺り動かす経験を共有しながら思いやりの心を育てるー『にんぎょうげきーパンをふんだ娘』の視聴を通して探る	古川永子
	【特集】学校放送を利用した教育課程の実践研究ー受容能力を高め，自発的実践力を伸ばす放送教育の研究ー	北海道旭川養護学校共同研究
	「学校と社会教育施設における視聴覚教育設備の状況調査」の結果について	照井始
	新・めでぃあ情報 多メディアの利用ー平成元年度「学校放送利用状況」調査から②ー	野崎剛一
	連載講座 生活科と放送 生活科の授業づくり (2)“育てる活動”の事例から	山口令司
	映像と子どもたち③ たとえピンボケであろうとも	大森哲夫
	浦達也の新・放送教育講座② 送り手も受け手も一番面白いところを忘れてはいませんか	浦達也
	実践研究 わたしの放送利用 個々のとらえた印象場面をもとにねらいにせまる放送学習	吉野雄一，大前正江
	実践研究 わたしの放送利用 学ぶ心がはずむ『ゆかいなコンサート』放送学習	松本宏昭
	実践研究 わたしの放送利用『歴史みつけた』の内容理解と内容発展の授業実践	田尻由朗
8月号	展望 映像おしゃべり時代の反省	佐怒賀三夫
	特集 道徳指導と放送教育	
	【特集】座談会「教える」ことから「引き出す」ことへ	橋本誠司，宮島盛隆，華山益夫
	【特集】実践研究 わたしの放送利用「道徳授業の充実」への第一歩ー『あつまれじゃんけんぽん』を活用してー	浦勇

月号	タイトル	著者
8月号	【特集】実践研究 わたしの放送利用 理解と共感の中から―『さわやか3組』の利用―	内藤勝義
	【特集】実践研究 わたしの放送利用 主体的に活動する学級―『はばたけ6年』による実践―	高野和博
	夏の全国特研講師からひと言―放送教育の実践をすすめるために―	岸本唯博，草野保治，水越敏行，笠間達男，黒川哲宇
	番組にもっと肥やしを	堀江固功
	新・めでぃあ情報 学校放送への現場の意向―平成元年度「学校放送利用状況」調査から③―	野崎剛一
	連載講座 生活科と放送 生活科の授業づくり（3）"生き物"とのかかわりの心を育てる事例から	山口令司
	映像と子どもたち④ 子どもが映像を創るとき	大森哲夫
	浦達也の新・放送教育講座③ 教育の言葉はどこまで届くか	浦達也
9月号	展望 日本とドイツの子ども	小塩節
	この人に聞く 時代の変化に対応する番組作り	福島祥行
	海外教育放送事情 タイ国のテレビ放送教育事情	内田安昭
	連載講座 生活科と放送 生活科の授業づくり（4）"ザリガニ"がさわれる―ひとつの工夫の紹介―	山口令司
	映像と子どもたち⑤ 現代版「桜田門外の変」をつくった子どもたち	大森哲夫
	浦達也の新・放送教育講座④ 放送教育を再活性化するコミュニケーションの場	浦達也
	実践研究 わたしの放送利用 "算数大好き"という子どもをめざして	田辺典子
	実践研究 わたしの放送利用 感じたことをもとにして，発展学習を大切に進める番組利用	山本弘明
	実践研究 わたしの放送利用 学級作りに生かす『あしたへジャンプ』の活用	神田雅子
	実践記録「先生こんなことやってみたい」―番組キャラクターに注目させて活動する意欲を高めさせる視聴指導―	水野かおり
10月号	展望 映像を創ることと見ること―映像リテラシーへの一つの提言―	伊佐治大陸
	特集 道徳指導と放送教育	
	【特集】座談会 子どもに語りかける―映像からの活動	金子美智雄，松川厚雄，今西哲郎
	【特集】実践研究 わたしの放送利用 子どもの活動を引き出す理科番組の利用について	筧美鈴

月号	タイトル	著者
10月号	【特集】実践研究 わたしの放送利用 豊かなイメージ形成と子ども自らの学習作りを目指して―『はてなをさがそう』の継続視聴から―	藤井智子
	【特集】実践研究 わたしの放送利用 放送番組を生かした理科学習	吉田久夫
	ハイビジョンの可能性を探る!!	多田俊文，高畠勇二，横田政美，柴田恒郎
	連載講座 生活科と放送 生活科の評価について（1）	山口令司
	映像と子どもたち⑥「子どもの自殺」を映画化?	大森哲夫
	浦達也の新・放送教育講座⑤ 時代と世代とメディア 三者の特権的出会いの中で（1）	浦達也
11月号	展望 21世紀に向けて放送教育は	大内茂男
	特集 第41回放送教育研究会全国大会東京大会のめざすもの	
	【特集】東京大会のめざすもの	小川嘉一郎
	【特集】会場校ここが見どころ	岡田精助
	【特集】教育ツール，ハイビジョンのマルチ展開―全体研究会の見どころ―	日比美彦
	海外教育放送事情 人口・保健教育にAV教材を	市村佑一
	保育と放送 特集 子どもとメディア	
	・現代の子どもにみるメディアリテラシーの拡大	稲増龍夫
	・幼い子どもの暮らしとメディア環境	中山まき子
	・海外の子どもとメディア―幼児向けテレビ番組の動向―	小平さち子
	連載講座 生活科と放送 生活科の評価について（2）	山口令司
	映像と子どもたち⑦ たった三人で作った戦争映画	大森哲夫
	浦達也の新・放送教育講座⑥ 時代と世代とメディア 三者の特権的出会いの中で（2）	浦達也
	実践研究 わたしの放送利用 複数番組の継続視聴によって自ら学ぶ力を育てる	片田武博
	実践研究 わたしの放送利用 子どもの発想を引き出す『はてなをさがそう』の利用	石橋光四郎
	実践研究 わたしの放送利用 子どもの心の世界を豊かにする『はばたけ6年』の活用	竹本昌弘
臨時号	第27回放送教育賞論文集	（14本）
12月号	展望 地域教育力の復権	佐島群巳
	特集 社会科と放送教育	
	【特集】座談会「今」と「人間」を語る	蜂谷義雄，山本弘明，鳥居雅之

月号	タイトル	著者
12月号	【特集】実践研究 わたしの放送利用 わたしのテレビ社会科番組の活用	上村輝子
	【特集】実践研究 わたしの放送利用 放送から発展し，生き生きと主体性を持った社会科学習ー『くらし発見』の継続視聴からー	小林秀明
	【特集】実践研究 わたしの放送利用 放送番組の特性を生かした社会科指導ー子ども自らのメディア操作を試みてー	浅井孝典
	連載講座 生活科と放送 生活科の意義をとらえ直す（1）	山口令司
	映像と子どもたち⑧ ぼくたちにも特撮映画は作れるか	大森哲夫
	浦達也の新・放送教育講座⑦ メディアを作る教育へのいくつかの視点と提言	浦達也
1月号	特集 第41回放送教育研究会全国大会東京大会リポート	
	【特集】東京大会の特色 各校種指導講師から	多田俊文，西村文男，中野照海，笠間達男，金子健
	【特集】東京大会で得たもの	柴田恒郎
	【特集】『大地に緑を心に輝きを』の制作にあたって	日比美彦，元橋圭哉，菊江賢治
	【特集】教室に入ったハイビジョン・ハイパーメディア	鈴木勢津子
	教育メディアセミナー シンポジウム「ハイビジョンと教育」	岡田晋，松本勝信，末本俊雄，中村修三，竹中司郎，児玉邦二
	連載講座 生活科と放送 生活科の意義をとらえ直す（2）	山口令司
	映像と子どもたち⑨ NHKのディレクターまで巻き込んだ子どもの映像づくり	大森哲夫
	浦達也の新・放送教育講座⑧ 映像は撮影者の心を映す多様な視点と組み合わせの面白さ	浦達也
2月号	展望 総合学習番組と利用のあり方	水越敏行
	特集 総合学習番組の使い方！	
	【特集】『みんなでアタック』共感と見通しをもとに，生き生きと活動に取り組む児童を育てる指導	水谷義徳
	【特集】『にんげん家族』人間性豊かな子どもの育成をめざした指導	入江晴憲
	【特集】『みんな地球人』豊かな人間性を培う指導	安井良行
	【特集】学校ぐるみで取り組む総合学習番組の活用	押野市男
	海外教育放送事情 韓日放送教育研修セミナー	大内茂男
	海外教育放送事情 ヨーロッパ子ども番組・教育番組見てある記ーEBU青少年番組作業部会に出席してー	市川克美

月号	タイトル	著者
2月号	連載講座 生活科と放送「自信」と「やる気」をはぐくむ授業へ	山口令司
	映像と子どもたち⑩ カメラ町をゆく	大森哲夫
	浦達也の新・放送教育講座⑨ 我々の内なる差別意識 教育への最後のメッセージ	浦達也
3月号	展望 総合的思考を支援する放送教育	市川昌
	海外教育放送事情 EBUバーゼルプライズ誕生ー第28回バーゼルセミナー（成人教育）の報告	阿部和暢
	連載講座 生活科と放送 生活科番組への期待	山口令司
	映像と子どもたち⑪ 良い映像が育てる映像感覚	大森哲夫
	浦達也の新・放送教育講座⑩ 多重な時間・空間から学ぶ視点 兆候と索引のレトロ・フューチャー	浦達也
	実践研究 課題に向かって生き生きと学習する子どもの育成をめざしてー科学的説明文の学習に『地球ファミリー』を利用してー	石垣富一郎
	実践研究 私にとって放送教育とは？『国語表現』ことばの学習と映像教材との接点	畠中千畝
	実践研究 身近な自然や社会とのかかわりを求めて放送と共に歩む生活科の試行	上村輝子

主な連載：教育ジャーナル，新任先生へのメッセージ，保育講座，保育Q&A，保育日記，視聴覚ロータリー，校内放送活動のために，教育探訪，『青春トーク&トーク』インサイドストーリー

1991 (平成3) 年度 （通巻512〜524号）

月号	タイトル	著者
4月号	特集 '91年度これからの放送教育への期待	
	【特集】対談 新しい放送教育を求めて ―いま，ふりかえる放送教育の原点―	児玉邦二，豊田昭
	【特集】アンケート これからの放送教育の期待	八重柏新治，平賀允耀，小笠原喜康，今井洋一，杉山孝，大岡潤，佐賀啓男，多田令子，大藤美保子，古賀武夫，松田稔樹
	特集 NHK学校放送新番組紹介	
	【特集】時代の変化に対応し，大胆に…	福島祥行
	【特集】幼稚園・保育所番組　学校放送番組　ここが見どころ	ファミリー番組プロダクション，学校放送番組プロダクション
	平成3年度における生涯学習基盤の整備と視聴覚教育に関する施策	伊勢呂裕史
	海外教育放送事情 中国放送大学日本語番組―日中共同制作に参加して―	浦川朋司
	電脳教室 パソコンを教育にどう生かすか パソコンとニューメディア	井口磯夫
5月号	展望 国境を越えるもの シンポジウム「世界は"おしん"をどうみたか」から	八重樫克羅
	特集 30年目を迎えた『中学生日記』	
	【特集】時代時代の子どもたちを見つめて	編集部
	【特集】現代の中学生像を問いつづける『中学生日記』	太田昭臣
	【特集】鏡の中の私たち―『中学生日記』の取材ノートから―	蓬莱泰三
	これからの放送教育を考える① 教育メディア特性論・再考	秋山隆志郎
	スタート目前！新学習指導要領 放送をどう生かすか 生活科	中野重人
	「ナマ利用」から「ナマ・録画併用」へ―平成2年度学校放送利用状況調査から①―	飯森彬彦
	海外教育放送事情―マレーシア アジア・太平洋地域教育放送開発セミナー取材記	日比美彦
	海外教育放送事情―マレーシア 参加印象記 シミュレーション授業を参観して	高田惇
	電脳教室 パソコンを教育にどう生かすか 情報空間と学校教育	井口磯夫
	実践研究 思いやりを深め心豊かな言動をとる子の育成―道徳『あつまれじゃんけんぽん』とその関連番組の視聴を通して―	池田雅子
6月号	展望 テレビ報道を読む力	平沢茂
	これからの放送教育を考える② 国際化の中で日本の学校放送の特殊性を考える	秋山隆志郎

月号	タイトル	著者
6月号	スタート目前！新学習指導要領 放送をどう生かすか 小学校道徳	押谷由夫
	メディア利用の動向―平成2年度学校放送利用状況調査から②―	飯森彬彦
	電脳教室 パソコンを教育にどう生かすか アイディア・プロセッサ	井口磯夫
	ビデオ綴り方のすすめ① 批判と応用	宇佐美昇三
	実践研究 子どもの変容に応じた人的環境としての保育者のかかわり方のあゆみ―三年間の継続視聴から―	木村真奈美
	実践研究 ぼくの宝物	操木豊
	実践研究「ワイワイげきじょう」―子どもたちが作るテレビの時間―	荒森紀行
7月号	展望 メディアと体験	藤竹暁
	これからの放送教育を考える③ 放送教育にとって何が岐路なのか	小川博久
	スタート目前！新学習指導要領 放送をどう生かすか 小学校国語	小森茂
	学校放送への意向―平成2年度学校放送利用状況調査から②―	河野謙輔
	座談会 頑張ってます！ 若手ディレクターからのメッセージ	大谷聡，梶原祐理子，冨永慎一，渡辺誓司
	海外教育放送事情 テレビの可能性を追求 日中テレビ教育番組シンポジウム報告	日中教育メディア交流研究会
	電脳教室 パソコンを教育にどう生かすか 通信ネットワークと教室内LAN	井口磯夫
	ビデオ綴り方のすすめ② 企画―目のつけかた―	宇佐美昇三
8月号	展望 映像の特性とは何か	浅野孝夫
	特集 放送教育の実践をすすめるために	
	【特集】夏の全国特研 講師からひと言	小川博久，多田俊文，西村文男，佐島群巳，中野照海，金子健
	【特集】この人に聞く 社会の変化に対応する教育を	蓮池守一
	これからの放送教育を考える④ 放送教育は何をなすべきか	小川博久
	スタート目前！新学習指導要領 放送をどう生かすか 小学校理科	角屋重樹
	電脳教室 パソコンを教育にどう生かすか 学習活動におけるパソコンの多様な活用	井口磯夫
	電脳教室 パソコンを教育にどう生かすか コンピュータ教育と「CEC仕様'90」	高井敏夫
	ビデオ綴り方のすすめ③ 発想と資料あつめ	宇佐美昇三
9月号	展望 カナダの公教育に位置づくメディア教育	鈴木みどり
	特集 映像表現のすすめ	

月号	タイトル	著者
9月号	【特集】教師の映像リテラシーを考える	伊佐治大陸
	【特集】わたしの映像制作指導事例（小学校）児童が意欲的に活動する校内放送	米澤利正
	【特集】わたしの映像制作指導事例（中学校）生徒の主体性を伸ばすための映像制作	佐々木勝規
	【特集】わたしの映像制作指導事例（高等学校）新しい文化創造の自覚で―高校生の映像制作―	桐畑治
	【特集】彼らの映像感覚と遊び心―高校放送コンテストから―	嘉悦登
	これからの放送教育を考える⑤ 見ることの教育の再考	赤堀正宜
	スタート目前！新学習指導要領 放送をどう生かすか 小学校社会科	高野尚好
	電脳教室 パソコンを教育にどう生かすか コースウェアのまるごと利用と分断利用	井口磯夫
	ビデオ綴り方のすすめ④ [実例] 企画書をつくる	土屋二彦
別冊	電脳教室	
10月号	展望 娯楽と教育のあいだ	加藤秀俊
	シンポジウム（平成3年度全国放送教育特別研究協議会より）21世紀に生きる力を培う放送教育の創造（1）	西村文男，粂幸子，村岡耕治，柴田恒郎，清水洋三，信方寿幸
	これからの放送教育を考える⑥ 生涯教育を展望して	赤堀正宜
	スタート目前！新学習指導要領 放送をどう生かすか 小学校音楽科	金本正武
	電脳教室 パソコンを教育にどう生かすか 座談会『コンピューター・ナウ』はどんな番組か	井口磯夫，横井弘，宇佐美亘
	ビデオ綴り方のすすめ⑤ [実例] 構成案をつくる	土屋二彦
11月号	展望 新しい教育課題と放送教育	天城勲
	特集 第42回放送教育研究会全国大会	
	【特集】北九州大会のめざすもの―教育の多様化のなかでの放送教育の課題―	松本勝信
	【特集】会場校・見どころ聞きどころ	安永道善
	シンポジウム（平成3年度全国放送教育特別研究協議会より）21世紀に生きる力を培う放送教育の創造（2）	西村文男，粂幸子，村岡耕治，柴田恒郎，清水洋三，信方寿幸
	シンポジウム（教育メディアセミナーより）放送・ハイビジョン・パソコンの統合的な活用	多田俊文，井口磯夫，中島康雄，横田政美，穐場豊
	これからの放送教育を考える⑦ これまでの放送教育 わが国の放送教育の特色（1）	中野照海

月号	タイトル	著者
11月号	スタート目前！新学習指導要領 放送をどう生かすか 小学校算数科	吉川成夫
	電脳教室 パソコンを教育にどう生かすか 映像をデータベース化した進路選択ソフトの開発	板橋昇，鵜飼道男
	ビデオ綴り方のすすめ⑥ 制作準備	宇佐美昇三
12月号	展望 日本人と創造力	西澤純一
	これからの放送教育を考える⑧ これまでの放送教育 わが国の放送教育の特色（2）	中野照海
	調査 ハイビジョンは教育にどう役立つか	無藤隆
	特集 実践研究	
	【特集】豊かに感じる心と思いやりの気持ちをもち，生き生きと活動するため―三年間の『にんぎょうげき』を通して―	廣敏美
	【特集】放送とともに学ぶ歴史と現代―刀狩りと湾岸戦争―	浅井和行
	【特集】テレビからの情報を体感と結びつけて主体的に問題を解決させる指導―視聴前の活動を重視して―	斉藤俊徳
	電脳教室 パソコンを教育にどう生かすか 映像とパソコンを利用した気象学習	鵜飼良昭
	ビデオ綴り方のすすめ⑦ 本番制作	宇佐美昇三
1月号	展望 教育における道具と文化―コンピュータが学校に「入ってくる」ということ―	佐伯胖
	特集 第42回放送教育研究会全国大会北九州大会リポート	
	【特集】全国大会の成果とこれからの課題―北九州大会の意義と今後への期待―	松本勝信
	【特集】北九州大会を終わって	實政文和，満塩克仁，入江正男，真田宏昭，大西義彦，松本保洋，野依啓多，安永道善，藤川八郎
	【特集】大会記念番組はこうしてできた	内山守，池崎敏弘
	【特集】全国大会に参加して	山口道彦，市川克美，華山益夫，日比美彦
	これからの放送教育を考える⑨ 近未来の放送教育の活性化に向けて―新たなモデルの模索―	中野照海
	第18回「日本賞」教育番組国際コンクール	
	・環境問題へ世界各国の関心―参加状況と受賞作品紹介	堀紀子
	・人間・地球を見つめた番組・参加番組を視聴して	浦川朋司
	調査 生活科番組『とびだせたんけんたい』の利用	飯森彬彦
	電脳教室 パソコンを教育にどう生かすか パソコン導入時における指導	石出勉

月号	タイトル	著者
1月号	ビデオ綴り方のすすめ⑧ 編集	宇佐美昇三
2月号	展望 教育におけるマルチメディア	永野重史
	特集 平成3年度放送教育研究会地方大会リポート	
	【特集】第33回放送教育研究会四国大会（香川大会）リポート	松木國彦
	【特集】実践記録 豊かな感性を持ち自ら学ぶ子どもを育てる表現タイム	鬼無敬子
	【特集】第40回近畿放送教育研究大会（和歌山大会）リポート	藤川八郎
	【特集】実践記録 映像から問題を持ち主体的に追求する子どもをめざして	福本健次
	【特集】第43回北海道放送教育研究大会（北見大会）リポート	松岡義和
	【特集】実践記録 北見地方における理科教育の実践	松岡義和
	【特集】第33回放送教育研究会東北大会（青森大会）リポート	平賀允耀
	これからの放送教育を考える⑩ 教科の論理と放送の論理（1）ー「教科主義」から脱却の時代?ー	堀江固功
	調査 生活科番組『とびだせたんけんたい』の評価と生活科番組への要請	飯森彬彦
	電脳教室 パソコンを教育にどう生かすか ハイパーメディアとコンピュータ	井口磯夫
	ビデオ綴り方のすすめ⑨ 音の重要性	宇佐美昇三
3月号	展望 環境教育とメディアの活用	佐島群巳
	特集 平成3年度放送教育研究会地方大会リポート	
	【特集】関東甲信越地方放送・視聴覚教育研究大会（長野大会）リポート	中島覚
	【特集】単元「私たちとNHK長野放送局」で「通信」の学習ー5年社会科ー	土屋哲章
	【特集】中国地方放送教育研究大会（島根大会）リポート	小川博睦
	【特集】地域に働きかけ自ら学ぶ子どもを育てる放送教育	多田令子
	【特集】第31回東海北陸地方放送教育研究大会（沼津・静岡大会）リポート	川田弘
	【特集】映像とコンピュータを利用した社会科見学学習の新しい試み	田村俊三
	これからの放送教育を考える⑪ 教科の論理と放送の論理（2）ー学校放送・原点からの点検ー	堀江固功
	海外教育放送事情 国際化のなかの教育放送ーこの1年ー世界の教育放送はひとつの大きな流れに向かって流れている	渡辺房男
	海外教育放送事情「より豊かな学校放送番組の制作」をEBU教育放送セミナー参加記	橋場洋一

月号	タイトル	著者
3月号	電脳教室 パソコンを教育にどう生かすか マルチメディアをどう考えるか	パソコン通信「電脳教室」より
	ビデオ綴り方のすすめ⑩ 効果的な視聴力の育成	宇佐美昇三

主な連載：教育ジャーナル，放送教育ワンポイントアドバイス，保育講座，保育指針と放送利用，保育Q&A，保育日記，子どもとメディア，視聴覚ロータリー，校内放送活動のために，『青春トーク＆トーク』インサイドストーリー

1991年11月号

1991年別冊 電脳教室

1992 (平成4) 年度　（通巻525〜537号）

月号	タイトル	著者
4月号	展望 日本の放送・視聴覚教育を問い直そう—スリランカの国際教育ソフト開発セミナーに参加して—	水越敏行
	特集 NHK学校放送新番組紹介	
	【特集】時代を見据えてアグレッシブに	福島祥行
	【特集】幼稚園・保育所番組　学校放送番組　ここが見どころ	ファミリー番組プロダクション, 学校放送番組プロダクション
	視聴覚教育行政の新しい展開	銭谷眞美
	わたしの見た「世界の先生」—取材ノートから—	
	・アメリカ=再び「ガーフィールバの奇跡」を	福田哲夫
	・イタリア=自然観察から学ぶ	熊埜御堂朋子
	・中国=墳鴨式から全員参加の「おもしろ算数」へ	市川克美
	・ドイツ=一緒に学ぶパートナー	高砂和郎
	海外教育放送事情 北米における教育テレビ利用の動向	川島淳一
	電脳教室 パソコンを教育にどう生かすか 教育とコンピューター〜思考を伸ばす〜	佐伯胖, 苅宿俊文, 日比美彦
5月号	特集 生活科に放送をどう生かすか	
	【特集】展望 生活科が学校を変える	谷川彰英
	【特集】新しい生活科番組を楽しく生かそう	益地勝志
	【特集】座談会 生活科を考える—生活科と放送教材—	山口令司, 平久玲子, 今西哲郎
	【特集】『もうすぐ2年生』「こんなことができるようになったよ」発表会	浅井和行
	これからの放送教育を考える⑫ 新しい文明と人間像を求めて（1）	多田俊文
	海外教育放送事情 アジア・太平洋地域国際教育ソフト開発セミナー	須山正広
	電脳教室 パソコンを教育にどう生かすか 授業が生きるコンピュータの利用	本田毅
	映像教材制作教室① カメラワークの基本（1）	浅野孝夫
6月号	展望 学校週5日制と放送メディア	深谷昌志
	特集 道徳指導に放送をどう生かすか	
	【特集】道徳番組の特性を生かす指導の工夫	岩木晃範
	【特集】座談会 子どもをワクワクさせる番組づくり	角野栄子, 古城俊伸, 江田篤史, 大蔵敏子, 佐野竜之介
	【特集】「人間愛」に支えられた道徳の放送授業	大室健司
	放送番組の作り方・利用の仕方を問い直そう	水越敏行
	視聴覚教育メディア研修の改善充実について	照井始

月号	タイトル	著者
6月号	豊田昭氏を偲ぶ	
	・豊田昭氏を悼む	波多野完治
	・豊田さんをしのぶ	川上行蔵
	・テレビ学校放送の開拓者	日比野輝雄
	・テレビ学校放送草創期の熱気の中で	植田豊
	これからの放送教育を考える⑬ 新しい文明と人間像を求めて（2）	多田俊文
	電脳教室 パソコンを教育にどう生かすか スーパーマリオ的授業のすすめ	本田毅
	映像教材制作教室② カメラワークの基本（2）ショットとその意味	浅野孝夫
7月号	特集 情報活用能力をどう育てるか	
	【特集】展望 情報活用能力を高めるために	吉田貞介
	【特集】映像教材の制作と情報活用能力	村川雅弘
	【特集】新しい映像能力の育成をめざして—カリキュラム開発をめざす授業実践—	岡部昌樹
	【特集】地域紹介ビデオの制作と情報活用能力の育成	縄田浩二
	メディア情報 MITメディア・ラボとアメリカ教育メディアの新しい潮流	日比美彦
	海外取材リポート「歴史番組」の韓国取材から	佐野元彦
	これからの放送教育を考える⑭ 新しい教育メディアの活用と放送教育	高村久夫
	電脳教室 パソコンを教育にどう生かすか 生徒が作成した「芭蕉データベース」を活用するパソコン学習（1）	須曽野仁志
	映像教材制作教室③ 映像の文法（1）一致の原則	浅野孝夫
8月号	展望 教育とメディアにおける不易と流行—「テレイクジステンス」と「現象学」のすすめ—	吉田章宏
	特集 夏の全国特研 講師からのメッセージ	
	【特集】（幼稚園・保育所）イメージと放送利用	岸本唯博
	【特集】（小学校）子ども一人ひとりを大切に	多田俊文
	【特集】（中学校）本音で話し合おう	柴田恒郎
	【特集】（高等学校）生徒の「やる気」をさそう社会科学習	佐島群巳
	【特集】（特殊教育諸学校）多メディアの活用と障害児教育—放送教育の実践を進めるためのメディアリテラシー	棟方哲弥
	【特集】研究発表者からの提言	蔵原真理子, 松本純子, 村田美加, 佐藤拓, 石井秋子, 村上繁樹, 上岡祥邦, 植田伸二, 小宮山理華子

月号	タイトル	著者
8月号	これからの放送教育を考える⑮ メディアの多様化と教育への期待	篠原文陽児
	海外教育放送事情 世界の子ども番組は今ー「国際子ども番組担当者会議」からー	藤田克彦
	電脳教室 パソコンを教育にどう生かすか 生徒が作成した「芭蕉データベース」を活用するパソコン学習（2）	須曽野仁志
	映像教材制作教室④ 映像の文法 モンタージュについて	浅野孝夫
9月号	展望 マルチ・メディア環境と現代の子ども	山村賢明
	特集 社会科に放送をどう生かすか	
	【特集】社会科教育の課題と放送利用	佐島群巳
	【特集】教室からスタジオからー番組をめぐっての往復書簡ー	
	・『このまちだいすき』	杉浦達男, 橋場洋一
	・『くらし発見』	石垣富一郎, 橋場洋一
	・『歴史みつけた』	吉田道明, 橋場洋一
	・『ステップ&ジャンプ日本史』	上岡祥邦, 酒井国士
	・『ワールド・ウォッチング』	鬼頭邦誠, 戸崎賢二
	【特集】学校放送番組と発展学習『リポートにっぽん』を活用して	水野裕司
	【特集】『ステップ&ジャンプ・地理』をどう利用したか	杉岡道夫
	メディア情報 ハイビジョンーこれからの動向	宇佐美亘
	これからの放送教育を考える⑯ ハイパーメディア教材の開発と課題	篠原文陽児
	電脳教室 パソコンを教育にどう生かすか 生徒が作成した「芭蕉データベース」を活用するパソコン学習（3）	須曽野仁志
	映像教材制作教室⑤ アップの効用	浅野孝夫
10月号	展望 映画・映像の教育をつらぬいたもの	中野光
	特集 全国放送教育特別研究協議会リポート	
	【特集】シンポジウム ハイビジョンと放送教育	多田俊文, 苅宿俊文, 沼野芳脩, 横田政美, 松本盛男
	【特集】特研参加印象記	萩野郁子, 前田道子, 今川仁史, 菅原章子, 本正明, 會澤義雄, 蔵本弘子
	これからの放送教育を考える⑰ 学習に有意義な文脈を与える番組制作への期待	佐賀啓男

月号	タイトル	著者
10月号	海外教育放送事情 教育放送で近代化を促進ー中国の教育番組研究会からー	秋山隆志郎
	電脳教室 パソコンを教育にどう生かすか ハイパーメディアを利用した児童の表現活動（1）	田代光一
	映像教材制作教室⑥ バラージュの「見エル人間」	浅野孝夫
別冊	電脳教室Ⅱ	
11月号	特集 第43回放送教育研究会全国大会（和歌山大会）のめざすもの	
	【特集】展望 主体的な学習と放送メディア	天城勲
	【特集】和歌山大会のめざすもの 生涯学習社会に向けて, 自ら問いかけ行動する力を支える放送メディアを求めて	久實
	【特集】和歌山大会への期待ー21世紀へ向けてのステップとしてー	福島祥行
	特集 環境教育に放送をどう生かすか	
	【特集】環境認識の広がりと深まりのために	山極隆
	【特集】映像を生かす環境教育カリキュラム	西田政人
	【特集】『いのち輝け地球』の継続視聴で環境に対する意識化をはかる	石井秋子
	【特集】『いのち輝け地球』を活用して	舘野良夫
	これからの放送教育を考える⑱ すぐれた放送番組を用いる教室文化の創造	佐賀啓男
	平成4年度全放連形教育用登録機器について	全国放送教育研究会連盟事務局研究部
	電脳教室 パソコンを教育にどう生かすか ハイパーメディアを利用した児童の表現活動（2）	田代光一
	映像教材制作教室⑦ ビデオソフト制作の手順	野口篤太郎
12月号	特集 生活科に放送をどう生かすか	
	展望 生活科の活動の特質とメディアの活用	松本勝信
	【特集】教室からスタジオからー生活科番組をめぐっての往復書簡ー	
	・教室から	津川裕, 武田真理, 森田利恵, 高橋広美
	・スタジオから	高砂和郎, 堀内信久, 小畠通晴, 三宅有子
	これからの放送教育を考える⑲ 情報社会型の放送教育（1）	鈴木克明
	電脳教室 パソコンを教育にどう生かすか ハイパーメディアを利用した児童の表現活動（3）	田代光一
	映像教材制作教室⑧ 実践的カメラワーク	野口篤太郎

月号	タイトル	著者
1月号	新春対談 21世紀に向けての新しい展開	川口幹夫, 河村雄次
	特集 第43回放送教育研究会全国大会〈和歌山大会〉リポート	
	【特集】輝かしい発展と飛躍	久實
	【特集】ハイビジョン番組をめぐって―スタジオから教室から―	
	・幼稚園・保育所『まみちゃんのふしぎな旅』	北村毅, 藤澤陽子, 早坂直子
	・小学校『サンゴ礁を守る』	田村嘉宏, 糸川良夫, 青木茂
	・小学校『天下の町人』	佐野元彦, 黒田昌孝, 坂口悟朗, 小栗一雄
	【特集】座談会 和歌山大会の成果―映像から能動的な学習へ―	藤川八郎, 角田知子, 中井澄明, 岡崎弘, 木津乾, 柳瀬森哉, 飯田忠義
	第19回「日本賞」教育番組国際コンクール	
	・NHKの『ステップ＆ジャンプ―運動と速き・慣性』がグランプリ	堀紀子
	・ニュートンを案内役に身近な現象から「慣性」を探る	今西哲郎
	・世界の教育放送の潮流を読む―「日本賞」オブザーバー・ミーテイングから―	秋山隆志郎
	これからの放送教育を考える⑳ 情報社会型の放送教育（2）	鈴木克明
	映像教材制作教室⑨ 音の上手な録音と生かし方	野口篤太郎
2月号	展望 自らの文化を育てる映像能力	大森哲夫
	特集 平成4年度放送教育研究会地方大会リポート1	
	【特集】北海道（帯広・十勝）大会リポート	三好政雄
	【特集】縦割り保育における放送教育の新しい試み	白木幸久
	【特集】東北（岩手）大会リポート	千葉高男
	【特集】教科の特性を生かした放送利用の追求	千葉高男
	【特集】東海北陸（大垣）大会リポート	井上好章
	【特集】わかる，できる喜びを味わえる授業の創造	松原直己
	【特集】九州（熊本）大会リポート	横井時也
	【特集】言語活動の広がりから遊びを作りだす	大橋伊都子
	これからの放送教育を考える㉑ 言葉の教育と放送教育	平沢茂
	電脳教室 パソコンを教育にどう生かすか コンピュータを小学校教育でどう位置づけたか（1）	田中治
	映像教材制作教室⑩ 光のテクニック	野口篤太郎

月号	タイトル	著者
3月号	展望 新しい学力観に立った教育の推進	銭谷眞美
	特集 平成4年度放送教育研究会地方大会リポート2	
	【特集】関東甲信越（神奈川）大会リポート	鈴木肇
	【特集】テレビ視聴による動機づけ	竹山輝雄
	【特集】四国（高知）大会リポート	道願眞紀雄
	【特集】四国における社会科教育の実践	佐古真一
	これからの放送教育を考える㉒ 放送番組と言語・論理	平沢茂
	海外教育放送事情 海外の子ども向けテレビの動向	小平さち子
	電脳教室 パソコンを教育にどう生かすか コンピュータを小学校教育でどう位置づけたか（2）	田中治
	映像教材制作教室⑪ ビデオ編集の実際	野口篤太郎

主な連載：教育ジャーナル，保育講座，わたしのメルヘン街道，保育日記，子どもとメディア，校内放送活動のために，インサイドストーリー，視聴覚ロータリー，出会いのキーワード 教師の目・子どもの目

1992年5月号

1992年5月号

1993 (平成5) 年度 （通巻538〜550号）

月号	タイトル	著者
4月号	対談 テレビと学習の原点	太田次郎, 河村雄次
	特集 NHK学校放送新番組紹介	
	【特集】視野を世界にひろげ，心はずむ学習を―平成5年度NHK学校放送番組について―	福島祥行
	【特集】ここがポイント！学校放送新番組	学校放送番組プロダクション
	【特集】ここがポイント！幼稚園・保育所向け番組	ファミリー番組プロダクション
	平成5年度視聴覚教育行政について	遠藤啓
	ハイビジョンを考える 教育にハイビジョンをどう生かすか	大林宣彦
	海外教育放送事情 メキシコ・テレビ中学校を訪ねて	船山真一
	教育に放送をどう生かすか① 助っ人を使いこなす力量	鈴木克明
5月号	展望 テレビ番組の国際交流と異文化理解	杉山明子
	ハイビジョンを考える	
	・多様な見方の可能性の開発	遠藤啓
	・心豊かで，主体的に生きる力の育成―京都ハイビジョン教育研修会の発表から―	大山奈津美
	・情報を生活に生かす力を育てる指導―名古屋市映像教育研究部の活動事例―	小栗一雄
	学校・社会教育施設における視聴覚設備等の調査について	多田元樹
	教育に放送をどう生かすか② 個人差への対応を整理する枠組み	鈴木克明
	学習と映像メディア 教師は「出会い」の仕掛け人① 子どもに豊かな映像体験を！	村川雅弘
	電脳教室 新しい情報教育とコンピュータの活用① 子どもの創造性を育てるコンピュータの活用	田中博之
6月号	展望 教室文化を変える道具とメディア	佐伯胖
	特集 性教育・エイズ教育を考える	
	【特集】性教育・エイズ教育とメディアの活用	石川哲也
	【特集】座談会 エイズ教育はいま・小学校	武田敏, 武川行男, 三木とみ子
	【特集】エイズ対策と放送の性表現―「エイズについての世論調査」から―	門田允宏
	テレビ学校放送利用の最新動向―平成4年度学校放送利用状況調査から①―	小平さち子
	『世界の先生』から 授業は，先生と生徒が織りなすドラマ	福田哲夫
	教育に放送をどう生かすか③ 学習のプロセスを支援する授業の構成	鈴木克明
	学習と映像メディア 教師は「出会い」の仕掛け人② 教師自身も豊かな映像体験を！	村川雅弘

月号	タイトル	著者
6月号	電脳教室 新しい情報教育とコンピュータの活用② 世界のお話紙芝居を作ろう	浅井和行
7月号	展望 算数教育における電卓使用の功罪	杉山吉茂
	特集 道徳指導と放送利用	
	【特集】座談会 いま道徳教育は―道徳番組の活用と授業の展開―	押谷由夫, 岩木晃範, 山田悠紀雄
	【特集】教室から 実践を促す『あつまれじゃんけんぽん』―学習の適時性を考えて―	村田壽美子
	【特集】教室から 自立し自律できる子に	村田幸子
	【特集】スタジオから 子どもたちの心を揺り動かす番組づくり	大蔵敏子
	【特集】教室から ハラハラドキドキする映像体験を	峯村鉄志
	【特集】スタジオから 子どもの視点からの番組制作を	黒岩浩平
	【特集】教室から 『はばたけ6年』の視聴を通して	佐藤雅昭
	【特集】スタジオから 勇気づけられる子どもたちからの便り	華山益夫
	【特集】教室から 自分を振りかえるきっかけに―『マイライフ』の視聴から―	島内啓介
	【特集】スタジオから 人間の生き方や考えを探る―中学生へのメッセージ―	小宮忠幸
	メディア利用の動向―平成4年度学校放送利用状況調査から②―	飯森彬彦
	海外教育放送事情 アメリカのメディア教育	江原学
	教育に放送をどう生かすか④ 授業のねらいを分類する枠組み	鈴木克明
	学習と映像メディア 教師は「出会い」の仕掛け人③ 生き方が変わる番組との出会い	村川雅弘
	電脳教室 新しい情報教育とコンピュータの活用③ ふるさとの祭り「小倉祇園」紹介ソフト	都留守
8月号	展望 自己教育力のホップ・ステップ・ジャンプ	森隆夫
	特集 平成5年度全国放送教育特別研究協議会 講師・提案者からの提言	
	【特集】総合全体会 教育におけるハイビジョンの可能性―新しい学力観からの授業の創造―	松本勝信
	【特集】幼稚園・保育所 情報環境としての研究と実践の必要	小川博久
	【特集】幼稚園・保育所 提案者から	阿部康子, 木谷江利子, 迫美代子
	【特集】小学校 自分を変える―教育者から共育者へ―	多田俊文

月号	タイトル	著者
8月号	【特集】小学校 提案者から	神谷洋子, 片田武博, 西川隆教, 坂口悟朗, 小野順, 小堂十, 掛井孝明
	【特集】幼小合同 幼・小交流合同研究の意義	和田芳信
	【特集】幼小合同 提案者から	今村喜子, 信澤芳江
	【特集】中高合同 学習のねらいに適合する指導方法の開拓	中野照海
	【特集】中高合同 提案者から	疋田哲也, 田原正之, 澤田昭博, 高畠勇二, 後藤文男, 高智誠司, 福田恵
	【特集】特殊教育諸学校 メディアとメディアをつなぐメディアをつくる	棟方哲弥
	【特集】特殊教育諸学校 提案者から	緒方直彦, 奥山敬
	ハイビジョン学校放送の効果―在来型テレビとの比較調査―	飯森彬彦
	座談会 メディア教育の可能性―映像メディアを利用する―	高桑康雄, 林樹哉・竹下昌之
	教育に放送をどう生かすか⑤「関心・意欲・態度」の評価をめぐって	鈴木克明
	学習と映像メディア 教師は「出会い」の仕掛け人④ 映像で先人の生き方を学ぶ	村川雅弘, 角田秀晴
	電脳教室 新しい情報教育とコンピュータの活用④「ハイパー戦国散歩道」の作成	長谷川健治
9月号	展望 情報化社会とメディアの活用能力	坂元昂
	特集 理科教育と放送番組の活用	
	【特集】アンケート 放送番組を理科教育にどう生かすか	池田博, 大室健司, 神村大輔, 後藤良秀, 佐々木龍一, 鈴木衆, 鈴木勢津子, 松川厚雄
	【特集】座談会 理科教育, そして理科番組は	清水堯, 池田博, 鈴木衆, 羽岡伸三郎
	【特集】理科教育に放送番組をどう生かすか	角屋重樹
	【特集】創造的な理科教育をめざして―これからの理科番組について―	今西哲郎
	教育に放送をどう生かすか⑥「授業の魅力」を高める作戦	鈴木克明
	学習と映像メディア 教師は「出会い」の仕掛け人⑤ 生命誕生の神秘と出会う―性教育における一般番組の活用―	村川雅弘
	電脳教室 新しい情報教育とコンピュータの活用⑤ 子どもの総合表現を生みだすマルチメディア	田中博之

月号	タイトル	著者
10月号	展望 個に応じた教育の展開―チーム・ティーチングとメディアの活用―	平沢茂
	特集 平成5年度全国放送教育特別研究協議会リポート	
	【特集】メディア革新の中での放送教育をさぐる	堀江固功
	【特集】豊橋大会での新しい方向を求めて―全国特研に参加して―	白井芳朗
	【特集】シンポジウム 教育におけるハイビジョンの可能性をさぐる	下谷和子, 浅井和行, 苅宿俊文, 西山由美子, 日比美彦, 松本勝信
	海外教育放送事情 マレーシアで指導した理科番組	相沢雅春
	教育に放送をどう生かすか⑦ 放送で学習意欲を育てる	鈴木克明
	学習と映像メディア 教師は「出会い」の仕掛け人⑥ 地震その時学校は一映像を通して地震の教訓を学ぶ	村川雅弘
	電脳教室 新しい情報教育とコンピュータの活用⑥ 電脳紙芝居をつくりましょう	河口眞佐男
11月号	展望 もう一つの学校	小澤紀美子
	特集 社会科教育と放送番組の活用	
	【特集】社会の変化に対応した社会科と放送教育	佐島群巳
	【特集】座談会『歴史みつけた』を活用して	松本盛男, 川西千加子, 佐野元彦, 安村信弘, 和田芳信
	【特集】社会科番組の利用	竹内冬郎
	【特集】『ステップ』を活用した地理的分野の授業	佐藤洋
	この人に聞く 子どもと先生と, 感動の共有を!	佐藤邦宏
	宮城大会・ハイビジョン番組ガイド	
	・出会いがしらの, まるごと感動を	北村毅
	・ハイビジョンでひらく「いのち」と「歴史」	日比美彦
	・マルチメディアの新展開―「七北田川データベース」をつくる―	宇佐美亘
	海外教育放送事情 アジアにおける情報教育の現状	木原俊行
	教育に放送をどう生かすか⑧ メディアとしての放送と教師	鈴木克明
	学習と映像メディア 教師は「出会い」の仕掛け人⑦ 新教育課程における映像の役割―放送教育 方法論から内容論への転換―	村川雅弘
	電脳教室 新しい情報教育とコンピュータの活用⑦ 選択社会における教育機器の活用	江竜眞司
別冊	別冊 電脳教室III	

月号	タイトル	著者
12月号	特集 国際理解教育と放送の活用	
	【特集】展望 国際理解とメディアの活用―国際化と教育放送の原点―	市村佑一
	【特集】「開かれた国際理解教育」を求めて	木原俊行，田中博之，京都放送教育研究協議会
	【特集】国際理解教育の日常化へ―『世界がともだち』の継続利用―	遠藤伴雄
	【特集】『世界がともだち』を通した国際理解教育	宇土泰寛
	【特集】ボランティア活動と『ワールド・ウォッチング』	永瀬一哉
	海外教育放送事情 チリ，教育テレビの現在	戸崎賢二
	教育に放送をどう生かすか⑨ 授業デザイナーとしての教師の力量	鈴木克明
	学習と映像メディア 教師は「出会い」の仕掛け人⑧ 映像を通して世界と出会う―「国際理解教育」の実践を中心に―	村川雅弘，堀内壽夫
	電脳教室 新しい情報教育とコンピュータの活用⑧ 生徒が自ら学ぶ環境学習	丸野憲昭
1月号	展望 教育の質の向上	天城勲
	特集 第44回放送教育研究会全国大会（宮城大会）リポート	
	【特集】宮城大会の成果とこれからの課題	鈴木克明
	【特集】校種別研究の概要	横澤行夫，大友邦彦，加藤健，細倉博，小松光政
	【特集】ハイビジョンとマルチメディアを利用した環境学習	青木茂
	【特集】シンポジウム ハイビジョンがひらく明日の教育	鈴木克明，水越敏行，手塚眞，黒田昌孝，青木茂
	【特集】ハイビジョン番組を利用して	早坂直子，山本通広，上林由美
	第20回「日本賞」教育番組国際コンクール 教育番組に高まる世界各国の関心	堀紀子
	多メディア時代の教育① 子どもとメディア環境	加藤秀俊，高島秀之
	学習と映像メディア 教師は「出会い」の仕掛け人⑨ 放送番組に感動し，思考を深め行動する	村川雅弘，浅井和行
	電脳教室 新しい情報教育とコンピュータの活用⑨「特設コンピュータ学習」と「情報基礎」	奥西邦彦
2月号	展望 他者との関係の中に潜む自己映像―映像による自己表現―	大林宣彦
	特集 放送教育研究会地方大会リポート1	
2月号	【特集】座談会 地方大会に参加して（1）研究・実践の特色	岩木晃範，石井秋子，井部良一，斉藤康男，杉岡道夫，和田芳信
	【特集】北海道（空知）大会の報告	上元巧
	【特集】近畿（京都）大会の報告	高林准示
	【特集】東海北陸（金沢）大会 リポート 小学校・総合学習におけるメディアの利用	黒上晴夫
	【特集】実践記録 一人ひとりの活動と映像情報	三田村英明
	第20回「日本賞」教育番組国際コンクール受賞作品紹介 子どもたちの「体感」できる歴史教育番組を	佐野元彦
	多メディア時代の教育② マルチメディアとCAI	坂元昂，赤堀侃司，高島秀之
	教育に放送をどう生かすか⑩ テクノロジーとして学校教育を見直す	鈴木克明
	学習と映像メディア 教師は「出会い」の仕掛け人⑩ 映像を通して歴史と出会う―『シルクロード』の視聴をきっかけに―	村川雅弘
	電脳教室 新しい情報教育とコンピュータの活用⑩ コンピュータとマルチメディア活用の特色（中学校）	田中博之
3月号	展望 ゲーム機にみるマルチメディア時代と映像教育のあり方	水越敏行
	特集 放送教育研究会地方大会リポート2	
	【特集】座談会 地方大会に参加して（2）運営とこれからの課題	岩木晃範，石井秋子，井部良一，斉藤康男，杉岡道夫，和田芳信
	【特集】九州（長崎）大会の報告	藤井重夫
	【特集】中国（倉吉）大会の報告	倉吉大会実行委員会事務局
	【特集】関東甲信越（千葉）大会の報告	斎藤善繼
	【特集】リポート ハイビジョンは教育を変えるか	児玉邦二
	多メディア時代の教育③ テレビゲームの世界	坂元章，襟川陽一，高島秀之
	教育に放送をどう生かすか⑪ 成功的教育観を堅持するために	鈴木克明
	学習と映像メディア 教師は「出会い」の仕掛け人⑪ 出会いを仕掛け出会いを生かす	村川雅弘
	電脳教室 新しい情報教育とコンピュータの活用⑪ 新しい情報教育の実践理論をつくる	田中博之

主な連載：教育ジャーナル，保育講座，『お話でてこい』のおばさんのおはなし，保育日記，子どもとメディア，校内放送活動のために，番組インサイドストーリー，放送教育人国記，視聴覚ロータリー，出会いのキーワード，教師の目・子どもの目

1994 (平成6) 年度　(通巻551〜563号)

月号	タイトル	著者
4月号	展望 映像と教育 記号論的視聴覚理論への道	波多野完治
	特集 平成6年度NHK学校放送新番組紹介	
	【特集】楽しく学び，心に残る番組を	佐藤邦宏
	【特集】小学校『みんな生きている』『グルグルパックン』	小泉世津子, 平岡順子
	【特集】中学校・高等学校『ティーンズねっとわーく』『10min.コンピューター』	佐野博彦, 中一憲
	特集 放送教育への提言	
	【特集】視るから作るへ	小笠原喜康
	【特集】マルチメディアのもたらすもの	黒上晴夫
	【特集】転換期を迎え，作ることの意味	黒田卓
	【特集】子どもの表現力を高める放送教育	田中博之
	【特集】番組の制作と利用を授業観に遡って吟味する	鈴木克明
	平成6年度視聴覚教育行政について	遠藤啓
	多メディア時代の教育④ アメリカのコンピュータ教育	浜野保樹, 高島秀之
	教育放送史への証言1 昭和20年代の学校放送	川上行蔵
5月号	展望 映像制作と教育	佐藤忠男
	特集 映像をつくる子どもたち	
	【特集】子どもによる映像制作	村川雅弘
	【特集】写真による映像表現	佐々木啓
	【特集】放送部のビデオ番組制作	花本江利子
	【特集】友と心を結ぶ校内放送作リー部活動を中心とした番組作りー	青山静夫
	特集 放送教育への提言	
	【特集】子ども・教師と番組制作者の共同学習システムの構築を求めて	木原俊行
	【特集】放送教育に対する三つの意見	坂元章
	【特集】周延する知性と芸術をめざす放送教育へ	佐賀啓男
	"愛の学校" 新しい教育と放送の課題1	多田俊文
	多メディア時代の教育⑤ マルチメディアとネットワーク	岡本敏雄, 高島秀之
	海外教育放送事情 アジア教育番組ワークショップ 教育番組の向上と協力を目指して	ワークショップ事務局
	教育放送史への証言2 教育テレビ局の誕生	川上行蔵
	メディアリテラシー講座1 メディアリテラシーを目指す教育	堀江固功
6月号	展望 教育における視聴覚メディア研究の新展開	高桑康雄
	特集 学校放送番組を考える	

月号	タイトル	著者
6月号	【特集】感動の共有を一番組の制作は学校との交流によってー	小泉世津子, 佐々木和哉, 羽岡伸三郎, 松原知子, 松本盛男
	特集 放送教育への提言	
	【特集】教育におけるメディア論的想像力の可能性	水越伸
	【特集】コンピュータとの棲み分けと放送についての教育	柴崎順司
	"愛の学校" 新しい教育と放送の課題2	多田俊文
	多メディア時代の教育⑥ 授業設計とマルチメディア	佐伯胖, 高島秀之
	海外教育放送事情 韓国の放送教育事情ー日韓放送教育交流セミナーー	秋山隆志郎, 和田芳信
	教育放送史への証言3『テレビ理科教室』の誕生	植田豊
	メディアリテラシー講座2 記号論の立場からの考察	堀江固功
7月号	特集 メディアの活用と子どもたち	
	【特集】展望 表現とメディアリテラシー	赤堀侃司
	【特集】パソコンを生かす 子どもたちに感動と夢を与えるコンピュータ活動	村上優
	【特集】パソコンを生かす パソコンに使われない子どもたち	苅宿俊文
	【特集】パソコンを生かす パソコンを使う子どもたち	佐藤道幸
	【特集】ビデオで表現する 学校内の情報発信ー児童によるビデオ制作	北原利郎
	【特集】ビデオで表現する 主体的な学習を支援するビデオ制作活動	堀内敏一
	【特集】ビデオで表現する へき地分校における学校放送の利用とビデオ学習	井芹郁人
	多メディア時代の教育⑦ バーチャル・リアリティとコンピュータ・グラフィック	廣瀬通孝, 原田大三郎, 高島秀之
	教育放送史への証言4 考えさせる『理科教室』	植田豊
	メディアリテラシー講座3 電子メディアのリテラシー	堀江固功
8月号	特集 平成6年度全国放送教育特別研究協議会 講師・提案者からの提言	
	【特集】展望 放送に主体的にかかわる	天城勲
	【特集】幼・小交流合同研究 発達特性を踏まえた新しい教育の創造	松本勝信
	【特集】幼・小交流合同研究 提案者	中山真由美, 隅谷英行
	【特集】小・中交流合同研究 放送教材を利用した環境教育の可能性	佐島群巳
	【特集】小・中交流合同研究 提案者	青木茂, 中川一史, 丸山雄一郎
	【特集】中・高交流合同研究 環境教育と情報教育の接点	山極隆
	【特集】中・高交流合同研究 提案者	久樹冨貴子

月号	タイトル	著者
8月号	【特集】分科会研究（幼稚園・保育所）提案者	磯口直美, 布施郁子
	【特集】分科会研究（小学校）提案者	安塚豊子, 平久玲子, 永石一哉, 松本雅江, 安村信弘, 佐藤拓, 三田村英明, 湯本千恵子
	【特集】分科会研究（中学校）提案者	善財利治
	【特集】分科会研究（高等学校）提案者	遠山裕之, 茂田嘉朗, 小竹千香
	【特集】分科会研究（特殊教育諸学校）提案者	前田広味, 奥山敬
	多メディア時代の教育⑧ マルチメディアの制作	萩野正昭, 木原俊行, 山内祐平, 高島秀之
	海外教育放送事情，ミュンヘン国際テレビ青少年番組賞に参加して	竹内冬郎
	メディアリテラシー講座4 マス・コミにおけるメディアリテラシー	堀江固功
9月号	展望 放送教育の原点を考える	大内茂男
	特集 社会科と放送利用	
	【特集】社会科教育の課題と放送利用	北俊夫
	【特集】座談会 小学校5年社会科『ジャパン&ワールド』を利用して	白寄宵, 野見山捷昭, 湯本千恵子, 吉田準
	【特集】『週刊こどもニュース』を学校でも	池上彰, 中村哲志, 西吾嬬小学校, 富士小学校
	【特集】出会いで見えてくる社会	宮本茂樹
	多メディア時代の教育⑨ マルチメディアと著作権	半田正夫, 高島秀之
	教育放送史への証言5 戦後の視聴覚教育行政	有光成徳
	メディアリテラシー講座5 マルチメディア時代のリテラシー	堀江固功
10月号	展望 地球環境を考える	坂田俊文
	特集 平成6年度全国放送教育特別研究協議会リポート	
	【特集】シンポジウム ハイビジョンを授業にどう生かすことができるか	鈴木克明, 横田政美, 佐野裕次, 菅原弘一, 大川英明
	【特集】放送教育，最前線ー利用者，研究者，制作者がともに放送教育を考えるー	浦川朋司
	【特集】特研参加印象記	大坂妙子, 菊地道子, 高智誠司, 加藤裕之
	ハイビジョン国際映像祭ちば＝モントルー1994 ハイテクを生かした映像表現	ズビグニュー・リプチンスキー, 高野悦子
	多メディア時代の教育⑩ マルチメディアと放送	水越敏行, 鈴木克明, 高島秀之

月号	タイトル	著者
10月号	教育放送史への証言6「西本・山下」論争，『山の分校の記録』	有光成徳
	メディアリテラシー講座6 新たなメディアの勃興とマスメディア	水越伸
別冊	電脳教室IV	
11月号	特集 理科教育と放送利用	
	【特集】展望 理科離れはしていない	有馬朗人
	【特集】新しい学力観にもとづくこれからの番組利用	角屋重樹
	【特集】座談会 意欲を引き出す理科教育	後藤良秀, 羽岡伸三郎
	【特集】心をゆさぶる理科	森崎義人
	【特集】楽しい理科学習をー『ステップ&ジャンプ・理科』ー	高津直己
	海外教育放送事情 アメリカの教育番組に見る教育事情ー「ファースト・ビュー'94に参加して」ー	江田篤史
	教育放送史への証言7 放送教育を開く（1）昭和20年〜30年代の実践	内館祐二, 小山田幾子, 日比野輝雄
	メディアリテラシー講座7 映像リテラシーとジャーナリズムの復権	水越伸
12月号	展望 国際理解の教育とメディア	永井道雄
	特集 総合学習番組の活用	
	【特集】総合学習番組への期待	村川雅弘
	【特集】生命のためのささやかな実践ー『みんな生きている』を視聴してー	松本雅江
	【特集】生きていることの実感を求めて	小宮忠幸
	【特集】総合学習番組を利用した授業改革ー『いのち輝け地球』を事例としてー	佐藤拓
	【特集】考え，思い，悩む番組作りを	桑山裕明
	海外教育放送事情 韓国の放送教育事情2ー韓育放送学術発表大会に参加してー	松本盛男
	教育放送史への証言8 放送教育を開く（2）昭和20年〜30年代の実践	原田吹江, 池上眞澄
	メディアリテラシー講座8「テレビ・ゲーム」遊びの精神と産業の論理	水越伸
1月号	展望 メディアリテラシーをどう育てるか	髙桑康雄
	特集 第45回放送教育研究会全国大会（愛媛大会）報告	
	【特集】シンポジウム 世界につながる教室へ	小山内美江子, 石川好, ケント・ギルバート, 松本勝信
	【特集】ハイビジョンセミナー 教育におけるハイビジョン番組活用の可能性を探ろう	水越敏行
	【特集】環境教育セミナー 子どもがいきいきと学ぶ環境問題学習における放送教育の可能性を探ろう	山極隆

月号	タイトル	著者
1月号	【特集】番組研究セミナー ゆたかな感性を育てる放送番組の在り方や活用の方法を探ろう	藤澤千代子
	【特集】主体的な学習活動を展開する環境教育ーT・Tによる実践・第六学年ー	森昭子
	【特集】座談会 大会を振り返って	松本勝信，姫田祐輔，八木厳，渡部和弘，片岡章
	【特集】愛媛の「愛」から愛知の「愛」へ	柴田孝和
	第21回日本賞教育番組国際コンクール	
	・世界各国が教育番組に託す地球の未来	堀紀子
	・日本賞を受賞してー『こどもの療育相談 療育の記録 姉と兄に見守られて』ー	熊埜御堂朋子
	教育放送史への証言9 放送教育を開く（3）昭和20年～30年代の実践	寒川孝久，瀧川晃三
	メディアリテラシー講座9 モノのデザインからコトのデザインへ	水越伸
2月号	展望 世界の教育番組の動向～「日本賞」国際コンクールから～	水越敏行
	特集 放送教育地方大会リポート1	
	【特集】第46回北海道放送教育研究大会リポート 釧路・根室大会の報告	杉田哲也
	【特集】自らのよさを生かし，自主的・意図的に学ぶことができる生徒の育成	弟子屈町立川湯中学校
	【特集】平成6年度関東甲信越地方放送・視聴覚教育研究大会リポート 群馬大会の報告	田村武夫
	【特集】テレビ視聴による擬似体験が生み出す活動意欲の醸成	北爪悦男
	【特集】愛知県幼児視聴覚教育研究会実践報告 一人ひとりの幼児の生活を豊かに	細川悠子
	ハイビジョン番組を視聴して	金子郁ရ代子，西山尚代，白井芳朗，泉田雅彦，若園孝一，岩井重彦，神村信男，山川良一
	教育におけるマルチメディアの可能性ー「HIVISION BIG BANG '94 新映像教育」の動向から	今井清文
	多メディア時代の教育11 教育の国際化	野嶋栄一郎，石倉洋子，高島秀之
	教育放送史への証言10 放送教育を開く（4）高野山大会	清中喜平
	メディアリテラシー講座10『ウコウコ・ルーガ』を再検討する	水越伸
3月号	展望 マルチメディア教育の推進	坂元昂
	特集 放送教育地方大会リポート2	
	【特集】第43回近畿放送教育研究大会リポート 兵庫・神戸大会の報告	馬場忍

月号	タイトル	著者
3月号	【特集】放送の活用を通して情報活用能力の育成を図る	神戸市立東須磨小学校
	【特集】第43回九州地方放送教育研究大会リポート 鹿児島大会の報告	坂木義久
	【特集】地域の人々との合同視聴交流活動を通して	田畑まどか，郡待子
	【特集】座談会 地方大会に参加して	高橋瑞子，小川一夫，冨田百合子，杉浦理花，和田芳信
	多メディア時代の教育12 マルチメディアの教育利用	中野照海，坂谷内勝，高島秀之
	教育放送史への証言11 放送教育を開く（5）送り手と受け手との対話	清中喜平
	メディアリテラシー講座11 新しいメディア表現者の出現へむけて	水越伸

主な連載：教育ジャーナル，保育と放送，保育実践，保育日記，校内放送活動のために，番組インサイドストーリー，放送教育人国記，放送教育グループ交歓，マルチメディア時代を解くキーワード，視聴覚ロータリー，ことばのプリズム，ことわざあれこれ

1994年4月号

1994年4月号

1995（平成7）年度 （通巻564〜575号）

月号	タイトル	著者
4月号	展望 マルチメディア時代の教育	加藤秀俊
	特集 平成7年度NHK学校放送新番組紹介	
	【特集】教育放送は未来を見据えて	川邊重彦, 佐藤邦宏
	【特集】小学校『さんすうみつけた』『歴史たんけん』『わくわくサイエンス』『しらべてサイエンス』『ユメディア号こども塾』	依田格, 郡俊路, 内山守, 佐伯友弘, 小林善行
	【特集】中学校・高等学校『古典ボックス』『アクセスJ』『みんなのコーラス』『教育ジャーナル』	村上政光, 酒井国士, 山田常喜, 小林善行
	平成7年度視聴覚教育行政について	遠藤啓
	平成6年度全国小学生ビデオコンテスト 入賞の喜び	佐藤航, 東海市立加木屋南小学校 ビデオ映画クラブほか
	坂元彦太郎先生を偲ぶ	
	・坂元彦太郎先生を悼む―氏の逝去を機に坂元理論の再検討を―	波多野完治
	・坂元彦太郎さんをしのぶ	大内茂男
	・坂元彦太郎先生をしのぶ	寺脇信夫
	多メディア時代の教育13 ハイビジョンの教育効果	宇佐美昇三, 西村逸郎, 高島秀之
	メディアリテラシー講座 対談 新しいメディアの波と教育の変革	堀江固功, 水越伸
5月号	展望 教育課題から始めるマルチメディアの活用	中野照海
	特集 放送教育への提言1 教育現場実践者から	
	【特集】幼稚園	阿部康子, 橋本陽子
	【特集】小学校	菅原弘一, 佐藤拓, 山下薫, 上田哲嗣, 古村勝浩
	【特集】中学校	助川公継, 江里口博
	【特集】高等学校	児玉秀樹
	【特集】養護学校	奥山敬
	教育メディア作品の古典研究	
	・『山の分校の記録』から何を学ぶか	赤堀正宜
	・『ミミ号の航海』に学ぶ	佐賀啓男
	多メディア時代の教育14 マルチメディア行政	小松親次郎, 桑田始, 高島秀之
	海外教育放送事情 教育番組の本質を追求―アジア教育番組ワークショップ―	ワークショップ事務局
	海外教育放送事情 アジア・教育番組ワークショップに参加して	熊埜御堂朋子
	教育放送史への証言12「西本・山下論争」を考える	波多野完治
	映像リテラシー講座1「視知力」を考えてみませんか 視覚的思考力の復権	小笠原喜康

月号	タイトル	著者
6月号	展望 放送教育の原点と今後の展開	吉田貞介
	特集 放送教育への提言2 これからの放送教育	
	【特集】映像論から放送教育を考える	浅野孝夫
	【特集】「教える・学ぶ」を問う放送教育に	生田孝至
	【特集】「放送教育」の創造性	今井清文
	【特集】これからの放送教育	中山迅
	【特集】構成主義学習観に立って	南部昌敏
	テレビ学校放送とメディア利用の動向―平成6年度学校放送利用状況調査から①―	井谷豊
	ユメディア号評判記	小林善行
	多メディア時代の教育15 情報革命と教育	公文俊平, 高島秀之
	海外教育放送事情「テレビと子ども世界サミット」に参加して	小平さち子
	教育放送史への証言13 教科と放送教育	波多野完治
	映像リテラシー講座2「視知力」を考えてみませんか「映像と言語」違いはあるのか	小笠原喜康
7月号	特集 道徳教育と 放送利用 いじめ問題を考える	
	【特集】展望「いじめ」の根底にあるもの	坂本昇一
	【特集】道徳番組のよりよい活用をめざして	平林和枝
	【特集】子どもたちの心が動く番組づくりを	華山益夫
	【特集】『中学生日記』―クラス討論・いじめ―の活用	今泉良男
	【特集】子どもたちの本当の声に耳を傾けよう	佐田光春
	特集 番組制作者座談会	
	【特集】「放送教育への提言」で考える	酒井和行, 道田秀雄, 内山守, 高砂和郎
	学校放送の課題と展望―平成6年度学校放送利用状況調査から②―	齋藤健作
	多メディア時代の教育16 コンピュータと情報処理	野口悠紀雄, 高島秀之
	海外教育放送事情 教育改革とメディアの融合―アメリカの教育情報環境―	宇佐美亘
	教育放送史への証言14 幼児番組の変遷1―誕生前後から昭和10年前半まで―	武井照子
	映像リテラシー講座3「視知力」を考えてみませんか アイコンはあるのか	小笠原喜康
8月号	展望 アジア人の目線と日本人	佐藤忠男
	特集 平成7年度全国放送教育特別研究協議会	
	【特集】全国特研の意義と特色	全国放送教育研究会連盟 特研プロジェクト委員会

月号	タイトル	著者
12月号	【特集】プラスチック的なことばの時代に	杉沢礼
	【特集】言語感覚を豊かにする放送利用	森久保安美
	マルチメディアと教育4 科学に生かす	田中博之，丸山雄一郎，渡辺忠俊，高島秀之
	海外教育放送事情 マルチメディア展開 進むイギリスの教育放送	小平さち子
	教育放送史への証言18『ラジオ国語教室』の回顧（1）―『ラジオ国語教室』には青空がある―	寺脇信夫
	映像リテラシー講座8「視知力」を考えてみませんか 地図「視知力」	小笠原喜康
1月号	展望 新春に想う 若い外交官	川口幹夫
	特集 第46回放送教育研究会全国大会（愛知大会）報告	
	【特集】シンポジウム 水の流れにふるさとが見える	高桑康雄，有田和正，俵万智，佐野裕次，榊寿之
	【特集】課題別セミナー かがやく感性をひきだす放送教育	松本勝信
	【特集】課題別セミナー 生命環境教育と放送	村岡耕治
	【特集】課題別セミナー 番組研究セミナー『アクセスJ』に参加して	山本武志
	【特集】座談会 愛知大会の成果と課題	中神孝夫，柴田孝和，山本武志
	第22回「日本賞」教育番組国際コンクール	
	・多様化する教育番組への各国のニーズ	堀紀子
	・日本賞を受賞して『わくわくサイエンス・動物のたんじょう』受賞に際して	前野公彦
	・日本賞を受賞して 僕たちが得た宝物『中学生日記・にわかボランティア』より	佐野竜之介
	教育放送史への証言19『ラジオ国語教室』の回顧（2）―ローマは一日にして成らず―	寺脇信夫
	映像リテラシー講座9「視知力」を考えてみませんか 理科「視知力」	小笠原喜康，新井孝昭
2月号	展望 21世紀に向けての教育課題	河野重男
	特集 放送教育地方大会リポート1	
	【特集】第47回北海道放送教育研究大会石狩大会の報告	高山隆二
	【特集】実践報告 多角的に情報をとらえる授業の実践―『ステップ＆ジャンプ・インド大反乱』より―	工藤広明
	【特集】第37回放送教育研究会東北大会山形大会の報告	秋葉俊彦
	【特集】実践報告 放送番組・視聴覚教材の効果的な活用をめざして	矢口広道

月号	タイトル	著者
2月号	【特集】関東甲信越地方放送・視聴覚教育研究合同大会埼玉大会の報告	菅谷愛子
	【特集】実践報告 親子同時視聴にみる学校放送の効果的利用―『いのち輝け地球』の親子同時視聴の実践から―	舘野良夫
	【特集】第44回近畿放送教育研究大会奈良大会の報告	濱崎由昭
	【特集】実践報告 友達と共に，自分たちの遊びや生活を豊かにしていく放送教育をすすめる	纒向幼稚園，三輪幼稚園，桜井西幼稚園
	人間学習と映像メディア（1）	多田俊文
	放送教育論と教育工学における放送（映像）媒体を活用した授業論の比較研究（1）	千炳其
	海外教育放送事情 アメリカの良心 公共放送イリノイ大学WILL局	赤堀正宜
	教育放送史への証言20『ラジオ国語教室』の回顧（3）―エピソードあれこれ―	寺脇信夫
	映像リテラシー講座10「視知力」を考えてみませんか 幼児とろう者の「視知力」	小笠原喜康，新井孝昭，佐久間亜紀
3月号	展望 放送教育の課題と展望	水越敏行
	特集 放送教育地方大会リポート2	
	【特集】中国地方放送教育研究大会山口大会の報告	南昌宏
	【特集】実践報告 豊かな感性をはぐくみ「放送による学習」を求めて	安平初枝
	【特集】第37回放送教育研究会四国大会香川大会の報告	武智直
	【特集】実践報告 自ら学ぶ意欲を高め思考力を培う放送・視聴覚教育をすすめよう	三木眞弓
	【特集】第44回九州地方放送教育研究大会宮崎大会の報告	島田希孝
	【特集】実践報告 放送活用を中心とした情報活用・発信能力の育成を図る授業の組み立てと指導経過―『歴史たんけん』より―	尾崎香代
	【特集】地方大会に参加して―その成果と課題―	和田芳信
	人間学習と映像メディア（2）	多田俊文
	放送教育論と教育工学における放送（映像）媒体を活用した授業論の比較研究（2）	千炳其
	シリーズ・戦後教育50年 大学入試の変遷	天野郁夫，黒羽亮一，佐藤学
	映像リテラシー講座11「視知力」を考えてみませんか 音楽と国語の「視知力」	小笠原喜康，桂直美，朝倉徹

主な連載：教育ノート'95，保育と放送，保育講座・放送を利用するために，保育実践，『お話でてこい』のお話，校内放送活動のために，番組インサイドストーリー，放送教育人国記，視聴覚ロータリー，ことばのプリズム，ことわざあれこれ

1996 (平成8) 年度 （通巻576〜587号）

月号	タイトル	著者
4月号	展望 21世紀にむけての教育課題ーマルチメディア教育総合カリキュラムの開発ー	坂元昂
	特集 平成8年度NHK学校放送新番組紹介	
	【特集】てい談 これからの教育と放送	高桑康雄，中村季恵，横田政美
	【特集】小学校『ざわざわ森のがんこちゃん』『キッズチャレンジ』『まちかどド・レ・ミ』『ふしぎのたまご』『ふしぎコロンブス』『きっとあしたは』『たったひとつの地球』	梶原祐理子，国井豊，笹原達也，山口和男，土田貢司，華山益夫，松並裕子
	【特集】中学校・高等学校『シリーズ10min.楽々パソコン』『シリーズ10min.地球ウォッチ』『ハイスクール電脳倶楽部』	中一憲，西内久典，朝比奈誠
	【特集】教育一般『教育トゥデイ』	船津貴弘
	平成8年度視聴覚教育行政について	廣瀬寛
	平成7年度全国小学生ビデオコンテスト 入賞の喜び	豊田市立東広瀬小学校視聴覚部ほか
	マルチメディアと教育5 多メディア時代の放送	多田俊文，高島秀之
	教育放送史への証言21『テレビろう学校』の残したもの	浅野孝夫
	映像リテラシー講座12「視知力」を考えてみませんか「視知力」と映像の役割	小笠原喜康
5月号	展望 地域社会の教育力 文化施設の可能性ー21世紀に向けての教育課題ー	永井多恵子
	特集 情報活用能力を育てるため	
	【特集】情報を選択し活用する能力を育てる	村川雅弘
	【特集】見て・聞いて 私の発見！ーなるほどザ・ビデオルームの活用ー	彦坂安弘
	【特集】「人体・生命のつながり」を活用して一五年生の理科学習ー	滝川佳浩
	【特集】放送を生かす環境教育	岩倉三好
	【特集】映像情報発信能力をどう育てるか	野田一郎
	マルチメディアと教育6 コンピュータグラフィックスとバーチャルリアリティ	月尾嘉男，河口洋一郎，高島秀之
	教育放送史への証言22『マイクの旅』（1）	西澤實
	映像表現講座1 映像の現実感と非現実感ー現実は増殖するー	楠かつのり
6月号	展望「国際化」という21世紀の教育課題	田村哲夫
	特集 放送とティーム・ティーチングを組む	
	【特集】ティーム・メイトとして放送番組をどう生かすか	鈴木克明
	【特集】『はりきって体育』を活用した体育の授業実践	菊地道子

月号	タイトル	著者
6月号	【特集】新しい学力観にもとづく音楽教育と放送利用	金本正武
	【特集】『ふえはうたう』を児童とともに視聴して	河野和男
	マルチメディアと教育7 障害児教育に生かす	詫間晋平，菅井勝雄，高島秀之
	教育界におけるインターネット利用	佐野博彦
	海外教育放送事情 中国のテレビ教育放送事情	秋山隆志郎
	教育放送史への証言23『マイクの旅』（2）	西澤實
	映像表現講座2 言葉の読み書きと映像の読み書きー言葉は映像であるー	楠かつのり
7月号	展望 小学校での英語教育の問題点	小林善彦
	特集 生涯学習時代の家庭視聴を考える	
	【特集】新しい家庭視聴 家庭視聴，放送学習，個人的な取り組みを連携させよう！	木原俊行
	【特集】朝と夕方には『母と子のテレビタイム』	瀬川忠之
	【特集】『週刊こどもニュース』子どもが楽しめるニュースとは？	熊田健
	【特集】『ユメディア号こども塾』家庭，地域での活用を！	朝比奈誠
	【特集】チャレンジ精神で『やってみようなんでも実験』	中一憲
	【特集】親子で夏のテレビ・ラジオクラブを！	酒井和行
	【特集】親子でみる現代社会『アクセスJ』	牧野内康人
	【特集】本音トークから広がるコミュニケーションー『ハイスクール電脳倶楽部』と高校生ー	大西誠
	教育ジャーナル インターネットで教室が変わる（1）	岡本敏雄，石原一彦，高島秀之
	座談会 コロンボ・ワークショップに参加して アジア教育番組ワークショップの成果と課題	水越敏行，大西誠，植田豊
	教育放送史への証言24 テレビ『英語教室』（1）	二神重成
	映像表現講座3 映像における動きの問題ー時間の流れを切り取る難しさー	楠かつのり
8月号	展望 学校・家庭・地域の連携とは	薄田泰元
	特集 放送と他メディアとの関連利用	
	【特集】メディアの特性を生かす	赤堀侃司
	【特集】ゾーン・プランニングとマルチメディア環境への試みー金沢大学附属小学校のメディア環境ー	黒上晴夫
	【特集】放送・マルチメディアそしてインターネットへ	浅井和行
	特集 平成8年度全国放送教育特別研究協議会 分科会講師からの提言	
	【特集】子どもに生きる力と豊かさを	藤澤千代子

月号	タイトル	著 者
1月号	【特集】（幼稚園・保育所）子どもたちのために いま，行動すべきこと	小平さち子
	【特集】（小学校）いい生き方への放送学習―情報処理活用能力と完成―	荻野忠則
	【特集】（中学校）10年の積み上げが示すこれからの放送教育	水越敏行
	【特集】（高等学校）国際理解と環境教育	伊藤正浩
	【特集】（特殊教育諸学校）生涯の実態に合わせた放送教材の活用とインターネット時代の放送教育	棟方哲弥
	【特集】札幌大会を終えて	佐藤文英，春日順雄，松山理
	第23回「日本賞」教育番組国際コンクール	
	・「教育番組」に託す各国の願い―コンクールを終えて―	堀紀子
	・日本賞に見る教育番組に期待されるものと審査の感想	松本勝信
	・受賞番組から めぐみちゃんが教えてくれたこと『北海道スペシャル～ふたりだけの教室・平馬先生とめぐみちゃん』	遠藤あゆみ
	・受賞番組から 動物たちのパラダイス「なんきょっきょっ」へようこそ『なんでもＱ～あにまるＱ～』	木村武雄
	・受賞番組から 環境問題を子どもたちと見すえて「たったひとつの地球～ごみを食べた動物～』	松並裕子
	教育放送史への証言29 学校放送音楽番組の源流（2）―ラジオからテレビ時代へ―	竹内功
	映像表現講座6 映像を編集することと表現すること―新しい可能性を探す―	楠かつのり
2月号	展望 理科離れ時代における科学教育とメディア	奈須紀幸
	特集 放送教育地方大会リポート1	
	【特集】第38回放送教育研究会東北大会秋田大会報告	小松田直之
	【特集】感性豊かにイメージをひろげ遊びをつくり出す	井上房子
	【特集】第45回近畿放送教育研究大会大阪大会報告	伊庭晃
	【特集】子どもたちにアプローチする多メディアの利用	廣瀬正彦
	【特集】座談会 全放連研究部この一年（1）各地で受けた刺激を全国へ 地方大会・全国大会をめぐって	和田芳信，井部良一，小川一夫，斎藤康男
	座談会 教育放送における国際協力（2）―その成果と課題―	秋山隆志郎，市川昌，内田安昭，高島秀之
	これからの教育とメディア	深瀬槇雄
	インターネットで視聴者交流―全国で感想を交換した初の試み―	内山守
	映像表現講座7 マルチメディア時代の家庭用ビデオカメラ―テレビ電話と映像コミュニケーション―	楠かつのり

月号	タイトル	著 者
3月号	展望 生涯教育とメディア	小尾信彌
	特集 放送教育地方大会リポート2	
	【特集】第45回九州地方放送教育研究大会大分大会報告	矢野武文
	【特集】意欲的に学ぶ子どもを育てる学校放送番組の活用― 総合学習を通して―	柴田典年
	【特集】関東甲信越地方放送・視聴覚教育研究大会栃木大会報告	片桐武之
	【特集】『ステップ＆ジャンプ・地理を学ぶ』「冷害とたたかう」を利用し，東北地方の米作にせまる	涌井俊一
	【特集】第38回放送教育研究会四国大会高知大会報告	川添啓史
	【特集】道徳番組を活用した道徳教育を目指して	川村八郎
	【特集】座談会 全放連研究部この一年（2）全国の先生方と共に…	和田芳信，井部良一，小川一夫，斎藤康男
	教育ジャーナル 教育界この一年	山岸駿介，勝方信一，高島秀之
	放送教育ベテラン教師の教育観と番組への期待に関する調査研究	「教育観と番組への期待に関する調査研究」班
	教育放送史への証言30 揺籃期の「幼稚園保育所の時間」（1）―昭和31年（1956年）―	小山賢市
	映像表現講座8 映像表現における今日的な課題―物語る能力の必要性―	楠かつのり

主な連載：教育ノート，メディアジャーナル，保育と放送，講座・保育に放送を取り入れるにあたって，わたしの園の放送利用，『お話でてこい』のお話，校内放送活動のために，番組インサイドストーリー，放送教育人国記，視聴覚ロータリー，ことばのプリズム，ことわざあれこれ

1997 (平成9) 年度　(通巻588〜599号)

月号	タイトル	著者
4月号	展望 変わるメディアと教育	髙桑康雄
	特集 平成9年度NHK学校放送新番組紹介	
	【特集】大きな改革のうねりの中で	中村希恵
	【特集】小学校『トゥトゥアンサンブル』『なぜなぜ日本』『虹色定期便』	小泉世津子, 近江寧基, 鈴木正史
	【特集】中学校・高等学校『スクール五輪の書』『10min.ボックス』	竹内冬郎, 内山守
	【特集】教育一般『メディアと教育』	酒井和行
	【特集】新番組『スクール五輪の書』に寄せて	鈴木克明
	平成9年度視聴覚教育行政について	文部省生涯学習局学習情報課
	インターネットで視聴者交流（2）—その教育的意味—	黒上晴夫
	情報リテラシー講座1 主体的な学習を支える情報リテラシー	村川雅弘
	海外教育放送事情 EBU「バーゼル・セミナー」に参加して	酒井和行
	教育放送史への証言31 揺籃期の「幼稚園保育所の時間」（2）—「NHK教育テレビ」開局まで—	小山賢市
	映像表現講座9 映像表現は技術的なものではない—映像表現する個性とは何か—	楠かつのり
5月号	展望 学校とカリキュラムの改造を	奥田真丈
	特集 変わるメディアと教育	
	【特集】座談会 変わるメディアと教育のありかた	水越敏行, 佐伯胖, 高島秀之
	【特集】人と人をつなぐインターネット	重松昭生
	【特集】子ども自ら意欲を持って主体的にかかわる	井芹郁人
	【特集】多様なメディアを授業に取り入れて	丸山雄一郎
	【特集】手がかりに満ちたテレビとコンピュータ	奥山敬
	【特集】教育におけるメディアをめぐる風景と言語	佐賀啓男
	情報リテラシー講座2 教科の中で活用し育てる学習スキル	村川雅弘, 矢田光宏
	海外教育放送事情 アジア放送教育ネットワークに向けて	セミナー事務局
	海外教育放送事情 アジア教育番組ワークショップに参加して	遠藤あゆみ, 松並裕子, 久保なおみ
	実践研究 ドナドンっ子奮闘中 ハイビジョン番組『ふしぎのたまご』を継続視聴して	中島朗
6月号	展望 21世紀に向けての教育課題	宮原修
	特集 映像教材を創る	
	【特集】映像制作の意義と指導の視点	大森哲夫

月号	タイトル	著者
6月号	【特集】実践事例 ビデオカメラは環境を見つめる賢い目になる	堀内敏一
	【特集】実践事例 環境を見る目を育てる番組視聴と自作ビデオ制作	小堂十
	【特集】実践事例 環境教育における自作ビデオの役割と放送の効果	鈴木利典
	【特集】すてきな地球づくり すてきな明日づくり	大林宣彦
	教育現場における放送利用の現況—平成8年度学校放送利用状況調査から（1）—	井谷豊
	教育ジャーナル 情報教育のカリキュラム化	清水康敬, 堀口秀嗣, 高島秀之
	情報リテラシー講座3 生活科で情報リテラシーの基礎を培う	村川雅弘, 藤田美智子
	新・放送教育ゼミ1「放送教育」とは何か	木原俊行
	海外教育放送事情 教育番組と市場性（1）—MIP-TV「教育番組デー」に参加して—	大西誠
7月号	展望 情報通信社会を目指す教育の矛盾	月尾嘉男
	特集 道徳番組をどう生かすか—新番組『虹色定期便』をめぐって—	
	【特集】座談会 道徳番組をどう生かすか	岩木晃範, 平林和枝, 佐藤拓, 森崎義人, 華山益夫
	【特集】私の指導案 2段階視聴を軸とした学習指導展開例	岡孝之
	【特集】私の指導案 わがままやあまえの心にキルケウイルスがつくんだ！	徳島洋子
	【特集】私の指導案 道徳教育の可能性を広げる『虹色定期便』	大室健司
	教育現場における放送利用の現況—平成8年度学校放送利用状況調査から（2）—	齋藤健作
	メディアと教育 情報革命が教室を変える 世界のコンピュータ教育	野口悠紀雄, 田中博之, 山本和之, 小川範子
	情報リテラシー講座4 社会科におけるインタビュースキルの活用	村川雅弘, 矢田光宏
	新・放送教育ゼミ2 放送番組で子どもたちに感動を—映像メディアとしての持ち味を生かす—	木原俊行
	海外教育放送事情 教育番組と市場性（2）—MIP-TV「教育番組デー」に参加して—	大西誠
8月号	展望 21世紀における教育の課題	生田孝至
	特集 中・高校生向番組の活用	
	【特集】中・高校教育に新しい旋風を！『スクール五輪の書』『10min.ボックス』をめぐって	鈴木克明, 竹内冬郎

月号	タイトル	著者
8月号	【特集】私の番組利用法！	石部志保，亀里雅弘，片山聡彦，末本俊雄，足立由美子，中野常之，橋本隆志，大川徹，八木節夫，長島康雄，遠山裕之
	幼稚園・保育所におけるメディア利用の現況と課題	小平さち子
	メディアと教育 ホームページが登竜門!?	鈴木敏恵，橋本典明，山本和之，小川範子
	情報リテラシー講座5 総合的な学習を支える情報リテラシー育成の方法	村川雅弘，溝辺和成
	新・放送教育ゼミ3 継続視聴の可能性	木原俊行
	海外教育放送事情 アメリカの教育における放送・通信の利用状況	佐野博彦
	実践研究 心と命をはぐくむ学習を―『みんな生きている』を活用した授業実践―	「生命環境教育と放送」研究会
9月号	展望「開かれた学校と情報化」の意味するもの	岡本敏雄
	特集 理科番組をどう生かすか	
	【特集】問題解決能力を育てる理科学習―放送をどう生かすか―	武村重和
	【特集】わたしの指導案 3年『ふしぎのたまご』	野見山捷昭，露木和男
	【特集】わたしの指導案 4年『ふしぎコロンブス』	池田博，一色誠
	【特集】わたしの指導案 5年『わくわくサイエンス』	藤野栄，松山和彦
	【特集】わたしの指導案 6年『しらべてサイエンス』	橋谷田有俊，後藤良秀
	【特集】実践記録 番組視聴から体験・学習活動へ 6年『しらべてサイエンス』	佐藤勝子，横田正之
	メディアと教育 21世紀の教育引き受けます―企業のマルチメディア戦略―	島森路子，山内祐平，山本和之，小川範子
	情報リテラシー講座6 主体的な情報収集からの出発	村川雅弘，縄田浩二
	新・放送教育ゼミ4 放送番組からの発展学習づくり	木原俊行
10月号	展望「知識人」から「学習人」への視点の変換―放送教育に期待される役割―	中野照海
	特集 '97夏の全国特研リポート	
	【特集】学ぶ力，生きる力を培う放送教育	赤堀正宜
	【特集】シンポジウム 新しい総合学習とメディア活用・放送教育の新展開	水越敏行，村川雅弘，小林道正，ピーター・フランクル，杉沢礼

月号	タイトル	著者
10月号	【特集】校種別報告	高橋瑞子，井部良一，高畠勇二，遠山裕之，信方壽幸
	【特集】国際交流への第一歩 アジア放送教育セミナー	和田芳信
	メディアと教育 インターネットが学校になる	田中義郎，谷村志穂，山本和之，小川範子
	情報リテラシー講座7 総合的な学習を支える情報リテラシー育成の取り組み	青木将
	新・放送教育ゼミ5 総合的学習と放送番組	木原俊行
11月号	展望 21世紀に向けての教育課題	山極隆
	特集 総合学習番組をどう生かすか	
	【特集】対談 総合的学習におけるメディア（放送）の役割	村川雅弘，杉沢礼
	【特集】実践研究 学級づくりと放送 中学年・生命教育番組『みんな生きている』を活用して	大石信洋
	【特集】『みんな生きている』私の番組利用	坪田明美，小峰直子，山崎聖子
	【特集】地球環境問題と地域の環境調べの橋渡し―総合学習『環境にやさしいくらし』の実践と課題について―	高林准示
	【特集】『たったひとつの地球』私の番組利用	片寄玲子，赤坂伸芳
	【特集】ひとつの番組から無限の可能性を求めて『たったひとつの地球』ホームページ紹介	松並裕子
	特集 放送教育研究会全国大会・岡山大会のめざすもの	
	【特集】"生きる力"を育てる放送教育	笠原始
	【特集】第48回放送教育研究会全国大会岡山大会インフォメーション	守屋貞男
	メディアと教育 情報の海の羅針盤	越桐國雄，大桃美代子，山本和之，小川範子
	情報リテラシー講座8「読本」で情報リテラシーの体系化を図る	村川雅弘，西畑寧三
	新・放送教育ゼミ6 放送教育の推進と教師たちの共同研究	木原俊行
	海外教育放送事情 ファーストヴュー '97とアメリカ教育放送の新しい流れ	日比美彦
12月号	展望 21世紀に向けての教育課題	無藤隆
	特集 社会科番組をどう生かすか	
	【特集】社会科におけるメディア（放送）の役割	中野重人
	【特集】わたしの指導案 3年『このまちだいすき』	後藤康志，山内篤司
	【特集】わたしの指導案 4年『くらし発見』	川上慶子
	【特集】わたしの指導案 5年『なぜなぜ日本』	斎藤秀実，赤村晋

月号	タイトル	著者
12月号	【特集】わたしの指導案 6年『歴史たんけん』	菅原弘一, 佐々木利男
	【特集】実践研究 調べるきっかけがあって、楽しいよ！『なぜなぜ日本』を利用して	水落潤子
	メディアと教育 インターネットで出会いの場を―障害児教育とマルチメディア―	竹中ナミ, 成田滋, 山本和之, 小川範子
	情報リテラシー講座9 総合学習番組で情報リテラシー育成を	村川雅弘
	新・放送教育ゼミ7 制作者と利用者の共同体制	木原俊行
	海外教育放送事情 放送番組の効果的な使い方 ―アメリカNTTIのマニュアルから―	大西誠
1月号	展望「心の教育」の難しさ	山折哲雄
	新春対談 これからの放送と教育	海老沢勝二, 植田豊
	特集 第48回放送教育研究会全国大会岡山大会リポート	
	【特集】みつめる かかわる 伝える インターネット時代の総合学習と放送	鈴木敏恵, 木原俊行, 三宅貴久子, 清水國明
	【特集】生きる力をはぐくむ放送教育をすすめよう	黒田卓
	【特集】岡山大会を終えて	守屋貞男
	第24回「日本賞」教育番組国際コンクール	
	・社会状況を映し出す各国の教育番組	堀紀子
	・日本賞審査を終えて―審査委員室からの報告―	鈴木克明
	メディアと教育 デジタル革命が大学を変える	立花隆, 山本和之, 小川範子
	情報リテラシー講座10 「未来総合科」で情報リテラシーの育成を図る	長谷勝義
	新・放送教育ゼミ8 放送教育の再生に向けて	木原俊行
2月号	展望 これからの教育に寄せる期待―教課審「中間まとめ」に関与して―	服部祥子
	特集 '97放送教育地方大会報告	
	【特集】第49回北海道放送教育研究大会 日高・胆振大会報告	萩原則幸
	【特集】実践報告 継続視聴をとおして自然とのかかわりを深める『しぜんとあそぼ』	林睦子
	【特集】第39回放送教育研究会東北大会青森大会報告	村林平八
	【特集】実践報告 各教科におけるパソコン活用のあり方	石井一二三
	【特集】関東甲信越地方放送・視聴覚教育研究大会茨城大会報告	根崎祐聿
	【特集】実践報告 自ら考え，意欲的に取り組む児童を育てる指導法の工夫	笹木敏則

月号	タイトル	著者
2月号	【特集】第46回近畿放送教育研究大会滋賀大会	三上靖弘
	【特集】実践報告 放送をたのしんで"放送教育っていったい何だろう"からの出発	春山尚子
	【特集】第46回九州地方放送教育研究大会佐賀大会	一ノ瀬昌彦
	【特集】実践報告 放送番組は，追求活動のエネルギー源となる	中西穂澄
	メディアと教育 だれでも作曲家になれる!?―コンピュータがひらく音楽教育―	田頭勉, 美馬のゆり, 山本和之, 小川範子
	情報リテラシー講座11 情報リテラシー再考	村川雅弘, 桷田守
	海外教育放送事情 教育放送の双方向性について	大西誠
3月号	展望 21世紀に向けての教育課題	木村孟
	特集 実践研究 総合的学習を考える	
	【特集】総合的な学習のカリキュラム開発 年間指導計画作成のポイント	木原俊行
	【特集】感動・共感から行動へ―『たったひとつの地球』を利用した環境教育への取り組みを通して―	山下薫
	【特集】映像と新聞を利用した放射線に関する教育	岩倉三好
	対談 '97全放連この一年 そして，東京大会へ	橋本誠司, 和田芳信
	情報倫理教育の必要性	木内英仁
	情報リテラシー講座12 学習活動を見直し，体系化を図る	村川雅弘

主な連載：メディアジャーナル，NEDリポート，保育と放送，講・保育に放送を取り入れるにあたって，わたしの園の放送利用，インサイドストーリー，視聴覚ロータリー，ことばのプリズム，ことわざあれこれ

1998 (平成10) 年度　(通巻600〜611号)

月号	タイトル	著者
4月号	展望 21世紀に向けての教育課題	太田次郎
	特集 新年度の番組制作に向けて	
	【特集】 "Generativity Crisis"の時代に 平成10年度学校放送番組制作の基本方針	仲居宏二
	平成10年度視聴覚教育行政について	文部省生涯学習局学習情報課
	インタラクティブな学習展開 共同学習と放送・メディア	黒上晴夫
	メディアと教育インターネットはこう使う―新しい学校間交流の試みー	佐伯胖, 秋田喜代美, 山本和之, 小川範子
	21世紀のメディアと教育―わたしのキーワード① 認知的得失	佐賀啓男
	講座 総合的な学習の授業づくり① 総合的学習の基本的な考え方	佐島群巳
	教育現場からのメッセージ―マルチメディア時代の放送教育 なぜ, 今また放送教育なのか	浅井和行
	海外教育放送事情 双方向メディアと学習環境の近未来―ミリア'98 (milia'98) に参加してー	日比美彦
	中高生向け 授業研究講座 やればできそう!	高畠勇二
5月号	展望 21世紀に向けての環境教育を考える	石弘之
	特集 インタラクティブへの挑戦	
	【特集】インタラクティブな学習―メディア活用による相互啓発からヒューマンネットワークの構築ー	田中博之
	【特集】私の番組アクセス法	表柳四郎, 重松昭生, 星野久久, 渡辺たか子
	【特集】HP・メール・TV会議で意見交流	八崎和美
	メディアと教育 決定版!マルチメディア活用術	永野和男, 松本侑子, 山本和之, 小川範子
	21世紀のメディアと教育―わたしのキーワード② 文化的真贋	佐賀啓男
	講座 総合的な学習の授業づくり② 総合的学習の原理と方法	佐島群巳
	教育現場からのメッセージ―マルチメディア時代の放送教育 私を引きつけた放送番組との出会い	浅井和行
	海外教育放送事情 シリコンバレーは今 (1)―企業・大学・地域の連携―	高島秀之
	中高生向け 授業研究講座 やればできそう!	高畠勇二
	実践研究 放送を取り入れた生物の授業『生きもの地球紀行』を視聴させて	岩倉三好
6月号	展望 21世紀に向けての教育課題	坂本昇一
	特集 表現力とメディア	
	【特集】メディアで表現力をどう育てるか	鈴木克明

月号	タイトル	著者
6月号	【特集】総合的な学習から発展するホームページの発信	田中克昌
	【特集】全校一斉「メディアタイム」による映像リテラシーの育成	高橋賢哉
	【特集】マルチメディアと著作権	井口磯夫
	「子どものテレビ世界サミット」に参加して	小平さち子
	21世紀のメディアと教育―わたしのキーワード③ 批判的寛容	佐賀啓男
	講座 総合的な学習の授業づくり③ 総合的学習の基礎・基本	佐島群巳
	教育現場からのメッセージ―マルチメディア時代の放送教育「歴史番組」を中核にすえた放送学習	浅井和行
	海外教育放送事情「学び」が変わる,「教え」が変わる―アメリカ学校改革のいまー	船津貴弘
	中高生向け 授業研究講座 やればできそう!『スクール五輪の書・思春期放送局―勉強ー』	高畠勇二
7月号	展望 21世紀に向けての教育課題 ―メディアリテラシーを育てるー	坂元昂
	特集 夏休みから始める家庭での放送学習	
	【特集】「疑問」から「説明」につなげよう	谷川彰英
	【特集】『週刊こどもニュース』を見続けて社会科に強くなろうよ	紺野とみえ
	【特集】『やってみようなんでも実験』を見て実験にトライ!	寺村勉
	【特集】『NHKジュニアスペシャル』で学校と家庭の連携を	江里口博
	【特集】「学ぶ意欲」を活発にする家庭での放送学習	村岡耕治
	教育トゥデイ'98 学校の悲鳴が聞こえる 学校崩壊の危機の中で	黒沼克史, 築山崇, 桑原和子, 杉浦圭子
	21世紀のメディアと教育―わたしのキーワード 電子コミュニティ	山内祐平
	講座 総合的な学習の授業づくり④ 総合的学習の実践スタイル	佐島群巳
	教育現場からのメッセージ―マルチメディア時代の放送教育 音楽番組と自己表現力の育成	浅井和行
	海外教育放送事情 シリコンバレーは今 (2)―企業・大学・地域の連携―	高島秀之
	中高生向け 授業研究講座 やればできそう!『スクール五輪の書・21世紀の君たちへ―失敗は夢に向かう実験だー』	高畠勇二
8月号	展望 21世紀に向けての教育課題 ―大学院と教養教育―	吉川弘之
	特集 放送を生かした国語・音楽教育	
	【特集】言葉と音楽 子どもの心をゆさぶる大きな力	小泉世津子

月号	タイトル	著者
8月号	【特集】私の番組利用法『ことばの教室2年生』	酒井妙子
	【特集】私の番組利用法『おはなしのくに』	山口裕子
	【特集】私の番組利用法『トゥトゥアン サンブル』	清澤好美, 横川雅之
	【特集】創造行為の母体をはぐくむ音楽科教育	吉澤実
	教育トゥデイ '98 学校に行きたくない―不登校になった教師たち―	秦政春, 川畑友二, 杉浦圭子
	21世紀のメディアと教育―わたしのキーワード 教育メディアのデジタル化	辻大介
	講座 総合的な学習の授業づくり⑤ 総合的学習で構成する基本	佐島群巳
	教育現場からのメッセージ―マルチメディア時代の放送教育 放送を基幹としたメディアミックス	浅井和行
	中高生向け 授業研究講座 やればできそう！『スクール五輪の書・世の中探検隊―ボランティア―』	高畠勇二
	実践研究 生きる力をはぐくむ放送学習 異学年・クロスカリキュラムでの番組利用―『みんな生きている』をめぐって―	横浜市小学校教育研究会視聴覚・情報教育部放送教育部会
9月号	展望 21世紀に向けての教育課題 ―知・徳・体のアンバランス是正―	森隆大
	特集 社会科番組の生かし方・使い方	
	【特集】社会科学習における放送の役割	西村文男
	【特集】わたしの学習指導案3年『このまちだいすき』	花木智子, 志子田則明
	【特集】わたしの学習指導案4年『くらし発見』	小畠由紀子, 北口由美子
	【特集】わたしの学習指導案5年『なぜなぜ日本』	井上妙子, 石田成夫
	【特集】わたしの学習指導案6年『歴史たんけん』	松原勝征, 山下忠夫
	教育トゥデイ '98 インターネットで広がる不登校児教育	横湯園子, 小林正幸, 杉浦圭子
	21世紀のメディアと教育―わたしのキーワード デジタルメディア時代の「学校」	辻大介
	講座 総合的な学習の授業づくり⑥ 放送を生かした総合的学習	佐島群巳
	教育現場からのメッセージ―マルチメディア時代の放送教育 放送とコンピュータを活用した環境教育	浅井和行
	中高生向け 授業研究講座 やればできそう！『スクール五輪の書・思春期放送局―勉強―』実践結果報告	高畠勇二
10月号	展望 21世紀に向けての教育課題「心」の教育とメディアの活用	梶田叡一
	特集 理科番組の生かし方・使い方	
	【特集】これからの理科教育と理科番組の生かし方	角屋重樹

月号	タイトル	著者
10月号	【特集】わたしの学習指導案3年『ふしぎのたまご』	石井雅幸, 蓮見信夫, 小久保幹則
	【特集】わたしの学習指導案5年『わくわくサイエンス』	森田和良
	【特集】わたしの学習指導案6年『しらべてサイエンス』	長井満敏, 大塚弘之
	教育トゥデイ '98 子どもの個性をどう育てるか―検証・愛知県緒川小学校の20年―	小笠原和彦, 神津善行, 加藤幸次, 杉浦圭子
	21世紀のメディアと教育―わたしのキーワード ユニバーサル・メディア・デザイン	棟方哲弥
	教育現場からのメッセージ―マルチメディア時代の放送教育 生活科とメディア 多メディアからマルチメディアへ	浅井和行
	中高生向け 授業研究講座 やればできそう！『スクール五輪の書・21世紀の君たちへ―失敗は夢に向かう実験だ―』実践結果報告	山田茂
11月号	展望 21世紀に向けての教育課題 情報教育と生きる力	清水康敬
	特集 総合学習番組の生かし方・使い方	
	【特集】総合学習番組の活用と展開	佐島群巳
	【特集】実践『みんな生きている』自ら考え, 行動する子どもを育てる総合学習	塚崎典子
	【特集】実践『インターネットスクール たったひとつの地球』メディアの活用でバランスのとれた総合学習	山崎勝之
	【特集】放送を核にして意見交換 インターネットと放送の連動を目指して	宇治橋祐之
	【特集】放送を核にして意見交換 学校間交流学習を支えるメディアの役割と連携	堀田龍也
	教育トゥデイ '98 私の教育論	養老孟司, 羽生善治, 杉浦圭子
	21世紀のメディアと教育―わたしのキーワード 高次臨場感	棟方哲弥
	教育現場からのメッセージ―マルチメディア時代の放送教育 ハイビジョンによる放送教育	浅井和行
	中高生向け 授業研究講座 やればできそう！『スクール五輪の書・世の中探検隊―ボランティア―』実践結果報告	磯聡子
12月号	展望 21世紀に向けての教育課題 教師の資質よりも学校を変える	下村哲夫
	特集 中・高校番組の生かし方使い方	
	【特集】批評的視聴態度と放送教育	市川昌
	【特集】座談会 放送を取り入れて新しい授業を展開	高畠勇二, 山田茂, 磯聡子, 吉田治夫
	【特集】中・高校番組に寄せて『スクール五輪の書』『10min.ボックス』	長島康雄, 江里口博, 田中和正, 本庄伸子

月号	タイトル	著者
12月号	【特集】実践研究 地域実態に応じた学校放送番組の位置づけ	今田富士男
	教育トゥデイ'98 教育は変わるか？ー検証・教課審答申ー	辻村哲夫, 藤田英典, 福田恵一, 高橋章子, 早川信夫, 杉浦圭子
	21世紀のメディアと教育ーわたしのキーワード 学習の経験	山本慶裕
	教育現場からのメッセージーマルチメディア時代の放送教育 放送教育とインターネット	浅井和行
	実践研究 やわらかい心、かたい心ー心をはぐくむテレビ番組利用ー	本間文恵
1月号	99新春鼎談 教育テレビ40年の年輪	河野尚行, 伊東律子, 植田豊
	特集 第48回放送教育研究会全国大会東京大会リポート	
	【特集】全国大会を終えて	橋本誠司
	【特集】シンポジウム メディアが教育を変えるー世界の潮流・日本の選択ー	坂元昂, ポール・アシュトン, ミルトン・チェン, 松本侑子, 杉浦圭子
	【特集】先進的な教育実践と熱心な討議にふれて	久保田賢一
	【特集】アジア放送教育セミナー 実践を通してお互いに学び合う	井部良一
	第25回「日本賞」教育番組国際コンクール 重視された明確なメッセージと番組の迫力	堀紀子
	テレビ描写の影響をめぐってー海外の事例を中心にー	小平さち子
	21世紀のメディアと教育ーわたしのキーワード 人間の関係	山本慶裕
	教育現場からのメッセージーマルチメディア時代の放送教育「総合的な学習」を志向して、生活科におけるテレビ番組を活用した「心の教育」	浅井和行
	中高生向け 授業研究講座 やればできそう！『10min.ボックス』番組分析	高畠勇二
2月号	展望 21世紀に向けての教育課題 コンピュータ・ネットワークと教育の革新	須藤修
	特集 実践研究	
	【特集】学校をつくる実践研究	平沢茂
	【特集】テレビは"ひらめき"の発信地！ー体験学習と放送利用の関係ー	北口由美子
	【特集】昆虫調べに意欲と関心を！ーテレビ・観察・インターネットの活用ー	蓮見信夫
	アジア教育番組国際ワークショップに参加して 放送番組制作・利用の交流に向けて	鈴木克明
	教育トゥデイ'98「総合的な学習の時間」をどう実現するか	村川雅弘, 杉浦圭子
	21世紀のメディアと教育ーわたしのキーワード マルチメディアによる心の教育	坂元章

月号	タイトル	著者
2月号	教育現場からのメッセージーマルチメディア時代の放送教育 環境教育の学習の素地を培う放送番組	浅井和行
	中高生向け 授業研究講座 やればできそう！『10min.ボックスー三内丸山遺跡ー』番組分析報告	日沼良樹
3月号	展望 21世紀に向けての教育課題 イキのいい若者を育てたい	深谷和子, 浜野保樹, 和田泰輔, 橋本幹夫, 石川桂司, 吉田貞介, 山本健吉, 秋山亜輝男, 松本勝信
	特集 第49回放送教育研究会全国大会東京大会ー成果と記録ー	
	【特集】東京大会がもたらしたもの	井部良一
	【特集】幼稚園・保育所 子どもの生活と情報（放送を中心に）	高杉自子
	【特集】幼稚園・保育所 現代における放送教育の課題	小川博久
	【特集】幼稚園・保育所 心育ての場	藤澤千代子
	【特集】小学校 放送教育で成長した子どもたち	安田恭子
	【特集】小学校 学習のエネルギーを供給する放送番組	鈴木衆
	【特集】小学校 放送教育実践交流会に学ぶ	西村文男
	【特集】小学校 自然への感性を高める放送学習	村岡耕治
	【特集】小学校「環境教育と放送教育」分科会から学ぶ	佐島群巳
	【特集】小学校 真実とメディア	楚阪博
	【特集】小学校 参加者が感動し合えたひととき	多田俊文
	【特集】小学校 実践研究の評価「総合的な学習と放送学習」	木原俊行
	【特集】中学校	小川一夫
	【特集】高等学校	杉岡道夫
	【特集】盲・ろう・養護学校	安藤直克
	21世紀のメディアと教育ーわたしのキーワード サブリミナル効果	坂元章
	教育現場からのメッセージーマルチメディア時代の放送教育 広がる放送教育の世界	浅井和行
	中高生向け 授業研究講座 やればできそう！『10min.ボックスー地球からのおくりものー』番組分析報告	高橋美由紀

主な連載：メディアジャーナル，NEDリポート，インサイドストーリー，和田芳信の人物ファイル，保育と放送，放送を取り入れた保育実践と研究，わたしの園の放送利用，校内放送指導者講座，視聴覚ロータリー，ことばのプリズム，ことわざあれこれ

1999 (平成11) 年度 （通巻612〜623号）

月号	タイトル	著者
4月号	展望 21世紀に向けての教育課題 教育の急流とメディア教育の新しい船出	水越敏行
	特集 NHK学校放送新番組紹介	
	【特集】平成11年度学校放送番組制作の基本方針 世界的な教育改革のうねりの中で	吉田圭一郎
	【特集】新番組ラインナップ〜学校放送時刻表	NHK学校放送番組部
	21世紀のメディアと教育〜わたしのキーワード〜 人間の成長とゲーム	宇野正人
	総合的な学習の指導計画と実際① 岡山「総合的な学習」研究会編	三宅貴久子, 木原俊行
	平成11年度視聴覚教育行政について 衛星通信を活用した「子ども放送局」の推進	文部省生涯学習局学習情報課
	新・教育現場からのメッセージ 放送番組，そして人との出会い	浅井和行
	学校で著作権を使いこなすために 教師のための実用講座 第1章落とし穴を探せ 著作権が怖い	竹内冬郎
	中学・高校番組実践講座 第1回 彼らは何が面白い?	藤井剛
	実践研究〜一般番組の活用〜『オトナの試験』で広がる職業の世界	鈴木久美子, 小宮忠幸
	インサイドストーリー『たったひとつの地球』	宇治橋祐之
5月号	展望 21世紀に向けての教育課題 学校を変える―学校の体質改善―	秦政春
	特集 問い直される基礎基本	
	【特集】これからの国語科	首藤久義
	【特集】「内容」を再構成する力こそ―社会科―	谷川彰英
	【特集】理科における基礎・基本と放送教育	松本勝信
	【特集】算数科における基礎・基本と算数番組の活用	中村享史
	21世紀のメディアと教育〜わたしのキーワード〜 情報の価値	宇野正人
	教育トゥデイ'99 情報教育をどう進めるか〜「総合的な学習の時間に向けて」〜	永野和男, 佐藤幸江, 杉浦圭子
	新・教育現場からのメッセージ 徹底的な教材研究がもたらす放送教育のもう一つの世界	浅井和行
	多メディアの中の放送利用〜平成10年度NHK学校放送利用状況調査から〜	齋藤健作
	学校で著作権を使いこなすために 教師のための実用講座 第2章迷路を読み解け 著作権の見取り図	竹内冬郎
	中学・高校番組実践講座 第2回 放送教育の突破口	藤井剛
	実践研究 生きる力をはぐくむ放送教育〜生命教育番組『みんな生きている』の活用〜	横浜市小学校教育研究会 視聴覚・情報教育研究部会放送教育部会

月号	タイトル	著者
6月号	展望 21世紀に向けての教育課題 創造力の育成	西澤純一
	特集 情報教育への取り組みを考える	
	【特集】情報教育を考える〜学校の情報化はどこへ向かっているのか〜	鈴木克明
	【特集】私の考える情報教育 研究実践から考える情報教育	松野成孝
	【特集】私の考える情報教育 情報活用能力の育成	宮武英憲
	【特集】私の考える情報教育 養護学校における情報教育の可能性	平澤鋼
	【特集】私の考える情報教育 教育における情報化への対応について	池田貴城
	21世紀のメディアと教育〜わたしのキーワード〜 適切なコミュニケーション手法	佐々木輝美
	総合的な学習の指導計画と実際② 岡山「総合的な学習」研究会編	三宅貴久子
	新・教育現場からのメッセージ 「総合的な学習」の単元の導入に力を発揮する放送番組	浅井和行
	海外教育放送事情 カンボジアの国づくりと教育放送	小川紘二
	幼稚園・保育所におけるメディアの利用〜平成10年度NHK幼児向け放送利用状況調査から〜	山下洋子
	学校で著作権を使いこなすために 教師のための実用講座 第3章著作物を使いこなせ 授業編	竹内冬郎
	中学・高校番組実践講座 第3回「感動」する放送教育	藤井剛
7月号	展望 21世紀に向けての教育課題 21世紀の教育への提言	多胡輝
	特集 21世紀をつくる放送教育〜第50回全国大会へのお誘い〜	
	【特集】新しい全国大会のねらい	全国放送教育研究会連盟
	【特集】大会講師からの一言	藤澤千代子, 松本勝信ほか
	【特集】未来型授業へ向けてのNHKからの提案	日比美彦
	21世紀のメディアと教育〜わたしのキーワード〜 向社会的行動スクリプト	佐々木輝美
	新・教育現場からのメッセージ 放送とともに学ぶ歴史学習「刀狩り」	浅井和行
	学校で著作権を使いこなすために 教師のための実用講座 第4章著作物を使いこなせ 校内のいろいろな活動編	竹内冬郎
	中学・高校番組実践講座 千葉テレビ『中学生時代』を活用して	佐竹啓輔
8月号	展望 21世紀に向けての教育課題 ネットワーク社会に生きる	赤堀侃司
	特集 教室からの情報発信	

月号	タイトル	著者
8月号	【特集】情報発信と情報モラル	井口磯夫
	【特集】開かれた学校のホームページ	重松昭生
	【特集】子どもたちと進めるぬくもりのある映像づくり	中原瑞樹
	【特集】伝われ教室へ，あなたへ	香取武雄
	【特集】生徒にゆだねる学校の情報発信をめざして	桐畑治
	21世紀のメディアと教育〜わたしのキーワード〜 マルチメディアを活用した国際交流学習	田中博之
	総合的な学習の指導計画と実際③ 岡山「総合的な学習」研究会編	青山順子
	新・教育現場からのメッセージ ニュースや市販のVTR番組の教育利用	浅井和行
	海外教育放送事情 ある国際民間財団の取り組み	大西好宣
	学校で著作権を使いこなすために 教師のための実用講座 第5章著作物を使いこなせ デジタルメディア編	竹内冬郎
	中学・高校番組実践講座 千葉テレビ『中学生時代』を活用して〜校内授業研究〜	佐竹啓輔
9月号	展望 21世紀に向けての教育課題 生きものの価値を取り戻す	中村桂子
	特集 問題解決学習と理科番組	
	【特集】理科教育における問題解決と感性	角屋重樹
	【特集】「チョウをそだてよう」の実践	星野好久
	【特集】番組視聴から自然発見へ	伊庭晃
	【特集】学校放送番組を活用した「生物と環境」の実践	牧佳彦
	21世紀のメディアと教育〜わたしのキーワード〜 マルチメディアプロジェクトによる総合的な学習の実践	田中博之
	総合的な学習の指導計画と実際④ 岡山「総合的な学習」研究会編	三宅貴久子
	新・教育現場からのメッセージ 放送番組を中核にすえた「総合的な学習」のプロジェクトと京放教の研究の歴史	浅井和行
	海外教育放送事情 バーチャル・スクール—放送と通信制をめぐって・世界遠隔教育会議—	市川昌
	学校で著作権を使いこなすために 教師のための実用講座 第6章安心して著作物を使いたい 権利処理の方法を考える	竹内冬郎
	中学・高校番組実践講座 千葉テレビ『中学生時代』を活用して〜研究の成果と課題〜	佐竹啓輔
10月号	展望 21世紀に向けての教育課題 総合的な学習をつくる	奥井智久
	特集 第50回放送教育研究会全国大会（part1）報告	
	【特集】全国大会の新たなるスタート	井部良一

月号	タイトル	著者
10月号	【特集】放送教育の研究をすすめるために	中野照海
	【特集】放送教育研究会全国大会（part.1）リポート	高島秀之
	【特集】NHKプレゼンテーションの総括	日比美彦
	教育トゥデイ インターネットでつなぐ放送と教育	水越敏行, 杉浦圭子, 小川範子
	21世紀のメディアと教育〜わたしのキーワード〜 学校の情報化とイントラネット	黒田卓
	新・教育現場からのメッセージ 地域の先達から学ぶ「冬の遊び」	浅井和行
	特集2 盲・ろう・養護学校における放送利用	
	【特集2】盲・ろう・養護学校における放送教育の役割・展望	坂田紀行
	【特集2】知的障害養護学校における放送教育	国津賢三
	【特集2】肢体不自由養護学校での放送利用	栗原清
11月号	展望 21世紀に向けての教育課題 新しい1.5の時代	小此木啓吾
	特集 道徳的実践力をどう育てるか 子どもが感動できる授業を	
	【特集】子どもが感動できる授業を—道徳教育における放送の利用—	押谷由夫
	【特集】1年＝道徳的実践力について考えること	安塚豊子
	【特集】2年＝クラスの基盤となる 道徳の授業	小松悦子
	【特集】3年＝繰り返し視聴で道徳的価値をつかむ	来井佳照
	【特集】5年＝五年三組自分みつけの旅	神谷洋子
	21世紀のメディアと教育〜わたしのキーワード〜 テレビ会議システムと地域間交流学習	黒田卓
	新・教育現場からのメッセージ「道はつながる」を使っての「総合的な学習」への志向	浅井和行
	海外教育放送事情 ED-Media国際学会（米）とカナダ・ドイツの教育事情	黒上晴夫
	実践研究 生活科『それゆけこどもたい』それゆけ北一社こどもたい	河津和正
	中学・高校番組実践講座 観点別評価に基づく放送番組の生かし方 社会科学習の取り組み〜興味・関心〜	福丸恭伸
12月号	展望 21世紀に向けての教育課題	西之園晴夫
	特集 社会科学習における地域の発見〜社会科番組を生かして〜	
	【特集】社会科における放送の活用	寺田登
	【特集】3年＝「見る・感じる・考える・ひろがり」を大切に	小山竜平

月号	タイトル	著者
12月号	【特集】4年＝「千葉のよいとこ発見」の実践	小林進
	【特集】5年＝子どもと放送番組	梅崎高介
	【特集】6年＝放送番組と地域の教材化	勝村芳行
	21世紀のメディアと教育〜わたしのキーワード〜 インターネット・リテラシーと情報の評価	芝崎順司
	総合的な学習の指導計画と実際⑤ 岡山「総合的な学習」研究会編	藤井紀美江
	新・教育現場からのメッセージ「総合的な学習」と放送教育	浅井和行
	海外教育放送事情 ペルーの放送教育	赤堀正宜
	中学・高校番組実践講座 観点別評価に基づく放送番組の生かし方 社会科学習の取り組み〜思考・判断〜	福丸恭伸
1月号	展望 21世紀に向けての教育課題 自己発見と自己啓発	江崎玲於奈
	新春対談 デジタル時代の教育放送	菅野洋史, 植田豊
	特集 第50回放送教育研究会全国大会（part2）報告	
	【特集】第50回放送教育研究会全国大会を終えて	山口彭子
	【特集】放送教育研究会全国大会（part.2）リポート	高島秀之
	【特集】実践研究 動画データベースを活用して マイタウン鳥屋！	荒巻幸子
	21世紀のメディアと教育〜わたしのキーワード〜 生涯学習者としての準備におけるICTの役割と情報リテラシー	芝崎順司
	総合的な学習の指導計画と実際⑥ 岡山「総合的な学習」研究会編	青山順子
	新・教育現場からのメッセージ「総合的な学習」と放送教育（2）	浅井和行
	特集 第26回「日本賞」教育番組国際コンクール	
	【特集】今，世界で求められている"教育番組"とは	小泉世津子
	【特集】受賞の喜び	上田和子, 田中瑞人
	中学・高校番組実践講座 観点別評価に基づく放送番組の生かし方 社会科学習の取り組み〜資料活用・表現〜	福丸恭伸
2月号	展望 メディア・リテラシー教育の課題	鈴木みどり
	特集 実践研究この一年 99年度新番組を活用して	
	【特集】低学年算数『マテマティカ』ピーター・フランクルさんからの挑戦を受けて	松山和彦
	【特集】低学年生活科『それゆけこどもたい』「おうちのひと」の実践	平久玲子
	【特集】3年社会科『まちへとびだそう』番組と置き換え，番組とつなぐ	佐藤祐一

月号	タイトル	著者
2月号	【特集】高学年総合『地球たべもの大百科』いのち・くらし・みどりを見つめて	鐘ヶ江義道
	【特集】番組の制作現場から	NHK学校放送番組部
	21世紀のメディアと教育〜わたしのキーワード〜 放送と通信の融合	岡部正樹
	新・教育現場からのメッセージ「総合的な学習」と放送教育（3）	浅井和行
	海外教育放送事情 カナダのメディア・リテラシー教育が教えてくれたこと	若井俊一郎
	中学・高校番組実践講座 放送教育の新たな展開と可能性に向けて（1）	篠原文陽児
3月号	展望 教育サービスの需要と供給	嘉治元郎
	特集 年間指導計画をどうたてるか	
	【特集】子どもの思考を生かした年間指導計画	松本邦文
	【特集】小学校低学年 子どもの思考を生かした年間指導計画	須藤こずえ
	【特集】小学校中学年 いっしょにやろまい！・エコライフ	山下薫
	【特集】小学校高学年 心豊かに生きる力を育てる道徳	石川秀治
	【特集】中学校 情報教育における放送利用	中井敏勝
	21世紀のメディアと教育〜わたしのキーワード〜 放送と通信の融合2	岡部正樹
	新・教育現場からのメッセージ 新しい時代とともに生きる放送教育	浅井和行
	海外教育放送事情 微笑と合掌の国のテレビ―タイの教育放送事情―	市川昌
	中学・高校番組実践講座 放送教育の新たな展開と可能性に向けて（2）	篠原文陽児

主な連載：視聴覚ロータリー，メディアジャーナル，保育と放送，わたしの園の放送利用，NEDリポート，ことばのプリズム，ことわざあれこれ，和田芳信の人物ファイル，岡山がんばってマス，新・にんげん家族研究会，道北だより，豊橋・生命環境教育と放送研究会だより

2000（平成12）年度 （通巻624〜630号）

月号	タイトル	著者
4月号	展望 これからの教育を考える	有馬朗人
	特集 NHK学校放送新番組紹介	
	【特集】デジタル時代の学校放送サービスに向けて	吉田圭一郎
	【特集】インフォメーション〜学校放送時刻表	NHK学校放送番組部
	平成12年度視聴覚教育行政について 動きだす「ミレニアム・プロジェクト『教育の情報化』」	岡本薫
	総合的な学習の指導計画と実際⑦ 岡山「総合的な学習」研究会編	藤井紀美江，木原俊行
	中学校での「総合的な学習の時間」を考える① 情報教育と総合的な学習の時間	鈴木克明
	番組制作の現場から『インターネットスクール たったひとつの地球（生放送）』	奥西邦彦
5月号	展望 教育におけるマルチメディア時代の映像情報	渡邊光雄
	特集 総合的な学習の時間・移行期間で考えること	
	【特集】総合的な学習の時間 移行期間において考えること，行うこと	村川雅弘
	【特集】本校の特色のある教育活動を核にした移行期へのアプローチ	西山猛
	【特集】イートモ（EAT・友）探検隊〜放送番組『地球たべもの大百科』（国際理解）を活用した実践例〜	河合早智子
	今，放送は教育に何ができるか？ 第1回 TV goes back to TV	高島秀之
	総合的な学習の指導計画と実際⑧ 岡山「総合的な学習」研究会編	三宅貴久子，青山順子
	年間利用実践研究『まちへとびだそう』（3年社会科）見つめる・調べる・伝える・つながる	一色誠
	中学校での「総合的な学習の時間」を考える② 選択教科から総合的な学習へ	鈴木克明
	番組制作の現場から『ティーンズTV 世の中なんでも経済学』	先原章仁
6月号	展望 情報と青少年問題	内川芳美
	特集 ことばの学習とメディア（国語）〜感性と表現力を育てる〜	
	【特集】言語感覚とことばで「伝え合う力」を育てる	小森茂
	【特集】教室に広がることばの世界 ラジオ『ことばの教室』をヒントにして	如月啓子
	【特集】ことばを耕し感性を磨く 小学校1年生国語番組『あいうえお』を使った年間実践記録	加藤智子
	教育とメディア 次代へのキーワード 情報教育	松田稔樹
	今，放送は教育に何ができるか？ 第2回 Content is King	高島秀之
	海外放送教育事情 アメリカ・カナダのメディア教育事情	宇治橋祐之

月号	タイトル	著者
6月号	中学校での「総合的な学習の時間」を考える③ 総合的な学習の時間をどう評価するか	鈴木克明
	番組制作の現場から『歌えリコーダー』	桜田歩
7月号	展望 教育における情報化，国際化にかかわる問題点	太田次郎
	特集 家庭での視聴を考える 家庭での放送学習	
	【特集】家庭での放送学習ー課題をみつけ，自ら学習する子を求めてー	久故博睦
	【特集】家庭視聴のすすめ 『中学生日記』利用法	成田健之介
	【特集】家庭視聴おすすめ番組紹介	編集部
	【特集】海外にみる子ども向けテレビの動向 かかわりが生きるテレビ	小平さち子
	【特集】NHK夏のテレビ・ラジオクラブ番組案内	NHK学校放送番組部
	放送教育におけるコラボレーション〜ネットワークによる拡充〜	木原俊行
	教育とメディア 次代へのキーワード 教育コンテンツ	林武文
	今，放送は教育に何ができるか？ 第3回 感情のテクノロジー（上）	山本慶裕
	中学校での「総合的な学習の時間」を考える ふれあい学習・実践から生まれた総合的な学習（1）	三橋秋彦
	番組制作の現場から『データボックス しらべてサイエンス』	小国伝蔵
	海外放送教育事情 デジタルメディア時代の教育コンテンツ	宮田興
8月号	展望 21世紀に向けての教育課題「総合的心理教育」で拓く新世紀の学校	亀口憲治
	特集 心の教育と放送	
	【特集】今，求められる心の教育	嶋野道弘
	【特集】『あつまれじゃんけんぽん』共感と反発から生き方を探る	吉田政子
	【特集】『みんな生きている』ともに生きるなかまとの心のつながり	江崎桂子
	【特集】『虹色定期便』で広がる豊かな心	田端芳恵
	総合的な学習の指導計画と実際⑨ 岡山「総合的な学習」研究会編	三宅貴久子
	教育とメディア 次代へのキーワード ホームページによる学校の情報発信	市川尚
	今，放送は教育に何ができるか？ 第4回 感情のテクノロジー（下）	山本慶裕
	番組制作の現場から『しらべてまとめて伝えよう〜メディア入門〜』	市谷壮
	中学校での「総合的な学習の時間」を考える ふれあい学習・実践から生まれた総合的な学習（2）	三橋秋彦
	海外放送教育事情 シンガポールの情報教育事情	黒田卓

月号	タイトル	著者
9月号	展望 私と教育テレビ昨日今日明日	服部公一
	特集 情報発信能力を育てる	
	【特集】情報活用の実践力が身につくための3つのポイント	中川一史
	【特集】小学校4年生 活動の意欲化を図る情報機器の活用	安部由香里
	【特集】小学校5年生 情報をどのように収集し、整理していくか	亀崎英治
	【特集】中学校 校内ネットワークと情報発信能力の育成	村松浩幸
	【特集】NHK学校放送番組・ウェブサイト案内	田村嘉宏,遠藤玲奈,山岸誠之進
	教育とメディア 次代へのキーワード 情報ボランティア	苅宿俊文
	今,放送は教育に何ができるか？ 第5回歴史の中に検証する教育と放送	堀江固功
	中学校での「総合的な学習の時間」を考える ふれあい学習・実践から生まれた総合的な学習（3）	三橋秋彦
	「通信制高校にとっての放送教育」から学んだこと	鈴木克明
	番組制作の現場から『えいごリアン』	礒野洋好
10月号	特集 第51回放送教育研究会全国大会報告	
	【特集】全国大会を終えて	山口彭子
	【特集】大会の「評価とまとめ」	水越敏行
	【特集】新世紀への階段をどう上るか	古田晋行
	【特集】埼放協の取り組み	秋山亜輝男
	謹告 月刊「放送教育」休刊にあたって	市村佑一
	特別寄稿「放送教育」の足跡	高桑康雄
	特別寄稿 10年後の教室は？	吉田圭一郎
	今,放送は教育に何ができるか？ 第6回続・歴史の中に検証する教育と放送	堀江固功
	教育とメディア 次代へのキーワード 情報通信ネットワーク	篠原文陽児
	中学校での「総合的な学習の時間」を考える 多様な学習活動の展開に風穴を	高畠勇二
	海外教育放送事情 視聴覚教育促進のための国際支援とメディア環境調査	大西好宜

主な連載：視聴覚ロータリー，メディアジャーナル，高校放送コンテスト関連，NEDリポート，ことばのプリズム，ことわざ考現学，放送大学インフォメーション，岡山がんばってマス，新・にんげん家族研究会，道北だより，メディア教育研究グループ・せんだい，

2000年10月号

2000年10月号

付表1　日本放送教育協会発行の放送教育関連書籍

『放送教育叢書』	著者・編者	発行
1.放送教育の新展開～学校教育における放送利用の総合的研究～	教育と放送を考える会編	1978.8
2.視聴指導24章～放送学習の進め方～	清中喜平著	1980.7
3.映像と教育～映像の教育的効果とその利用～	「映像と教育」研究集団編	1980.10
4.道徳指導と放送～道徳的実践力を育てるために～	日本放送教育協会編	1980.10
5.社会科と放送～社会認識の広がりと深まりをめざして～	日本放送教育協会編	1981.4
6.理科と放送～自ら学ぶ力・豊かな創造性を育てる～	日本放送教育協会編	1981.10
7.視聴能力の形成と評価～新しい学力づくりへの提言～	水越敏行編著	1981.11
8.子どもと共に学ぶ放送教育～教育課程に即した放送学習と指導の実際～	服部八郎著	1983.7
9.続・視聴指導24章～子どもが自力で進める放送学習～	清中喜平著	1984.7
10.放送と授業研究～新しい放送教育の探究～	多田俊文編著	1984.11
11.映像時代の教育～そのカリキュラムと実践～	吉田貞介編著	1985.8
12.映像からの発展学習～自ら学ぶ子どもをめざした授業設計～	愛知県知多郡武豊町立衣浦小学校著	1986.3
13.放送教育の理論と実践	多田俊文著	1986.6
14.NEW放送教育～メディア・ミックスと新しい評価～	水越敏行編著	1986.8
15.放送教育入門セミナー～放送による学習の成立と評価・改善～	松本勝信著	1987.8
16.放送教育をかえる	水越敏行,京都放送教育研究協議会編	1987.8
17.放送教育とパソコン～一人ひとりを育てる教育～	全国小学校放送教育研究会編	1988.9
18.生活科と放送	全国小学校放送教育研究会編	1990.11
19.学ぶ喜びのもてる放送教育～意味場・空発問の追求～	監修:多田俊文, 埼玉県放送教育研究会編	1990.11
20.「かがやき」のある発展学習　～体験からいきいき学ぶ子どもをめざした放送教育～	監修:多田俊文, 高知市立昭和小学校編	1991.12
21.映像を生かした環境教育	吉田貞介編著	1992.7
22放送学習の喜びをどの子にも～第三世代放送学習への出発～	荻野忠則著	1993.10
23.放送利用からの授業デザイナー入門～若い先生へのメッセージ～	鈴木克明著	1995.11

教育・メディア関係書籍	著者・編者	発行
視聴覚教育講座18章	NHK編，坂元彦太郎	1954.7
視聴覚的方法の心理学	波多野完治	1956.7
デールの視聴覚教育	西本三十二訳	1957.7
ラジオ・テレビ教育精説	西本三十二，波多野完治，海後宗臣，坂元彦太郎指導	1959.11
テレビ教育論	西本三十二	1960.7
学校放送25年の歩み	NHK編	1960.11
ラジオ・テレビ教育心理学入門	NHK編，波多野完治編著	1961.10
視聴覚材の教育構造	坂元彦太郎	1961.10
テレビ教育展望～放送教育三十年～	西本三十二	1963.7
テレビ教育の心理学	波多野完治	1963.9
放送教育新論～原理と実践～	西本三十二	1971.7
放送教育大事典	日本放送教育学会・全国放送教育研究会連盟編	1971.11

放送50年外史（上・下）	西本三十二	1976.10
テレビで学ぶ	放送利用社会教育研究会	1979.9
なぜ放送が学習に定着しにくかったのか	岐阜放送教育研究調査会	1979.11
テレビは幼児に何ができるか	白井常，坂本昂編	1982.11
放送教育50年―その歩みと展望―	全放連・日本放送教育協会編	1986.11
子ども百態〜先生ちゃんとやっているかな〜	光永久夫	1990.7
子どもとお母さんのためのマルチメディア大作戦	石川友一	1995.10
心を育てる放送	藤澤千代子	1996.12
放送を生かした総合的学習「環境」と「生命」を学ぶ	佐島群巳，和田芳信	1999.7
教育放送75年の軌跡	教育放送研究会	2012.2

大学講義用テキスト等	著者・編者	発行
視聴覚教育50講	西本三十二編	1965.12
視聴覚教育の理論と研究	大内茂男，髙桑康雄，中野照海編	1979.5
マス・コミュニケーション・情報と文化の社会学	市川昌，堀江固功編	1991.4
新視聴覚教育	浅野孝夫，堀江固功編	1992.9
マルチメディアリテラシー	田中博之編	1995.8
情報新時代のマスメディア論	堀江固功，牧野信彦編	1998.3
教育メディアの原理と方法	浅野孝夫，堀江固功編	1998.4

校内放送関係書籍	著者・編者	発行
わたくしたちの校内放送		
（1）アナウンス	話しことばの会	1968.8
（2）きょうの台本 1学期	話しことばの会	1969.3
（3）きょうの台本 2学期	話しことばの会	1969.3
（4）きょうの台本 3学期	話しことばの会	1969.3
（5）番組づくり	光永久夫ほか	1976.10
たのしい校内放送		
（1）きょうの話題	野田一郎編	1981.11
（2）オーディオ放送台本	野田一郎編	1982.11
（3）ビデオ放送台本	野田一郎編	1983.7
（4）アナウンスの実際	野田一郎編	1983.11
（5）番組制作の技術	野田一郎編	1984.7
高校生のための校内放送ハンドブック		
（1）アナウンス・朗読，機器操作	全放連編	1983.4
（2）企画・演出・カメラワーク	全放連編	1983.4
教師のためのビデオ制作入門	野田一郎著	1984.6
話題歳時記〜教師のための情報ファイル〜	織田和男著	1989.4
創る　教師のためのビデオ制作技法	八重樫克羅編著	1989.6
新・校内放送ハンドブック〜中高生のために〜	全放連編	1993.4

付表2　放送教育研究会全国大会一覧（2000年度まで）

学校放送研究会全国大会

年度	開催日		開　催　地	参加者数	研　究　主　題
1949	8月12・13日		和歌山県高野町	850	学校放送とカリキュラムの問題

放送教育研究会全国大会

回	年度	開催日	開催ブロック	開　催　地	参加者数	研　究　主　題
1	1950	11月24・25日	関東甲信越	東京都	1,300	特に設定せず
2	1951	11月21・22日	九州	大分県別府市	1,800	特に設定せず
3	1952	11月24・25日	関西	大阪府大阪市	1,357	放送教育の進展と徹底を期するため，これが対策を考究するとともに強力な実践を展開する。併せて新しいテレビジョン教育への研究展開を行う。
4	1953	10月15・16日	東北	福島県福島市	1,959	放送教育の現状を検討し，一層の普及徹底につとめ，これの具体的な方策を考究して，その強力な実践を展開する。
5	1954	11月18・19日	四国	高知県高知市	1,800	どうすれば，どこの学校でも自然な形で，しかも効果的に放送を教育に利用できるか。
6	1955	11月17・18日	東海北陸	愛知県名古屋市	2,600	学習内容を豊かにし，教師の指導能率を上げるために，ラジオやテレビジョンをどのように活用したらよいか。
7	1956	9月27・28日	北海道	北海道札幌市	1,600	教育放送の内容とその指導方法の研究
8	1957	11月20・21日	中国	広島県広島市	2,555	教育効果を高めるために，ラジオやテレビをどのように活用したらよいか
9	1958	11月19〜21日	関東甲信越	東京都	8,400	これからの放送教育をどう進めるか
10	1959	10月29・30日	九州	福岡県福岡市	3,500	教育効果を高めるために，放送教育をどう進め深めたらよいか
11	1960	11月14〜16日	関西	京都府京都市	4,200	学習の近代化をはかるためには，ラジオ・テレビをどう利用すればよいか
12	1961	10月18・19日	東北	宮城県仙台市・塩釜市・七ヶ浜町・川崎町	6,000	放送教育を生かして，ゆたかな人間をつくろう
13	1962	11月8・9日	四国	愛媛県松山市	8,000	学習の近代化をはかる放送教育はどうすればよいか
14	1963	11月14・15日	東海北陸	静岡県静岡市・清水市	17,000	すすみゆく社会のなかで，放送教育の機能を見なおそう
15	1964	9月25・26日	北海道	北海道札幌市	10,200	未来に生きる子供のために，放送教材の特性を生かして，教育の近代化をすすめよう
16	1965	11月12・13日	中国	岡山県岡山市	11,000	みんなで放送教育を正しく理解しよう
17	1966	11月17〜19日	関東甲信越	東京都	12,000	教科や領域などの目標を達成するために放送教材を活用しよう
18	1967	11月10・11日	九州	長崎県長崎市	10,000	放送教材の特性を生かし豊かな教育を実現しよう
19	1968	11月21・22日	近畿	兵庫県神戸市・芦屋市・明石市	15,000	あすに生きる子どものしあわせのために，放送教育の躍進と充実をはかろう
20	1969	10月31日，11月1日	東北	宮城県仙台市	13,000	豊かな人間を育てるために，放送教材の特性を活かして学習の内容，放送の構造化をすすめよう
21	1970	11月20・21日	四国	香川県高松市	15,800	豊かな人間を育てるために，放送教育の現代的役割をたしかめ，調和と統一のある教育をすすめよう
22	1971	10月22・23日	東海北陸	石川県金沢市	14,300	放送のシステム化をめざすなかで，放送の役割をたしかめよう
23	1972	10月27・28日	中国（別に沖縄に特別会場）	広島県広島市	14,000	豊かな人間を育てるために，創造的な思考力と情操の深化をめざして，放送教育のあり方を究明しよう
24	1973	9月21・22日	北海道	北海道札幌市	9,108	ひとりひとりが豊かに伸びる教育をめざして放送教育の現代的役割と成果を確かめよう
25	1974	11月14〜16日	関東甲信越	東京都	18,424	現代社会に生きる調和のとれた人間を形成するために，放送の役割と効果を校種の特性に応じて明らかにしよう
26	1975	11月13・14日	九州	鹿児島県鹿児島市・串木野市・桜島町	11,550	激動する社会に生きる創造的な人間を形成するために，放送の役割と効果を校種の特性に応じて明らかにしよう

27	1976	10月21・22日	近畿	奈良県奈良市・大和高田市・大和郡山市・天理市・橿原市・桜井市・生駒市・新庄市・下市町	13,119	生涯にわたって発展するひとりだちの学習をめざして，放送の教育的役割と効果を究めよう
28	1977	10月20・21日	東北	山形県山形市・上山市	8,719	広い視野に立つ意欲的な人間を育てるために，放送の特性を生かした豊かで確かな学習を進めよう
29	1978	10月9・10日	四国	徳島県徳島市・鳴門市	12,155	生涯にわたって学習できる人づくりをめざして，確かな学力と豊かな情操を養うため，放送教育の役割を究明しよう
30	1979	11月8・9日	東海北陸	岐阜県岐阜市・大垣市・羽島市・各務原市・岐南町	13,132	かがり火のような豊かな人間性をはぐくみ，放送の特性を生かした学習の成立をめざして，教師の実践的な手だてを確立しよう
31	1980	10月8・9日	北海道	北海道札幌市	9,586	新しい時代に生きる豊かな人間を育てるために，放送教育の実践を高めよう
32	1981	11月12・13日	中国	山口県山口市・防府市・宇部市・小郡町	14,166	たくましく豊かな人間性をめざした教育を推進するため，意欲的な「放送による学習」をすすめよう
33	1982	11月12・13日	関東甲信越	埼玉県浦和市・川口市・大宮市・川越市・蓮田市	21,948	生涯にわたって豊かに生きる人間の形成をめざして，こどもたちが学ぶ喜びのもてる放送教育をすすめよう
34	1983	11月10・11日	九州	熊本県熊本市・下益城郡富合町	12,012	たくましく豊かに生きる人間の形成をめざし，"求める学習"を確立する放送教育の実践をすすめよう
35	1984	11月15・16日	近畿	滋賀県大津市・草津市・守山市・栗東町	11,408	碧いびわ湖のように，未来に生きる人間の育成をめざし，仲間とともに「ひろがりと深まり」を求める放送教育をすすめよう
36	1985	10月3・4日	東北	青森県青森市	9,378	たくましく，うるおいのある人間の形成をめざし，「躍動する学習」を創る放送教育をすすめよう
37	1986	11月11〜18日	四国	高知県高知市・南国市・伊野町	20,959	未来をきりひらき，たくましく生きる人間の形成をめざし，"発展する学習"を追求する放送教育をすすめよう
38	1987	10月29・30日	東海北陸	福井県福井市・金津町・春江町	12,268	たくましく未来に生きる人間の形成をめざし，個を豊かに発展させる新しい放送教育のあり方を追求しよう
39	1988	10月6・7日	北海道	北海道旭川市	8,179	新しい時代に生きる心豊かな人間の形成をめざし，"学ぶ心がはずむ"放送教育
40	1989	10月26・27日	中国	広島県広島市	11,716	未来を創造する豊かな人間の育成をめざし，自ら意識する「放送による学習」を究明しよう
41	1990	11月8・9日	関東甲信越	東京都港区・渋谷区・荒川区・中央区・文京区・新宿区・千代田区・大田区・豊島区・練馬区	10,322	自ら学び，豊かな心と主体的に生きる力を培う放送教育をすすめよう
42	1991	11月7・8日	九州	福岡県北九州市	10,129	新しい時代を指向する心豊かな人間の形成をめざし自ら学ぶ知恵と生き方を育てる放送教育を進めよう
43	1992	11月12・13日	近畿	和歌山県和歌山市	12,076	豊かな人間の形成をめざし「自ら問いかけ　行動する」放送教育をすすめよう
44	1993	10月29日	東北	宮城県仙台市	6,328	自ら学ぶ意欲と主体的に生きる力を培う放送教育をすすめよう
45	1994	10月27・28日	四国	愛媛県松山市・重信町	8,295	いきいきと学び，豊かに創造する力を育てる放送教育をすすめよう
46	1995	11月9・10日	東海北陸	愛知県豊橋市	10,079	楽しくまなび個がかがやく放送教育をすすめよう
47	1996	10月24・25日	北海道	北海道札幌市・石狩市	9,434	北の大地に"学ぶ心がひびきあう"放送教育をすすめよう
48	1997	11月6・7日	中国	岡山県岡山市・倉敷市・備前市	9,481	"生きる力"を育む放送教育をすすめよう
49	1998	11月19・20日	関東甲信越	東京都新宿区・文京区・大田区・目黒区・中央区・千代田区・渋谷区	2,557	21世紀をつくる放送教育〜ともに生きるよろこび〜
50	1999	8月3・4日，11月12日	（東京）	東京都渋谷区・武蔵野市・文京区	1,918	21世紀をつくる放送教育　深まり広がりそしてつながりを求めて
51	2000	7月31日，8月1日	（埼玉）	埼玉県浦和市・伊奈町	1,289	輝く瞳・感じる心・学ぶ喜び放送教育　深まりと広がりそしてつながりを求めて〜放送と教育2000 in 彩の国今が時代に今が未来に〜

『放送教育50年』（日本放送教育協会 1986）をもとに作成

Summary of the Papers

How the Public Perceived
the Tokyo Olympic and Paralympic Games

– Findings from the Public Opinion Survey Series on
the Tokyo 2020 Olympic and Paralympic Games –

Fifty Years since the Reversion to Japan:
What Path Has Okinawa Taken?

– Five Decades of Okinawa Reflected in
NHK's Public Opinion Survey Series –

Media-Enhanced Learning Reviewed from
the 52 Years of the Journal Hoso Kyoiku
(RADIO-TV EDUCATION)

How the Public Perceived
the Tokyo Olympic and Paralympic Games

– Findings from the Public Opinion Survey Series on the Tokyo 2020 Olympic and Paralympic Games –

SAITO Takanobu

(Summary)

The NHK Broadcasting Culture Research Institute conducted a series of survey on the 2020 Tokyo Olympic and Paralympic Games (hereinafter "the Games") over six years since 2016. Based on the survey results, this paper discusses what changes the Games have brought to Japanese people's attitudes as well as to society.

Tokyo made a bid to host the Games in 2011—the year Japan was hit by the Great East Japan Earthquake—and was successfully selected as the host city in 2013. The first survey conducted in 2016 saw many people positively appreciating Tokyo's hosting the Games. On the other hand, only a few people found the hosting "a national honor," unlike when Tokyo hosted the 1964 Games, or regarded them as "Recovery Olympics" for supporting the disaster-affected areas, which suggested that there was a low level of enthusiasm in welcoming the Games.

The Games were postponed for one year due to the spread of the coronavirus. Although people calmly received the postponement, the majority worried that holding the Games in the following year would deteriorate the infectious situation as there were no prospects of the pandemic being contained. Meanwhile, there were also a considerable number of people who did not want the cancellation of the Games so that the efforts of athletes would not be in vain.

In the summer of 2021, the Games were held under a state of emergency issued by the Tokyo Metropolitan Government. More than half of the respondents expressed dissatisfaction that the Games had dared to take place while the public was forced to refrain from various activities. In addition, many respondents negatively evaluated the government trumpeting the Games as "Recovery Olympics" and "the token of Japan's overcoming COVID-19," and the economic effects that more than half of the respondents initially had expected also ended up as a disappointment because of the pandemic. In this sense, the 2020 Tokyo Games were different from the previous 1964 Tokyo Games, which had served as a symbol of Japan's post-war restoration, and that they did not live up to the expectations that people had envisioned.

Having said that, the Games did bring about positive changes in people's interests and values. The majority of respondents enjoyed both the Olympics and Paralympics "purely as sporting events" by watching TV broadcasts, and young people's interest in sports was enhanced. In addition, Tokyo's hosting of the Paralympic Games made many young people and women more interested in watching para sports and/or feel like "I want to try these sports, too." Furthermore, many people realized the importance of "Unity in Diversity" because of the Tokyo Paralympic Games. Meanwhile, a large number of people felt that their own understanding of "Unity in Diversity" and the current Japanese situation were not satisfactory enough. This highlights an issue that a better understanding of people with disabilities did not expand to the youth and those not contacting people with disabilities. In this regard, persistent efforts for raising public awareness are crucial even after the completion of the Tokyo Paralympic Games, and many people expect the media to fulfill this role.

Fifty Years since the Reversion to Japan: What Path Has Okinawa Taken?

– Five Decades of Okinawa Reflected in NHK's Public Opinion Survey Series –

NAKAGAWA Kazuaki

(Summary)

Okinawa marked the 50th anniversary of its reversion to Japan on May 15th, 2022. NHK has continuously conducted public opinion surveys since 1970, before the reversion. Based on the results of the survey series carried out by the NHK Broadcasting Culture Research Institute from 1970 through 2022, this paper reflects on the feelings of people in Okinawa and the path Okinawa has taken over the fifty years since the reversion till today.

Two years before Okinawa's reversion to Japan, as high as 85% of the respondents welcomed the coming reversion, but the public opinion survey held a year after the reversion found that more than half evaluated it negatively. Thereafter, the situation that the majority of respondents did not appreciate the reversion continued, mainly with the reason being that the outcome of the reversion was different from what they had envisioned, such as persistent poor living conditions due to high prices and the continued presence of U.S. military facilities, most of which remained though they had been expected to be removed or downsized.

Later, as the Japanese government's Okinawa Promotion Plan and the increase in tourists brought about economic development and made people's lives more affluent, residents' attitudes towards the reversion started to change; since the late 1980s, those "positive" about the reversion have continued to account for around 80%.

Meanwhile, for a long time, the majority of respondents cited negative opinions about the U.S. military bases that remained in Okinawa even after the reversion. In addition to the issue that the existence of military bases was becoming a fait accompli, changes in the security environment surrounding Japan, including the 9.11 terrorist attacks and the so-called China and North Korea threats, led to changes in people's attitudes: those approving or accepting the existence of U.S. military bases became the majority in the 2000s for the first time. The survey found that while it was becoming more inevitable to accept the reality of the bases' continued presence, there were unchanged wishes of people in Okinawa, who had been suffering from various problems related to the bases, ranging from appalling incidents, including crime cases, to accidents to noise pollution, hoping deep down for the reduction of military facilities to the same level as on the mainland.

Okinawa has developed economically and is now a popular holiday resort attracting many visitors from home and abroad. Still, the latest 2022 survey reveals that a considerable number of respondents regard "elimination of poverty and disparities" as the most critical issue to be addressed. This may be partly because of Okinawa's lower income level compared to the national average. People are particularly concerned about child poverty, and how to tackle poverty among both parents and children has surfaced as a new challenge.

Media-Enhanced Learning Reviewed from the 52 Years of the Journal Hoso Kyoiku (RADIO-TV EDUCATION)

UJIHASHI Yuji

(Summary)

The Journal Hoso Kyoiku [broadcasting education] was launched in April 1949 and published a total of 630 issues including extra editions over 52 years till the suspension of publication in October 2000. The journal played a role in identifying educational functions of the media from the heyday of radio to the dawn of the internet age, focusing on television broadcasting that was commenced in 1953.

The publisher was Nippon Hoso Kyoiku Kyokai, the Japan Association for Educational Broadcasting (JAEB) (1948-2015), an incorporated association established under the initiative of Nishimoto Mitoji. He is acknowledged as the "father of education through radio and television", as a person who launched school broadcast programs at Nippon Hoso Kyokai (an incorporated association, predecessor of today's NHK, Japan Broadcasting Corporation) after teaching at the Nara Women's Higher Normal School (female-teacher training school) as a professor. The achievement of JAEB includes organizing the national conference of Hoso Kyoiku Kenkyukai [teachers' association for research on education through broadcasting], holding prize essay competitions themed on education through radio and television, and publishing broadcasting-education-related books, but JAEB's main activity was the monthly publication of the journal.

The 52-year history of the journal overlaps with the transition of the media used at schools, which expanded from radio to television, from monochrome to color TV, and video recorders to computers and the internet. These years also saw five amendments to the "course of study" (curriculum guideline issued by the government) and debates on educational issues of each period as well as on how to incorporate new media into education. Responding to those changes and debates, the journal kept examining the roles of media, centering on broadcasting.

In this paper, the 52 years of issues are divided into five periods of ten years each. The author looks into the media environment and social conditions of each period to overview the articles—both feature and series—published in Hoso Kyoiku. For the last two years, the paper also examines the links to the subsequent development of "NHK for School" (digital expansion of school broadcast programs including their internet distribution).

To analyze the content of each period, the author categorizes the articles of Hoso Kyoiku according to the writers, which can be roughly divided into three: program producers, researchers, and teachers. The analysis finds that the use of broadcast programs in the classroom expanded with the rotation of the cycle of producers' objectives, researchers' theories, and teachers' practical media use in lessons.

The author also turns his eyes to the situation in 2022. Triggered by the spread of online learning for the prevention of coronavirus infection and by the "one-to-one device" initiative (providing a computer device per pupil at junior high schools) of the government's "GIGA School Concept," the educational use of media at school and home is now being re-examined. Taking these aspects into consideration, the paper summarizes the history of practical media use in the classroom and the theoretical construction of media-enhanced learning.

表紙デザイン／松森 雅孝
DTP／工藤 知安
校正／鶴田 万里子
編集協力／島内 晴美

NHK放送文化研究所年報 2023
第66集

2023年1月30日　第1刷発行

●編　者　NHK放送文化研究所
　　　　　©2023　NHK
　　　　　〒105-6216 東京都港区愛宕2-5-1 愛宕MORIタワー16F
　　　　　電話 03-3465-1111（NHK代表）
　　　　　ホームページ　https://www.nhk.or.jp/bunken/

●発行者　土井成紀

●発行所　NHK出版
　　　　　〒150-0042 東京都渋谷区宇田川町10-3
　　　　　電話 0570-009-321（問い合わせ）
　　　　　　　　0570-000-321（注文）
　　　　　ホームページ　https://www.nhk-book.co.jp

●印　刷　啓文堂

●製　本　ブックアート

乱丁・落丁本はお取り替えいたします。定価は表紙に表示してあります。
本書の無断複写（コピー，スキャン，デジタル化など）は，
著作権法上の例外を除き，著作権侵害となります。

Printed in Japan　ISBN978-4-14-007279-0 C3065